U0173228

中国古生代地层及标志化石图集

Paleozoic Stratigraphy and Index Fossils of China

中国石炭纪

地层及标志化石图集

Carboniferous

Stratigraphy and Index Fossils of China

王向东　胡科毅　黄　兴　乔　丽
王秋来　沈　阳　盛青怡　李小铭
林　巍　史宇坤　◎ 著

图书在版编目（CIP）数据

中国石炭纪地层及标志化石图集 / 王向东等著. --
杭州：浙江大学出版社, 2020.7
ISBN 978-7-308-19838-7

Ⅰ. ①中… Ⅱ. ①王… Ⅲ. ①石炭纪—区域地层—中国—图集②石炭纪—标准化石—中国—图集 Ⅳ. ①P535.2-64②Q911.26-64

中国版本图书馆CIP数据核字（2020）第196871号

Carboniferous Stratigraphy and Index Fossils of China

WANG Xiangdong　HU Keyi　HUANG Xing　QIAO Li　WANG Qiulai
SHEN Yang　SHENG Qingyi　LI Xiaoming　LIN Wei　SHI Yukun

中国石炭纪地层及标志化石图集

王向东　胡科毅　黄　兴　乔　丽　王秋来
沈　阳　盛青怡　李小铭　林　巍　史宇坤　著

策划编辑　徐有智　许佳颖
责任编辑　许佳颖
责任校对　潘晶晶　蔡晓欢
封面设计　程　晨
出版发行　浙江大学出版社
（杭州天目山路148号　邮政编码：310007）
（网址：http://www.zjupress.com）
排　　版　浙江时代出版服务有限公司
印　　刷　浙江海虹彩色印务有限公司
开　　本　889mm × 1194mm　1/16
印　　张　29.75
字　　数　712千
版 印 次　2020年7月第1版　2020年7月第1次印刷
书　　号　ISBN 978-7-308-19838-7
定　　价　188.00元

审图号：GS（2020）3001号

著者名单

王向东　南京大学地球科学与工程学院内生金属矿床成矿机制研究国家重点实验室；中国科学院生物演化与环境卓越创新中心。南京市仙林大道 163 号。xdwang@nju.edu.cn

胡科毅　南京大学地球科学与工程学院内生金属矿床成矿机制研究国家重点实验室。南京市仙林大道 163 号。kyhu@nju.edu.cn

黄　兴　中国科学院南京地质古生物研究所。南京市北京东路 39 号。xhuang@nigpas.ac.cn

乔　丽　中国科学院南京地质古生物研究所现代古生物学和地层学国家重点实验室；中国科学院生物演化与环境卓越创新中心。南京市北京东路 39 号。liqiao@nigpas.ac.cn

王秋来　中国科学院南京地质古生物研究所。南京市北京东路 39 号。qlwang@nigpas.ac.cn

沈　阳　中国地质大学（北京）博物馆。北京市海淀区学院路 29 号。shenybj@126.com

盛青怡　中国科学院南京地质古生物研究所。南京市北京东路 39 号。qysheng@nigpas.ac.cn

李小铭　南京大学地球科学与工程学院。南京市仙林大道 163 号。mg1929042@smail.nju.edu.cn

林　巍　中国科学院南京地质古生物研究所。南京市北京东路 39 号。wlin@nigpas.ac.cn

史宇坤　南京大学地球科学与工程学院内生金属矿床成矿机制研究国家重点实验室。南京市仙林大道 163 号。ykshi@nju.edu.cn

前　言

地层学和古生物学是地质学的基础，它们和地质学一起产生，同步发展。地层学研究的一个重要任务是在全球范围内建立地质年表和全球界线层型，创建全球统一的年代地层框架。这是全球地质工作者的共同语言，可为其他领域的研究，如生物演化、地质事件、全球环境变化、地球生物学等，提供统一的时间标尺。我国的全球界线层型研究虽然起步晚，但成果丰硕，至 2019 年底，已获批 11 个全球界线层型（俗称“金钉子”）。这充分展示了我国在该研究领域的国际优势，以及我国地层学研究的总体水平和实力。

近年来，年代地层标准的建立采用了综合地层学方法，每一个全球界线层型的确立，都需要开展生物地层学、岩石地层学、年代地层学、化学地层学、事件地层学甚至定量地层学、生态地层学等多个主流分支学科的高水平研究，综合化石、岩石、地质年龄、古环境事件等多项信息，力求最完整地恢复地质历史各阶段及各时间点的信息。地层学研究中的多学科融合交叉也进一步提升了地层学的研究水平。其中，以生物地层学为基础建立地质年代系统的方法是全球地层学家通用的研究方法，因为地球历史中生命的记录——化石，在地层中的出现具有不可逆转性。标志化石的时代分布短、特征显著、地理分布广，可用作全球和区域地层对比的标志，是生物地层和年代地层研究中最常用的“工具”，可作为地质发展历史“时钟”上的“刻度”。

石炭纪是地质历史上的重要时期，由英国地质学家 William D. Conybeare 和 William Phillips 于 1822 年正式命名并沿用至今。英文名“Carboniferous”源自拉丁语，意为“产煤的地层”，这不仅客观反映了全球石炭纪地层中广泛发育的煤层，更深入表明了当时陆生植物的繁盛。石炭纪衔接泥盆纪，海西构造运动继续活跃，冈瓦纳大陆冰川开始发育和发展，联合大陆在此期间开始形成。在这样的背景下，石炭纪全球气候和生物分异明显、重大地质事件频发、海平面变化频繁、沉积类型多样，是地球演化历史中重要的地质和生态系统转折的时期。因此，石炭纪的地层学和古生物学研究一直受到众多国内外学者的关注。

中国石炭纪地层的沉积类型和生物群面貌在各个构造区块的发育存在较大差异，研究程度也很不平衡。我国华南地区的研究较为深入，在国际石炭系研究中占有重要地位，但准噶尔、塔里木等重要的油气和矿产资源勘探地区的石炭纪地层研究则相对不成熟，缺乏系统的综合地层学研究，很有必要进一步系统研究。因此，选择研究程度高、有区域代表性的剖面作为中国各区的基干剖面进行系统介绍，并综合这些基干剖面的各项地层信息，在区域内及各个区域间实现准确的地层对比，对系统研究我国其他地区的石炭系并将其纳入全球框架具有很强的参考价值，十分必要。另外，在中国，不同地理区系、不同沉积环境的海相石炭纪化石门类齐全、生物地层研究程度高，为编撰全国标志化石图集提供了有利条件。

《中国石炭纪地层及标志化石图集》详细介绍了石炭纪的国际和国内年代地层划分和对比、中国石炭纪地层的区域分布特征，具体分析了中国几大区块的沉积类型和地层发育情况，选择了 13 条有代表性的基干剖面进行了详细的综合地层描述。书中有关地层介绍的部分，引用了一些本书作者及其他作者曾经发表过的内容；图版中的部分化石图片已经在其他出版物中发表过，也引用了其他作者的化石图片，在此说明和致谢。另外，经过详细分析中国石炭纪的海相化石，包括牙形类、非䗴有孔虫及䗴类、珊瑚、腕足动物、头足动物等，系统整理了全球或部分区域内地层划分和对比的重要标志化石，形成 130 幅图版，包括牙形类 38 幅，有孔虫 34 幅（其中䗴类 20 幅），菊石 20 幅，腕足类 18 幅，四射珊瑚 20 幅。各化石门类主要编写人员有：牙形类（胡科毅）、有孔虫（沈阳、盛青怡）、䗴类（黄兴、史宇坤）、菊石（王秋来）、腕足类（乔丽）、珊瑚（王向东、李小铭、林巍）。在本书编写过程中，还得到了王玥、祁玉平、陈吉涛、王小娟等人的帮助，在此一并表示感谢。

本书是“中国古生代地层及标志化石图集”丛书之一，可作为地质调查、油气和矿产资源的勘探和开发及地质学等领域研究的重要参考书和工具书，也可供高等院校和研究院所教学使用。

本书受科技部科技基础性工作专项（2013FY111000）、国家自然科学基金委项目（91955201）及第二次青藏科学考察研究（2019QZKK0706）的资助。

目　录

1　国际石炭纪年代地层划分 ······ 001

1.1　密西西比亚系（Mississippian Subsystem） ······ 004

1.1.1 杜内阶（Tournaisian Stage） ······ 004

1.1.2 维宪阶（Visean Stage） ······ 005

1.1.3 谢尔普霍夫阶（Serpukhovian Stage） ······ 005

1.2　宾夕法尼亚亚系（Pennsylvanian Subsystem） ······ 006

1.2.1 巴什基尔阶（Bashkirian Stage） ······ 006

1.2.2 莫斯科阶（Moscovian Stage） ······ 007

1.2.3 卡西莫夫阶（Kasimovian Stage） ······ 007

1.2.4 格舍尔阶（Gzhelian Stage） ······ 008

2　中国石炭纪区域年代地层 ······ 010

2.1　丰宁亚系（Fengninian Subsystem） ······ 014

2.1.1 岩关统（Aikuanian Series） ······ 014

2.1.2 大塘统（Tatangian Series） ······ 015

2.2　壶天亚系（Hutianian Subsystem） ······ 016

2.2.1 威宁统（Weiningian Series） ······ 016

2.2.2 马平统（Mapingian Series） ······ 017

3　中国石炭纪地层区划及综合地层对比 ······ 019

3.1　准噶尔－兴安大区 ······ 023

3.2　塔里木－华北大区 ······ 023

3.3　羌塘－华南大区 ······ 023

3.4　西藏－滇西大区 ······ 024

4　中国石炭纪区域性典型剖面描述 ………………………………………………………… 025
4.1　羌塘－华南区 ………………………………………………………………………… 025
4.1.1 贵州罗甸纳庆剖面 …………………………………………………………………… 026
4.1.2 贵州罗甸罗悃剖面 …………………………………………………………………… 039
4.1.3 贵州紫云宗地剖面 …………………………………………………………………… 044
4.1.4 贵州独山其林寨剖面 ………………………………………………………………… 050
4.1.5 江苏南京孔山剖面 …………………………………………………………………… 057
4.1.6 四川江油马角坝剖面 ………………………………………………………………… 066
4.1.7 广西柳州碰冲剖面 …………………………………………………………………… 071
4.2　西藏－滇西区 ………………………………………………………………………… 076
4.2.1 云南施甸鱼洞－大寨门剖面 ………………………………………………………… 076
4.3　塔里木－华北区 ……………………………………………………………………… 084
4.3.1 山西太原西山剖面 …………………………………………………………………… 087
4.3.2 新疆柯坪四石厂剖面 ………………………………………………………………… 093
4.3.3 新疆乌什蒙达勒克－库鲁剖面 ……………………………………………………… 098
4.4　准噶尔－兴安区 ……………………………………………………………………… 105
4.4.1 新疆乌鲁木齐祁家沟剖面 …………………………………………………………… 105
4.4.2 新疆和布克赛尔俄姆哈剖面 ………………………………………………………… 113

5　中国石炭纪标志化石图集 ……………………………………………………………… 117
5.1　牙形类 ………………………………………………………………………………… 117
5.1.1 牙形类结构术语 ……………………………………………………………………… 121
5.1.2 牙形类图版 …………………………………………………………………………… 121
5.2　有孔虫 ………………………………………………………………………………… 198
5.2.1 有孔虫结构术语 ……………………………………………………………………… 200
5.2.2 有孔虫图版 …………………………………………………………………………… 201
5.3　䗴　类 ………………………………………………………………………………… 230
5.3.1 䗴类结构术语 ………………………………………………………………………… 231
5.3.2 䗴类图版 ……………………………………………………………………………… 233
5.4　菊　石 ………………………………………………………………………………… 274

5.4.1 菊石结构术语 …… 276
5.4.2 菊石图版 …… 279
5.5 腕足类 …… 320
5.5.1 腕足类结构术语 …… 322
5.5.2 腕足类图版 …… 324
5.6 四射珊瑚 …… 363
5.6.1 四射珊瑚结构术语 …… 365
5.6.2 四射珊瑚图版 …… 367

参考文献…… 408

属种索引…… 445

1 国际石炭纪年代地层划分

石炭纪是广泛成煤的时期。石炭纪（Carboniferous）的名称来源于拉丁语 carbo（炭）和 ferronus（含有）。石炭纪的煤系矿产是推动工业发展的重要资源，为第一次工业革命提供了燃料。即使到目前，石炭纪产的煤仍然是全球各国的重要战略物资和重要的能源来源。石炭纪的地层学研究最早可追溯至 18 世纪末的比利时及英国（Whitehurst, 1778；de Witry, 1780）。Farey（1811）提出将石炭系作为地层单位（Ramsbottom, 1984），William D. Conybeare 和 William Phillips 于 1822 年根据英格兰北部含煤地层正式命名了石炭系（Conybeare and Phillips, 1822），Phillips（1835）将其作为系一级的地层单元进行了较详细的介绍。

早期石炭纪地层的研究是伴随着煤炭作为主要能源的需求而发展起来的，尤其是在石炭系研究经典地区的西欧、俄罗斯和北美。20 世纪之前，这些地区的区域性划分方案常常只涉及陆相或部分海相地层，例如，命名于比利时南部的纳缪尔阶（Namurian）、源于德国西部的威斯发阶（Westphalian）和法国中南部的斯蒂芬阶（Stephanian），代表了西欧广泛分布的海陆交互相含煤地层；命名于比利时南部的杜内阶（Tournaisian）和维宪阶（Visean），以及命名于俄罗斯莫斯科盆地的谢尔普霍夫阶（Serpukhovian）、莫斯科阶（Moscovian）和格舍尔阶（Gzhelian），对应于海相碳酸盐岩地层。针对东欧的石炭纪海相地层，Munier 和 Lapparent（1893）建立了迪南阶（Dinantian）、莫斯科阶和乌拉尔阶（Uralian），其中后两个阶相当于西欧地区含煤地层的威斯发阶和斯蒂芬阶。但事实上，东欧海相年代地层划分方案并没有被广泛使用，当时使用的莫斯科阶和乌拉尔阶与目前的含义有很大的不同。

20 世纪，随着煤炭资源的持续性增长需求，石炭纪地层研究发展迅速，全球的石炭系研究者建立起多样化的交流渠道，其中国际石炭系地质大会是重要的石炭系综合研究系列性会议，原则上每四年一次。1927 年，在荷兰海尔伦（Heerlen）召开的第一届国际石炭系地质大会上，石炭系的划分采用 4 个阶，即迪南阶代表下石炭统，纳缪尔阶、威斯发阶和斯蒂芬阶代表上石炭统（Wagner and Winkler Prins, 2016）。1951 年的第三届国际石炭系地质大会围绕北美和欧洲石炭系的划分和对比进行了广泛的讨论。1971 年，在德国克雷费尔德（Krefeld）召开的第七届石炭系地质大会，讨论了石炭纪的划分仍然沿用西欧的年代地层方案，将石炭系分为迪南亚系和西里西亚亚系，前者包含杜内阶和维宪阶，后者包含纳缪尔阶、威斯发阶和斯蒂芬阶，基本代表的还是海陆交互相地层沉积。之后，随着全球对比的需求，海相地层研究进一步深入，东欧及北美的海相石炭系研究成果越来越得到国际同行的认可。1975 年，在俄罗斯莫斯科（Moscow）召开的第八届石炭系地质大会，首次提出了目前使用的石炭系划分方案，将石炭系分为下部的密西西比亚系（Mississippian Subsystem）和上部的宾夕法尼亚亚系（Pennsylvanian Subsystem），共 7 个阶。密西西比亚系包含杜内阶、维宪阶和谢尔普霍夫阶，宾夕法尼亚亚系包含巴什基尔阶、莫斯科阶、卡西莫夫阶和格舍尔阶（Bouroz et al ., 1978）。这个以海相地层为主的划分方案综合考虑了西欧、东欧和北美的地层名称，得到了全球范围内较为广泛的认可，改变了之前一直沿用西欧石炭系划分方案的状态。

经过近 20 年的讨论和协调，1998 年，国际地层委员会石炭纪地层分会通过投票表决，确定使用美国的密西西比和宾夕法尼亚两个亚系作为石炭系正式年代地层单位。1999 年在加拿大卡尔加里（Calgary）举行的第 14 届石炭系地质大会上，分会主席 Heckel 正式提出了石炭系年代地层划分方案（Heckel，2001），得到了国际地层委员会石炭纪地层分会的正式认可。该方案将石炭系划分为两个亚系，下部的密西西比亚系和上部的宾夕法尼亚亚系，每个亚系又分为下、中、上三个统。密西西比亚系由下至上分为杜内阶（Tournaisian）、维宪阶（Visean）和谢尔普霍夫阶（Serpukhovian）；宾夕法尼亚亚系由下至上分为巴什基尔阶（Bashkirian）、莫斯科阶（Moscovian）、卡西莫夫阶（Kasimovian）和格舍尔阶（Gzhelian）（图 1-1-1）。尽管国际年代地层框架已经建立，但地方性的年代地层单位仍在使用，例如，西欧、俄罗斯莫斯科盆地和乌拉尔、北美内陆地区、中国华南地区等的地方性阶及阶之下的地层划分十分详细（图 1-1-2）。

全球年代地层界线层型剖面和点位（Global Stratotype Section and Point, GSSP，简称全球界线层型，俗称“金钉子”），由国际地层委员会确立和批准，是全球唯一统一标准。截至 2019 年底，石炭系仅杜内阶、维宪阶和巴什基尔阶确立了全球界线层型（Paproth et al.，1991；Lane et al.，1999；Devuyst et al.，2003）。剩余未确立的 4 个阶的界线工作组已经工作、讨论了 20 多年，仍然没有解决全球界线层型问题，只确定了格舍尔阶的界线定义。另外，由于杜内阶底界的界线定义牙形类 *Siphonodella sulcata*（Paproth et al ., 1991）实际上发现于层型剖面界线之下的地层 （Kaiser, 2009），且该种的分类本身还存有争议（Kaiser and Corradini, 2011），因此，杜内阶的全球界线层型需要重新进行研究。

宇	界	系	统	阶	年龄	界线层型剖面	全球界线层型定义化石/候选标志化石
显生宇	古生界	二叠系	乌拉尔统	阿瑟尔阶	298.9Ma	Aidaralash Creek，哈萨克斯坦	*Streptognathodus isolatus*
		石炭系 宾夕法尼亚亚系	上统	格舍尔阶	303.4Ma		*Idiognathodus simulator*
				卡西莫夫阶	306.7Ma		*Idiognathodus sagittalis* *Idiognathodus turbatus*
			中统	莫斯科阶	314.6Ma		*Idiognathodus heckeli* *Diplognathodus ellesmerensis* *Declinognathodus donetzianus*
			下统	巴什基尔阶	323.2Ma	Arrow Canyon, 美国	*Declinognathodus noduliferus* s. l.
		石炭系 密西西比亚系	上统	谢尔普霍夫阶	330.9Ma		*Lochriea ziegleri*
			中统	维宪阶	346.7Ma	碰冲, 中国	*Eoparastaffella simplex*
			下统	杜内阶	358.9Ma	La Serre, 法国	*Siphonodella sulcata*

图 1-1-1　国际石炭纪年代地层划分

年龄 (Ma)	标准年代地层 系	标准年代地层 亚系	标准年代地层 统	标准年代地层 阶	俄罗斯 莫斯科盆地 阶	俄罗斯 莫斯科盆地 亚阶	俄罗斯 乌拉尔 亚阶	西欧 阶	西欧 亚阶	北美 阶	北美 组	中国 亚系	中国 统	中国 阶
295	二叠系		乌拉尔统	阿瑟尔阶	Asselian	Kholodnolo-zhskian	Shikhanian	Autunian	Kuzel	Wolfcamp-ian	Wolfcamp	下二叠统		紫松阶
300	石炭系	宾夕法尼亚亚系	上统	格舍尔阶	Gzhelian	Melekhovian Noginskian Pavlovoposadian Dobryatinian	Nikolskian Martukian Azantashian	Stephanian	Stephanian C	Virgilian	Wabaunsee Shawnee Douglas	壶天亚系	马平统	小独山阶
305				卡西莫夫阶	Kasimovian	Dorogomilovian Khamovnikian Krevyakinian	Kerzhakovian Lomovskian		Stephanian B Barruelian (A)	Missourian	Lonsing Kansas City Pleasanton			
310			中统	莫斯科阶	Moscovian	Myachkovian Podolskian Kashirian Vereian	Tashlian Zilimian Imendiashevian Soloncian	Westph-alian	Cantabrian Asuturian (D) Bolsovian (C)	Desmoi-nesian Atokan	Marmaton Cherokee Atoka		威宁统	达拉阶
315 320			下统	巴什基尔阶	Bashkirian	Melekesian Chermshankian Prikamian Severokeltmenian Krasnopolyanian Voznesenskian	Asatauian Tashastian Askynbashian Akavassian Kamennogorian Bogdanovkian	Namurian	Duckmantian (B) Langsettian (A) Yeadonian Marsdenian Kinderscoutian Alportian Chokierian	Morrowan	Winslow Bloyd Hale			滑石板阶 罗苏阶
325 330		密西西比亚系	上统	谢尔普霍夫阶	Serpu-khovian	Zapaltyubian Protvian Steshevian Tarusian	Chernyshevkian Khudolazian Sunturian		Arnsbergian Pendleian	Chesterian	Grove Church Kinkaid Degonia to Palestine Menard	丰宁亚系	大塘统	德坞阶
335 340 345			中统	维宪阶	Visean	Venevian Mikhailovian Aleksinian Tulian Bobrikian Radaevkian	Bogdanovichian Averinian Kamenskorualskian Zhukovian Ustgrekhovkian Burlian Obruchevkian	Visean	Brigantian Asbian Holkerian Arundian Chadian	Merame-cian Osagean	Waltersburg-Haney Fraileys Beech Creek-Aux Vases Ste. Genevieve St. Louis Salem Upper Warsow Lower Warsow Keokuk			上司阶 旧司阶
350 355			下统	杜内阶	Tournaisian	Kosvian Kizelian Cherepetian Karakubian Upian Malevkian	Kosvian Kizelian Pershinian Rezhian upper Rezhian lower	Tournaisian	Ivorian Hastarian	Kinder-hookian	Burlington Fern-Glen Meppen Chouteau Hannibal Glen Part/ Horton Creek		岩关统	汤耙沟阶
360	泥盆系		上统	法门阶	Famennian	Gumerovian	Gumerovian	Famennian		Chatauquan	Louisiana	上泥盆统		邵东阶

图 1-1-2　国际上主要地区的石炭纪年代地层划分和对比（王向东等，2019）

1.1 密西西比亚系（Mississippian Subsystem）

密西西比亚系的命名源自美国密西西比河谷地区的下石炭地层。Winchell（1869）根据美国爱荷华、伊利诺伊和密苏里等州密西西比河河谷地区广泛发育的灰岩首次提出密西西比统（Mississippian Series），Williams（1891）正式建立该统。美国地质调查局将其提升为密西西比系，并细划为三统（Bradley, 1953; 1956）。国际地层委员会石炭纪地层分会于 1998 年、2000 年投票表决以密西西比亚系作为国际标准来代表下石炭统（Heckel and Clayton, 2006），其底界的全球界线层型位于法国南部 La Serre 剖面，以牙形类 *Siphonodella sulcata* 的首现为标志；顶界的全球界线层型位于美国内华达州 Arrow Canyon 剖面，以广义的 *Declinognathodus noduliferus* 的首现为标志。该亚系划分为下、中、上三个统，每个统各只包含一个阶，自下而上为杜内阶、维宪阶和谢尔普霍夫阶。其中，杜内阶和维宪阶的全球界线层型已经确立，谢尔普霍夫阶的全球界线层型尚未确立。

从泥盆纪到密西西比亚纪早期，全球海平面发生重大变化（Kumpan et al., 2014），古气候则是从泥盆纪法门期的寒冷干旱气候转变为杜内期的温暖湿润气候（Marshall et al., 2013）。泥盆纪末广泛出现的海水缺氧黑色页岩及后期的海退与海根伯格（Hangenberg）生物灭绝事件紧密相伴，导致了泥盆纪类型的多种生物（如层孔虫）大规模灭绝，之后在杜内期逐渐转换为石炭—二叠纪类型的生物。维宪期开始，著名的晚古生代冰期（Late Paleozoic Ice Age, LPIA）拉开序幕。晚古生代冰期在低纬度地区的典型特征是沉积地层的旋回性和同位素变化（Buggisch et al., 2008；Fielding et al., 2008；Montañez and Poulsen, 2013；Poty, 2016；Chen et al., 2018）。尽管密西西比亚系以海相地层为主，但主要的海相生物如珊瑚、腕足类、有孔虫、牙形类等的面貌在北美和欧洲之间有比较大的差异，全球地层对比困难。

1.1.1 杜内阶（Tournaisian Stage）

阶名 Tournaisian 来源于比利时西部的 Tournai 镇。根据 Tournai 镇周围广泛发育的海相灰岩地层，de Koninck（1841—1844）首次提出石炭系杜内灰岩（calcaire carbonifère de Tournai）的岩石地层名称；之后，Dupont（1882）改称杜内阶（Etage de Tournai）。全球的杜内阶以海相石灰岩为主，在中部有硅质碎屑岩和白云岩沉积，代表杜内期中期发生过一次显著的海退事件。在西欧的法比盆地，杜内阶包含 3 个亚阶，可识别出 8 个有孔虫带（MFZ1—MFZ8）、10 个牙形类带和 4 个四射珊瑚带（RC1—RC4）（王向东等，2019）。传统的杜内阶底界以菊石 *Gattendorfia* 属的出现为标志，稍高于代表全球海退事件沉积的海根伯格砂岩（Hangenberg Sandstone）。国际地层委员会石炭纪地层分会组织的泥盆—石炭系界线工作组确定用牙形类 *Siphonodella sulcata* 作为界线标志。1991 年，杜内阶的底界暨石炭系底界全球界线层型确立在法国南部 La Serre 剖面（Paproth et al., 1991），辅助层型分别位于德国萨尔州（Sauerland）的 Hasselbachtal 剖面（Becker and Paproth, 1993）和中国广西南边村剖面（古振中，1988）。

杜内阶的全球界线层型是法国南部 La Serre 剖面，它是一条探槽剖面，精确位置是 La Serre 山南侧 La Rouquette 农舍的东侧约 0.5km 处（GPS: 43.5555 °N, 3.3573 °E）。2009 年，Kaiser 重新研究了这条剖面，在原定义的杜内阶全球界线层型（第 89 层）之下 0.45m 处（第 85 层）发现了标志分子 *Siphonodella sulcata*，因而对这个全球界线层型提出了质疑。新的界线工作组倾向于使用多重标志，以适用于不同沉积相的剖面。Aretz 和 Corradini（2019）提出的多重标志包括：泥盆纪末生物大灭绝的结束和石炭纪生物辐射的开始、牙形类 *Protognathodus kockeli* 带的底界、海退事件（高水位体系域）的顶界。按照这些标准，新的界线层型将比原来的界线层位略低。

根据 2020 版国际地质年表，杜内阶的延续时间较长（12.2 百万年），在比利时传统上视为统一级地层单位。Poty 等（2014）建议使用比利时区域性阶名 Hastarian 和 Ivorian 来进一步划分杜内阶。

1.1.2 维宪阶（Visean Stage）

阶名 Visean 来源于比利时东北部的 Visé 市。de Koninck（1841—1844）首次提出石炭系维宪灰岩（calcaire carbonifère de Visé）的名称，Dupont（1882）改称维宪阶（Etage de Visé）。世界各地的维宪阶岩性变化较大。在其命名地区，维宪阶以海相灰岩为主，但存在多个沉积间断；在乌克兰顿涅茨盆地，下部以海相灰岩为主，中部为海陆交互相沉积，上部以海相灰岩为主夹煤层；在俄罗斯的南乌拉尔、中国南部和北美，以海相灰岩为主。维宪阶在西欧包含 3 个亚阶，可识别出 7 个有孔虫带（MFZ9—MFZ15）、4 个牙形类带和 5 个四射珊瑚带（RC4—RC8）。

在较深水或外陆棚相地层中的杜内—维宪阶界线附近，牙形类和菊石没有明显变化，因此维宪阶底界的界线工作组决定用有孔虫作为标志化石类群。华南广西柳州市北 15 km 附近的碰冲剖面被确定为界线层型剖面（GPS: 24.4333 °N, 109.4500 °E），以 *Eoparastaffella simplex* 的首现为标志，确定维宪阶的底界，与牙形类 *Scaliognathodus anchoralis europensis* 的末现和 *Pseudognathodus homopunctatus* 的首现一致（Devuyst et al., 2003）。这个界线层型刚好落在全球海平面的下降处，在欧洲和北美地区均表现为明显的岩性变化及地层缺失，因此便于全球对比（图 1-1-3）。

根据 2020 版国际地质年表，维宪阶的延续时间很长（15.8 百万年），在国际上很多地区常视为统一级地层单位。Poty 等（2014）建议使用比利时区域性阶名 Moliniacian、Livian 及 Warnantian 进一步划分维宪阶。

1.1.3 谢尔普霍夫阶（Serpukhovian Stage）

阶名 Serpukhovian 由 Nikitin 在 1890 年据俄罗斯莫斯科州南部的 Serpukhov 市命名。在俄罗斯地台，谢尔普霍夫阶以浅海碳酸盐岩和海陆交互相沉积为主，划分为 4 个亚阶，包含 2 个牙形类带、3 个有孔虫带和 2 个菊石带。在全球其他地区，谢尔普霍夫阶以海陆交互相沉积为主，只在局部地区如中国华南、俄罗斯南乌拉尔、西班牙北部等以海相碳酸盐岩为主。由于全球气候的剧烈变动、冈瓦纳大陆冰川的形成、劳亚大陆与冈瓦纳大陆的碰撞等事件，维宪期与谢尔普霍夫期过渡时期的沉积地层很不完整，大量的不整合面出现在浅水相地层中，各地的生物群多为地方性分子，寻找可供全球对比的标志性化石很困难。

旨在寻找谢尔普霍夫阶底界全球层型的工作组于 2003 年成立，并尝试性提出用牙形类 *Lochriea ziegleri* 的首现作为界线层型标志。但经过多年的工作，发现这一标志存在诸多问题，例如，*Lochriea ziegleri* 在很多地区的首现位置比传统的莫斯科盆地的谢尔普霍夫阶底界低很多；*Lochriea* 属的各种形态性状的演化趋势尚不清晰，在不同地区的出现可能不同时，与其他化石门类尤其是底栖类型的对比关系仍不清楚（Sevastopulo and Barham，2014；Herbig et al.，2017；Alekseev et al.，2018；Cózar et al.，2019）。目前，国际年代地层表中只是暂时将其作为谢尔普霍夫阶的底界标志。

谢尔普霍夫阶的延限为 7.7 百万年。

1.2 宾夕法尼亚亚系（Pennsylvanian Subsystem）

宾夕法尼亚亚系的命名源自阿肯色州华盛顿县的石炭纪含煤地层，Williams（1891）正式建立宾夕法尼亚统（Pennsylvanian Series），20 世纪中叶提升为系（Bradley, 1953; 1956）。国际地层委员会石炭纪地层分会于 1998 年、2000 年投票表决以宾夕法尼亚亚系作为国际标准来代表上石炭统（Heckel and Clayton, 2006）。其底界的全球界线层型位于美国内华达州的 Arrow Canyon 剖面，以牙形类 *Declinognathodus noduliferus* sensu lato 的首现为标志；顶界即二叠系阿瑟尔阶底界的全球界线层型位于哈萨克斯坦北部的 Aidaralash Creek 剖面，以牙形类 *Streptognathodus isolatus* 的首现为标志。

宾夕法尼亚亚系的一个重要特征是具由冰期—间冰期造成的沉积旋回性。一方面，由旋回性形成的旋回层是全球对比的重要工具（Heckel，2013），另一方面，对于全球界线层型研究来说，这种旋回性产生的沉积和地层的不连续，与界线层型要求的地层连续基本要求不符。宾夕法尼亚亚系在全球大部分地区如北美、西欧和中国北方均为海陆交互相沉积，富含煤层；只在某些地区，如中国华南、俄罗斯南乌拉尔地区及西班牙北部有较为连续的海相碳酸盐岩沉积。密西西比亚纪与宾夕法尼亚亚纪的过渡时期，发生了一次重要的海洋生物灭绝事件，一些重要的生物类群消失。同时劳亚大陆与冈瓦纳大陆的碰撞使得两者之间的海道关闭，海洋生物的东西向交流大大降低，使宾夕法尼亚亚系的全球年代地层划分和对比困难。

1.2.1 巴什基尔阶（Bashkirian Stage）

阶名 Bashkirian 源于俄罗斯南乌拉尔地区的巴什基尔山（Bashkiria Mountains），由 Semikhatova 于 1934 年命名。20 世纪 70 年代，位于巴什基尔山地区的 Askyn 剖面被指定为命名剖面。在俄罗斯大部分地区，巴什基尔阶包含 6 个亚阶，可识别出 5 个牙形类带、7 个䗴带和 5 个菊石带。阶底界也就是宾夕法尼亚亚系的底界，以牙形类 *Declinognathodus noduliferus* 广义种的首现作为标志，全球界线层型位于美国内华达州拉斯维加斯市东北 75km 的 Arrow Canyon 剖面（GPS: 36.7333 °N, 114.7778 °E）。另外，䗴类 *Millerella pressa* 和 *Millerella marblensis* 以及菊石 *Homoceras* 的首现也可大致运用于识别巴什基尔阶的底界（Lane et al., 1999）。最近的研究认为，用 *Declinognathodus noduliferus* 的广义种来定义巴什基尔阶的底界可能不够精确。在西班牙，*D. noduliferus bernesgae* 出现较早，与典型的谢尔普霍夫期的牙形类及菊石产出在同一层位（Sanz-López et al.，2006）。另外，Arrow Canyon 剖面是一条浅水相剖面，界线附近含多个沉积旋回暴露面，可能存在地层缺失（Barnett and Wright，2008）。因此，Manger（2017）建议用它以前的一个亚种 *D. inaequalis* 来定义巴什基尔阶底界。

巴什基尔期早期发生了全球性海退事件，导致全球的巴什基尔期地层存在非常显著的沉积差异。全球在此时期广泛发育海陆交互相及含煤沉积，只在部分地区如中国华南、俄罗斯南乌拉尔地区及西班牙北部发育连续的海相碳酸盐岩序列，但白云岩化、沉积间断和暴露面等广泛出现。此时期的生物面貌相比之前也有重大变化：密西西比亚纪类型的牙形类消失，繁盛的类群为新的宾夕法尼亚亚纪类群；䗴类有孔虫出现并快速演化和辐射；复体四射珊瑚取代了密西西比亚纪的大型单体鳞板四射珊瑚；腕足类出现了小型化特征；钙藻礁取代了密西西比亚纪后期的珊瑚海绵礁。无机碳、氧同位素等地球化学数据也出现了显著的正偏（Wang et al., 2013）。这些特征对建立全球统一的年代地层系统工作造成了极大的困难。

巴什基尔阶的延限为 8.0 百万年。

1.2.2 莫斯科阶（Moscovian Stage）

阶名 Moscovian 来源于俄罗斯莫斯科盆地，由 Nikitin 于 1890 年命名。岩性以浅海生物碎屑灰岩和杂色黏土岩交替出现为代表，包含 4 个亚阶，可识别出 8 个牙形类带、6 个䗴带和 3 个菊石带。莫斯科阶在全球大部分区域，如西欧、北美、中国北方和乌克兰顿涅茨盆地等，均以海陆交互相沉积为主，富含煤层。连续的海相碳酸盐岩沉积仅出现在中国华南及俄罗斯南乌拉尔地区。在莫斯科盆地，莫斯科阶的传统底界标志是䗴类 *Profusulinella aljutovica* 的首现。但䗴类为浅海底栖生物，区域性较强，很难在全球范围内对比，因此，国际地层委员会石炭纪地层分会成立的巴什基尔—莫斯科阶界线工作组，一直致力于寻找合适的牙形类作为划分和对比莫斯科阶底界的标志。

Nemyrovska（1999）提出将莫斯科阶底界置于 *Declinognathodus marginodosus–D. donetzianus* 演化谱系的后者的首现层位，其地层位置接近传统的莫斯科阶底界。但这一谱系化石分布的地理区域比较局限，仅出现在乌克兰顿涅茨盆地、俄罗斯莫斯科盆地和英国。另一种方案是以牙形类 *Diplognathodus ellesmerensis* 的首现定义莫斯科阶的底界（Groves and Task Group, 2007；Qi et al., 2016; Hu et al., 2020b）。这一定义中的牙形类化石易于识别，有更广泛的地理分布，在北美、南美、欧洲和中国均有产出。在浅水台地相，䗴类化石 *Profusulinella aljutovica*、*Drepratina prisca*、*Eofusilina* 等的首现均大致接近于莫斯科阶的底界。

莫斯科阶的延限为 8.2 百万年。

1.2.3 卡西莫夫阶（Kasimovian Stage）

阶名 Kasimovian 源自俄罗斯莫斯科盆地的 Kasimov 镇。Nikitin（1890）建立的原莫斯科阶包括本阶。Ivanov（1926）根据不同的腕足动物类群，在原来的莫斯科阶上部划分出 Teguliferina 层（Teguliferina Horizon），Danshin（1947）将其命名为卡西莫夫层，Teodorovich（1949）将其更名为卡西莫夫阶（Kasimovian Stage）。在命名地区，卡西莫夫阶包含 3 个亚阶，可识别出 5 个牙形类带、3 个䗴带和 1 个菊石带。在全球范围内，卡西莫夫阶以海陆交互相沉积为主，但海相沉积较莫斯科阶增多，中国华南、俄罗斯南乌拉尔地区及西班牙北部均发育有连续沉积的海相碳酸盐岩序列。

卡西莫夫阶的传统底界由蜓带 *Obsoletes obsoletes–Protriticites pseudomontiparus* 的底界定义。基于全球对比工作的需要，国际地层委员会石炭纪地层分会于 1989 年成立了莫斯科 — 卡西莫夫阶界线工作组，并建议用牙形类定义卡西莫夫阶底界。长期以来，工作组对于此界线的讨论均围绕两个牙形类种 *Idiognathodus sagittalis*、*I. turbatus* 展开，2 个种出现的地层位置相当，但比传统的卡西莫夫阶底界高 1 个亚阶，这使得本来就很短的卡西莫夫阶的时限更短了（Villa and Task Group, 2008）。Ueno 和 Task Group（2014）提出，用 *I. turbatus* 的直接祖先种 *I. heckeli* 作为卡西莫夫阶底界，定义的位置接近于传统界线。最近的研究显示，另一牙形类种 *Swadelina subexcelsa* 的首现可作为卡斯莫夫阶的底界标志，它的位置与传统的卡斯莫夫阶底界一致（Ueno and Task Group, 2017）。这个牙形类种广泛地出现在北美、俄罗斯莫斯科盆地、乌克兰顿涅茨盆地及中国华南地区。

卡西莫夫阶的延限仅为 3.3 百万年。

1.2.4 格舍尔阶（Gzhelian Stage）

阶名 Gzhelian 源于俄罗斯莫斯科州中部的 Gzhel 镇，由 Nikitin（1890）创建于莫斯科盆地。在莫斯科盆地，格舍尔阶包含 4 个亚阶，可识别出 6 个牙形类带、4 个蜓带和 1 个菊石带。全球范围内的格舍尔阶以海陆交互相沉积为主。在命名地区，以蜓类 *Rauserites rossicus* 或 *R. stuckenbergi* 的首现作为格舍尔阶的底界，但由于蜓类为浅海底栖生物，区域性较强，不适于全球对比。与宾夕法尼亚亚纪的其他阶相似，国际地层委员会石炭纪地层分会拟选用牙形类作为界线标志类群。2008 年，石炭纪地层分会投票表决，以牙形类 *Idiognathodus simulator* 的首现作为格舍尔阶底界的界线标志，但关于它演化谱系中的祖裔种，尚无定论。

格舍尔期始，全球发生了一次明显的生物和环境变化事件，北美地区地层中出现了一个显著的沉积暴露面，欧洲及中国华南地区在此时的碳和锶同位素变化也十分显著（Heckel et al., 2008；Chen et al., 2018）。在俄罗斯南乌拉尔地区的深水相 Usolka 剖面，作为界线标志的牙形类种 *Idiognathodus simulator* 与丰富的 *Rauserites* 属蜓类化石共同出现，剖面上产出多层火山灰层，可用于精确的同位素测年（Schmitz and Davydov, 2012），是研究年代地层的良好材料。但遗憾的是，此剖面主体均为碳酸盐岩和碎屑岩互层沉积，可能有地层和连续演变生物的缺失。中国华南地区的贵州纳庆剖面，沉积了连续的碳酸盐岩，产有非常丰富的牙形类化石，*Idiognathodus simulator* 丰富，同时也发现了大量的祖裔型分子，有望找到其直接祖先（Qi et al., 2020）。纳庆剖面在格舍尔底界附近也产出不甚丰富的蜓类化石，可与浅水相地层中所产的蜓类化石进行对比。

格舍尔阶的延限为 4.8 百万年。

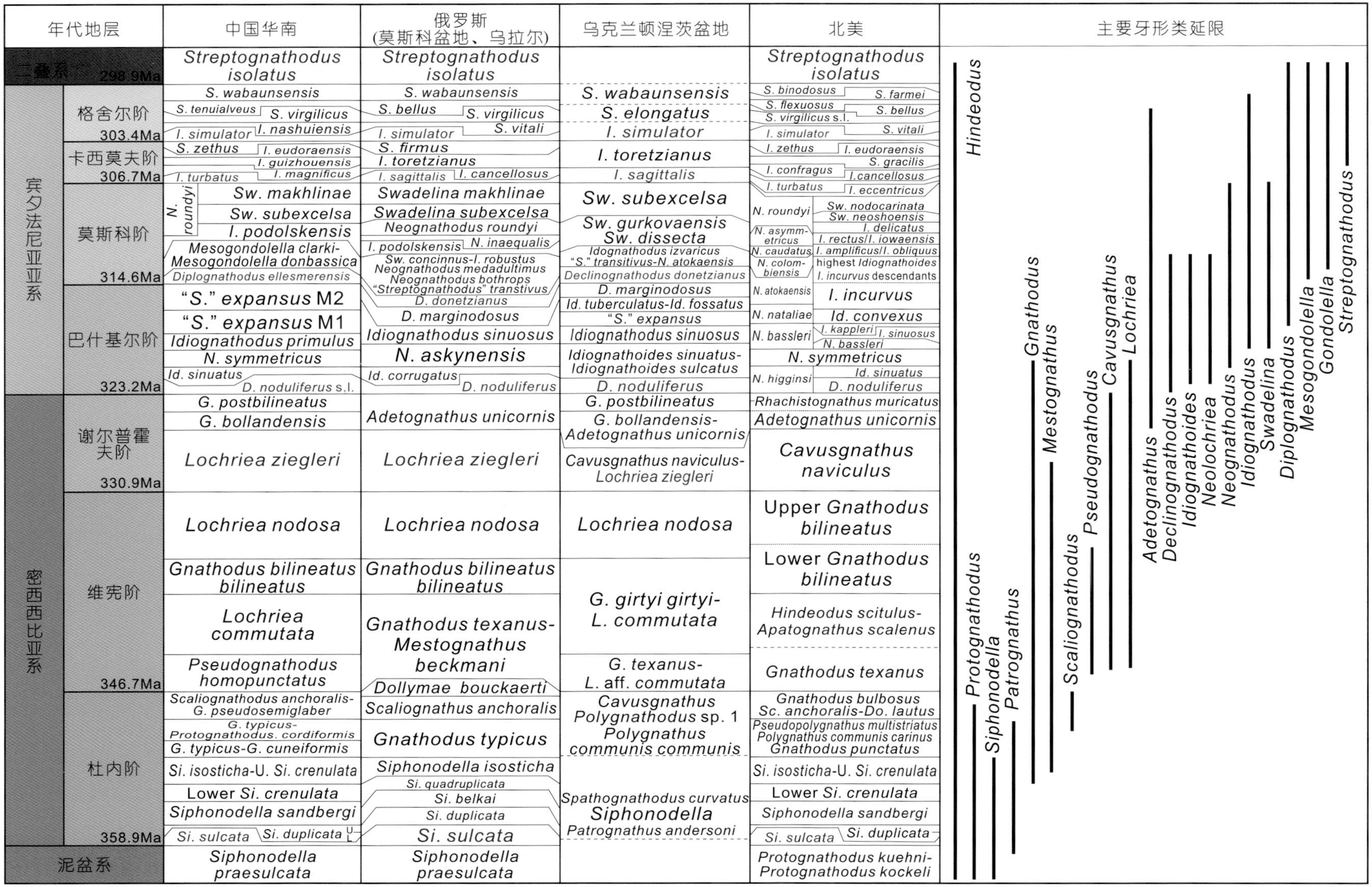

年代地层		中国华南	俄罗斯（莫斯科盆地、乌拉尔）	乌克兰顿涅茨盆地	北美
二叠系	298.9Ma	Streptognathodus isolatus	Streptognathodus isolatus		Streptognathodus isolatus
宾夕法尼亚亚系	格舍尔阶 303.4Ma	S. wabaunsensis S. tenuialveus / S. virgilicus I. simulator / I. nashuiensis	S. wabaunsensis S. bellus / S. virgilicus I. simulator / S. vitali	S. wabaunsensis S. elongatus I. simulator	S. binodosus / S. farmei S. flexuosus / S. bellus S. virgilicus s.l. I. simulator / S. vitali
	卡西莫夫阶 306.7Ma	S. zethus / I. eudoraensis I. guizhouensis I. turbatus / I. magnificus	S. firmus I. toretzianus I. sagittalis / I. cancellosus	I. toretzianus I. sagittalis	I. zethus / I. eudoraensis S. gracilis I. confragus / I.cancellosus I. turbatus / I. eccentricus
	莫斯科阶 314.6Ma	N. roundyi Sw. makhlinae Sw. subexcelsa I. podolskensis Mesogondolella clarki-Mesogondolella donbassica Diplognathodus ellesmerensis	Swadelina makhlinae Swadelina subexcelsa Neognathodus roundyi I. podolskensis / N. inaequalis Sw. concinnus-I. robustus Neognathodus medadultimus Neognathodus bothrops "Streptognathodus" transtivus	Sw. subexcelsa Sw. gurkovaensis Sw. dissecta Idognathodus izvaricus "S." transitivus-N. atokaensis Declinognathodus donetzianus	N. roundyi / Sw. nodocarinata Sw. neoshoensis N. asymmetricus / I. delicatus N. caudatus / I. rectus/I. iowaensis I. amplificus/I. obliquus N. colombiensis / highest Idiognathoides I. incurvus descendants
	巴什基尔阶 323.2Ma	"S." expansus M2 "S." expansus M1 Idiognathodus primulus N. symmetricus Id. sinuatus / D. noduliferus s.l.	D. donetzianus D. marginodosus Idiognathodus sinuosus N. askynensis Id. corrugatus / D. noduliferus	D. marginodosus Id. tuberculatus-Id. fossatus "S." expansus Idiognathodus sinuosus Idiognathoides sinuatus-Idiognathoides sulcatus D. noduliferus	N. atokaensis / I. incurvus N. nataliae / Id. convexus N. bassleri / I. kappleri / I. sinuosus / N. bassleri N. symmetricus N. higginsi / Id. sinuatus / D. noduliferus
密西西比亚系	谢尔普霍夫阶 330.9Ma	G. postbilineatus G. bollandensis Lochriea ziegleri	Adetognathus unicornis Lochriea ziegleri	G. postbilineatus G. bollandensis-Adetognathus unicornis Cavusgnathus naviculus-Lochriea ziegleri	Rhachistognathus muricatus Adetognathus unicornis Cavusgnathus naviculus
	维宪阶 346.7Ma	Lochriea nodosa Gnathodus bilineatus bilineatus Lochriea commutata Pseudognathodus homopunctatus	Lochriea nodosa Gnathodus bilineatus bilineatus Gnathodus texanus-Mestognathus beckmani Dollymae bouckaerti	Lochriea nodosa G. girtyi girtyi-L. commutata G. texanus-L. aff. commutata	Upper Gnathodus bilineatus Lower Gnathodus bilineatus Hindeodus scitulus-Apatognathus scalenus Gnathodus texanus
	杜内阶 358.9Ma	Scaliognathodus anchoralis-G. pseudosemiglaber G. typicus-Protognathodus. cordiformis G. typicus-G. cuneiformis Si. isosticha-U. Si. crenulata Lower Si. crenulata Siphonodella sandbergi Si. sulcata / Si. duplicata U L	Scaliognathus anchoralis Gnathodus typicus Siphonodella isosticha Si. quadruplicata Si. belkai Si. duplicata Si. sulcata	Cavusgnathus Polygnathodus sp. 1 Polygnathus communis communis Spathognathodus curvatus Siphonodella Patrognathus andersoni	Gnathodus bulbosus Sc. anchoralis-Do. lautus Pseudopolygnathus multistriatus Polygnathus communis carinus Gnathodus punctatus Si. isosticha-U. Si. crenulata Lower Si. crenulata Siphonodella sandbergi Si. sulcata / Si. duplicata
泥盆系		Siphonodella praesulcata	Siphonodella praesulcata		Protognathodus kuehni-Protognathodus kockeli

主要牙形类延限：Hindeodus, Protognathodus, Siphonodella, Patrognathus, Gnathodus, Mestognathus, Scaliognathodus, Pseudognathodus, Cavusgnathus, Lochriea, Adetognathus, Declinognathodus, Idiognathoides, Neolochriea, Neognathodus, Idiognathodus, Swadelina, Diplognathodus, Mesogondolella, Gondolella, Streptognathodus

图 1-1-3 国际石炭纪牙形类生物地层划分与对比（王向东等，2019）

2 中国石炭纪区域年代地层

中国石炭纪年代地层单位的建立与应用，是由我国第一代地质学家丁文江、翁文灏、李四光、赵亚曾、俞建章，以及当时来华的教授葛利普（A. W. Grabau）等的卓绝工作开创的。1914 年，丁文江将滇东、黔西地区的石炭纪地层称为威宁系，但这一名称的正式定义却发表在二十多年之后（Ting and Grabau，1936）。继丁文江等在中国南方的地层调查后，翁文灏、李四光、赵亚曾通过调查华北、东北的石炭纪含煤地层，于 1925、1926 年建立了与威宁系时代大体相当的太原统、本溪统，并将我国北方的晚石炭世地层自下而上分为本溪统、太原统和山西统。此后，丁文江通过调查桂北、黔南地区的石炭系，于 1931 年建立丰宁系，将丰宁系划分为岩关群和大塘群，自下而上再分为革老河统、汤耙沟统、旧司统和上司统。同年，俞建章建立了与上述统一级地层单位对应的 4 个珊瑚化石带。必须指出的是，其时与地层调查同步开展的古生物研究也取得了重大进展，李四光（1927）、赵亚曾（1927，1928，1929）、尹赞勋（1932）、陈旭（1934a，1934b）和 Grabau（1936）等相继发表了蜓类、腕足类、软体动物等石炭系常见化石的一系列成果。这些国际一流研究水平的成果，为丁文江和葛利普在第 16 届（1933 年）国际地质大会上提出中国石炭系划分方案提供了扎实的古生物依据。由他们提出的划分方案正式刊出于第 16 届国际地质大会会议论文集（Ting and Grabau，1936）。该方案将中国石炭系二分，其下部和上部的名称引用北美的密西西比和宾夕法尼亚，各自再分为下、中、上三部分，并将岩关群和大塘群与欧洲的杜内阶与维宪阶对比。至此，基本真实反映中国南、北方石炭系层序的划分构架形成，为后续研究中国石炭系，特别是统、阶一级年代地层单位的建立奠定了良好基础。

20 世纪 50—70 年代，我国将二分的石炭系改成与苏联石炭系相似的三分。但这项变动实际上只是将我国此前已通用的上石炭统一分为二，改称中统和上统，原来的下石炭统以及所有相当于阶一级年代地层单位的名称几乎原封未动。这一划分方案可见于《中国区域地层表（草案）》（中国地质学会编委会和中国科学院地质研究所编，1956）、《第一届全国地层会议学术报告汇编：中国的石炭系》（杨敬之等，1962），以及《中国地层典（7）—— 石炭系》（尹赞勋等，1966）等著作中。该时期我国石炭系研究的主流方向，除重点调查石炭系经典分布区域如辽东太子河流域、晋中南、湘黔桂等之外，还大力开展了空白区域，包括祁连山、中南天山及青藏地区等地的调查。这些工作促进了全国，特别是边远地区石炭系层序的普遍建立，并同时解决了纳缪尔阶在中国的产出、划分等一系列与石炭纪年代地层相关的问题（李星学和盛金章，1956；杨式溥，1962；穆恩之等，1963；吴望始等，1974），取得了重要的研究进展。

20 世纪 80 年代至 21 世纪初，中国石炭纪年代地层研究进展主要体现在下列方面。首先，在几乎没有反对意见的情况下，中国石炭系恢复了上、下统二分的统一（杨敬之等，1979；侯鸿飞等，1982），这与我国石炭纪地层序列及生物群演化的事实相符，也与国际石炭系研究接轨。其次，中国学者厚积薄发，积极参与石炭系全球界线层型的竞争，并在广西桂林南边村确立了泥盆 — 石炭系界线的辅助层型（俞昌民等，1988）。在两次全国性石炭纪地层讨论会（贵阳、太原）之后，1987 年在北京召开了第 11 届国际石炭系地质大会，这标志着中国石炭系研究开始在国际上占据重要位置。

21 世纪以来，中国的石炭纪年代地层研究主要围绕全球界线层型开展。2007 年在南京召开了第 16 届国际石炭—二叠系地质大会，进一步推动了我国石炭系全球界线层型研究的国际化。更重要的是，通过与国外科学家合作，2008 年在中国广西确立了石炭系维宪阶底界的 GSSP（侯鸿飞等，2013）。目前，在国际石炭纪年代地层表中，尚有 4 个阶的全球界线层型没有确立，包括谢尔普霍夫阶、莫斯科阶、卡西莫夫阶和格舍尔阶，牙形类是最有潜力成为这 4 个阶首要标志的化石。贵州罗甸纳庆剖面沉积序列完整，产有丰富的牙形类化石（Hu et al.，2020a），牙形类化石的分类学研究程度高，并同时开展了䗴类化石、沉积学和地球化学的详细研究，从而成为这 4 个阶的候选层型剖面（王向东等，2019）。

中国区域性石炭纪年代地层划分方案和阶名在 20 世纪 80—90 年代被大量建立起来（图 2-1-1），主要依据是华南的贵州、广西、湖南等地的地层序列，绝大多数阶名都是直接由岩石地层单位名称转换而来（芮琳等，1987；Zhang，1987；张正华等，1988；Zhang，1988）。这些地区的浅水台地相碳酸盐岩发育完整，底栖生物丰富，因此中国区域性的阶绝大部分都是根据浅水相地层建立的（王向东和金玉玕，2000），仅有罗苏阶是基于斜坡相地层建立的（芮琳等，1987）。21 世纪以来，我国没有新的年代地层阶名提出。目前，石炭纪年代地层学的研究重点集中在深水斜坡相的生物地层学，旨在完成全球范围内石炭纪地层的高精度对比，以及 4 个未定的全球界线层型标志化石的研究工作。

金玉玕等（2000）				王增吉等（1990）		Wu 等（1987）		张祖圻（1987）		吴祥和（1987）		杨式溥等（1980）		吴望始等（1974）	杨敬之等（1962）		Ting 和 Grabau（1936）			丁文江（1931）		
系	亚系	统	阶	统	阶	统	阶	统	阶	统	阶	统	阶	统	统	阶	系	统	阶	系	群	阶
二叠系			紫松阶																			
	壶天亚系	马平统	小独山阶	上统	马平阶	壶天统	马平阶			壶天统	马平阶	壶天统	马平阶	上统	上统（马平群）			顿涅茨统				
			达拉阶		达拉阶		威宁阶 达拉亚阶	上统	达拉阶		达拉阶		达拉阶	中统	中统（黄龙群）		宾夕法尼亚系	莫斯科统 威宁统 本溪统				
		威宁统	滑石板阶		滑石板阶		滑石板亚阶		滑石板阶		滑石板阶		滑石板阶					纳缪尔统				
石炭系			罗苏阶				德坞亚阶						德坞阶									
			德坞阶						德坞阶		德坞阶											
		大塘统	上司阶		大塘阶		大塘阶	中统	上司阶				大塘阶			大塘阶		上统	上司阶		大塘群	上司统
	丰宁亚系		旧司阶	下统		丰宁统			连南阶 新村阶	丰宁统	大塘阶	丰宁统		下统	下统（丰宁群）		丰宁系	中统	旧司阶	丰宁系		旧司统
		岩关统	汤耙沟阶		岩关阶		岩关阶	下统	刘家塘阶		岩关阶		岩关阶			岩关阶		下统	革老河阶		岩关群	汤耙沟统
泥盆系			革老河阶						革老河阶													革老河统

图 2-1-1　中国石炭纪年代地层划分沿革

年代地层：国际标准 系	年代地层：国际标准 亚系	年代地层：国际标准 阶	年代地层：中国 亚系	年代地层：中国 统	年代地层：中国 阶	牙形类	有孔虫（䗴）	菊石	腕足	四射珊瑚
二叠系		阿瑟尔阶 298.9Ma	船山统		紫松阶	Streptognathodus isolatus	Sphaeroschwagerina sphaerica-Pseudoschwagerina uddeni	Properrinites plummeri	Choristites jigulensis-Protanidanthus	Kepingophyllum
石炭系	宾夕法尼亚亚系	格舍尔阶 303.4Ma 卡西莫夫阶 306.7Ma	壶天亚系	马平统	小独山阶	S. wabaunsensis S. tenuialveus / S. virgilicus I. simulator / I. nashuiensis S. zethus / I. eudoraensis I. guizhouensis I. turbatus / I. magnificus	Triticites subcrassulus-T. noinskyi plicatus T. parvulus-T. umbonoplicatus Montiparus weiningica-M. longissima	Prouddenites		Nephelophyllum-Pseudotimania
		莫斯科阶 314.6Ma		威宁统	达拉阶	N. roundyi Swadelina makhlinae Sw. subexcelsa I. podolskensis Mesogondolella clarki-Mesogondolella donbassica Diplognathodus ellesmerensis "S." expansus M2	Fu. cylindrica-Fu. quasifusulinoides Fusulina pakhrensis-Pseudostaffella paradoxa Fusulina lanceolata-F. vozhgalensis Fusulinella obesa-F. eopulchra Profusulinella aljutovica-Ta. taitzehoensis extensa Pr. priscoidea-Pr. parva	Owenoceras Winslowoceras Branneroceras-Gastrioceras	Buxtonia grandis Alexania gratiodentalis-Nantanella mapingensis-Choristites latum	Carinthiaphyllum-Acrocyathus
		巴什基尔阶 323.2Ma			滑石板阶	"S." expansus M1 I. primulus Neognathodus symmetricus	Ps. composita-Ps. paracompressa Pseudostaffella antiqua-Ps. antiqua posterior	Bilinguites-Cancelloceras	Choristites mansuyi-Semicostella panxianensis	
					罗苏阶	Idiognathoides sinuatus Declinognathodus noduliferus s.l.	Millerella marblensis	Reticuloceras Homoceras		
	密西西比亚系	谢尔普霍夫阶 330.9Ma	丰宁亚系	大塘统	德坞阶	G. postbilineatus G. bollandensis Lochriea ziegleri	Monotaxinoides transitorius Bradyina cribrostomata Eostaffella paraprotvae Janischewskina delicata / Plectomillerella tortula	Dombarites-Eumorphoceras	Gigantoproductus edelburgensis-Gondolina-Striatifera Marginifera tenuistriata-Goniophoria carinata	Aulina rotiformis
		维宪阶 346.7Ma			上司阶	Lochriea nodosa Gnathodus bilineatus bilineatus	Asteroarchaediscus baschkiricus Archaediscus krestovnikovi	Goniatites	Gigantoproductus moderatus Vitiliproductus groberi Pugilis hunanensis	Yuanophyllum
					旧司阶	Lochriea commutata Pseudognathodus homopunctatus	Paraarchaediscus koktjubensis Viseidiscus monstratus Eoparastaffella simplex	Beyrichoceras	Delepinea subcarinata-Megachonetes zimmermanni	Kueichouphyllum sinense-Dorlodotia Parazaphriphyllum
		杜内阶 358.9Ma		岩关统	汤耙沟阶	Scalinognathodus anchoralis-G. pseudosemiglaber G. typicus-Protognathodus cordiformis G. typicus-G. cuneiformis Si. isosticha-U. Si. crenulata Lower Si. crenulata Si. sandbergi Si. sulcata / Si. duplicata	Eoparastaffella ex gr. ovalis Dainella gumbeica Plectogyra komi-Granuliferella complanata	Ammonellipsites Pericyclus Gattendorfia	Finospirifer shaoyangensis Eochoristites-Martiniella Unispirifer-Yanguania	K.-P. 间隔带 Keyserlingophyllum U. tangpakouensis C.-U. t. 间隔带
泥盆系		法门阶	上泥盆统		邵东阶	Siphonodella praesulcata	Quasiendothyra konensis dentala	Wocklumeria	Schuchertella gelaoensis	Cystophrentis

图 2-1-2　中国石炭纪生物地层学（王向东等，2019）

中国区域性石炭纪年代地层划分包括两个亚系，即下部的丰宁亚系和上部的壶天亚系，分别相当于国际标准的密西西比亚系和宾夕法尼亚亚系。丰宁亚系下分岩关统和大塘统，壶天亚系下分威宁统和马平统。两个亚系共包括下列 8 个阶：汤耙沟阶、旧司阶、上司阶、德坞阶、罗苏阶、滑石板阶、达拉阶和小独山阶（金玉玕等，2000；Wang and Jin，2003；王向东和金玉玕，2005）。

中国石炭系年代地层框架的亚系和统两级的底界已与国际标准一致，丰宁亚系的各阶底界也可与国际通用的各阶精确对比，可以直接使用国际标准阶名。由于历史原因或某些块体存在特殊相带，壶天亚系某些阶还需暂时保留中国的区域性阶名（图 2-1-2）。后续研究以生物地层学为基础运用多重地层划分和对比手段，建立中国石炭纪的综合年代地层框架（图 2-1-3），包括重要类群的生物演化事件，以及碳、氧和锶同位素变化曲线。

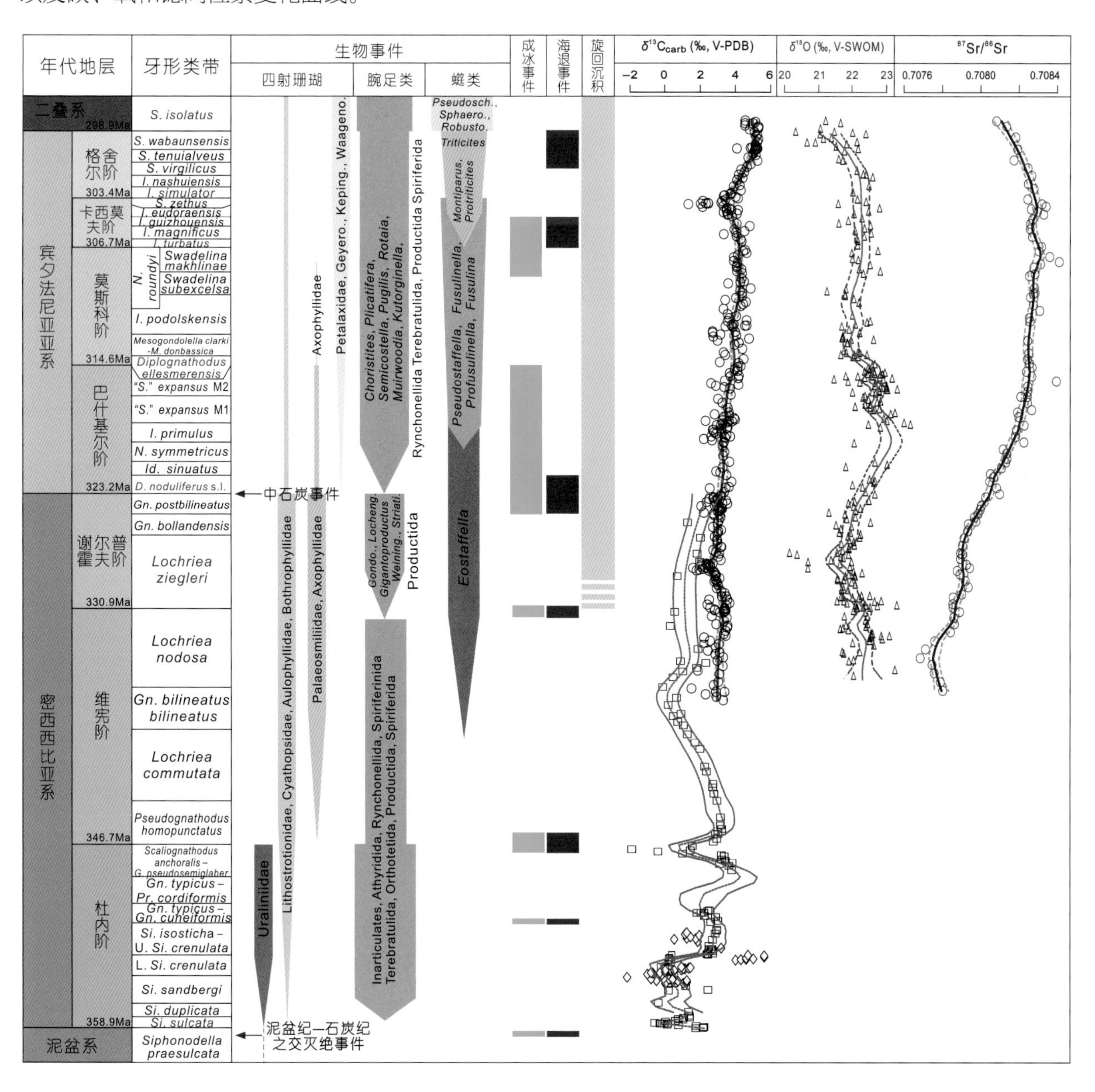

图 2-1-3　中国石炭纪生物和地质事件及化学地层（王向东等，2019）

2.1 丰宁亚系（Fengninian Subsystem）

丰宁亚系的命名剖面位于贵州独山县上司和旧司一带，明清时代该区属丰宁长官司辖地，故取此名，1931 年由丁文江命名。初创的丰宁系包括岩关群和大塘群，可分别与西欧的杜内阶和维宪阶对比。其中，岩关群分为革老河灰岩和汤粑沟砂岩，大塘群分为旧司砂岩和上司石灰岩。同年，俞建章将丰宁系的珊瑚化石序列自下而上划分成 *Cystophrentis*、*Pseudouralinia*（应修订为 *Uralinia*）、*Thysanophyllum*（应修订为 *Thysanophylloides*） 和 *Yuanophyllum* 4 个与岩石地层单位基本对应的化石带。1959 年，全国地层会议采用丰宁统作为我国的下石炭统，包括岩关阶和大塘阶。1962 年，杨式溥将贵州相当于纳缪尔阶的地层命名为德坞组，作为丰宁统的顶部。1982 年，侯鸿飞等提出将泥盆纪锡矿山阶之上、石炭系 *Cystophrentis* 带之下的地层作为“待建阶”，置于丰宁统的底部（吴祥和，1987；王增吉等，1990）。杨敬之等（1982）、Wu 等（1987）使用的丰宁统包括岩关阶和大塘阶。当国际地层委员会决定将泥盆—石炭系全球界线置于 *Siphonodella sulcata* 带之底后，相当于 *Cystophrentis* 带的地层基本上划归至泥盆系，丰宁统的下界则随之提高至汤粑沟组之底或相当层位。另一方面，芮琳等（1987）提出将德坞阶自 *Declinognathodus noduliferus* 带之底至 *Pseudostaffella* 带之底的地层分出，命名为罗苏阶，置于壶天亚系的底部。

2.1.1 岩关统（Aikuanian Series）

统名岩关源自岩关群（Ting，1931），命名地点在贵州独山城南 14km 的岩关。初创时作为丰宁系下部，层位与西欧杜内阶相当，包括下部革老河灰岩和上部汤粑沟砂岩。同年，俞建章建立两个珊瑚化石带，即 *Cystophrentis* 带和 *Uralinia* 带，并以后者的产出层位作为汤粑沟砂岩与革老河灰岩的界线。中科院黔南地层队于 1959 年首先使用岩关阶，以革老河组和汤粑沟组为代表。如前所述，国际地层委员会依据牙形类重新定义了泥盆系的顶界，产出珊瑚 *Cystophrentis* 动物群的革老河组划归至泥盆系。

2.1.1.1 汤粑沟阶（Tangbagouan Stage）

阶名汤粑沟源于丁文江于 1931 年命名的汤粑沟矿岩（Ting，1931），代表剖面位于贵州独山县城以西 4km。该阶代表中国石炭系最下部的一个阶，层位与西欧的杜内阶相当。自从俞建章于 1931 年在汤粑沟组识别出珊瑚化石 *Uralinia* 带（Yü，1931），一直作为中国石炭纪底界对比的标准。

在浅水相区，汤粑沟阶的四射珊瑚可识别为 4 个带，自下而上为 *Cystophrentis–Uralinia tangpakouensis* 间隔带、*Uralinia tangpakouensis* 带、*Keyserlingophyllum* 带、*Keyserlingophyllum–Pseudozaphriphyllum* 带。腕足类 3 个带：*Unispirifer–Yangunania* 带、*Eochoristites–Martiniella* 带、*Finospirifer shaoyangensis* 带（金玉玕，1961；Liao，1995）。有孔虫组合 3 个带：*Plectogyra komi–Granuliferella complanata* 带、*Dainella gumbeica* 带、*Eoparastaffella* ex gr. *ovalis* 带。在深水相区，生物地层层序可以贵州长顺的王佑组和睦化组为代表，已知牙形类 8 个带：*Siphonodella sulcata* 带、*Siphonodella dupulicata* 带、*Siphonodella sandbergi* 带、下 *Siphonodella crenulata* 带、*Siphonodella isosticha*– 上 *Siphonodella crenulata* 带、*Gnathodus typicus–Gnathodus cuneiformis* 带、*Gnathodus typicus–Gnathodus cordiformis* 带、*Scalinognathodus anchoralis–Gnathodus pseudosemiglaber* 带。菊

石 3 个带：*Gattendorfia* 带、*Pericyclus* 带、*Ammonellipsites* 带（王向东等，2019）。

2.1.2 大塘统（Tatangian Series）

统名大塘源自大塘群（Ting，1931），取自贵州平塘西关镇的旧名。大塘统归属丰宁系，包括下部的旧司砂岩和上部的上司石灰岩，与西欧的维宪阶相当。Yü（1931）将旧司砂岩和上司石灰岩的珊瑚分别归纳为 *Thysanophylloides*（原名 *Thysanophyllum*）带和 *Yuanophyllum* 带。Ting 和 Grabau（1936）曾将相当大塘群下部的地层称为中丰宁统或上司统。1959 年，中科院黔南地层队将与大塘群相当的地层称为大塘阶，并被广为沿用。

2.1.2.1 旧司阶（Jiusian Stage）

阶名旧司源于丁文江于 1931 年创立的旧司砂岩（Ting，1931），小林贞一（1956）建立旧司阶。标准剖面位于贵州原大塘县城东南 4km 的旧司村，现划归罗甸县。

在旧司期的浅水陆棚相地层中，珊瑚化石被归纳为 *Parazaphriphyllum* 带或者 *Thysanophylloides*（原 *Thysanophyllum*）带（Yü，1931），腕足类为 *Delepinea subcarinata–Megachonetes zimmermanni* 组合。有孔虫化石识别出 *Eoparastaffella simplex* 带、*Viseidiscus monstratus* 带及部分 *Paraarchaediscus koktjubensis* 带。在贵州的望谟、罗甸的深水相地层中，牙形类化石识别出 *Gnathodus taxanus–G. homopunctatus* 及 *Paragnathodus commutatus* 2 个带（熊剑飞和翟志强，1985；Wang，1990）；菊石化石带 1 个，*Beyrichoceras* 带。

2.1.2.2 上司阶（Shangsian Stage）

阶名上司源于丁文江于 1931 年创立的上司石灰岩（Ting，1931），小林贞一（1956）建立上司阶。1956 年，《中国区域地层表（草案）》用上司组，后被广泛引用。之后，张祖祈重新启用上司阶这一名称，并指定贵州摆金六寨剖面为层型剖面（Zhang，1988）。

在贵州，上司期的岩石地层层序不尽相同。在浅水相区，上司阶珊瑚化石被归纳为 *Dorlodotia* 带及部分 *Yuanophyllum* 延限带，其中下部以 *Palaeosmilia* 及 *Kuichouphyllum heishikuanense* 为特征，中部以 *Aulina carinata* 占优，上部以 *Palastraea* 兴起为主（王增吉等，1990）；腕足类为 *Vitiliproductus groberi–Pugilis hunanensis* 带和 *Gigantoproductus moderatus* 带（吴望始等，1974）；有孔虫可识别为 *Paraarchaediscus koktjubensis* 带、*Archaediscus krestovnikovi* 带、*Asteroarchaediscus baschkiricus* 带。在深水相区，上司阶牙形类化石带自下而上包括 *Gnathodus bilineatus bilineatus* 带和 *Paragnathodus nodosus* 带；菊石为 *Goniatites* 带。

2.1.2.3 德坞阶（Dewuan Stage）

德坞阶由德坞组转变而来（杨式溥，1962），命名剖面在贵州水城德坞，是威宁石灰岩（Ting，1931）底部的一套白云质灰岩和白云岩，层位与西欧的谢尔普霍夫阶相当。吴望始等（1974）认为命名剖面上的德坞组下界不明，另建赵家山组。1979 年，中国地质科学院将与德坞组相当的地层称为德坞阶，同时，德坞组作为摆佐组的后起同义名被废除，贵州贵定县城南 43km 的摆佐村剖面作为德坞阶的标准剖面（王增吉等，1990）。

德坞阶的四射珊瑚属于 *Aulina rotiformis* 带。在浅水相区，腕足类识别出 *Gigantoproductus edelburgensis–Godolina–Striatifera* 带，较深水相区为 *Marginifera tenuistriata–Goniophoria carinata* 带（Li，1987）；有孔虫可识别出 4 个化石带：*Janischewskina delicata–Plectomillerella tortula* 带、*Eostaffellina paraprotvae* 带、*Bradyina cribrostomata* 带和 *Monotaxinoides transitorius* 带（Sheng et al.，2018）。在深水相区，牙形类识别出 3 个带，*Lochriea ziegleri* 带、*Gnathodus bollandensis* 带和 *Gnathodus postbilineatus* 带；菊石 1 个带，*Dombarites–Eumorphoceras* 带。

2.2 壶天亚系（Hutianian Subsystem）

壶天亚系名称源自壶天石灰岩（田奇瓗和王晓青，1932），命名地点为湖南湘乡壶天镇。壶天亚系划分为威宁统和马平统。岩性可总体分为两部分：下部为灰白色块状灰岩，微含硅质；上部为灰黑色厚层灰岩。壶天石灰岩的下部和上部分别与黄龙组和船山组相当，因而被后者取代。1962 年，杨敬之等将壶天石灰岩命名为壶天群。杨敬之等（1982）提出壶天统，包括威宁阶和马平阶，约略相当二分石炭系的上统。侯鸿飞等（1982）将壶天统分为滑石板阶、达拉阶和马平阶。国际地层委员会石炭纪地层分会确定以牙形类 *Declinognathodus noduliferus* 带之底作为石炭系中间界线之后，芮琳等（1987）提出罗苏阶，代表中间界线之上至滑石板阶之底的地层。马平阶的上界也逐渐按国际地层委员会石炭纪地层分会的意见，大体采用蜓类 *Pseudoschwagerina* 的首现之下。

2.2.1 威宁统（Weiningian Series）

统名威宁源于威宁石灰岩（丁文江，1947），早在 1924 年，葛利普就首次公开引用了威宁石灰岩（Grabau，1924）。命名地为贵州威宁，标准剖面在威宁县城南十里铺至飞来石附近。威宁统包括 3 个阶：罗苏阶、滑石板阶和达拉阶。1934 年，丁文江和葛利普使用威宁统作为丰宁统和马平统之间的统级单位，之后被《中国区域地层表（草案）》（1956）和吴望始等（1974）等引用。1987 年，吴望始等改称其为威宁阶，作为壶天统的下部，处于大塘阶与马平阶之间，其下界相当蜓类 *Pseudostaffella* 带之底，上界为 *Protriticites* 带底之下，含义与威宁统基本一致（Wu et al.，1987）。

2.2.1.1 罗苏阶（Luosuan Stage）

阶名罗苏的命名地点为贵州罗甸县城南约 30km 的罗苏村，1987 年由芮琳等命名。层型剖面为罗甸纳庆剖面，在沿罗甸至望谟公路的罗苏村西南 7km 处。罗苏阶可识别出 2 个牙形带：*Declinognathodus noduliferus* sensu lato 带和 *Idiognathoides sinuatus* 带；菊石 1 个带：*Homoceras* 带；有孔虫 1 个带：*Millerella marblensis* 带。四射珊瑚和腕足尚没有详细分带（王向东等，2019）。

2.2.1.2. 滑石板阶（Huashibanian Stage）

阶名滑石板源于滑石板组。滑石板组命名地点位于贵州盘县城东约 30km 的滑石板村，由金晓华等（1962）命名。他们将威宁石灰岩细分为威宁组、滑石板组和达拉组，认为滑石板组相当于俄罗斯地台的巴什基尔组。1982年，侯鸿飞等将滑石板阶列入中国石炭纪年代地层系统，之后得到了广泛引用（吴祥和，1987；王增吉等，1990）。滑石板阶的腕足动物可识别出 *Choristites mansuyi–Semicostella panxianensis* 带；四射珊瑚为 *Carinthiaphyllum–Acrocyathus* 组合的下部；蜓类划分为2个带，*Pseudostaffella antiqua–P. antiqua posterior* 带和 *P. composite–P. paracompressa* 带。在深水相区，牙形类识别出3个带，*Neognathodus symmetricus* 带、*Idiognathodus primulus* 带和 "*Streptognathodus*" *expansus* M1 带（Hu et al.，2019）。菊石分为2个带，下部的 *Bilinguites–Cancelloceras* 带和上部的 *Gastrioceras–Branneroceras* 带。

2.2.1.3 达拉阶（Dalaan Stage）

阶名达拉源于达拉组。达拉组的命名地点为贵州盘县城东约30km的达拉村，由金晓华等（1962）命名。根据海相化石，达拉组在年代地层上相当于俄罗斯地台的莫斯科阶，并于1982年被侯鸿飞等列入中国石炭纪年代地层系统，被广为引用（吴祥和，1987；王增吉等，1990）。达拉阶的蜓类包括6个带，自下而上为 *Profusulinella priscoidea–P. parva* 带、*Profusulinella aljutovica–Taitzehoella taitzehoensis extensa* 带、*Fusulinella obesa–F. eopulchra* 带、*Fusulina lanceolata–Fusulinella vozhgalensis* 带、*Fusulina pakhrensis–Pseudostaffella paradoxa* 带和 *Fusulina cylindrical–F. quasifusulinoides* 带（张遴信等，2010）。腕足类1个带，在浅水相地区为 *Buxtonia grandis* 带，较深水相地区为 *Alexania gratiodentalis–Nantanella mapingensis–Choristites latum* 带（Li，1987）。在深水相区的贵州罗甸纳庆剖面，可识别出6个牙形类化石带，自下而上分别为 "*Streptognathodus*" *expansus* M2 带、*Diplognathodus ellesmerensis* 带、*Mesogondolella donbassica–Mesogondolella clarki* 组合带、*Idiognathodus podolskensis* 带、*Swadelina subexcelsa* 带和 *Swadelina makhlinae* 带（熊剑飞和翟志强，1985；Hu et al.，2020a）。菊石可识别为2个带，*Winslowoceras* 带和上覆的 *Owenoceras* 带（王向东等，2019）。

2.2.2 马平统（Mapingian Series）

统名马平源于马平石灰岩，马平是广西柳州的古称。《中国区域地层表（草案）》（1956）将马平石灰岩命名为马平统，作为中国石炭纪最上部的一个统。杨敬之等（1982）改称为马平阶，作为壶天统的上部，被广泛引用。马平统与马平阶均以马平石灰岩为依据，地质年代跨度一致，通用的生物地层序列标准是1959年盛金章研究广西宜山县（今宜州市）德胜马平石灰岩后提出的马平期蜓类序列。王增吉等建议选用贵州威宁鸭子塘赵家山剖面为标准剖面，该地的马平石灰岩出露于威宁城东小屯头（吴望始等，1974）。吴祥和（1987）引述的典型剖面在贵州盘县东30km的达拉三万坪村，该剖面曾由吴望始等（1974）、庄寿强（1984）报道。1987年，周铁明等提出，用马平阶代表二叠系底部富产蜓类 *Pseudoschwagerina* 的地层，而以云南广南县小独山剖面为层型剖面另建小独山阶，代表石炭系顶部地层，典型的蜓类化石为 *Protriticites* 和 *Triticites* 属（周铁明等，1987）。马平阶还曾被称为过岩阶（张正华等，1988）和逍遥阶（丁蕴杰等，1992）。

马平阶跨越的地质时间较长，化石层序清楚，一直被作为石炭系三分的上统。对应的年代地层单位在北美为 Missourian 和 Virgilian 两个阶，在俄罗斯地台为 Kasimovian 和 Gzhelian 两个阶，并分别包括多个次级区域性年代地层单位。相比之下，我国马平阶的范围过宽，似作为马平统更恰当。

2.2.2.1 小独山阶（Xiaodushanian Stage）

阶名小独山的命名地点在云南广南县八宝的小独山，层型剖面位于小独山村旁，于 1987 年由周铁明等提出。小独山阶以䗴类 *Protriticites* 的出现和 *Fusulina*、*Fusulinella* 等分子大量衰亡为标志，上界止于 Pseudoschwagerininae 亚科分子的首现。此阶的䗴带自下而上为 *Montiparus weiningica–M. longissima* 带、*Triticites parvulus–T. umbonoplicatus* 带和 *Triticites subcrassulus–T. noinskyi plicatus* 带（王向东等，2019）。腕足类为 *Choristites jigulensis–Protanidanthus* 带（Liao，1995）。四射珊瑚为 *Nephelophyllum–Pseudotimani* 带。在黔南，牙形类可识别出 10 个化石带，自下而上分别为 *Idiognathodus turbatus* 带、*Idiognathodus magnificus* 带、*Idiognathodus guizhouensis* 带、*Idiognathodus eudoraensis* 带、*Streptognathodus zethus* 带、*Idiognathodus simulator* 带、*Idiognathodus nashuiensis* 带、*Streptognathodus virgilicus* 带、*Streptognathodus tenuialveus* 带和 *Streptognathodus wabaunsensis* 带。菊石为 *Prouddenites* 带。

3　中国石炭纪地层区划及综合地层对比

大地构造格局是地层发育的主控因素之一。我国由不同的板块和地块组成，地质历史上的各种构造运动、构造运动的不同阶段作用于这些构造单元，其边缘地区不断消减或增生，形成巨大的山系，形成了我国区域地质构造的极度复杂特性。因此，恢复古板块的地理位置，理清它们的构造历史，是研究地质历史不同时期地层发育特征、划分与对比的重要依据。

自尹赞勋（1973）将板块构造理论引入中国以来，越来越多的学者认识到构造格局与构造运动对地层发育控制的重要性（王鸿祯，1978；任纪舜和肖藜薇，2001；潘桂棠等，2009；张克信等，2015）。现代中国大陆是由泛华夏陆块群、劳亚和冈瓦纳等多个大陆边缘的裂解地块、多个大洋（如古亚洲洋、古特提斯洋、太平洋和泛大洋等）的边缘地块，在漫长的地质历史时期经过数次洋陆转换，逐渐集合增生而成的（潘桂棠等，1997，2009；潘桂棠和任飞，2016）。其中，石炭纪涉及的主要大地构造单元包括：①华北（中朝）、塔里木和华南构造区的主要板块；②兴安、柴达木－祁连、松辽、印支（安南）、准噶尔、阿拉善、兴凯－佳木斯－布列亚和思茅等板块和块体；③冈瓦纳大陆北缘的滇泰缅马、羌塘和拉萨等地块。中国的石炭纪板块古地理分布如图 3-1-1 所示。

不同于现代板块，古板块及之间界线的识别需借助于对蛇绿岩套、高压变质、不同的深部结构以及不同的古地理和古构造等特征的研究。其中，蛇绿岩套的出现被认为是造山带中板块边缘消减或增生的有力证据之一（Dewey and Bird，1971）。王鸿祯等通过研究中国及邻区石炭纪的板块构造古地理，识别出如下三条主要的海西期岛弧带和蛇绿岩套（Wang et al.，1991）。

（1）北天山至北山。这是一条晚海西期聚合带，与东向的阴山一起代表了北亚和中亚的界线，该界线直至二叠纪晚期才完全闭合。

（2）西昆仑山至东昆仑山。向北为早海西期俯冲增生带，向东南为后海西期板块消减或碰撞带，代表了中亚和南亚的界线，该界线向东延伸至印支期秦岭－大别山造山带才完全闭合。

（3）横断山至三江（怒江、澜沧江、金沙江）地区，主体分布在云南西部，代表向东的陆壳俯冲作用，是冈瓦纳大陆和南亚古生界的界线。

依据这三条主要的古板块边界，金玉玕等（2000）将中国的石炭系自北向南划分为准噶尔－兴安（Junggar–Hinggan）、塔里木－华北（Tarim–North China）、羌塘－华南（Qiangtang–South China）和西藏－滇西（Xizang–West Yunnan）4 个地层大区，下分 11 个地层区（图 3-1-2）。地层大区依据大陆克拉通及其边缘带（包括微大陆和褶皱带）划分。地层区依据稳定大陆克拉通及其边缘系统和活动大陆边缘的微陆块或地块（通常由褶皱带关联）。有时亦有地层小区的划分，通常指稳定台地和沉降带，也指规模更小的克拉通内部不同成因的海槽和陆盆、沉降带的稳定小地块等。

本书将中国大陆划分为 4 个地层大区、11 个地层区，与金玉玕等（2000）及 Wang 和 Jin（2003）的意见一致。主要地层区的岩石地层对比见图 3-1-3。

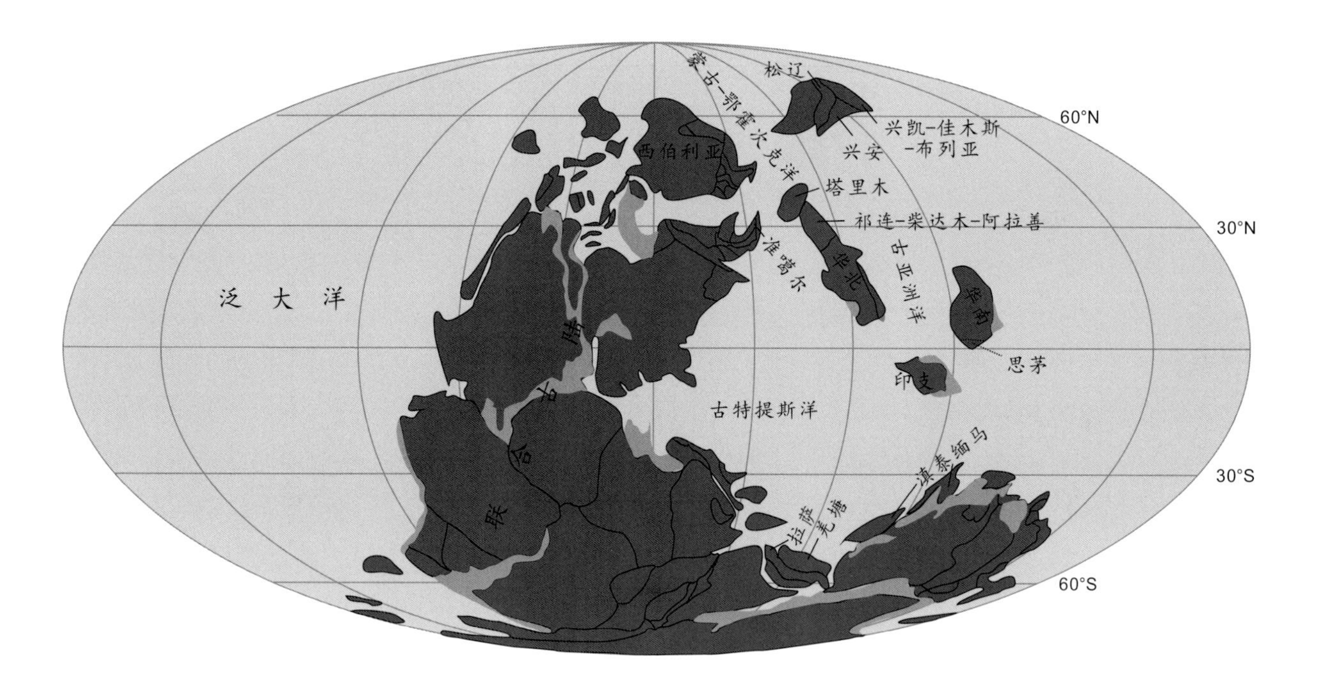

（a）晚宾夕法尼亚亚纪（310Ma）

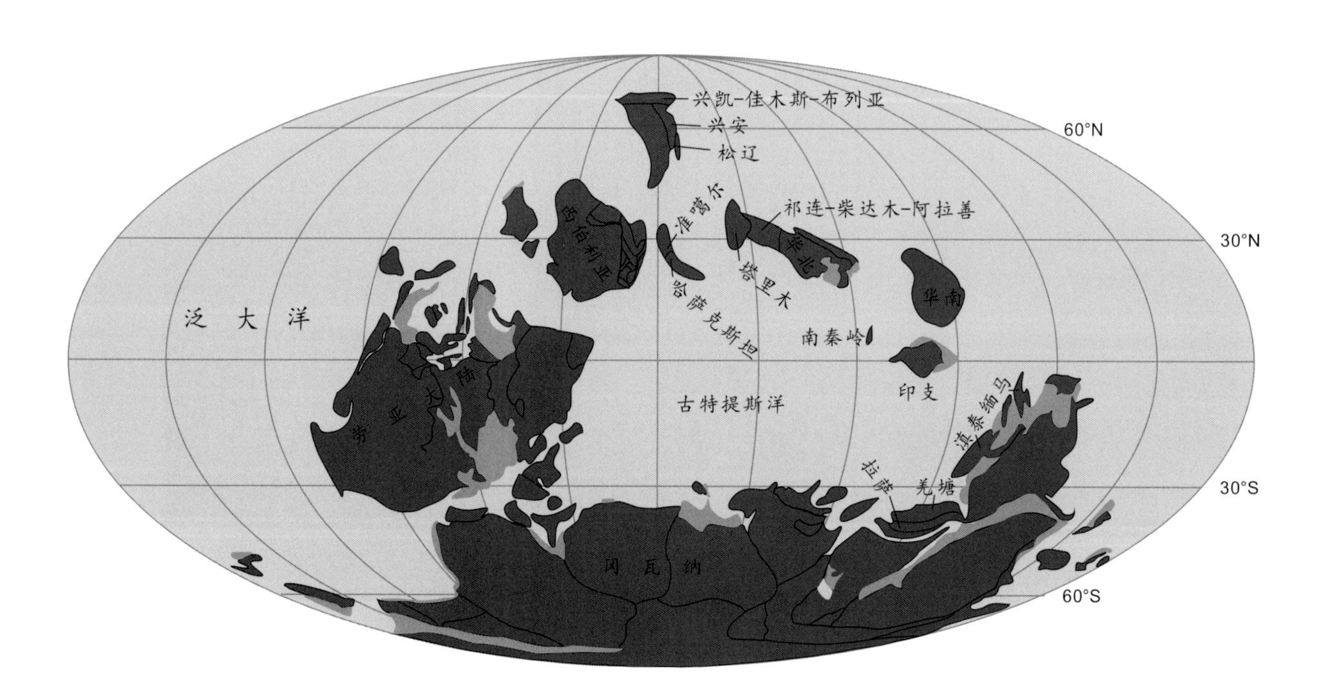

（b）早密西西比亚纪（350Ma）

图 3-1-1　中国石炭纪板块古地理分布图，底图改自 Torsvik 和 Cocks（2017）

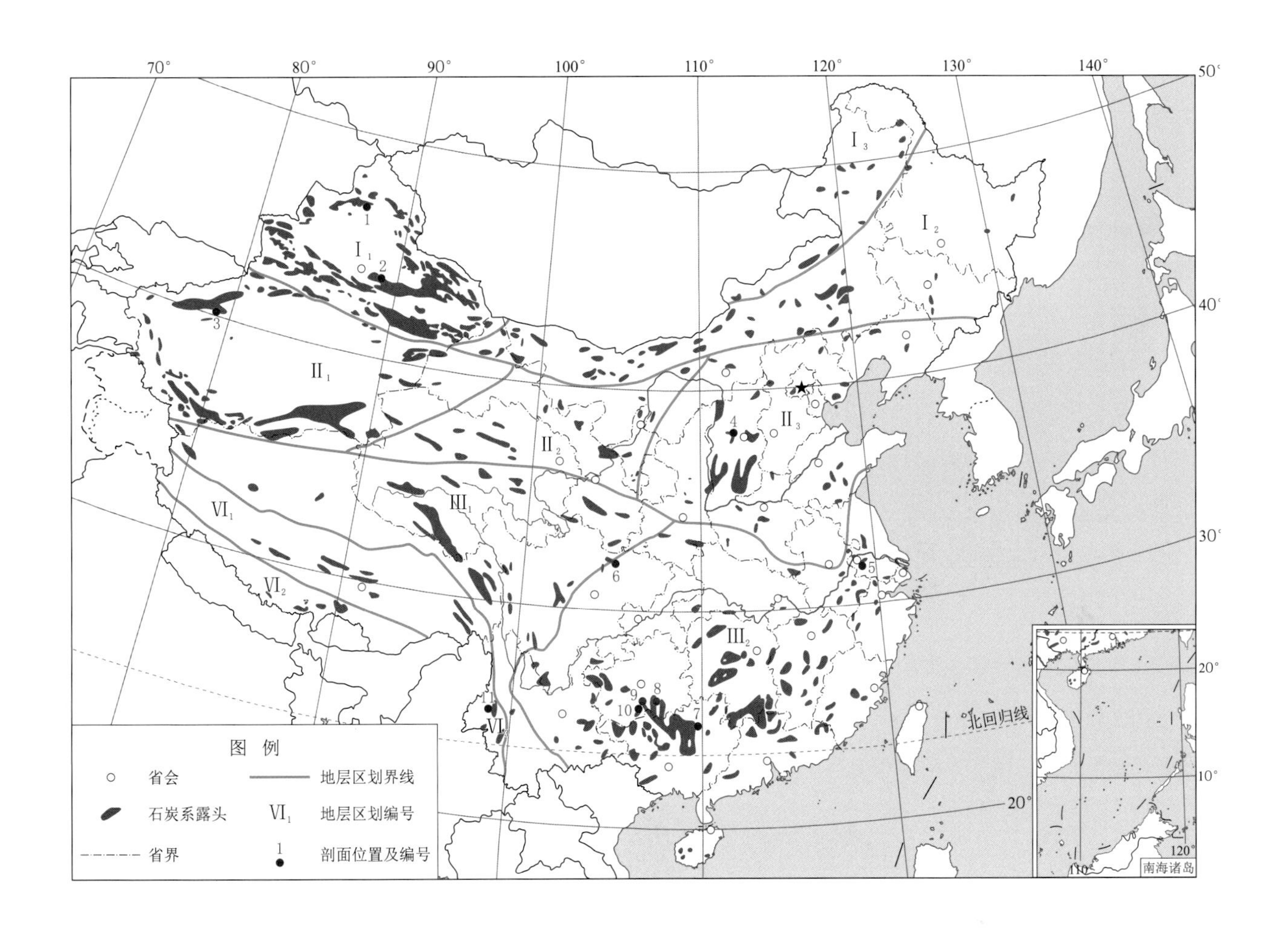

图 3-1-2　中国石炭纪地层分区图，据 Wu 等（1987）、王增吉等（1990）、Wang 和 Jin（2003）修改

I. 准噶尔 – 兴安大区，I_1. 准噶尔区，I_2. 内蒙古 – 吉林区，I_3. 兴安区；II. 塔里木 – 华北大区，II_1. 塔里木区，II_2. 祁连 – 贺兰山区，II_3. 华北区；III. 羌塘 – 华南大区，III_1. 羌塘 – 横断山区，III_2. 华南区；IV. 西藏 – 滇西大区，IV_1. 藏南区，IV_2. 冈底斯区，IV_3. 滇西区

1. 新疆和布克赛尔俄姆哈剖面；2. 新疆乌鲁木齐祁家沟剖面；3. 新疆乌什蒙达勒克 – 库鲁剖面和新疆柯坪四石厂剖面；4. 山西西山剖面；5. 江苏南京孔山剖面；6. 四川江油马角坝剖面；7. 广西柳州碰冲剖面；8. 贵州独山其林寨剖面；9. 贵州紫云宗地剖面；10. 贵州罗甸纳庆剖面和罗悃剖面；11. 云南施甸鱼洞 – 大寨门剖面

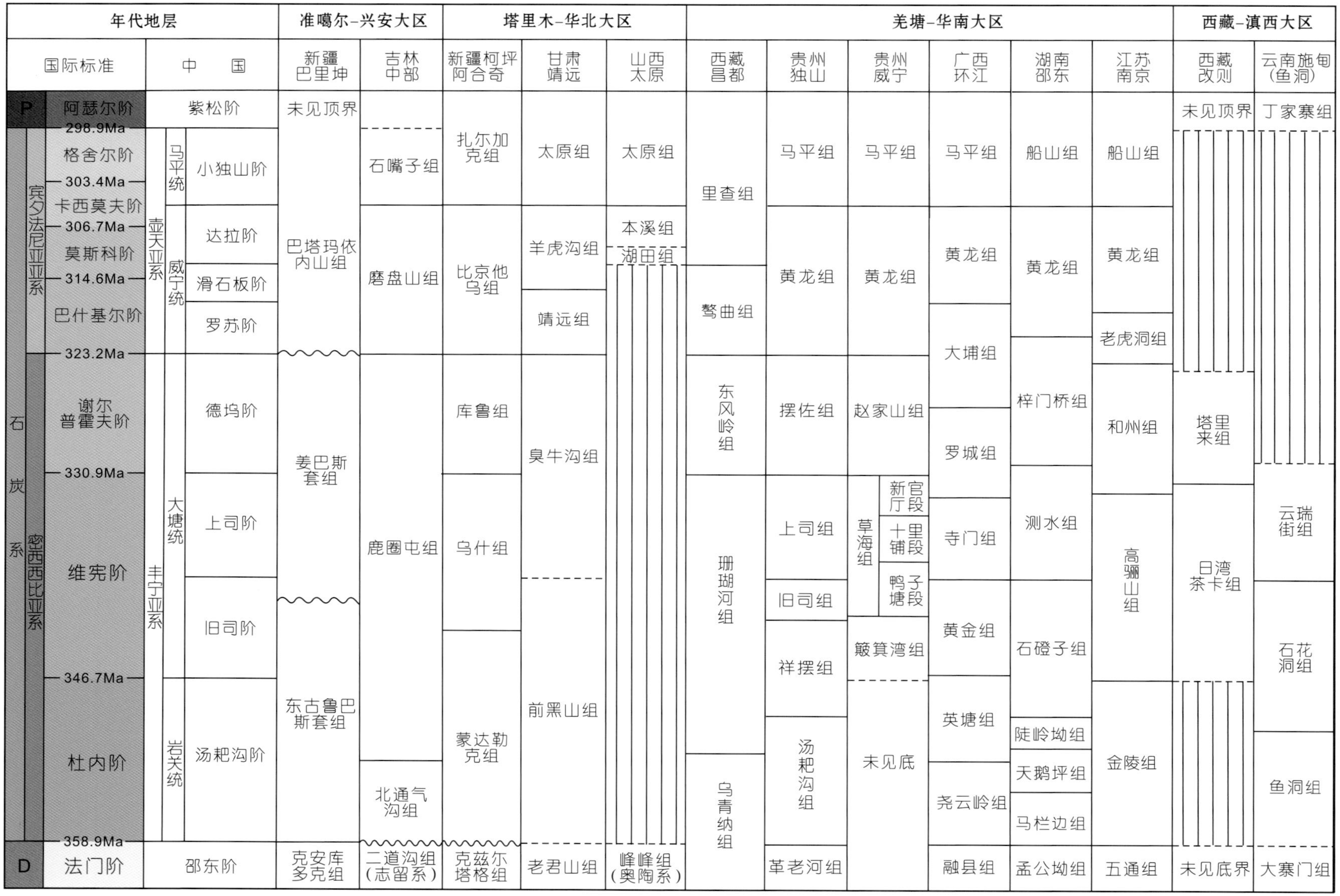

年代地层				准噶尔-兴安大区		塔里木-华北大区			羌塘-华南大区						西藏-滇西大区	
国际标准		中国		新疆巴里坤	吉林中部	新疆柯坪阿合奇	甘肃靖远	山西太原	西藏昌都	贵州独山	贵州威宁	广西环江	湖南邵东	江苏南京	西藏改则	云南施甸(鱼洞)
P	阿瑟尔阶		紫松阶	未见顶界		扎尔加克组	太原组	太原组	里查组	马平组	马平组	马平组	船山组	船山组	未见顶界	丁家寨组
石炭系 宾夕法尼亚亚系	298.9Ma 格舍尔阶	壶天亚系 马平统	小独山阶	巴塔玛依内山组	石嘴子组	扎尔加克组	太原组	太原组	里查组	马平组	马平组	马平组	船山组	船山组		
	303.4Ma 卡西莫夫阶	马平统 / 威宁统	小独山阶 / 达拉阶	巴塔玛依内山组	石嘴子组	扎尔加克组	太原组	太原组	里查组	马平组	马平组	马平组	船山组	船山组		
	306.7Ma 莫斯科阶	威宁统	达拉阶 / 滑石板阶	巴塔玛依内山组	磨盘山组	比京他乌组	羊虎沟组	本溪组 / 湖田组	里查组	黄龙组	黄龙组	黄龙组	黄龙组	黄龙组		
	314.6Ma 巴什基尔阶	威宁统	滑石板阶 / 罗苏阶	巴塔玛依内山组	磨盘山组	比京他乌组	羊虎沟组 / 靖远组		弩曲组	黄龙组	黄龙组	黄龙组 / 大埔组	黄龙组	黄龙组 / 老虎洞组		
石炭系 密西西比亚系	323.2Ma 谢尔普霍夫阶	丰宁亚系 大塘统	德坞阶	姜巴斯套组	鹿圈屯组	库鲁组	臭牛沟组		东风岭组	摆佐组	赵家山组	大埔组 / 罗城组	梓门桥组	老虎洞组 / 和州组	塔里来组	
	330.9Ma 维宪阶	大塘统	上司阶 / 旧司阶	姜巴斯套组 / 东古鲁巴斯套组	鹿圈屯组	乌什组 / 蒙达勒克组	臭牛沟组 / 前黑山组		珊瑚河组	上司组 / 旧司组 / 祥摆组	草海组（新官厅段、十里铺段、鸭子塘段）/ 簸箕湾组	罗城组 / 寺门组 / 黄金组	测水组 / 石磴子组	和州组 / 高骊山组	塔里来组 / 日湾茶卡组	云瑞街组 / 石花洞组
	346.7Ma 杜内阶	岩关统	汤耙沟阶	东古鲁巴斯套组	鹿圈屯组 / 北通气沟组	蒙达勒克组	前黑山组		珊瑚河组 / 乌青纳组	祥摆组 / 汤耙沟组	簸箕湾组 / 未见底	黄金组 / 英塘组 / 尧云岭组	石磴子组 / 陡岭坳组 / 天鹅坪组 / 马栏边组	金陵组		石花洞组 / 鱼洞组
D	358.9Ma 法门阶		邵东阶	克安库多克组	二道沟组（志留系）	克兹尔塔格组	老君山组	峰峰组（奥陶系）	乌青纳组	革老河组	未见底	融县组	孟公坳组	五通组	未见底界	大寨门组

图 3-1-3　中国石炭纪各主要地层区的岩石地层对比（王向东等，2019）

3.1　准噶尔－兴安大区

准噶尔－兴安大区属于安加拉和哈萨克斯坦克拉通的大陆边缘区，石炭纪沉积主要由岛弧碰撞和增生时期的浊积岩和火山岩构成。石炭纪植物群属于安加拉区系，动物群属于北方区系。

准噶尔－兴安地层大区自西向东划分为准噶尔区、兴安区和内蒙古－吉林区 3 个地层区。

准噶尔区南缘以哈里克套－库米什缝合线为界，自北向南划分为以下分区和小区：①阿尔泰－北准噶尔，约在达拉期结束海槽沉积，南界为达尔布特－克拉麦里断裂带；②准噶尔盆地，包括准噶尔盆地周缘的博格达山、克拉麦里山等，以达拉期火山岛弧沉积为特征；③伊宁地区，包括婆罗科努山和依林哈比尕山等，为德坞期至达拉期发育的弧沟体系及回返后的磨拉石沉积。

兴安区与阿尔泰－北准噶尔处于同一构造带上，两者具有相近的石炭系层序。

内蒙古－吉林区的石炭系以巨厚硅质碎屑和碳酸盐碎屑浊流沉积为主，在整个石炭纪均为深海槽。该区包括内蒙古、吉中和延边等地区。

3.2　塔里木－华北大区

塔里木－华北大区南界的西侧为昆仑山聚合带，东侧为秦岭－大别山印支期聚合带，包括塔里木区、华北区和祁连－贺兰山区 3 个地层区。除塔里木北缘、华北地台西南缘保存了深水沉积外，各处的石炭系均为稳定沉积。植物群从欧美区系逐渐发展为华夏区系，动物群属于特提斯区系。

塔里木区北缘的南天山地区（包括觉罗塔格山）的石炭系以火山岩和复理石沉积为主，含大量蒸发岩；北部的柯坪地区为台缘稳定狭窄陆棚和斜坡沉积；西南部的叶城地区发育了碳酸盐台地沉积。

华北区仅发育有达拉期和小独山期海陆交互相沉积，北缘的阴山地区为同期山间盆地沉积。

祁连－贺兰山区包括华北地台西缘和西南缘的毗邻地区，密西西比亚系形成海侵序列，宾夕法尼亚亚系为海陆交互相为主的海退序列。

3.3　羌塘－华南大区

羌塘－华南大区西南缘以班公湖－怒江断裂带为界，中间被雅砻江－元江断裂带划为羌塘－横断山区和华南区 2 个地层区。羌塘－华南大区的石炭系层序完整，以碳酸盐台地沉积为主，植物群从欧美区系发展为华夏区系，动物群属典型的特提斯区系。

华南区西北和西部边缘的秦岭－龙门山地区的石炭系，代表了台地边缘裂陷带的沉积，层序较为复杂（图 3-1-4）。西南侧的滇黔桂奥拉槽区发育了深水碳酸盐复理石沉积。其余沉积盆地的层序基本一致，密西西比亚系为两级碎屑岩为主的沉积旋回，宾夕法尼亚亚系为两级碳酸盐岩为主的沉积旋回。华南区的南侧是海南岛和钦州地体，石炭系层序与东南亚及日本西部类似，这三者构成了一个范围尚不明晰的地层大区，研究程度较低，目前暂时仍划归在羌塘－华南大区。华南区的石炭系研究程度高，还可进一步划分成不同的地层区和地层小区（图 3-1-4）。

羌塘 – 横断山区只有少数的石炭系露头，层序与华南区基本一致。

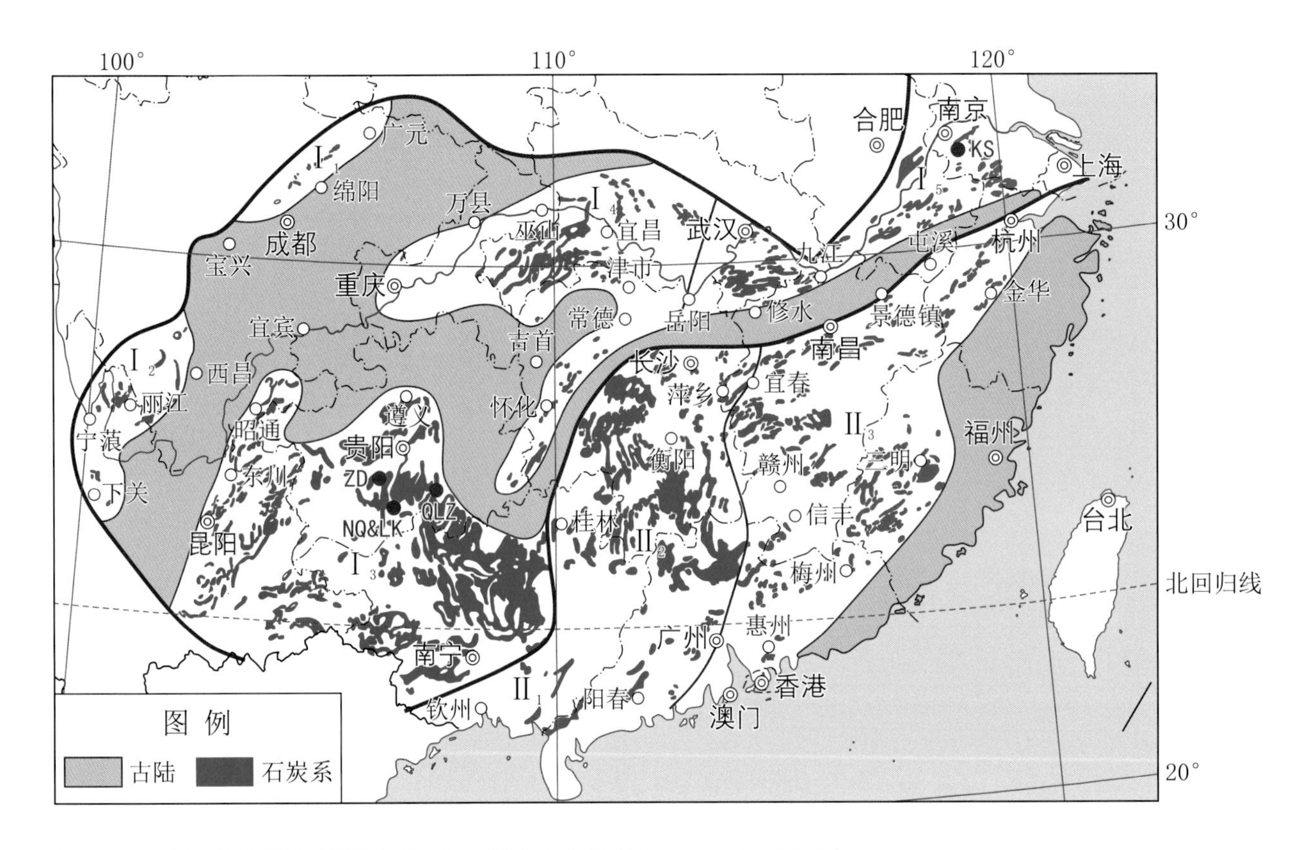

图 3-1-4　华南区石炭系（蓝色）和古陆（黄色）分布（Wang et al.，2013）

I. 扬子地层区；I_1. 龙门山地层小区；I_2. 宁蒗 – 大理地层小区；I_3. 滇黔桂地层小区；I_4. 上扬子地层小区；I_5. 下扬子地层小区；II. 东南地层区；II_1. 钦州地层小区；II_2. 湘桂地层小区；II_3. 浙闽赣粤地层小区 . 1. 乌镇 – 景德镇 – 益丰断裂带；2. 龙胜 – 永福断裂带；3. 萍乡 – 大理断裂带。KS. 南京孔山剖面；ZD. 贵州紫云宗地剖面；QLZ. 贵州独山其林寨剖面；NQ&LK. 贵州罗甸纳庆剖面和罗悃剖面

3.4　西藏 – 滇西大区

西藏 – 滇西大区属于冈瓦纳大陆东北缘沉积区，包括藏南区、冈底斯区和滇西区 3 个地层区。密西西比亚系以陆棚碳酸盐或碎屑沉积为主，宾夕法尼亚亚系大部分缺失，顶部以杂砾岩和火山岩发育为特征。动物群属于冈瓦纳区系。

藏南区的石炭系以内陆棚碎屑沉积为主。

冈底斯区的密西西比亚系为碳酸盐台地沉积，宾夕法尼亚亚系主要为碎屑岩，并含火山岩。

滇西区的石炭系只包括密西西比亚系的浅水碳酸盐岩，层序和动物群的区系特征介于羌塘 – 华南大区与冈底斯区之间。

4 中国石炭纪区域性典型剖面描述

自20世纪80年代，中国开展国际界线层型剖面的研究以来，我国地层学和古生物学家在综合地层研究方面积累了非常丰富的基础资料，取得了国际高水平的研究成果。中国的石炭纪海相地层广泛发育，以羌塘－华南地层大区中的华南区最为完整，已经建立起了以生物地层为基本划分标准的高分辨率地层序列。其他地区也有若干研究程度较高的剖面，可用于区域或全国性地层对比。本章描述4个地层大区11个地层区共13条基干剖面，具体如下。

（1）羌塘－华南区：贵州罗甸纳庆剖面、罗悃剖面，贵州紫云宗地剖面，贵州独山其林寨剖面，江苏南京孔山剖面，四川江油马角坝剖面，广西柳州碰冲剖面。

（2）西藏－滇西区：云南施甸鱼洞－大寨门剖面。

（3）塔里木－华北区：山西太原西山剖面，新疆柯坪四石厂剖面，新疆乌什蒙达勒克－库鲁剖面。

（4）准噶尔－兴安区：新疆乌鲁木齐祁家沟剖面，新疆和布克赛尔俄姆哈剖面。

4.1 羌塘－华南区

羌塘－华南区大致以雅砻江－元江断裂带划分为羌塘－横断山和华南2个地层区。其中，华南区的地理位置与华南板块相当，北以秦岭－大别造山带和郯庐断裂为界，西以龙门山断裂为界，西南以哀牢山－松马－元江古缝合线为界。在石炭纪，华南板块位于古特提斯洋以东的古赤道附近（Blakey，2007；Torsvik and Cocks，2017）。自泥盆纪晚期至密西西比亚纪，在华南区可识别出5次较明显的海退事件（Wang et al., 2013），因而在丰宁亚纪（密西西比亚纪）形成二级碎屑岩为主的沉积旋回，沉积类型有盆地－斜坡相的碳酸盐岩、陆相碎屑岩及煤系；随后的海侵则使得华南在壶天亚纪（宾夕法尼亚亚纪）形成二级的碳酸盐岩为主的沉积旋回，沉积了大范围的浅海碳酸盐岩。华南石炭纪地层中化石记录丰富，门类繁多，有腕足类、珊瑚、有孔虫、牙形类、海百合、藻类、苔藓虫、海绵、双壳类、腹足类、菊石等，局部地区的丰宁亚系亦见植物化石。除我国台湾地区无石炭系报道之外，华南其他地区石炭系广泛发育。华南区石炭系可进一步划分为扬子地层区和东南地层区：扬子地层区可进一步划分为龙门山地层小区、宁蒗－大理地层小区、滇黔桂地层小区、上扬子地层小区和下扬子地层小区；东南地层区可进一步划分为钦州地层小区、湘桂地层小区和浙闵赣粤地层小区（Wang et al., 2013）。

龙门山地层小区的石炭系以浅水碳酸盐岩为主，岩石地层自下而上为马角坝组、总长沟组、黄龙组、船山组和二叠系栖霞组（廖卓庭等，2010）。宁蒗－大理地层小区的石炭系以浅水碳酸盐岩为主，岩石地层自下而上为金子沟组、老龙洞组、摆佐组、滑石板组、达拉组和马平组（Wang et al., 2013）。滇黔桂地层小区的丰宁亚系岩性多样，含斜坡－台地相碳酸盐岩、碎屑岩、蒸发岩和煤层；壶天亚系则为盆地－斜坡相碳酸盐岩和硅质岩及台地相碳酸盐岩。按贵州省地质调查院（2016）的地调成果，滇黔桂地层小区的石炭系可划分为浅水相区和深水相区，浅水相区自下而上为汤耙沟组、祥摆组、旧司组、上司组、摆佐组、黄龙组和马平组；深水相区为五指山组、睦化组、打屋坝组和南丹组。上扬子地层小区的丰宁亚系不发育，以浅海碳酸盐岩和碎屑岩为主，夹沼泽相煤层；壶天亚系下部以局限台地白云岩为主，中部为分布较广的黄龙灰岩，上部为滨岸相颗粒灰岩的马平组。下扬子地层小区丰宁亚系以灰岩、白云岩、砂岩、泥砂岩为主，夹煤层；壶天亚系以浅水碳酸盐岩为主，岩石地层自下而上可划分为金陵组、高骊山组、和州组、老虎洞组、黄龙组和船山组。钦州地层小区石炭系为深海泥岩、层状硅质岩和锰质黏土岩，岩石地层自下而上可划分为石夹组和巴平组（邝国敦等，1999）。湘桂地层小区丰宁亚系下部以碳酸盐岩为主，夹少量碎屑岩，丰宁亚系上部依次为碳酸盐岩、煤层和碳酸盐岩夹煤层；壶天亚系以斜坡 – 台地碳酸盐岩为主。湘桂地层小区岩石地层自下而上为马栏边组、天鹅坪组、石蹬子组、测水组、梓门桥组、大埔组、黄龙组和船山组。浙闽赣粤地层小区丰宁亚系以碎屑岩为主，夹煤层；壶天亚系则为碳酸盐岩，岩石地层自下而上可划分为叶家塘组（梓山组、忠信组）、大埔组、黄龙组和船山组（Wang et al., 2013）。

华南区各地层小区中又以滇黔桂小区的石炭纪地层序列最为完整，化石类群最为多样，因而该区的石炭纪地层系统往往被作为中国石炭系的对比标准。在石炭纪，滇黔桂地层小区长期处于海洋环境，发育了一个或多个盆地（冯增昭等，1998），其中又以黔南地区最为典型，保存了完整的盆地 – 斜坡 – 台地相碳酸盐岩序列。本书选取了华南区不同相区的 7 条典型剖面作为基干剖面并进行了描述，分别为斜坡相的贵州罗甸纳庆剖面和罗甸罗悃剖面，台地边缘相的贵州独山其林寨剖面及广西柳州碰冲剖面，台地相的贵州紫云宗地剖面、四川江油马角坝剖面及江苏南京孔山剖面。

4.1.1 贵州罗甸纳庆剖面

纳庆剖面位于贵州省黔南布依族苗族自治州罗甸县罗苏乡纳庆村西南，沿罗甸 – 望谟省级公路 S312 北东向展布（GPS：25°14′59.81″N、106°30′01.25″E 至 25°14′18.48″N、106°29′35.03E）。剖面主体部分位于罗甸县内，向西南延伸至望谟县境。剖面距罗甸县城约 45km、望谟县城 140km、罗甸县罗苏乡约 7km，纳庆村西南约 2km。从剖面可由省道 S312 至罗甸县城，再经 G69 高速公路直达贵阳市，交通极为便利（见图 4-1-1 之 1，图 4-1-2）。

纳庆剖面位于台地至盆地的斜坡处。连续的石炭 — 二叠纪地层组成了桑郎背斜的东翼，剖面地层出露良好、层序清晰、构造简单，岩层倾向北北东，倾角一般为 60° ~ 70°。该剖面石炭系杜内 — 维宪阶下部为灰岩夹碎屑岩，生物地层研究程度不高。维宪阶中部至格舍尔阶沉积序列连续，主要由黑色、灰黑色及灰色薄至中层夹厚层状泥晶灰岩、粒泥岩、泥粒岩和颗粒岩及薄层燧石组成，产丰富的牙形类。灰岩中夹有一定量的碎屑流沉积，沉积物颗粒较粗，含有孔虫或䗴类化石。

自 20 世纪 80 年代起，多家科研、生产单位的不同学者都曾测量和描述过纳庆剖面，但由于年代久远，不同学者所做标记已经丢失。为了建立中国标准的石炭纪牙形类序列，便于进行全球对比，中国科学院南京地质古生物研究所晚古生代研究团队于 2007 年重新测量并标记了该剖面。根据牙形类序列，该剖面石炭纪地层从维宪阶中部 — 石炭 / 二叠系界线厚 283m。2010 年，时任国际地层委员会石炭系分会主席的 Barry C. Richard 教授考察该剖面时，观察到维宪阶中部以下地层发育褶皱和断层，层序不清，因此重新测量了维宪阶中部至二叠系底部，并在剖面上逐米钉入铝棒作为永久印记，维宪阶中上部 — 石炭系 / 二叠系界线厚 249.54m。

4.1.1.1 研究简史

纳庆剖面旧称如牙剖面，最早由熊剑飞和陈隆治（1983），以及熊剑飞和翟志强（1985）测量和描述，他们初步研究了该剖面的牙形类和䗴序列。该剖面曾被称为纳水剖面，有众多学者（王志浩等，1987，2004，2008；芮琳，1987；芮琳等，1987；Rui et al.，1987；Wang et al.，1987；Wang and Higgins，1989；Wang，1990；王志浩，1996；吴祥和，1997；王志浩和祁玉平，2002，2007；Wang and Qi，2002，2003；祁玉平等，2004；Qi et al.，2007；Groves et al.，2012）详细研究了维宪阶—二叠系底部的牙形类、有孔虫和䗴类的生物地层序列。近些年，按剖面最近处之纳庆村，改称纳庆剖面，着重研究探讨剖面的各界线层牙形类序列，以及界线潜在定义分子的演化序列（Qi et al.，2007，2010a，2010b，2014a，2016；祁玉平，2008；胡科毅，2012，2016；王秋来，2014；Hu and Qi，2017；Hu et al.，2019）。同时，该剖面的化学地层学研究也受到重视，开展了碳、氧和锶等同位素的研究（Buggisch et al.，2011；刘欣春，2012；沈桂淑，2014；Chen B et al.，2016；Chen J T，2016, 2018）。

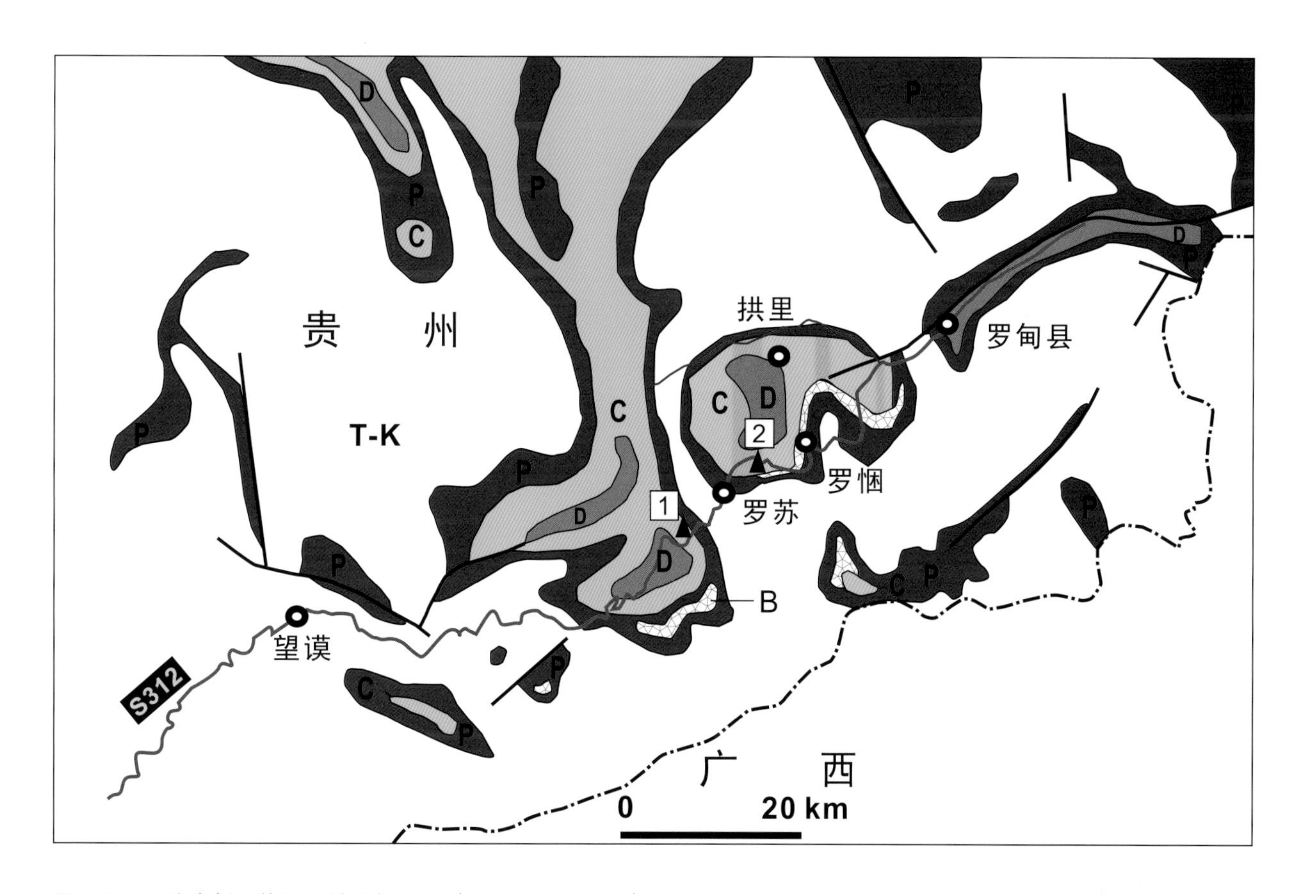

图 4-1-1　纳庆剖面位置和地质概况图（Hu et al., 2017）

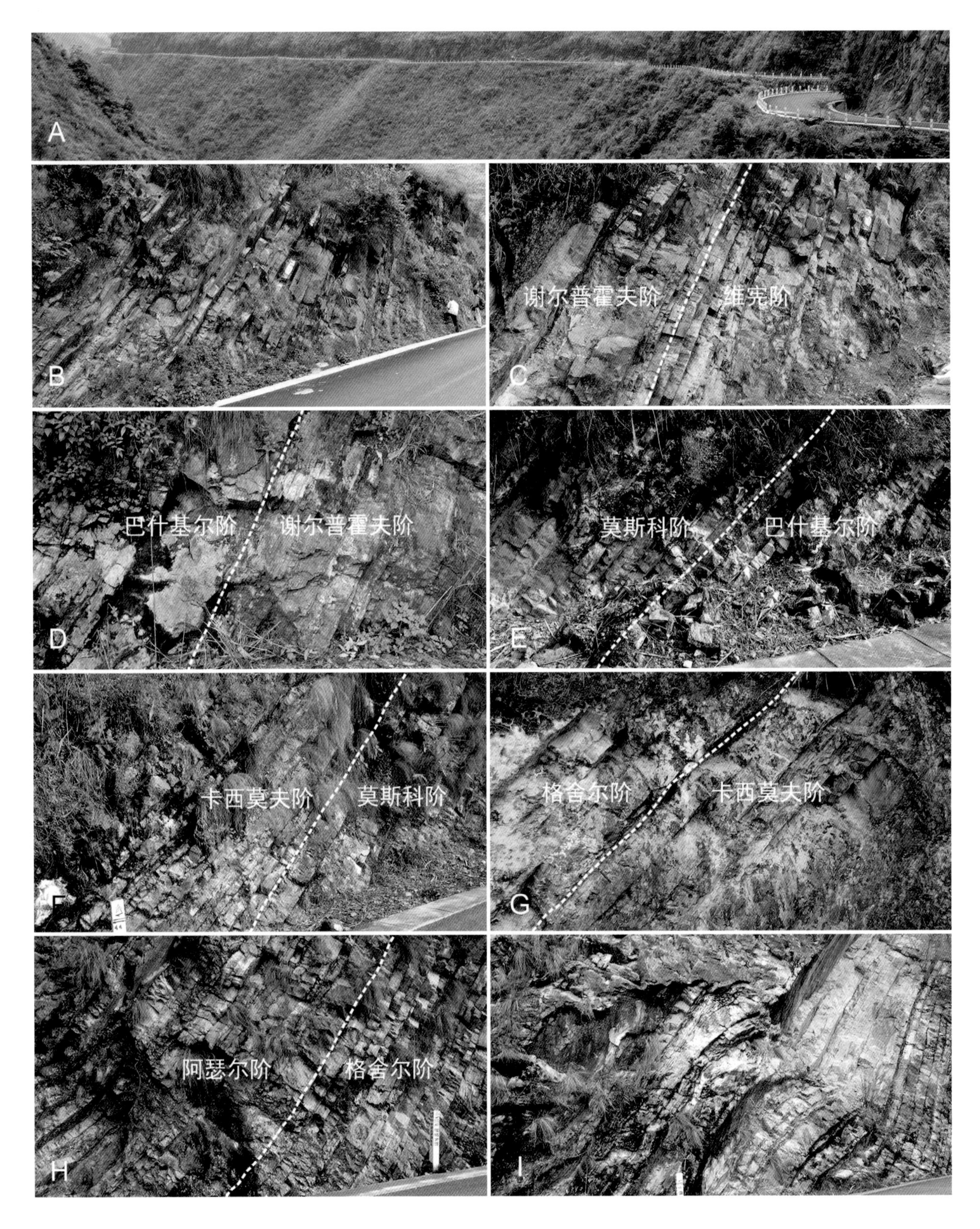

图 4-1-2 贵州罗甸纳庆剖面。A. 纳庆剖面远观，从右到左，地层从老到新，照片最右侧出露的地层为泥盆系；B. 石炭系维宪阶薄 — 中层状灰岩；C. 维宪阶与谢尔普霍夫阶的接触关系；D. 谢尔普霍夫阶与巴什基尔阶的接触关系；E. 巴什基尔阶与莫斯科阶的接触关系；F. 莫斯科阶与卡西莫夫阶的接触关系；G. 卡西莫夫阶与格舍尔阶的接触关系；H. 石炭系格舍尔阶与二叠系阿瑟尔阶的接触关系；I. 二叠系阿瑟尔阶的大套滑塌现象

4.1.1.2 岩石地层

纳庆剖面石炭系岩性单一，为一套深水斜坡相的中至薄层含硅质条带灰岩夹中厚层灰岩和薄层硅质岩，为贵州石炭系“黑区”之典型。熊剑飞和翟志强（1985）拟建下如牙组和上如牙组来代表该剖面的下石炭统。贵州省地质矿产局（1987）以“研究程度低未建立地层单位”为由，未选用上述地层单位，而以“暗色灰岩”代之。董卫平等（1997）认为“下如牙组”和“上如牙组”是以生物标志划分的无效岩石地层单位，而引用南丹组，其含义修订为整合于鹿寨组硅质层之上、四大寨组砂页岩之下的一套台盆相至斜坡相深灰色灰岩、燧石灰岩夹砾屑灰岩及硅质岩等，时代为早石炭世晚期 — 早二叠世早期。贵州省地质调查院（2016）沿用南丹组，但时限为早石炭世大塘晚期 — 早二叠世紫松期，是一跨时的岩石地层单位。本书作者团队曾多次赴纳庆剖面考察、采样，其岩性均一实难再分，以南丹组称之，包含熊剑飞和翟志强（1985）划分的上如牙组、滑石板组、达拉组、马平组和纳水组下部，时限为维宪期中期 — 二叠纪早期；而泥盆 / 石炭系界线 — 维宪阶中部则采用贵州省地质调查院（2016）的打屋坝组和睦化组，相当于熊剑飞和翟志强（1985）的下如牙组；泥盆系顶部纳入五指山组。

4.1.1.3 剖面描述

南丹组（CP *n*） >2000m

二叠系 — 石炭系维宪阶中部

22. 290m — 248m。灰黑色中层状灰岩夹块状灰岩，底部为薄层燧石条带灰岩、硅质灰岩。 42m

21. 248m — 212m。灰色中层到厚层状硅质灰岩，夹少量薄层硅质灰岩。 36m

20. 212m — 174m。灰黑色薄层到中层状灰岩，夹块状灰岩。 38m

19. 174m — 166m。灰黑色薄层状灰岩与薄层状硅质灰岩互层。 8m

18. 166m — 157m。灰色薄层，中层到厚层状硅质灰岩。 9m

17. 157m — 155m。灰色薄层状炭质灰岩夹薄层状灰岩。 2m

16. 155m — 140m。灰色中层到厚层状灰岩夹薄层状灰岩。 15m

15. 140m — 139m。灰色、灰黑色中层状硅质灰岩。 1m

14. 139m — 129.75m。深灰色薄层、中层状灰岩夹厚层状灰岩。 9.25m

13. 129.75m — 120m。深灰色薄层瘤状灰岩夹中层状灰岩。 9.75m

12. 120m — 107m。深灰色中层到厚层状灰岩夹薄层状灰岩及块状灰岩。 13m

11. 107m — 105.5m。深灰色薄层瘤状灰岩。 1.5m

10. 105.5m — 89.5m。灰色中层到厚层状灰岩与薄层状灰岩互层，夹块状灰岩。 16m

9. 89.5m — 88m。灰色薄层瘤状灰岩。 1.5m

8. 88m — 69m。深灰色薄层状硅质灰岩与中层状硅质灰岩互层。 17m

7. 69m — 50m。灰黑色薄层瘤状灰岩与中层、厚层状灰岩互层。 19m

6. 50m — 44.5m。灰黑色薄层状硅质岩夹中层状灰岩、薄层瘤状灰岩。 5.5m

5. 44.5m — 32.5m。灰黑色薄层、中层状灰岩夹薄层瘤状灰岩。 12m

4. 32.5m — 0m。灰黑色薄层状灰岩、薄层到中层状灰岩夹薄层硅质岩。 32.5m

——— 整合 ———

打屋坝组（C_1 *dw*） **64.5m**

维宪阶下部

3. 0m — −64.5m。灰黑色中薄层含硅质条带泥晶、泥粒灰岩夹中层到厚层状生物碎屑灰岩、中薄层状砂砾屑灰岩、薄层状泥页岩、薄层状黏土岩、薄层白云岩和薄层状硅质岩。 64.5m

——— 整合 ———

睦化组（C_1*m*） **350m**

杜内阶

2. −64.5m — −414.5m。灰黑色薄层状砂质灰岩夹薄层状泥岩、硅质岩、生物碎屑灰岩、粉砂岩。 350m

——— 整合 ———

五指山组（D_3 *wz*） **>200m**

泥盆系法门阶

1. 浅灰色薄层到中层状泥质条带灰岩。 未见底

4.1.1.4 生物地层

纳庆剖面泥盆—石炭系界线至密西西比亚系维宪阶下部，为一套灰黑色中薄层状含硅质条带泥晶、泥粒灰岩、中至厚层状灰岩，是斜坡－台地环境为主的沉积，产牙形类，研究程度较低。密西西比亚系的维宪阶和谢尔普霍夫阶以薄至中层状泥晶灰岩、粒泥岩夹硅质灰岩和薄层燧石为主，产丰富的牙形类和少量有孔虫，是下斜坡至盆地相为主的沉积。维宪阶与谢尔普霍夫阶的界线在剖面距剖面起点 60.1m 处，以牙形类 *Lochriea ziegleri* 的首现为界线标志（Qi et al., 2014a）。谢尔普霍夫阶的顶界，即石炭系的中间界线位于剖面 129.75m 处，为一厚层颗粒灰岩之底，以该层中部出现的牙形类 *Declinognathodus noduliferus* sensu lato 为标志（Hu et al., 2019）。宾夕法尼亚亚系的岩性虽然与密西西比亚系大体相似，但岩石单层厚度明显增大（即厚层夹层明显增多），颗粒明显加粗，除含丰富的牙形类外，有孔虫化石明显增多，属典型的斜坡相（上斜坡为主）沉积。其中巴什基尔阶与莫斯科阶的界线位于剖面 176.9m 处，以牙形类 *Diplognathodus ellesmerensis* 的首现为标志（Qi et al., 2016）。莫斯科阶与卡西莫夫阶的界线大致位于剖面 236m 处，以牙形类 *Idiognathodus turbatus* 的首现为标志（胡科毅，2016；Hu and Qi, 2017）。卡西莫夫阶与格舍尔阶的界线位于剖面 255.65m 处，以牙形类 *Idiognathodus simulator* 的首现为标志（王秋来，2014；Qi et al., 2020）。格舍尔阶与阿瑟尔阶的界线，即石炭—二叠系界线大致位于剖面 283m 处，以牙形类 *Streptognathodus isolatus* 的首现为标志（陈军，2011）。罗甸纳庆剖面在 2007 年第 16 届国际石炭—二叠系地质大会中，被选定为石炭系 4 个未确定界线层型剖面的阶的全球候选层型剖面，也是中国石炭纪年代地层中壶天亚系罗苏阶的建阶层型剖面（芮琳等，1987）。

纳庆剖面生物以牙形类为主，含有孔虫（包括䗴类），其中杜内—维宪阶中部研究程度较低，牙形类带精度不高，且无有孔虫记录。

由于纳庆剖面化石样品数量众多，为凸显动物群面貌变化，纳庆剖面所产化石按阶罗列。其中，二叠系化石列表引自王志浩等（1987）、陈军（2011），石炭系维宪阶上部—格舍尔阶化石列表引自芮琳（1987）、芮琳等（1987）、王志浩等（1987，2004）、祁玉平（2008）、胡科毅（2012，2016）、Groves 等（2012）、王秋来（2014）、盛青怡（2016）、Hu 和 Qi（2017）、Hu 等（2019）；维宪阶下部—泥盆系化石列表引自熊剑飞和翟志强（1985）。

纳庆剖面石炭系牙形类生物地层研究已有 30 余年历史（图 4-1-3）。本书结合实际材料和前人资料将纳庆剖面自泥盆系顶部至二叠系底部划分出 33 个牙形类带，其中石炭系含 31 个牙形类带。牙形类带自上而下为：*Streptognathodus isolatus* 带（二叠系）、*S. wabaunsensis* 带、*S. tenuialveus* 带、*S. virgilicus* 带、*Idiognathodus nashuiensis* 带、*I. simulator* 带、*Streptognathodus zethus* 带、*Idiognathodus eudoraensis* 带、*I. guizhouensis* 带、*I. magnificus* 带、*I. turbatus* 带、*Swadelina makhlinae* 带、*Sw. subexcelsa* 带、*Neognathodus roundyi* 带、*I. podolskensis* 带、*Mesogondolella clarki–M. donbassica* 组合带、*Diplognathodus ellesmerensis* 带、"*Streptognathodus*" *expansus* M2 带、"*S.*" *expansus* M1 带、*Idiognathodus primulus* 带、*Neognathodus symmetricus* 带、*Idiognathoides sinuatus* 带、*Declinognathodus noduliferus* sensu lato 带、*Gnathodus postbilineatus* 带、*Gn. bollandensis* 带、*Lochriea ziegleri* 带、*L. nodosa* 带、*Gn. bilineatus bilineatus* 带、*Lochriea commutata* 带、*Pseudopolygnathus triangulus–Ps. Multistriatus* 组合带、*Siphonodella obsoleta–Si. isosticha* 组合带、*Si. duplicata* 带和 *Palmatolepis gracilis gracilis* 带（泥盆系）。

剖面有孔虫和䗴的生物地层资料主要依据王志浩等（1987）和芮琳（1987）整理，在维宪—谢尔普霍夫阶界线层附近根据盛青怡（2016）的最新资料增加了 2 个带（图 4-1-4），共 9 个带。有孔虫（䗴）自上而下为：*Sphaeroschwagerina–Robustoschwagerina* 组合带、*Montiparus–Triticites* 组合带、*Fusulinella–Fusulina* 组合带、*Profusulinella* 带、*Pseudostaffella* 带、*Millerella marblensis–Eostaffella postmosquensis* 组合带、*Eostafella mosquensis* 带、*Janischewskina delicata* 带和 *Cribrospira panderi* 带。

年龄 (Ma)			本书		王志浩等（2008）		Wang 和 Qi（2003） 王志浩等（2004）		Wang 和 Higgins（1989）			熊剑飞和翟志强（1985）		
	二叠系	阿瑟尔阶	S. isolatus	阿瑟尔阶	S. isolatus	阿瑟尔阶		S. isolatus						S. elongatus
300	宾夕法尼亚亚系	格舍尔阶	S. wabaunsensis	格舍尔阶	S. wabaunsensis	格舍尔阶	马平阶	S. wabaunsensis		马平阶	S. elongatus S. elegantulus		「马平」组	S. wabaunsensis
			S. tenuialveus		S. tenuialveus			S. tenuialveus						S. elegantulus
			S. virgilicus		S. firmus			S. firmus						
			I. nashuiensis		I. nashuiensis			I. nashuiensis						S. suberectus
			I. simulator		S. simulator			S. simulator						
		卡西莫夫阶	S. zethus	卡西莫夫阶	S. guizhouensis	卡西莫夫阶		S. guizhouensis			S. oppletus S. parvus			I. delicatus S. oppletus
			I. eudoraensis											
305			I. guizhouensis											
			I. magnificus		S. gracilis			S. gracilis-S. excelsus						
					S. cancellosus			S. cancellosus						
			I. turbatus		S. sagittalis			S. clavatulus						
		莫斯科阶	Sw. makhlinae	莫斯科阶	Sw. makhlinae-nodocarinatus		达拉阶	S. nodocarinatus	上石炭统	威宁阶	Neogondolella clarki	上石炭统	「达拉」组	Gondolella qiannanensis
			Sw. subexcelsa		Sw. subexcelsa									
310			N. roundyi		I. podolskensis	莫斯科阶		I. podolskensis						
			I. podolskensis											
			M. clarki- M. donbassica		Gondolella clarki- Gondolella donbassica			M. clarki- I. robustus						
			Di. ellesmerensis		Di. ellesmerensis			Di. orphanus- Di. ellesmerensis						
315		巴什基尔阶	"S." expansus M2	巴什基尔阶	Di. orphanus	巴什基尔阶	滑石板阶	Id. ouachitensis			Id. sulcatus parva		「滑石板」组	Idiognathoides corrugatus
					S. expansus			S. expansus						
			"S." expansus M1		Id. sulcatus parva			Id. sulcatus parva						
			I. primulus		I. primulus-N. bassleri			I. primulus-N. bassleri			I. primulus- Id. sinuatus			
					I. primulus-N. symmetricus			I. primulus-N. symmetricus						
320			N. symmetricus		N. symmetricus			N. symmetricus			Id. sulcatus- Id. corrugatus			
					Id. corrugatus- Id. pacificus		罗苏阶	Id. corrugatus- Id. pacificus						
			Id. sinuatus		Id. sinuatus			Id. sinuatus						
			D. noduliferus s. l.		Id. sulcatus sulcatus D. noduliferus			Id. sulcatus sulcatus D. noduliferus			D. noduliferus			D. lateralis
325	密西西比亚系	谢尔普霍夫阶	Gn. postbilineatus	谢尔普霍夫阶	Gn. bilineatus bollandensis	谢尔普霍夫阶	德坞阶	Gn. bilineatus bollandensis	下石炭统	大塘阶	Gn. bilineatus bollandensis			
			Gn. bollandensis											
330			L. ziegleri											
335		维宪阶	L. nodosa									下石炭统	上如牙组	
340			Gn. bilineatus bilineatus											Gn. bilineatus bilineatus Gn. bilineatus
345			L. commutata											Apatognathus scalenus Gnathodus semiglaber
350		杜内阶	Ps. triangulus- Ps. multistriatus Si. obsoleta- Si. isosticha										下如牙组	Ps. triangulatus- Ps. multistriatus Si. obsoleta- Si. isosticha
355			Siphonodella duplicata											Siphonodella duplicata
360	泥盆系	法门阶	Palmatolepis gracilis gracilis									泥盆系	代化组	"Palmatolepis" gracilis gracilis

图 4-1-3　纳庆剖面石炭纪牙形类带划分沿革

二叠系

阿瑟尔阶（底部） 283m — 284.6m

牙形类：*Streptognathodus isolatus*，*S. vitali*，*S. triangularis*，*S. bellus*，*S. longus*，*S. simplex*，*S. acuminatus*，*S. wabaunsensis*，*S. nodulinearis*。

蜓：*Pseudoschwagerina* ex gr. *fusiformis*，*Pseudoschwagerina* ex gr. *beedei*，*Sphaeroschwagerina* sp.，*Robustoschwagerina* sp.，*Schwagerina* sp.，*Quasifusilina* sp.，*Rugosofusulina* sp.，*Pseudofusulina* sp.，*Triticites longissima*。

石炭系

格舍尔阶 255.65m — 283m

牙形类：*Hindeodus minutus*，*Adeotognathus paralautus*，*Streptognathodus pawhuskaensis*，*S. zethus*，*Idiognathodus guizhouensis*，*I. auritus*，*I. simulator*，*I. sinistrum*，*I. nashuiensis*，*I. eudoraensis*，*Solkognathus* sp.，*Streptognathodus. simplex*，*S. vitali*，*S. virgilicus*。

蜓：*Montiparus* ex gr. *montiparus*，*Triticites* sp.，*Quasifusulina* sp.。

卡西莫夫阶 236m — 255.65m

牙形类：*Idiognathodus sulciferus*，*I. swadei*，*I.* cf. *neverovensis*，*I. heckeli*，*I. turbatus*，*I. sagittalis*，*I. eccentricus*，*I. guizhouensis*，*I. magnificus*，*I. corrugatus*，*Gondolella* cf. *bella*，*Hindeodus minutus*，*Adeotgnathus paralautus*，*Streptognathodus pawhuskaensis*，*S. firmus*，*S. zethus*，*S. excelsus*，*S. gracilis*，*S. eudoraensis*，*S. elegantulus*。

蜓：*Fusulinella praebocki*，*Fusulina* ex gr. *quasicylindrica*，*Profusulinella* sp.，*Neostaffella* sp.。

莫斯科阶 176.9m — 236m

牙形类：*Idiognathoides sinuatus*，*Id. corrugatus*，*Id. sulcatus sulcatus*，*Id. macer*，*Id. postsulcatus*，*Id. ouachiensis*，*Id. planuus*，*Neolochriea glaber*，*Ne. nagatoensis*，*Ne. inaequalis*，*Swadelina subdelicata*，*Sw. einori*，*Sw. subexcelsa*，*Sw. nodocarinata*，*Sw. lanei*，*Sw. lancea*，*Sw. makhlinae*，*Sw. nodocarinata*，*Sw.* cf. *concinna*，*Sw.* cf. *nodocarinata*，*Declinognathodus marginodosus*，*D.* spp.，*Diplognathodus orphanus*，*Di. coloradoensis*，*Di. ellesmerensis*，*Di. nodolosus*，*Di.* aff. *orphanus*，*Neognathodus atokaensis*，*N. kanumai*，*N. uralicus*，*N. medadutimus*，*N. roundyi*，*N. caudatus*，“*Streptognathodus.*” *expansus*，“*S.*” *suberectus*，*Mesogondolella clarki*，*M. donbassica*，*Idiognathodus aljutovensis*，*I. sinuosus*，*I. volgensis*，*I. expansus*，*I. shanxiensis*，*I. podolskensis*，*I. praeobliquus*，*I. obliquus*，*I.* aff. *taiyuanensis*，*I.* aff. *trigonolobatus*，*I. sulciferus*，*I. trigonolobatus*，*I. praeguizhouensis*，*I.* cf. *neverovensis*，*I. heckeli*，*Hindeodus minutus*，*Adetognathus lautus*，*Gondolella pohli*，*G. magna*，*G.* cf. *bella*。

蜓：*Beedeina cheni*，*B. nytvica callosa*，*Profusulinella parva*，*P.* ex gr. *rhomboides*，*Pseudostaffella kanumai*，*Eostaffella* sp.，*Eofusulina* sp.，*Ozawainella* sp.。

巴什基尔阶 129.75m — 176.9m

牙形类：*Declinognathodus tuberculosus*，*D. inaequalis*，*D. intermedius*，*D. noduliferus*，*D. japonicus*，

D. cf. *pseudolateralis*, *D. lateralis*, *D. marginodosus*, *Cavusgnathus unicornis*, *Adetognathus unicornis*, *Idiognathoides sinuatus*, *Id. corrugatus*, *Id. macer*, *Id. sulcatus sulcatus*, *Id. asiaticus*, *Id. lanei*, *Id. sulcatus parvus*, *Id. tuberculatus*, *Id. postsulcatus*, *Id. ouachitensis*, *Neolochriea* cf. *hisayoshii*, *Ne. hisaharui*, *Ne. glaber*, *Ne. koikei*, *Ne. nagatoensis*, *Neognathodus* cf. *symmetricus*, *N. symmetricus*, *N. bassleri*, *N.* aff. *atokaensis*, *N. kanumai*, *Rhachistognathus prolixus*, *R. minutus minutus*, *Idiognathodus primulus*, *"Streptognathodus" expansus*, *"S." suberectus*, *Swadelina einori*, *Sw. subdelicata*, *Diplognathodus coloradoensis*, *Di. orphanus*, *Hindeodus minutus*, *Gondolella* sp.。

有孔虫（蜓）：*Pseudostaffella minor*, *Eostaffella.* sp., *E. postmosquensis*, *E. acctissima*, *E. mutabilis*, *E. advena*, *E. proikensis mstaensis*, *E. ovesa*, *E. oldea*, *E. accepta*, *E. ovoidea*, *E. exilis*, *E. protva*, *Schubertella* sp., *Millerella marblensis*, *M. pressa*, *M. prilukiensis*, *Eostaffellina subsphaerica*, *Endothyra phirissa*, *Archaediscus krestovnikovi*, *A. moelleri*, *Tetrataxis angusta serpukovensis*, *T. grandi*, *T.* sp., *Mediocris ovalis*, *M. breviscula*, *Janischewskina typica*, *Pseudoendothyra globosa*, *Eotuberitina reitlingerae*, ?*Globivalvulina* sp.。

谢尔普霍夫阶　　60.1m — 129.75m

牙形类：*Lochriea nodosa*, *L. commutata*, *L. mononodosa*, *L. ziegleri*, *L. scotinensis*, *L. monocostata*, *L. multinodosa*, *L. costata*, *L. cruciformis*, *L. senkenbergica*, *L. naqingensis*, *Gnathodus postbilineatus*, *Gn. bilineatus bilineatus*, *Gn. bollandensis*, *Gn. truyolsi*, *Gn. girtyi girtyi*, *Gn. girtyi pyrenaeus*, *Gn. girtyi meischneri*, *Gn. bilineatus remulus*, *Gn. bilineatus remus*, *Gn. praebilineatus*, *Gn. cantabricus*, *Gn.* cf. *semiglaber*, *Hindeodus minutus*, *Pseudognathodus homopunctatus*, *Vogelgnathus postcampbelli*, *V. campbelli*, *Mestognathus beckmani*, *Me. bipluti*, *Hindeodus minutus*。

有孔虫（蜓）：*Eostaffella mosquensis*, *E. advena*, *E. ovoidea*, *E. proikensis*, *Mediocris mediocris*, *M. breviscula*, *M. ovalis*, *M. evolutis evolutis*, *Endothyra* ex gr. *bowmani*, *E.* ex gr. *prisca*, *E. bowmani*, *E. kirgisama*, *Pojarkovella* ex gr. *nibelis*, *P. nibelis*, *Pseudotaxis eominina*, *Tetrataxis hemisphaerica*, *Mikhailovella gracilis*, *Endostaffella delicata*, *E. discoidea*, *E. parva*, *Consobrinella consobrina*, *Pseudoammodiscus volgensis*, *Koninckopora inflata*, *Earlandia clavatula*, *E. moderata*, *E. vulgaris*, *Koktjubina minima*, *Globoendothyra globutus numerabilis*, *Archaediscus* aff. *longus*, *Pseudoendothyra struvii*, *Paraarchaediscus kokjubensis*, *P. maximus*, *Howchinia bradyana*, *Asteroarchaediscus baschkiricus*, *Bradyina* aff. *cribrostomata*, *B. modica*, *Climacammina antiqua*, *Condrustella modavensis*, *Cribrostomum paraeximium*, *Cribrospira panderi*, *Endothyranopsis compressa*, *E. crassa*, *E. sphaerica*, *Forschiella mikhailovi*, *Janischewskina isotovae*, *J. typica*, *J. delicata*, *Eostafellina paraprotvae*, *Omphalotis omphalota*, *Planoendothyra aljutovica*, *Plectogyranopsis regularis*, *Spinothyra pauciseptata*, *Calcifolium okense*。

维宪阶　　–64.5m — 60.1m

牙形类：*Gnathodus semiglaber*, *Gn. delicatus*, *Gn. girtyi girtyi*, *Gn. girtyi pyrenaeus*, *Gn. girtyi meischneri*, *Gn. bilineatus remulus*, *Gn. bilineatus remus*, *Gn. bilineatus bilineatus*, *Gn. praebilineatus*, *Gn. semiglaber*,

Gn. typicus，*Gn. cantabricus*，*Pseudognathodus homopunctatus*，*P. Homopunctatus*，*Lochriea commutata*，*L. saharea*，*L. scotinensis*，*L. minutus*，*L. monocostata*，*L. mononodosa*，*L. multinodosa*，*L. costata*，*Vogelgnathus postcampbelli*，*V. campbelli*，*V. paleutinus*，*Mestognathus beckmani*。

有孔虫：*Archaediscus* spp.，*Biseriella parva*，*Endostaffella parva*，*E. discoidea*，*E. Delicata*，*Bradyina* spp.，*Consobrinellopsis consobrina*，*Earlandia* ex gr. *clavatula*，*E.* ex gr. *vulgaris*，*Endothyra bowmani*，*E. similis*，*E.* ex gr. *obsoleta*，*E.* ex gr. *excellens*，*E.* ex gr. *prisca*，*Endothyranopsis crassa*，*Eostaffella ikensis*，*Forschiella mikhailovi*，*Globoendothyra globula*，*Koninckopora inflata*，*Mediocris ovalis*，*M. breviscula*，*M. mediocris*，*Janischewskina minuscularia*，*Koskinobigenerina breviseptata*，*Mikhailovella gracilis*，*Omphalotis omphalota*，*Plectogyranopsis regularis*，*Pojarkovella nibelis*，*Pseudoammodiscus volgensis*，*Pseudoendothyra struvii*，*Pseudotaxis* spp.，*P. eominina*，*Koktjubina minima*，*Spinothyra pauciseptata*，*Tetrataxis* ex gr. *conica*，*Vissarionovella donzellii*，等。

杜内阶 –414.5m — –64.5m

牙形类：*Scalignathus anchoralis*，*Pseudopolygnathus multistriatus*，*Ps. triangulus*，*Bispathodus spinulistatus*，*Neopolygnathus communis*，*Siphonodella obsoleta*，*Si. cooperi*，*Si.* cf. *duplicata*，*Si. sandbergi*，*Elictognathodus bialata*，等。

上泥盆统法门阶 未见底

牙形类：*Palmatolepis gracilis gracilis*，*Palmatolepis perlobata perlobata*，*Bispathodus stablis*，等。

4.1.1.5 化学地层

已有不少学者对纳庆剖面做过化学地层学的研究，Buggisch 等（2011）、Chen B 等（2016）和 Chen J T 等（2016）分别做过全岩碳同位素，牙形类氧同位素和微钻孔碳、锶同位素的研究；刘欣春（2012）做过锶同位素研究。

纳庆剖面的石炭系沉积于深水斜坡环境，未受后期淡水成岩作用影响，因此，研究其中碳酸盐岩全岩碳同位素可直接反映古海水的变化。Buggisch 等（2011）在纳庆剖面碳酸盐岩全岩碳同位素分析结果显示，$\delta^{13}C$ 值从维宪期中—晚期至谢尔普霍夫期一直保持在 3‰ 左右，谢尔普霍夫期早期短暂降低至 2‰，在宾夕法尼亚亚纪再呈现上升趋势，达到格舍尔期的 5.5‰。虽然，碳同位素值的变化与冰川发育之间的直接联系不是十分明确，但格舍尔期的高碳同位素值被解释为与晚古生代冰期的大规模发育有关（Buggisch et al.，2011）。高碳同位素值一般认为与有机碳埋藏量的增加有关，而有机碳埋藏量的增加通常会导致大气中 CO_2 含量的下降（Mii et al.，1999；Saltzman et al.，2004；Buggisch et al.，2008），从而创造触发冰川大规模发育的条件。石炭—二叠系界线附近识别出了一次较大的 $\delta^{13}C$ 的正漂移事件，正漂移在二叠纪早期达到顶峰，可能对应台地相区同期的 $\delta^{13}C$ 负漂移，指示石炭纪末期—二叠纪全球范围冰盖范围扩大、海平面下降的低水位期时，台地相区暴露、风化，而深水相区却能持续接收和保存 ^{13}C。

Chen B 等（2016）根据纳庆剖面牙形类磷酸盐的氧同位素研究，发现在维宪期至谢尔普霍夫早中期，

氧同位素值 $\delta^{18}O$ 短暂地下降到 21.5‰，从谢尔普霍夫后期开始显著上升，并在巴什基尔期达到最高值 23‰，这也是华南石炭—二叠纪氧同位素记录的最高值，然后开始下降，在莫斯科早期降到 22‰ 左右，并在格舍尔期进一步下降到 21.5‰。石炭纪中间界线附近最大的氧同位素值增加事件具有全球意义，可能指示晚古生代冰期的最大规模时期（Chen B et al.，2016）。石炭纪中期是最大冰川期的证据还体现在，腕足类化石壳体的碳、锶同位素也在这个时期大幅增加，前者反映有机碳埋藏量增加，后者反映风化作用增强，两者都有可能存在触发气候变冷的事件（Bruckschen et al.，1999；Grossman et al.，2008）。

纳庆剖面的锶同位素变化曲线可分为 4 个阶段（Chen et al.，2018）。①从泥盆—石炭纪界线处的高值（~0.7084）开始下降，到维宪中期达到最低值（~0.7076）；②然后数值开始上升，到巴什基尔的中晚期（~318 百万年）再次达到高峰（~0.7083）；③之后有大约 15 个百万年（318—303 百万年）的平台期；④到格舍尔早期（~303 百万年）开始下降，一直持续下降到二叠纪结束（Veizer et al.，1999；Chen et al.，2018）。通过对石炭纪全球事件的系统综述，Chen 等（2018）认为，锶同位素在维宪期中期开始持续升高，很可能是由海西构造运动导致欧美大陆在赤道附近的隆升及随之而来的强烈风化作用导致的，而且可能也与逐渐繁盛的最古老的热带雨林（增强风化作用）有关。巴什基尔期中晚期至格舍尔期早期的锶同位素高值则可能是由古陆隆升逐渐西移后风化作用持续高强所致。从格舍尔期早期开始的锶同位素的下降在时间上与热带雨林的更替事件以及欧美大陆赤道附近广泛发育的干旱事件高度一致，表明这是由大陆风化作用减弱所致。二叠纪早期的锶同位素下降则可能与玄武岩喷发及新特提斯洋的形成有关。

综合柱状图见图 4-1-4。

系	亚系	统	阶	组	厚度 (m)	柱状图	分层	岩性	生物地层		化学地层
									牙形类	有孔虫（蜓）	

二叠系 — 阿瑟尔阶

石炭系 — 宾夕法尼亚亚系：上统（格舍尔阶、卡西莫夫阶）；中统（莫斯科阶）；下统（巴什基尔阶）

石炭系 — 密西西比亚系：上统（谢尔普霍夫阶）

组：南丹组

厚度 (m)：>100，290，AS250，280，AS240，270，AS230，260，AS220，250，AS210，240，AS200，230，AS190，220，AS180，210，AS170，200，AS160，190，AS150，180，AS140，170，AS130，160，AS120，150，AS110，140，AS100，130，AS90，120，AS80，110，AS70，100，AS60，AS50，90，AS40，80，AS30，70，AS20，60

分层	岩性
22	灰黑色中层状石灰岩夹块状石灰岩，底部为薄层燧石条带石灰岩、硅质石灰岩
21	灰色中层到厚层状硅质石灰岩，夹少量薄层硅质石灰岩
20	灰黑色薄层到中层状石灰岩，夹块状石灰岩
19	灰黑色薄层状石灰岩与薄层状硅质石灰岩互层
18	灰色薄层，中层到厚层状硅质灰岩
17	灰色薄层状炭质灰岩夹薄层状灰岩
16	灰色中层到厚层状灰岩夹薄层状灰岩
15	灰色、灰黑色中层状硅质石灰岩
14	深灰色薄层、中层状灰岩夹厚层灰岩
13	深灰色薄层状含石状灰岩夹中层灰岩
12	深灰色中层到厚层状石灰岩夹薄层状石灰岩及块状灰岩
11	深灰色薄层状含瘤石灰岩
10	灰色中层到厚层状灰岩与薄层状灰岩互层，夹块状灰岩
9	灰色薄层瘤状灰岩
8	深灰色薄层状硅质石灰岩
7	灰黑色薄层瘤状灰岩与中层状、厚层状灰岩互层

牙形类（自上而下）：*S. isolatus*；*Streptognathodus wabaunsensis*；*Streptognathodus tenuialveus*；*S. virgilicus*；*S. vitali*；*I. nashuiensis*；*I. simulator*；*I. naraoensis*；*I. eudoraensis*；*I. guizhouensis*；*I. magnificus*；*Idiognathodus turbatus*；*Swadelina makhlinae*；*Swadelina subexcelsa*；*Neognathodus roundyi*；*I. podolskensis*；*Mesogondolella clarki-M. donbassica*；*Di. ellesmerensis*；"*Streptognathodus*" *expansus* M2；"*Streptognathodus*" *expansus* M1；*I. primulus*；*N.symmetricus*；*Idiognathoides sinuatus*；*Declinognathodus noduliferus sensu lato*；*Gnathodus postbilineatus*；*Gnathodus bollandensis*；*Lochriea ziegleri*

有孔虫（蜓）（自上而下）：*Sphaeroschwagerina-Robostoschwagerina*；*Montiparus-Triticites*；*Fusulinella-Fusulina*；*Profusulinella*；*Pseudostaffella*；*Millerella marblensis-Eostaffella postmosquensis*；*Eostaffella mosquensis*；*Janischewskina delicata*

图 4-1-4（a） 纳庆剖面综合柱状图 1

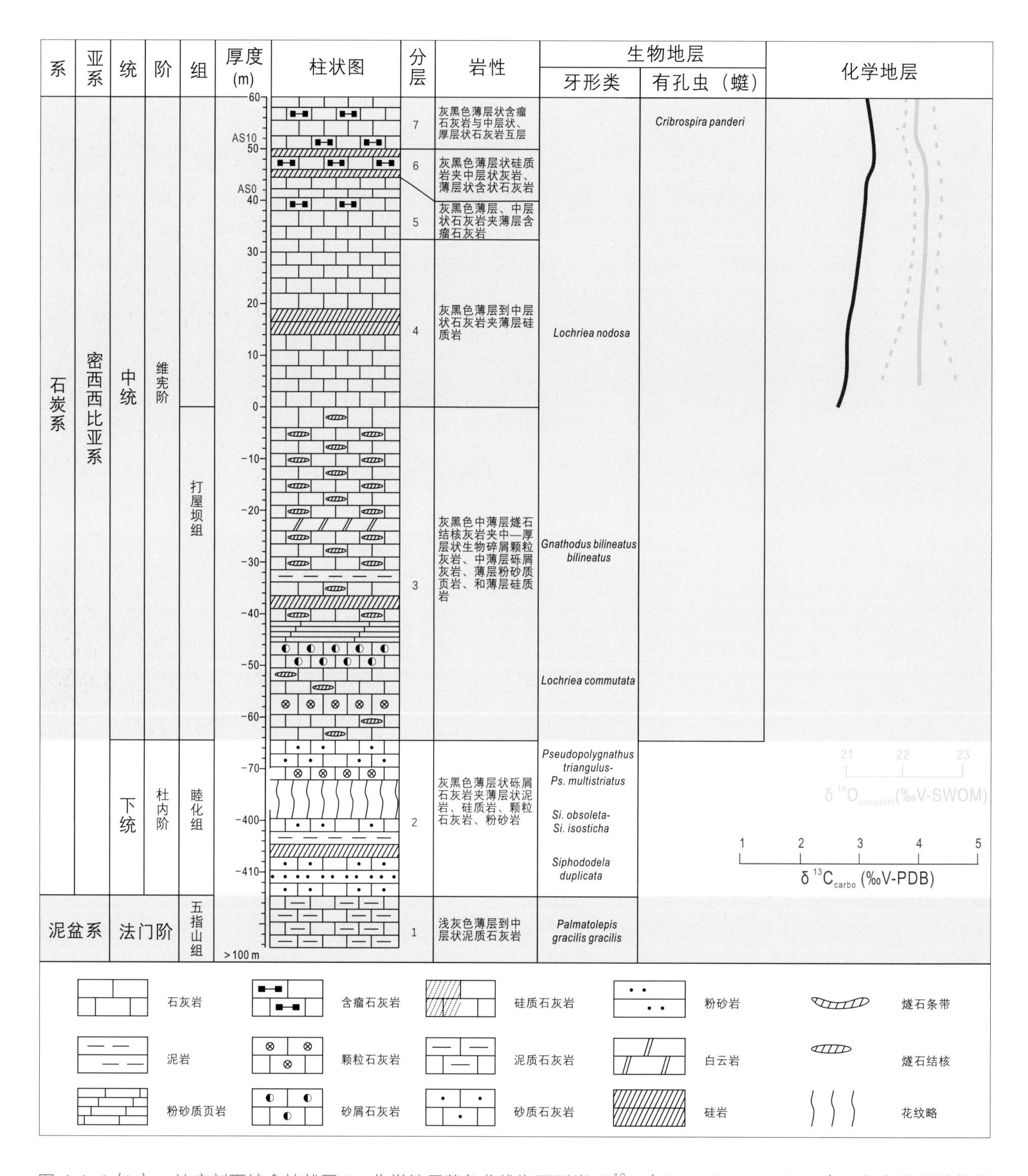

图 4-1-4（b） 纳庆剖面综合柱状图 2。化学地层蓝色曲线为牙形类 $\delta^{18}O$（Chen B et al., 2016），红色为碳酸盐岩 $\delta^{13}C$（Buggisch et al., 2011）

4.1.2 贵州罗甸罗悃剖面

罗悃剖面位于贵州省黔南布依族苗族自治州罗甸县罗悃镇之西南，罗甸—望谟省级公路 S312 旁，沿进入洞甲村的道路展布，剖面终点为洞甲村村口泉水处。剖面距罗甸县城西南约 27.6km、距罗悃镇约 5km，距纳庆剖面所在的纳庆村约 10km（GPS：25°18′27.10″N、106°34′8.79″E），交通便利（图 4-1-1 之 2）。

该剖面由中国科学院南京地质古生物研究所晚古生代研究团队实测于 2010 年，实测剖面厚 206m，在剖面岩石上逐米钉入铝棒作为永久标志。剖面出露石炭系维宪阶顶部—莫斯科阶中下部，之上地层被覆盖，处于北西向望谟变形带中床井穹窿背斜的南翼。剖面岩层层序清楚、出露良好、构造简单，倾向北北东，倾角 60°~70°，除底部 0—2m 和顶部 202m—205m 层面出现褶曲外，其余地层均成单斜出露，无任何构造作用影响（图 4-1-5）。剖面下部（−1m—96m）以灰色中薄层硅质条带泥粒灰岩夹灰色厚层状颗粒灰岩为主，含丰富的牙形类和少量浮游有孔虫；上部（96m—206m）以浅灰色中厚层状泥粒灰岩和颗粒灰岩为主，偶夹深灰色中层硅质岩和薄层状粉砂岩，除牙形类外还包括较为丰富的䗴类，偶见腕足类、海百合茎等化石，代表了台地边缘至上斜坡沉积环境。

图 4-1-5　贵州罗甸罗悃剖面。A. 石炭系维宪阶与谢尔普霍夫阶的接触关系；B. 谢尔普霍夫阶的薄至中层状灰岩；C. 巴什基尔阶与莫斯科阶的接触关系；D. 莫斯科阶的中层状灰岩

4.1.2.1 研究简史

罗悃剖面发现于 2010 年，野外考察中观察到该剖面富含蜓类，被选作石炭系未确立的候选界线层型纳庆剖面的辅助参考。同年，经过初步研究，Qi 等（2010b）在国际石炭系工作会议的野外指导书上发表了该剖面牙形类的延限图。马兆亮（2013）和马兆亮等（2013）研究了该剖面的有孔虫序列，识别出 4 个蜓带，并着重讨论了巴什基尔 — 莫斯科阶的界线层。王秋来等（2014）在该剖面最下部识别出了维宪阶与谢尔普霍夫阶的界线。沈桂淑（2014）研究了该剖面碳酸盐岩 $\delta^{18}O$ 和 $\delta^{13}C$ 的同位素地球化学。Hu 等（2016，2017，2019）和胡科毅（2016）详细讨论了该剖面宾夕法尼亚亚纪地层中的牙形类序列，并建立了巴什基尔阶的牙形类带。Chen J T 等（2016）通过微钻孔取样的方法，对罗悃及黔南其他地区剖面的维宪 — 谢尔普霍夫阶界线层进行了碳同位素地球化学的研究。

4.1.2.2 岩石地层

罗悃剖面岩性较为单一，以中、薄层状含燧石结核灰岩和厚层颗粒灰岩互层为主，夹少量粉砂岩。剖面下部以灰至灰黑色薄层状含燧石结核灰岩为主，上部以灰色中至厚层状颗粒灰岩为主。出露层段为南丹组下部。受构造作用影响，下伏打屋坝组红色薄层状砂岩、粉砂岩、泥岩等变形严重，多被第四系覆盖，层序不清。南丹组上部地层多被第四系砾石、黄土覆盖。

4.1.2.3 剖面描述

南丹组（CP *n*） >1000m

莫斯科阶下部 — 维宪阶顶部

莫斯科阶下部

6. 206m — 121m，灰色中、厚层状生物碎屑颗粒灰岩、泥晶灰岩夹薄层状燧石结核灰岩、薄层状灰岩，偶夹薄层状粉砂岩。 85m

产牙形类：*Declinognathodus noduliferus*，*D. marginodosus*，*D.* cf. *donetzianus*，*Idiognathoides sulcatus sulcatus*，*Id. sulcatus paruvs*，*Id. sinuatus*，*Id. corrugatus*，*Id. postsulcatus*，*Id. ouachitensis*，*Id.* aff. *lanei*，*Id. pacificus*，*Swadelina einori*，*Sw. subdelicata*，*Sw. lancea*，*Sw. concinna*，“*Streptognathodus*” *expansus*，“*S.*” *suberectus*，*Neolochriea glaber*，*Ne. nagatoensis*，*Ne. hisaharui*，*Diplognathodus orphanus*，*Di.* aff. *orphanus*，*Di. coloradoensis*，*Di.* aff. *ellesmerensis*，*Hindeodus minutus*，*Neognathodus kanumai*，*N. medadultimus*，*N. inaequalis*，*N. roundyi*，*Mesogondolella clarki*，*M. donbassica*，*Adetognathus lautus*，*Rhachistognathus prolixus*，*Idiognathodus praeobliquus*，*I. obliquus*，*I. convadongae*，*I. shanxiensis*，*I. podolskensis*，*I.* cf. *trigonolobatus*，*I.* cf. *taiyuanensis*，*Gondolella leavis*。

产蜓：*Pseudostaffella paradoxa*，*P. composite keltmica*，*P. latispiralis*，*P. panxianensis*，*P. sphaeroidea*，*P. japonica*，*P. formosa kamensis*，*P. rotunda*，*P.* cf. *shazipoensis*，*P. cuboides*，*P. shuichengensis*，*P. subquadrata*，*P. irinovkensis*，*Profusulinella parva*，*Pr.* cf. *yazitangica*，*Pr. prisca*，*Pr. aljutovica*，*Pr. tikhonovichi*，*Pr. staffellaeoformis*，*Pr. munda*，*Pr. prisca timanica*，*Pr. rhomboids*，*Pr. priscoidea*，*Pr. rhomboids*，*Pr. constans*，*Pr. parva convolute*，*Pr. ovata*，*Pr. deprati*，*Pr. chernovi*，*Pr.*

mutabilis，*Pr. wangyui*，*Fusulinella bocki*，*F. bocki timanica*，*F. praebocki*，*F. mosquensis*，*F. eopulchra*，*F. colaniae*，*F. provecta*，*F. huashanensis*，*F. obesa*，*F. pulchra*，*F. vozhgalensis*，*F. colaniae*，*F. simplicata*，*Beedeina grileyi*，*B. bona lenaensis*，*B. paradistenta*，*B. samarica*，*B. schellwieni*，*B. yangi*，*B. pumila*，*Eoschubertella glendalensis*，*Eofusulina triangular*，*E. postmosquensis*，*Taitzehoella taitzehoensis*，*Ozawainella pseudotingi*，*O. crassiformis*，*Wedekindellina lata*，*W. dutkevichi*，*Verella prolixa*。

巴什基尔阶中—上部

5. 121m—96m。灰色中层状灰岩夹厚层状生物碎屑灰岩和薄层状燧石结核灰岩。 25m

产牙形类：*Declinognathodus praenoduliferus*，*D. bernesgae*，*D. tuberculosus*，*D.* cf. *praenoduliferus*，*D. inaeuqalis*，*D. lateralis*，*D. noduliferus*，*D. marginodosus*，*Lochriea nodosa*，*L. commutata*，*Gnathodus bollandensis*，*Gn. postbilineatus*， *Idiognathoides asiaticus*，*Id. luokunensis*，*Id. sulcatus sulcatus*，*Id. sinuatus*，*Id. corrugatus*，*Id. sulcatus paruvs*，*Id. postsulcatus*，*Id. ouachitensis*，*Id. pacificus*，*Id.* aff. *lanei*，*Neognathodus symmetricus*，*N. kanumai*，*Idiognathodus primulus*，*Swadelina einori*，*Sw. subdelicata*，“*Streptognathodus*” *expansus*，“*S.*” *suberectus*，*Neolochriea glaber*，*Ne. nagatoensis*，*Diplognathodus orphanus*，*Di.* aff. *orphanus*，*Di. coloradoensis*，*Hindeodus minutus*。

产䗴：*Endothyra* sp.，*Eostaffella* sp.。

谢尔普霍夫阶中部—巴什基尔阶下部

4. 96m—60.10m。灰黑色薄层状灰岩夹中层状生物碎屑颗粒灰岩和少量硅质岩。 35.9m

产牙形类：*Lochriea commutata*，*L. mononodosa*，*L. ziegleri*，*L. nodosa*，*L. cruciformis*，*L. scotiaensis*，*Gnathodus bilineatus bilineatus*，*Gn. bollandensis*，*Gn. postbilineatus*，*Gn. turyolsi*，*Psdognathodus symmutatus*，*Cavusgnathus unicornis*，*Declinognathodus bernesgae*，*D. tuberculosus*，*D. praenoduliferus*，*D. bernesgae*，*Mestognathus bipluti*，*Adetognathus unicornis*。

谢尔普霍夫阶中部

3. 60.10m—35.05m。灰黑色薄层状泥晶灰岩夹中层状生物碎屑灰岩、薄层状燧石条带灰岩。 25.05m

产牙形类：*Lochriea commutata*，*L. ziegleri*，*L. nodosa*，*L. mononodosa*，*L. nodosa*，*Cavusgnathus unicornis*，*Gnathodus bollandensis*，*Gn. girtyi simplex*，*Gn. bilineatus*，*Mestognathus* sp.，*Me. bipluti*，*Pseudognathodus homopuctatus*，*Ps. symmutatus*。

维宪阶顶部—谢尔普霍夫阶中部

2. 35.05m—−1m。灰黑色薄层状燧石条带灰岩夹中层状生物碎屑颗粒灰岩、薄层状硅质岩。 36.05m

产牙形类：*Gnathodus girtyi collisoni*，*Gn. girtyi girtyi*，*Gn. girtyi meischneri*，*Gn. girtyi simplex*，*Gn. girtyi rhodesi*，*Gn. girtyi pyrenaenus*，*Gn. girtyi* spp.，*Gn. bilineatus*， *Gn. bilineatus remus*，*Gn. bilineatus romulus*，*Gn. praebilineatus*， *Lochriea commutata*，*L. mononodosa*，*L. nodosa*，*L. senckenbergica*，

L. cruciformis，*L. ziegleri*，*L. costata*，*L. saharae*，*L. multinodosa*，*L. scotiaensis*，*Pseudognathodus homopunctatus*，*Ps. symmutatus*，*Ps. mermaidus*，*Mestognathus* sp.，*Me. bipluti*，*Me. beckmani*，*Hindeodus cristulus*，*Vogelgnathus campbeli*，*V. postcampbeli*，*Cavusgnathus naviculus*。

产有孔虫：*Pseudoendothyra* cf. *globosa*，*Endothyranopsis sphaerica*，*E. crassa*，*Endostaffella discoidea*，*Pseudotaxis* spp.，*E.* ex gr. *clavatula*，*E.* ex gr. *vulgaris*，*Omphalotis omphalota*。

———— 整合 ————

打屋坝组（C_1dw） >200m

维宪阶中下部—杜内阶

1\. 红色、灰色薄层状砂岩、粉砂岩、泥岩，夹薄层状深灰色燧石结核灰岩。 未见底

4.1.2.4 生物地层

罗悃剖面所产化石类型与纳庆剖面相同，以牙形类为主，但䗴类化石比纳庆剖面更为丰富，非䗴有孔虫含量较少。牙形类序列与纳庆剖面基本相同。

Qi 等（2010b）将罗悃剖面谢尔普霍夫阶底界、宾夕法尼亚亚系底界和莫斯科阶底界分别放置在剖面起点 6.5m、97m 和 119.5m 处。在进一步研究之后，王秋来等（2014）在样品 LKC4.65 中找到了谢尔普霍夫阶底界的潜在定义分子 *Lochriea ziegleri*，该位置为一厚层状颗粒灰岩中部，其底部位置为剖面的 4.38m，即为罗悃剖面维宪—谢尔普霍夫阶界线位置。马兆亮等（2013）在 121.9m 处发现了莫斯科阶传统界线标志 *Profusulinella aljutovica*，却将莫斯科阶底界置于剖面 116.8m 处“*Streptognathodus*” *expansus* 出现的位置。Hu 等（2017）将罗悃剖面的石炭系中间界线和莫斯科阶底界分别置于 *Declinognathodus noduliferus* s. s.（98.1m）和 *Diplognathodus* aff. *ellesmerensis*（121m）的首现层位。但据 Hu 等（2019），*Declinognathodus* 属出现于 86.25m，根据石炭系中间界线的定义（Lane et al., 1999），其位置应对应 *Declinognathodus noduliferus* sensu lato 的首现位置，因此本书将罗悃剖面石炭系中间界线置于 86.25m 处。

据王秋来等（2014）、胡科毅（2016）和 Hu 等（2017），罗悃剖面从莫斯科阶中下部—维宪阶顶部自上而下可识别出 12 个牙形类带，分别为 *Idiognathodus podolskensis* 带、*Mesogondolella clarki*–*M. donbassica* 组合带、*Diplognathodus* aff. *ellesmerensis* 带、“*Streptognathodus*” *expansus* M2 带、“*S.*” *expansus* M1 带、*Idiognathodides sulcatus parvus* 带、*Id. sinuatus*–*Id. sulcatus sulcatus* 带、*Declinognathodus noduliferus* sensu lato 带、*Gnathodus postbilineatus* 带、*Gn. bollandensis* 带、*Lochriea ziegleri* 带和 *L. nodosa* 带。据马兆亮（2013）和盛青怡（2016），该剖面自上而下可识别出 5 个有孔虫（䗴）带，分别为 *Fusulinella*–*Beedeina* 带、*Profusulinella rhomboids* –*P. priscoidea* 带、*Profusulinella aljutovica*–*P. prisca* 带、*Pseudostaffella* 带和 *Endothyranopsis sphaerica* 带。

4.1.2.5 化学地层

罗悃剖面的碳、氧同位素均有多次正、负偏移。其中碳同位素显示 3 次较为明显的负偏，分别为维宪—谢尔普霍夫阶界线附近、巴什基尔—莫斯科阶界线附近以及莫斯科阶的下部，$\delta^{13}C$ 均低于 –3‰。

罗悃剖面综合柱状图见图 4-1-6。

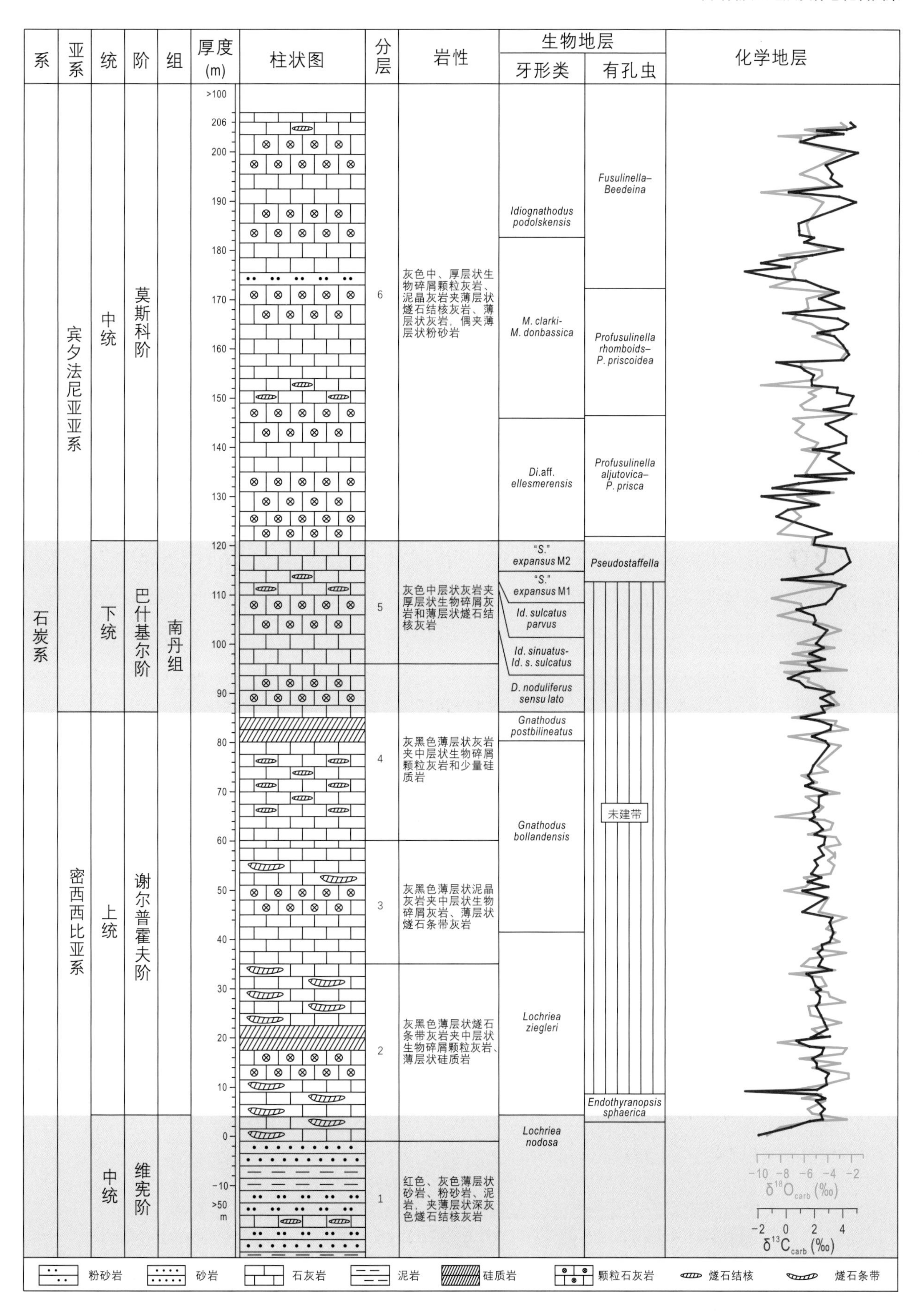

图 4-1-6 罗甸剖面综合柱状图，化学地层蓝色曲线为碳酸盐岩 $\delta^{18}O$，红色为碳酸盐岩 $\delta^{13}C$，均引自沈桂淑（2014）

4.1.3 贵州紫云宗地剖面

宗地剖面位于贵州省安顺市紫云苗族布依族自治县宗地乡，位于罗甸—紫云公路中的 005 乡道侧，距紫云县约 42km、宗地乡约 2km（0m 处 GPS：25°34′42.8″N，106°21′05.5″E；300m 处 GPS：25°35′01.1″N，106°20′33.8″E）（图 4-1-7）。剖面曾分别由南京大学史宇坤等于 2001 年，以及中国科学院南京地质古生物研究所晚古生代研究团队于 2007 年实测，前者实测 609m 石炭系谢尔普霍夫阶—二叠系亚丁斯克阶（史宇坤等，2012）；后者实测 360m 石炭系巴什基尔阶—二叠系阿瑟尔阶（Ueno et al., 2007），并在岩石上逐米钉入铝棒作为永久标志。据本书作者野外勘察，Ueno 等（2007）60m 标志对应史宇坤等（2012）的 52 层之底。据此计算并结合䗴类 *Pseudostaffella antiqua* 出现的层位，Ueno 等（2007）之 0m 标志应对应史宇坤等（2012）的 34 层之底。本书综合两者资料描述，宗地剖面地层为石炭系谢尔普霍夫阶—二叠系阿瑟尔阶，总计厚 387.4m，该段地层出露良好，走向北北东，倾向西，倾角 20°～30°（图 4-1-8）。

宾夕法尼亚亚系到乌拉尔统以浅水台地相沉积为主，沉积层序总体由水体很浅的灰岩组成，层序中部代表了水体最深的部分也只形成于浪基面之上的范围之内。剖面的岩石完全由浅水碳酸盐岩沉积构成，其中的下部 100m 左右夹有高频出现的白云岩化灰岩，沉积构造和一些其他沉积特征也可能由于白云岩化变得模糊不清，但仍可见一些交错层理。剖面的 100m—210m 以不含白云岩的纯碳酸盐岩为主，

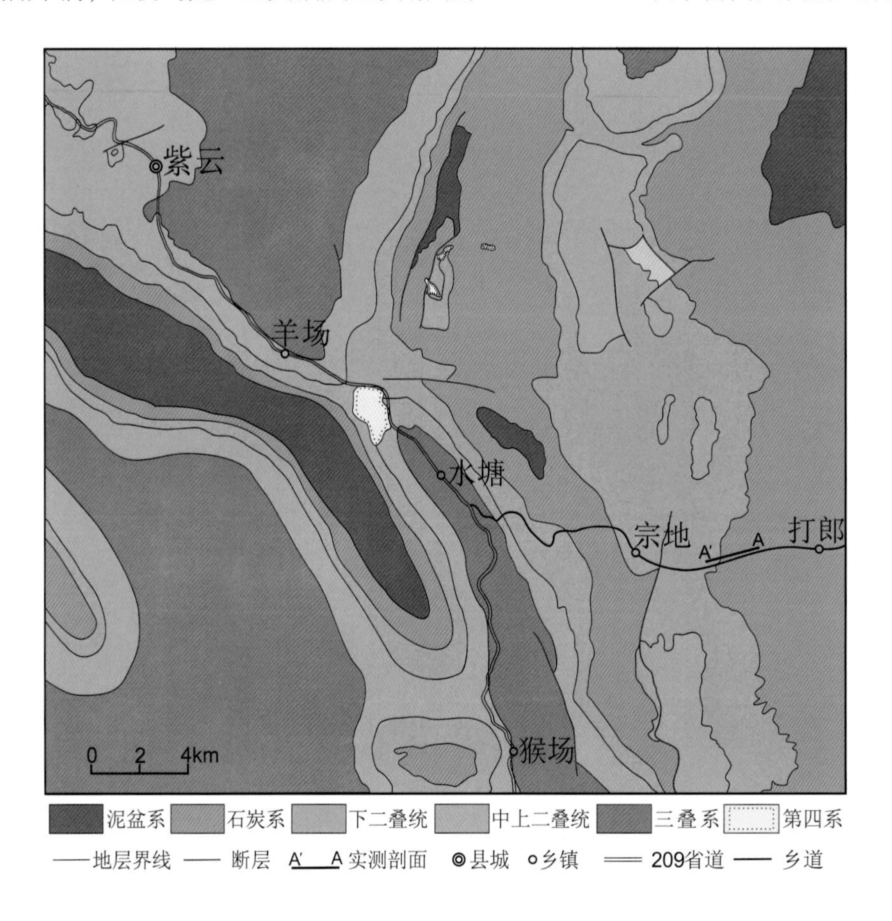

图 4-1-7 宗地剖面地理位置和地质概况（史宇坤等，2012）

图 4-1-8 贵州紫云宗地剖面

A. 宗地剖面起点的谢尔普霍夫阶的中至厚层状灰岩；B. 巴什基尔阶的白云质灰岩；C. 卡西莫夫阶内的一个暴露面，古风化壳的砾岩和古土壤；D. 沿新开的公路出露的卡西莫夫—格舍尔阶的灰岩地层；E. 格舍尔阶的厚层—块状灰岩；F. 二叠系阿瑟尔阶的块状灰岩，300m 处深灰色灰岩与浅灰色灰岩的交界处为一个暴露面

在少数几个层位可见由于海平面下降而导致的显著暴露面，但其出现频度与剖面上部相比非常低。剖面的 210m— 300m，灰岩发育了十分明显的沉积旋回性，每 4~6m 可识别出一个旋回。从 300m 到剖面终点 360m，尽管旋回性仍然非常明显，但两个旋回之间的间隔较大，一般为 10~15m。Ueno 等（2007，2010，2013）对宗地剖面 210m—360m 进行了沉积学研究，识别出 26 个沉积旋回。

4.1.3.1 研究简史

宗地剖面的石炭—二叠系的研究主要有林春明等（2005）、Hayakawa 等（2005）、Hayakawa（2007）、Ueno 等（2007，2010，2013）及史宇坤等（2009，2012），他们讨论了该剖面的沉积旋回特征、蜓类生物地层和蜓类的系统分类。其中，史宇坤等（2012）详细描述了该剖面的蜓类有孔虫的系统分类，讨论了生物地层划分和对比。此外，朱李鸣（2003）还研究了宗地剖面二叠系罗甸阶的蜓类。

Buggisch 等（2011）研究了宗地剖面的同位素地球化学，并与华南其他相区剖面以及北美和俄罗斯同时代地层进行了对比。

4.1.3.2 岩石地层

宗地剖面位于贵州省石炭系分区中的紫云 – 普安分区，密西西比亚纪早期地层以深色碳酸盐岩及碎屑岩为主，密西西比亚纪中晚期—二叠纪早期地层为浅色碳酸盐岩（包括礁灰岩）。按贵州省地质调查院（2016）表 9-2 所示，该剖面涉及地层为密西西比亚系上部—二叠系紫松阶，应纳入威宁组，是沉积于台地边缘相及近陆边缘相的一套厚层生物碎屑灰岩，其时代自密西西比亚纪晚期至早二叠世早期，与深水斜坡相的南丹组为相变关系。

4.1.3.3 剖面描述

测量标记按 Ueno 等（2007），化石列表据史宇坤等（2012）。综合柱状图如图 4-1-9 所示。

威宁组（CP *w*）　　>1500m

二叠系阿瑟尔阶

29. 355m—284m。深灰色厚层状生物碎屑颗粒灰岩，局部含有核形石。　　71m

产十分丰富的蜓：*Triticites* cf. *titicacaensis*，*T.* cf. *victorioensis*，*T. kawensis*，*T. longus formosus*，*T. neoyunnanica*，*T. pseudosimplex*，*T. wyomingensis*，*T. pseudoconfertus*，*T. confertus*，*T. provoensis*，*T. plummeri*，*T. langsonensis*，*T. lucidus*，*T. pseudoarcticus*，*T. subcrassulus*，*T. grangerensis*，*T. rhodesi*，*T. sinuosus*，*T. stuckenbergi*，*T. creekensis*，*T. pajerensis*，*T. iatensis*，*T. subglobarus*，*T. noinskyi*，*T. wumingensis*，*T. zhangi*，*T. panteleevi*，*T. condensus*，*T. communis krosnoglinkensis*，*T. bellus*，*T. insolentis*，*T. meeki*，*Eoparafusulina ovata*，*E.* cf. *depressa*，*E.* cf. *instabilis*，*E. bocki*，*E. pseudobocki*，*E. liudongensis*，*E. lantenoisi*，*E. conferta*，*E. quasicylindrica*，*E. speciosa*，*E. regularis*，*E.* cf. *shengi*，*E. paradepressa*，*Pseudofusulina andina*，*P.* cf. *tenuis*，*P. tenuis*，*P.* cf. *kraffti*，*P. chihsiaensis* var. *fragilis*，*P. decurta*，*P. kutkanensis*，*P. paraverneuili*，*P. kiangsuensis*，*P. parajaponica*，*P.* cf. *quasifusuliniformis*，*P.* cf. *plicatissima* var. *irregularis*，*P.* cf. *lutuginiformis*，*P. ischimbajevi*，*P. sokensis*，*P. uralica* var. *prava*，*P.* cf. *ambigua* var. *pursatensis*，*P.* cf. *ciwuensis*，*P. neouralica*，*P. houchangensis*，*P. intermedia*，*P.* cf.

ellipsoidalis, *P. lutugini* var. *fragilis*, *P. callosa*, *P. biconica*, *P. yangi*, *Pseudoschwagerina broggii*, *P. convexa*, *P. dallmusi*, *P. nitida*, *P. uddeni*, *P. zhongzanica*, *P. neotruncata*, *P. subconvexa*, *P. texana*, *P. muongthensis*, *P. parasphaerica*, *Quasifusulina arca*, *Q. pseudoelongata*, *Q. longissima*, *Q.* cf. *spatiosa*, *Q. eleganta*, *Q. paracompacta*, *Rugosofusulina aktjubensis*, *R.* cf. *napoensis*, *R. alpina*, *R. flexuosa*, *R. serrata*, *R. viriosa*, *R. paramoderata*, *R. paraziyunensis*, *R.* cf. *bicornis*, *R. paragregariformis*, *R. juncea*, *R. ziyunensis*, *Robustoschwagerina guangxiensis*, *R. xiaodushanica*, *R. wenshanensis*, *Schwagerina bellula*, *S. gregaria*, *S. neolata*, *S. providens*, *S. knightiformis*, *S. jinzhongensis*, *S. pseudocompacta*, *S. pseudocervicalis*, *S. retusa*, *S. subnathorsti*, *S. neoaculeata*, *S. aculeata*, *S. aculeata* var. *plena*, *S. compacta*, *S. elkoensis*, *S. nelsoni*, *S. paraneoaculeata*, *S.* cf. *paranana*, *Sphaeroschwagerina constans*, *Ozawainella angulata*, *Pseudoendothyra bradyi*, *P. kremenskensis*, *P. wenshanensis*, *Schubertella lata*, *S. magna*, *Staffella rabanalensis*, *S. subrotunda*, *Dunbarinella babaoensis*, *D. eoextenta*, *P. bradyi*, *P. kremenskensis*, *Schubertella kingi exilis*, *S. lata*, *S. pusilla*, *Alpinoschwagerina rotundata*, *Paraschwagerina bianpingensis*, *P. inflata*, *P. ishimbajica* 等。

28. 284m — 278m。深灰色块状鲕粒灰岩。 11m

产䗴：*Triticites burgessae*, *T.* cf. *cellamagnus*, *T. grangerensis*, *T. iatensis*, *T. insolentis*, *T. lalaotuensis*, *T. longissima*, *T.* cf. *titicacaensis*, *T. noinskyi*, *T. pajerensis*, *T. panteleevi*, *T. sinuosus*, *T. stuckenbergi*, *T. subventricosus*, *T. variabilis*, *T. winterensis*, *T. secalicus* var. *samarica*, *T. wyomingensis*, *T. zhangi*, *Pseudofusulina paraverneuili*, *Quasifusulina arca*, *Q. longissima*, *Q. tenuis*, *Quasifusulina deshengensis*, *Ozawainella crassiformis*, *O. vozhgalica*, *Schubertella magna*, *S. pusilla*, *Staffella rabanalensis*。

格舍尔阶—卡西莫夫阶

27. 278m — 242m。深灰色—灰色中、厚层状生物碎屑颗粒灰岩，局部含有核形石。 36m

产䗴：*Dunbarinella eoextenta*, *Triticites burgessae*, *T.* cf. *cellamagnus*, *T.* cf. *titicacaensis*, *T. guangnanensis*, *T. hobblensis*, *T. iatensis*, *T. insolentis*, *T. lalaotuensis*, *T. longissima*, *T. ovalis*, *T. planus*, *T. karlensis*, *T. kawensis*, *T. provoensis*, *T.* cf. *pseudopusillus*, *T. pseudoarcticus*, *T. regularis*, *T. rhodesi*, *T. concaviclivis*, *T. stuckenbergi*, *T. subcrassulus*, *T. winterensis*, *T. springvillensis*, *Pseudofusulina krotowi* var. *sphaeroidea*, *Quasifusulina arca*, *Q.* cf. *spatiosa*, *Q. deshengensis*, *Q. eleganta*, *Q. tenuis*, *Q. paracompacta*, *Q. ultima*, *Ozawainella vozhgalica*, *Protriticites obsoletus*, *P. neorhomboides*, *P. ziyunensis*, *Montiparus confertus*, *M. huishuiensis*, *M.* cf. *paramontiparus mesopachus*, *M. chingtangpuensis*, *M. guizhouensis*, *M. yangchangensis*, *Pseudostaffella sphaeroidea* var. *cuboides*, *Schubertella pusilla*, *Rauserites* ex gr. *rossicus* 等。

26. 242m — 232m。深灰色厚层状含鲕粒灰岩，含核形石，顶部为深灰色薄层状生物碎屑粒泥灰岩。 36m

产䗴：*Fusulinella devexa*, *F. laxa*, *Protriticites minor*, *P. ziyunensis*, *Montiparus xintangensis*, *Verella* sp.。

卡西莫夫阶—莫斯科阶

25. 232m—202m。灰白色块状生物碎屑灰岩。 30m

产蜓：*Fusulina pseudokonnoi* var. *longa*，*Fusulinella microlocula*，*F. laxa*，*F. praebocki*，*F. vozhgalensis*，*Protriticites* cf. *rhomboides*，*P. subschwagerininoides*，*Montiparus xintangensis*，*Schubertella pusilla*。

24. 202m—193m。深灰色块状颗粒灰岩，局部为微晶灰岩。 9m

产蜓：*Fusulina* cf. *pankouensis*，*F. consobrina*，*F. samarica*，*Fusulinella bocki intermedia*，*F. microlocula*，*Ozawainella* cf. *paralenticula*，*O. crassiformis*，*O. vozhgalica*，*Schubertella pusilla*。

23. 193m—180m。灰色、灰黑色厚层状生物碎屑亮晶灰岩。 13m

产蜓：*Eofusulina rasdorica*，*Fusulina consobrina*，*F. mosquensis*，*F. samarica*，*F. teilhardi*，*F. ziyunensis*，*Fusulinella bocki intermedia*，*F. microlocula*，*F. devexa*，*F. fugax*，*F. irregularis*，*F. laxa*，*F. paracolaniae*，*F. praebocki*，*F. provecta*，*F. pseudobocki*，*F. vozhgalensis*，*Ozawainella crassiformis*，*O. vozhgalica*，*Protriticites* cf. *rarus*，*P. minor*，*P. praemontiparus*，*P. subschwagerininoides*，*P. ziyunensis*，*Pseudostaffella cuboides*，*P. sphaeroidea*，*Staffella concava*。

22. 180m—160m。灰色中层—厚层状生物碎屑亮晶灰岩、颗粒灰岩。 20m

产蜓：*Fusulina pseudokonnoi*，*F. nytvica* var. *callosa*，*F. Samarica*，*F. schellwieni*，*F. teilhardi*，*Fusulinella bocki intermedia*，*F. devexa*，*F. irregularis*，*F. laxa*，*F. fugax*，*F. librovitchi*，*F. haymondensis*，*F. paracolaniae*，*F. pseudobocki*，*F. rhomboides*，*F. irregularis*，*F. pseudobocki*，*F. searighti*，*Pseudostaffella sphaeroidea* var. *cuboides*，*P. sphaeroidea*，*Profusulinella aljutovica* var. *elongata*，*P. arta* var. *kamensis*，*P. maopanshanensis*，*P. parafittsi*，*P. guangnanensis*，*P. biconiformis*，*Protriticites praemontiparus*，*Schubertella pusilla*，*Ozawainella vozhgalica*。

21. 160m—158m。灰色厚层状生物碎屑亮晶灰岩，见核形石。 2m

20. 158m—141.5m。灰色中—厚层状弱白云岩化灰岩。 16.5m

产蜓：*Fusulina samarica*，*F. schellwieni*，*Fusulinella fugax*，*F. pseudobocki*，*Ozawainella vozhgalica*，*Profusulinella arta* var. *kamensis*，*P. biconiformis*，*P. parafittsi*，*P. prisca timanica*，*Pseudostaffella sphaeroidea* var. *cuboides*，*Schubertella crassifusiformis*。

19. 141.5m—140m。灰色厚层状生物碎屑颗粒灰岩。 1.5m

18. 140m—132m。灰色中—厚层状微晶灰岩。 8m

17. 132m—120m。灰色厚层状生物碎屑亮晶灰岩，局部为致密块状微晶灰岩。 12m

产蜓：*Fusulina samarica*，*F. schellwieni*，*Ozawainella pseudotingi*，*Profusulinella parafittsi*，*P. parva* var. *robusta*，*Pseudostaffella sphaeroidea*，*Schubertella magna*。

16. 120m—115m。灰色—深灰色中层状灰岩、微晶灰岩。 5m

产蜓：*Fusulinella fugax*，*F. pseudobocki*，*Profusulinella arta* var. *kamensis*，*P. chaohuensis*，*P. parafittsi*。

15. 115m—110m。灰色厚层状生物碎屑颗粒灰岩。 5m

产蜓：*Profusulinella pseudorhomboides*, *P. biconiformis*。

14. 110m — 106.5m。浅灰色中层状灰岩。 3.5m

产蜓：*Profusulinella arta* var. *kamensis*。

13. 106.5m — 95m。灰黑色中层状灰岩，局部白云岩化。 11.5m

产蜓：*Profusulinella arta* var. *kamensis*，*P. chaohuensis*，*P. parafittsi*，*P. fenghuangshanensis*，*P. wangyui* var. *yentaiensis*，*P. pseudorhomboides*，*Fusulinella pseudobocki*。

巴什基尔阶

12. 95m — 90m。灰黑色块状生物碎屑粗晶灰岩。 5m

产蜓：*Profusulinella arta* var. *kamensis*，*P. chaoxianensis*，*P. fenghuangshanensis*。

11. 90m — 84m。灰色中层状灰岩，局部白云岩化。 6m

10. 84m — 80m。深灰色厚层状生物碎屑亮晶颗粒灰岩。 4m

产蜓：*Profusulinella aljutovica* var. *elongata*，*P. deprati*，*P. fenghuangshanensis*。

9. 80m — 64m。深灰色中层 — 厚层状灰岩，底部少量白云岩化灰岩。 16m

产蜓：*Profusulinella deprati*，*Profusulinella* cf. *parva robusta*，*Pseudoendothyra* sp.。

8. 64m — 48m。灰色中层 — 厚层状生物碎屑亮晶灰岩、微晶灰岩夹生物碎屑颗粒灰岩和厚层状白云质灰岩。 16m

产蜓：*Profusulinella deprati*，*P. parafittsi*，*P. parva* var. *convoluta*，*Pseudostaffella antiqua grandis*。

7. 48m — 36.5m。深灰色灰岩，局部白云岩化。 11.5m

产蜓：*Profusulinella parva* var. *convoluta*，*P. parafittsi*，*P. deprati*，*P. parafittsi*，*Pseudostaffella antiqua grandis*，*P. kanumai pauciseptata*。

6. 36.5m — 25m。深灰色块状白云岩化灰岩，夹燧石条带。 11.5m

产蜓：*Profusulinella deprati*，*P. parafittsi*，*Pseudostaffella antiqua grandis*，*P. confusa*，*P. kanumai pauciseptata*，*Pseudoendothyra struvei*。

5. 25m — 11m。灰黑色块状含燧石结核灰岩。 14m

产蜓：*Pseudostaffella antiqua grandis*，*P. kanumai pauciseptata*，*P. subquadrata vozhgalica*，*Eostaffella mosquensis*，*E. mutabilis*，*Eostaffellina paraprotvae*。

4. 11m — 0m。灰色、灰黑色厚层状微晶灰岩，顶部少量硅质灰岩。 11m

产蜓：*Pseudostaffella antiqua grandis*，*P. subquadrata vozhgalica*，*P. kanumai pauciseptata*，*Eostaffella mosquensis*，*Eostaffellina paraprotvae*。

谢尔普霍夫阶

3. 0m — −12.1m。灰色厚层生物碎屑粒泥灰岩、泥粒灰岩。 12.1m

产蜓：*Eostaffella endothyroidea*，*E. mediocris*，*E. tujmasensis*，*E. ljudmilae*。

2. −12.1m — −27.4m。浅灰色中 — 薄层白云岩、灰质白云岩和白云质灰岩，夹灰色薄层生物，碎屑泥粒灰岩。 15.3m

产蜓：*Eostaffella mediocris*，*E. pseudostruvei* var. *angusta*，*Eostaffellina* cf. *protvae*，*E. paraprotvae*。

1. −27.4m — −54.8m。浅灰色 — 灰黄色厚层 — 块状白云质灰岩、灰质白云岩、细晶白云岩。

27.4m

4.1.3.4 生物地层

宗地剖面生物化石以蜓类有孔虫为主，常见腕足类和珊瑚，牙形类化石仅见若干枝型分子。史宇坤等（2009，2012）系统研究了该剖面蜓类有孔虫的系统分类和生物地层，自上而下可识别出 9 个带：*Sphaeroschwagerina subrotunda* 延限带，*Triticites panteleevi* 富集带，*Triticites hobblensis* 延限带，*Protriticites ziyunensis* 富集带，*Fusulina–Fusulinella* 富集带，*Profusulinella chaohuensis–P. fenghuangshanensis* 间隔带，*Profusulinella deprati* 延限带，*Pseudostaffella* 富集带和 *Eostaffella–Eostaffellina* 富集带。

宗地剖面 0m — 10m 出现的 *Pseudostaffella antiqua grandis*，指示地层时代应为巴什基尔中期（Ueno et al., 2007）。因缺少标志化石的首现，石炭系中间界线层位在宗地剖面位置不清，大概位于 −27.4m 附近。莫斯科阶底界的传统标志为 *Profusulinella aljutovica*，该种的变种 *P. aljutovica* var. *elongata* 出现于史宇坤等（2012）的 59 层，对应 86m 标记，因此暂以该层位作为莫斯科阶底界。目前最具潜力的卡西莫夫阶底界化石标志为牙形类 *Idiognathodus sagittalis* 和 *I. turbatus*（Villa and Task Group，2008；Ueno and Task Group，2016），这两者的出现层位均与蜓类 *Montiparus* 出现的层位接近（Goreva et al., 2009；Ueno and Task Group，2009）。宗地剖面的 *Montiparus* 首现于史宇坤等（2012）的 82 层，对应 229.43m，因此暂以该层位作为卡西莫夫阶之底界。格舍尔阶底界以 *Rauserites* 在 256.3m 处的首现为标志（Ueno et al., 2013）。石炭 — 二叠系界线以史宇坤等（2012）的 100 层中 *Sphaeroschwagerina subrotunda* 的首现为标志，对应 316.9m。阿瑟尔中期的代表分子 *Sphaeroschwagerina moelleri* 出现于 325m（Ueno et al., 2007）。

4.1.3.5 化学地层

宗地剖面碳同位素值在巴什基尔 — 莫斯科阶中下部呈较为稳定的正值；在巴什基尔阶下部出现了两次较为明显的负偏；莫斯科阶中上部 — 格舍尔阶顶部，碳同位素值具较为明显的负偏，在格舍尔阶中部达到最低值（−4‰）；到二叠系阿瑟尔阶有所升高（Buggisch et al., 2011）。

4.1.4 贵州独山其林寨剖面

其林寨剖面位于贵州省黔南布依族苗族自治州独山县西约 6km（GPS：25°49′17″N，107° 29′26″E），因祥摆组在该剖面主要出露砂岩地层，不含化石，故不作详细讨论。其林寨剖面泥盆系十分发育，石炭系仅发育密西西比亚系，主要为汤耙沟组和祥摆组。

4.1.4.1 研究简史

其林寨剖面，或称其林寨水库剖面，为黔南广泛分布的汤耙沟组的典型剖面（吴祥和，1983）。贵州省地质矿产局（1987）和贵州省地质调查院（2016）均将该剖面作为典型剖面来介绍。Qie 等（2016）研究了该剖面的牙形类生物地层和碳同位素地层。

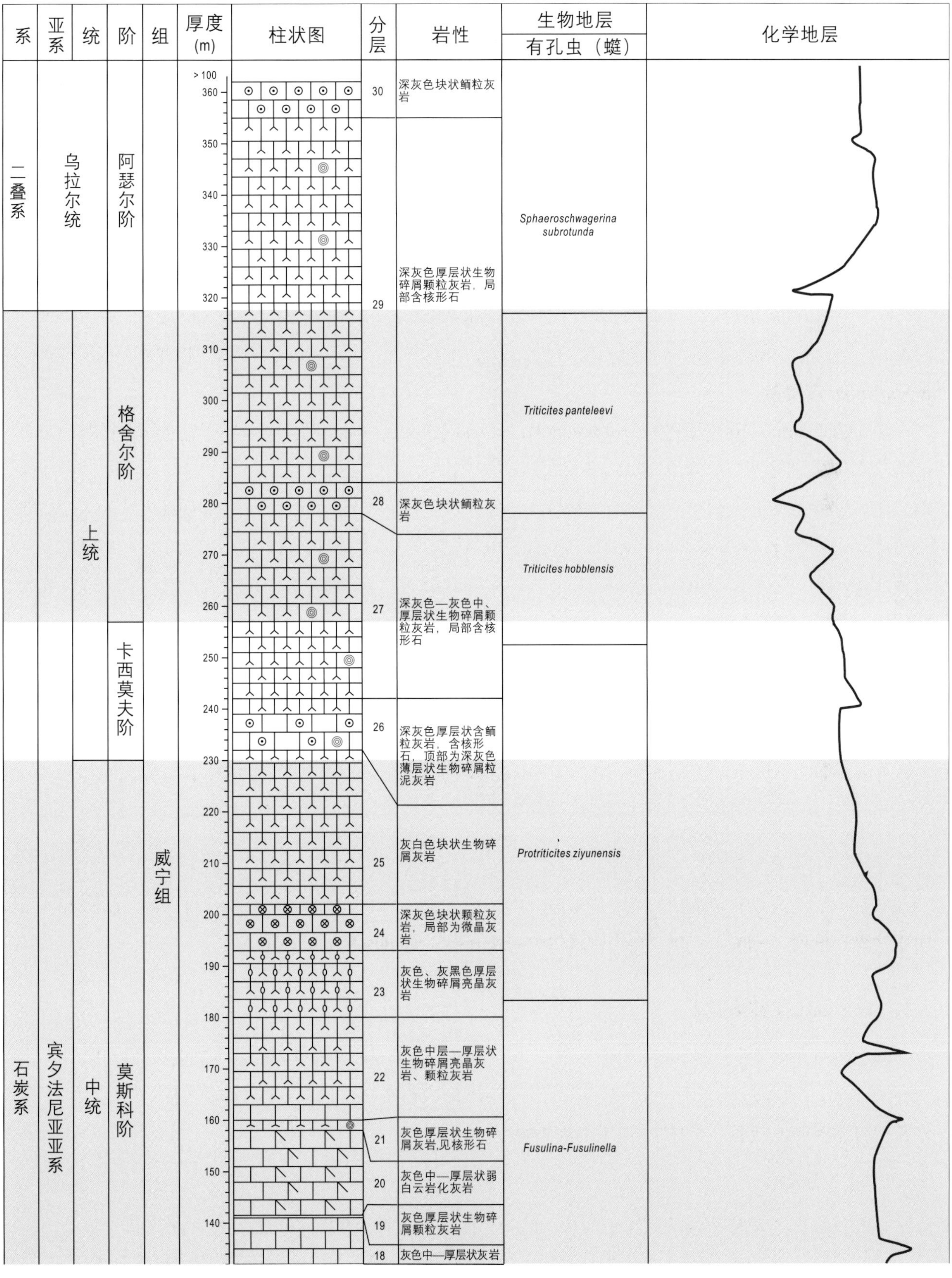

系	亚系	统	阶	组	厚度 (m)	柱状图	分层	岩性	生物地层 有孔虫（䗴）	化学地层
二叠系	乌拉尔统		阿瑟尔阶	威宁组	> 100 360		30	深灰色块状䗴粒灰岩	*Sphaeroschwagerina subrotunda*	
					350 340 330 320		29	深灰色厚层状生物碎屑颗粒灰岩，局部含核形石		
石炭系	宾夕法尼亚亚系	上统	格舍尔阶		310 300 290				*Triticites panteleevi*	
					280		28	深灰色块状䗴粒灰岩		
					270 260		27	深灰色—灰色中、厚层状生物碎屑颗粒灰岩，局部含核形石	*Triticites hobblensis*	
			卡西莫夫阶		250 240					
					230		26	深灰色厚层状含䗴粒灰岩，含核形石，顶部为深灰色薄层状生物碎屑粒泥灰岩	*Protriticites ziyunensis*	
		中统	莫斯科阶		220 210		25	灰白色块状生物碎屑灰岩		
					200		24	深灰色块状颗粒灰岩，局部为微晶灰岩		
					190		23	灰色、灰黑色厚层状生物碎屑亮晶灰岩		
					180 170		22	灰色中层—厚层状生物碎屑亮晶灰岩、颗粒灰岩	*Fusulina-Fusulinella*	
					160		21	灰色厚层状生物碎屑灰岩,见核形石		
					150		20	灰色中—厚层状弱白云岩化灰岩		
					140		19	灰色厚层状生物碎屑颗粒灰岩		
							18	灰色中—厚层状灰岩		

图 4-1-9（a） 宗地剖面综合柱状图 1

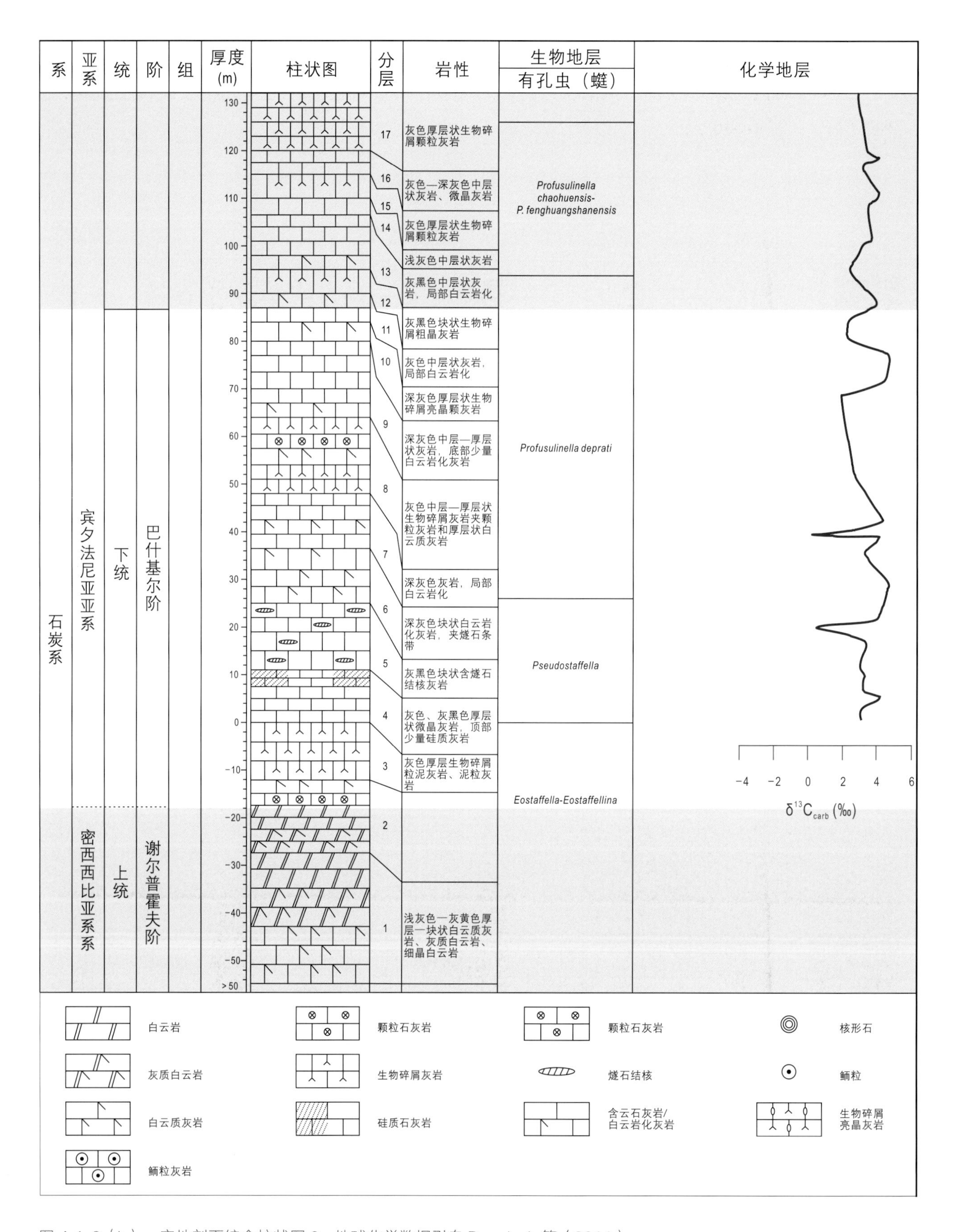

图 4-1-9（b） 宗地剖面综合柱状图 2，地球化学数据引自 Buggisch 等（2011）

4.1.4.2 岩石地层

剖面自下而上可划分为汤耙沟和祥摆组；下伏地层为泥盆系革老河组；上覆地层为石炭系旧司组，出露不好。（图 4-1-10）

图 4-1-10　贵州独山其林寨剖面

A. 泥盆系革老河组碎屑岩与石炭系汤耙沟组灰岩的假整合接触关系；B. 汤耙沟组底部的灰岩；C. 汤耙沟组的灰岩、页岩互层；D. 上司组下部的灰岩和泥灰岩；E. 上司组的横板珊瑚、笛管珊瑚（*Syringopora*）；F. 祥摆组的砂岩

汤耙沟组（C_1t）

Ting（1931）命名了汤耙沟砂岩。田奇瑪（1936）的汤耙沟层、刘鸿允（1955）的汤耙沟建造、《中国区域地层表（草案）》（1956）的汤耙沟组，均为汤耙沟砂岩的同义名。目前的汤耙沟组含义为革老河组之上、祥摆组之下含 *Uralinia*、不含 *Cystophrentis* 的一段地层，主要由灰至深灰色中厚层泥晶灰岩、泥质条带状灰岩、瘤状灰岩、泥质灰岩、石英砂岩及黑色、褐色页岩组成，产珊瑚、腕足等化石（金玉玕等，2000）。汤耙沟组的地层年代为石炭纪密西西比亚纪杜内期早期，其底部可能为泥盆纪末期。

祥摆组（C_1x）

贵州一零八地质队于 1976 年命名，命名剖面位于贵州惠水摆金祥摆伐木场。命名时称祥摆亚段。中国地质科学院于 1979 年改称祥摆组，作为大塘阶最下部一个地层单位（王增吉等，1990）。主要为灰、灰黄、灰白色薄至中厚层石英砂岩与灰黑、黑、黄褐色砂质页岩及碳质页岩互层，夹 1~4 层煤或煤线，产似层状、结核状菱铁矿。本组属滨海碎屑岩相，滨海沼泽沉积（金玉玕等，2000）。

4.1.4.3 剖面描述

本书转引贵州省地质矿产局（1987）对其林寨剖面的描述，并重新测量了该剖面。综合柱状图见图 4-1-11。

祥摆组（C_1x）

薄至厚层状石英砂岩。

——— 整合 ———

汤耙沟组（C_1t） 111.75m

10. 灰黑色中层状泥晶灰岩及灰黑色含粉砂质页岩。所产化石集中在底部，有腕足类、三叶虫、海百合茎、角石和小型单体珊瑚。底部 1m 处产腕足类：*Spirifer forbesi*，*S.* sp.，?*Praewaagenoconcha* sp.，*Linoproductus* sp.，*Rugosochnetes tangbagouensis*，*Schizophoria* sp.；三叶虫：*Archegonus* sp.。 3.93m

9. 中上部覆盖（40m）；下部深灰色中厚层状泥晶灰岩，产少量 *Uralinia* 和床板珊瑚及海百合茎。 13m

8. 深灰色薄至中层状含燧石团块泥晶灰岩，层间夹少量页岩。产大型单体珊瑚 *Uralinia gigantus*, *U.* sp.，床板珊瑚，腹足类及海百合茎。 4.3m

7. 深灰、灰黑色厚层—块状泥晶灰岩。下部灰岩含砂质和硅质，产腕足类，但属种单调；上部灰岩含大量生物碎屑，产腕足类、床板珊瑚、海百合茎及少量四射珊瑚；底部产腕足类 *Spirifer* sp.。 8.55m

6. 灰黑色页岩状泥晶灰岩，含大量泥质和粉砂质。下部产海百合茎、腕足类、三叶虫及棘皮类。底部产腕足类：*Spirifer forbesi*，*S.* sp.，*Schuchertella* sp.，*Eochoristites* sp.，*Martiniella* sp.，*Rugosochonetes tangbagouensis*，*Camaratoechia* sp.，?*Cleiothyridina* sp.，*Retichonetes* sp.，*Cyrtosymbolinae*；海林檎：*Cystoidea*。 6.01m

5. 中厚层状石英砂岩，下部间夹透镜状黑色炭质页岩，底部为页岩，顶部 2m 为紫灰、土黄色页岩及炭质页岩。 13.98m

4. 下部灰黑、深灰色瘤状泥晶灰岩，含硅质；上部泥晶灰岩夹页岩。产珊瑚和少量腹足类、腕足类。距底界 7m 产珊瑚：*Uralinia* cf. *tangpakouensis*，*Koninckophyllum* sp.；腕足类：*Linoproductus* sp.，*Athyris* sp.。 8.94m

3. 灰黑色薄至中层状泥晶灰岩与页岩互层。页岩往上增多，单层厚 10 ~ 40cm，所产珊瑚和腕足类都集中于下部。页岩内产腕足类：?*Schuchertella gelaohoensis*，?*Plicatifera* sp.，*Chonetes* sp.；三叶虫：?*Archegonus* sp.。灰岩中产珊瑚：*Pseudozaphrentoides* sp.，*Koninckophyllum* sp.，Adamanophyllidae；腕足类：*Yanguania dushanensis*，*Martiniella chinglungensis*，*M. pentagonia*，*Ptychamaleioechia kinlingensis*，*Cleiothyridina obmaxima*，*C. media*，*Rugosochonetes tangbagouensis*。 11.54m

2. 灰黑色薄至中层状泥晶灰岩和薄层砾状灰岩，间夹页岩。砾状灰岩由泥质胶结包裹扁平状泥晶灰岩砾而成。化石丰富，以腕足类和珊瑚最多，次为三叶虫、双壳类、腹足类及棘皮类。在底界之上 23m 处开始出现腕足类 *Cleiothyridina* 和 *Martiniella*。25m 处腕足类丰富，并出现少量珊瑚。45.9m 处产珊瑚：*Uralinia tangpakouensis*，*Siphonophyllia* sp.；腕足类：*Martiniella pentagonia*，*M.* sp.，*Cleiothyridina media*，*C. obmaxima*，*Crurithyris lingiatangensis*，*Schuchertella guizhouensis*，*Praewaagenoconcha kiangsuensis*，*Camarotoechia panderi*，*Yanguania dushanensis*，*Rugosochonetes tangbagouensis*，?*Spirifer* sp.。顶部产珊瑚：*Uralinia tangpakouensis*，*Koninckophyllum* sp.；腕足类：*Yanguania dushanensis*，*Praewaagenoconcha kiangsuensis*，*Cleiothyridina obnaxima*，*C. media*，*Ptychamaletoechia kinlingensis*，*Martiniella pentagonia*。 28.68m

1. 深灰色厚层状泥晶灰岩，可见微生物成因的纹层、结核和瘤状构造。 12.82m

———— 整合 ————

革老河组（$D_3 g$）

泥岩、泥灰岩和泥晶灰岩。

4.1.4.4 生物地层

Qie 等（2016）详细研究了剖面的牙形类生物地层，在汤耙沟组划分出了 7 个牙形类带，分别为：泥盆系 *Clydagnathus gilwernensis* – *Cl. unicornis* 带，石炭系自下而上的 *Polygnathus spicatus* 带、*Siphonodella homosimplex* 带、*Si. sinensis* 带、*Si. eurylobata* 带、*Pseudopolygnathus multistriatus* 带和 *Polygnathus communis porcatus* 带。

4.1.4.5 化学地层

Qie 等（2016）研究了剖面的碳、氧同位素，识别出 4 个碳同位素的正漂移，分别为：① HICE（峰值 $\delta^{13}C$ =4.5‰），位于汤耙沟组底部；② *Siphonodella homosimplex* 带中较小的正漂移；③ *Siphonodella sinensis* 带中较小的正漂移；④ *Siphonodella eurylobata* 带上部 TICE（峰值 $\delta^{13}C$ = 5.4‰）。

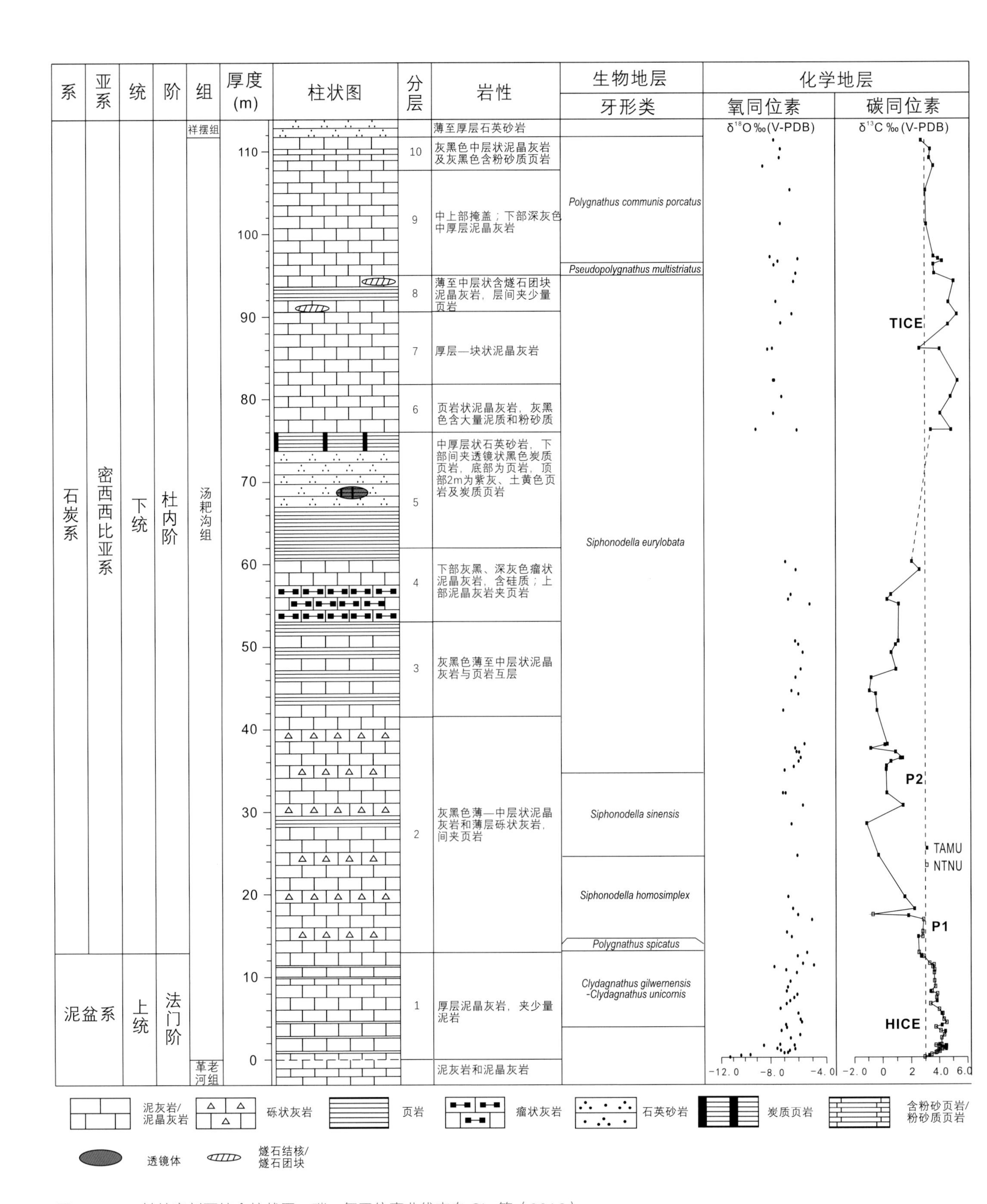

图 4-1-11　其林寨剖面综合柱状图，碳、氧同位素曲线来自 Qie 等（2016）

4.1.5 江苏南京孔山剖面

孔山剖面位于江苏南部宁镇山脉，南京江宁湖山地区的孔山北坡（GPS：32°04′25″N，119°00′21″E），见图 4-1-12 和图 4-1-13。该剖面距南京城区约 28km，位于工业采石矿区，交通十分便利。剖面出露一套较为完整的古生代地层，曾是华东、华中地区大专院校地质专业的野外实习基地。由于近年来水泥工业生产的不断作业，该剖面的黄龙组、船山组和栖霞组的灰岩正在被工业化开采，已遭破坏，但五通组上部、金陵组、高骊山组、和州组和老虎洞组仍保留完好。

4.1.5.1 研究简史

宁镇山脉的石炭纪地层发育研究历史悠久。20 世纪初至 30 年代，我国的地质先驱就在该地区做了初步的地质工作，如 Ting（1919）、Lee（1924）、Lee 等（1930）、朱森（1931）、李四光和朱森（1932），以及李毓尧等（1935），命名了一些岩石地层单位，并沿用至今。后人对各组的生物地层进行了详细研究，如金玉玕（1961）、李星学（1963）、张俭和蒋斯善（1966）、吴秀元和赵修祜（1981）、应中锷等（1986），逐步建立了宁镇山脉地区可靠的年代地层框架（图 4-1-14）。

孔山剖面的泥盆—二叠系由张遴信等（1988a，1988b）和蔡重阳等（1988）实测，并详细描述了岩石和生物地层。江苏省地质矿产局（1989）也在《宁镇山脉地质志》中对孔山剖面的石炭系进行了详细的描述。林春明等（2002）对孔山剖面的石炭系进行了详细的层序地层学的研究。Buggisch 等（2011）开展了孔山剖面石炭系谢尔普霍夫—二叠系空谷阶的沉积地球化学研究。

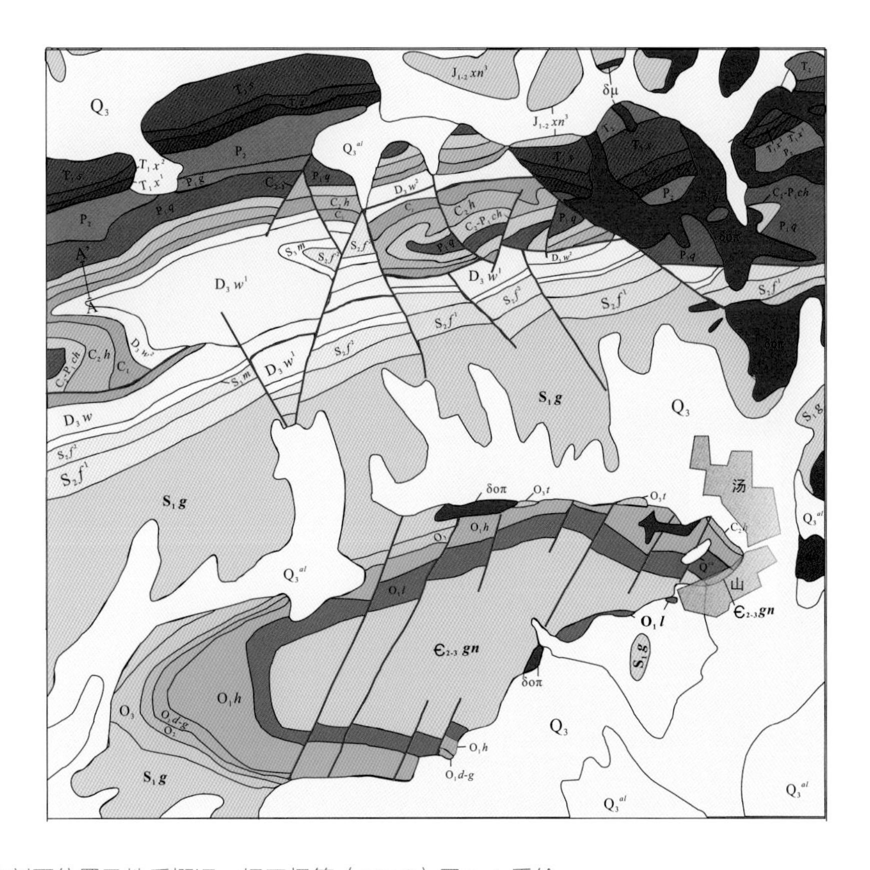

图 4-1-12　孔山剖面位置及地质概况，据王怿等（2013）图 1-1 重绘

图 4-1-13　江苏南京孔山剖面。A. 孔山地区开采石灰岩而出露的石炭系黄龙组，石炭系 — 二叠系过渡层船山组，二叠系栖霞组；B. 高骊山组页岩（左）及灰岩、页岩互层；C. 高骊山组中产的腕足类化石；D. 老虎洞组白云岩；E. 船山组顶部与镇江组及栖霞组的接触关系

4.1.5.2 岩石地层

孔山剖面的石炭系自下而上分别为五通组擂鼓台段上部、金陵组、高骊山组、和州组、老虎洞组、黄龙组和船山组下部。下伏地层为泥盆系五通组擂鼓台段中、下部，上覆地层为二叠系船山组上部及栖霞组。

五通组（D_3— C_1 w）

组名五通源自 Ting（1919）的五通山石英岩，命名剖面是浙江长兴煤山西北五通山，为该地区奥陶系仑山群之上、上石炭统（宾夕法尼亚亚系）黄龙组之下的一套以石英砂岩为主的沉积。根据岩性特征，

地层系统			下扬子地区 苏浙皖(宁镇山脉)	上扬子地区 鄂西、川东	贵州			滇东	盐源、盐边	龙门山	陕南	
上覆地层			栖霞组	栖霞组	平川组		四大寨组	梁山组	栖霞组	栖霞组	栖霞组	
石炭系	宾夕法尼亚亚系	格舍尔阶	船山组	船山组	马平组	威宁组	南丹组	马平组	支沟组	船山组	羊山组	
		卡西莫夫阶										
		莫斯科阶	黄龙组	黄龙组	黄龙组			威宁组	新坝沟组	黄龙组	逍遥子组	
		巴什基尔阶										
			老虎洞组	大埔组	摆佐组			岩石岭组				
	密西西比亚系	谢尔普霍夫阶	和州组					灰岩组	岩口组	总长沟组	四峡口组	范家坪组
		维宪阶	高骊山组	资丘组	上司组		打屋坝组					
					旧司组							
					祥摆组			万寿山组		马角坝组		
		杜内阶	金陵组	长阳组	汤耙沟组	睦化组		炎方组			袁家沟组	
			五通组擂鼓台段上部	写经寺组上部		五指山组上部						

图 4-1-14 宁镇山脉石炭系岩石地层划分及与上扬子区石炭系的对比，据廖卓庭（2013）表 1.5、贵州省地质调查院（2016）表 9-1 修改

五通组分为观山段和擂鼓台段。观山段以灰白色石英砂岩为主，与擂鼓台段之间逐渐过渡，无明显间断。根据观山段地层所产的孢子，判断其地质时代为晚泥盆世晚期。擂鼓台段以灰白色石英砂岩、粉砂岩和泥岩交互沉积为主（王怿等，2013）。擂鼓台段上部出现早石炭世（密西西比亚纪）的化石，因此严幼因（1987）和李汉民等（1987）将该段地层定为陈家边组或茨山组。蔡重阳等（1988）认为，五通组为连续沉积，作为一个岩石地层单位，不易从岩性上区分识别出密西西比亚纪早期沉积。因此本书沿用五通组，以五通组擂鼓台段上部代表孔山剖面石炭纪最早期的沉积。

五通组擂鼓台段上部含丰富的植物化石，主要有 *Sublepidodendron mirabile*、*S. grabaui*、*Lepidodendropis hirmeri*、*Hamatophyton verticillatum*、*Multifurcatus tenellus* 和 *Hilicophyton dichotomum* 等（Wang and Xu，2002；Wang，2003）。该植物组合中晚泥盆世晚期植物完全消失，而全球早石炭世早期的植物组合有待进一步研究（王怿等，2013）。将擂鼓台段上部划分为石炭系底部的依据主要是陈永祥和欧阳舒（1985，1987）、欧阳舒和陈永祥（1987）等在孔山及其他剖面的擂鼓台段上部发现的典型早石炭世孢子组合 DM 带，包含 *Crassispora parva*、*Hymenozonotriletes* sp.、*Lycospora noctuina*、*Knoxisporites literatus*、*Reticulatisporites papillata* 等（王怿等，2013）。

金陵组（$C_1 j$）

组名金陵源自李四光和朱森（1932）建立的金陵石灰岩，原指黄龙灰岩之下页岩中的一层石灰岩，命名剖面在南京市龙潭镇观山。金玉玕（1961）将金陵石灰岩命名为金陵组，认为，金陵石灰岩与五通组之间的一层含有腕足化石的黄褐色含铁质、钙质细砂岩与上覆金陵石灰岩在岩相和腕足生物相上都是渐变关系，因此将细砂岩也纳入金陵组。张遴信等（1988a）将这段细砂岩置于五通组，而蔡重阳等（1988）

和江苏省地质矿产局（1989）认为这套细砂岩应属于金陵组。本书根据金玉玕（1961）的定义，将这段含腕足类的细砂岩置于金陵组。

金陵组化石以珊瑚、腕足类为主，还有少量苔藓虫、腹足类、瓣鳃类、三叶虫和海百合。Yü（1931）认为金陵石灰岩与贵州的汤耙沟砂岩的 *Pseudouralinia*（=*Uralinia*）带相当。金玉玕（1961）研究了金陵组的腕足类，南京附近的金陵组下部细砂岩以 *Neospirifer lungtanensis* 为主，上部灰岩则以 *Eochoristites* 为主。应中锷（1987）曾在孔山及周边其他剖面的金陵组中发现了典型的杜内期牙形类组合，并在金陵组下部建立了 *Siphonodella isosticha – Si. cooperi* 组合带，代表了杜内期中期。

高骊山组（$C_1 g$）

组名高骊山源自朱森（1931）的高骊山砂岩，最早见于李四光和朱森于 1932 年所著的《南京龙潭地质指南》一书中。命名剖面在江苏句容高资镇以南和东昌街以北的高骊山（李四光和朱森，1932）。命名剖面的简要描述由李毓尧等发表在《宁镇山脉地质》中（李毓尧等，1935）。高骊山组为金陵组灰岩之上、和州组灰岩之下的一套杂色碎屑岩地层，其顶界有明显的穿时现象（江苏省地质矿产局，1989）。

高骊山组化石以植物为主，腕足类次之，另有少量珊瑚、瓣鳃类和腹足类，指示该组为海陆交互相的滨海沉积。在命名剖面中，高骊山组含有大量植物化石，以鳞木类 *Sublepidodendron* 和 *Lepidodendron* 等、种子蕨以及原始的有节类植物为主，代表了密西西比亚纪早期的植物群特征（王怿等，2013）。吴秀元和赵修祜（1981）研究了命名剖面下部的植物化石组合，认为高骊山组为杜内期晚期 — 维宪期早期沉积。张俭和蒋斯善（1966）在孔山东侧伏牛山的高骊山组中发现了大量腕足类化石，以 *Pugilis hunanensis*、*Striatifera groberi*、*Echinoconchus* cf. *elegans* 和 *Punctospirifer* sp. 等为代表。这些腕足类化石指示高骊山组为维宪早中期沉积。姚士祥（1977）曾在孔山东北坡高骊山组上部的泥质灰岩透镜体中发现珊瑚 *Kueichouphyllum sinense* 和 *Heterocaninia tholusitabulata* 等。高骊山组顶界（和州组底界）穿时，向北沉积厚度减小，南部的高骊山组上部珊瑚组合 *Kueichouphyllum sinense–Heterocaninia tholusitabulata* 与北部的和州组下部珊瑚组合 *Kuieichouphyllum heishihkuanense–K. sinense* 相当，指示了高骊山组上部及北部的和州组下部时代相当，均为维宪期早中期沉积。徐家聪等（1990）曾在安徽巢湖与和县的高骊山组中报道过蜓类 *Eostaffela* sp. 和 *E.* cf. *hohsienica*，但未图示和描述标本。

和州组（$C_1 h$）

朱森（1931）于“安徽和县含山县地质摘要”一文中命名“和州灰岩”，命名剖面位于安徽和县香泉镇西北约五公里的赤儿山。李捷（1931）称“和州石灰岩”。Yü（1931）根据珊瑚组合特征，认为和州灰岩与贵州上司灰岩相当，时代为维宪期晚期。杨敬之等（1962）改称和州段。江苏省重工业局区测队（1970）改称和州组，并沿用至今。

和州组厚度一般数米到十余米，为灰色灰岩，底部含泥质较多，常夹黄色或黄灰色灰岩（张遴信等，1988a）。在宁镇山脉，该组较薄且易被风化，不易观察。宁镇山脉地区和州组以南京龙潭黄龙山（今处于镇江市辖区）为代表，所含化石以珊瑚和有孔虫为主，另有少量腕足类和刺毛类。张遴信（1962）在和州组层型剖面建立了石炭纪最早的蜓带——*Eostaffella hohsienica* 带。和州组下部珊瑚以

Kueichouphyllum sinense 和 *K. heishhkuanense* 为主，可称 *Kuieichouphyllum heishihkuanense – K. sinense* 组合，与宁镇山脉南部高骊山组上部珊瑚组合相当；和州组上部以群体珊瑚 *Lithostrotion* 和 *Aulina* 为主，单体见少量 *Yuanophyllum*，*Kuieichouphyllum* 消失，可称 *Yuanophyllum kansuense – Aulina rotiformis* 组合（江苏地质矿产局，1989）。据有孔虫、珊瑚组合特征，可判断和州组自维宪期晚期开始沉积。盛青怡等（2013）和 Sheng 等（2018）在安徽巢湖凤凰山的和州组上部识别出 *Eostaffellina paraprotvae* 等带，表明和州组的沉积一直持续至谢尔普霍夫期。

老虎洞组（$C_{1-2}\,l$）

夏邦栋（1959）观察到江苏省江宁淳化老虎洞地区黄龙组底部白云质灰岩或白云岩与上覆粗晶灰岩之间夹一层砾岩，呈平行不整合接触关系，因此提出老虎洞白云岩。江苏省重工业局区测队（1970）改称老虎洞组。南京龙潭黄龙山的老虎洞组中含 *Lithostrotion*、*Clisiophyllum* 和 *Arachnolasma* 等早石炭世晚期珊瑚（张遴信等，1988a）。李昌文等（1966）、朱绍隆和朱德寿（1984）相继在安徽贵池、广德，浙江长兴一带的黄龙组下部白云岩中找到晚石炭世䗴类。应中锷等（1986）在南京东郊茨山北坡老虎洞组白云岩中找到了典型的巴什基尔期早期牙形类 *Idiognathoides sinuatus*，以及 *Declingnathodus* 和 *Idiognathodus*，并在其下部发现一些早石炭世的牙形类 *Gnathodus*，根据生物地层将白云岩一分为二。本书不采纳该划分方案，遵循以岩性来划分岩石地层的标准。此外，颜铁增等（2004）于浙江桐庐的老虎洞组中识别出䗴带 *Profusulinella simplex* 以及晚石炭世牙形类 *Idiognathodus* 的分子。上述资料表明，老虎洞组的时代可自密西西比亚纪晚期至宾夕法尼亚亚纪早期，是一个跨亚系的岩石地层单位（张遴信等，1988a）。

黄龙组（$C_2\,h$）

组名黄龙源自李四光和朱森（1930）创立的黄龙石灰岩，自下往上由白云岩、粗晶灰岩和纯灰岩组成，命名剖面在南京龙潭黄龙山。杨敬之等（1962）称之为黄龙群，江苏省重工业局区测队（1970）改称黄龙组。原黄龙山黄龙组剖面由于不断开采已不复存在，盛金章等（1976）根据南京金丝岗黄龙组剖面资料，建立了 2 个䗴带、3 个䗴亚带。《江苏省地层表》采用金丝岗剖面为黄龙组的参考剖面，原定义为黄龙组下部的白云岩归老虎洞组，黄龙组只包含粗晶灰岩和纯灰岩两个部分（张遴信等，1988a）。南京孔山剖面黄龙组的䗴类可分为两个带：下部为 *Profusulinella* 带，上部为 *Fusulinella – Fusulina* 带。黄龙组的腕足类不多，以 *Choristites* 属为主，称为 *Choristites mosquensis* 组合；珊瑚主要有 *Lithostrotionella stylaxis*、*L. belinskiensis*、*Caninia lipoensis*，以及毛刺类 *Chaetetes tungtanensis*（王怿等，2013）。

船山组（C_2—$P_1\,c$）

组名船山源于 Ting（1919），其以江苏省镇江马石庙西南 3km 的船山为名，称船山灰岩。杨敬之等（1962）改称船山群，李星学（1963）改称船山组。

船山组含有丰富的䗴类化石，下部为 *Triticites* 带，上部为 *Sphaeroschwagerina molleri* 带。珊瑚可分为 2 个四射珊瑚带。下部为 *Chuanshanophyllum* 带（C_R 带），称为下带，以 *Chuanshanophyllum* 和 *Pseudocarniophyllum* 发育为特征。该带又分为 2 个亚带：下亚带为 *Lytvophyllum mengi* 亚带（L_m 亚带），上亚带为 *Pseudocarniophyllum spiniforme* 亚带（P_b 亚带）。上部为 *Parawentzellophyllum* 带（P_o 带），称为上带（王怿等，2013）。应中锷和徐珊红（1993）指出，船山组下部发现卡西莫夫阶牙形类

Streptognathodus excelsus，在南京茨山船山组距顶部 4.5m 处发现二叠纪萨克马尔期牙形类 *Sweetognathus whitei* 等。显然，根据蜓带和牙形类的资料来判断，石炭—二叠系界线处于船山组内部，船山组是跨系的岩石地层单位。

4.1.5.3 剖面描述

本书转述张遴信等（1988a，1988b）和蔡重阳等（1988）对孔山剖面泥盆—二叠系的实测资料，并根据王怿等（2013）修改。综合柱状图见图 4-1-15。

镇江组（P_1 *zh*） 2.9m

27. 灰黑、灰黄色钙质、泥质页岩，夹灰岩透镜体。底部为灰黄色泥质页岩，夹少量含铁砂岩透镜体及灰岩砾石。产介形类：*Hollinella pseudotingi*，*H. tingi*，*Kirkbya punctata*，*Amphissites house*，*Shleesha pinguis*，*Knightina kellettae*，*Cavellina maanshenensis*，*Bairdia ponderosa*，*B. calida*，*B. mennardensis*；腕足类：*Chonetes* sp.；横板珊瑚：*Michelinia* sp.；以及一些有孔虫。 2.9m

——— 整合 ———

船山组（C_2—P_1 *ch*） 34.08m

26. 深黑色结晶灰岩。有 2 个蜓富集层，上层以 *Schwagerina tschernyschewi* 和 *S. tschernyschewi ellipsoidalis* 为主；下层以 *Schwagerina lutuginiformis*、*Triticites parvus* 和 *T.* cf. *parvulus* 为主。 8.87m
25. 灰色致密块状灰岩。产蜓：*Pseudoschwagerina* – *Sphaeroschwagerina* 动物群，包括 *S. subrotunda*、*S. sphaerica* 和 *P.* cf. *galatea* 等。 2.4m
24. 下部为浅灰、灰黑色块状灰岩，球状构造自下而上逐渐增多。产蜓：*Rugosofusulina alpina*，*Schwagerina parafecunda*，*S. pseudoexilis*，*S. gregaria*，*S. paragregaria*，*Eoparafusulina concisa*；珊瑚：*Nephelophyllum* 等。 20.23m
23. 灰、浅灰黑色块状同生角砾状灰岩，不含球状构造，产蜓：*Triticites*，以 *T. schwageriniformis baisunensis* 和 *T.* cf. *pseudorhodesi* 等为主。 2.56m

——— 整合 ———

黄龙组（C_2 *h*） 96.37m

22. 肉红色块状致密灰岩。产蜓：*Fusulinella bocki*，*F. chuanshanensis ellipsoides*，*F. pseudobocki*，*F. praebocki*，*Beedeina ultinensis*，*B. konnoi*，*B. yangi*，*Fusulina teilhordi*，*F. quasicylindrica*，*F. cylindrica*，*Pseudostoffella sphaeroide*，*Taitzehoella taitzehoensis*，*Fusiella lancetiformis*，*F. mui*。 74.07m
21. 浅灰色块状灰岩，夹少量鲕粒灰岩。产蜓：*Profusulinella atelica*，*P. aljutovica*，*P. eolibrovichi*，*P. prolibrovichi*，*P. staffellaeformis*；珊瑚：*Caninia* sp.；刺毛类：*Chaetetes* sp.。 20.8m
20. 灰色厚层角砾状灰岩和粗晶灰岩，角砾为白云岩，胶结物为粗晶灰岩，未见化石。 1.5m

——— 整合 ———

老虎洞组（$C_{1-2}l$） 16.27m

19. 浅灰色厚层状白云岩，岩石表面具刀砍状溶沟，含肉红色燧石结核。局部较纯灰岩中产珊瑚：*Aulina carinata*，*Lithostrotion irregulare asiaticum*，*L . maccoyanum*，*L. planocystatum*，*Clisiophyllum* sp.，*Arachnolasma irregulare*，*Caninia* sp.，等。 16.27m

——— 整合 ———

和州组（$C_{1-2}h$） 4.21m

18. 灰、灰黄色泥灰岩为主。产蜓：*Eostaffella* 动物群，包括 *E. mediocris*、*E. mosquensis*、*E. paraprotvae*、*E. accepta*、*E. mutabilis*、*E. postmosquensis*； 珊瑚：*Lithostrotion infrequense*，*Yuanophyllum kansuense*，*Kueichouphyltum sinensis*；腕足类：*Gigantoproductus giganteus* 等。 4.21m

——— 整合 ———

高骊山组（C_1g） 48.99m

17. 上部为黄绿、黄褐色页岩，夹少量黄褐色薄层状含铁砂岩；下部为紫灰、灰绿色页岩；底部为含铁粉砂岩。 6.6m
16. 顶部为灰绿色薄层状粉砂岩，夹灰岩透境体。产珊瑚：*Heterocaninia* sp.；腕足类：*Echinoconchus* cf. *punctatus*，*Punctospirifer pahangensis*，*Pugilis* sp.； 三叶虫：Phillipsidae 的分子。上部为灰绿、黄绿色页岩、泥岩、泥灰岩，产珊瑚：*Heterocaninia* sp.；腕足类：*Schuchertella* sp.。中部为灰绿色泥灰岩和页岩， 产珊瑚：*Heterocaninia tholusi*，*H.* cf. *tahopoensis*，*Kueichouphyllum sinenses*；腕足类：*Pugilis hunanensis*，*Neospirifer derjawini*，*Punctospirifer pahangensis*，*Linoproductus* cf. *tenuistriatus*，*Dietyoclostus* cf. *inflatus*，*Fusella* cf. *aschalensis*，*Athyris yazitangensis, Schuchertella* cf. *rovenensis, Spirifer* cf. *bisulcatus*；海百合：*Cyclocyclicus* cf. *tiemio*。下部为深灰色中厚层泥灰岩，夹灰黑色页岩，风化后为黄褐色。 2.5m
15. 黄绿色薄层砂岩，夹黄绿色页岩。 3.3m
14. 灰黑色页岩，夹灰绿色薄层砂岩。 3.1m
13. 上部黄褐色薄至中厚层含云母砂岩，铁质成分高，下部褐黄色薄至中厚层粉砂岩。 3.2m
12. 灰绿色页岩。 1.1m
11. 黄绿色薄至中厚层砂岩、粉砂岩，夹灰白、灰色泥岩。产植物：?*Sublepidodendron* sp.。 10.1m
10. 灰黑、黄绿、深灰色页岩，夹黄褐色薄层粉砂岩。 3m
9. 紫灰色泥岩。 5m
8. 灰绿色页岩。 1.5m
7. 灰白色中厚层砂岩，夹灰白色页岩。 1.4m
6. 灰、深灰色页岩。 0.5m
5. 灰色薄至中厚层细粒砂岩。 0.7m
4. 灰黑色夹黄褐色页岩，含铁质小透镜体，底部为中厚至厚层铁质砂岩，风化后呈黄褐色。 2.6m

——— 整合 ———

金陵组（$C_1 j$） 7.75m

3. 灰黑色结晶灰岩为主。灰岩中产珊瑚：*Uralinia* sp., *Syringopora* sp；腕足类：*Camarotoechia kinlingensis*。底部 0.1m 黄褐色含铁粉砂岩，产腕足类：*Eochoristitetes Ptychomaletoechia kinglingensis*。 7.75m

———— 整合 ————

五通组（D_3—$C_1 w$） >30m

擂鼓台段上部（C_1^1）

2. 灰色泥岩、泥质粉砂岩夹薄层细砂岩。中部灰色泥岩中产毛发状蕨类植物碎片，离顶部约 20cm 与 90cm 处，产丰富的孢子（DM 组合带）：*Dibolisporites upensis*，*D. distinctus*，*Aneuroaporo gregsii*，*Grondisporo echinata*，*G. apiciloris*，*Cyologranisporites miorogronus*，*Verrucosisporites nitidus*，*Cymbosporites* spp.，*Spelaetriletes echinotus*，*Retustriletes simplex*，*Knoxisporites literatus*，*Velomisporites* cf. *vermiculotus*，*Acanthotriletes* sp.，等；植物：*Sublepidodendron grabaui*，*Multifurcatus tenellus*，*Helicophyton dichotomum*，等。 8.0m

泥盆系

五通组

擂鼓台段中—下部（D_3^2）

1. 灰、灰紫色含白云母粉砂岩夹灰白色石英砂岩。产植物：*Archaeopteris mutatoformis*，"*Sublepidodendron*" *wusihense*，*Sublep. mirabie*；孢子：*Vollatisporites* cf. *pusillites*，*Retispora lepidophyta*（包括 var. *minor*），*Grandispora echinata*，*Archaeozonotriletes variabilis*，*Calamospora* sp.，*Retusotriletes triangulotus*，*Knoxisporites literatus*，*Dictyotriletes* sp.，*Stenozonotriletes* sp.，等。 3.7m

4.1.5.4 生物地层

孔山剖面化石门类丰富，包括腕足类、珊瑚、植物、蜓类、介形类和牙形类，但受控于沉积相，难以以某个门类为主建立连续的生物地层序列。考虑到宁镇山脉一带石炭纪地层中的生物类群发育状况相似，本书综合了其他剖面，如茨山、船山、高骊山等地的资料来划分孔山剖面的生物地层。其中，腕足类、珊瑚、植物、蜓类生物地层资料来自张遴信等（1988a）和王怿等（2013），牙形类生物资料引自应中锷和徐珊红（1993）（图 4-1-15）。由于缺乏精确的生物地层标志，再加之地层缺失，孔山剖面石炭系各阶的界线位置难以确定。目前的资料显示，五通组擂鼓台段上部属于石炭系底部，泥盆—石炭系界线位于擂鼓台段之中；金陵组与高骊山组界线可能对应杜内—维宪阶界线；维宪—谢尔普霍夫阶界线大致可依据高骊山组与和州组的岩性界线来判断；石炭系中间界线（谢尔普霍夫—巴什基尔阶界线）位于老虎洞组内部；巴什基尔—莫斯科阶界线位于黄龙组内部；莫斯科—卡西莫夫阶界线可由黄龙组与船山组的岩性界线大致识别；卡西莫夫—格舍尔阶界线和石炭—二叠系界线均处于船山组内部。

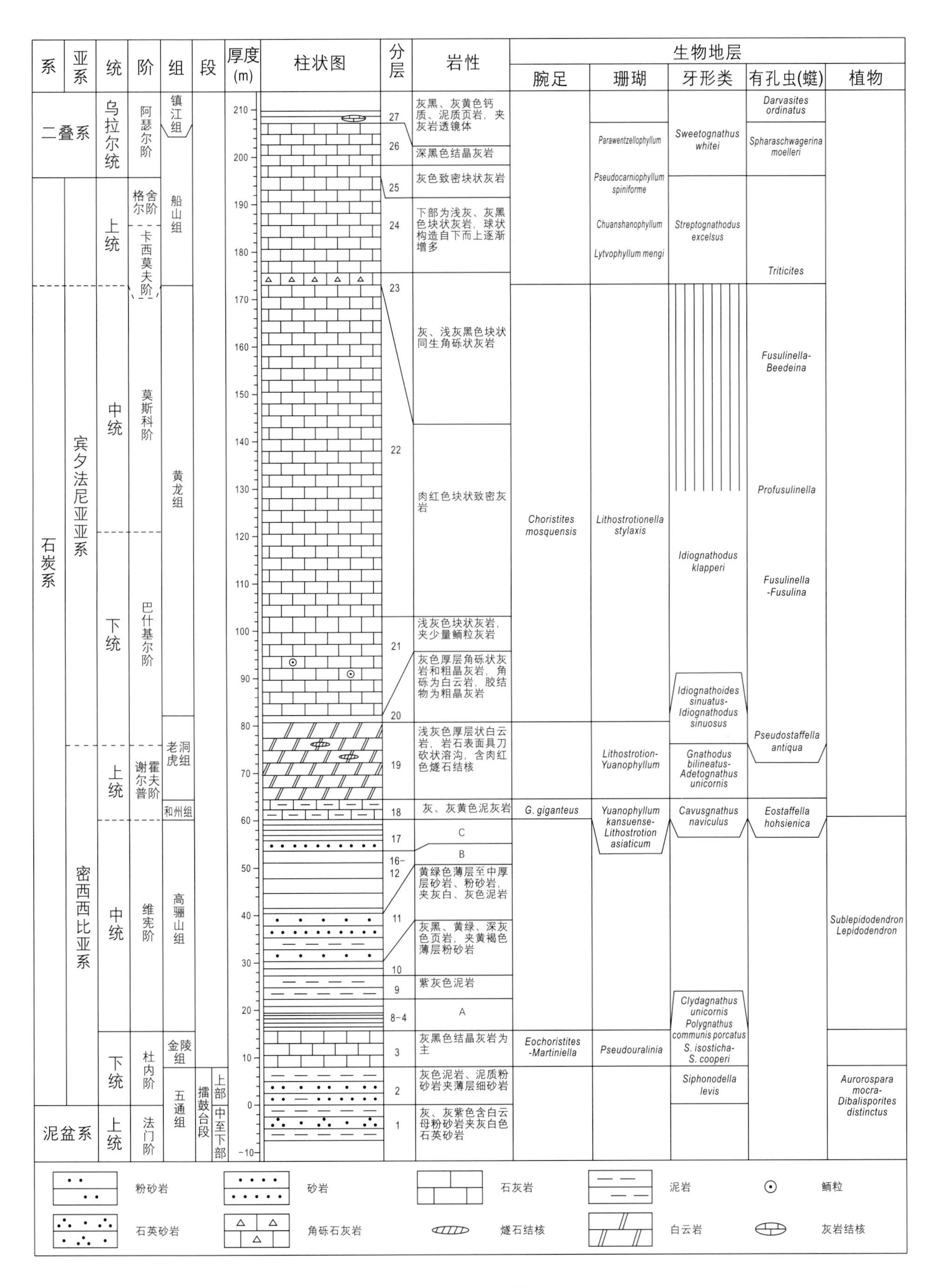

图 4-1-15　孔山剖面综合柱状图。岩性描述 A—C 参见剖面分层描述部分

4.1.6 四川江油马角坝剖面

江油马角坝剖面属于龙门山地区。龙门山是四川盆地西北侧的屏障，地质上，将摩天岭西北称后龙门山，其东南称前龙门山或龙门山。前龙门山北自广元、南至泸定，长约 500km。前龙门山的地质构造大致以绵竹为界，分为南北两段，北段出露的晚古生代地层除唐王寨向斜外，大体向北西方向倾斜，向盆地方向推掩；南段除有大片前震旦系出露外，主要出露泥盆系、石炭系和二叠系。本书主要介绍龙门山（前龙门山）地区的石炭系剖面，以北段的江油、北川一带出露较好，以马角坝周围最为典型，也是龙门山地区下石炭统马角坝组与总长沟群（组）的命名地点（图 4-1-16）。该地区很多剖面因开采已不复存在，仅老汉沟剖面出露较好，石炭系下、上统连续，岩层组合特征明显，化石较为丰富，但有一断层横穿上泥盆统白云岩层顶部，致使剖面线附近下石炭统总长沟群底部与泥盆系黑岩窝组接触关系不甚清晰，见图 4-1-17。在张八沟山顶水泥厂巨大采坑的东南角，泥盆系与石炭系假整合接触关系清晰可见。本书结合多条剖面资料，描述一条复合剖面。

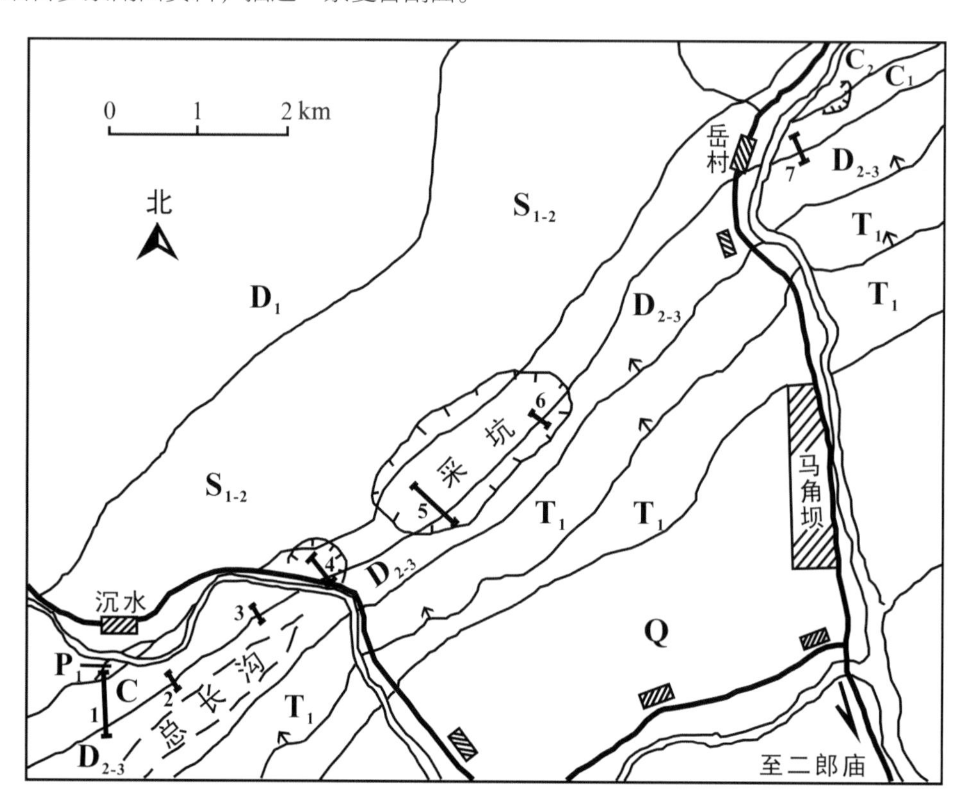

图 4-1-16　马角坝地区石炭系剖面位置。1. 老汉沟剖面; 2. 总长沟山脊剖面; 3. 总长沟东北半山剖面; 4. 沉水村口剖面; 5. 马角坝水泥厂采石坑东南角剖面；6. 马角坝水泥厂采石坑北剖面；7. 岳村剖面

4.1.6.1 研究简史

侯德封和杨敬之等在龙门山地区的绵竹、江油、北川等地调查时，确定区内存在下石炭统，并划分为杜内阶与维宪阶（侯德封和杨敬之，1941）。朱森等（1942）应（前）四川地质调查所邀请专题调查龙门山地质，将江油马角坝的下石炭统称为总长沟系，用威宁系代表当地的上石炭统。总长沟系的命

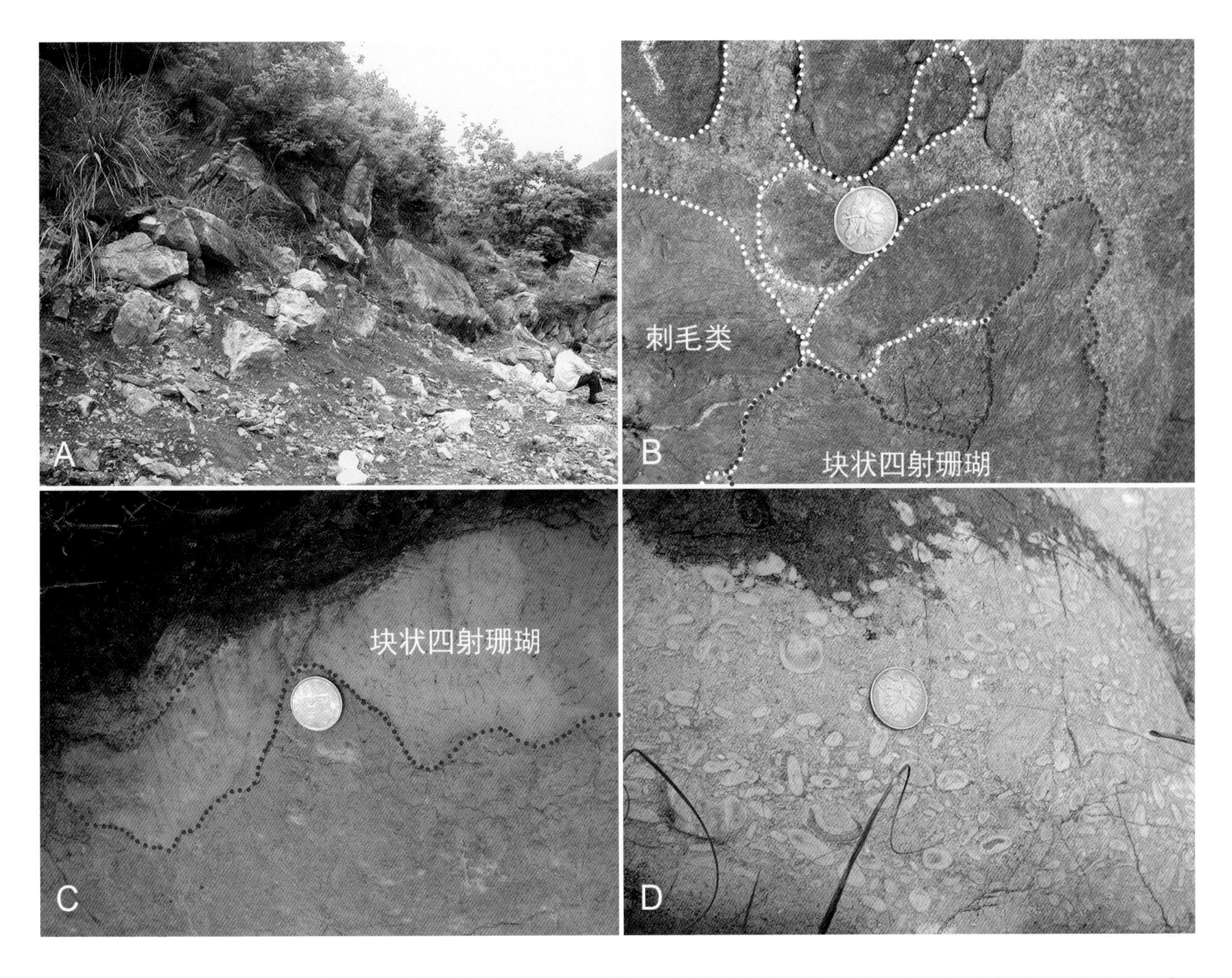

图 4-1-17　四川江油老汉沟剖面。A. 老汉沟剖面露头；B. 黄龙组中的刺毛类（白色虚线）和块状复体珊瑚（红色虚线）；C. 黄龙组中的块状复体珊瑚；D. 黄龙组块状灰岩中的核形石

名地点位于马角坝西南约 5km 的沉水村与总长沟之间。1963 年地质部西南地质科学研究所补采了总长沟等剖面的化石（尹赞勋等，1966）。1978—1980 年，范影年等详细研究前、后龙门山下石炭统的珊瑚化石后，将龙门山地区的下石炭统自下而上划分为长滩子段、马角坝段和总长沟段，认为长滩子段和马角坝段属杜内期，龙门山地区缺失维宪阶下部地层，总长沟段只与维宪阶上部相当（范影年，1980）。杨式溥和姜建军（1987）研究了江油、北川地区的早石炭世腕足动物群，也认为龙门山缺失维宪期早期地层，并将所有段级岩石地层单位提升为组，新建立了相当德坞阶的张八沟组。叶干等（1987）及叶干和杨菊芬（1988）研究前龙门山地区早石炭世的有孔虫以及早、晚石炭世的珊瑚化石后指出，龙门山地区大塘期早期地层（相当于旧司组）是存在的，虽然岩关阶和大塘阶之间有一假整合，但并非全部缺失，因而将本区的下石炭统统称为总长沟群，上石炭统则分出黄龙组和船山组。侯鸿飞等（1985）详细研究北川桂溪、沙窝子泥盆、石炭系剖面后，将长滩子组归属上泥盆统。中国地质科学院成都地矿所（1988）亦将长滩子组归属上泥盆统，而将整合覆于长滩子组之上的白云岩层命名为黑岩窝组，作为石炭系最下部的区域性岩石地层单位，并指明黑岩窝组的下界为长滩子组上部含泡沫内沟珊瑚（*Cystophrentis*）、北川珊瑚（*Beichuanophyllum*）层之顶，而上界未作明确限定（廖卓庭等，2010）。

4.1.6.2 岩石地层

本地区石炭系可划分为石炭系下部的马角坝组、总长沟群，上部的黄龙组和船山组（部分），岩性以浅灰色厚层至块状颗粒灰岩为主,夹少量泥粒灰岩和粒泥灰岩,产较为丰富的珊瑚、腕足和蠖类化石，发育地层自维宪阶至格舍尔阶。

马角坝组（C_1m）

范影年于1978年工作于四川江油马角坝村，并于1980年命名马角坝段（范影年，1980），杨式溥和姜建军（1987）将其提升为组。马角坝组为紫色页岩、鲕状赤铁矿层、黄色中厚—厚层状泥质灰岩互层，有时灰岩具鲕状、瘤状结构，赤铁矿层厚1~2m；灰岩中产珊瑚、腕足等，属浅海相沉积，与汤耙沟组同期，为杜内阶（金玉玕等，2000）。

总长沟群（C_1z）

朱森和吴景祯于1942年命名于四川江油马角坝西南7km的总长沟，称总长沟系；后续学者曾以层、统、群或总长沟灰岩称之（金玉玕等，2000）。范影年于1978年将总长沟系划分为三段，其中产珊瑚*Yuanophyllum*的上部称总长沟段，杨式溥和姜建军（1987）将其改称为组，并将范影年定义的总长沟段上部含珊瑚*Aulina*及腕足类*Stratifera* sp.和*Gondolina* sp.的白色生物碎屑灰岩、白云质结晶灰岩划分出张八沟组，与贵州摆佐组对比。但因本书作者于2007年实地考察马角坝地区的石炭系时，难以将此段地层分出，故本书仍沿用总长沟群。岩性为灰、浅灰色厚层状致密灰岩、泥质灰岩及生物碎屑灰岩，夹紫红色团块灰岩，灰岩中常具不规则的鲕状结构。产丰富的珊瑚*Kuichouphyllum*和*Yuanophyllum*等。

黄龙组（C_2h）

见第4.1.5.2节黄龙组。

船山组（C_2—P_1c）

见第4.1.5.2节船山组。

4.1.6.3 剖面描述

马角坝附近的四川江油老汉沟剖面石炭系发育良好，2007年5月实测剖面位于江油市马角坝镇王水垭村至沉水村（GPS：32°04′16.4″N，105°01′49.7″E；至32°04′45.3″N，105°02′10.0″E）。

本书列出的描述和综合柱状图（图4-1-18）是综合了马角坝地区的总体情况，由上到下描述如下。

石炭系船山组

27. 灰白色核形石灰岩。 214m—210m
26. 浅灰色颗粒灰岩夹鲕粒灰岩及粒泥灰岩。含蠖：*Triticites minimus*，*T. parvus*。 210m—193m
25. 浅灰色泥粒灰岩。 193m—191m
24. 浅灰色粒泥灰岩夹灰白色颗粒灰岩。 191m—183m
23. 浅灰色、灰白色颗粒灰岩夹粗鲕粒灰岩和粒泥灰岩，含腕足类。 183m—172m
22. 浅灰色粒泥灰岩夹泥粒灰岩或颗粒灰岩。含蠖：*Triticites* sp.，*Schubertella* sp.。 172m—168m

黄龙组

21. 灰色、灰白色泥粒灰岩夹浅灰至肉红色颗粒灰岩。含䗴：*Fusulinella laxa*，*Fusulina* sp.；四射珊瑚：*Kionophyllum* sp.。 168m—154m

20. 浅灰色、灰白色颗粒灰岩。 154m—147m

19. 灰白色泥粒灰岩夹粗鲕粒灰岩，含䗴。 147m—142m

18. 灰白色颗粒灰岩夹灰白色核形石灰岩，含刺毛类和䗴：*Fusulinella bocki*，*Fusulina schellwieni*。 142m—131.5m

17. 灰紫色颗粒灰岩或泥粒灰岩，含刺毛类。 131.5m—129.5m

16. 灰白色颗粒灰岩或泥粒灰岩。含长身贝；䗴：*Pseudostaffella confusa*，*Eostaffella* sp.。 129.5m—118m

总长沟组

15. 灰色、灰白色泥粒灰岩或颗粒灰岩夹灰白色粒泥灰岩，含腕足类。 118m—108m

14. 肉红色颗粒灰岩，含四射珊瑚：*Dibunophyllum vaughani*；腕足类：*Gigantoproductus sarsimbaii*，*G. paplinoacea*。 107m—104m

13. 灰白色颗粒灰岩或泥粒灰岩夹灰色薄层粒泥灰岩，含腕足类。 104m—85m

12. 深灰色、紫灰色粒泥灰岩与灰白色颗粒灰岩、泥粒灰岩互层，含大量刺毛类。 85m—78m

11. 灰色颗粒灰岩、泥粒灰岩夹粒泥灰岩或泥晶灰岩。 78m—73.5m

10. 灰色、浅灰色粒泥灰岩或泥晶灰岩。 73.5m—68.5m

9. 浅灰白色颗粒灰岩、泥粒灰岩。含丰富的腕足类；珊瑚：*Yuannophyllum kansuense*，*Kueichouphyllum sinense*。 68.5m—54m

8. 灰白色鲕粒灰岩与深灰色粒泥灰岩互层，含珊瑚。 54m—44m

7. 绿灰色生物灰岩，含大量刺毛类。 44m—43m

6. 灰白色颗粒灰岩与泥粒灰岩互层，含腕足类。 43m—30m

5. 粗鲕粒灰岩，含珊瑚、腕足类。 30m—28m

马角坝组

4. 灰白色生物颗粒灰岩。 28m—20m

3. 浅灰色生物颗粒灰岩，局部为紫色砂屑灰岩。含腕足类：*Eochoristites neipentaiensis*，*E. beichuanensis*；珊瑚 *Uralinia irregularis*，*Siphonophyllia minor*。 20m—16m

2. 鲕粒灰岩。 16m—15m

1. 灰白色块状生物颗粒灰岩，含珊瑚、腕足类。 15m—0m

下伏地层

灰色、浅灰白色块状生物碎屑粒泥灰岩。 0m—－10m

系	亚系	统	阶	组	度厚 (m)	岩性	分层	岩性	主要生物化石
上覆地层					>1				
石炭系	宾夕法尼亚亚系		格舍尔阶	马平组	210		27	灰白色核形石灰岩	
					200		26	灰白色颗粒灰岩夹薄层灰白色鲕粒灰岩及粒泥灰岩	蜓类：*Triticites minimus* *T. parvus*
					190		25	浅灰色泥粒灰岩	
			卡西莫夫阶				24	浅灰色灰岩夹灰白色颗粒灰岩	
					180		23	浅灰色颗粒灰岩、灰白色颗粒灰岩夹粗鲕粒灰岩	
					170		22	浅灰色灰岩	蜓类：*Triticites* sp. *Schubertella* sp.
			莫斯科阶	黄龙组	160		21	灰色、灰白色颗粒质灰岩夹肉红色颗粒灰岩	蜓类：*Fusulinella laxa* *Fusulina* sp. 珊瑚：*Kionophyllum* sp.
					150		20	浅灰色颗粒灰岩夹灰白色颗粒灰岩	
							19	灰白色颗粒质灰岩	
			巴什基尔阶		140		18	灰白色颗粒灰岩夹灰白色核形石灰岩	蜓类：*Fusulinella bocki* *Fusulina schellwieni*
					130		17	灰紫色颗粒灰岩	
					120		16	灰白色颗粒灰岩	蜓类：*Pseudostaffella confusa* *Eostaffella* sp.
	密西西比亚系		谢尔普霍夫阶	总长沟组	110		15	灰白色颗粒质灰岩	
							14	肉红色颗粒灰岩	珊瑚：*Dibunophyllum vaughani* 腕足：*Gigantoproductus sarsimbaii* *G. paplinonacea*
					100 90		13	灰白色颗粒质灰岩	
					80		12	浅灰色、灰白色灰岩，泥灰岩	
							11	灰色颗粒灰岩夹灰色泥灰岩	
					70		10	浅灰色灰岩	
					60		9	浅灰色、浅灰白色颗粒灰岩，顶部为浅灰绿色颗粒灰岩	
			维宪阶		50		8	灰岩、泥灰岩夹鲕粒灰岩以及薄层颗粒灰岩	珊瑚：*Yuanophyllum kansuense* *Kueichouphyllum sinense*
							7	绿灰色生物灰岩	
					40		6	灰白色颗粒灰岩和颗粒质灰岩互层	
					30		5	粗鲕粒灰岩	
			杜内阶	马角坝组			4	浅灰白色生物灰岩	
					20		3	浅灰色生物灰岩，局部为紫红色砂屑灰岩	珊瑚：*Pseudouralinia irregularis* *Siphonophyllia minor* 腕足：*Eochoristites neipentaiensis* *E. beichuanensis*
					10		2	鲕粒灰岩	
					0		1	浅灰白色块状生物灰岩	
下伏地层							0	浅灰白色块状灰岩	

图例：灰岩/泥灰岩　生物碎屑灰岩　鲕粒灰岩　砂屑灰岩　颗粒灰岩/颗粒质灰岩　核形石灰岩

图 4-1-18　四川江油马角坝老汉沟剖面综合柱状图

4.1.7 广西柳州碰冲剖面

该剖面介绍引自侯鸿飞等（2013）。

碰冲剖面位于广西柳州市东北 15km 的柳北区长塘乡梳妆村碰冲屯（GPS: 24°25′59.88″N, 109°27′00.00″E）。剖面出露于屯南的北北东—南西向冲沟内，沟内自南向北常年流水不断。露头完全暴露，唯剖面下部第 40 层以下露头伏于人工槽内。剖面南端，北环高速公路东西向穿过（里程碑 19km）。交通极为便利，汽车可直达剖面附近（图 4-1-19）。碰冲剖面是石炭系维宪阶全球界线层型剖面。层型点位在鹿寨组碰冲段第 83 层石灰岩之底，以底栖有孔虫 *Eoparastaffella ovalis* 种群到 *E. simplex* 演化谱系中 *E. simplex* 的首次出现为标志。辅助标志是点位之上近 5m 处，牙形类 *Gnathodus homopunctatus* 的首现点，其下约 30m 产牙形类 *Scaliognathus anchoralis europensis*。

图 4-1-19 柳州碰冲剖面侯鸿飞等（2013）。A. 碰冲剖面作为石炭系维宪阶全球标准层型剖面和点位的标志性石碑；B. 碰冲剖面远观，中至厚层状灰岩；C. 石炭系杜内阶与维宪阶的界线层及上覆地层，红色箭头示维宪阶的底界；D. 杜内阶与维宪阶的界线层的分层，红色箭头示维宪阶的底界

4.1.7.1 岩石地层

碰冲剖面位于背斜南翼近核部冲沟。根据 1 ： 5 万区域地质报告和王瑞刚等（1991） 以及其后围绕杜内－维宪阶界线的专门研究 （Hance et al., 1997；Devuyst et al., 2003；Tian and Coen, 2005；沈阳和谭建政，2009；侯鸿飞等，2013），碰冲地区地层自下而上可划分为以下 3 组（图 4-1-20、图 4-1-21）。

鹿寨组

鹿寨组包括三个岩性段，下段和上段为灰黑色薄层含炭质硅质泥岩夹燧石薄层，中段专名碰冲段，为薄至厚层生物屑灰岩夹页岩，含牙形类及有孔虫化石。全组厚近 600m。见图 4-1-21。

北岸组

北岸组厚 186m，岩性以灰、深灰色薄至厚层生物碎屑粉晶灰岩、含生物碎屑泥晶灰岩为主，夹硅质岩、泥岩和砂岩，含有孔虫、海百合茎、腕足类、珊瑚等化石。有孔虫包括 *Neoarchaediscus* 和 *Howchin abradyana* 两个组合。

寺门组

寺门组为灰、灰黑色薄层泥岩、粉砂质泥岩与灰白、青灰色细—中粒石英砂岩、岩屑石英砂岩组成不等厚的沉积韵律层。中上部夹灰色厚层含生物粉晶灰岩，夹煤 2~3 层，泥岩常含菱铁矿条带或结核，梳妆岭和太阳村以北上部砂岩含砾石，厚 691~1035m。根据岩性共分 7 段，第 1—2 段和第 4、6 段均为灰白色细—中粒石质砂岩，第 3—5、7 段为薄层泥岩、粉砂岩，偶夹少量细砂岩和生物碎屑团粒砂岩。

根据生物地层研究，鹿寨组相当于杜内阶至维宪阶。北岸组至寺门组跨维宪阶至谢尔普霍夫阶。寺门组顶部有可能跨宾夕法尼亚亚系。

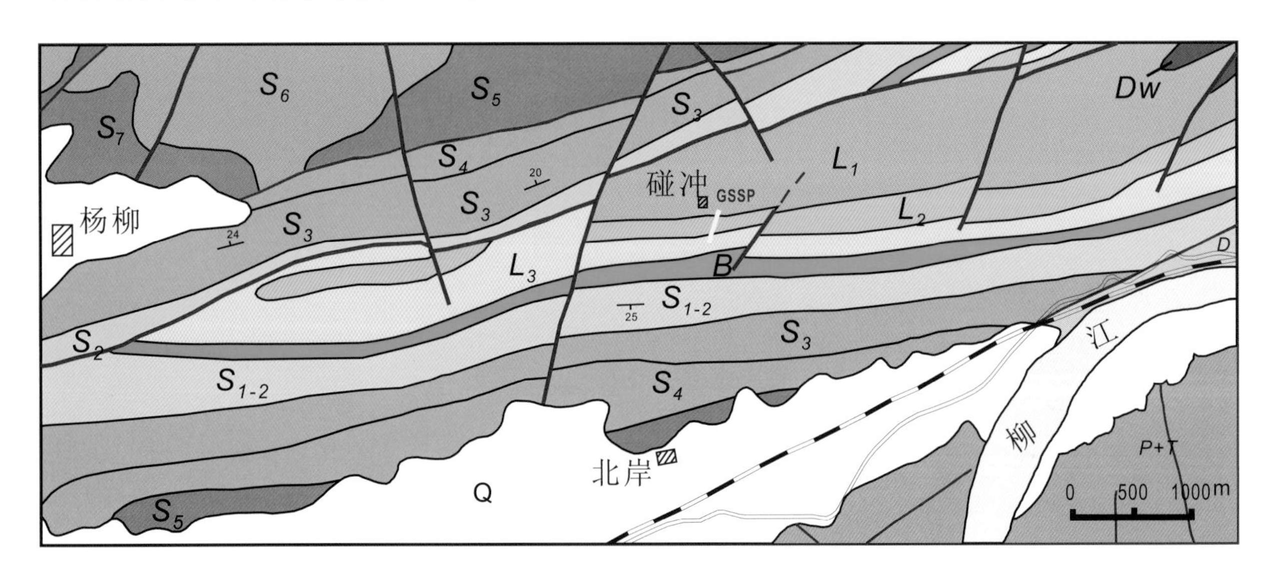

图 4-1-20 碰冲区域地质图及 GSSP 层位和地理位置（侯鸿飞等，2013）

4.1.7.2 剖面描述

据侯鸿飞等（2013），碰冲剖面包括 −3—0 层的下段，1—192 层的碰冲段及 193—215 的上段。碰冲段厚 108.5m，由厚度不等（15~180cm）的暗灰色灰岩夹薄层（≤ 10cm）的泥灰岩及黑色钙质泥岩组成，常见燧石条带、团块和薄层。碰冲段下部灰岩较多且厚，最大厚度可达 180cm，上部中—薄层灰岩、钙质页岩和硅质岩增多；下伏与上覆地层为含海绵骨针和放射虫的薄层硅质岩和黑色页岩互层，露头条件不利于沉积构造的观察，主要为水平纹理，偶见微斜层理；很多厚的灰岩具有块状外貌，其底面常为明显的截切面，顶面往往与上覆泥灰岩或钙质泥岩为过渡关系。根据岩性特征，自下而上划分为 192 个自然层（图 4-1-21）。

4.1.7.3 生物地层

碰冲剖面有孔虫生物地层曾由 Devuyst 等（2003）报道。他们根据 *Eoparastaffella ovalis* 和 *E. simplex*（*minima* 型）的演化关系以及 *E. simplex* 首现于第 85 层，作为维宪阶的底界。后根据新资料表明，该界线应下移至第 83 层之底。剖面最下部页岩夹层的灰岩中已发现分异较好的有孔虫，包括 *Eoparastaffella ovalis* M1、*E.* ex gr. *interiecta*、*Lysella gadukensis* 和 *Brunsia*、*Tetratexis*、*Pseudotaxis*、*Eoforschia*、*Pseudolituotubella*、*Condrustella*，以及具密集隔壁的 endothyrids（*Bessiella*、*Florennella*）、*Endospiroplectammina*、*Latiendothyranopsis*、*Granuliferella*、*Spinerndothyra*、*Laxoendothyra laxa* 和 *Planoendothyra*。碰冲段开始至第 82 层间隔内，含有下列首现的有孔虫：*Loebichia fragilis* 首现于第 6 层；*Eoendothyranopsis* sp. 和 *Eoparastaffella* cf. *interiecta* 首现于第 8 层；*Eoparastaffella rotunda* 首现于第 13 层；*E. ovalis* M3 首现于第 35 层；*E. ovalis* M2 首现于第 64 层；*Eotextalaria diversa* 在整个剖面中很少见，于第 74 层首现；此间隔无疑相当欧亚有孔虫生物带的 MFZ8，即 *Eoparastaffella rotunda* 带上部。

第 83 层底部 *Eoparastaffella simplex* 首次出现，代表 MFZ9 带即 *Eoparastaffella simplex* 带的底界，标志着维宪阶的开始，共生的有 *Eoparastaffella fundata*。*Mediocris mediocris* 首现于第 137 层；*Eodospiroplectammina syzranica* 首现于 178 层；*Pajarlovella nibilis* 首现于第 182 层，它是定义 MFZ12 带即 *Pajarlovella nibilis* 带的标志分子。如此，相当于 MFZ10 带和 MFZ11 带，即 *Viseidiscus* 带和 *Uralodiscus rotundus* 带的标志分子在碰冲剖面均未被识别，但第 116 层出现 *Eostaffella* ex gr. *prisca*，并与 *Eoparastaffella simplex* 共生，可以说明 *Viseidiscus* 带的存在。

碰冲剖面含有丰度和分异度最大的 *Eoparastaffella* 属群，从剖面底部出现并一直延续至第 187 层，提供了详细研究其谱系演化的重要资料。根据 Devuyst（2003）的研究，该剖面最早的代表是 *Eoparastaffella* ex gr. *interiecta*（主要是 *E. macdermoti* 和 *E. vdovenkovae*）和 *E. ovalis* M1。这些种类向上延伸与 *E. interiecta*、*E.* ex gr. *florigena* 和 *E. rotunda* 共生于第 4—19 层。稍后，于第 35 层出现 *E. ovalis* M3 以及 *E. ovalis* M2（第 64 和 74 层）。第 83 层底以 *E. simplex* 和 *E. fundata* 出现为特征。稍高层位（第 84 和 86 层）出现 *E.* ex gr. *asymmetrica*。

Eoparastaffella interiecta 支系、*E. rotunda* 支系和 *E. ovalis* 支系都是较早出现的分子。前两支系的形态无重大变化，只有 *E. ovalis* 显示了形态的逐渐变化，区分为 3 种型：*E. ovalis* M1 被认为是 *E. ovalis* M2 和 *E. simplex* 的直接祖先，而 *E. simplex* 是由 *E. ovalis* M2 进化产生。第 83 层底部首现的原始 *E. simplex*（*minima* 型）个体很小，极近似 *E. ovalis* M2。

总体上，碰冲剖面的有孔虫带可划分为 *Eoparastaffella rotunda* 带（MFZ8），*Eoparastaffella simplex*

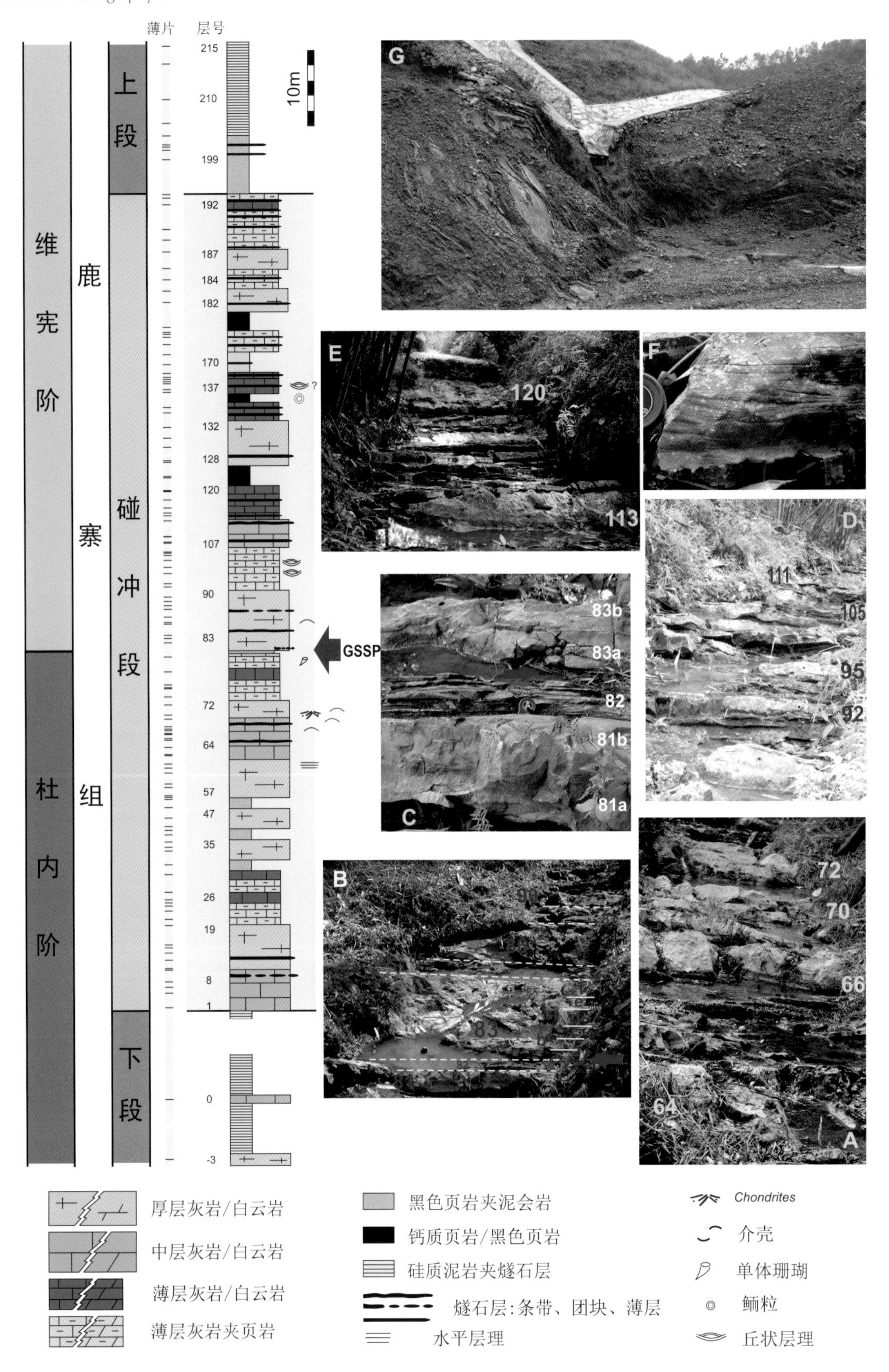

图 4-1-21　碰冲岩性地层柱状剖面图（侯鸿飞等，2013）。A. 碰冲段下部第 64—72 层露头；B. 界线层附近第 80—83 层露头；C. 界线层露头，箭头标示第 83 层之底界全球标准界线层型；D. 碰冲段上部第 92—120 层露头；E. 第 111—120 层露头；F. 第 95 层，显示丘状层理，底部为燧石层；G. 鹿寨组上段露头，硅质泥岩夹燧石薄层

带（MFZ9–11）以及 *Pajarlovella nibilis* 带（MFZ12）。

Devuyst 等（2003）、田树刚和 Coen （2004），以及 Tian 和 Coen（2005）研究了碰冲剖面的牙形类，可识别出五个带：*Gnathodus typicus* 带、*Scaliognathus anchoralis europensis* 带、*S.–G.* 间隔带、*Pseudognathodus homopunctatus* 带和 *Lochriea commutata* 带（图 4-1-22）。

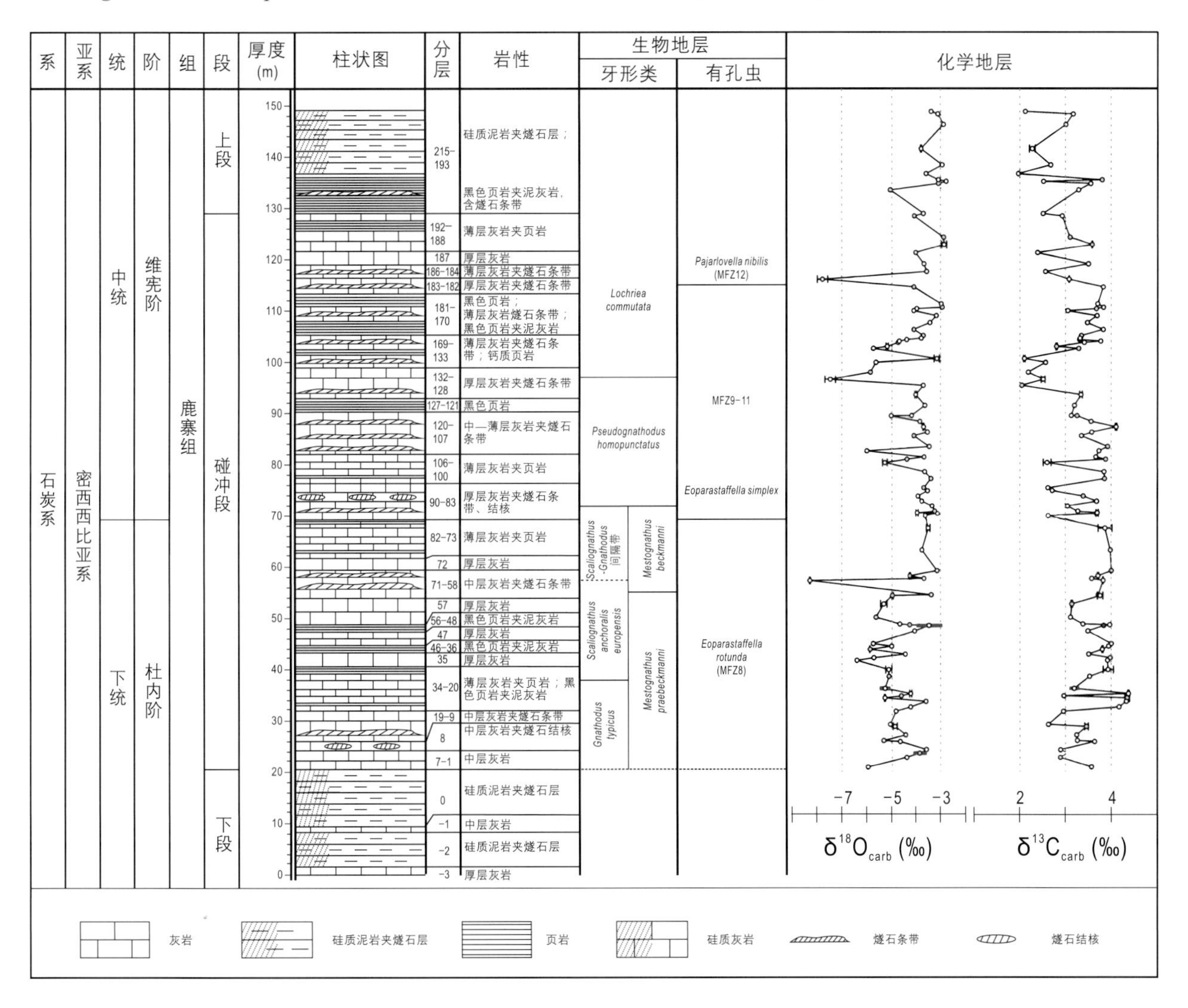

图 4-1-22　碰冲剖面综合柱状图，据侯鸿飞等（2013）修改

4.1.7.4 化学地层

侯鸿飞等（2013）对岩石薄片钻取的 103 个灰岩样品进行了全岩无机碳和氧同位素分析。$\delta^{13}C$ 和 $\delta^{18}O$ 值的对比表明成岩作用的影响很弱，$\delta^{13}C$ 值的分布范围介于世界其他地区晚杜内至早维宪期的数值范围，特点如下。

（1）杜内阶 $\delta^{13}C$ 值介于 2‰ 和 4‰ 之间，波动不大，对比北美中大陆和欧洲东部同期的 $\delta^{13}C$ 值，局部可达 6‰，美国内华达州的 Arrow Canyon 剖面甚至可达 7.1‰。

（2）从杜内阶顶部至维宪阶底界线，$\delta^{13}C$ 值有一幅度较小的波动，由约 4‰ 降至 2.7‰，然后增至 3‰~4‰。根据郄文昆等（2010）在广西隆安的研究，杜内—维宪阶界线之间，$\delta^{13}C$ 发生明显的负偏移。

它的对比意义有待更多的资料验证。

（3）130—137 层普遍表现为较低的 $\delta^{13}C$ 值，在生物地层上大致相当牙形类 *Lochriea commutata* 带底界和有孔虫盘虫类的出现层位，可用于远距离的地层对比。

4.2 西藏－滇西区

西藏－滇西区的石炭系具有冈瓦纳型的特征，密西西比亚系为碳酸盐岩，其生物群面貌为欧亚、澳大利亚混生类型，有别于华南地区典型的特提斯型的生物群；而宾夕法尼亚亚系常常缺失。本书介绍一条复合剖面，其杜内阶下部来自云南施甸鱼洞剖面，杜内阶上部及维宪阶来自施甸大寨门剖面。

4.2.1 云南施甸鱼洞－大寨门剖面

复合剖面由两个独立的剖面组成，均隶属于云南省保山市施甸县辖区，分别为：①施甸鱼洞剖面，位于长水乡至施甸县 707 公路（S229 省道）3km 界碑 135° 方向约 300m 处（GPS: 24°54′13.9″N，99°05′17.1″E）；②施甸大寨门剖面，位于施甸县西山的西坡，大寨门到香山路边，M28 县道旁（GPS: 24°43′52.3″N，99°08′22.9″E）。

4.2.1.1 研究简史

云南施甸地区的密西西比亚系主要属于浅水碳酸盐台地相，其生物群研究由来已久。比较系统的研究始于 1965 年。20 世纪 80 年代以后，不少地层古生物工作者前往考察，研究了该地石炭纪的不同生物类群，如腕足类（金玉玕和方润森，1983）、四射珊瑚（宋学良，1982；段丽兰，1985）、头足类（梁希洛和朱夔玉，1988）和牙形类（李仁杰和段丽兰，1993）等。王向东等（1993）综合讨论了施甸地区石炭系的岩石地层划分、生物群分类和时代，以及杜内—维宪阶界线等问题。黄勇等（2013）根据牙形类资料讨论了施甸地区的泥盆—石炭系界线及地层序列关系，提出施甸地区的石炭系与泥盆系应为整合接触，而非此前所认为的不整合接触。

4.2.1.2 岩石地层

鱼洞－大寨门剖面的石炭系自下而上划分为鱼洞组、石花洞组和云瑞街组。泥盆系大寨门组下伏于鱼洞组之下（图 4-2-1）。张远志等（1996）在《云南省岩石地层》中弃用鱼洞组、石花洞组和云瑞街组而采用香山组和铺门前组，理由是段丽兰（1973）最初所介绍的鱼洞段、石花洞段和云瑞街段的段间及与上下地层接触关系未描述。陈根保（1984）沿用段丽兰（1973）划分方案，并将鱼洞段、石花洞段和云瑞街段提升为组，详细描述了各组岩性和生物组合。据此，以及王向东等（1993）的描述和图示，鱼洞组、石花洞组和云瑞街组各组之间为整合接触。本书沿用此划分，各组岩性及生物组合描述据王向东等（1993）。

鱼洞组（C_1y）

段丽兰（1973）定义了鱼洞段，命名地点位于云南省施甸县鱼洞水库。陈根保（1984）和段丽兰（1985）

图 4-2-1　云南施甸鱼洞 - 大寨门剖面。A. 大寨门剖面，石花洞组（近端）及云瑞街组（远端）；B. 鱼洞剖面泥盆系顶部大寨门组与石炭系底部鱼洞组接触关系；C. 鱼洞剖面的鱼洞组底部底砾岩及上覆泥岩；D. 鱼洞剖面石炭系石花洞组燧石结核及燧石条带灰岩；E. 鱼洞剖面石炭系云瑞街组灰岩与二叠系下部丁家寨组碎屑岩的不整合接触关系

将段提升为组，为泥盆 — 石炭系间断面以上的一套海侵初期的沉积。地层底部与上泥盆统大寨门组假整合或轻微角度不整合接触，是一套从数十厘米到数米的含角砾的砾屑灰岩沉积，砾屑中产泥盆纪牙形类。鱼洞组的主体岩性为薄层状泥质灰岩、泥晶团粒灰岩及海百合茎灰岩，普遍含海绿石，不含任何燧石结核和团块。富产小型单体珊瑚、床板珊瑚、牙形类、腕足类、菊石、三叶虫、瓣鳃类、介形类、鱼

鳞及植物茎干等。鱼洞组在标准地点出露最好，层序清晰，厚33m。横向上略有变化，向北至保山上官、云瑞一带厚度变薄；向东到羊邑、西邑一带厚度增大，产大量腕足类（金玉玕和方润森，1983；陈根保，1984）。从鱼洞组所产牙形类、珊瑚来看，其时代属于杜内期中晚期（金玉玕等，2000）。鱼洞组顶部与石花洞组呈整合接触。

石花洞组（C_1 *sh*）

段丽兰（1973）定义了石花洞段，命名来源于保山县云瑞街石花洞水库。陈根保（1984）和段丽兰（1985）将段提升为组，是海侵后的正常浅海陆架相沉积。石花洞组与上覆云瑞街组和下伏鱼洞组均为整合接触。岩性为中厚层偶夹薄层泥晶灰岩、泥晶团粒灰岩、白云化微晶灰岩、泥晶生物碎屑灰岩，普遍发育燧石结核和燧石条带。生物化石非常丰富，有四射珊瑚、有孔虫、牙形类、海百合及大量腕足类。石花洞组相变表现在燧石结核和燧石条带的出现层数及发育程度。施甸大寨门一带石花洞组下部为白云质微晶灰岩，以发育大型具泡沫板珊瑚 *Siphonophyllia*、*Keyserlingophyllum* 等为特征。在标准地点云瑞街及羊邑、西邑一带，发育具鳞板带的大型珊瑚 *Kuichouphyllum* 及大量的腕足类为特征。石花洞组厚度约160m，在东缘可小于100m。牙形类资料显示石花洞组应处在 *Doliognathus lautus* 带和 *Gnathodus texanus* 带中（李仁杰和段丽兰，1993），表明石花洞组底部属于杜内期，中上部为早维宪期。

云瑞街组（C_1 *yd*）

段丽兰（1973）建立云瑞街段，标准地点位于保山县云瑞街，是保山地区下石炭统最上部的一个段，陈根保（1984）和段丽兰（1985）将其提升为组。岩性主要为海退阶段的碳酸盐台地边缘鲕滩、介壳滩沉积（段丽兰，1985）。下部为灰色中厚层白云石泥晶—亮晶含团粒生物碎屑灰岩，上部为厚层状亮晶鲕粒灰岩、亮晶团粒团块灰岩。生物化石多被磨损、破碎，含珊瑚、有孔虫及少量腕足类。云瑞街组与上覆上石炭统/二叠系丁家寨组呈假整合接触。云瑞街组在保山地区较为稳定，厚约130m，其时代为维宪期中晚期。

4.2.1.3 剖面描述

剖面描述据王向东等（1993）对鱼洞和大寨门剖面的描述修改（图4-2-2）。

大寨门剖面

云瑞街组（C_1 *y*） 未见顶

20. 浅灰色中厚层状泥晶灰岩夹团块条带，纹层发育。产腕足类碎片、海绵骨针、钙藻。 >30m
19. 灰白色厚层状亮晶鲕粒灰岩。产珊瑚：*Kuichouphyllum* sp.，*Michelinia* sp.；有孔虫：*Tetrataxis* sp.，*Palaeotextularia* sp.，*Plectogyra* sp.。 12.1m
18. 灰白色厚层状亮晶团粒团块灰岩。产珊瑚碎片；有孔虫：*Palaeotextularia* sp.，*Plectogyra* sp.，*Dainella* sp.，*Tetrataxis*（?*Pseudotaxis*）sp.。 20.4m
17. 灰色中厚层状白云岩化亮晶团块灰岩。产珊瑚：*Caninophyllum* sp.；有孔虫：?*Endostaffella* sp.，*Plectogyra* sp.，*P.* cf. *klatispiralis*，*Tetrataxis*（?*Pseudotaxis*）sp.；少量钙藻。 35.5m
16. 灰略带黄色中层状白云岩化泥晶至亮晶含团粒团块生物碎屑灰岩。生物碎屑为有孔虫、腕足类、

藻屑、苔藓虫。 12.2m

——— 整合 ———

石花洞组（C_1 *sh*） 157.40m

15. 灰色中厚层至块状白云岩化亮晶团粒生物碎屑灰岩，夹燧石条带和燧石结核。产珊瑚：*Palaeosmilia murchisoni*，*Caninophyllum tomiense*，*C.* sp.，*Kuichouphyllum* sp.；有孔虫：*Plectogyra prisca*，*Forschia* sp.；腕足类和腹足类碎片。 24.3m

14. 灰色略带黑色薄层状泥晶生物碎屑灰岩，含大量燧石条带。产珊瑚：*Caninophyllum ?tomiense*，*Palaeosmilia murchisoni*，*Kuichouphyllum avesnense*，*K. shidianense*，*Bifossularia longisepta*；腕足类：*Megachonetes* sp.；有孔虫：*Earlandia* sp.，*Tournagella moelleri*，*Septatournagella pseudocamerata*，*Plectogyra disca*，*P.* cf. *lensi*。 8.8m

13. 上部：灰黄色薄至中层状泥晶团粒生物碎屑灰岩，燧石结核多。产珊瑚：*Keyserlingophyllum shidianense*，*Palaeosmillia murchisoni*，*Bifossularia longisepta*，*Siphonodendron shidianense*，*Siphonophyllia cylindrica*，*S. minerosepta*，*Michelinia* sp.，*Syrigopora* sp.；腕足类：*Rhipidomella* sp.，*Schuchertella magna*；有孔虫：*Sepabrunsiina krainica*，*Palaeospiroplectammina diversa*，*Plectogyra antiqua*，*P. elogia*，*Dainella* sp.，*Earlandia* sp.，*Endothyranopsis* sp.，*Tetrataxis* sp.，*Septatournagella pseudocamerata*；大量海百合茎。 11.0m

下部：灰黄色薄层状泥晶生物碎屑灰岩，燧石结核小。产珊瑚：*Keyserlingophyllum shidianense*，*Carruthersella* sp.，Uraliniidae gen. et. sp. nov.，*Cyathoclisia arachnolasmoidea*，*Arachnolasmella* cf. *irregularia*，*Siphonophyllia minerospta*，*S. cylindrica*，*Amplexus coralloides abichi*；腕足类：*Rhipidomella* sp.；有孔虫：*Palaeotextularia* sp.。 13.2m

12. 灰色中层状泥晶含团粒生物屑灰岩，具少量燧石结核。产珊瑚：*Siphonophyllia minerospta*，*S.* sp.，*Arachnolasmella* cf. *irregularia*，*Siphonophyllia* sp.，*Michelinia* sp.；腕足类：*Rhipidomella* sp.；有孔虫：*Palaeospiroplectammina diversa*。 11.6m

11. 浅灰色薄至中层状泥晶含团粒灰岩，含极少量小型燧石结核。产珊瑚：*Lophophyllum* sp.，*Zaphrentites hunanensis*；有孔虫：*Plectogyra* sp.。 1.6m

10. 浅灰色中层状泥晶灰岩与灰黄色薄至中层状泥晶生物碎屑灰岩互层。产珊瑚：*Siphonophyllia* sp.，*Amplexus coralloides abichi*；腕足类：*Cleiothyridina submabran*；有孔虫：*Palaeospiroplectammina* sp.。 4.0m

9. 灰色中层状含团粒泥晶生物碎屑灰岩，含少量燧石结核。产珊瑚：*Siphonophyllia* sp.，*Lophophyllum* sp.，*Amplexus coralloides abichi*；腕足类：*Spirifer striatus*，?*Rhaphistomella* sp.；有孔虫：*Eotuberitina* sp.。 16.6m

8. 灰色薄至中层状泥晶团粒灰岩，含少量燧石结核。仅含海百合茎。 13.2m

7. 灰黄色泥晶生物碎屑灰岩。产有孔虫：*Plectogyra* cf. *diversa*，*Pseudotaxis* sp.；大量钙藻。 3.9m

6. 灰黑色中厚层白云岩化微晶灰岩，含大量燧石结核和燧石条带。产有孔虫：*Plectogyra* cf.

diversa，*Pseudotaxis* sp.；粗大海百合茎。 24.0m

5. 灰色中厚层白云岩化微晶灰岩，含大量燧石条带。生物化石以钙藻为主，其次为粗大海百合茎，含少量有孔虫：*Palaeospiroplectammina* sp.，*Pseudotaxis* sp.。 13.5m

4. 浅灰色中厚层白云岩化结晶灰岩，含燧石结核和条带。含大量藻屑；少量有孔虫：*Pseudotaxis* sp.，*Earlandia* sp.，*Plectogyra* sp.。 11.7m

——— 整合 ———

鱼洞组（C_1 *y*） **18.60m**

3. 灰色薄至中层状泥晶生物碎屑灰岩。含大量海绿石，常交代海百合茎。产珊瑚：*Zaphrentoides* sp.，*Rotiphyllum yohi*，等；三叶虫和腕足类。 8.1m

2. 灰色薄至中层状泥灰岩，纹层状层理发育。产小型单体珊瑚和腕足类。 10.5m

———— 假整合 ————

大寨门组（D_3 *d*） **未见底**

1. 深灰色中厚层白云岩化泥晶灰岩，含团块和扁豆状条带。 未见底

鱼洞剖面

石花洞组（C_1 *sh*） **未见顶**

11. 灰、深灰色厚层状细晶生物碎屑灰岩，含燧石结核。产海百合：*Platycrinites* sp.；海蕾：*Pentreinites* sp.；小单体珊瑚：*Zaphrentites* sp.，*Rotiphyllum* sp.；牙形类：*Gnathodus typicus*，*Polygnathus lacinatus lacinatus*；腕足类：*Austrochoristites levisulcatus*，*Cleiothyridina tomiensis*，*Cleiothyridina submabranacea*；少量腹足类、苔藓虫。 >18.0m

10. 浅灰、灰色中厚层状细晶生物碎屑灰岩，含白云石—燧石结核，发育水平遗迹。产牙形类：*Gnathodus typicus*，*Polygnathus lacinatus lacinatus*；有孔虫：*Glomaspienella* sp.，*Retochornyshinella* sp.，*Earlandia* sp.，*Vicinesphaera* sp.；腹足类和小型单体珊瑚。 18.8m

9. 浅灰、灰白色厚层状细晶生物灰岩，含白云石—燧石结核。产牙形类：*Gnathodus texanus*；有孔虫：*Plectogyra* cf. *taimyrca*；腹足类和海百合茎。 5.0m

8. 深灰黑色薄至中厚层状细晶生物碎屑灰岩，含白云石—燧石结核。产海百合茎及少量单带型珊瑚；牙形类：*Gnathodus semiglaber*，*G. texanus*，*Doliognathus latus*，*Pseudopolygnathus triangulus*；有孔虫：*Earlandia* sp.。 10.7m

7. 深灰、灰黑色厚层状含生物砂屑灰岩，下部夹土黄色薄层状泥质灰岩，含海绿石，夹燧石条带。产牙形类：*Pseudopolygnathus triangulus*，*Lochriea saharae*，*Gnathodus delicatus*，*G. semiglaber*，*G. corniformis*，*G. texanus*，*Polygnathus communis*，*Doliognathus latus*；海百合茎、腹足类和腕足类。 4.8m

6. 深灰色厚层状微晶生物碎屑灰岩，夹土黄色泥质灰岩，含白云石—燧石结核。产牙形类 *Gnathodus pseudosemiglaber*，*G. corniformis*，*Bispathodus stabilis*，*Dolignathus latus*；有孔虫：*Plecogyra persimilis*；粗大海百合茎。 3.0m

———— 整合 ————

鱼洞组（$C_1 y$） 33m

5. 顶部为黄色薄层状泥质灰岩；上部为灰色中层状泥晶细砂屑生物灰岩夹薄层泥灰岩，中部为中层状泥晶细砂屑生物灰岩与薄层泥质灰岩互层；下部为灰黑色薄层泥质灰岩。产牙形类：*Bispathodus spinolicostatus*，*B. stabilis*，*Gnathodus corniformis*，*G. pseudosemiglaber*，*Polygnathus* sp.；菊石：Pericyclidae gen. et. sp. indet.；珊瑚：*Zaphrentites parallelus*，*Meniscophylloides trifossula*，*Neozaphrentis primigenum*，*Commutia szulczewskii*，*Homalophyllites* sp.，*Rotiphyllum yohi*，*Zaphrentoides vaga*，*Pentaphyllum enorme*，*P. curtiseptum*，*Hapsiphyllum meniscophylloides*，*Saleelasma hadrotheca*，*Trochophyllum* sp.，*Canina* cf. *cornucopiae*，"*Caninophyllum*" sp.，*Palaeacis laevicula*，*Eochoristites neipentaiensis*；三叶虫：*Waribole*（*Latibole*）sp.，*Pseudowaribole*（*Geigibole*）sp.；植物茎干。 16.4m

4. 上部灰色厚层海绿石微晶灰岩，含大量海百合茎；下部灰黄色薄到中层状泥质灰岩，含泥及石英陆源粉砂。产牙形类：*Gnathodus pseudosemiglaber*，*G. punctatus*，*Bispathodus stabilis*，*Clydagnathodus cavusformis*。 2.3m

3. 灰黑色厚层纹层状泥质微晶灰岩，含少量石英粉砂。产少量腕足类和鱼鳞。 9.7m

2. 上部为深灰色厚层含海绿石泥质灰岩，含石英砂；中部为灰色厚层细晶含中粒砂中粗砾屑灰岩；下部为灰色厚层具大量角砾的砾屑灰岩，角砾中产牙形类：*Bispathodus stabilis*，*B. aculiatus anteposicornis*，*B. costatus*，*Icriodus alternatus*。 4.6m

———— 假整合 ————

大寨门组（$D_3 d$） 未见底

1. 深灰色中厚层白云岩化泥晶灰岩，含团块和扁豆状条带。产牙形类：*Palmatolepis wolskajae*，*Icriodus alternatus*，*Polygnathus delicatus*；菊石：*Prolobites* sp.，*Beloceras* sp.。 未见底

4.2.1.3 生物地层

施甸鱼洞–大寨门剖面的生物种类丰富，珊瑚、腕足类、牙形类、有孔虫和菊石均不同程度发育。鱼洞组至云瑞街组可识别出 6 个珊瑚组合带，自下而上为：*Zaphrentites parallelus–Saleelasma hadrotheca* 组合带（Ⅰ带）、Ⅰ–Ⅲ间隔带、*Lophophyllum–Siphonophyllia* sp.–*Parazaphriphyllum* cf. *cylindricum* 组合带（Ⅲ带）、*Cyathoclisia arachnolasmoidea–Siphonophyllia cylindrica–Kueichouphyllum sinense* 组合带（Ⅳ带）、*Palaeosmilia murchisoni– Caninophyllum tomiense* 组合带（Ⅴ带）和 *Dibunophyllum–Diphyllum carinatum* 组合带（Ⅵ带）（王向东等，1993）。鱼洞组至石花洞组可识别出 3 个牙形类带，自下而上为：*Gnathodus pseudosemiglaber* 带、*Dolignathus latus* 带和 *Gnathodus texanus* 带（李仁杰和段丽兰，1993）。鱼洞组至云瑞街组腕足类可识别出 4 个组合带：*Crurithyris–Imbrexia* 组合带、*Unispirifer tornacensis–Marginatia burlingtonensis* 组合带、*Grandispirifer dazhamenensis–Balakhonia yunnanensis* 组合带和 *Delepinea comoides–Megachonetes papilionacea* 组合带（金苏华，1987）。

系	亚系	统	阶	组	厚度(m)	柱状图	分层	岩性	生物地层：珊瑚	生物地层：牙形类	生物地层：腕足
石炭系	密西西比亚系	中统	维宪阶	云瑞街组	>30		22	浅灰色中厚层状泥晶灰岩夹团块条带	Dibunophyllum - Diphyllum carinatum		Delepinea comoides - Megachonetes papilionacea
					270, 260		21	灰白色厚层状亮晶鲕粒灰岩			
					250, 240		20	灰白色厚层状亮晶团粒团块灰岩			
					230, 220, 210		19	灰色中厚层状白云岩化亮晶团块灰岩			
					200		18	灰略带黄色中层状白云岩化泥晶—亮晶含团粒团块生物碎屑灰岩			
				石花洞组	190, 180, 170		17	灰色中厚层至块状白云岩化亮晶团粒生物碎屑灰岩，夹燧石条带和燧石结核	Palaeosmilia murchisoni - Caninophyllum tomiense		Grandispirifer dazhamenensis - Balakhonia yunnanensis
					160		16	灰色略带黑色薄层状泥晶生物碎屑灰岩，含大量燧石条带			
					150, 140		15	上部灰黄色薄至中层状泥晶团粒生物碎屑灰岩，燧石结核多；下部灰黄色薄层状泥晶生物碎屑灰岩，燧石结核小	Cyathoclisia arachnolasmoidea - Siphonophyllia cylindrica - Kueichouphyllum sinense		
					130		14	灰色中层状泥晶含团粒生物屑灰岩，具少量燧石结核	Lophophyllum- Siphonophyllia sp.- Parazaphriphyllum cf. cylindricum		
					120		13	D			
							12	C			
					110		11	灰色中层状含团粒泥晶生物碎屑灰岩，含少量燧石结核			
					100, 90		10	灰色薄至中层状泥晶团粒灰岩，含少量燧石结核	I-III间隔带		

图 4-2-2(a)　施甸鱼洞 – 大寨门综合柱状图 1

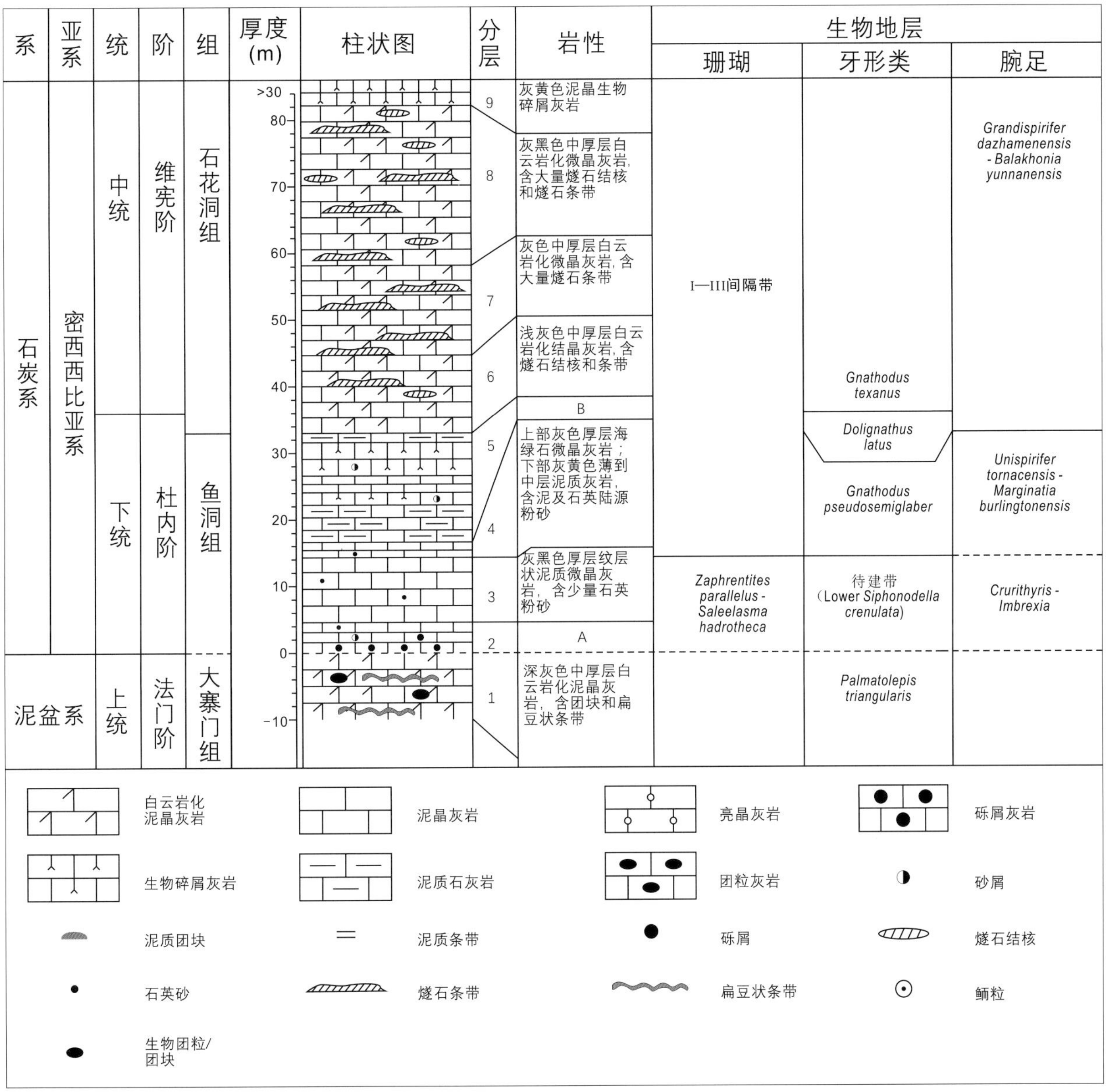

系	亚系	统	阶	组	厚度(m)	分层	岩性	生物地层：珊瑚	生物地层：牙形类	生物地层：腕足
石炭系	密西西比亚系	中统	维宪阶	石花洞组	>30, 80	9	灰黄色泥晶生物碎屑灰岩	I—III间隔带		Grandispirifer dazhamenensis - Balakhonia yunnanensis
					70	8	灰黑色中厚层白云岩化微晶灰岩，含大量燧石结核和燧石条带			
					60, 50	7	灰色中厚层白云岩化微晶灰岩，含大量燧石条带			
					40	6	浅灰色中厚层白云岩化结晶灰岩，含燧石结核和条带		Gnathodus texanus	
							B			
		下统	杜内阶	鱼洞组	30, 20	5, 4	上部灰色厚层海绿石微晶灰岩；下部灰黄色薄到中层泥质灰岩，含泥及石英陆源粉砂		Dolignathus latus; Gnathodus pseudosemiglaber	Unispirifer tornacensis - Marginatia burlingtonensis
					10	3	灰黑色厚层纹层状泥质微晶灰岩，含少量石英粉砂	Zaphrentites parallelus - Saleelasma hadrotheca	待建带（Lower Siphonodella crenulata）	Crurithyris - Imbrexia
					0	2	A			
泥盆系		上统	法门阶	大寨门组	-10	1	深灰色中厚层白云岩化泥晶灰岩，含团块和扁豆状条带		Palmatolepis triangularis	

图例：白云岩化泥晶灰岩；泥晶灰岩；亮晶灰岩；砾屑灰岩；生物碎屑灰岩；泥质石灰岩；团粒灰岩；砂屑；泥质团块；泥质条带；砾屑；燧石结核；石英砂；燧石条带；扁豆状条带；鲕粒；生物团粒/团块

图 4-2-2(b) 鱼洞－大寨门剖面综合柱状图 2。岩性描述 A—D 参见剖面分层描述部分，鱼洞组按鱼洞剖面，石花洞组及云瑞街组按大寨门剖面

4.3 塔里木 – 华北区

塔里木 – 华北区从西往东进一步划分为塔里木区、华北区和祁连 – 贺兰山区 3 个地层区。本书选择了华北区的山西西山剖面、塔里木区的新疆柯坪四石厂剖面和乌什蒙达勒克 – 库鲁剖面进行介绍。

华北区受天山 – 兴蒙造山系和祁连 – 秦岭 – 大别 – 苏鲁造山系所围限，其结晶基底为太古界 — 古元古界，其上为中元古界 — 新生界沉积盖层（王鸿祯，1985）。中奥陶世以后，由于受到南侧特提斯洋和北侧古亚洲洋板块汇聚俯冲与陆缘增生作用，华北陆块整体抬升，经历了约 140 百万年的剥蚀夷平，晚奥陶世 — 早石炭世的沉积缺失（余和中等 , 2005）。早石炭世末期，海水从北东方向侵入，向西南方向扩展，华北区沉积了晚石炭世 — 早二叠世海陆交互陆表海含煤碎屑岩夹灰岩沉积（郝奕玮等，2014）。石炭纪时，华北板块处于古特提斯洋北东的古赤道附近，经祁连 – 柴达木 – 阿拉善板块与塔里木板块相连（Torsvik and Cocks，2017）。

华北区石炭系在山西太原附近发育较好，地层剖面完整、出露良好，动植物化石丰富，研究历史也最为悠久。Richthofen（1882）、Blackwelder （1907）、Girty（1913）、那林（1922）以及 Wong 和 Grabau（1923）等就曾调查了华北的古生代地层，初步限定了华北石炭系的时代，并建立了山西系（Shansi System）。之后 Grabau（1922，1924）将山西系划分为太原统（Taiyuan Series）和山西统（Shansi Series），Chao（1925）又在太原统中识别出两个腕足动物组合带，分别对应俄罗斯的莫斯科阶和格舍尔阶。赵亚曾（1926）建立本溪系，对应莫斯科阶，随后李四光（1927）对其中䗴类的研究证实了这一结论。这些早期的成果为之后的研究建立了良好的基础。20 世纪 50—90 年代，随着煤炭工业的发展，以及区域地质和煤田地质调查的完善，华北石炭系研究的成果不断，但同时，对华北石炭系及二叠系的岩石地层和年代地层的划分也出现了许多不同的观点（表 4-3-1）。本书主要参考孔宪祯等（1996）针对山西晚古生代含煤地层及其古生物化石的研究成果。据金玉玕等（2000）的总结，华北区大部分的石炭系可自下而上划分为湖田组、本溪组和太原组，其中太原组为一跨系地层单位。

塔里木区的石炭系及部分二叠系（相当于华北太原组）有较广泛的出露，以海相沉积为主，夹滨岸—沼泽相沉积。塔里木及其周边地区的石炭系又大致可划分为 6 个地层分区（图 4-3-1（a）），即南天山分区（北缘分区Ⅰ）、西南天山分区（西北缘分区Ⅱ）、柯坪分区（Ⅲ）、铁克里克分区（西南缘分区Ⅳ）、东南缘分区（Ⅴ）和盆内分区（Ⅵ）（金玉玕等，2000）。其中柯坪分区（Ⅲ）石炭系和下二叠统发育，是研究塔里木盆地石炭系和下二叠统的重要地区之一，历来受到广大地质工作者的重视，本书介绍的四石厂剖面和乌什蒙达勒克 – 库鲁剖面均位于柯坪分区（图 4-3-1（b））。

表 4-3-1　华北石炭系沿革

作者（年代）	上部（石盒子层位）	山西层位	太原层位	本溪层位
Richthofen (1882)	Ueberkohlensandstein（石炭纪砂岩、煤层以上砂岩）	Anthracitführende Schichten（含煤建造）	Taiyang-Schichten（太原系）	
Blackwelder (1907)	Shan-si System（山西系）			
Norin (1922, 1924)	Shihhotse Series（石盒子系）：Lower Shihhotse series（下石盒子系）	Juchmenkou (coalbearing) Series 月门沟（煤）系：Upper Juchmenkou Series（上月门沟系）山西系	Lower Juchmenkou Series（下月门沟系）太原系	
Wong 和 Grabau (1923, 1924, 1925)	石盒子系	山西系	太原系	
赵亚曾(1926) 李四光和赵亚曾(1926)	二叠系	山西系	太原系	本溪系
Halle (1927)	石盒子系	月门沟系：山西系	太原系	本溪系
张文堂 (1955)	石盒子系	月门沟系		本溪组；G层铝土矿；山西式铁矿
李星学和盛金章 (1956)	石盒子统	月门沟（煤）系：山西统	太原统	本溪统
刘鸿允等 (1957)	石盒子系	月门沟统：山西组	太原组；晋祠组	本溪统：半沟组；铁铝岩组
赵一阳 (1958)	山西统：骆驼脖组	南峪沟组	太原统：北岔沟组；晋祠组	本溪统
杜宽平和沈玉蔚 (1959)	山西统：骆驼脖组	北岔沟组	太原统：东大窑组；毛儿沟组；晋祠组	本溪统
中国科学院山西地层队 (1959)	二叠系下统（下石盒子系）：第二组；第一组	石炭系上统（月门沟统）：山西组	太原组；晋祠组	石炭系中统（本溪统）：半沟组；铁铝岩组
山西省地质局区域地质调查队 (1975)	下石盒子组：二段；一段	山西系（组）	太原组	本溪组
山西省地层表编写组 (1979)	下石盒子组：上段；下段	山西组	太原组：三段；二段；一段	本溪组
山西省地质矿产局 (1989)	二段；一段	山西组：西铭段；桑建窑段	太原组：玉门沟段；晋祠组	半沟段；铁铝岩段
山西地矿局212队 (1992)	石盒子群：化客头组：二段；一段	月门沟群：山西组	太原组：毛儿沟段；晋祠段；半沟段	孝义组
程保洲 (1992)	下石盒子组	山西组	太原组：山垢段；西山段；晋祠段	本溪组
何锡麟等 (1995)	石虎子组	山西组	太原组：3；2；1	本溪组
孔宪祯等 (1996)	下石盒子组：桃花泥岩；骆驼脖砂岩	山西组：砂岩；山垢灰岩；北岔沟砂岩	太原组：东大窑灰岩；七里沟砂岩；斜道灰岩；毛儿沟灰岩；吴家峪灰岩；晋祠砂岩	本溪组：半沟灰岩；铁铝岩
山西省地质矿产局 (1997)	石盒子组：骆驼脖子段	月门沟群：山西组	太原组	湖田段
金玉玕等(2000) 汪啸风等(2005)	下石盒子组	山西组	太原组	本溪组；湖田组

奥陶系灰岩

二叠系 ↕ 石炭系（界线位于金玉玕等(2000)、汪啸风等(2005)太原组内）

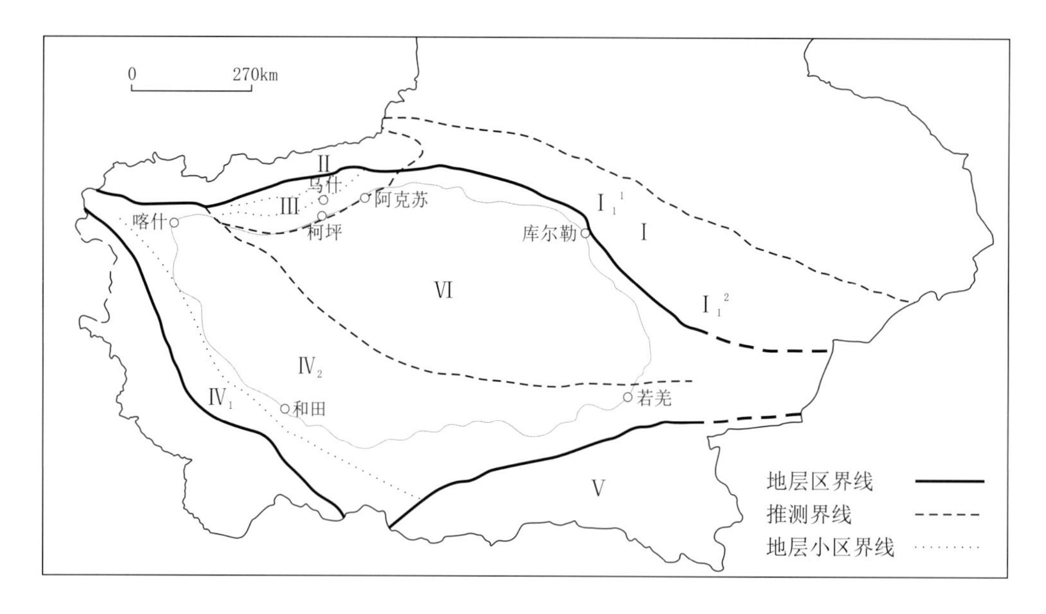

（a）塔里木地区石炭系分布

Ⅰ. 南天山分区（北缘分区Ⅰ）；Ⅱ. 西南天山分区（西北缘分区Ⅱ）；Ⅲ. 柯坪分区；Ⅳ. 铁克里克分区（西南缘分区）；Ⅴ. 东南缘分区；Ⅵ. 盆内分区

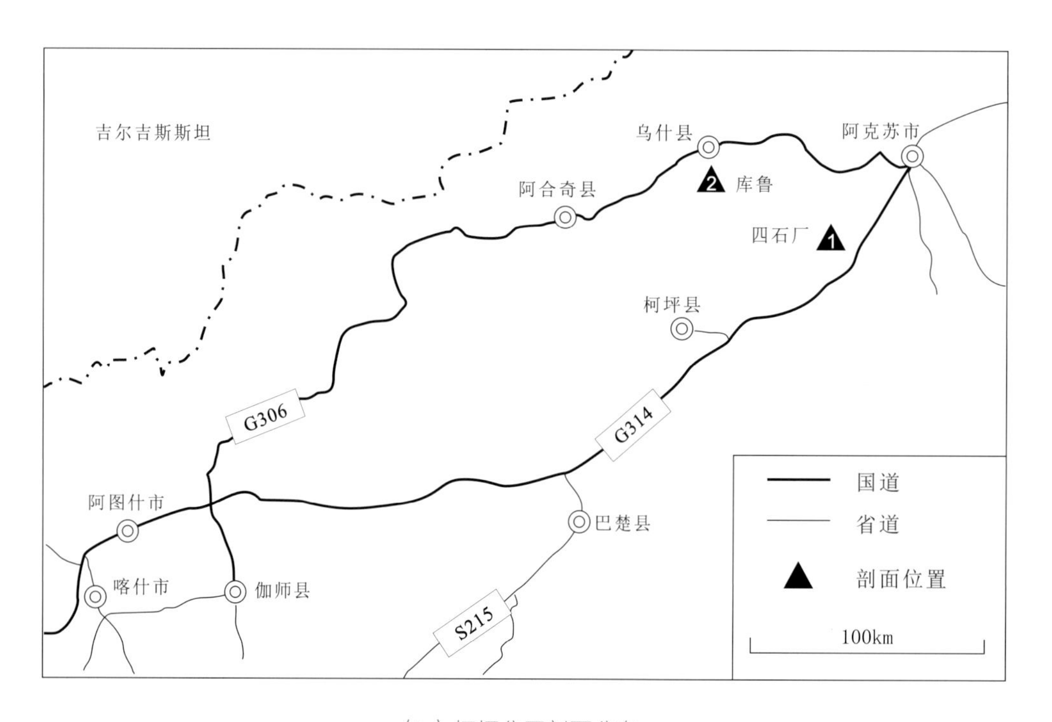

（b）柯坪分区剖面分布

1. 柯坪四石厂剖面；2. 乌什蒙达勒克 - 库鲁剖面

图 4-3-1　塔里木盆地石炭系分区图

4.3.1 山西太原西山剖面

山西是华北地区晚古生代地层研究的重要地区，已有百余年研究历史（孔宪祯等，1996）。太原西山剖面晚古生代地层由石炭系宾夕法尼亚亚系及二叠系组成，岩石地层层序自下而上为本溪组（C_2）、太原组（C–P）、山西组（P_1）、下石盒子组（P_1）、上石盒子组（P_2）和石千峰组（P_2）。其中，本溪组主要为灰岩，也含少量碎屑岩和煤层，产丰富的动植物化石。太原组灰岩层数多，化石丰富，含煤系数为 4.5%~35%，其北部煤层更多，山西组属于二叠系，以碎屑岩为主，含有海相泥岩及少量动物化石（孔宪祯等，1996）。

山西西山剖面位于太原市西 9km 的西山七里沟（GPS：37°52′7.60″N，112°22′52.10″E），由太原市区驱车即可到达，交通十分便利（见图 4-3-2）。该剖面研究历史悠久，是太原组典型地区，孔宪祯等（1996）对山西晚古生代含煤地层及其古生物化石进行了详细研究。

图 4-3-2　山西太原西山剖面

A. 西山剖面露头，奥陶系峰峰组与石炭系本溪组的不整合接触关系；B. 本溪组底部的山西式铁矿（紫红色层）；C. 本溪组与太原组的接触关系；D. 本溪组中的煤层及畔沟灰岩

4.3.1.1 研究简史

山西西山剖面的研究历史悠久，主要针对煤炭地质而开展的岩石地层学和生物地层学的研究。华北地区的石炭系从海相沉积转变到海陆交互相沉积，古生物化石涉及的门类众多，包括䗴类、头足类、三叶虫、珊瑚、腕足类、牙形类、植物及孢粉等（Halle，1927；李星学和盛金章，1956；杜宽平，1958；李星学，1963；张志存，1983；万世禄和丁惠，1984；王志浩和李润兰，1984；何锡麟等，1995；孔宪祯等，1996；高金汉等，2005）。碎屑锆石 U-Pb 年龄的最年轻峰值可以限定地层沉积的最大年龄，是研究陆相沉积时代的重要手段，孙蓓蕾等（2014）对太原组和山西组中砂岩的碎屑锆石进行了 LA-ICPMS 年代地层学研究，认为太原组底部沉积时间晚于 296 ± 4 Ma，太原组顶部沉积时间晚于 271 ± 7 Ma，太原组沉积于早二叠世至中二叠世早期。然而，最近 Yang 等（2020）对太原组的火山灰开展了高精度的CA-TIMS锆石的U-Pb年龄测定，确定太原组的年龄大约处于301~295 Ma，为一套石炭—二叠系的地层单位，与传统的认识一致。

4.3.1.2 岩石地层

山西西山剖面石炭系自下而上为湖田组、本溪组和太原组。

湖田组（$C_2 h$）

关士聪等在 1952 年于一篇手稿中提及湖田统，命名地点在山东淄博煤田湖田矿区。丁培榛等（1961）明确了湖田统的含义，系指奥陶纪灰岩风化面之上原本溪统下部的铁铝岩层，即张文堂（1955）所介绍的“山西式铁矿层”和“G 层铝土层”。之后经历了一系列的重新定义，张守信（1980）改称湖田组，武铁山等（1997）采用“湖田段”，金玉玕等（2000）最终采用湖田组，大致对应滑石板阶的大部分地层。

本溪组（$C_2 b$）

赵亚曾（1926）于辽宁本溪市牛毛岭建本溪系。之后不同学者以本溪统、本溪系称之，代表奥陶系灰岩之上铁铝岩层与灰岩段（畔沟灰岩）。山西省地质局区域地质调查队（1975）首次使用本溪组，山西省地质矿产局（1989）将上部灰岩并入太原组称畔沟段、下部铁铝岩改称孝义组。金玉玕等（2000）使用湖田组代表下部铁铝岩层，但在描述中仍将铁铝岩层纳入本溪组范畴。汪啸风等（2005）将本溪组限定为湖田组之上、不整合于太原组之下的一套页岩、砂岩夹薄层海相灰岩，时代大约对应达拉期。

太原组（C_2–$P_1 t$）

Norin（1924）介绍了山西太原玉门沟（原月门沟）的地层，将西山 A—D 层与维宪阶和莫斯科阶对比，称之为太原系。尹赞勋等（1966）介绍太原系时，认为翁文灏和葛利普为该组创名人。后继研究者以太原系或太原统称之。李星学和盛金章（1956）建议将太原统限定为晋祠砂岩之底与北岔沟砂岩之底之间的地层，刘鸿允等（1957）改称太原组，归属为月门沟统，之后的研究者多沿用太原组一名但含义略有不同。金玉玕等（2000）沿用李星学和盛金章（1956）的划分方案。太原组与下伏本溪组在华北的大多数地区为整合接触，在山东、淮南为假整合接触。太原西山地区的太原组包括 4 层较稳定的灰岩、3 层较稳定的砂岩及 5~9 层厚薄不等的煤层（孔宪祯等，1996；金玉玕等，2000）。太原组大约对应于小独山阶及二叠系下部，本质上是一个穿石炭纪和二叠纪的岩石地层单位。

4.3.1.3 剖面描述

剖面描述转引自孔宪祯等（1996）的描述，但牙形类的名称根据最新的分类方案做了适当修订。

石炭—二叠系

太原组（C_2–P_1 *t*） 98.08m

57. 黑色泥岩，含菱铁矿结核和植物、双壳类碎片。 2.2m

56. 黑色粉砂质泥岩与含生物碎屑泥晶—微晶菱铁岩互层，水平虫孔发育，溶蚀作用强。在黑色粉砂质泥岩中，产海百合茎；双壳类：*Promytilus swailovi*，*Nuculopsis* cf. *wewoka*，*Permophorus subcostata*，*P.* sp.。在剖面附近的东大窑沟，此层相变为东大窑灰岩，产䗴：*Pseudoschwagerina jusulinaides exilis*，*P. fusulinoides*，*P.* sp.，*Pseudofusulina valida*，*Quasifusulina elegata*，*Q. longissima*，*Q. compacta, Rugosofusulina cylindrica*，*R.* cf. *egregia*，*Schwagerina verneuili obtusa*；牙形类：*Streptognathodus elongatus*，*S. wabaunsensis*，*S. fuchengensis*。 1.8m

55. 黑色泥岩。产海相动物化石碎片。 3.6m

54. 6 号上煤层。 0.1m

53. 黑色粉砂质泥岩，向上渐变为泥岩，含菱铁矿、赤铁矿。产植物：*Neuroptesis ovata*，*N. plicata*，?*Alethopteris* sp.，*Sphenophyllum* cf. *verticillatum*，*S.* cf. *oblongifolium*，*S.* sp.，*Cordaites* sp.。 2.0m

52. 上部浅灰白色泥质细粒石英杂砂岩，含硅化木。中部浅灰白色泥质中粒石英杂砂岩、长石石英杂砂岩、浅灰白色泥质粗粒石英杂砂岩，产硅化木。下部浅灰白色中粒岩屑石英杂砂岩（七里沟砂岩）。 15.0m

51. 6 号下煤层。 0.5m

50. 黑色含粉砂泥岩。产动物化石碎片。 2.2m

49. 深灰、灰黑色生物碎屑泥晶灰岩（斜道灰岩）。产䗴：*Pseudofusulina bona*；牙形类：*Streptognathodus elongatus*, *S. gracilis*, *S. oppletus*, *S. elegantulus*, *Diplognathodus ohioensis*; 腕足类：*Choristites jigulensis*，*Spiriferellina* cf. *cristata*，*S. pyranidata*，*Chonetes latesinuata*，*Martinia* cf. *undatifera*，*Marginifera* cf. *bicostala*，*Antiquatonia* cf. *hermosanus*，*Stenoscisma shanhsiensis*, *Lingula* sp.，*Schuchertella* sp.。 3.5m

48. 7 号煤层。 0.6m

47. 黑色泥质粗粉砂岩（上马蓝砂岩）。产植物根、茎化石。 1.2m

46. 灰黑色泥岩，含菱铁矿结核。上部含植物化石碎片，下部产腕足类：*Orbiculoidea taiyuanensis*；双壳类：*Nuculopsis* cf. *wewoka*，*Palaeoneilo anthraconeiloides*，*P.* sp.，*Permophorus subcostata*，*Phestia* sp.；腹足类：*Euphenites wongi*，*Bucanopsis undatus*，*B.* cf. *meekiana*，*Naticopsis* cf. *costellatus*。 8.1m

45. 深灰色生物碎屑泥晶—微晶灰岩，底部所夹泥质灰岩薄层中有大量水平虫孔及介壳堆积（毛儿沟灰岩上分层K2）。产䗴：*Dunbarinella subnathorsti*，*D. nathorsti laxa, Triticites* cf.

simplex，*Pseudofusulina vulgaris watanabei*，*Quasifusulina longissima*，*Q. cayeuxi*，*Q. compecta*；腕足类：*Choristites trautscholdi*，*Martinia* cf. *semiplana*，“*Spinomarginifera*” sp.，*Eomarginifera pusilla*，*Plicatifera* sp.，*Marginifera orientalis*，*M. loczyi*，*M. gobiensis*，“*M.*” cf. *bilona*，*Enuletes hemiplicata*。 4.3m

44. 褐灰色凝灰岩—沉凝灰岩，垂直节理发育。产腕足类：*Chonetes latesinuata*，*C. carbonifera*，*Neochonetes* sp.，*Marginifera* sp.；双壳类：*Acanthopecten carboniferus*，*Astartella* sp.。 2.1m

43. 深灰色厚层生物碎屑泥晶灰岩，以海绵骨针泥晶灰岩为主。产蜓：*Dunbarinella nathorsti*，*D. nathorsti laxa*，*Rugosofusulina serrata*，*Schwagerina expansa*，*Quasifusulina tenuissima*；牙形类：*Streptognathodus elongatus*，*S. fuchengensis*，*S. gracilis*，*S. wabaunsensis*，*S. oppletus*，*S. cancelloscus*，*S. elegantulus*，*Hindeodella megadenticulata*，*Idiognathodus simulator*，*Ozarkodina elegan*，*Idiognathodus stersus*，*Diplognathodus* aff. *coloradoensis*；腕足类：*Choristites pavlovi*，*Dielasma mapingensis minor*，*D.* cf. *ovatus*，“*Spinomarginifera*” sp.，*Phipisomella crassistriata*，*Eomarginifera* sp.。 3.1m

42. 黑色粉砂质泥岩，含菱铁矿结核。产腕足类：*Dictyoclostus taiyuanfuensis*，*D. gruenewaldti*，*Enteletes* cf. *kayseri*，*E. nucleola*，*Chonetes latesinuata*，*C. carbonifera*，*Phricodothyris echinata*，*Plicatifera* cf. *crenulata*，*Ellia* cf. *quadriradiata*，*Schuchertella* cf. *shenchuensis*，*S.* cf. *semiplana*，*Martinia* cf. *incerta*，*Mortiniopsis* sp.，?*Meekella uralica*，*Schuchertella* sp.，*Schellwienella* sp.，*Eomarginifera pusilla*；双 壳 类：*Acanthopecten carboniferus*，*Auiculopecten alternatoplecatus*，*Annuliconcha mangini*，*Strebolochondria tenuilincata*，*Limipecten* sp.，*Euchondria neglecta*，*Leptodesma*（*Leiopteria*）sp.，*Palaeolima striatcplicata*，*P. retifera*，*Promytilus swallovi*。 5.5m

41. 深灰色生物碎屑泥晶灰岩（庙沟灰岩），局部见断续波状纹理。产蜓：*Ozawainella angulata*，*Triticites pseudosimplex*，*Rugosofusulina alpina*；牙形类：*Diplognathodus* aff. *ohioensis*，*Streptognathodus wabaunsensis*，*S. elegantulus*，*S. elongatus*，*S. fuchengensis*，*S.* sp.，*S. gracilis*，*Hindeodella magadenticulata*，*ldiognathodus tersus*；腕足类：*Martinia* sp.，*Dictyoclostus taiyuanfuensis*，*Rhipidomella crassistriata*，*Chonetes latesinuata*，*Marginifera orientalis*，*Chortstites trautscholdi*，*C. jigulensis*，?*C. mosquensis*。 1.2m

40. 8 号煤层。 2.6m

39. 灰色细粒岩屑杂砂岩（屯蓝砂岩）。产植物：*Neuropteris ovata*。 1.2m

38. 黑色细粉砂岩（屯蓝砂岩）。 0.6m

37. 9 号煤层。 2.8m

36. 黑色泥岩。 0.4m

35. 煤层。 0.3m

34. 黑色炭质泥岩。产植物化石碎片。 0.25m

33. 灰色黏土岩，质软具可塑性。产植物根化石。 0.2m

32. 灰色泥质细粒石英杂砂岩。产炭化植物根（西铭砂岩）。 1m
31. 灰色细粉砂岩，含炭化植物根及菱铁矿结核。 0.5m
30. 灰色泥质中—细粒石英杂砂岩，含菱铁质鲕粒。 1.6m
29. 灰色微粒石英杂砂岩。 2m
28. 灰色混杂细粒长石石英杂砂岩、石英杂砂岩（西铭砂岩）。 3.45m
27. 灰黑色泥岩，向上渐变为细粉砂岩，含大量层状菱铁矿结核。 5.9m
26. 10 号煤层。 0.3m
25. 灰色粉砂质泥岩，向上渐变为泥岩，含菱铁矿结核及植物碎片。 2.45m
24. 11 号煤层。 0.3m
23. 灰色粗粉砂岩夹薄层细粒岩屑杂砂岩，含菱铁矿鲕粒和植物碎片（含鲕砂岩）。 2.5m
22. 浅灰白色菱铁鲕粒细粒石英杂砂岩（含鲕砂岩）。 1.3m
21. 灰黑色泥岩，含菱铁矿结核。产海相动物及植物化石碎片。 4.1m
20. 深灰色生物碎屑泥晶灰岩。产蜓：*Triticites parvus*；腕足类：*Chonetes latesinuata*；牙形类：*Streptognathodus oppletus*、*Ozarkodina elegan*、*O. minutus*、*Spathognathodus breniatus*、*Hindeodus minutus*、*Diplognathodus coloradoensis*、?*Idiognathodus cancellosus*、*I. delicatus*、*I. claviformis*、*Synprioniodina microdenta*、*Hindeodella multidenticulata*、*Ligonodina leringtonensi*、*Lonchodina simplex*、*Hibbardella subacuda*、*Metalonohodina bidentata*、?*Neognathodus bassleri*。 1.0m
19. 煤线。 0.14m
18. 含铁质泥岩。产植物化石碎片。 0 .95m
17. 煤线。 0.14m
16. 灰黑色泥岩，含菱铁矿结核。产植物根化石。 2m
15. 浅灰色沉凝灰岩及砂岩（晋祠砂岩），具交错层理。产硅化木。 3.1m

———— 整合 ————

石炭系本溪组（C_2b） 14.18m

14. 灰黑色泥质细粉砂岩，含菱铁矿结核。产植物碎片。 1.4m
13. 深灰色含生物碎屑泥晶灰岩（畔沟灰岩）。产牙形类：“*Streptognathodus*” *parvus*、“*S.*” *suberectus*、“*S.*” *angustus*、*Idiognathodus delicatus*、*I. claviformis*、*Neognathodus bassleri*、*N. roundyi*、*Hindeodella multidenticulata*、*Ozarkodina delicatula*。 0.6m
12. 煤层（本溪 1 号煤层）。 0.8m
11. 灰色细粉砂岩。产植物根化石。 0.75m
10. 黑色含粉砂泥岩，含菱铁矿结核。下部产双壳类：*Naiadites alatus*、*N.* sp.；上部产植物根化石。 3.3m
9. 深灰色含生物碎屑泥晶灰岩（畔沟灰岩）。产牙形类：“*Streptognathodus*” *parvus*、*Trichonodella inconstan*、*Idiognathodus delicatus*、*I. acutus*、*Lingoncdina leringtonesis*、

Metalonchodina bidentata，*Hindeodus minutus*，*Diplognathodus coloradoensis*，*Neognathodus bassleri*，*Synprioniodina microdenta*，*Ozarkodina delicatula*，*Lonchodina megacuspata*；腕足类：*Brachythyrina laxa*。 0.58m

8. 灰色泥质中—粗碎屑石英杂砂岩，含有巨砂粒和细砂（铁砂岩），顶部为泥岩和煤线。 0.85m

7. 浅灰色微粒—细粉砂沉积石英岩，夹三层薄层泥岩，具水平层理，小型波状层理和虫迹。 1m

6. 黑色泥岩，水平纹理发育。产炭化植物根化石。 2.4m

5. 灰黑色泥岩，含菱铁矿结核。产植物根化石。 0.8m

4. 深灰色粉屑泥晶灰岩（畔沟灰岩）。产牙形类：“*Streptognathodus*” *suberetus*，?*Idiognathodus delicatus*，*I*. sp.，*Aethotaris* sp.。 0.8m

3. 上部为浅灰色砂质泥岩，下部为浅灰色泥岩，略含铝质。 0.9m

——— 整合 ———

湖田组（C_2h） **5.3m**

2. 浅灰色铝土岩。 2.6m

1. 红褐色山西式铁矿。 2.7m

下伏地层：中奥陶统峰峰组灰岩

4.3.1.4 生物地层

太原西山七里沟石炭系剖面含多门类化石，有牙形类、䗴类、腕足类、珊瑚、双壳类、腹足类、植物、孢粉等。其中本溪组包含牙形类组合带、腕足类组合带和孢粉组合带各一个，太原组可识别出 3 个䗴组合带、5 个牙形类组合带、1 个腕足组合带、2 个珊瑚组合带及 2 个孢粉组合带（图 4-3-3）。关于本溪组的牙形类，万世禄和丁惠（1984）建立了 *Neognathodus bassleri–Idiognathodus delicatus* 和 *Idiognathodus magnificus–Streptognathodus parvus* 组合，随后丁惠等（1991）将之修订为 *Neognathodus bassleri–Idiognathodus shanxiensis* 和 *Neognathodus roundyi–Streptognathodus parvus* 组合。由于 *Idiognathodus delicatus* 和 *I. magnificus* 建种较早（Gunnell, 1931; Stauffer and Plummer, 1932），鉴定特征不明确，在实际应用中，它们被不同学者用以识别从巴什基尔阶中部到卡西莫夫阶下部的不同地层。近年来的研究表明，*I. delicatus* 应属于莫斯科晚期（Barrick and Boardman, 1989；Barrick et al., 2013），*I. maginifucs* 则属于卡西莫夫早期（Rosscoe, 2008；Rosscoe and Barrick, 2009）。为了避免混淆，本书对本溪组牙形类组合名称进行了修订，以华北地区典型的 *Idiognathodus shanxiensis* 和莫斯科阶中晚期分子 *Neognathodus roundyi* 命名本溪组的牙形类组合。该组合相当于莫斯科盆地的 *Idiognathodus podolskensis* 带至 *Neognathodus roundyi* 带（Alekseev et al., 1996），代表莫斯科阶中上部。太原组中的牙形类组合指示卡西莫夫期、格舍尔期和二叠纪早期的面貌，但由于该剖面此段地层为海陆交互相沉积，确切的卡西莫夫—格舍尔阶以及石炭—二叠系的界线位置难以识别。

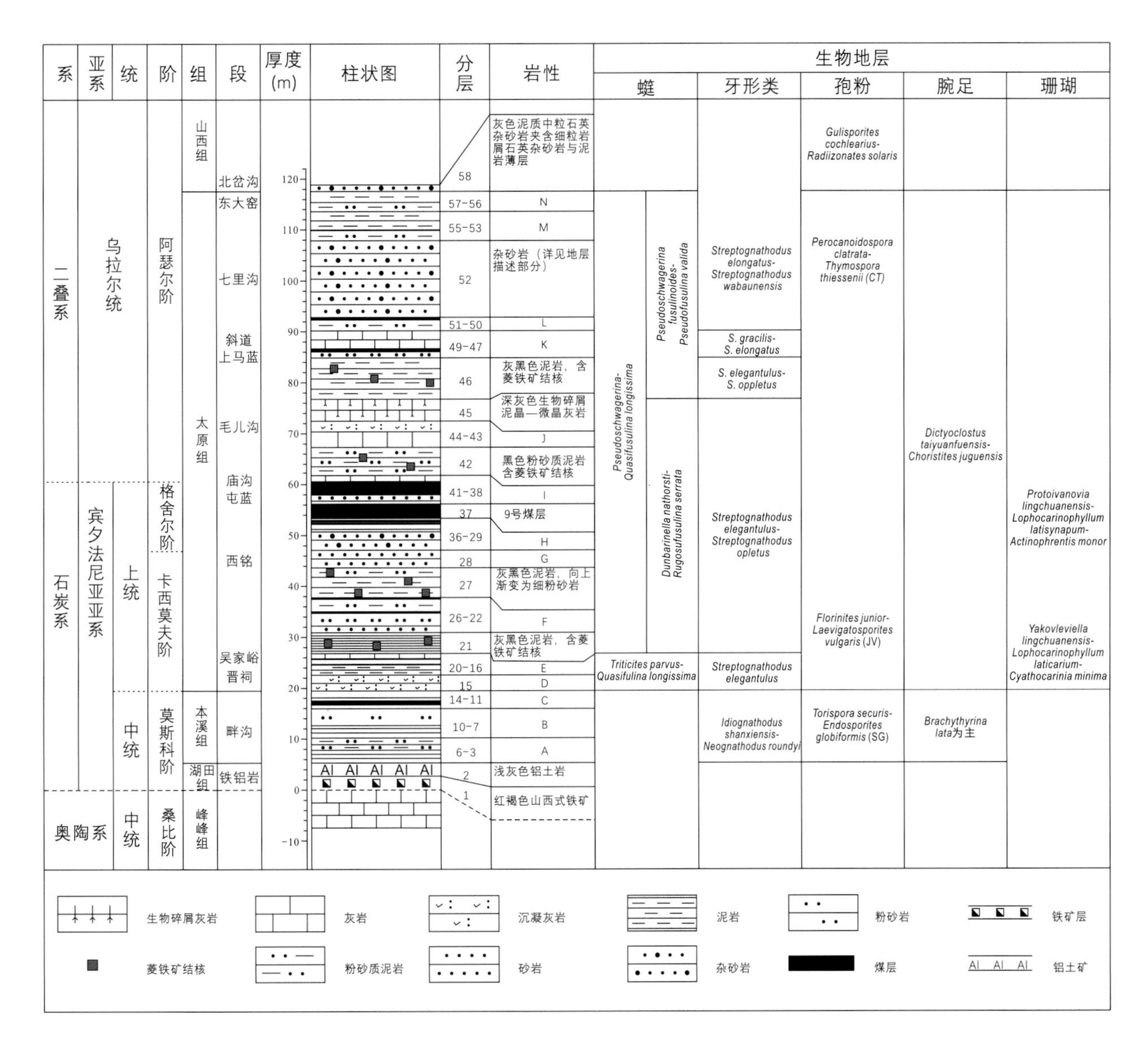

图 4-3-3　山西太原西山七里沟剖面综合柱状图
岩性描述 A—N 参见剖面分层描述部分

4.3.2 新疆柯坪四石厂剖面

柯坪地区位于天山南麓、塔里木盆地西北缘，自早石炭世开始海水由西北向东南方向侵入该地区。沿此方向，晚石炭世至早二叠世地层由老至新不整合超覆于泥盆系之上，在阿合奇－柯什一带和柯坪－苏巴什－皮羌一带形成碳酸盐台地边缘相和台地相沉积，含丰富的蜓类、珊瑚、腕足类、双壳类等底栖生物化石（王玥等，2011）。柯坪四石厂剖面位于新疆维吾尔自治区阿克苏市柯坪县城东北、阿克苏市西南的 G314 高速公路北侧，距沙井子北约 12km（GPS：40°49′43.80″N，79°50′9.60″E），见图 4-3-1（b），剖面线经过四石厂和煤矿。

4.3.2.1 研究简史

四石厂及邻近剖面石炭系—下二叠统出露良好，以碳酸盐岩为主，化石丰富，岩石地层学和生物地层学的研究历史已逾半个世纪，如蜓类（张遴信，1963a，1963b；杨湘宁等，2001；王玥等，2011）、头足类（陈挺恩，1988；肖世禄，1989）、珊瑚（吴望始和赵嘉明，1984）、海参骨片（王向东和陈敏娟，1992）、植物（吴秀元等，1997）和腕足类（刘磊等，2017）等。

4.3.2.2 岩石地层

四石厂剖面石炭系仅发育上石炭统—下二叠统康克林组。下伏地层为泥盆系克兹尔塔格组，上覆下二叠统地层为库普库兹满组（图 4-3-4）。

康克林组由Grober于1914在新疆柯坪县西北十余公里的康克林附近创名，系指厚60~70m的石炭系。下部为白色灰质砂岩，中部为浅灰色泥质石灰岩，上部为糖粒状灰岩；与下伏地层假整合或不整合接触，与上覆地层假整合接触。经过一个多世纪的研究，康克林组现在的定义为夹少量细碎屑岩的海相碳酸盐岩（蔡土赐等，1999），时代为晚石炭世晚期—早二叠世早期，产蜓类、腕足类、珊瑚、牙形类和腹足类等。

图 4-3-4　新疆柯坪四石厂剖面
A. 泥盆系克兹尔塔格组的紫红色砂岩与石炭系康克林组的不整合接触关系；B. 康克林组的石炭系部分，与泥盆系克兹尔塔格组的接触关系；C. 康克林组上部的二叠系部分；D. 康克林组上部的块状复体珊瑚

4.3.2.3 剖面描述

本书转引李罗照等（1996）对四石厂剖面的石炭系部分的描述。综合柱状图如图 4-3-5 所示。

库普库兹满组（P_1 *k*）（底部）

21. 灰白色页状粉砂质泥岩。 4.7m

——— 整合 ———

康克林组（C_2–P_1 *k*） 96.6m

20. 灰色薄层砂屑灰岩。产双壳类：*Leptodesma tolienssis*，*Streblochondria tibetica*，*S.* sp.，*Stutchburia* cf. *modioliformis*，?*Aviculopecten* sp.；有孔虫：*Globivalvulina kantharensis*, *Glomospira* sp.；腹足类：*Naticopsis* sp.，*Bellerophon* sp.；介形类：*Microcheilinella* sp.。 1.2m

19. 灰白色薄层砂屑白云质灰岩与灰白色薄层白云质灰岩互层。产腕足类：*Chonetes* sp.，*Martina* sp.；双壳类：*Aviculopecten* cf. *beipeiensis*，*A.* sp.，*Stutchburia* cf. *modioliformis*；腹足类：*Bellerophon* sp.，*Naticopsis* sp.，*Umbostropis kunlunensis*。 2.8m

18. 暗灰色中薄层生物碎屑灰岩，夹灰色核形石灰岩透镜体。产腕足类：*Neoplicatifera sintaensis*，*Martiniopsis cathaysiensis*，*M.* sp.，*Neowellerella* cf. *pseudoutah*；牙形类：*Hindeodus minutus*；䗴类：*Rugosofusulina axima*，*R. acuta*，*R. decora*，*R. contracta*，*R.* sp.，*Eoparafusulina* sp.，*Triticites* sp.，*Pseudofusulina kepingensis*，*P. kankarinensis*，*P.* cf. *kankarinensis*，*Schwagerina harbaughi*；有孔虫：*Geinitzina spandeli plana*，*G.* sp.，*Globivalvulina bulloides*，*G.* sp.，*Eotuberitina reitlingerae*，*Nodosaria patula*; 珊珊: *Kepingophyllum intortum*; 双壳类: *Pinna junggarensis*; 腹足类: *Bellerophon* sp.; 苔藓虫: *Fenestella* sp.。此外，还产大量海胆刺。 8.0m

17. 灰色薄层生物碎屑灰岩夹灰黄色含泥质生物碎屑灰岩。产腕足类：*Neoplicatifera* sp.；䗴类：*Pseudofusulina duwaensis*，*P.* sp.，*P. kankarinensis*，*Rugosofusulina* cf. *alpina*，*Triticites samarica*，*Dunbarinella* cf. *pulchra*；有孔虫：*Globivalvulina* sp.，*G. kantharensis*，*Geinitzina spandeli*，*Hemigordiopsis hubeiensis*，*Nodosaria netschajewi*，*N. longissima*；双壳类：*Volsellina* sp.；腹足类：*Cylicioscapha sinensis*，*Bellerophn* sp.。 1.3m

16. 灰色薄层生物碎屑灰岩夹灰色薄层核形石生物碎屑灰岩。产腕足类：*Neoplicatifera sintanensis*，*Antiquatonia taiyuanfuensis*，*Tangshanella xinjiangensis*，*Athyris* sp .，*Uncinunellina* sp.，*Martinia triquetra*，*Linoproductus simenensis*；䗴类：*Pseudofusulina duwaensis*，*P. subashiensis compacta*，*Eoparafusulina instabilis*，*E.* cf. *pseudosimplex*，*Paraschwagerina gigantea*，*P.* cf. *renodis*，*Schwagerina scitula*，?*Quasifusulina* sp .；有孔虫：*Nodosaria* sp.；珊瑚：*Kepingophyllum intortum*；双壳类：*Wilkingia regularis*，*Pinna junggarensis*；腹足类：*Bellerophon* sp.，*Cylicioscapha sinensis*，*Bucanopsis yarkanhensis*，*Strictohumerus* sp.；头足类：*Tainoceras* cf. *clydense*。 3.6m

15. 浅灰色、灰黄色薄层生物碎屑灰岩。产腕足类：*Geyerella shajingziensis*，*Neaplicatifera sintanensis*，*Wellerella* cf. *delicatula*；䗴类：*Pseudofusulina kepingensis*；有孔虫：*Nodosaria* sp.；苔藓虫：*Fenestella* sp.。 2.0m

14. 灰色薄层砾屑藻包壳灰岩。产腕足类：*Neoplicatifra sintanensis*，*Geyerella shajingziensis*；䗴类：*Eoparafusulina decora*，*E. pusilla*，*E. regularis*，*E. subashiensis brevis*，*E.* cf. *subashiensis brevis*，*E.* sp.，*Pseudofusulina kankarinensis*，*P.* sp .，*Zellia crassialveola*，*Triticites* cf. *zhangi*，*Schubertella magna*，*Sphaeroschwagerina sphaerica compacta*，*S. sphaerica staffelloides*，*S.* sp.，?*Ozawainella* sp.；有孔虫：*Globivalvulina kantharensis*，*Geinitzina* sp.，*Tetrataxis plnoseptata*，*Nodosaria longissima*，*N. mirabilis*；珊瑚：*Kepingophyllum intortum*；腹足类：*Euomphalus pentangulatus*。还产有大量海胆刺。 1.8m

13. 灰色、灰褐色中层状生物碎屑灰岩，夹灰色薄层核形石灰岩。产有孔虫：*Globivalvulina minima*，*G. kantharensis*，*G. cyprica*，*G.* cf. *bulloides*，*Nodosaria netschajewi subquadrata*，*Endcthyra* sp.；腹足类：*Euomphalus pentangulatus*。 1.6m

12. 浅灰黄色中厚层状钙质砾岩夹灰黄色薄层钙质砂岩。 3.9m

11. 褐红色、紫红色中薄层粉砂岩夹浅灰色砂质灰岩透镜体，见透镜状层理，羽状交错层理，平行层理。 2.3m

10. 灰黄色中厚层细砂岩夹灰色生物碎屑灰岩透镜体及砂质灰岩透镜体，见羽状交错层理及砂纹层理，透镜状层理。产腕足类：*Orthotetes radiata*，*Megachonetes* sp.，*Geyerlla shajingziensis*；䗴类：*Triticites cheni*，*T. volgensis*，*T* . cf. *burgessae*，*T.* sp.，*Eoparafusulina shengi*，*E. subashiensis brevis*，*E.* sp.，*Pseudofusulina pusilla*，*P.* cf. *elliptica*，*Paraschwagerina*? sp.，*Schwagerina* aff. *scitula*；有孔虫：*Globivalvulina* sp.，*Nodosaria* sp.；牙形类：*Streptognathodus elongatus*；双壳类：*Scaphellina concinnus*，*Pseudopermophorus annettae*，*Palaeolima* sp.，*Palaeoneilo* sp.；腹足类：*Bellerophon* sp.。 3.1m

9. 紫红色中至厚层瘤状灰岩。 2.4m

8. 紫红色中层细砂岩夹紫红色中层瘤状灰岩及紫红色泥岩。见平行层理，羽状交错层及生物扰动构造。产双壳类：*Palaeoneilo* sp.，*Stutchburia* cf. *modioliformis*；腹足类：*Bellerophon* sp.。 5.5m

7. 灰黄色、紫色中至厚层状细粒石英砂岩夹紫色厚层砾屑粉砂岩及含砾粗砂岩。产腹足类：*Bellerophon* sp.。 12.3m

6. 灰黄色、黄褐色厚层状中粗粒石英砂岩。夹含砾粗砂岩透镜体及灰黄色厚层细粒石英砂岩。 7.9m

5. 灰色中至厚层砾屑灰岩夹黄色中薄层粉砂岩。产腹足类：*Bellerophon* sp.。 1.7m

4. 浅灰色、灰黄色、灰褐色中厚层粉砂岩夹灰黑色炭质泥质粉砂岩。产双壳类：*Septimyalina perattenuata*，*Eoschizodus* sp.。 7.1m

3. 浅灰色厚层砂岩，见槽状交错层理。 2.9m

2. 灰白色厚层—块状细粒石英砂岩夹浅灰色薄层含砾粗砂岩。见平行层理、槽状交错层理等。 22.1m

1. 浅褐色薄层砾岩与灰白色、灰黄色薄层钙质细砂岩互层，底部 2~5 cm 为风化壳。 3. 1m

═══不整合═══

下伏地层

上泥盆统克兹尔塔格组紫红色页状钙质泥岩。

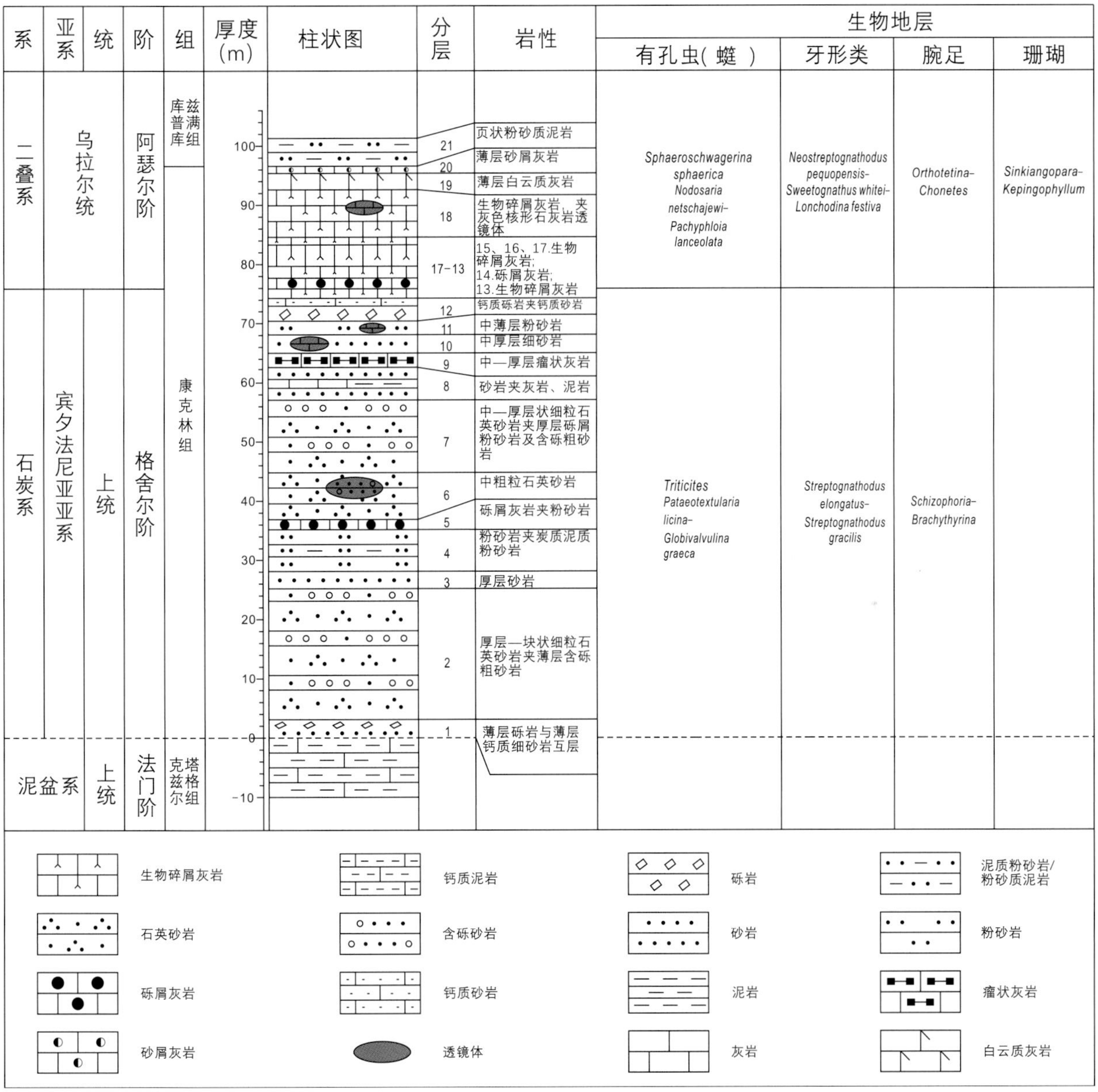

系	亚系	统	阶	组	分层	岩性	有孔虫(蜓)	牙形类	腕足	珊瑚
二叠系		乌拉尔统	阿瑟尔阶	库兹普满库组	21	页状粉砂质泥岩	Sphaeroschwagerina sphaerica Nodosaria netschajewi- Pachyphloia lanceolata	Neostreptognathodus pequopensis- Sweetognathus whitei- Lonchodina festiva	Orthotetina- Chonetes	Sinkiangopara- Kepingophyllum
				康克林组	20	薄层砂屑灰岩				
					19	薄层白云质灰岩				
					18	生物碎屑灰岩，夹灰色核形石灰岩透镜体				
					17–13	15、16、17.生物碎屑灰岩; 14.砾屑灰岩; 13.生物碎屑灰岩				
石炭系	宾夕法尼亚亚系	上统	格舍尔阶		12	钙质砾岩夹钙质砂岩	Triticites Pataeotextularia licina- Globivalvulina graeca	Streptognathodus elongatus- Streptognathodus gracilis	Schizophoria- Brachythyrina	
					11	中薄层粉砂岩				
					10	中厚层细砂岩				
					9	中—厚层瘤状灰岩				
					8	砂岩夹灰岩、泥岩				
					7	中—厚层状细粒石英砂岩夹厚层砾屑粉砂岩及含砾粗砂岩				
					6	中粗粒石英砂岩				
					5	砾屑灰岩夹粉砂岩				
					4	粉砂岩夹炭质泥质粉砂岩				
					3	厚层砂岩				
					2	厚层—块状细粒石英砂岩夹薄层含砾粗砂岩				
					1	薄层砾岩与薄层钙质细砂岩互层				
泥盆系		上统	法门阶	克塔兹格尔组						

厚度(m)：100, 90, 80, 70, 60, 50, 40, 30, 20, 10, 0, -10

图例：生物碎屑灰岩；钙质泥岩；砾岩；泥质粉砂岩/粉砂质泥岩；石英砂岩；含砾砂岩；砂岩；粉砂岩；砾屑灰岩；钙质砂岩；泥岩；瘤状灰岩；砂屑灰岩；透镜体；灰岩；白云质灰岩

图 4-3-5　新疆柯坪四石厂剖面综合柱状图

4.3.2.4 生物地层

四石厂剖面石炭系直接覆于上泥盆统克兹尔塔格组之上，两者呈明显的角度不整合接触关系。该剖面 10 层所产牙形和蜓类为马平阶（格舍尔阶）典型分子，14 层开始出现早二叠世的蜓类、非蜓有孔虫和珊瑚及腕足类，因此石炭—二叠系界线大致在 14 层之底（李罗照等，1996）。根据柯坪地区康克林组中的化石组合，可划分出以下化石带：蜓类 *Triticites* 带和 *Sphaeroschwagerina sphaerica* 带；有孔虫 *Pataeotextularia licina–Globivalvulina graeca* 带和 *Nodosaria netschajewi–Pachyphloia lanceolata* 带；牙形类 *Streptognathodus elongatus–Streptognathodus gracilis* 带和 *Neostreptognathodus pequopensis–Sweetognathus whitei–Lonchodina festiva* 带；腕足类 *Schizophoria–Brachythyrina* 带和 *Orthotetina–Chonetes* 带，以及珊瑚 *Sinkiangopara–Kepingophyllum* 带。

4.3.3 新疆乌什蒙达勒克 – 库鲁剖面

乌什蒙达勒克 – 库鲁剖面位于乌什县城南约 30km 的索格当他乌山的库鲁山（GPS: 41°06'40.7"N，79°16'52.2"E），见图 4-3-1（b）。剖面发育石炭—二叠纪地层。泥盆系在该剖面及附近缺失，下石炭统蒙达勒克组不整合于下志留统柯坪塔格组之上，之上发育下石炭统乌什组和库鲁组以及上石炭统的索格当他乌组，上石炭统—下二叠统康克林组在本剖面未出露。剖面中产非蜓有孔虫和蜓类、腕足类、珊瑚、介形类、腹足类等。

4.3.3.1 岩石地层

蒙达勒克 – 库鲁剖面由张师本和顾威国（1992）描述，并建立岩石地层单位蒙达勒克组、乌什组和库鲁组。

蒙达勒克组（C_1m）

蒙达勒克组由张师本和顾威国（1992）建立于乌什县城南的蒙达勒克剖面，分布于索格当他乌东端，岩性为灰色块状砾岩与紫红色、浅绿灰色中至厚层粉砂岩、泥质粉砂岩及泥岩、瘤状泥晶灰岩互层，在命名剖面厚 172.0m。其与下伏下志留统呈角度不整合接触，与上覆乌什组为整合接触，化石极少，仅在底部见少量植物碎片。

乌什组（$C_1 w$）

乌什组由张师本和顾威国（1992）建于乌什库鲁剖面，广泛分布于乌什县南部索格当他乌南北两坡，名称来源于乌什县。岩性为深灰色、灰黑色中层泥晶灰岩、泥灰岩与浅灰色、黄灰色薄至中层细砂岩、石英砂岩和少量灰绿色页岩，含丰富的有孔虫、蜓类、珊瑚和腕足类。在命名剖面厚 976.1m，与上覆库鲁组呈整合接触。

库鲁组（$C_1 k$）

库鲁组由张师本和顾威国（1992）年建于乌什库鲁剖面，分布范围与乌什组大致相同。岩性主要为浅灰色、棕灰色中层砂岩，底部为砾岩，上部夹深灰色灰岩、砾岩及灰绿色页岩。灰岩中含丰富的腕足类、珊瑚、三叶虫等，在命名剖面厚 305. 3m，与上覆索格当他乌组为整合接触。

索格当他乌组（C_2s）

索格当他乌组由地质部13大队1957年命名于索格当他乌山，由索格当他乌岩系演变而来，新疆维吾尔自治区地质局区域地质测量大队于1967年改称组，认为其时代为中石炭世晚期。张师本和顾威国（1992）将其置于上石炭统下部，认定岩性为深灰色页岩、粉砂质页岩夹浅棕色薄层钙质粉砂岩、石英细砂岩和杂砂岩，常见生物遗迹化石。索格当他乌组在库鲁剖面出露厚度约900m，未见顶。

4.3.3.2 剖面描述

转引自张师本和顾威国（1992）对乌什城南库鲁剖面和蒙达勒克剖面的描述，并做了适当修改。其中索格当他乌组、乌什组和库鲁组主要基于库鲁剖面材料，蒙达勒克组主要基于蒙达勒克剖面材料（见图4-3-6、图4-3-7）。

库鲁剖面

索格当他乌组（C_2s） 未见顶

158—146. 深灰色含粉砂质页岩、页岩夹钙质粉砂岩、细粒石英砂岩。见遗迹化石：*Akesuichnus bliquapadum* ichno sp.，*Margaritichnus* ichno sp.，等。 220.0m

145—142. 深灰、绿灰色粉砂质页岩与浅棕色薄层钙质粉砂岩互层，底部夹钙质粉砂质泥岩。见遗迹化石 *Tambia* ichno sp.，等。 52.0m

141—134. 深灰、绿灰色页岩夹浅棕色钙质细—粉粒杂砂岩。见遗迹化石：*Psammichnites wushiensis* ichno sp.。 186.1m

133—125. 深灰、绿灰色页岩，灰、浅棕色钙质粉砂岩，底部含腕足类、腹足类、棘皮类，以及遗迹化石 *Planolites* ichno sp.。 168.4m

124—110. 深灰色页岩与浅灰、浅褐灰色中层状砂岩互层，下部见遗迹化石：*Akesuichnus altermis*。 211.2m

109—104. 浅褐灰、灰色中至薄层含灰质粉—细粒杂砂质石英砂岩，夹绿灰色页岩。 51.6m

——整合——

库鲁组（C_1k） 305.3m

103–94. 灰、浅灰、灰绿色含钙质细至中粒石英砂岩夹页岩及含钙质砾岩。底为深灰色中至厚层状泥晶生屑灰岩。䗴类：*Eostaffella paraprotvae*，*Pseudoendothyra* sp.；有孔虫：*Forschiella* sp.，*Valvulinella* sp.，*Endothyranopsis compressus*，*Archaediscus* sp.，*A. aegyptiacus*，*A.* cf. *furongshanensis*，*Bradyina* sp.，*B.* cf. *lianxianensis*，*Cribrogenerina* sp.，*Mediocris mediocris*，*Tetrataxis* sp.，*T. minima latispiralis*，*T.* aff. *angusta*，*T. donetzica*，*Ammodiscus semiconstrictus regularis*，*Eotuberitina reitlingerae*；刺毛类：*Chaetetes juntschewskyi* var. *major*；珊瑚：*Arachnolasma* sp.，*Siphonodendrom asiaticum*，*S.* cf. *pauciradiale*，*Caninia* sp.，*Dibunophyllnm bipartitum*，*D. arachnoforinis*，*Bothrophyllam* sp.，*Neoclisiophyllum tentatum*，*N.* sp.，*Clisophyllam* sp.，*Syringopora* aff. *ramulosa*；腕足类：*Dielasma itaitubense*，*D. juresanensis* var. *anteceden*，

Brachythyrina sp.，*Motinia incerta*，*M. contracta*，*M. globra*，*Punctospirifer tamuangensis*，*Neophricodothyris asiatica*，*Reticularia* cf. *salemensis*，*Neospirifer* sp.，*Capillispirifer* cf. *xinjiangensis*，*Uncinunellina* cf. *mongolicus*，*Pugnax acuminmus*，*Ptychomaletoechia* cf. *pleurodon*，*Athyris* sp.，*Fluctaria* sp.，*Semicostella* sp.，*Guizhouella* sp.，*Gigantoproductus* sp.，*Echinoconchus* sp.，*Delepinea* cf. *comoides*；腹足类：*Euphemites carbonaris*；三叶虫：*Hunanoproetus* sp.，以及棘皮类等。 110.5m

93–88. 浅灰、灰黄、棕灰色薄层中至细粒杂砂质石英砂岩，上部砂岩中偶见氧化沥青。 93.7m

87–84. 黄灰、灰色细—中粒杂砂质石英砂岩夹灰色页岩，顶部夹深灰色泥晶灰岩。䗴类：*Pseudoendothyra* sp.；有孔虫：*Eotuberitina reitlingerae*，*Endothyra* sp.，*Archaediscus* cf. *Furongshanensis*；珊瑚：*Arachnolasma* cf. *sinense*；腕足类：*Echinoconchus* sp.。 45.8m

83–82. 灰、浅灰色、深灰包块状砾岩。䗴类：*Eostaffella* sp.，*Pseudoendothyra* sp.；有孔虫：*Archaediscus* sp.，*Endothyra* sp.，*Climacammina* sp.，*Giobivalvulina* sp.，等。 55.3m

———— 整合 ————

乌什组（C_1w） **976.1m**

81–78. 深灰色白云质页岩夹棕灰色薄至中层含钙质中至细粉粒石英砂岩。腕足类：*Echinoconchus* sp.，*Delepinea* sp.，*Megachonetes paplionecea*；珊瑚：*Debaophyllum* sp.；䗴类：*Pseudoendothyra concinna*；有孔虫：*Endothyra* spp.，*Forschia mikhailovi*，*Climacammina longissimoides*，*Archaediscus* sp.，*Quasidiscus* sp.，*Neoarchaediscus* sp.，*Palaeotextularia bella*；遗迹化石：*Akesuichnus altermis*，*A. bliquapadum*。 66.4m

77–71. 深灰、灰色中层状亮晶生物碎屑灰岩与黄灰色中薄层细粒石英砂岩互层，含较丰富的化石。䗴类：*Eostaffella* sp.，*E. proikensis*，*E. pseudostruvei chomatifera*，*E.* cf. *mixta*，*Pseudoendothyra* sp.；有孔虫：*Earlandia minima*，*Endothyra* cf. *stalinogorski*，*Endothyra excelsa*，*Forschia prisca*，*F. ailovi*，*Climacammina* sp.，*Palaeotextularia oblonga*，*Archaediscus* sp.，*Quasidiscus* cf. *longissimus*，*Ammodiscus* sp.，*Bradyina* sp.，*Neoarchaediscus dissolutus*；腕足类：*Punctospirifer* sp.，*Puslula* sp.，*Echinoconchus* sp.，*Daviesiella llangollensis*，*Megachonetespaplionacea*，*Gigantoproductus irregularis*，*Antiquatonia* sp.；珊瑚：*Yuanophyllum* sp.；以及腹足类等。 54.8m

70–63. 上部为灰、浅灰色中层状细粒石英砂岩夹深灰色中层状泥晶、粉晶泥灰岩、灰岩。下部深灰色中层状粉晶生物碎屑灰岩夹灰色中层状钙质细粒石英砂岩。䗴类：*Eostaffella ikensis*，*E. proikensis*，*E. mosquensis*，*E. parastruvei chusovensis*；有孔虫：*Burnsia* sp.，*B. spirillinoides*，*Mediocris* sp.，*Arhaediscus krestovnikovi*，*Endothyra expressa*，*E. inflata typica*，*E. majuseula*，*Neoarchaediscus dissolutus*，*Planoendothyra rotayi longa*，*Parathurammina* sp.，*Eotuberirina* sp.，*Earlandia* sp.；珊瑚：*Syringopora geniculata*；腕足类：*Productus* sp.，*Punctospirifer* sp.；腹足类：*Bellerophon* sp.。 61.5m

62–53. 浅灰色中层中至细粒杂砂质石英砂岩夹深灰色页岩，含白云质泥岩及泥灰岩。产少量腕足类：*Punctospirifer* sp.，*Striatifera* sp.；蜓类：*Eostaffella* sp.；有孔虫：*Arhaediscus* sp.，*Parathurammina* sp.，*Glomospirella* sp.；以及腹足类等。 107.9m

52–44. 灰、黄灰色中厚层细粒杂砂质石英砂岩夹深灰色含泥灰岩、泥晶灰岩、砂质灰岩。产蜓类：*Eostaffella pseudostruvei chometifera*，*E. proikensis*，*Millerella* cf. *plectogyra*；有孔虫：*Planoendothyra discoidea*，*Endothyra* sp.，*Ammodiscus* sp.，*Diplosphaerina* sp.；珊瑚：*Multithecopora* sp.；牙形类：*Nurrella* sp.；介形类，腹足类，苔藓虫，双壳类等。 123.3m

43–34. 深灰至黑灰色中层状含生屑含砂屑石英质灰岩夹细粒杂砂质石英砂岩，泥灰岩，底为泥晶生物碎屑灰岩。蜓类：*Eostaffella* cf. *adducta*，*E. proikensis*，*E.* cf. *mixta*，*E. pseudostruvei chomatifera*；有孔虫：*Ammodiscus volgensis*，*Pararhurammina monstrata*，*Brunsia spirillinoides*，*B. irregularis*，*Planoendothyra* cf. *aljutovica*，*P. nana*，*Endothyra discoidea*，*E.* cf. *korbensis*，*Archaediscus* cf. *krestovnikovi*，*Diplosphaerina* sp.，*Quasidiscus explanatus*；牙形类：*Nurrella* sp.。 90.8m

33–23. 黄灰、浅灰色中层状石英砂岩与灰色中层状泥晶灰岩、灰绿色页岩互层。珊瑚：*Syringopora* sp.；腕足类：*Delepinea comoides*；腹足类：*Straporalltis* sp.，*Bellerophon* sp.；头足类：?*Edaphoceras* sp.。 149.3m

22–16. 深灰色泥灰岩、深灰色泥晶粒屑灰岩夹灰色中薄层含钙质杂砂质石英砂岩，底部为灰色含钙质粗粉粒杂砂岩。含蜓类：*Eostaffella* sp.，*Pseudoendothyra* sp.，*Dainella* sp.；有孔虫：*Planoendothyra rotayi*，*Endothyra* sp.，*Eoendothyranopsis angustus*，*Parathurammina* sp.，*Mediocris* sp.，*Eotuberitina* sp.；腕足类：*Linoproductus* sp.；遗迹化石：*Chondrite* sp.。 63.8m

15–10. 深灰至黑灰色生屑含泥含白云质灰岩夹生屑灰岩、生屑泥灰岩。蜓类：*Eostaffella adducta*，*E. endothyroide*，*Dainella ultiiforms*；有孔虫：*Eoendothyranopsis angustus*，*Endothyra stalinogorski*，*E. scabra*，*E. symmetrica*，*E. infiata maxima*，*E.* cf. *uchtovensis*，*E. expressa*，*E. korbensis*，*E. kirgisama*，*Archaediscus krestovnikovi*，*Glomospiranella* sp.，*Planoendothyra rotayi longa*，*P. invica*，*Palaeotextularia dobroljubovae*，*Granuliferella* sp.；珊瑚：*Syringopora hyperbolotabulata*；腕足类：*Martinia* sp.，*Tobnnatchoffia robustus*；腹足类：*Straparolltis* sp.。 127.5m

9–3. 黑灰色中层状生屑泥晶灰岩，含白云质灰岩，下部夹黄灰色厚层状含泥质钙质粗粉粒杂砂岩，底为深灰色钙质泥岩夹疙瘩状泥晶灰岩。有孔虫：*Eotuberitina reitlingerae*，*Planoendothyra minuta*，*P. rotayi*，*P. rotayi longa*，*Uviello distincta*，*Diplospharina* sp.，*D. maljavkini*，*Eoendothyranopsis angustus*，*Endothyra stalinogorski*，*E.* sp.，*Archaesphaera minima*，*A. crassa*，*Glomospira* sp.，*Palaeotextularia* cf. *guangdongensi*；介形类：*Cavellina* cf. *postoflatilis*，*C. latiovata*；腕足类：?*Punctospirifer* sp.，*Echinoconchus* sp.，等。 130.8m

———— 整合 ————

蒙达勒克组（C_1m）　　未见底

2–1. 砂岩。

蒙达勒克剖面

蒙达勒克组（C_1m）　　172.0m

20. 浅绿灰色厚层状粉砂粒云屑杂砂岩、粉砂质泥岩与灰色厚层瘤状泥晶灰岩。　7.9m

19–17. 灰、灰绿色细粒杂砂岩夹少量泥岩。　12.9m

16. 灰色厚层块状砾岩。　12.2m

15–13. 浅绿灰色中薄层粉砂岩、棕红色泥质粉砂岩与杂砂岩，含紫红色钙质团块。　30.5m

12. 灰色块状砾岩。　8.5m

11–10. 紫红、浅灰绿色云屑杂砂岩，棕红色含白云质粉砂岩。　20.5m

9. 灰色、灰绿色块状砾岩。　6.9m

8–7. 紫红色厚层瘤状泥晶灰岩与杂砂质长石质石英砂岩及灰紫色泥岩互层。　18.9m

6. 灰色块状砾岩。　7.1m

5–4. 紫红色泥晶砾屑灰岩与棕红色含钙质泥岩、灰黄色厚层含泥质细粒杂砂岩。　21.6m

3. 灰色块状砾岩。　4.5m

2. 灰绿、黄绿色厚层钙质粗粉砂岩，泥质粉砂岩与紫红色、灰紫色粉砂质泥岩。　9.0m

1. 灰色块状砾岩。　11.5m

═════不整合═════

下伏地层

下志留统柯坪塔格组。

4.3.3.3 生物地层

蒙达勒克–库鲁剖面产多门类化石，其中牙形类、有孔虫、䗴类、珊瑚和腕足类可识别出若干生物带。其中有孔虫在蒙达勒克组和乌什组中识别出密西西比亚系的 *Endothyra trispira–Uviella distincta* 组合带和 *Endothyranopsis compressus–Endothyra korbensis* 组合带；牙形类在蒙达勒克组和乌什组下部识别出杜内阶 *Polygnathus inornarus–Bispatodus aculeatus aculeatus* 组合带，在索格当他乌组上部识别出巴什基尔阶 *Streptognathodus parvus*–"*Streptognathodus*" *suberectus* 组合带；腕足类在蒙达勒克组和乌什组中识别出密西西比亚系的 *Camarotocchia–Eochoristites* 组合带和 *Megachonetes papilionacea–Delepinea comoides–Gigantoproductus irregularis* 组合带；䗴类在乌什组上部和库鲁组识别出密西西比亚系的 *Eostaffella–Dainella* 组合带，在索格当他乌组中识别出巴什基尔—莫斯科阶的 *Fusullina–Fusulinella* 组合带；珊瑚在蒙达勒克组和乌什组中识别出密西西比亚系的 *Yuanophyllum–Arachaolasma sinense* 组合带（张师本和顾威国，1992）。

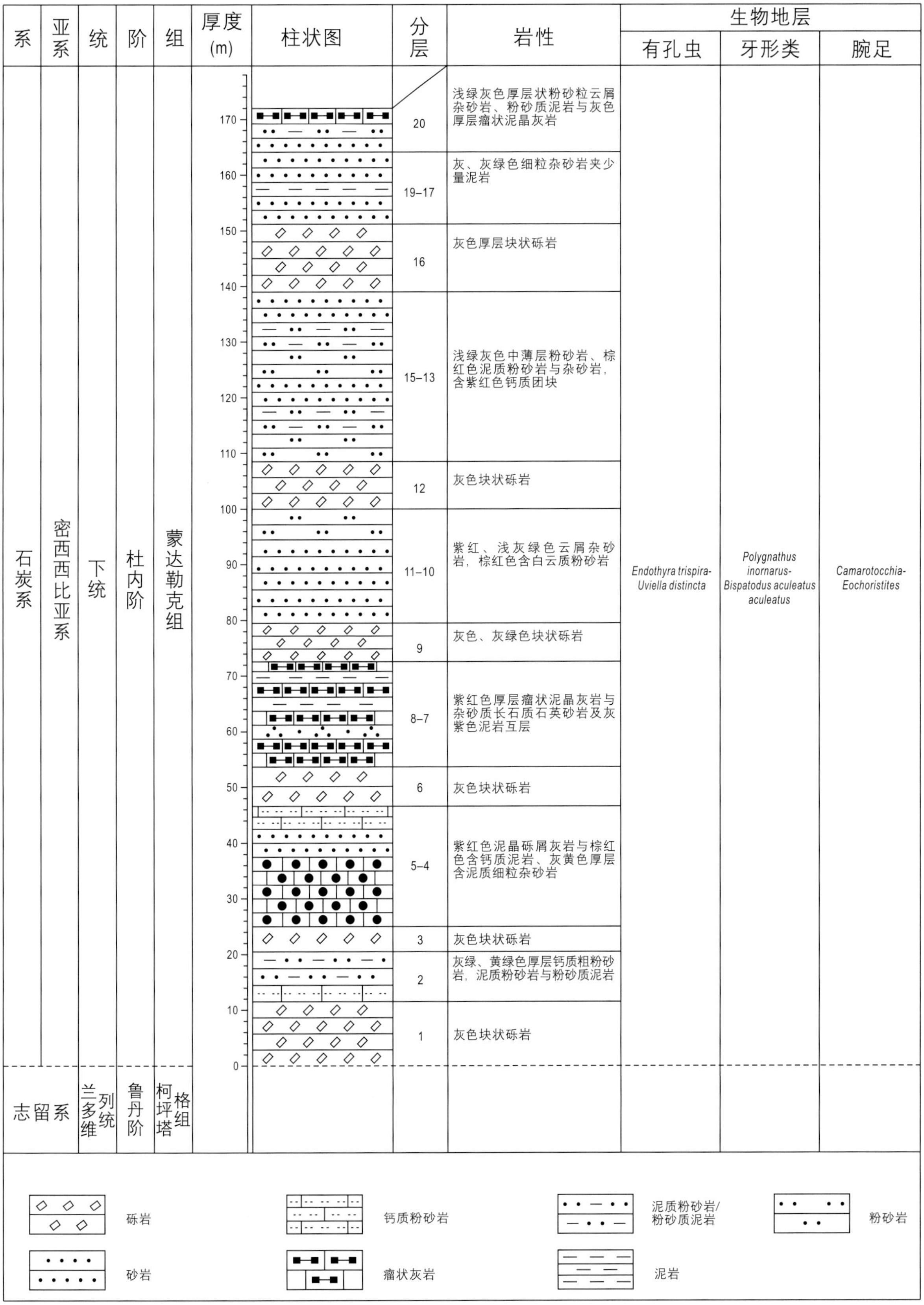

系	亚系	统	阶	组	厚度(m)	柱状图	分层	岩性	生物地层		
									有孔虫	牙形类	腕足
石炭系	密西西比亚系	下统	杜内阶	蒙达勒克组	170		20	浅绿灰色厚层状粉砂粒云屑杂砂岩、粉砂质泥岩与灰色厚层瘤状泥晶灰岩	Endothyra trispira-Uviella distincta	Polygnathus inornarus-Bispatodus aculeatus aculeatus	Camarotocchia-Eochoristites
					160		19–17	灰、灰绿色细粒杂砂岩夹少量泥岩			
					150		16	灰色厚层块状砾岩			
					140, 130, 120, 110		15–13	浅绿灰色中薄层粉砂岩、棕红色泥质粉砂岩与杂砂岩，含紫红色钙质团块			
					100		12	灰色块状砾岩			
					90		11–10	紫红、浅灰绿色云屑杂砂岩，棕红色含白云质粉砂岩			
					80		9	灰色、灰绿色块状砾岩			
					70, 60		8–7	紫红色厚层瘤状泥晶灰岩与杂砂质长石质石英砂岩及灰紫色泥岩互层			
					50		6	灰色块状砾岩			
					40, 30		5–4	紫红色泥晶砾屑灰岩与棕红色含钙质泥岩、灰黄色厚层含泥质细粒杂砂岩			
							3	灰色块状砾岩			
					20		2	灰绿、黄绿色厚层钙质粗粉砂岩，泥质粉砂岩与粉砂质泥岩			
					10, 0		1	灰色块状砾岩			
志留系		兰多维列统	鲁丹阶	柯坪塔格组							

砾岩　钙质粉砂岩　泥质粉砂岩/粉砂质泥岩　粉砂岩

砂岩　瘤状灰岩　泥岩

图 4-3-6　新疆乌什蒙达勒克剖面综合柱状图

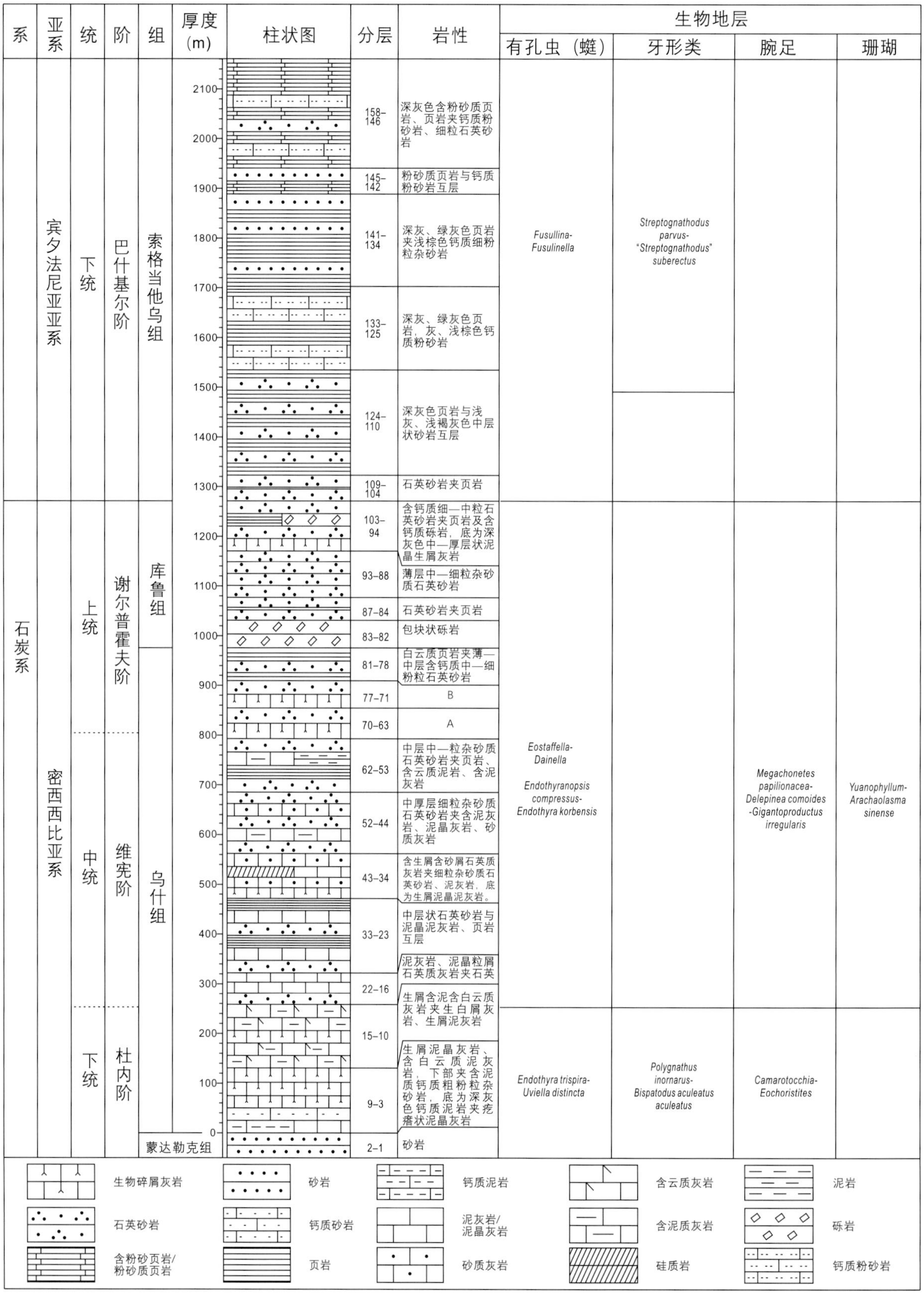

系	亚系	统	阶	组	厚度(m)	柱状图	分层	岩性
石炭系	宾夕法尼亚亚系	下统	巴什基尔阶	索格当他乌组	2100		158–146	深灰色含粉砂质页岩、页岩夹钙质粉砂岩、细粒石英砂岩
					1900		145–142	粉砂质页岩与钙质粉砂岩互层
					1800		141–134	深灰、绿灰色页岩夹浅棕色钙质细粉粒杂砂岩
					1600		133–125	深灰、绿灰色页岩、灰、浅棕色钙质粉砂岩
					1400		124–110	深灰色页岩与浅灰、浅褐灰色中层状砂岩互层
					1300		109–104	石英砂岩夹页岩
	密西西比亚系	上统	谢尔普霍夫阶	库鲁组	1200		103–94	含钙质细—中粒石英砂岩夹页岩及含钙质砾岩，底为深灰色中—厚层状泥晶生屑灰岩
					1100		93–88	薄层中—细粒杂砂质石英砂岩
							87–84	石英砂岩夹页岩
					1000		83–82	包块状砾岩
				乌什组	900		81–78	白云质页岩夹薄—中层含钙质中—细粉粒石英砂岩
							77–71	B
					800		70–63	A
		中统	维宪阶		700		62–53	中层中—粒杂砂质石英砂岩夹页岩、含云质泥岩、含泥灰岩
					600		52–44	中厚层细粒杂砂质石英砂岩夹含泥灰岩、泥晶灰岩、砂质灰岩
					500		43–34	含生屑含砂屑石英质灰岩夹细粒杂砂质石英砂岩、泥灰岩，底为生屑泥晶泥灰岩。
					400		33–23	中层状石英砂岩与泥晶泥灰岩、页岩互层
					300		22–16	泥灰岩、泥晶粒屑石英质灰岩夹石英
		下统	杜内阶		200		15–10	生屑含泥含白云质灰岩夹生白屑灰岩、生屑泥灰岩
					100		9–3	生屑泥晶灰岩、含白云质泥灰岩，下部夹含泥质钙质粗粉粒杂砂岩，底为深灰色钙质泥岩夹疙瘩状泥晶灰岩
				蒙达勒克组	0		2–1	砂岩

生物地层

层段	有孔虫（䗴）	牙形类	腕足	珊瑚
宾夕法尼亚亚系	*Fusullina-Fusulinella*	*Streptognathodus parvus*-"*Streptognathodus*" *suberectus*		
密西西比亚系（上部）	*Eostaffella-Dainella* *Endothyranopsis compressus-Endothyra korbensis*		*Megachonetes papilionacea-Delepinea comoides-Gigantoproductus irregularis*	*Yuanophyllum-Arachaolasma sinense*
密西西比亚系（下部）	*Endothyra trispira-Uviella distincta*	*Polygnathus inornarus-Bispatodus aculeatus aculeatus*	*Camarotocchia-Eochoristites*	

图例：生物碎屑灰岩、砂岩、钙质泥岩、含云质灰岩、泥岩、石英砂岩、钙质砂岩、泥灰岩/泥晶灰岩、含泥质灰岩、砾岩、含粉砂页岩/粉砂质页岩、页岩、砂质灰岩、硅质岩、钙质粉砂岩

图 4-3-7　新疆乌什库鲁剖面综合柱状图。A 和 B 见库鲁剖面描述 70—63 层和 77—71 层

4.4 准噶尔－兴安区

准噶尔－兴安地层大区的石炭系又以准噶尔地层区的最为典型。准噶尔地层区可分为北准噶尔分区和南准噶尔分区，沉积类型较为复杂，岩石类型多样，包括陆相、海相沉积，且海相火山岩和火山碎屑岩广泛分布，局部陆相火山岩发育（蔡土赐等，1999）。化石类群多属“北方型生物区”的分子，早石炭世晚期至晚二叠世植物属“安加拉植物区”分子。新疆北部地层分区见图 4-4-1。

4.4.1 新疆乌鲁木齐祁家沟剖面

祁家沟剖面位于乌鲁木齐市东约 20km 的祁家沟石灰厂（GPS：43°43′18″N，87°48′12″E），地层分区属准噶尔－兴安大区的南准噶尔地层分区（图 4-4-2）。

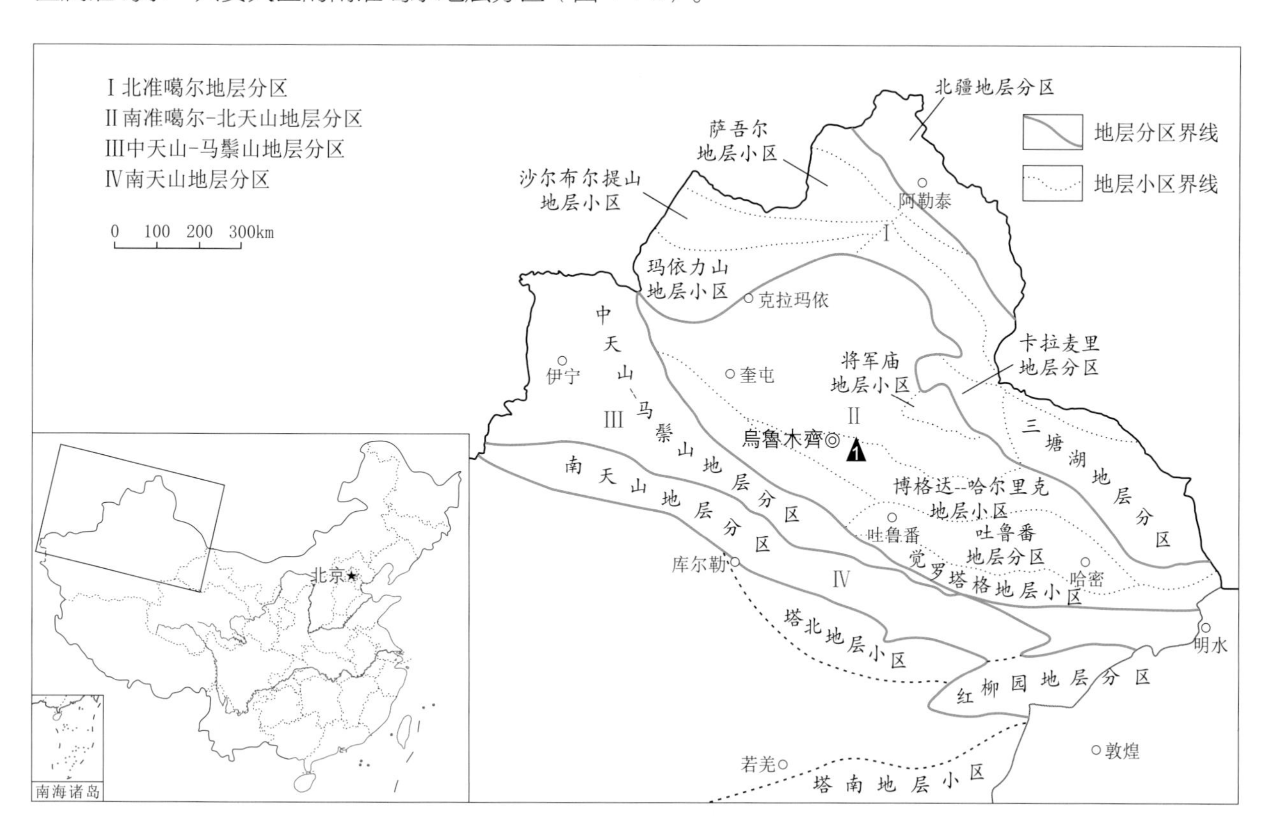

图 4-4-1　新疆北部地层分区，据新疆维吾尔自治区地质矿产局（1993）和黄兴（2018）修改

4.4.1.1 研究简史

刘松柏等（2017）研究认为，晚石炭世时本地区浅海碳酸盐岩的沉积主体分布在乌鲁木齐的祁家沟一带，向东至巴里坤盆地过渡为滨浅海陆源碎屑岩夹少量碳酸盐岩的沉积环境。这种变化也得到巴里坤盆地东部区域地质调查结果的支持（初建朋，2016），说明本区域在晚石炭世海水呈东浅西深的特征。祁家沟剖面的石炭—二叠系发育，以碳酸盐岩和碎屑岩为主，化石较为丰富，有四射珊瑚、菊石以及䗴类（王增吉和俞学光，1989；梁希洛和王明倩，1991；黄兴，2018），是准噶尔区的典型剖面。朱荣和林甲兴（1987）、王宝瑜（1988）对其他剖面祁家沟组的䗴类也有研究。

图 4-4-2　新疆乌鲁木齐祁家沟剖面。A. 祁家沟剖面远观；B. 柳树沟组的灰绿色含砾凝灰质砂岩；C. 祁家沟组中的横板珊瑚；D. 祁家沟组灰岩和砂岩；E. 祁家沟组中层状分布和保存的大型单体珊瑚

4.4.1.2 岩石地层

祁家沟剖面石炭系岩石地层自下而上分别为柳树沟组、祁家沟组和奥尔吐组。

柳树沟组（C_2 *l*）

柳树沟组由新疆地质局区域地质测量大队（1965）的谭德遥等创名。柳树沟组是一套浅海相喷出岩，由灰绿、灰紫色安山质火山角砾岩、凝灰角砾岩、中酸性凝灰岩夹安山玢岩、玄武玢岩、英安玢岩、霏细岩及少量砂岩、粉砂岩、灰岩透镜体组成，含腕足类和腹足类。与上覆祁家沟组不整合接触，未见下伏地层，层型剖面位于乌鲁木齐柳树沟，时代为晚石炭世早期（蔡土赐等，1999）。

祁家沟组（C_2 *qj*）

祁家沟组来源于王恒生于1954年命名的祁家沟灰岩，后新疆地质局区域地质测量大队（1965）的谭德遥等重新厘定为祁家沟组。现在其定义为柳树沟组之上、奥尔吐组之下的一套浅海相陆源碎屑岩和碳酸盐岩沉积，灰紫色至黄绿色含砾杂砂岩、钙质砂岩、砂砾岩、砾岩、粉砂岩、灰色至深灰色、生物碎屑灰岩、结晶灰岩、砂质灰岩，夹少量安山玢岩、凝灰质砂岩—粉砂岩（蔡土赐等，1999）。层型剖面为乌鲁木齐祁家沟剖面，时代为晚石炭世中期。

奥尔吐组（C_2 *ae*）

奥尔吐组由曾亚参等于1977年创名。该组岩性主要为灰黑色至灰绿色粉砂岩、粉砂质细砂岩、钙质砂岩，夹少量薄层砂质灰岩、透镜状灰岩，含丰富珊瑚、菊石及腕足类化石，与上覆石人沟子组和下伏祁家沟组均为整合接触。该组地质时代为晚石炭世晚期（蔡土赐等，1999）。

4.4.1.4 剖面描述

转引自王宝瑜（1988）对祁家沟剖面的实测材料（图4-4-3）。

二叠系石人沟子组（P_1 *sh*） **未见顶**

28. 泥岩、粉砂岩。 未见顶

———— 整合 ————

石炭系奥尔吐组（C_2 *ae*） **227.9m**

27. 灰黑色薄至中厚层粉砂岩，夹少量细砂岩。含腕足类。 36.8m

26. 灰色厚层含钙质砾岩。 4.6m

25. 灰黑、灰色中厚层细砂岩，夹粉砂岩。 54.9m

24. 灰黑色中厚层粉砂岩，夹细砂岩、钙质粉砂岩。菊石：*Neopronorites* sp.，*Somohirites* sp.；横板珊瑚：*Protomichelinia* sp.，*Pseudosyringaxon* sp.。 75.1m

23. 黄绿色中厚层粉砂质细砂岩。腕足类：*Echinoconchus* sp.，*Marginifera pusilla*。 3.2m

22. 灰绿、灰黑色薄至中厚层粉砂岩，夹钙质砂岩、砂质灰岩和灰岩凸镜体或薄层，近底部有20~30cm厚的砾岩。含菊石：*Somoholites* sp.；珊瑚：*Metriophyllum* sp.，*Lophophyllidium pendalum*，*Allotropiophyllum* sp.，*Protomichelinia* sp.；腹足类：*Euomphalus* sp.，*Angyomphalus* sp.，*Ptychozoe* sp.，*Bellerophon* sp.，*Ananians* sp.；植物：*Calamites* sp.；以及苔藓虫等。 53.3m

———— 整合 ————

祁家沟组（C_2 *qj*） 255.7m

21. 灰色厚层至块状结晶灰岩，含珊瑚、腕足类和海百合茎等。 7.5m

20. 黄绿色中厚层钙质粉砂岩、粉砂质灰岩。含少量腕足类碎片。 5.1m

19. 灰、深灰色厚层为主的结晶灰岩，具条带构造。腕足类：*Stenoscisma* sp.，*Martinia shansiensis*，*Spirifer tastubensis*，*Chorisitites jigulensis*，*Productus* ex gr. *praeuralensis*，*Kutorginella mosouensis*，*Dictyoclostus* aff. *tennistraiata*，*Buxtonia* sp.，*Echinoconchus* sp.，*Dieasma* sp.，*Linoproductus* sp.，*Neospirifer tegulatus*；珊瑚：*Timania* sp.，*Caninia* sp.，*Neomultithecopara* sp.，*Syringopara* sp.。 53.8m

18. 灰、深灰色薄层砂岩、砂砾岩，局部为钙质细砂岩、钙质粉砂岩夹砂质灰岩。腕足类：*Linoproductus coralineatus*，*Buxtonia* sp.。 14m

17. 灰、深灰色中厚层灰岩，局部为生物碎屑灰岩，夹薄层砂岩、细砂岩，局部具条带。含双壳类：*Edomondia tianshanensis*；大量海百合茎；少量腕足类、珊瑚、植物碎片。 15.4m

16. 灰、灰黑色厚层至块状灰岩，含少量腕足类：*Buxtonia* sp.，*Martinia shansiensis*；以及珊瑚、海百合茎碎片。 11.7m

15. 深灰、灰黑色薄至中厚层生物碎屑灰岩。腕足类：*Echinoconchus* sp.，*Kutorginella mosquesis*，*Neospirifer tegulatus*。 12.5m

14. 灰、深灰色厚层结晶灰岩。腕足类：*Krotovia pustulata*，*K. tuberculata*，*Martinia shansiensis*，*Plicatifera* sp.。 14.2m

13. 灰、灰黑色中厚层灰岩、砂质灰岩，夹钙质砂岩、粉砂岩。含大量海百合茎及少量腕足类、珊瑚及苔藓虫。 24m

12. 灰色薄层灰岩、条带状灰岩与黄绿色薄层粉砂岩互层，单层厚 1~1.5m。砂岩中有一层细砂岩薄层，顶部有一层灰白色厚层灰岩。腕足类：*Martinia semiconvexa*，*Athyris* sp.，*Paramuirwoodia pseudoartiensis*，*Choristites* cf. *priscus*，*Brachythyrina* ex gr. *strangwavsi*，*Neophricodothyris asiaticus*，*Echinoconchus* sp.；四射珊瑚：*Cyathocarinia tuberculata*，*C. rotiformis*，*Lophophyllidium* sp.，*L. pendulum*，*Amplexocarinia* sp.；腹足类：*Bellerophon* sp.。 47.8m

11. 土黄、黄绿色薄层凝灰质粉砂岩，夹细砂岩。腕足类：*Orthotetes* cf. *expansus*，*Neospirifer tegulatus*，*Spirifer* cf. *tastubensis*，*Chorisitites* sp.，*Austedia* sp.，*Dielasma* sp.，*Athyris* sp.，*Martinia shansiensis*，*Buxtonia juresanensis*，*Paramuirwoodia pseudotoensis*；四射珊瑚：*Amplexus* sp.；腹足类：*Bellerophon* sp.；苔藓虫、双壳类等。 4.8m

10. 灰色中厚层灰岩、生物灰岩与浅灰绿色中薄层粉砂岩互层，夹砂质灰岩、细砂岩。腕足类：*Paramuirwoodia gruadrata*，*Neospirifer tegulatus*，*Choritites mosquensis*；珊瑚、苔藓虫等。 7.2m

9. 灰绿、灰紫色薄至中厚层粉砂岩，夹细砂岩、粗砂岩。含腕足类：*Paramuirwoodia* sp.，*Buxtonia* sp.；腹足类：?*Naticopsis* sp.。 2.6m

8. 灰紫色中厚层灰岩、砂质灰岩、生物碎屑灰岩，夹灰绿色薄层粉砂岩。珊瑚：?*Lophocarinophyllum*

sp.，?*Calophyllum* sp.，*Multithecopora* sp.；腕足类、腹足类、苔藓虫等。 9.8m

7. 紫色中厚层粉砂岩，中上部夹细砂岩、砂砾岩。含腕足类：*Orthotetes* cf. *expansus*，*Choristites* sp.，*Echinoconchus* sp.，*Dielasma* sp.；横版珊瑚：*Multithecopara* sp.；双壳类、苔藓虫等。 11.2m

6. 灰、灰白色中厚层灰岩、生物灰岩，夹浅灰绿色凝灰粉砂岩。䗴类：*Fusulina schellwieni*，*F.* cf. *truncatulina*，*F.* cf. *dunbari*，*Fusulinella* sp.，*F. cheni*，*Beedeina* sp.，*B. jingheensis*，*Putrella gurovi*，*Eostaffella* sp.；腕足类：*Paramuirwoodia pseudoartiensis*，*Orthotetes* cf. *expansus*，*Athyris* sp.，*Neospirifer tegulatus*，*Punctospirifer* sp.，*Echinoconchus* sp.，*Buxtunia juresanensis*，*Ohoristites* sp.；横版珊瑚：*Multithecopora* sp.，*Sinopora* sp.。 14.1m

═════ 不整合 ═════

柳树沟组（$C_2 l$） **未见底**

5. 灰绿、灰紫色安山玢岩。 1.2m
4. 浅灰至浅灰紫色粗粒含砾硬砂岩、含砾凝灰质砂岩、砂砾岩。 2.5m
3. 灰紫、紫色凝灰细砂岩，夹团块状凝灰砂岩。 12.2m
2. 暗紫色块状凝灰砾岩。 10. 2m
1. 灰紫色块状安山质凝灰角砾岩、火山角砾岩、熔岩凝灰岩，夹安山玢岩；凝灰岩及少量砂岩、粉砂岩、灰岩薄层或凸镜体。 未见底

4.4.1.4 生物地层

王增吉和俞学光（1989）在祁家沟剖面的祁家沟组中发现以单带型四射珊瑚为特征的生物群，包括*Amplexus*、*Bradyphyllum*、*Bothrophyllum*、*Caninophyllum*、*Cyslilophophyllum*、*Lophophyllidium*、*Metriophyllum*、*Rotiphyllum* 和 *Zaphrentites* 等 9 属 16 种，建立了 *Amplexus qijiagouensis*–*Cyslilophophyllum minor* 组合带；奥尔吐组中以大型单体 *Caninophyllum* 和 *Pseudozaphrentoides* 繁盛为特征，包括 *Caninophyllum*、*Cyathocarinia*、*Pseudozaphrentoides*、*Pseudolophophyllidium* 和 *Zaphrentites* 等 5 属 9 种。

朱荣和林甲兴（1987）在祁家沟、井井子沟等地区的祁家沟组中报道了 32 属 124 种有孔虫，这些分子中以 *Bradyina*、*Climacammina*、*Cribrogenerina*、*Cribrostomum*、*Eotuberitina*、*Neotuberitina* 和 *Plectogyra* 等最为繁盛，并建立了 2 个有孔虫组合，自下而上为 *Tolypammina rortis*–*Palaeospiroplectammina conspecta* 组合带和 *Bradyina concinna*–*Plectogyra minuta* 组合带。在井井子沟地区的奥尔吐组下部发现了丰富的䗴类 *Fusulina*、*Ozawainella* 和 *Pseudostaffella* 等，有孔虫 *Bradyina* 和 *Tetrataxis* 。此外，奥尔吐组发现有超过 20 属的腕足类化石，但未建立奥尔吐生物地层带。

系	亚系	统	阶	组	厚度(m)	柱状图	分层	岩性	生物地层 有孔虫(蜓)	生物地层 珊瑚
石炭系	宾夕法尼亚亚系	上统	格舍尔阶	石人沟子组	520					
					510–480		27	灰黑色薄至中厚层粉砂岩，夹少量细砂岩		
				奥尔吐组	480–475		26	灰色厚层含钙质砾岩		
					475–420		25	灰黑、灰色中厚层细砂岩，夹粉砂岩		
			卡西莫夫阶		420–345		24	灰黑色中厚层粉砂岩，夹细砂岩、钙质粉砂岩		*Caninophyllum-Pseudozaphrentoides*
					345–342		23	黄绿色中厚层粉砂质细砂岩		
					342–290		22	灰绿、灰黑色薄—中厚层粉砂岩，夹钙质砂岩、砂质灰岩和灰岩凸镜体或薄层，近底部有20—30cm厚的砾岩	*Fusulina*	

图 4-4-3（a） 乌鲁木齐祁家沟剖面综合柱状图 1

系	亚系	统	阶	组	厚度(m)	柱状图	分层	岩性	生物地层 有孔虫(蜓)	生物地层 珊瑚
石炭系	宾夕法尼亚亚系	中统	莫斯科阶	祁家沟组			21	厚层—块状结晶灰岩	*Bradyina concinna-Plectogyra minuta*	*Amplexus qijiagouensis-Cyslilophophyllum minor*
					280		20	钙质粉砂岩、粉砂质灰岩		
					270–230		19	灰、深灰色厚层为主的结晶灰岩，具条带构造		
					220–210		18	薄层砂岩、砂砾岩，局部为钙质细砂岩、钙质粉砂岩夹砂质灰岩		
					200		17	中厚层灰岩，局部为生物碎屑灰岩，夹薄层砂岩、细砂岩		
					190		16	灰、灰黑色厚层—块状灰岩		
					180–170		15	深灰、灰黑色薄—中厚层生物碎屑灰岩		
					160		14	灰、深灰色厚层结晶灰岩		
					150–130		13	灰、灰黑色中厚层灰岩、砂质灰岩，夹钙质砂岩、粉砂岩	*Tolypammina rortis-Palaeospiroplectammina conspecta*	
					120–90		12	灰色薄层灰岩、条带状灰岩与黄绿色薄层粉砂岩互层，单层厚1~1.5m。砂岩中有一层细砂岩薄层，顶部有一层灰白色厚层灰岩		
					80		11	土黄、黄绿色薄层凝灰质粉砂		
							10	灰色中厚层灰岩、生物灰岩与粉砂岩互层，夹砂质灰岩		
					70		9	粉砂岩夹细砂、粗砂岩		
					60		8	灰紫色中厚层灰岩、砂质灰岩、生物碎屑灰岩，夹粉砂岩		

图 4-4-3（b） 乌鲁木齐祁家沟剖面综合柱状图 2

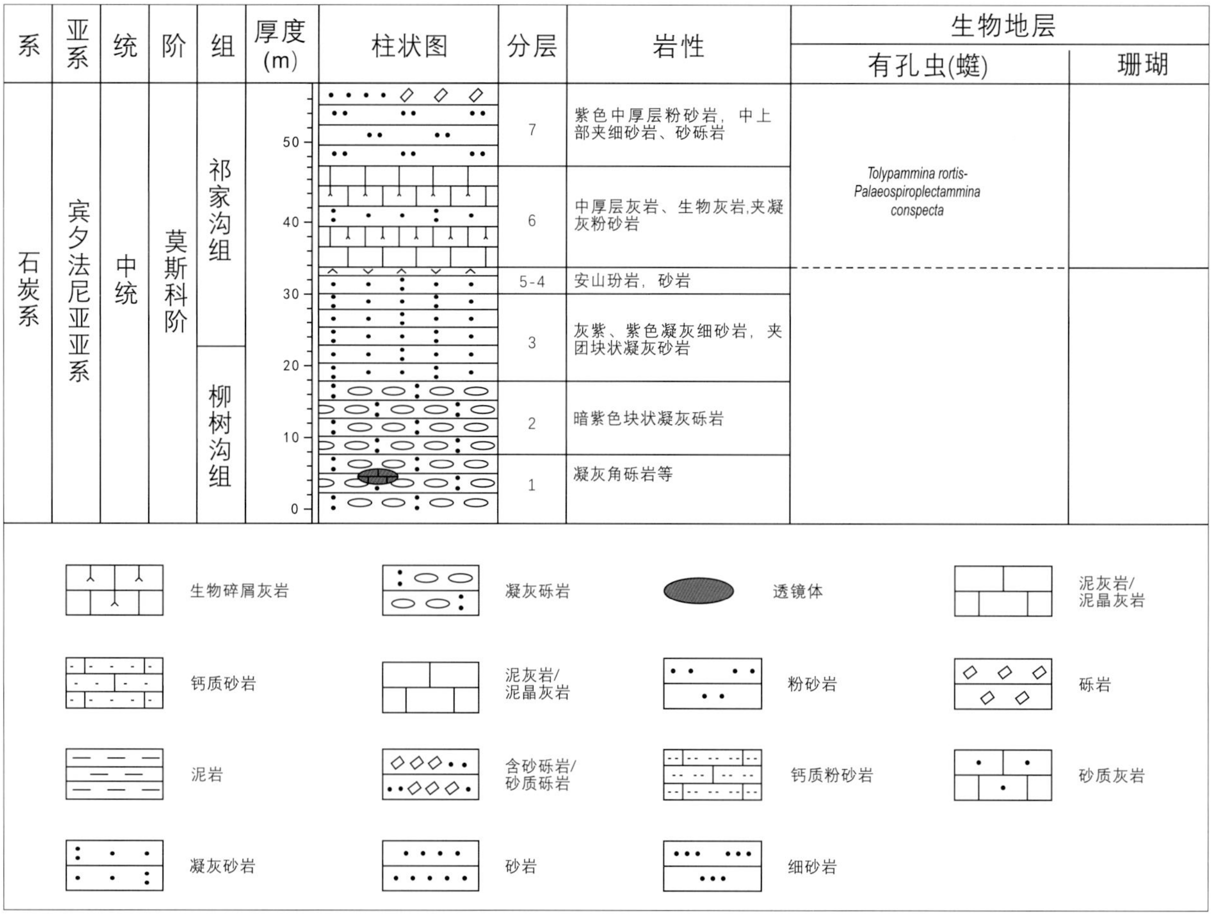

系	亚系	统	阶	组	厚度(m)	柱状图	分层	岩性	生物地层	
									有孔虫(蜓)	珊瑚
石炭系	宾夕法尼亚亚系	中统	莫斯科阶	祁家沟组	50		7	紫色中厚层粉砂岩，中上部夹细砂岩、砂砾岩	*Tolypammina rortis-Palaeospiroplectammina conspecta*	
					40		6	中厚层灰岩、生物灰岩,夹凝灰粉砂岩		
					30		5-4	安山玢岩，砂岩		
					20		3	灰紫、紫色凝灰细砂岩，夹团块状凝灰砂岩		
				柳树沟组	10		2	暗紫色块状凝灰砾岩		
					0		1	凝灰角砾岩等		

生物碎屑灰岩　凝灰砾岩　透镜体　泥灰岩/泥晶灰岩
钙质砂岩　泥灰岩/泥晶灰岩　粉砂岩　砾岩
泥岩　含砂砾岩/砂质砾岩　钙质粉砂岩　砂质灰岩
凝灰砂岩　砂岩　细砂岩

图 4-4-3（c）　乌鲁木齐祁家沟剖面综合柱状图 3

4.4.2 新疆和布克赛尔俄姆哈剖面

和布克赛尔俄姆哈剖面位于新疆和布克赛尔蒙古自治县和什托洛盖镇附近的阿赫尔布拉克俄姆哈（GPS：46°46′00.56″ N，86°16′07.51″ E），地层分区属于准噶尔地层区的北准噶尔地层分区的沙尔布尔提山地层小区（图 4-4-4）。该地层小区上泥盆统及下石炭统发育良好，是研究泥盆—石炭系界线地层划分对比的重要地区（宗普等，2012）。

图 4-4-4　新疆和布克赛尔俄姆哈剖面
A. 剖面远观，褐红色的泥盆系洪古勒楞组与灰黑色的石炭系根那仁组接触关系；B. 洪古勒楞组与根那仁组界线附近的地层，产较为丰富的棘皮类

4.4.2.1 研究简史

许汉奎等（1990）首先报道了该剖面的泥盆—石炭系界线，测量并研究了该剖面泥盆系朱木特组、泥盆—石炭系洪古勒楞组和石炭系黑山头组（后修订为根那仁组），发现了腕足类、牙形类、孢粉及其他化石门类。赵治信和王成源（1990）研究了附近布龙果尔剖面洪古勒楞组中的牙形类，但仅发现了泥盆系分子。廖卓庭等（1993）初步探讨了俄姆哈剖面的泥盆—石炭系界线，借助牙形类 *Siphonodella sulcata* 的出现及孢粉化石面貌的不同，指出泥盆—石炭系是连续沉积的。宗普等（2012）以及宗普和马学平（2012）研究了该剖面的腕足类。宋俊俊和龚一鸣（2015）研究了俄姆哈剖面洪古勒楞组的介形类。

4.4.2.2 岩石地层

俄姆哈剖面石炭系岩石地层由下部的洪古勒楞组和上部的根那仁组组成，两者为整合接触。

洪古勒楞组（D_3-C_1h）

洪古勒楞组由新疆地矿局第一区调大队于 1973 年根据沙尔布尔提山南坡洪古勒楞命名，命名剖面在和什托洛盖西北约 15km 的布龙果尔的小山上（夏凤生，1996）。洪古勒楞组以海相沉积为主，夹部分陆相沉积，从下而上由灰绿色砾岩、砂岩、杂色凝灰质粉砂岩、硅质粉砂岩和少量灰岩透镜体组成，含丰富的腕足类、苔藓类、珊瑚、三叶虫、植物、少量头足类和腹足类，还含有牙形类、介形类等（赵治信和王成源，1990；夏凤生，1996；宗普等，2012；宋俊俊和龚一鸣，2015）。洪古勒楞组的时代最初被认为仅限于泥盆系。宋俊俊和龚一鸣（2015）认为由许汉奎等（1990）划分的洪古勒楞组与黑山头组界线不清，而将许汉奎等（1990）的黑山头组部分也划归洪古勒楞组，使洪古勒楞组成为跨系的组。

根那仁组 C_1g（原黑山头组 C_1h）

根那仁组由新疆地质局第三区测大队三分队 1960 年于新疆布尔津县南那林卡那乌命名。1973 年新疆区测队与中国地质科学院地质所将其厘定为下石炭统，1992 年《新疆区域地质志》将其划分为 3 个亚组，时代为早石炭世（金玉玕等，2000）。廖卓庭于 1990 年在和布克赛尔和什托洛盖东北约 11km 的额热根那仁测制剖面，将原黑山头组更名为根那仁组，并在俄姆哈剖面中采用了此名（廖卓庭等，1993）。由于黑山头组一名与云南前震旦系下昆阳群的一个地层单位同名，予以废弃（金玉玕等，2000）。根那仁组以火山碎屑岩为主，含少量碎屑岩，化石少。

4.4.2.3 剖面描述

引自许汉奎等（1990）对该剖面的描述，但以根那仁组替代黑山头组。

下石炭统根那仁组（C_1g）下部 70.6m

5. 灰、灰黑色中至薄层泥灰岩、钙质泥岩夹薄层灰岩。腕足类：*Syringothyris hanibalensis*，*S. typus*，*Rhipidomella* sp.，*Schuchertella heishantouensis*，*Athyris* sp.；菊石：*Gatendorfia* sp.；牙形类：*Polygnathus communis*；孢子：*Verrucosisporites nitidus*，*Emphanisporites rotatus*，*Crassispora kosankei*，*Densosporites* spp.，*Tholisporites minutus*，*Hefengitosporites separatus*；瓣鳃类、腹足类、疑源类。 17.5m
4. 灰绿、浅灰色粉砂质泥岩、泥质粉砂岩。腕足类：*Chomeres* sp.；孢子：*Retusotriletes incochatus*，*Pustulatisporites gibberosus*，*Verrucosisporites nitidus*，*Raistrickia clavata*，*R. pinquis*，*R. famenensis*，*R. corynoges*，*Convolutispora fromensis*，*C. oppressa*，*Foveosporites vadosus*，*Reticulatisporites magnidictyus*，*R. distinctus*，*Emphanisporites rotatus*，*E. densus*，*Knoxisporites litieratus*，*K. pristinus*，*Gorgonisporates convoluta*，*Tumlispora variverrucata*，*Lycospora rugosa*，*Grassispora kosankei*，*Densosporites spitsbergensis*, *Cirratriadites radialis*, *Cristatisporites ochinatus*，*C. simplex*，*C. conicus*，*C. spiculiformis*，*Hymenozonotriletes explanatus*，*H. scorpius*，*Angulisporites inaequalis*，*Kraeuselisporites amplus*，*Vallatisporites vallatus*，*V. verrucosus*，*V. ciliaris*，*V. hefengensis*，*Tholisporites minutus*，*Cyrtospora cristifer*，*Auroraspora macra*，*Grendispora spinosa*，*G. psilate*，*Spelaeotrletes obtusus*，*S. exiguous*，*Discernisporites pollatus*，*D. varius*，*Laevigatosporites vulgaris*，*Hefengitosporites separatus*，*Ancyrospara* spp.；疑源类：*Baltisphaeridium* sp.，*Dictyotidium* sp.，*Gorgonisphaeridium* spp.，*Multiplicisphaeridium* sp.，*Veryhachium*–*Micrhystridium* 群。 43.5m
3. 褐红色泥岩。腕足类：*Spinulicosta* sp.，*Athyris* cf. *sulsifer*，*Plicatifera* sp.，*Cleipthyridina* sp.，*Prawaagenocoucha* sp.，*Syringothyris* sp.；牙形类：*Polygnathus communis*，*Siphonodella cooperi*。 9.6m

——— 整合 ———

洪古勒楞组（D_3-C_1h） 67.6m

2. 褐红色泥灰岩及钙质、粉砂质泥岩。泥灰岩中产牙形类：*Polygnathus communis*，*Protognathus collisoni*，*P. collisoni*，*P. collisoni*，*P. meischneri*；腕足类：*Spinulicosta* sp.，*Tenticospirifer* sp.，*Cyrtospirofer* sp.，*Ptychomalotoechia iuranica*，?*Tusella* sp.，*Mucrospirifer* cf. *bouchaidi*，*Leioproductus* sp.，*Athyris* sp.，

Cleiothyridina sp.，*Sinotectirostrum* sp.，*Schuchertella* sp.，*Parapugnos* sp.；珊瑚：*Metriphyllum omhaense*，*M. curviseptatum*，*Cyathocarinia xinjiangensis*；孢子：*Verrucosisporites nitidus*，*Foveosporites vadosus*，*Hymenozonotriletes praetervisus*，*Densosporites simplex*，*Vallatisporites verrucosus*，*Tholisporites minutus*，*Grassispora kosankei*，*Grandispora psilata*，*Discernisporites papillatus*；疑源类：*Veryhachium–Micrhytridium* spp. 群。 22m

1. 紫红色粉砂质泥岩。 45.6m

------------ 断层 ------------

下伏地层

朱木特组顶部砾岩层，所含砾石较小、滚圆，分选差，泥质胶结，质地疏松。产植物：*Leptophloeum rhobicum*，*Lepidodendropsis* sp.。

4.4.2.4 生物地层

据许汉奎等（1990），洪古勒楞组下部的珊瑚动物群可识别为 *Nalivkinella profunda* 组合之 *Amplexocarinia tenuisptata* 亚组合，疑源类和孢子均限于法门期，腕足类以 *Cyrtospirifer* 为主。洪古勒楞组中部的珊瑚动物群在附近的敖图克剖面可识别为 *Nalivkinella profunda* 组合之 *Guerichiphyllum sinense* 亚组合（廖卫华和蔡土赐，1987），腕足类则以 *Planovatirostrum planoovale* 为代表。牙形类组合也呈现法门阶中上部的特征。洪古勒楞组上部牙形类、腕足类具有较为浓重的石炭纪色彩（廖卫华和蔡土赐，1987）。许汉奎等（1990）文中记述了未发表的资料，在层 2 见 *Siphonodella praesulcata*，层 3 见 *Siphonodella sulcata*，后者层位已属石炭系底部。宗普和马学平（2012）通过研究腕足类，在洪古勒楞组上部—根那仁组建立了 *Syringothyris–Spirifer* 腕足类组合。宋俊俊和龚一鸣（2015）研究了该剖面的介形类，动物群面貌也符合许汉奎等（1990）关于泥盆—石炭系界线的判断。根据牙形类材料（许汉奎等，1990；廖卓庭等，1993），至少可在洪古勒楞组和根那仁组中识别出 *Siphonodella praesulcata*、*Si. sulcata* 和 *Si. cooperi* 带（图 4-4-5）。因此，洪古勒楞组上部—根那仁组应属石炭纪的杜内阶。

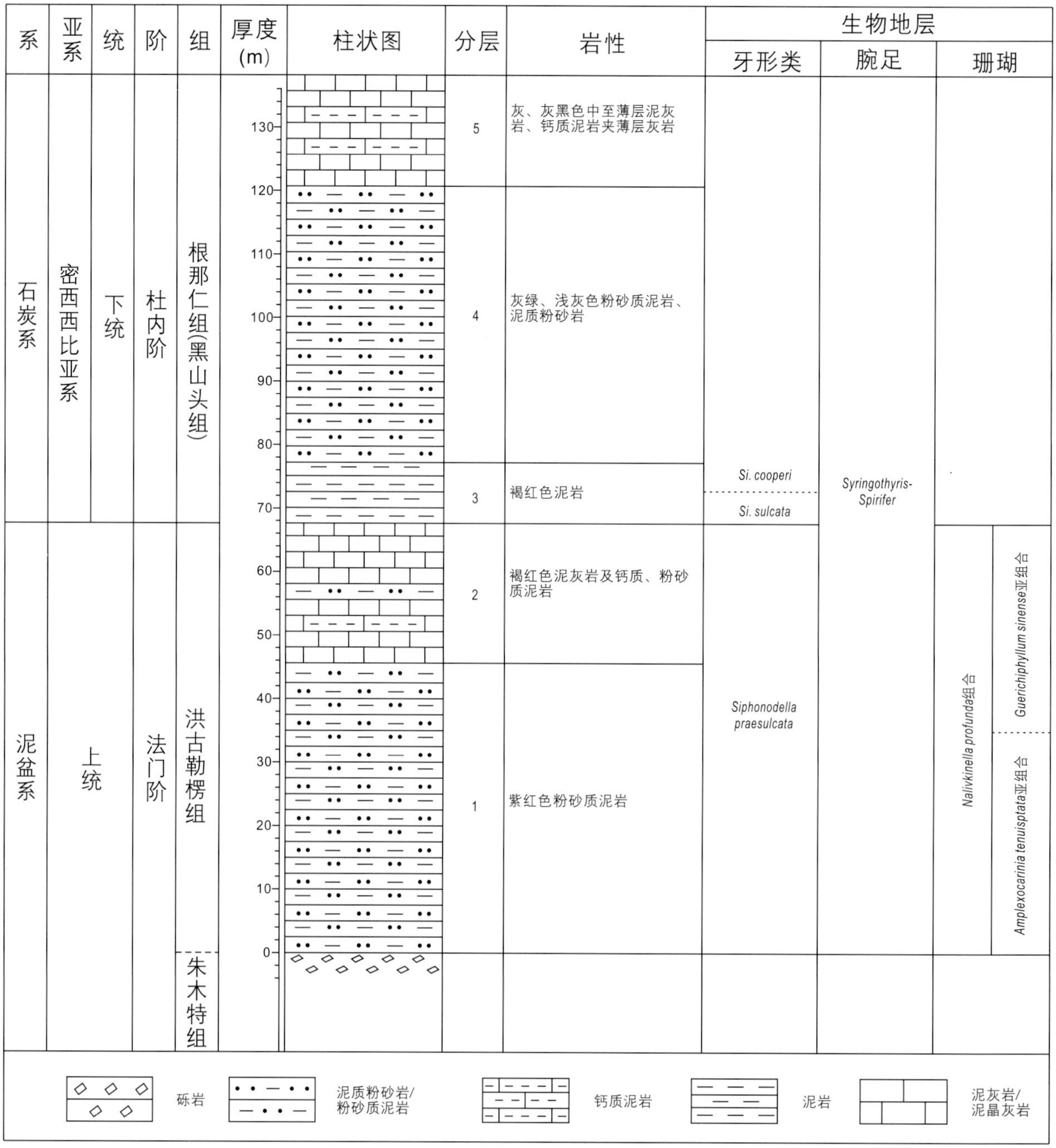

系	亚系	统	阶	组	厚度(m)	柱状图	分层	岩性	生物地层：牙形类	生物地层：腕足	生物地层：珊瑚
石炭系	密西西比亚系	下统	杜内阶	根那仁组(黑山头组)	120–135		5	灰、灰黑色中至薄层泥灰岩、钙质泥岩夹薄层灰岩		Syringothyris-Spirifer	
					78–120		4	灰绿、浅灰色粉砂质泥岩、泥质粉砂岩			
					69–78		3	褐红色泥岩	Si. cooperi Si. sulcata		
泥盆系	上统		法门阶	洪古勒楞组	46–69		2	褐红色泥灰岩及钙质、粉砂质泥岩	Siphonodella praesulcata		Nalivkinella profunda组合：Guerichiphyllum sinense亚组合
					0–46		1	紫红色粉砂质泥岩			Nalivkinella profunda组合：Amplexocarinia tenuisptata亚组合
				朱木特组	0以下						

厚度刻度(m)：0、10、20、30、40、50、60、70、80、90、100、110、120、130

图例：砾岩；泥质粉砂岩/粉砂质泥岩；钙质泥岩；泥岩；泥灰岩/泥晶灰岩

图 4-4-5　和布克赛尔俄姆哈剖面剖面综合柱状图

5 中国石炭纪标志化石图集

5.1 牙形类

牙形类是一种已经灭绝了的生物，来源于牙形动物。牙形动物是一种较为原始的高等门类，由软体和骨骼两部分组成，形态与现生的七鳃鳗或是八目鳗相近（Janvier, 2013；Murdock et al., 2015）。可被保存为化石的是牙形动物的滤食器官（或是咀嚼器官）（Goudemand et al., 2011）。这一器官由不同的分子组成，各个分子都有特定的形态和构造，是牙形类属种鉴定的基础。根据形态的差异，这些分子大致可概括为锥形分子、枝形分子和刷形分子（齿片形和齿台形）；根据所占位置和所起的作用，可划分为P型分子、M型分子和S型分子。P型分子一般为两对，根据位置不同又分为P1分子和P2分子，司咀嚼或研磨作用；M型分子一般为一对；S型分子包含一个S0分子和若干成对的分子。M分子和S分子司过滤作用。不同类型的分子在属种鉴定中所起的作用不同，一般认为同一个属内的不同种，它们的P2分子、M分子和S分子是相同的，种与种之间的差异主要体现为P1分子的不同（图5-1-1、图5-1-2）。

牙形类各分子的主要结构和构造包括：口面、反口面、主齿、细齿、瘤齿、齿台、齿突、齿片、齿沟/齿槽、隆脊（齿脊）、齿叶、齿耙、齿垣、齿坡、齿拱、齿冠、齿轴、基腔、基坑、龙脊、横脊、纵脊、吻脊、近脊沟、前缘脊、生长轴、附着痕等，它们的特征是牙形类属种鉴定的主要标志（图5-1-3）。

牙形类是古生代海相生物地层学研究中最为重要的标志化石，具有分布广、属种数量和个体数量多、演化迅速、相对易于获得等特点，在确定地质年代、区域及洲际地层对比中具有极其重要的价值。牙形类也是石炭纪地层划分和对比的重要化石，石炭纪7个阶中有6个阶可能由牙形类来定义其底界层型。

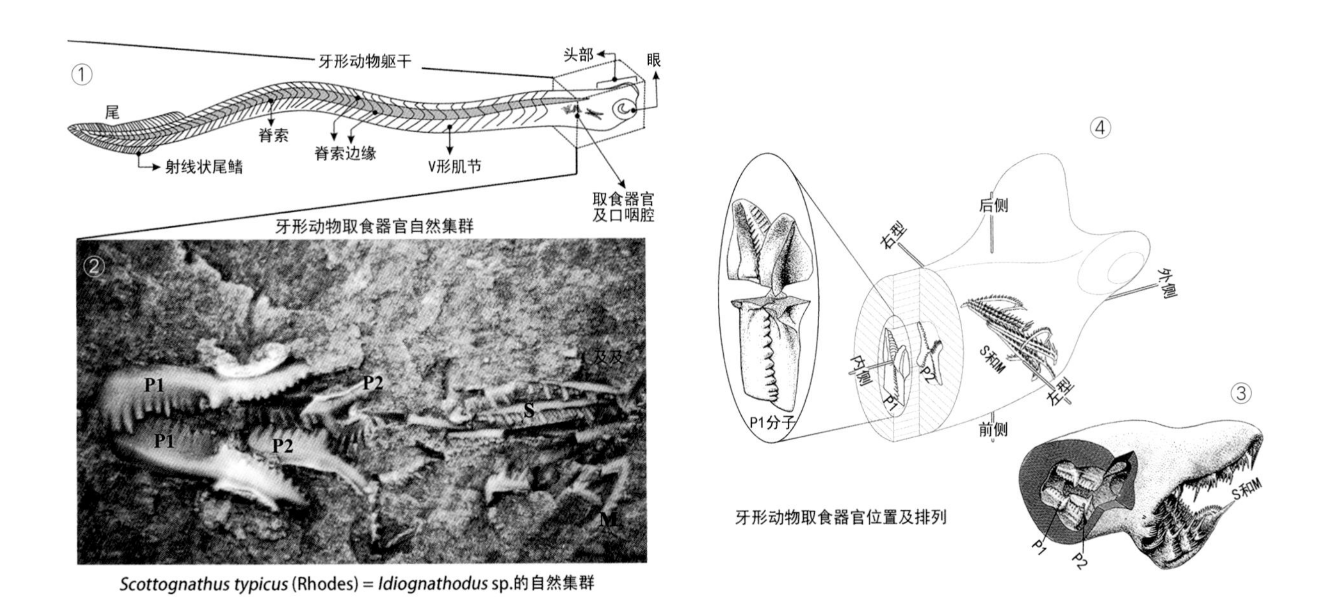

图5-1-1 ①牙形动物结构；②牙形类化石自然集群；③牙形类化石在牙形动物头部的位置；④牙形类化石位置和定向

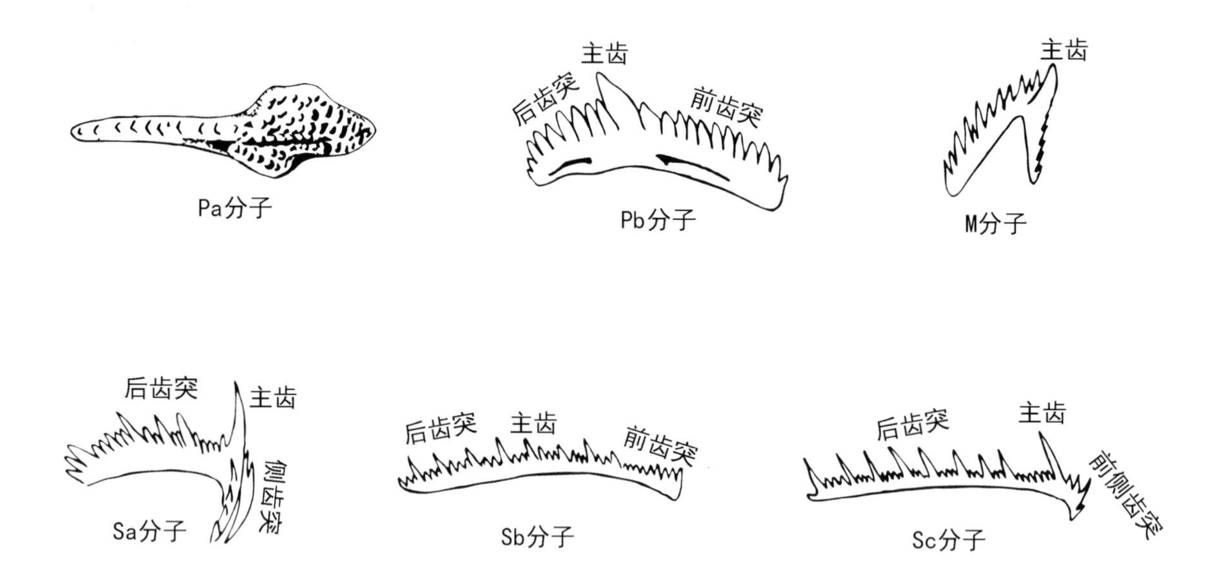

图 5-1-2 *Idiognathodus* Gunnell, 1931 属的多分子器官及形态构造示意，据 Ziegler（1975）修改

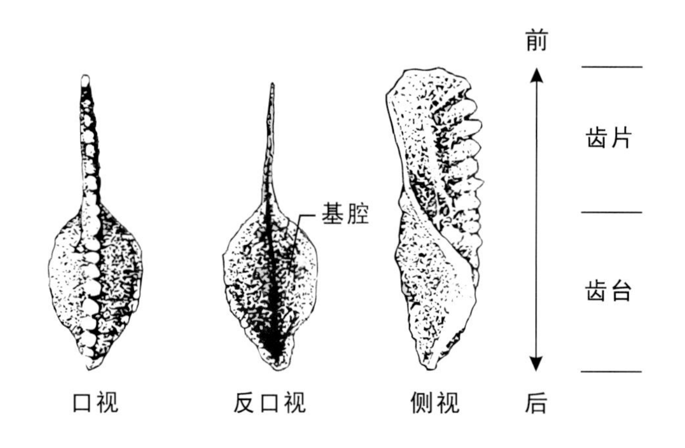

图 5-1-3 *Protognathodus* Ziegler,1969 属的形态构造示意图，据 Ziegler（1973）修改

密西西比亚纪的牙形类主要以管刺（*Siphonodella*），颚刺（*Gnathodus*）和洛奇里刺（*Lochriea*）类的演化为特征，宾夕法尼亚亚纪主要以异颚刺科（Idiognathodontidae）各属的演化为特征。石炭纪的牙形类生物地层序列主要根据贵州南部的斜坡相剖面建立，从密西西比亚纪的杜内阶到宾夕法尼亚亚纪的格舍尔阶，可识别出 39 个牙形类化石带（王向东等，2019；Hu et al.，2020a）。石炭纪典型牙形类口面结构见图 5-1-4 至图 5-1-7。

本书共制作了牙形类化石图版 38 幅，包括 24 属，203 种 / 亚种。

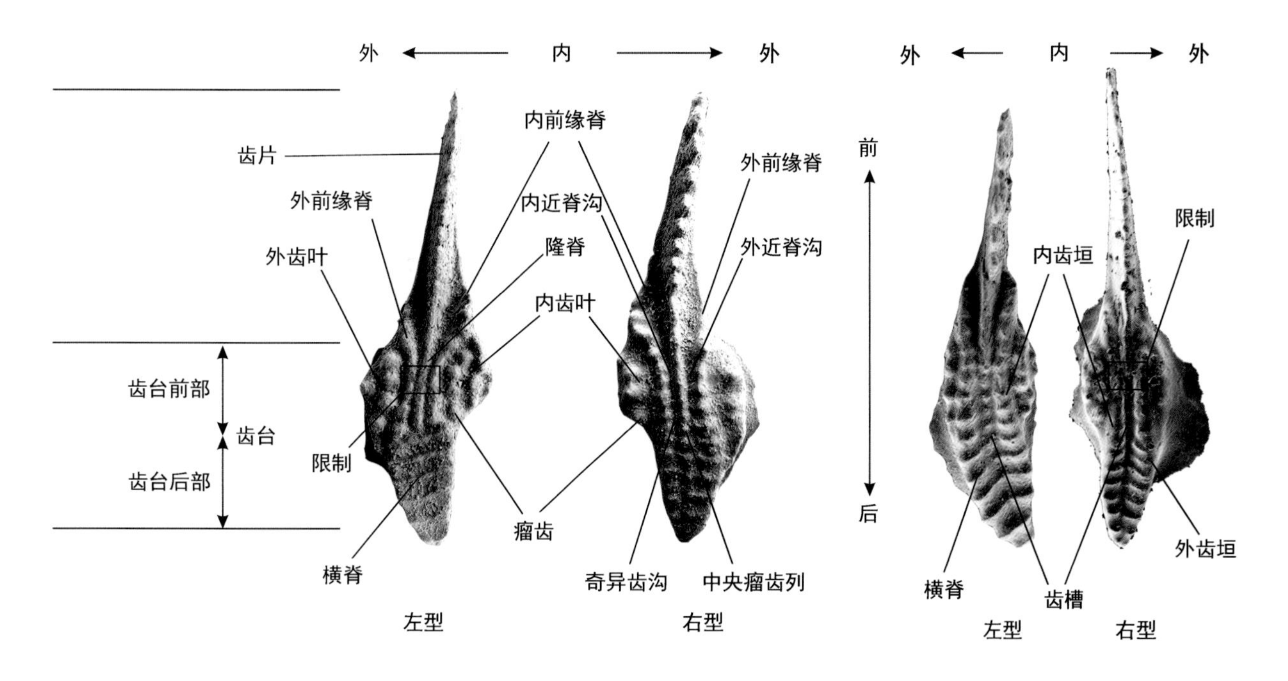

图 5-1-4 *Idiognathodus* 和 *Swadelina* 属 P1 分子的口面结构，*Streptognathodus* 属与 *Swadelina* 属类似

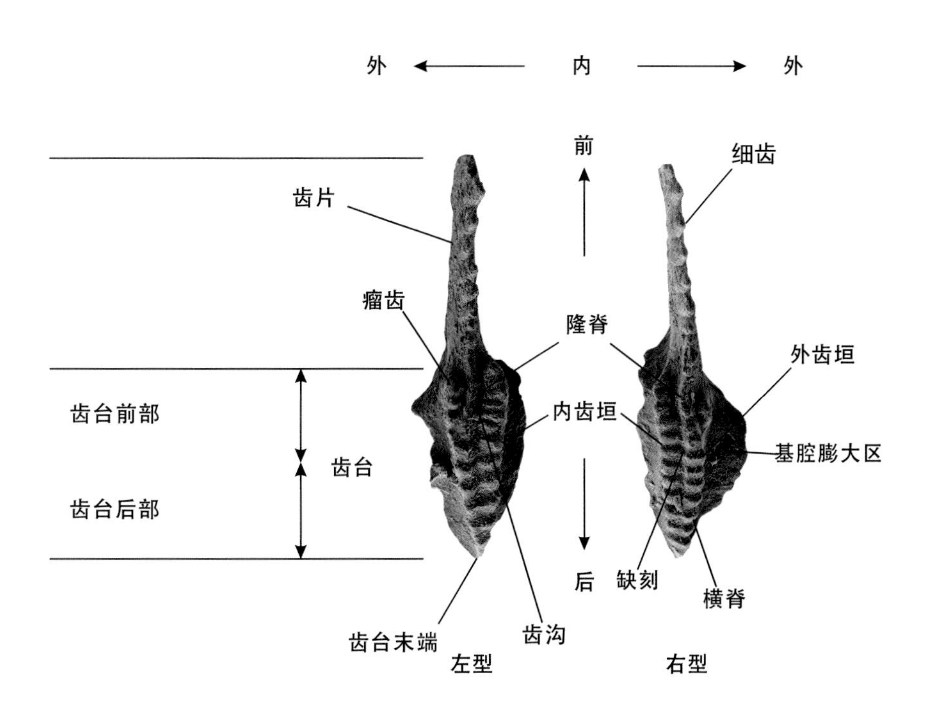

图 5-1-5 *Declinognathodus* 属 P1 分子口面结构

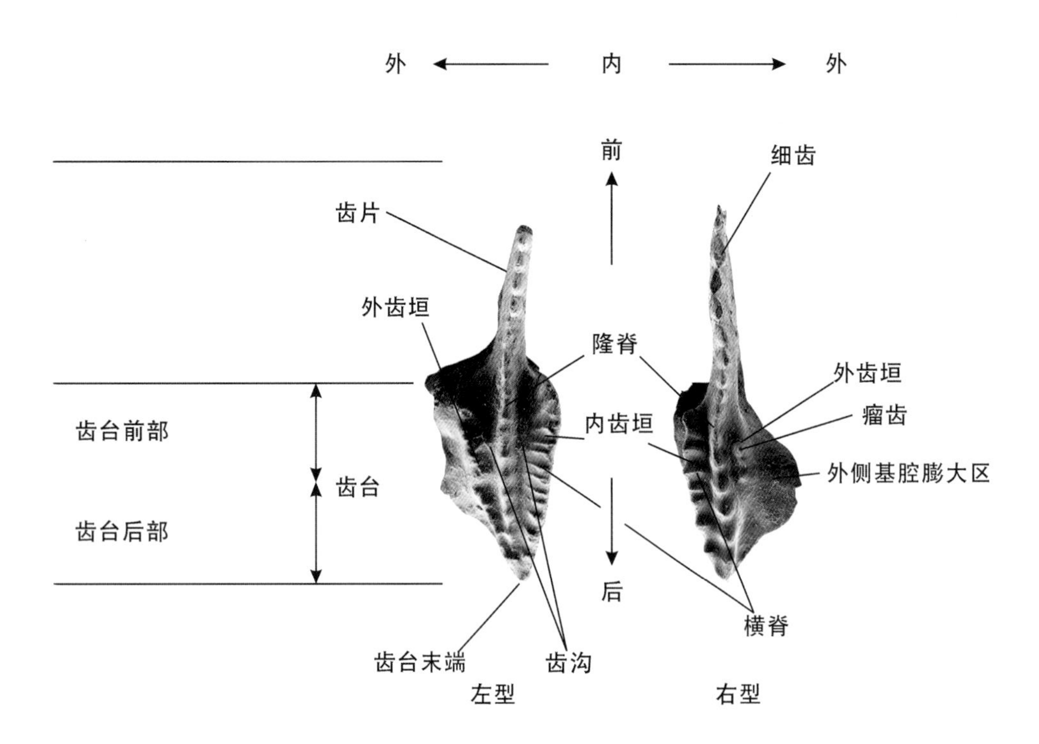

图 5-1-6 *Neognathodus* 属 P1 分子口面结构

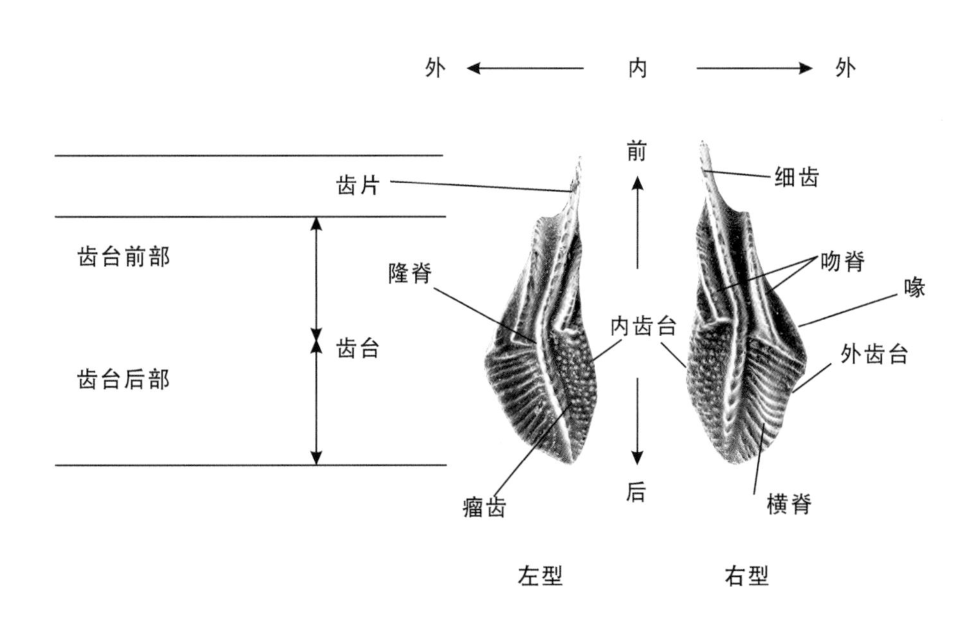

图 5-1-7 *Siphonodella* 属 P1 分子口面结构

5.1.1 牙形类结构术语

M 分子（M element）：多为锄形、双羽状和指掌状分子，即在牙形类器官位置中占据 M 位置的分子。

Pa 分子（Pa element）：也称 P1 分子（P1 element），即在牙形刺器官位置中占据 Pa 位置的分子。

Pb 分子（Pb element）：也称 P2 分子（P2 element），即在牙形刺器官位置中占据 Pb 位置的分子。

S 分子（S element）：多为枝形分子占据，即占据 S 位置的分子，可分为 S0（Sa）、S1（Sb）、S2（Sc）、S3（Sd）等位置。

齿台（platform）：台型牙形刺长轴方向后方膨大的台状构造，形态多样。

齿槽（trough）：齿台分子中部的槽，一般较宽。

齿沟（groove）：齿台分子中部的沟，一般较窄。

齿片（blade），或称自由齿片：台型分子长轴方向前部较扁的延伸部分，一些分子后部也具该构造。

齿突（process）：复合型和台型牙形类具细齿的齿片构造。如前齿突、后齿突、侧齿突、后齿突等。

齿叶（lobe），或称附着齿叶（accessory lobe）：叶片状的突伸，多见于台型分子。

齿垣（parapet）：齿台上的墙状凸起构造。

横脊（transverse ridge）：齿台口面与短轴平行或近平行的脊。

基腔（basal cavity）：台型牙形类反口面的空腔。

基腔膨大区（expansion of the basal cavity）：基腔向齿台两侧延伸出来的较低的光滑区域，一般外侧较大。

近脊沟（adcarinal groove），或称“隆脊侧沟”。隆脊两侧长的光滑的凹陷或槽，多见于台型牙形类前部。

瘤齿（node）：口面突起的瘤或结节状的齿。

隆脊（carina），或称齿脊：台型分子轴部的齿列或低的细齿列，侧边为齿台。

奇异齿沟（eccentric groove）：台型分子口面位于隆脊一侧或两侧的齿沟。

前缘脊（adcarinal ridge）：多见于台型分子。隆脊两侧长的、由分离的或半分离的瘤齿组成的脊状构造，直或弯曲，将隆脊与齿叶分开，可延伸附着到后部齿片上。

缺刻（notch）：尚未形成齿沟的凹刻。

吻脊（rostral ridge）：由瘤齿构成的脊或冠脊由齿台前部向后延伸。吻脊可能呈平行、衣领状或波纹状。

细齿（denticle）：齿状构造，与主齿相似。

限制（constriction）：台型分子两侧前缘脊向隆脊侧收缩而形成。

中央瘤齿列（median nodosity）：台型分子隆脊向后延伸出的分离的瘤齿。

主齿（cusp）：基腔顶尖上方齿状构造。

5.1.2 牙形类图版

图版 5-1-1 说明

（所有标本均保存在成都理工大学）

1—3　多线假多颚刺 *Pseudopolygnathus multistriatus* Mehl and Thomas，1947　引自 Carls 和 Gong（1992）

1a、2a、3. 口视；1b、2b. 反口视。登记号：1. 89123；2. 89124；3. 89125。主要特征：分子矛状、外侧较内侧高且向后延伸较长，基腔部分反转且少于 1/2 齿台长度。产地：云南施甸何元寨剖面。层位：泥盆系至石炭系杜内阶下部（鱼洞组）。

4　尖锐双铲颚刺尖锐亚种 *Bispathodus aculeatus aculeatus*（Branson and Mehl，1934）　引自 Carls 和 Gong（1992）

口视。登记号：89139。主要特征：分子前部均匀增高，最高点位于中部或中前部，齿杯内侧基腔上方具一列瘤齿。产地：云南施甸大寨门剖面。层位：泥盆系至石炭系杜内阶上部（鱼洞组）。

5　对称多颚刺 *Polygnathus symmetricus* Branson and Mehl，1934　引自 Carls 和 Gong （1992）

a. 口视；b. 反口视。登记号：89134。主要特征：分子对称，齿杯两侧饰以横脊，基腔小，位于前部。产地：云南施甸何元寨剖面。层位：石炭系杜内阶下部（鱼洞组）。

6　线齿状假多颚刺 *Pseudopolygnathus dentilineatus* Branson，1934　引自 Carls 和 Gong（1992）

a. 口视；b. 反口视。登记号：89133。主要特征：齿台矛形至三角形，两侧不对称，近中部两侧各有 4~5 个分离的细齿，右侧的细齿横向延伸成脊，但与中央隆脊不相连。左侧瘤齿圆钉状，位于齿台侧缘。隆脊向后延伸并超出齿台，形成后齿片状构造，基腔位于分子中部。产地：云南施甸大寨门剖面。层位：泥盆系至石炭系杜内阶上部（大寨门组）。

7—8　稳定双铲颚刺 *Bispathodus stabilis*（Ziegler，1969）　引自 Carls 和 Gong（1992）

7. 口视；8. 侧口视。登记号：7. 89137；8. 缺。主要特征：齿片窄而直，齿杯光滑，无装饰，反口面基腔两侧对称并向两侧膨大，位于近中部。产地：云南施甸大寨门剖面。层位：泥盆系至石炭系杜内阶（鱼洞组）。

9　尖角假多颚刺 *Pseudopolygnathus oxypageus* Lane，Sandberg and Ziegler，1980（Carls and Gong，1992）

a. 口视；b. 反口视。登记号：89131。主要特征：分子齿台三角形、对称，末端尖，隆脊两侧齿台饰以横脊，反口面基腔近对称，位于齿台前 1/3 处。产地：云南施甸何元寨剖面。层位：石炭系杜内阶上部（鱼洞组）。

10　翼状假多颚刺 *Pseudopolygnathus pinnatus* Voges，1959　引自 Carls 和 Gong（1992）

a. 口视；b. 反口视。登记号：89130。主要特征：分子齿台三角形，两侧不对称、饰以横脊，内侧齿台前侧向外伸展成叶状齿叶，反口面基腔中等大小，位于前齿片和齿台连接处。产地：云南施甸大寨门剖面。层位：石炭系杜内阶上部（鱼洞组）。

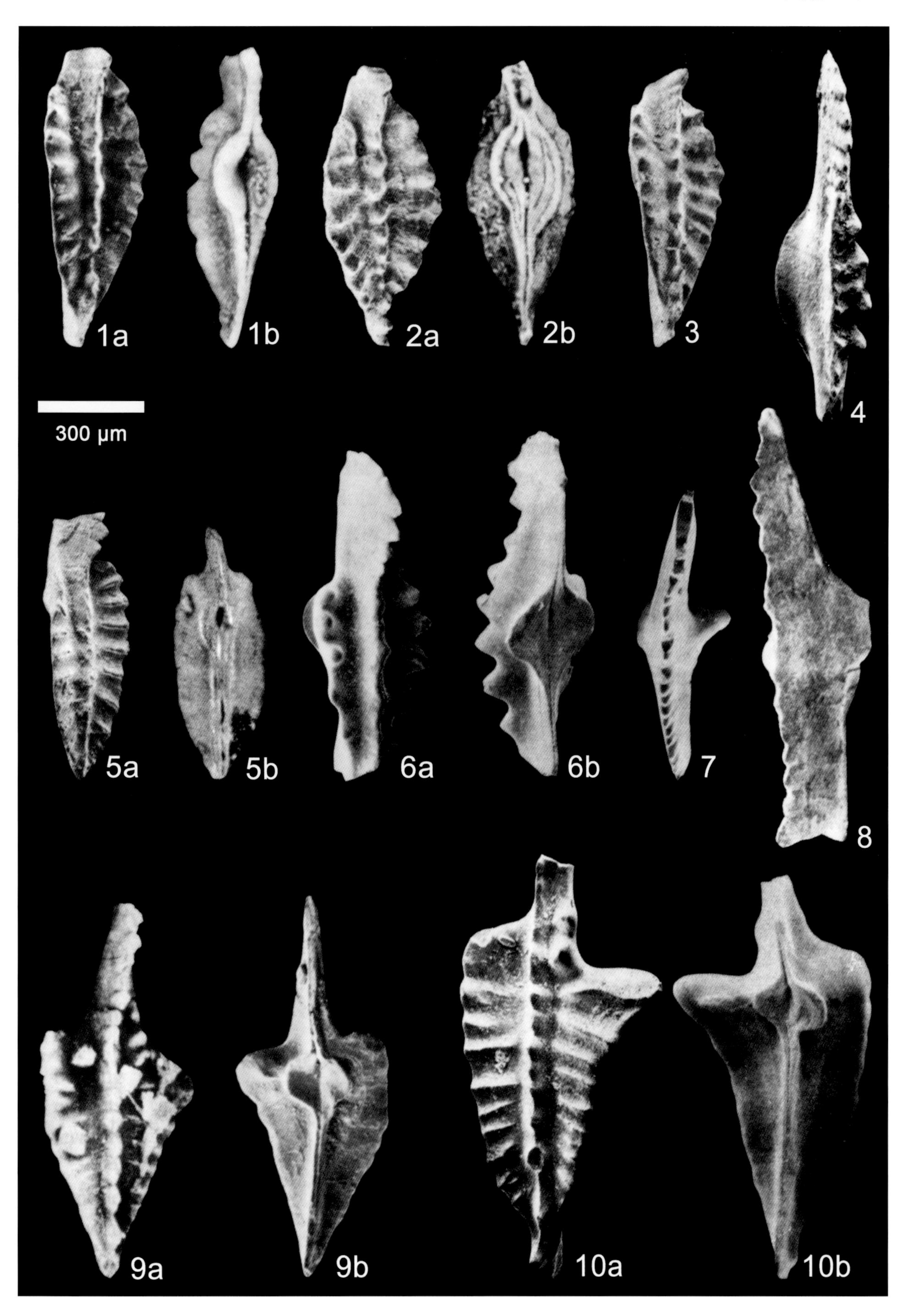
1a
1b
2a
2b
3
4
300 μm
5a
5b
6a
6b
7
8
9a
9b
10a
10b

图版 5-1-2 说明

（所有标本均保存在中国地质科学院地质研究所）

1—8　同形简单管刺 *Siphonodella homosimplex* Ji and Ziegler，1992　引自 Ji 和 Ziegler（1992）

4b. 反口视；其他口视。登记号：1.917008；2.917009；3.917010；4.917016；5.917004；6.917003；7.917002；8.917001。主要特征：分子齿台口面光滑无饰，两侧边缘上翘，吻脊不发育，两侧光滑无细齿化。产地：1. 湖南江华三百工村剖面；2—8. 广西永福军屯剖面。层位：1. 石炭系杜内阶下部（孟公坳组中部）；2—8. 石炭系杜内阶下部（马栏边组下部）。

9—11　大沙坝管刺 *Siphonodella dasaibaensis* Ji，Qin and Zhao，1990　引自 Ji 和 Ziegler（1992）

口视。登记号：9. 8925；10. 917023；11. 917025。主要特征：齿台光滑无饰，外吻脊在齿台前半部未伸达或伸达齿台边缘。产地：9. 广东乐昌大坪剖面；10—11. 广西永福军屯剖面。层位：9. 石炭系杜内阶下部（常垑组）；10—11. 石炭系杜内阶下部（马栏边组中部）。

12—15　平滑管刺 *Siphonodella levis*（Ni，1984）　引自 Ji 和 Ziegler（1992）

13a、14a、15a. 反口视；其他口视。登记号：12. 917007；13. 840079；14. 840080；15. 70550。主要特征：分子齿台呈匙形，口面光滑无饰，中、后部两侧边缘向外微微拱曲，前部强烈收缩，未形成真正的吻脊，但两侧具小细齿，反口面基腔小，假龙脊宽而长。产地：12. 广西永福军屯剖面；13—14. 湖北长阳淋湘溪剖面；15. 湖南江华三百工村剖面。层位：12. 石炭系杜内阶下部（马栏边组下部）；13—14. 石炭系杜内阶下部（长阳组）；15. 石炭系杜内阶下部（孟公坳组中部）。

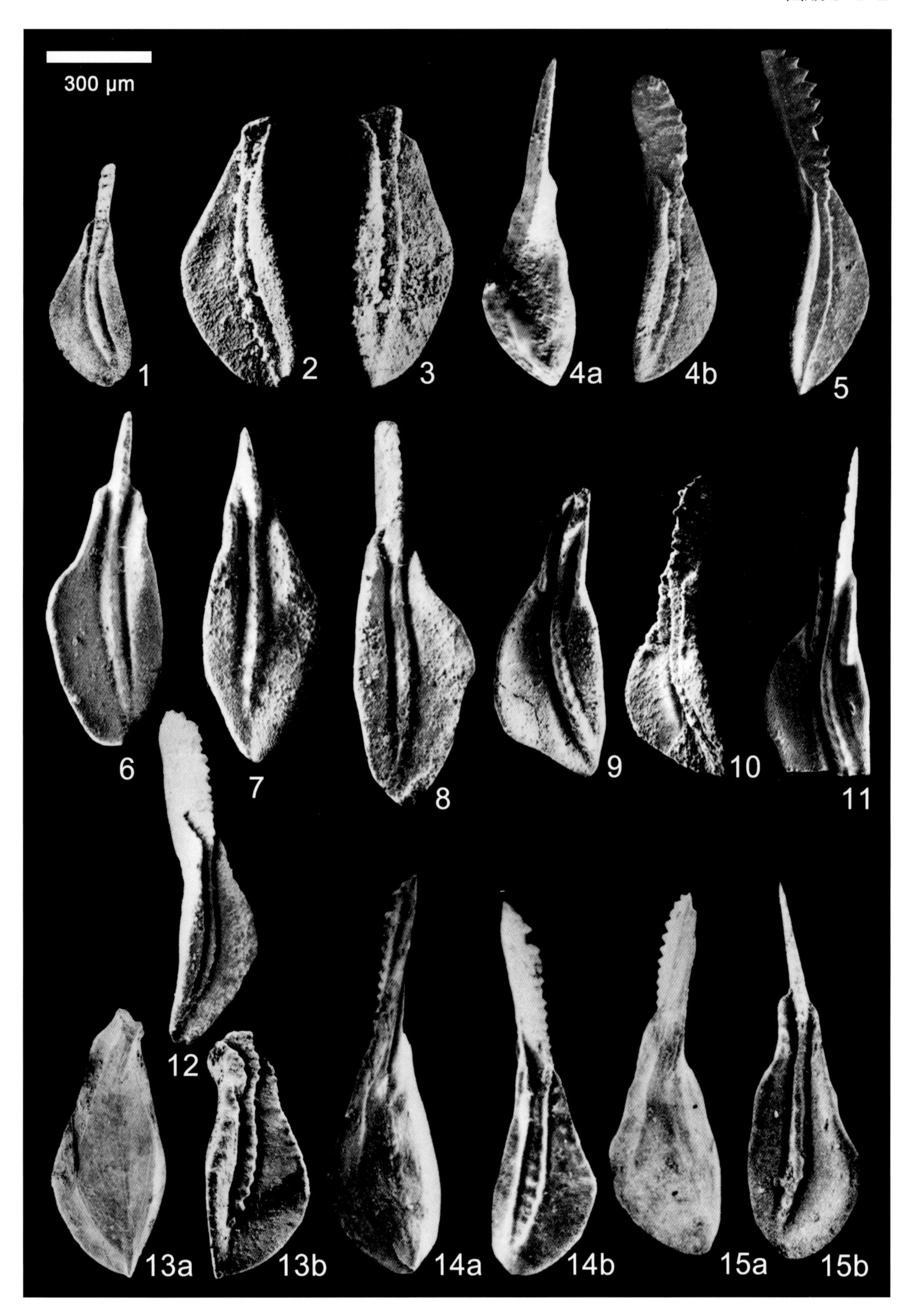
300 μm
1
2
3
4a
4b
5
6
7
8
9
10
11
12
13a
13b
14a
14b
15a
15b

图版 5-1-3 说明

（所有标本均保存在中国科学院南京地质古生物研究所）

1—3　先槽管刺 *Siphonodella praesulcata* Sandberg in Sandberg et al.，1972　引自 Wang 和 Yin（1988）

口视及反口视。登记号：1. 103647；2. 107159；3. 103648。主要特征：分子齿台窄而两侧对称至近对称，微拱，两侧横脊弱或明显，齿台及隆脊直或微弯，基腔深，位于齿台前方，后部反转成为一个窄长的假龙脊。产地：广西桂林南边村 II 剖面。层位：1—2，泥盆系至石炭系杜内阶底部（南边村组 54 层）；3. 泥盆系至石炭系杜内阶底部（南边村组 52 层）。

4—7　槽管刺 *Siphonodella sulcata*（Huddle，1934）　引自 Wang 和 Yin（1988）

口视及反口视。登记号：4. 103641；5. 103639；6. 103640；7. 103642。主要特征：分子齿台稍不对称和内弯，前部稍收缩和吻部不明显，无吻脊，齿片短而低。口面隆脊发育，近脊沟浅而窄，假龙脊宽而平，强烈弯曲，基腔深。产地：广西桂林南边村 II 剖面。层位：4、6. 石炭系杜内阶底部（南边村组 66 层）；5. 石炭系杜内阶底部（南边村组 56 层）；7. 石炭系杜内阶底部（南边村组 59 层）。

8—9　布兰森管刺 *Siphonodella bransoni* Ji，1985　引自 Wang 和 Yin（1988）

口视及反口视。登记号：8. 107176; 9. 103652。主要特征：分子内外齿台横脊发育，前部两条吻脊近平行，反口面具假龙脊。产地：广西桂林南边村 II 剖面。层位：8. 石炭系杜内阶下部（船埠头组 73 层）；9. 石炭系杜内阶下部（船埠头组 76 层）。

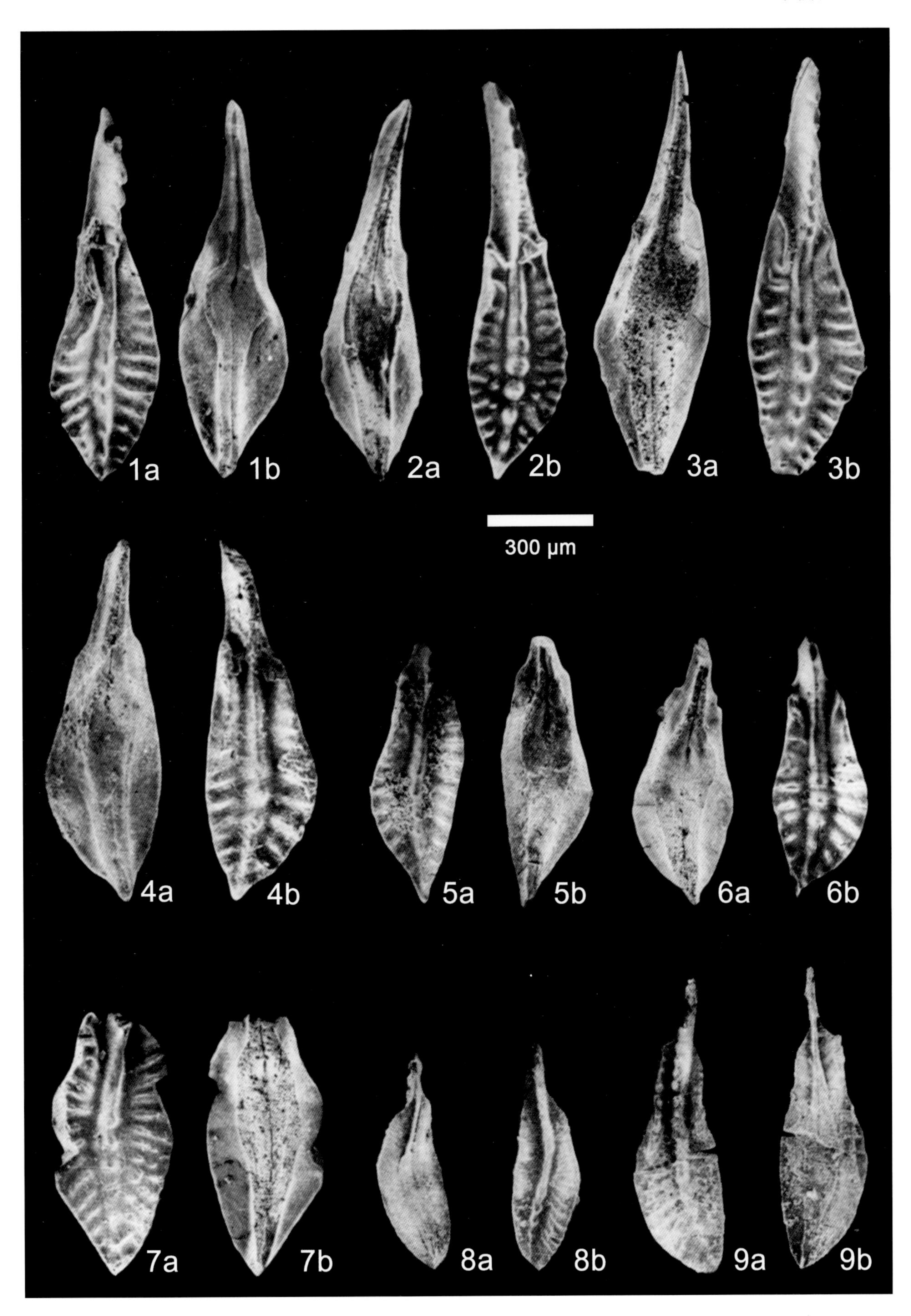
1a
1b
2a
2b
3a
3b
300 μm
4a
4b
5a
5b
6a
6b
7a
7b
8a
8b
9a
9b

图版 5-1-4 说明

（所有标本均保存在中国地质科学院地质研究所）

1—5　中华管刺 *Siphonodella sinensis* Ji，1985　引自 Ji 和 Ziegler（1992）

2b. 反口视；其他口视。登记号：1. 917045；2. 917034；3. 917038；4. 70555；5. 917044。主要特征：齿台对称，口面光滑或具细网纹饰，无齿脊，两条吻脊短而直，平行发育；反口面具假龙脊。产地：1—3、5. 广西永福军屯剖面；4. 湖南江华县三百工村剖面。层位：1—3、5. 石炭系杜内阶下部（马栏边组中部）；4. 石炭系杜内阶下部（孟公坳组中部）。

6—9　宽叶管刺 1 型 *Siphonodella eurylobata* Ji，1985　Morphotype 1　引自 Ji 和 Ziegler（1992）

8b. 反口视；其他口视。6. 8929；7. 917046；8. 70552；9. 917047。主要特征：吻部具 2~3 条近乎平行的吻脊，齿台显著不对称，口面光滑无饰，反口面具龙脊，外齿台宽而大，呈半圆形。产地：6. 广东乐昌大坪剖面；7、9，广西永福军屯剖面；8. 湖南江华三百工村剖面。层位：6. 石炭系杜内阶下部（常垑组）；7、9. 石炭系杜内阶下部（马栏边组上部）；8. 石炭系杜内阶下部（孟公坳组上部）。

10—13　宽叶管刺 2 型 *Siphonodella eurylobata* Ji，1985　Morphotype 2　引自 Ji 和 Ziegler（1992）

登记号：10. 917051；11. 917052；12. 917054　；13. 917055。主要特征：吻部具 2~3 条近乎平行的吻脊，齿台显著不对称，口面光滑无饰，反口面具龙脊，外齿台宽而大，呈半圆形，但较 M1 略小。产地：广西永福军屯剖面。层位：石炭系杜内阶下部（马栏边组上部）。

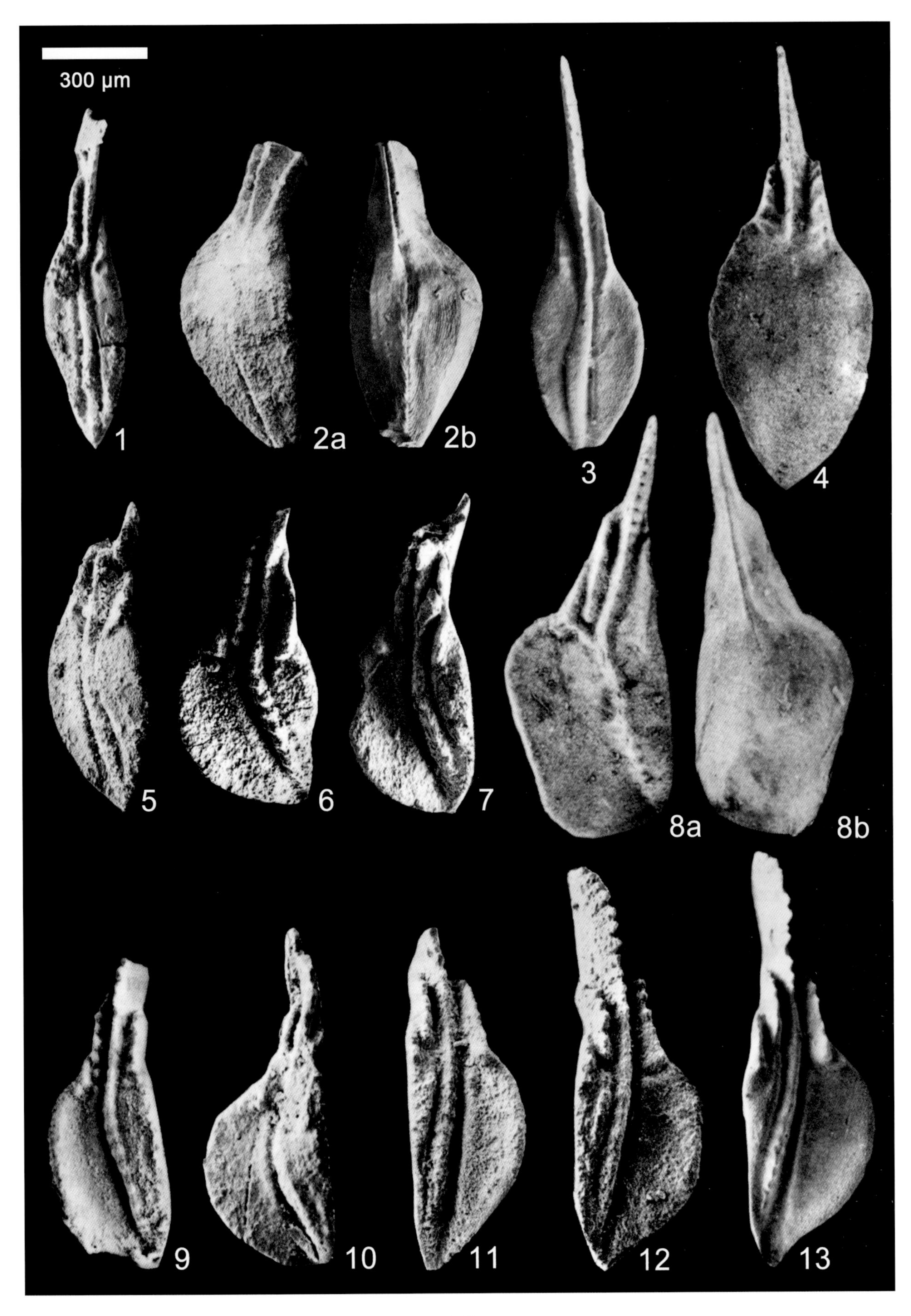
300 μm
1
2a
2b
3
4
5
6
7
8a
8b
9
10
11
12
13

图版 5-1-5 说明

（标本 1、11 保存在中国地质科学院地质研究所，其余均保存在中国科学院南京地质古生物研究所）

1—5 双脊管刺 *Siphonodella duplicata* Branson and Mehl，1934 1 引自 Wang 和 Yin（1988），2—5 引自 Ji 和 Ziegler（1992）

口视。登记号：1. 917017；2.107177；3. 107181；4. 107182；5. 107178。主要特征：分子齿台稍不对称，前部收缩成吻部，并具两条短而平行的吻脊，齿台口面横脊发育，反口面则为龙脊。产地：1. 广西永福军屯剖面；2—5. 广西桂林南边村 II 剖面。层位：1. 石炭系杜内阶下部（马栏边组中部）；2. 石炭系杜内阶下部（船埠头组 71 层）；3—5. 石炭系杜内阶下部（船埠头组 72 层）。

6—9 季氏管刺 *Siphonodella jii* Becker et al.，2016 引自 Wang 和 Yin（1988）

口视。登记号：6. 107180；7. 103544；8. 107186；9. 107187。主要特征：分子齿台不对称，外凸，但内外齿台宽度相近，前部两条吻脊短而直，并向后收敛，外齿台横脊发育，内齿台口面有分散的圆形小瘤齿。产地：广西桂林南边村 II 剖面。层位：6、8—9. 石炭系杜内阶下部（船埠头组 72 层）；7. 石炭系杜内阶下部（船埠头组 73 层）。

10—12 衰退管刺 *Siphonodella obsoleta* Hass，1959 10、12 引自 Wang 和 Yin（1988），11 引自 Ji 和 Ziegler（1992）

12b. 反口视；其他口视。登记号：10. 107185；11. 917021；12. 103646。主要特征：内侧齿台较窄，前面具 1~2 条短吻脊，口面有小瘤齿纹饰，外侧齿台较宽，口面具一条几乎伸达齿台后端的长吻脊，吻脊与隆脊间口面光滑无饰。产地：10、12. 广西桂林南边村 II 剖面；11. 广西永福县军屯剖面。层位：10. 石炭系杜内阶下部（船埠头组 73 层）；11. 石炭系杜内阶下部（马栏边组中部）；12. 石炭系杜内阶下部（船埠头组 73–5 层）。

13 厚脊管刺 *Siphonodella carinthiaca* Schönlaub，1969 引自 Wang 和 Yin（1988）

口视。登记号：107188。主要特征：分子齿台前部两条吻脊直，内侧齿台加厚隆起，高于隆脊或与隆脊融合，口面具小瘤纹饰，外侧齿台低，发育横脊，并可穿越隆脊。产地：广西桂林南边村 II 剖面。层位：石炭系杜内阶下部（船埠头组 72 层）。

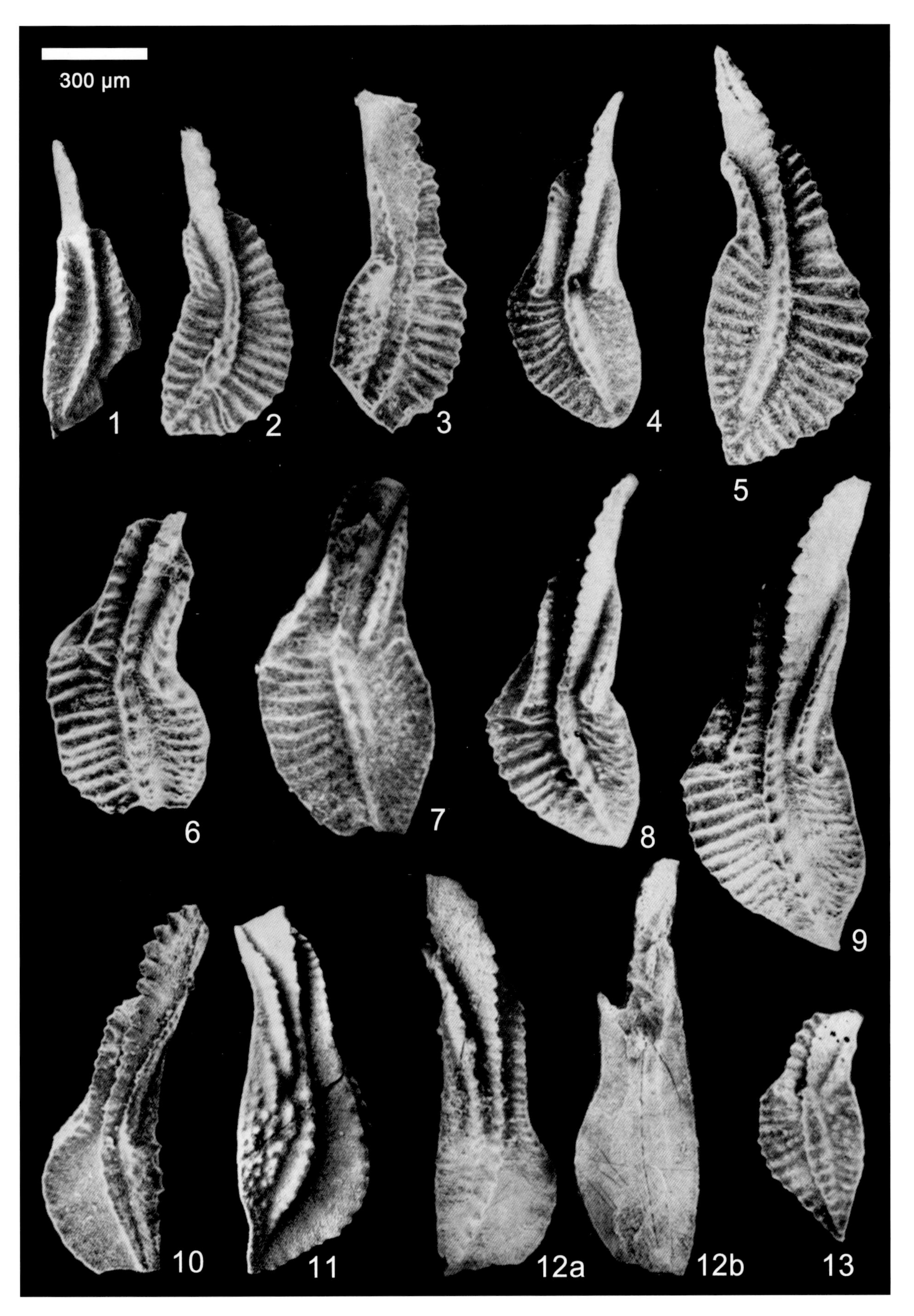
300 μm
1
2
3
4
5
6
7
8
9
10
11
12a
12b
13

图版 5-1-6 说明

（标本 4 保存在中国地质调查局武汉地质调查中心，标本 6—7 保存在中国地质科学院地质研究所，其余标本均保存在中国科学院南京地质古生物研究所）

1—3　库珀管刺 1 型 *Siphonodella cooperi* Hass，1959 Morphotype 1（Sandberg et al.，1978）　引自 Wang 和 Yin（1988）

口视。登记号：1. 107183；2. 103651；3. 107184。主要特征：分子齿台两条吻脊长，沿齿台边缘延伸可达齿台后部。产地：广西桂林南边村 II 剖面。层位：1、3. 石炭系杜内阶下部（船埠头组 73 层）；2. 石炭系杜内阶下部（船埠头组 76 层）。

4　等列管刺 *Siphonodella isosticha*（Cooper，1939）　引自程龙等（2015）

登记号：2014-1。主要特征：分子稍不对称，齿台口面光滑或有微弱的小瘤齿和隐约可见的横脊，两条吻脊短而直，并与隆脊平行，由密集瘤齿组成的隆脊向内微弯并达齿台后端，齿片短、较高，反口面龙脊低而平。产地：广西象州涯脚剖面。层位：石炭系杜内阶上部（巴平组下段）。

5　刻痕状管刺 1 型 *Siphonodella crenulata*（Cooper，1939） Morphotype 1 Sandberg et al.，1978　引自 Wang 和 Yin（1988）

口视。登记号：107192。主要特征：分子强烈不对称，外侧齿台宽而外张，边缘锯齿状，口面横脊发育，散射状，向隆脊收敛，并在近齿脊处有小瘤齿，内齿台较窄，口面发育小而分散的瘤齿，吻部具 2~3 条短吻脊并向隆脊汇聚，龙脊前部凹陷。产地：广西桂林南边村 II 剖面。层位：石炭系杜内阶下部（船埠头组 73 层）。

6—8　刻痕状管刺 2 型 *Siphonodella crenulata*（Cooper，1939） Morphotype 2 Sandberg et al.，1978　6—7 引自 Ji 和 Ziegler（1992），8 引自 Wang 和 Yin（1988）

登记号：6. 917019；7. 917018；8. 107191。主要特征：分子齿台明显不对称，内侧齿台窄而外侧齿台宽大，外侧缘呈半圆形，口面光滑无饰。吻部具 2~3 条短吻脊并向隆脊汇聚，反口面具凹陷型龙脊。产地：6—7. 广西永福县军屯剖面；8. 广西桂林南边村 II 剖面。层位：6—7. 石炭系杜内阶下部（马栏边组上部）；8. 石炭系杜内阶下部（船埠头组 73 层）。

9—11　四褶管刺 *Siphonodella quadruplicata*（Branson and Mehl，1934）　引自 Wang 和 Yin（1988）

口视。登记号：9. 107197；10. 103650；11. 107194。主要特征：分子外侧齿台口面发育近平行的横脊而内齿台则为散乱的瘤齿，齿台前部发育 3~5 条吻脊，内外侧齿台最内吻脊末端未伸达侧边缘、仅限于齿台前半部。产地：广西桂林南边村 II 剖面。层位：9—10. 石炭系杜内阶下部（船埠头组 73 层）；11. 石炭系杜内阶下部（船埠头组 72 层）。

12—13　桑德伯格管刺 *Siphonodella sandbergi* Klapper，1966（Wang and Yin，1988）

13a. 侧视；12、13b. 口视。登记号：12. 107203；13. 107204。主要特征：分子外侧齿台较宽、外凸，吻部发育 2~7 条长度不等的吻脊，最内一条或内侧第二条吻脊较长并可延伸至齿台后缘，内侧齿台前方一般具两个短吻脊，后方则具小的瘤齿，倾向排列成行。产地：广西桂林南边村 II 剖面。层位：石炭系杜内阶下部（船埠头组 72 层）。

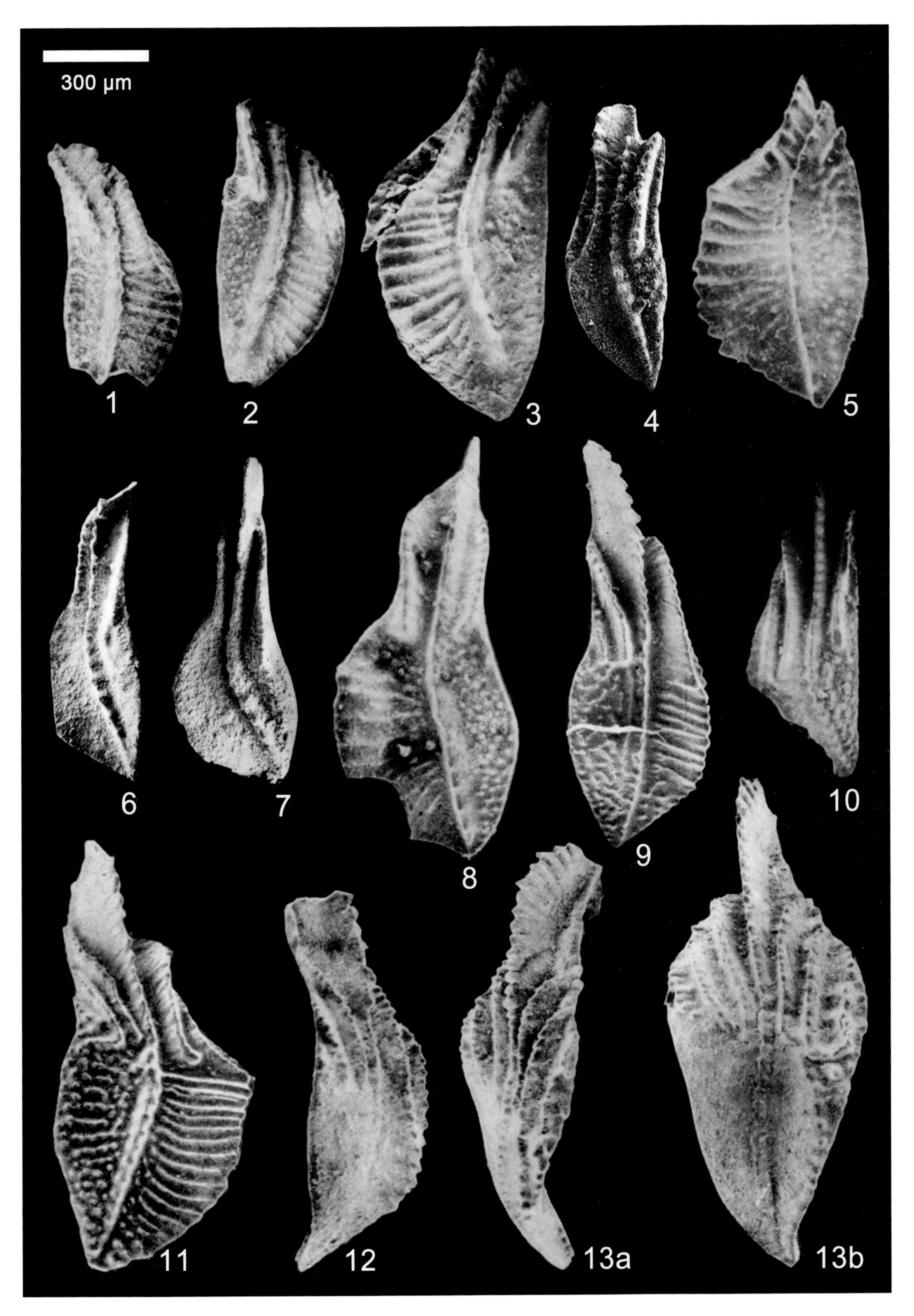
300 μm
1
2
3
4
5
6
7
8
9
10
11
12
13a
13b

图版 5-1-7 说明

（所有标本均保存在中国科学院南京地质古生物研究所）

1—3 梅希纳尔原始颚刺 *Protognathodus meischneri* Ziegler，1969　引自 Wang 和 Yin（1988）

口视。登记号：1. 107206；2. 107207；3. 107377。主要特征：齿杯两侧大致对称，口面无纹饰，Pa 分子齿片直，与齿杯等长，齿杯卵圆形，口面无瘤齿，基腔宽而浅。产地：1—2. 广西桂林南边村 IV 剖面；3. 广西桂林南边村 II 剖面。层位：1—2. 泥盆系至石炭系杜内阶下部（南边村组 22 层）；3. 泥盆系至石炭系杜内阶下部（南边村组 57 层）。

4—5　柯林森原始颚刺 *Protognathodus collinsoni* Ziegler，1969　引自 Wang 和 Yin（1988）

4b. 侧视；4a、5. 口视。登记号：4. 107210；5. 103653。主要特征：分子齿杯稍不对称，外侧略大，外侧后部和内侧前部均有外张的边缘，口面仅有一个小瘤，可发育于任何一侧；齿脊直并伸至齿杯后端。产地：4. 广西桂林南边村 IV 剖面；5. 广西桂林南边村 II 剖面。层位：4. 泥盆系至石炭系杜内阶下部（南边村组 28 层）；5. 泥盆系至石炭系杜内阶下部（南边村组 54 层）。

6—9、17　科克尔原始颚刺 *Protognathodus kockeli*（Bischoff，1957）　引自 Wang 和 Yin（1988）

口视。登记号：6. 107212；7. 107218；8. 107217；9. 107213；17. 107215。主要特征：分子齿杯穹凸，半球形，不对称，口面两侧具有 1~2 列瘤齿，并几乎与隆脊等高，一般在一侧有一个瘤齿而另一侧为一列瘤齿。产地：广西桂林南边村 II 剖面。层位：6、9. 泥盆系至石炭系杜内阶下部（南边村组 56 层）；7、17. 泥盆系至石炭系杜内阶下部（南边村组 54 层）；8. 泥盆系至石炭系杜内阶下部（南边村组 55 层）。

10　库恩原始颚刺 *Protognathodus kuehni* Ziegler and Leuteritz，1970　引自 Wang 和 Yin（1988）

口视。登记号：07219。主要特征：齿杯稍不对称，口面有强壮的横脊，横脊由 2~5 个低瘤齿组成。产地：广西桂林南边村 II 剖面。层位：泥盆系至石炭系杜内阶下部（南边村组 56 层）。

11—16　普通多颚刺普通亚种 *Polygnathus communis communis* Branson and Mehl，1934　引自 Wang 和 Yin（1988）

14a、16a. 反口视；16b. 侧视；其他口视。登记号：11. 107248；12. 107250；13. 107254；14. 107256；15. 107259；16. 103660。主要特征：分子齿台短而小，两侧对称，口面光滑无饰，两侧边缘向上拱曲，近脊沟宽而深，反口面基腔较小，唇形，微向外张，位于齿片和齿台连接处。产地：广西桂林南边村 II 剖面。层位：11—13. 泥盆系至石炭系杜内阶上部（南边村组 55 层）；14. 泥盆系至石炭系杜内阶上部（南边村组 52 层）；15. 泥盆系至石炭系杜内阶上部（南边村组 67 层）；16. 泥盆系至石炭系杜内阶上部（南边村组 68 层）。

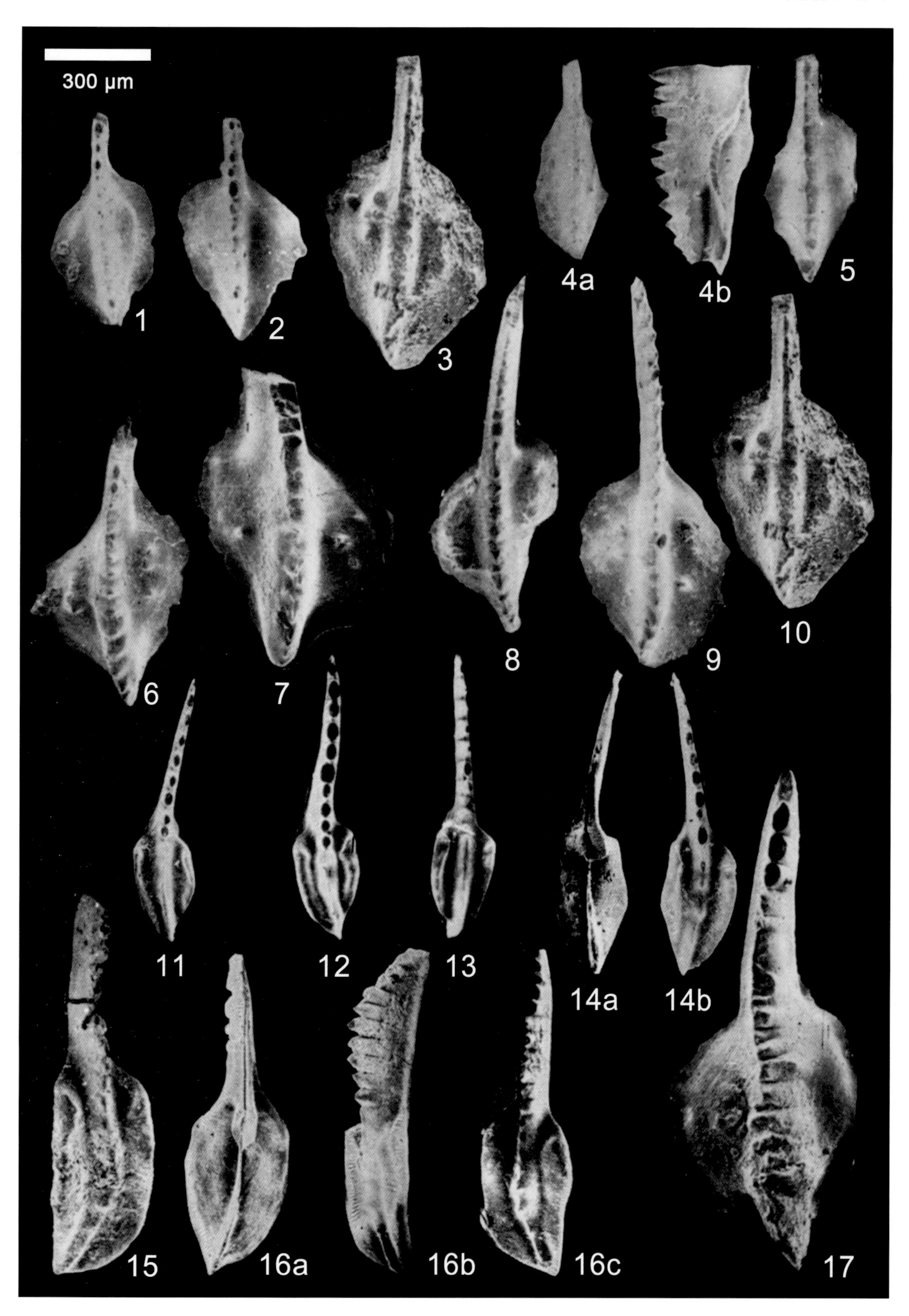

300 μm
1
2
3
4a
4b
5
6
7
8
9
10
11
12
13
14a
14b
15
16a
16b
16c
17

图版 5-1-8 说明

（所有标本均保存在中国科学院南京地质古生物研究所）

1—2、12　肋脊双铲齿刺 *Bispathodus costatus*（Branson，1934）　引自 Wang 和 Yin（1988）

2b、12b. 侧视; 其他口视。登记号; 1. 103661; 2. 107229; 12. 107241。主要特征: 刺体内侧除齿片外, 发育一列瘤齿或横脊, 可以与隆脊细齿相连, 并延伸至或接近齿杯末端。产地: 1—2. 广西桂林南边村 III 剖面; 12. 广西桂林南边村 IV 剖面。层位: 1. 石炭系杜内阶（南边村组 33 层）; 2. 石炭系杜内阶（南边村组 37 层）; 12. 石炭系杜内阶（南边村组 18 层）。

3—4　尖锐双铲颚刺先后角亚种 *Bispathodus aculeatus anteposicornis*（Scott，1961）　引自 Wang 和 Yin（1988）

口视。登记号：3. 107232； 4. 107233。主要特征：分子齿片内侧基腔之前或其上方仅有一个边齿发育。产地：广西桂林南边村 III 剖面。层位：石炭系杜内阶（南边村组 36 层）。

5—6　普通多颚刺细脊亚种 *Polygnathus communis carinus* Hass，1959　引自 Wang 和 Yin（1988）

6b. 反口视；其他口视。5. 107283；6. 107278。主要特征：分子齿台口面前部两侧各有一斜向次级齿脊，并与隆脊斜交。产地：5. 广西桂林南边村 II 剖面；6. 广西桂林南边村 III 剖面。层位：石炭系杜内阶（南边村组 36 层）。

7—8　洁净多颚刺洁净亚种 *Polygnathus purus purus* Voges，1959　引自 Wang 和 Yin（1988）

口视。登记号：7. 107282；8. 107281。主要特征：分子齿台拱曲，口面光滑，无近脊沟，基腔之后无凹陷区。产地：广西桂林南边村 II 剖面。层位：7. 泥盆系至石炭系杜内阶中部（船埠头组 71 层）；8. 泥盆系至石炭系杜内阶中部（船埠头组 72 层）。

9　洁净多鄂刺亚宽平亚种 *Polygnathus purus subplanus* Voges，1959　引自 Wang 和 Yin（1988）

口视。登记号：107279。主要特征：分子齿台宽心形，前部显著扩展，向后迅速收缩和显著向内弯曲，口面平坦光滑，近脊沟浅而宽。产地：广西桂林南边村 III 剖面。层位：石炭系杜内阶（南边村组 37 层）。

10　无饰多颚刺无饰亚种 *Polygnathus inornatus inornatus* Branson，1934　引自 Wang 和 Yin（1988）

口视。登记号: 107286。主要特征: 分子齿片短而高, 由几个侧扁愈合的细齿组成, 齿台近矛形, 对称或稍侧弯, 后部稍内弯, 口面发育近平行的横脊，前部两侧边缘强烈向上卷曲，外侧边缘一般高于内侧边缘，近脊沟宽而深，反口面基腔小，位于齿台前部。产地：广西桂林南边村 II 剖面。层位：泥盆系至石炭系杜内阶上部（南边村组 73 层）。

11　叶状多颚刺 *Polygnathus lobatus* Branson and Mehl，1934　引自 Wang 和 Yin（1988）

口视、反口视。登记号：107288。主要特征：分子齿台中部收缩，外侧后边缘扩展成叶状。产地：广西桂林南边村 II 剖面。层位：石炭系杜内（船埠头组 73 层）。

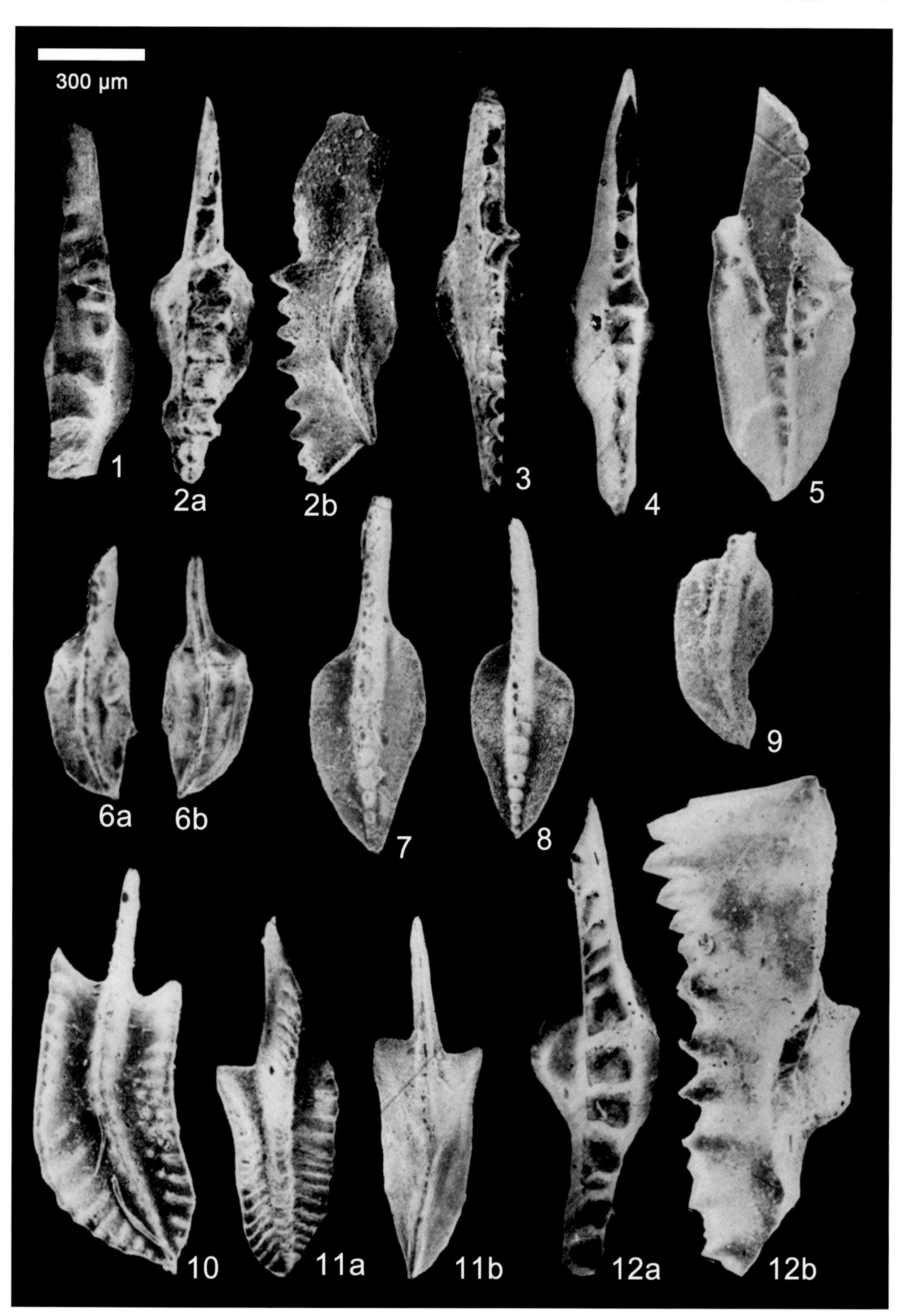
300 μm
1
2a
2b
3
4
5
6a
6b
7
8
9
10
11a
11b
12a
12b

图版 5-1-9 说明

（所有标本均保存在中国科学院南京地质古生物研究所）

1—2　边缘假多颚刺 *Pseudopolygnathus marginatus*（Branson and Mehl，1934）　引自 Wang 和 Yin（1988）

口视。登记号：1. 107285；2. 107284。主要特征：分子齿台两侧近对称，心形，近前部最宽，两前侧缘浑圆，向后迅速收缩变尖，口面发育横脊纹饰，反口面基腔中等大，向两侧膨大，边缘外张，具褶皱，龙脊高而窄，具齿槽。产地：广西桂林南边村 II 剖面。层位：1. 石炭系杜内阶（船埠头组 73 层）；2. 石炭系杜内阶（船埠头组 72 层）。

3　三角形假多颚刺不等亚种 *Pseudopolygnathus triangulus inaequalis* Voges，1959　引自 Wang 和 Yin（1988）

口视、反口视。登记号：107290。主要特征：分子近三角状齿台，两侧稍不对称，齿台外侧前缘较浑圆，内侧前缘稍向外突伸但未形成角状，口面横脊发育，反口面基腔中等大，龙脊高而窄。产地：广西桂林南边村 II 剖面。层位：石炭系杜内阶（船埠头组 73 层）。

4　初始假多颚刺 *Pseudopolygnathus primus* Branson and Mehl，1934　引自 Wang 和 Yin（1988）

口视、反口视。登记号：107289。主要特征：分子两侧不对称，齿台外侧比内侧更靠前，内侧前侧部突出呈角状，齿台口面两侧横脊发育、粗，一般不规则，并可与隆脊相连，反口面基腔膨大，稍窄于齿台，稍不对称。产地：广西桂林南边村 II 剖面。层位：石炭系杜内阶（船埠头组 73 层）。

5—6　三角形假多颚刺三角形亚种 *Pseudopolygnathus triangulus triangulus* Voges，1959　引自 Wang 和 Yin（1988）

口视。登记号：5. 107287；6. 107291。主要特征：分子齿台三角形，内侧前缘突伸成角状，反口面基腔小。产地：广西桂林南边村 II 剖面。层位：石炭系杜内阶中上部（船埠头组 73 层）。

7—8　后瘤齿假多颚刺 *Pseudopolygnathus postinodosus* Rhodes，Austin and Druce，1969　引自 Wang 和 Yin（1988）

7a、8a. 口视；7b、8b. 侧视；7c. 反口视。登记号 7. 107295；8. 107296。主要特征：隆脊向后延伸呈齿突状，并发育几个较大的细齿。产地：广西桂林南边村 II 剖面。层位：石炭系杜内阶底部（南边村组 55 层）。

9　畸形多颚刺 *Polygnathus distortus* Branson and Mehl，1934　引自 Wang 和 Yin（1988）

口视、反口视。登记号：107298。主要特征：分子齿台两侧不对称，向内侧弯，舌形，前部两侧向上卷曲，隆脊两侧近脊沟宽而深，向后变宽浅，齿台口面两侧缘处发育相互平行的横脊，但后部横脊放射状，外齿台外侧发育一个附齿叶。产地：广西桂林南边村 II 剖面。层位：石炭系杜内阶（船埠头组 72 层）。

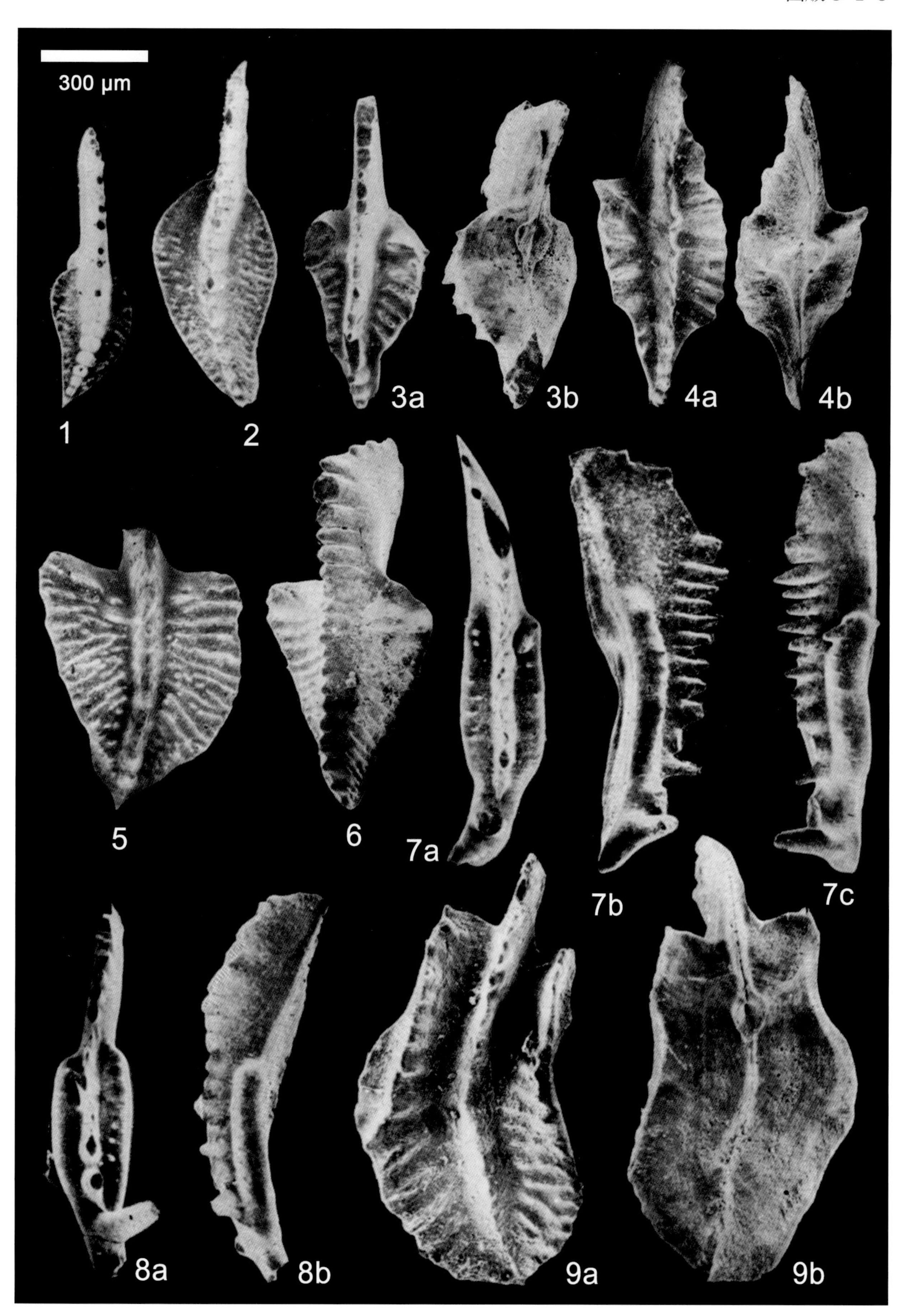
300 μm
1
2
3a
3b
4a
4b
5
6
7a
7b
7c
8a
8b
9a
9b

图版 5-1-10 说明

（所有标本均保存在中国科学院南京地质古生物研究所）

1—5　毕肖夫多颚刺 *Polygnathus bischoffi* Rhodes，Austin and Druce，1969　引自 Wang 和 Yin（1988）

4a. 反口视；其他口视。登记号：1. 107299；2. 107308；3. 107310；4. 107313；5. 107309。主要特征：分子齿台呈矛形，前端处最宽，后部向一侧明显弯曲，但前缘平直，口面两侧边缘发育一系列近平行的横脊，并由明显的近脊沟与隆脊分隔开。产地：广西桂林南边村 II 剖面。层位：1—4. 石炭系杜内阶至维宪阶下部（船埠头组 73 层）；5. 石炭系杜内阶至维宪阶下部（船埠头组 72 层）。

6　裂缝多颚刺不对称亚种 *Polygnathus lacinatus asymmetricus* Rhodes，Austin and Druce，1969　引自 Wang 和 Yin（1988）

口视、反口视。登记号：107306。主要特征：齿台稍不对称，外侧齿台稍大于内侧齿台，内侧齿台后部迅速向后收缩变窄，隆脊延伸至齿台末端并超越末端形成后齿片。产地：广西桂林南边村 II 剖面。层位：石炭系杜内阶（南边村组 54 层）。

7—10　后长多颚刺 *Polygnathus longiposticus* Branson and Mehl，1934　引自 Wang 和 Yin（1988）

口视。登记号：7. 107300；8. 107300；9. 107301；10. 107302。主要特征：分子齿台矛形，两侧近对称，前部两侧边缘向上翘曲，隆脊最后 1~2 个细齿明显大于其他细齿，并超出齿台末端形成短后齿片。产地：7—8. 广西桂林南边村 IV 剖面；9—10. 广西桂林南边村 II 剖面。层位：7—8. 泥盆系至石炭系杜内阶（南边村组 22 层）；9. 泥盆系至石炭系杜内阶（南边村组 55 层）；10. 泥盆系至石炭系杜内阶（融县组 48 层）。

11　前锚锄颚刺 *Scaliognathus praeanchoralis* Lane，Sandberg and Ziegler，1980　引自程龙等（2015）

口视。登记号：2014-48。主要特征：分子不对称，内侧齿突短于外侧齿突，主齿大而后倾并具前缘脊，反口面基腔大。产地：广西象州崖脚剖面。层位：石炭系杜内阶上部（巴平组下段）。

12—13　先贝克曼满颚刺 *Mestognathus praebackmanni* Sandberg，Jonestone，Orchard and von Bitter in von Bitter et al.，1986　引自田树刚和 M. 科恩（2004）

侧口视。采集号：12. Lp1；13. Lp1。登记号：缺。主要特征：分子齿台前部前齿片与齿垣相连处缺口较浅，两者落差不明显，齿垣较低，基腔部分翻转，基窝中等大。产地：广西柳州碰冲剖面。层位：石炭系杜内阶上部至维宪阶（鹿寨组）。

14　微小裂颚刺微小亚种 *Rhachistognathus minutus minutus*（Higgins and Bouckaert,1968）　引自 Hu 等（2019）

口视、反口视、侧视。登记号：166623。主要特征：左型分子矛形，齿片长，与外齿垣接触，齿台短，两侧齿垣平行，由扁平的瘤齿组成，齿沟长、宽且深，末端有一列瘤齿。产地：贵州罗甸纳庆剖面。层位：石炭系谢尔普霍夫阶至巴什基尔阶（南丹组）。

15—16　伸展裂颚刺 *Rhachistognathus prolixus* Baesemann and Lane，1985　引自 Hu 等（2019）

口视。登记号：15. 164653；16. 164652。主要特征：右型分子矛形，齿台窄且短，齿片扁平，与齿台接近中间位置接触，向后延伸为齿垣，略内弯曲。内齿垣由 1~5 个分离的瘤齿组成。产地：贵州罗甸纳庆剖面。层位：石炭系谢尔普霍夫阶至巴什基尔阶（南丹组）。

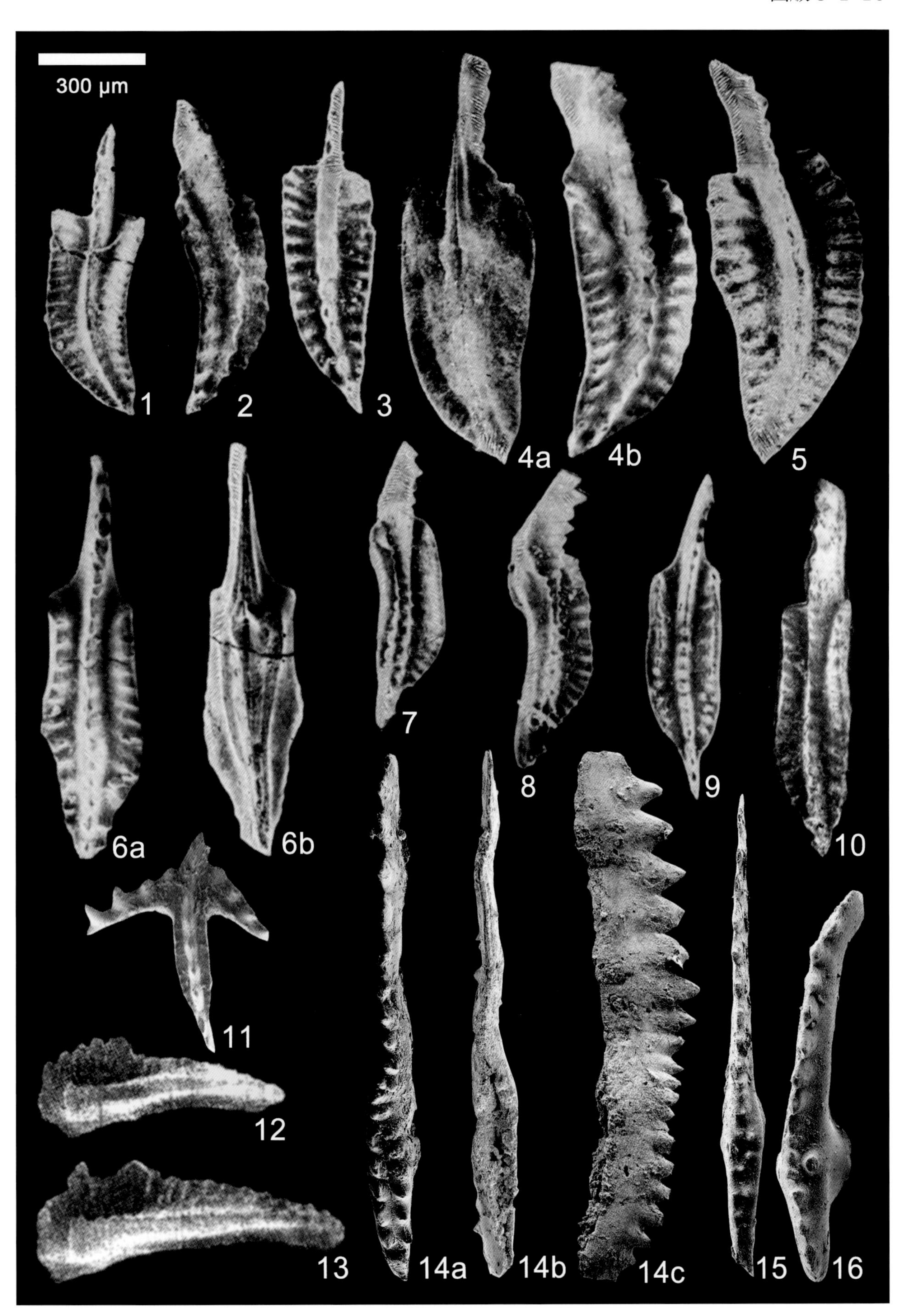

300 μm
1
2
3
4a
4b
5
6a
6b
7
8
9
10
11
12
13
14a
14b
14c
15
16

图版 5-1-11 说明

（所有标本均保存在中国科学院南京地质古生物研究所）

1—5　撒哈拉洛奇里刺 *Lochriea saharae* Nemyrovska，Perret-Mirouse and Weyant，2006　1—3 引自王志浩等（2020），4—5　引自 Qi 等（2014a）

口视。登记号：1. 167444；2. 167445；3. 167443；4. 155770；5. 155771。主要特征：齿台光滑，无装饰，延伸至隆脊后部但未及末端，齿片延伸至齿台形成隆脊，隆脊饰以瘤齿。产地：贵州罗甸纳庆剖面。层位：石炭系维宪阶至谢尔普霍夫阶底部（南丹组）。

6—7、18　变异洛奇里刺 *Lochriea commutata*（Branson and Mehl，1941）　6 引自 Hu 等（2019），7 引自 Qi 等（2014a），18 引自 Hu 等（2017）

口视。登记号：6. 166724; 7. 155772; 18. 162574。主要特征：齿台光滑，无装饰，延伸至隆脊末端，齿片延伸至齿台形成隆脊，隆脊饰以瘤齿。产地：6—7. 贵州罗甸纳庆剖面；18. 贵州罗甸罗悃剖面。层位：石炭系维宪阶下部至巴什基尔阶下部（南丹组）。

8—10　单瘤齿洛奇里刺 *Lochriea mononodosa*（Rhodes，Austin and Druce，1969）　引自 Qi 等（2018）

口视。登记号：8. PZ 161389；9. PZ 161395；10. PZ 161396。主要特征：内齿台具单个瘤齿。产地：贵州罗甸纳庆剖面。层位：石炭系维宪阶上部至巴什基尔阶下部（南丹组）。

11—14　瘤齿洛奇里刺 *Lochriea nodosa*（Bischoff，1957）　11、13 引自 Qi 等（2014a），12、14 引自 Qi 等（2018）

口视。登记号：11. 166725；12. PZ 161392；13. 155777；14. PZ161386。主要特征：齿台内、外均具单个瘤齿。产地：贵州罗甸纳庆剖面。层位：石炭系维宪阶上部至巴什基尔阶下部（南丹组）。

15—17　齐格勒洛奇里刺 *Lochriea ziegleri* Nemyrovska，Perret-Mirouse and Meischner，1994　15 引自 Hu 等（2017），16 引自 Hu 等（2019），17 引自 Qi 等（2014a）

口视。登记号：15. 166726；16. 167157；17. 155781。主要特征：齿台两侧近末端具半融合的瘤齿，呈脊状，与隆脊斜交但不与之接触。产地：15. 贵州罗甸罗悃剖面；16—17. 贵州罗甸纳庆剖面。层位：石炭系谢尔普霍夫阶底部至巴什基尔阶下部（南丹组）。

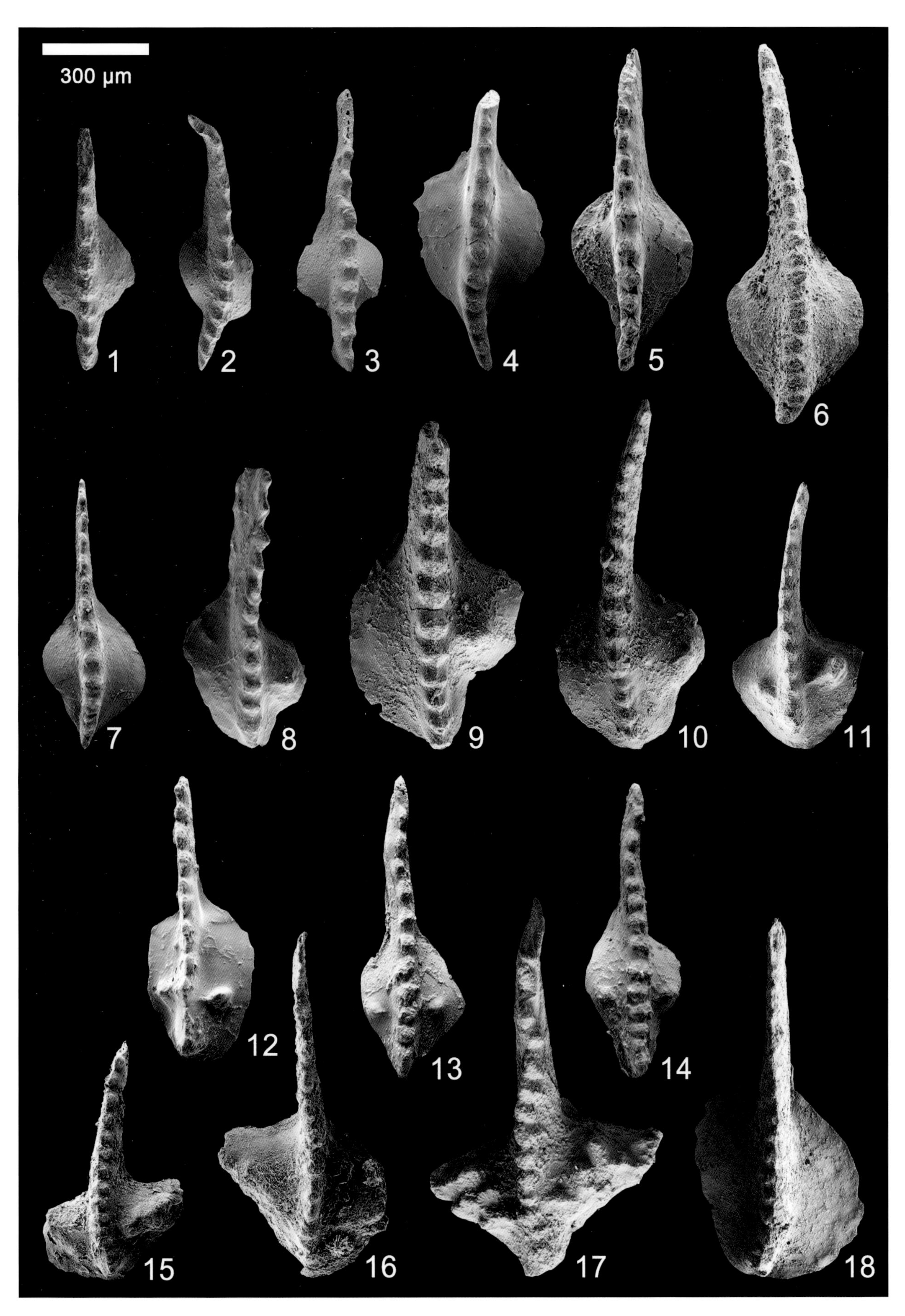
300 μm
1
2
3
4
5
6
7
8
9
10
11
12
13
14
15
16
17
18

图版 5-1-12 说明

（所有标本均保存在中国科学院南京地质古生物研究所）

1—5　单脊齿洛奇里刺 *Lochriea monocostata* Pazukhin and Nemyrovska in Kulagina et al.，1992　1—4 引自 Qi 等（2018），5 引自 Qi 等（2014a）

口视。登记号：1. PZ 161401；2. PZ 161402；3. PZ 161399；4. PZ 161400；5. 155774。主要特征：内齿台侧具一脊，不与隆脊接触。产地：贵州罗甸纳庆剖面。层位：石炭系维宪阶顶部至巴什基尔阶下部（南丹组）。

6—9　脊齿洛奇里刺 *Lochriea costata* Pazukhin and Nemyrovska in Kulagina et al.，1992　6、8—9 引自 Qi 等（2018），7 引自 Qi 等（2014a）

口视。登记号：6. PZ 161414；7. 155775；8. PZ 161415；9. PZ 161413。主要特征：内、外齿台均发育一条脊，不与隆脊接触。产地：贵州罗甸纳庆剖面。层位：石炭系维宪阶顶部至巴什基尔阶下部（南丹组）。

10—13　森根堡洛奇里刺 *Lochriea senckenbergica* Nemyrovska，Perret-Mirouse and Meischner，1994　引自 Qi 等（2018）

口视。登记号：10. PZ 161421；11. PZ 161426；12. PZ 161422；13. PZ 161424。主要特征：齿台两侧具高、粗壮的脊，内侧脊较外侧脊和隆脊高。产地：贵州罗甸纳庆剖面。层位：石炭系谢尔普霍夫阶底部至巴什基尔阶下部（南丹组）。

14　多瘤齿洛奇里刺 *Lochriea multinodosa*（Wirth，1967）　引自 Qi 等（2014a）

口视。登记号：155776。主要特征：齿台两侧均发育多个小瘤齿。产地：贵州罗甸纳庆剖面。层位：石炭系维宪阶上部至谢尔普霍夫阶下部（南丹组）。

15—17　十字型洛奇里刺 *Lochriea cruciformis*（Clarke，1960）　15—16 引自 Qi 等（2018），17 引自 Qi 等（2014a）

口视。登记号：15. PZ 161419；16. PZ 161418；17. 155785。主要特征：齿台两侧均发育一条脊或融合的瘤齿，并与隆脊接触。产地：贵州罗甸纳庆剖面。层位：石炭系谢尔普霍夫阶底部至巴什基尔阶下部（南丹组）。

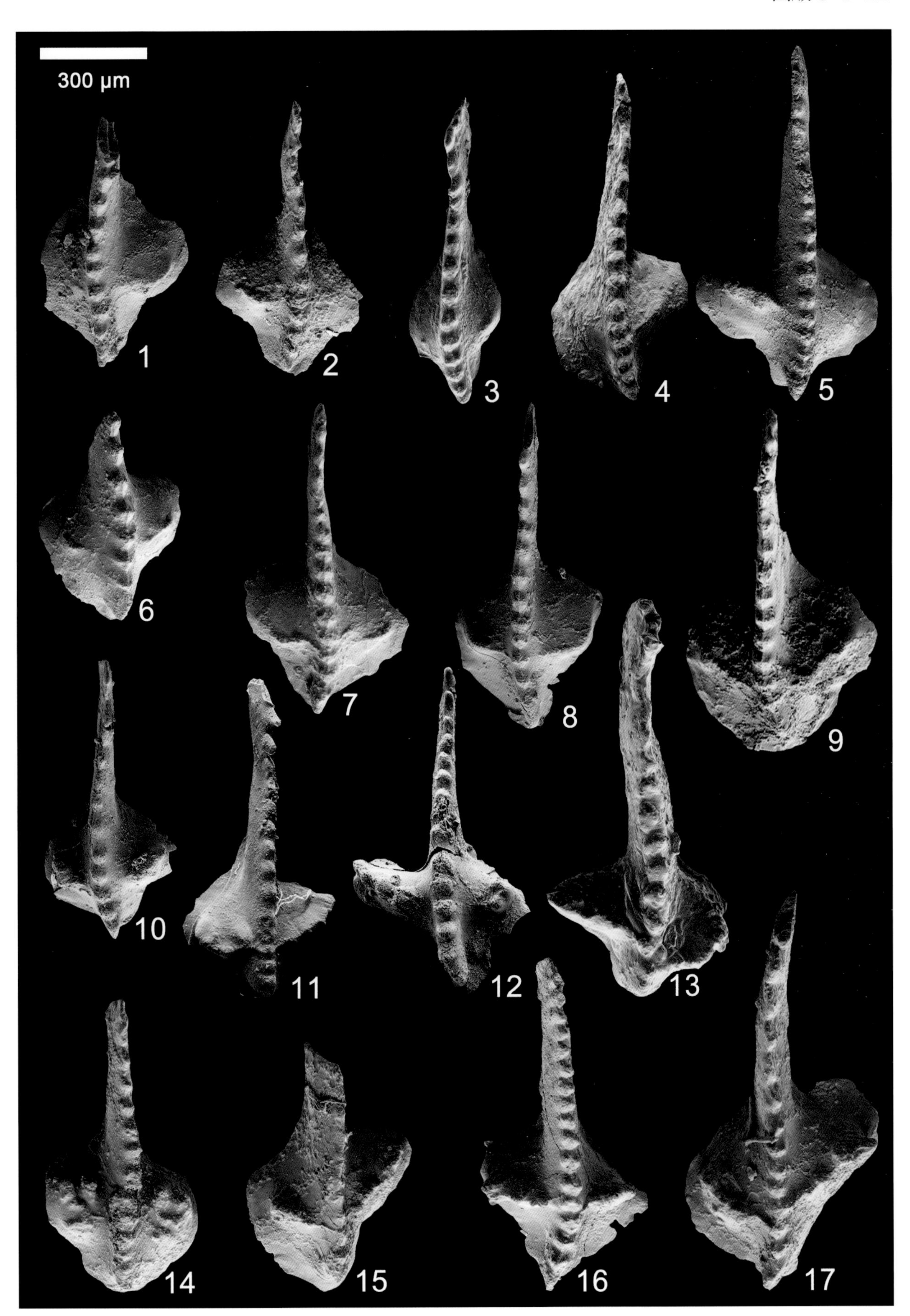
300 μm
1
2
3
4
5
6
7
8
9
10
11
12
13
14
15
16
17

图版 5-1-13 说明

（所有标本均保存在中国科学院南京地质古生物研究所）

1—3　吉尔梯颚齿刺吉尔梯亚种 *Gnathodus girtyi girtyi* Hass，1953　1 引自王志浩等（2020），2 引自 Qi 等（2014a），3 引自王秋来等（2014）

口视。登记号：1. 167415；2. 155762；3. 159952。主要特征：隆脊发育、饰以瘤齿，内齿垣较外齿垣长、前部饰以短横脊、后部饰以瘤齿，外齿垣前端较齿台前边缘靠后，外齿垣饰以较小的瘤齿，两侧齿垣均延伸至齿台末端与隆脊融合。产地：1—2. 贵州罗甸纳庆剖面；3. 贵州罗甸罗悃剖面。层位：石炭系维宪阶至谢尔普霍夫阶下部（南丹组）。

4—7　吉尔梯颚齿刺果形亚种 *Gnathodus girtyi pyrenaeus* Nemyrovska and Perret-Mirouse in Nemyrovska，2005　4、6—7 引自王志浩等（2020），5 引自王秋来等（2014）

口视。登记号：4. 167421；5. 159962；6. 155769；7. 164720。主要特征：隆脊延伸至齿台末端，内齿垣与外齿垣等长或稍长、延伸至齿台后部或后端，内齿垣高、饰以短横脊，外齿垣矮、光滑或饰以小瘤齿，外齿台近三角形。产地：4、6—7. 贵州罗甸纳庆剖面；5. 贵州罗甸罗悃剖面。层位：石炭系维宪阶至谢尔普霍夫阶下部（南丹组）。

8—12　吉尔梯颚齿刺梅氏亚种 *Gnathodus girtyi meischneri* Austin and Husri，1974　8—11 引自王志浩等（2020），12 引自王秋来等（2014）

口视。登记号：8. 167418；9. 167419；10. 167417；11. 155768；12. 159961。主要特征：外齿垣呈脊状、光滑或由融合的小瘤齿组成、仅向后延伸至齿台中后部，内齿垣与隆脊延伸至齿台末端、饰以短横脊。产地：8—11. 贵州罗甸纳庆剖面；12. 贵州罗甸罗悃剖面。层位：石炭系维宪阶至谢尔普霍夫阶下部（南丹组）。

13—14　吉尔梯颚齿刺科利森亚种 *Gnathodus girtyi collinsoni* Rhodes，Austin and Druce，1969　引自王秋来等（2014）

口视。登记号：13. 159960；14. 159959。主要特征：内齿垣仅向后延伸至齿台中部附近，外齿垣不发育或仅含若干弱瘤齿。产地：贵州罗甸罗悃剖面。层位：石炭系维宪阶至谢尔普霍夫阶下部（南丹组）。

15—17　吉尔梯颚齿刺简单亚种 *Gnathodus girtyi simplex* Dunn，1966　15 引自 Hu 等（2019），16—17 引自王秋来等（2014）

口视。登记号：15. 164619；16. 159963；17. 159957。主要特征：内齿垣发育、前部饰以短横脊、后部饰以瘤齿或与隆脊融合成短横脊，外齿垣退化为 1~3 个小瘤齿位于齿台前部、但略向后偏移。产地：15. 贵州罗甸纳庆剖面，16—17. 贵州罗甸罗悃剖面。层位：石炭系维宪阶顶部至巴什基尔阶下部（南丹组）。

18　吉尔梯颚齿刺罗德亚种 *Gnathodus girtyi rhodesi* Higgins，1975　引自王秋来等（2014）

口视。登记号：159958。主要特征：隆脊较两侧齿垣明显长，内齿垣短、限于齿台前部 1/2~2/3、向后与隆脊融合、高于外齿垣，外齿垣窄、光滑或饰以融合的小瘤齿、前端较靠后、向后延伸至齿台末端。产地：贵州罗甸罗悃剖面。层位：石炭系谢尔普霍夫阶（南丹组）。

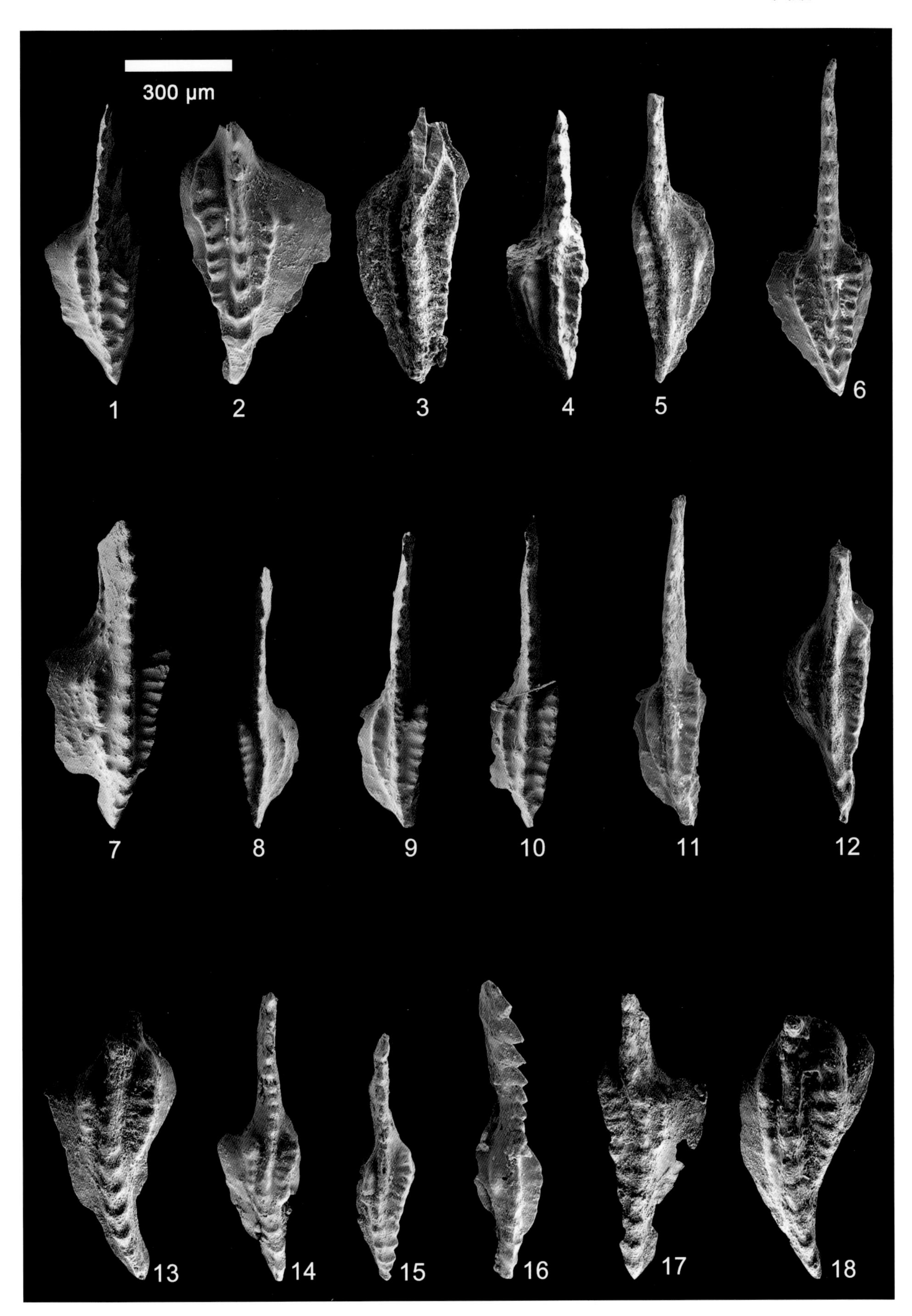
300 μm
1
2
3
4
5
6
7
8
9
10
11
12
13
14
15
16
17
18

图版 5-1-14 说明

（所有标本均保存在中国科学院南京地质古生物研究所）

1—3　基恩颚齿刺 *Gnathodus kiensis* Pazukhin in Kulagina et al.，1992　引自王志浩等（2020）

口视。登记号：1. 167411；2. 167412；3. 167410。主要特征：齿台宽、不对称，齿垣低、饰以短横脊或融合的瘤齿，外齿台饰以半同心圆排列的瘤齿。产地：贵州罗甸纳庆剖面。层位：石炭系维宪阶中部至谢尔普霍夫阶下部（南丹组）。

4　半光滑颚齿刺 *Gnathodus semiglaber* Bischoff，1957　引自王志浩等（2020）

口视。登记号：167414。主要特征：齿垣短，约 1/2 齿台长度，外齿台装饰少、仅在前部饰以瘤齿。产地：贵州罗甸纳庆剖面。层位：石炭系维宪阶中部至谢尔普霍夫阶下部（南丹组）。

5　何塞拉蒙颚齿刺 *Gnathodus joseramoni* Sanz-López, Blanco-Ferrera and García-López, 2004　引自 Qi 等，（2014a）

口视。登记号：155759。主要特征：分子不对称，外侧宽而内侧窄，外齿台饰以半同心圆排列的瘤齿，齿垣短、向内凸、长约 2/3 齿台长度。产地：贵州罗甸纳庆剖面。层位：石炭系维宪阶中部至谢尔普霍夫阶下部（南丹组）。

6—7　双线颚齿刺雷穆斯亚种 *Gnathodus bilineatus remus* Meischner and Nemyrovska，1999　6 引自王秋来等（2014），7 引自 Qi 等（2014a）

口视。登记号：6. 159930；7. 155765。主要特征：齿台宽、不对称、三角形，齿垣高、宽、向前延伸远超齿台前边缘、饰以短横脊，外齿台三角形、饰以平行于齿台外边缘的瘤齿列。产地：6. 贵州罗甸罗悃剖面；7. 贵州罗甸纳庆剖面。层位：石炭系维宪阶中部至谢尔普霍夫阶下部（南丹组）。

8　特鲁约尔斯颚齿刺 *Gnathodus truyolsi* Sanz-López et al.，2007　引自 Hu 等（2019）

口视。登记号：164631　。主要特征：内齿垣后端向下向内弯曲、饰以横脊，齿台外侧饰以同心圆状瘤齿列。产地：贵州罗甸纳庆剖面。层位：石炭系谢尔普霍夫阶上部至巴什基尔阶下部（南丹组）。

9　双线颚齿刺罗穆卢斯亚种 *Gnathodus bilineatus romulus* Meischner and Nemyrovska，1999　引自王秋来等（2014）

口视。登记号：159929。主要特征：齿台宽、不对称、三角形，齿垣高、宽、向前延伸远超齿台前边缘、饰以短横脊，外齿台三角形、瘤齿少。产地：贵州罗甸罗悃剖面。层位：石炭系维宪阶中部至谢尔普霍夫阶下部（南丹组）。

10　博兰德颚齿刺 *Gnathodus bollandensis* Higgins and Bouckaert，1968　引自 Hu 等（2019）

口视。登记号：164630。主要特征：内齿垣未及齿台末端，外齿台饰以较微弱的同心圆状瘤齿列。产地：贵州罗甸纳庆剖面。层位：石炭系谢尔普霍夫阶上部至巴什基尔阶下部（南丹组）。

11—13　后双线颚齿刺 *Gnathodus postbilineatus* Nigmadganov and Nemyrovska，1992　引自 Hu 等（2019）

登记号：11. 164625；12. 164626；13. 164628。主要特征：齿垣后部与隆脊融合并饰以横脊，齿沟仅发育于齿台前部，外齿台光滑或具弱装饰。产地：11—12. 贵州罗甸纳庆剖面；13. 贵州罗甸罗悃剖面。层位：石炭系谢尔普霍夫阶上部至巴什基尔阶下部（南丹组）。

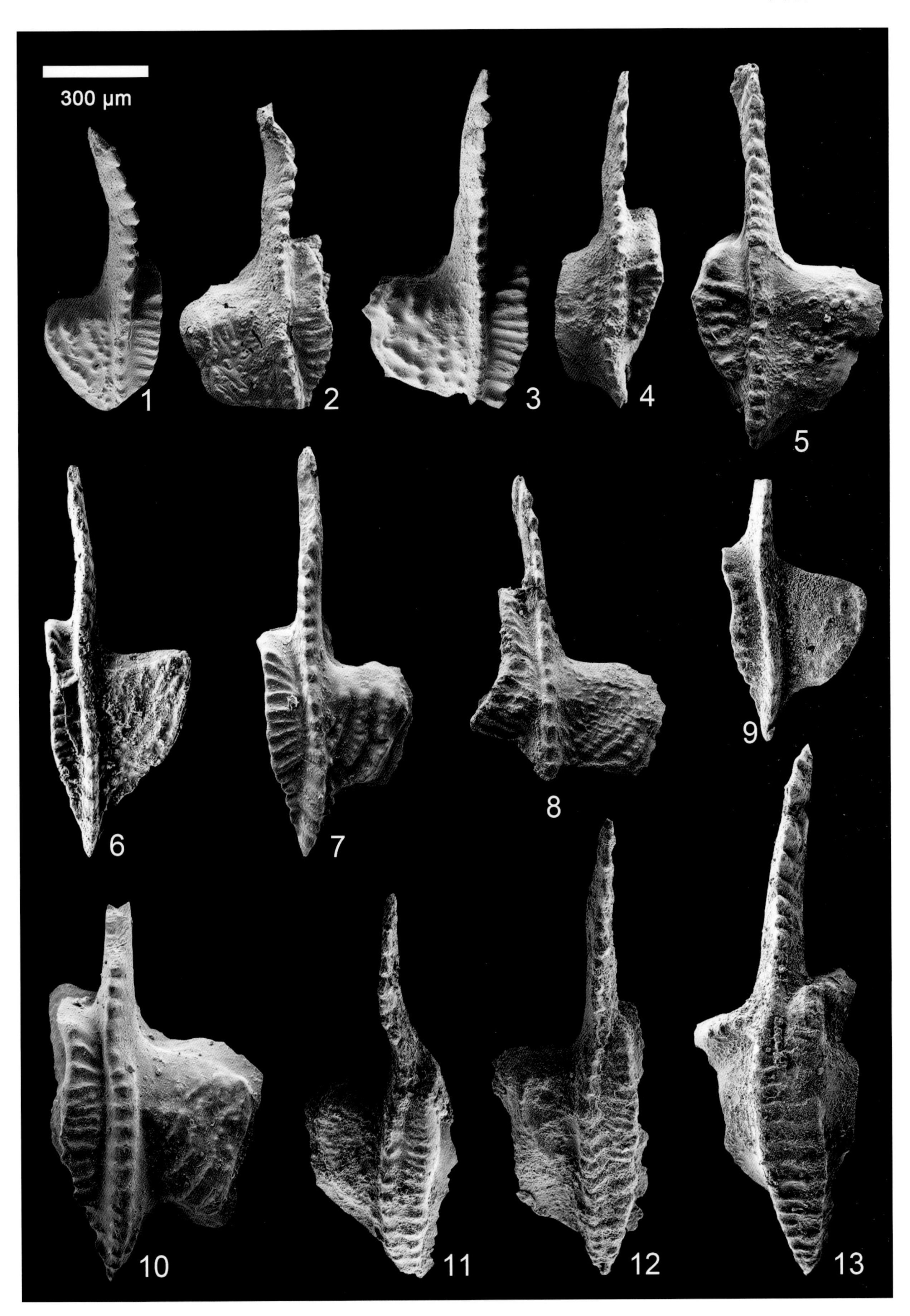
300 μm
1
2
3
4
5
6
7
8
9
10
11
12
13

图版 5-1-15 说明

（标本 2 保存在云南地调院区域地质调查所，标本 7、10 保存在中国地质调查局武汉地质调查中心，标本 5、6、8—9、12 保存在成都理工大学，标本 1、4、11 保存在中国科学院南京地质古生物研究所）

1—2　典型颚齿刺 *Gnathodus typicus* Cooper，1939　1 引自王平和王成源（2005），2 引自董致中和王伟（2006）

口视。登记号：1. 119613；2. 3917。主要特征：分子由齿片和齿杯组成，齿片很长，向齿杯延伸成隆脊，并将齿杯分为内外两侧齿杯，外侧齿杯口面光滑或有一个以上无序的小瘤齿，内侧齿杯齿垣高而短，齿垣之后的内齿杯光滑或有几个小瘤齿与齿脊平行。产地：1. 陕西省凤县熊家山剖面；2. 云南施甸鱼洞剖面。层位：石炭系杜内阶上部（香山组）。

3　心形原始颚刺 *Protognathodus cordiformis* Lane，Sandberg and Ziegler，1980　引自田树刚和 M. 科恩（2004）

采集号：Lsc. 16。登记号：缺。主要特征：分子齿杯心形，稍不对称，两侧前缘稍叉开，外侧齿杯前部向外延伸呈侧齿叶状，下边具一褶叠，内侧齿杯延伸更靠后些，口面强烈瘤齿状，分布不规则或呈纵向线状分布。产地：广西柳江龙殿山剖面。层位：石炭系杜内阶上部。

4—6　楔形颚齿刺 *Gnathodus cuneiformis* Mehl and Thomas，1947　4 引自 Qie 等（2014），5—6 引自 Carls 和 Gong（1992）

口视。登记号：4. CLA 729602；5. 89114；6. 89113。主要特征：分子具长齿垣、由一列瘤齿或横脊组成，可延伸至或靠近齿片末端，外齿杯亦具一列平行于齿片的瘤齿或横脊。产地：4. 广西隆安剖面；5—6. 云南施甸大寨门剖面。层位：4. 石炭系杜内阶上部至维宪阶（巴平组）；5—6. 石炭系杜内阶上部至维宪阶（鱼洞组）。

7—8　娇柔颚齿刺 *Gnathodus delicatus* Branson and Mehl，1938　7 引自李志宏等（2015），8 引自 Carls 和 Gong（1992）

登记号：7. 2014-2；8. 89117。主要特征：内齿垣发育、饰以瘤齿或短横脊、可延伸至分子末端，外齿台光滑或饰以少量不规则分布的瘤齿。产地：7. 广西武宣南垌剖面；8. 云南施甸何元寨剖面。层位：7. 石炭系杜内阶上部至维宪阶（巴平组）；8. 石炭系杜内阶上部至维宪阶（鱼洞组）。

9　前纤细原始颚刺 *Protognathodus praedelicatus* Lane，Sandberg and Ziegler，1980　引自李志宏等（2015）

登记号：2014-1。主要特征：分子齿台（齿杯）卵圆形，两侧齿杯近等大，前端稍叉开，口面分布瘤齿，瘤齿较分散或可紧靠，分布不规则或呈不明显的纵向分布。产地：广西武宣南垌剖面。层位：石炭系杜内阶上部至维宪阶（巴平组）。

10　锚锄颚刺 *Scaliognathus anchoralis* Branson and Mehl，1941　引自程龙等（2015）

口视。登记号：2014-45。主要特征：分子对称发育，由前齿突和两侧齿突组成，两侧齿突等长或近等长，缓缓向前弯曲。产地：广西象州崖脚剖面。层位：石炭系杜内阶上部（巴平组下段）。

11　宽假颚刺 *Doliognathus latus* Branson and Mehl，1941　引自王平和王成源（2005）

口视。登记号：119620。主要特征：分子齿台发育一长的后外侧齿突。产地：陕西凤县熊家山剖面。层位：石炭系杜内阶上部。

12　线形颚齿刺 *Gnathodus punctatus*（Cooper，1939）　引自 Carls 和 Gong（1992）

口视。登记号：89118。主要特征：分子齿杯大而具不规则轮廓，内齿杯具明显的齿垣、由融合的细齿或横脊组成，向前倾斜伸向齿片或向隆脊拱曲，外侧齿杯大，口方发育细齿，分布变化大，可形成放射状或平行于前边缘的瘤齿列。产地：云南施甸大寨门剖面。层位：石炭系杜内阶上部至维宪阶底部（鱼洞组）。

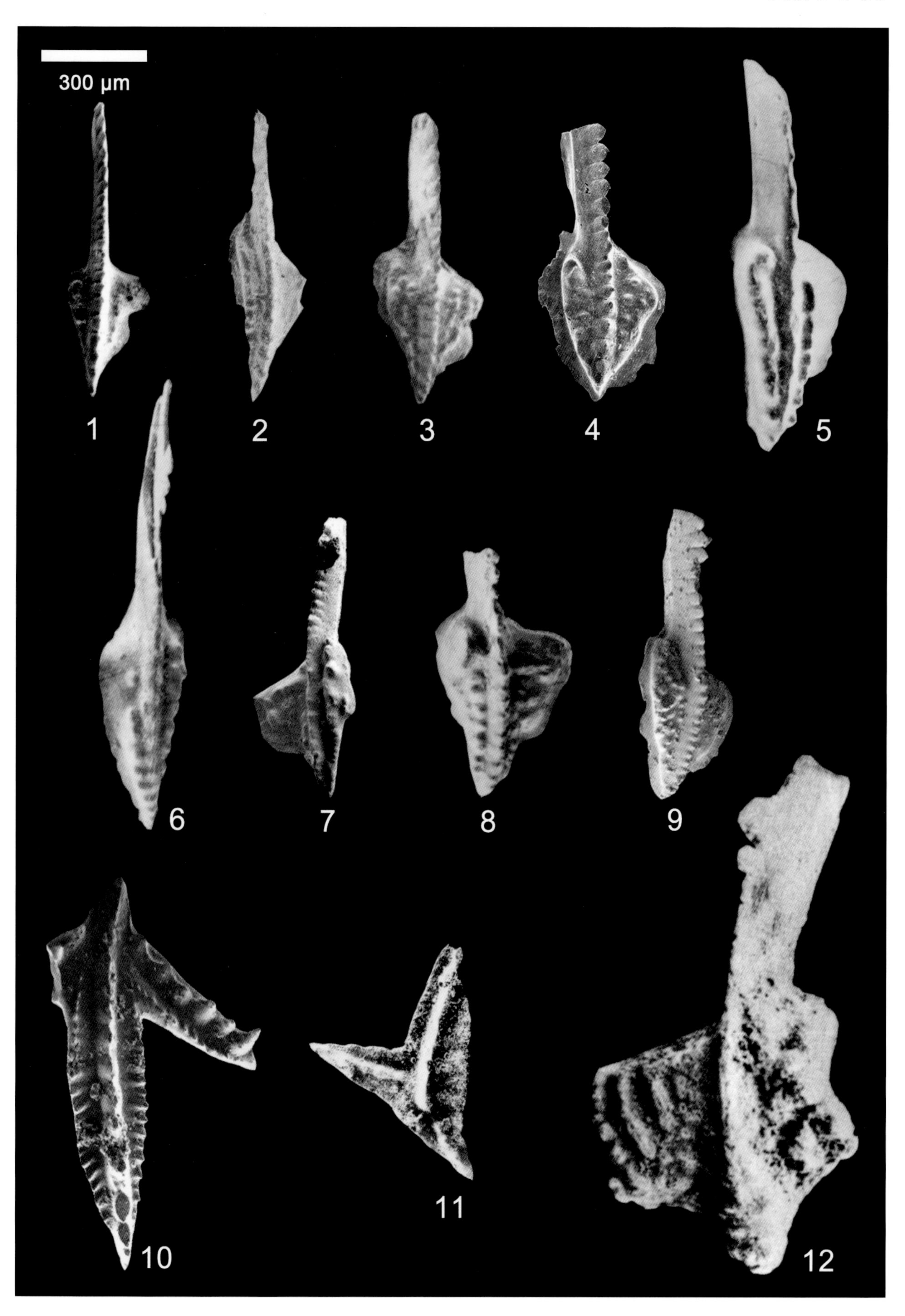
300 μm
1
2
3
4
5
6
7
8
9
10
11
12

图版 5-1-16 说明

（所有标本均保存在中国科学院南京地质古生物研究所）

1—2、8　微小欣德刺 *Hindeodus minutus*（Ellison，1941）　1 引自 Hu 等（2017），2 引自王志浩等（2020）

侧视。登记号：1. 162675；2. 167407；8. 167408。主要特征：主齿最大、最高、位于分子最前端，向后逐渐降低至 1/4 处迅速下降至反口缘，前端或具细齿。产地：1. 贵州罗甸罗悃剖面；2、8. 贵州罗甸纳庆剖面。层位：石炭系宾夕法尼亚亚系（南丹组）。

3—4、7　冠状欣德齿刺 *Hindeodus cristulus*（Youngquist and Miller，1949）　3 引自王志浩等（2020），4 引自王秋来等（2014），7 引自 Qi 等（2014a）

侧视。登记号：3. 167409；4. 159947；7. 155758。主要特征：分子近三角形，前方主齿最大最高、向后逐渐变低，前缘无细齿，基腔大、呈泪珠状、位于分子中后部或延伸至后端。产地：3、7. 贵州罗甸纳庆剖面；4. 贵州罗甸罗悃剖面。层位：石炭系密西西比亚系（南丹组）。

5—6　漂亮欣德刺 *Hindeodus scitulus*（Hinde，1900）　5 引自 Qi 等（2014a），6 引自王秋来等（2014）

侧视。登记号：5. 155757；6. 159949。主要特征：分子较短、侧视近三角形，反口缘上拱，基腔位于中部。产地：5. 贵州罗甸纳庆剖面；6. 贵州罗甸罗悃剖面。层位：石炭系密西西比亚系（南丹组）。

9—10　比布鲁提满颚刺 *Mestognathus bipluti* Higgins，1961　9 引自王秋来等（2014），10 引自 Qi 等（2014a）

侧口视。登记号：9. 159954；10. 155791。主要特征：齿台平坦或略下凹，前部两侧边缘具内、外齿垣、饰以较大的细齿，中间具深齿槽，外齿垣较发育、占 1/2 齿台长度，内齿垣仅 1/4，齿台后部两侧饰以横脊、中间为隆脊，隆脊前端向内弯曲与内齿垣融合。产地：9. 贵州罗甸罗悃剖面；10. 贵州罗甸纳庆剖面。层位：石炭系谢尔普霍夫阶（南丹组）。

11—13　贝克曼满颚刺 *Mestognathus beckmanni* Bischoff，1957　11 引自王秋来等（2014），12 引自 Qi 等（2014a），13 引自 Qi 等（2014b）

侧口视。11. 登记号：159950；12. 155789；13. 155832。主要特征：齿台平坦或略下凹，前部两侧边缘具内、外齿垣、饰以较大的细齿，中间具深齿槽，外齿垣较发育、占约 1/2 齿台长度、末端细齿大而高并向后倾斜，内齿垣弱、仅 1~2 细齿，齿台后部两侧饰以横脊、中间为隆脊，隆脊前端或向内弯曲与内齿垣融合。产地：11. 贵州罗甸罗悃剖面；12. 贵州罗甸纳庆剖面；13. 贵州镇宁店子上小河边剖面。层位：石炭系杜内阶上部至谢尔普霍夫阶下部（南丹组）。

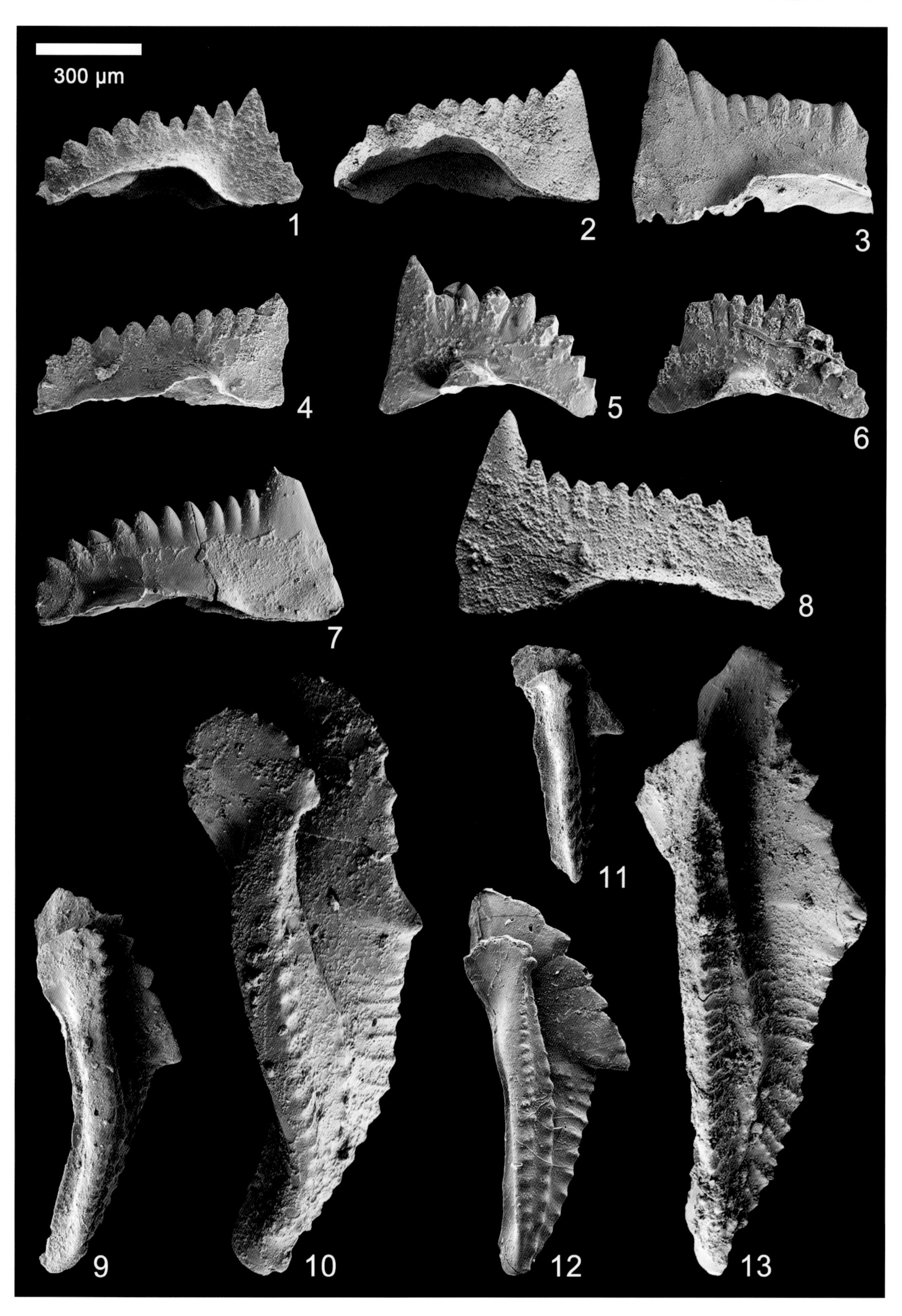
300 μm
1
2
3
4
5
6
7
8
9
10
11
12
13

图版 5-1-17 说明

（所有标本均保存在中国科学院南京地质古生物研究所）

1—6　坎佩尔福格尔颚刺 *Vogelgnathus campbelli*（Rexroad，1957）　引自王志浩等（2020）

侧视。登记号：1. 167458；2. 155754；3. 167457；4. 167459；5. 167460；6. 167463。主要特征：分子齿片状，最高点近中部，细齿排列紧密、近直立或稍后倾，主齿稍大、较靠后，下方具平行于反口缘的肋脊线，基腔位于中后部。产地：贵州罗甸纳庆剖面。层位：石炭系维宪阶（南丹组）。

7—9　后坎佩尔福格尔颚刺 *Vogelgnathus postcampbelli*（Austin and Husri，1974）　引自王志浩等（2020）

侧视。登记号：7. 167466；8. 167468；9. 167471。主要特征：分子主齿大而明显、前部长高，后部短矮。产地：贵州罗甸纳庆剖面。层位：石炭系维宪阶上部至谢尔普霍夫阶下部（南丹组）。

10—13　古铃福格尔颚刺 *Vogelgnathus palentinus* Nemyrovska，2005　引自王志浩等（2020）

侧视。登记号：10. 167473；11. 167477；12. 167472；13. 167476。主要特征：侧视分子前部齿片较平、其上细齿少而大，后部高度逐渐降低、其上细齿小而融合，主齿不明显，基腔占该分子 1/2~1/3 长。产地：贵州罗甸纳庆剖面。层位：石炭系维宪阶上部至谢尔普霍夫阶下部（南丹组）。

14—16　前双线颚齿刺 *Gnathodus praebilineatus* Belka，1985　14 引自王秋来等（2014），15—16 引自 Qi 等（2014a）

口视。登记号：14. 159928；15. 167422；16. 155761。主要特征：内齿垣发育、饰以瘤齿或短横脊、可延伸至分子末端，外齿台饰以较不规则分布的瘤齿。产地：14. 贵州罗甸罗悃剖面；15—16. 贵州罗甸纳庆剖面。层位：石炭系杜内阶上部至维宪阶上部（南丹组）。

17—19　双线颚齿刺双线亚种 *Gnathodus bilineatus bilineatus*（Roundy，1926）　17 引自王秋来等（2014），18 引自 Hu 等（2019），19 引自 Qi 等（2014a）

口视。登记号：17. 164629；18. 159933；19. 155767。主要特征：内齿垣发育、饰以横脊、至齿台末端、低于隆脊，齿台外侧具同心排列、半融合的瘤齿列，隆脊末端外侧具一瘤齿列平行于隆脊，隆脊与内齿垣间发育齿沟。产地：17、19. 贵州罗甸纳庆剖面；18. 贵州罗甸罗悃剖面。层位：石炭系维宪阶中上部至巴什基尔阶下部（南丹组）。

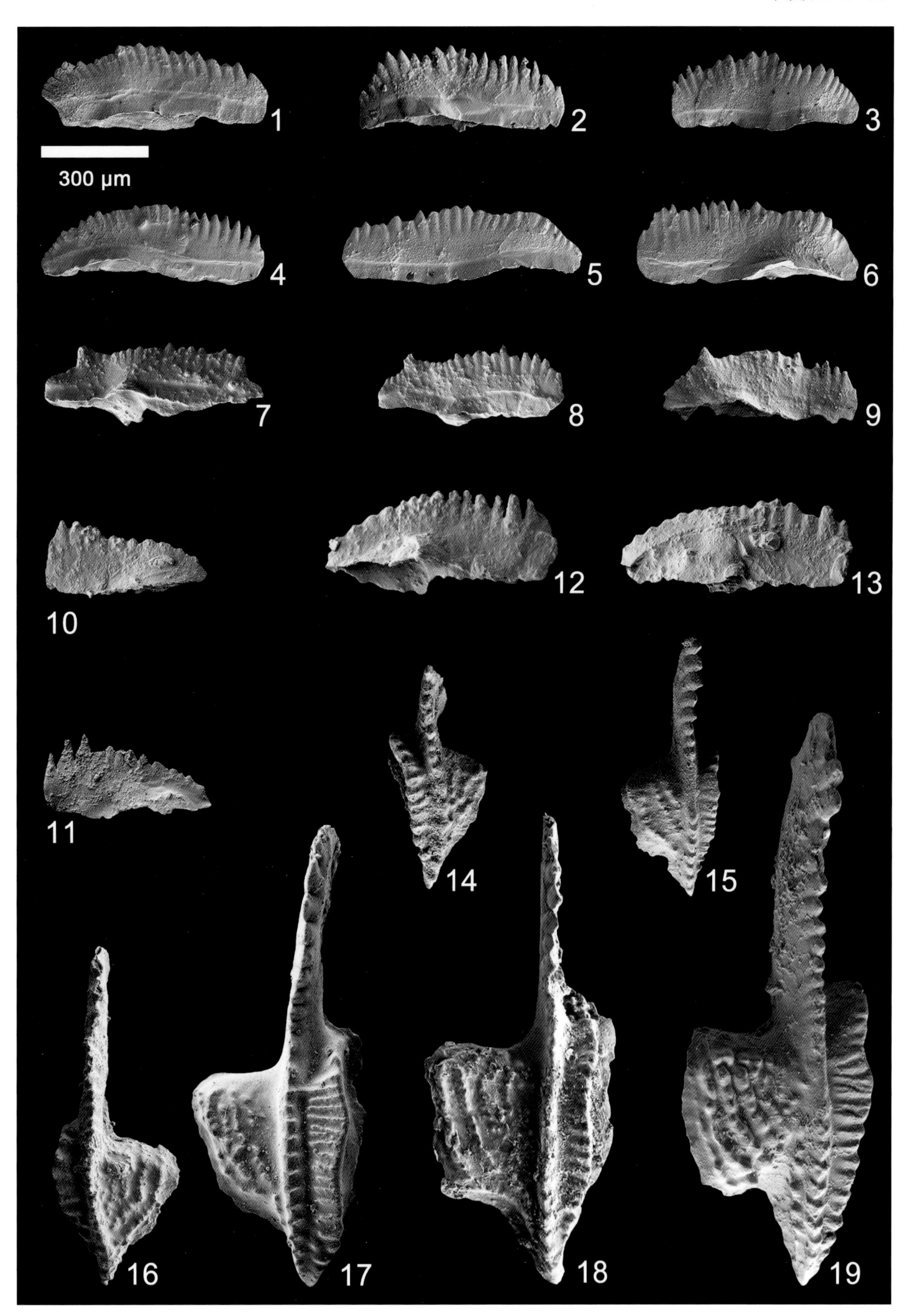
300 μm
1
2
3
4
5
6
7
8
9
10
11
12
13
14
15
16
17
18
19

图版 5-1-18 说明

（标本 1、8、9 保存在中国科学院南京地质古生物研究所，标本 2 保存在南京地质矿产研究所；标本 3 保存在湖南地质博物馆，标本 4—7、10 保存在太原理工大学，标本 11—15 保存在塔里木油田分公司勘探开发研究院）

1—2　独角自由颚刺 *Adetognathus unicornis*（Rexroad and Burton，1961）　1 引自王志浩（1996），2 引自应中锷和徐珊红（1993）

口视。登记号：1. 126056；2：缺；3. Cy082。主要特征：分子齿台窄长，无固定齿片，最大细齿位于自由齿片的最后端，且靠近外齿垣，两侧齿垣在末端相交处尖。产地：1. 广西南丹巴坪；2. 安徽巢县凤凰山。层位：石炭系密西西比亚系。

3　光洁自由颚刺 *Adetognathus lautus*（Gunnell，1933）　引自董振常（1987）

口视。登记号：HC048。主要特征：左型分子齿台窄长，自由齿片向后延伸至齿台、与外齿台齿垣相连，无固定齿脊，前齿片的最“高”处位于前齿片之前部或中部。产地：湖南新邵顺冲。层位：石炭系宾夕法尼亚亚系（梓门桥组）。

4　规则凹颚刺 *Cavusgnathus regularis* Youngquist and Miller，1949　引自丁惠和万世禄（1989）

口视、侧口视。登记号：1537。主要特征：齿片细齿低而规则。产地：广东韶关大塘。层位：石炭系密西西比亚系（石磴子组）。

5　鸡冠凹颚刺 *Cavusgnathus cristatus* Branson and Mehl，1941　引自丁惠和万世禄（1989）

口视、侧口视。登记号：1543。主要特征：分子齿片高，其大部为固定齿片，由 6~7 个细齿组成，其后方 3 个细齿最高，由此向前明显变低，直立成鸡冠状，齿台两侧发育由横脊或瘤齿组成的齿垣，横脊伸达中齿沟，中央齿沟为“U”字形，其前半部深，向后变浅，齿沟末端中央有 3~4 个瘤齿。产地：广东韶关大塘。层位：石炭系密西西比亚系（石磴子组）。

6　中凸凹颚刺 *Cavusgnathus convexus* Rexroad，1957　引自丁惠和万世禄（1989）

口视、侧口视。登记号：1535。主要特征：齿片中部最高，其前后低矮，呈中凸形特征，中齿沟宽阔，沟中无瘤齿。产地：广东韶关大塘。层位：石炭系密西西比亚系（石磴子组）。

7　单角凹颚刺 *Cavusgnathus unicornis* Youngquist and Miller，1949　引自丁惠和万世禄（1989）

口视。登记号：1610。主要特征：分子齿片短而高，最后一个细齿为最大并拉长呈鱼鳍状，齿台宽，中齿沟宽而深，切面“U”字形。产地：广东韶关大塘。层位：石炭系密西西比亚系（石磴子组）。

8　船凹颚刺 *Cavusgnathus naviculus*（Hinde，1900）　引自王秋来等（2014）

口视、侧视。登记号：159944。主要特征：分子齿台窄长，口面有一浅而窄的齿沟，齿片短，向前明显变低，最后一个细齿特别大，与齿台右侧相连，形成自由齿片和固定齿片，反口面基腔膨大，卵圆形，不达齿台后端，最大宽度位于其前部 1/3 处。产地：贵州罗甸罗悃剖面。层位：石炭系维宪阶至谢尔普霍夫阶（南丹组）。

9　江华凹颚刺 *Cavusgnathus jianghuaensis* Ji，1987　引自季强（1987）

口视、侧视。登记号：70560。主要特征：分子齿片短而高，三角形，最后第二个细齿为最大，齿片与右齿垣连接处外侧发育一个细齿，齿垣由瘤齿组成，中齿沟后端中央发育几个瘤齿组成的短齿列。产地：湖南江华大圩。层位：石炭系密西西比亚系（石磴子组）。

10　河北异颚刺 *Idiognathodus hebeiensis* Zhao and Wan in 天津地质矿产研究所，1984　引自 Ding 和 Wan（1990）

口视。登记号：Z1313。主要特征：分子齿台长舌形，仅发育内齿叶，位于齿台内侧中前部，隆脊较长，可达齿台长的 1/2，齿台后部饰以横脊或不连续。产地：河南禹州大风口。层位：石炭系宾夕法尼亚亚系中至上统（太原组）。

11—15　精巧斯瓦德刺 *Swadelina concinna*（Kossenko，1975）　引自赵治信等（2000）

口视。登记号：11. 900297；12. 1113；13. 900255；14. 1094；15. 900254。主要特征：分子齿台中前部两侧发育向外突出的齿叶，齿叶与齿台界线明显，由排列成弧状的瘤齿组成，齿槽较深、“V”形，隆脊短，向后延伸并逐渐变细，仅限于齿台最前部。产地：新疆克拉麦里山化石沟剖面。层位：石炭系莫斯科阶下至中部（石钱滩组）。

300 μm
1
2
3
4a
4b
5a
5b
6a
6b
7
8a
8b
9a
9b
10
11
12
13
14
15

图版 5-1-19 说明

（所有标本均保存在中国科学院南京地质古生物研究所）

1—3　鹿沼新颚齿刺 *Neognathodus kanumai* Igo，1974　1—2 引自 Qi 等（2016），3 引自 Hu 等（2017）

口视。登记号：1. 161038；2. 161037；3. 162626。主要特征：齿台内齿垣发育、饰以横脊，外齿垣不发育、限于齿台前部、脊光滑或具少量瘤齿。产地：1—2. 贵州罗甸纳庆剖面；3. 贵州罗甸罗悃剖面。层位：石炭系巴什基尔阶上部至莫斯科阶下部（南丹组）。

4—5　对称新颚齿刺 *Neognathodus symmetricus*（Lane，1967）　引自 Hu 等（2019）

口视。登记号：4. 164623；5. 166724。主要特征：分子对称，内、外边缘与隆脊近平行、等长，内、外齿垣饰以横脊。产地：贵州罗甸纳庆剖面。层位：石炭系巴什基尔阶（南丹组）。

6—7　纳塔莉亚新颚齿刺 *Neognathodus nataliae* Alekseev and Gerelzezeg in Alekseev and Goreva，2001　引自王志浩等（2020）

口视。登记号：6. 167442；7. 167441。主要特征：内齿垣与隆脊等长、饰以横脊，外齿垣 1/2~2/3 齿台长度、饰以瘤齿。产地：贵州罗甸罗悃剖面。层位：石炭系巴什基尔阶上部至莫斯科阶下部（南丹组）。

8—9　具尾新颚齿刺 *Neognathodus caudatus* Lambert，1992　引自胡科毅（2016）

口视。登记号：8. PZ 171187；9. PZ 171188。主要特征：分子楔状，内齿垣较发育、与隆脊等长、饰以横脊，外齿垣发育弱、与隆脊等长至一半隆脊长度、饰以瘤齿—横脊。产地：8. 贵州罗甸罗悃剖面；9. 贵州罗甸纳庆剖面。层位：石炭系莫斯科阶中上部（南丹组）。

10—11　朗迪新颚齿刺 *Neognathodus roundyi*（Gunnell，1931）　引自胡科毅（2016）

口视。登记号：10. PZ 171189。11. PZ 171190。主要特征：内齿垣较发育、与隆脊等长、饰以瘤齿，外齿垣退化、仅在前部具若干（1~3）瘤齿。产地：10. 贵州罗甸罗悃剖面；11. 贵州罗甸纳庆剖面。层位：石炭系莫斯科阶中上部（南丹组）。

12—13　双索新颚齿刺 *Neognathodus bothrops* Merrill，1972　引自 Qi 等（2014b）

口视。登记号：12. 155824；13. 155823。主要特征：内、外齿垣与隆脊等长，内齿垣较发育、饰以横脊，外齿垣则饰以瘤齿。产地：贵州镇宁店子上路边剖面。层位：石炭系巴什基尔阶上部至莫斯科阶下部（南丹组）。

14　乌拉尔新颚齿刺 *Neognathodus uralicus* Nemyrovska and Alekseev，1993　引自 Qi 等（2016）

口视。登记号：161040。主要特征：内、外边缘高、与隆脊同、向内降低，内齿垣与隆脊等长、饰以短而粗壮的横脊，外齿垣限于齿台前部、约 1/2 齿台长度、陡峭、由融合的瘤齿组成。产地：贵州罗甸纳庆剖面。层位：石炭系莫斯科阶下部（南丹组）。

15　阿托克新颚齿刺 *Neognathodus atokaensis* Grayson，1984　引自 Qi 等（2016）

口视。登记号：161041。主要特征：齿台宽、不对称，内齿垣较长、至齿台末端，外齿垣较短、至齿台中后部、较内齿垣高，两侧齿垣均饰以横脊。产地：贵州罗甸纳庆剖面。层位：石炭系巴什基尔阶上部至莫斯科阶下部（南丹组）。

16　中前新颚齿刺 *Neognathodus medexultimus* Merrill，1972　引自胡科毅（2016）

口视。登记号：PZ 171191。主要特征：内齿垣和齿台等长、饰以横脊，外齿垣前部饰以瘤齿—短横脊、后部与隆脊融合形成短横脊或瘤齿。产地：贵州罗甸纳庆剖面。层位：石炭系莫斯科阶下部（南丹组）。

17—18　中后新颚齿刺 *Neognathodus medadultimus* Merrill，1972　引自胡科毅（2016）

口视。登记号：17. PZ 171192；18. PZ 171193。主要特征：内齿垣和齿台等长、饰以横脊、由齿沟将之与隆脊分割，外齿垣亦饰以横脊、前部由齿沟与隆脊分隔、后部向隆脊靠拢并与之连接形成短横脊，隆脊常向外倾。产地：贵州罗甸纳庆剖面。层位：石炭系莫斯科阶下部（南丹组）。

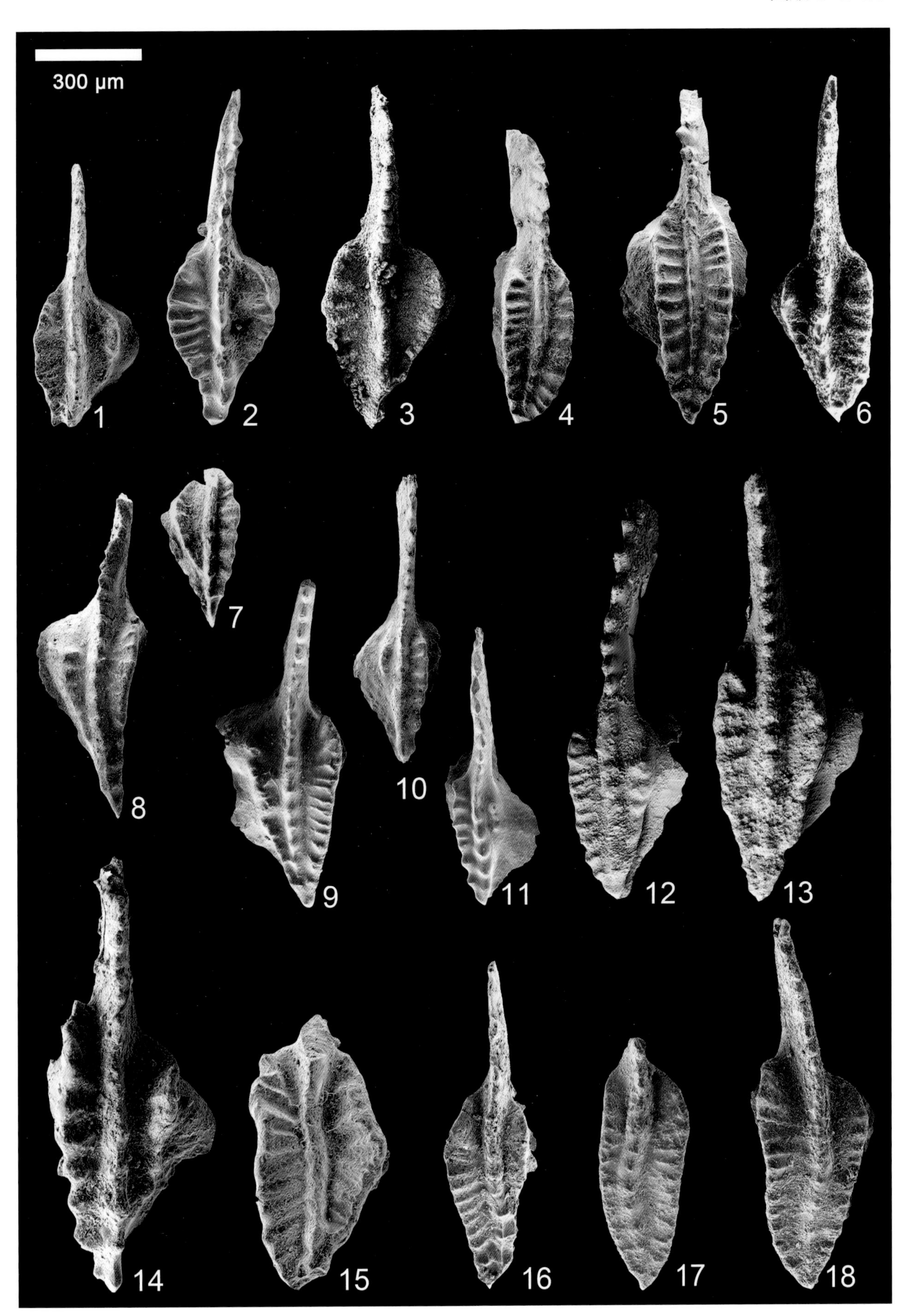
300 μm
1
2
3
4
5
6
7
8
9
10
11
12
13
14
15
16
17
18

图版 5-1-20 说明

（所有标本均保存在中国科学院南京地质古生物研究所）

1　长门新洛奇里刺 *Neolochriea nagatoensis* Mizuno，1997　引自 Hu 等（2017）

口视。登记号: 162632。主要特征: 隆脊饰以瘤齿，齿台内侧具 2 个瘤齿、低于隆脊高度，产地: 贵州罗甸罗悃剖面。层位: 石炭系巴什基尔阶上部至莫斯科阶下部（南丹组）。

2—5　光滑新洛奇里刺 *Neolochriea glaber*（Wirth，1967）　2、4—5 引自 Hu 等（2019），3 引自 Qi 等（2016）

口视。登记号：2. 167163；3. 161056；4. 167164；5. 167162。主要特征：隆脊前、后部饰以瘤齿，向中间变为短横脊，齿台无其他装饰，产地：贵州罗甸纳庆剖面。层位：石炭系巴什基尔阶中部至莫斯科阶下部（南丹组）。

6—10　久治新洛奇里刺 *Neolochriea hisaharui* Mizuno，1997　6—7　引自 Qi 等（2016），8—10　引自 Hu 等（2019）

口视。登记号：6. 161055；7. 161054；8. 167168；9. 167169；10. 167170。主要特征：沿隆脊内侧发育一列微弱瘤齿，或可与隆脊融合而成短横脊，前部可见短齿沟，产地：贵州罗甸纳庆剖面。层位：石炭系巴什基尔阶中部至莫斯科阶下部（南丹组）。

11—14　小池新洛奇里刺 *Neolochriea koikei* Mizuno，1997　引自 Hu 等（2019）

口视。登记号：11. 162630；12. 167165；13. 167166；14. 167167。主要特征：隆脊饰以短横脊，齿片末端延伸至隆脊中央与之接触。产地：11. 贵州罗甸罗悃剖面；12—14. 贵州罗甸纳庆剖面。层位：石炭系巴什基尔阶中上部（南丹组）。

15　久义新洛奇里刺比较种 *Neolochriea* cf. *hisayoshii* Mizuno，1997　引自 Hu 等（2019）

口视。登记号: 167171。主要特征: 隆脊内侧发育一列微弱瘤齿，或可与隆脊融合而成短横脊，隆脊前部外侧亦具一微弱瘤齿，无其他装饰。产地：贵州罗甸纳庆剖面。层位：石炭系巴什基尔阶中下部（南丹组）。

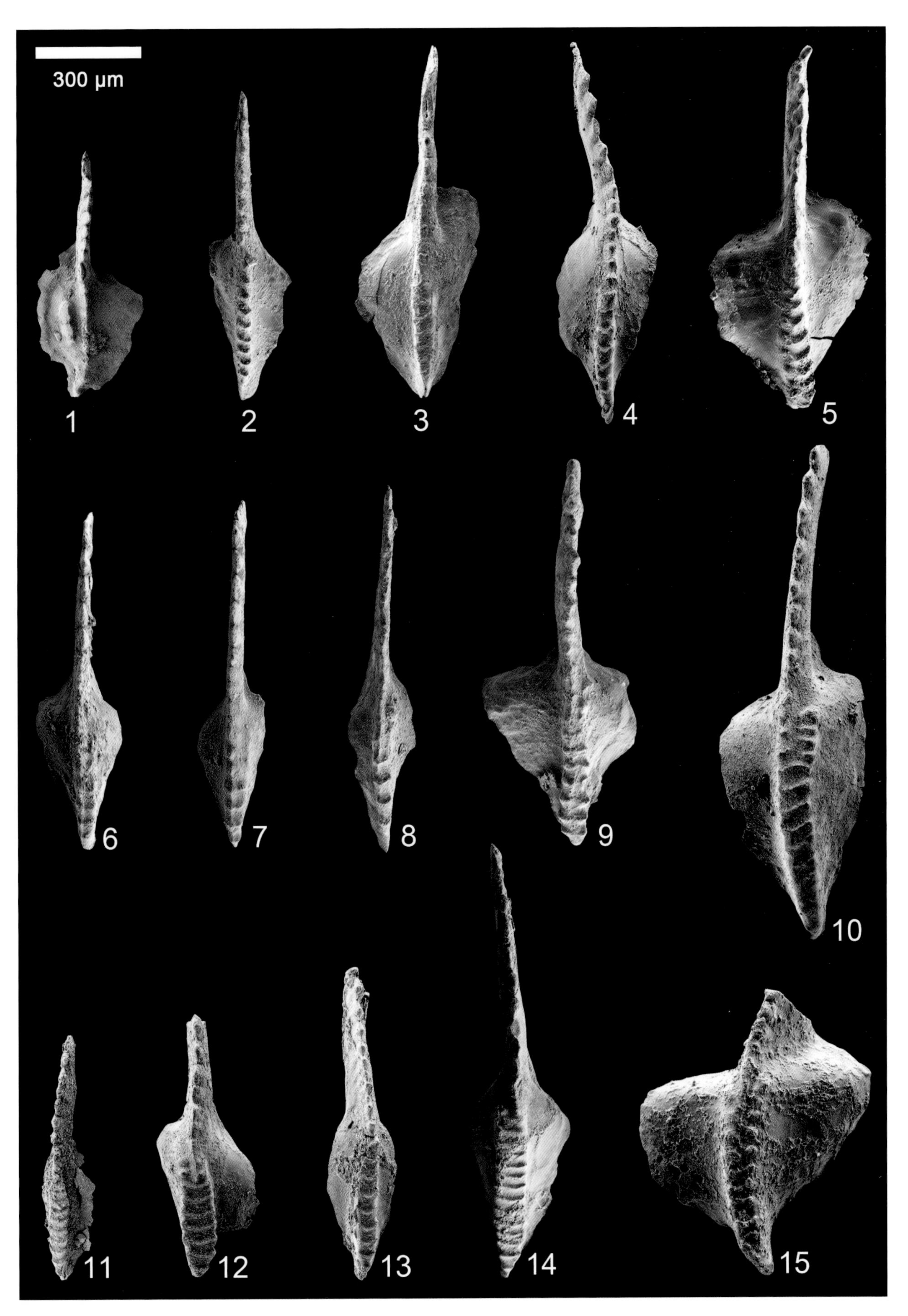
300 μm
1
2
3
4
5
6
7
8
9
10
11
12
13
14
15

图版 5-1-21 说明

（所有标本均保存在中国科学院南京地质古生物研究所）

1—3　不等斜颚齿刺 *Declinognathodus inaequalis*（Higgins，1975）　1—2 引自 Hu 等（2017），3 引自 Hu 等（2019）

口视。登记号：1. 166630；2. 162586；3. 166629。主要特征：隆脊外倾，延伸约 1/2 齿台长度后与外齿垣融合，齿台前部外侧具 >3 个瘤齿，具齿沟、分离两侧等高的齿垣。产地：1、3. 贵州罗甸纳庆剖面；2. 贵州罗甸罗悃剖面。层位：石炭系巴什基尔阶下部至中部（南丹组）。

4—9　具节斜颚齿刺 *Declinognathodus noduliferus*（Ellison and Graves，1941）　4—5 引自 Hu 等（2017），6—9 引自 Hu 等（2019）

口视。登记号：4. 162589；5. 162588；6. 166635；7. 166639；8. 166638；9. 166636。主要特征：隆脊外倾，延伸 <1/2 齿台长度后与外齿垣融合，齿台前部外侧具小于或等于 3 个瘤齿，具齿沟、分离两侧等高的瘤状齿垣。产地：4—5. 贵州罗甸罗悃剖面；6—9. 贵州罗甸纳庆剖面。层位：石炭系巴什基尔阶下部至莫斯科阶下部（南丹组）。

10—12　日本斜颚齿刺 *Declinognathodus japonicus*（Igo and Koike，1964）　引自 Hu 等（2019）

口视。10. 166641； 11. 166642；12. 166643。主要特征：隆脊外倾极短距离后与外齿垣融合，齿台前部外侧具 1 个瘤齿，具窄齿沟、分离两侧等高的瘤状齿垣。产地：贵州罗甸纳庆剖面。层位：石炭系巴什基尔阶下部。

13—16　中间斜颚齿刺 *Declinognathodus intermedius* Hu，Nemyrovska and Qi，2019　引自 Hu 等（2019）

口视。登记号: 13. 166656; 14. 166652; 15. 164566; 16. 166654。主要特征: 隆脊中等, 齿台饰以横脊, 齿台前部内侧具齿叶、外侧具少量瘤齿，齿沟弱。产地：贵州罗甸纳庆剖面。层位：石炭系巴什基尔阶（南丹组）。

17—22　多瘤齿斜颚刺 *Declinognathodus tuberculosus* Hu，Nemyrovska and Qi，2019　引自 Hu 等（2019）

口视。登记号: 17. 166683; 18. 166624; 19. 166700; 20. 166697; 21. 166625; 22. 166699。主要特征: 齿台饰以横脊, 齿沟弱, 齿台前部外侧具 2~3 个瘤齿。产地：贵州罗甸纳庆剖面。层位：石炭系巴什基尔阶（南丹组）。

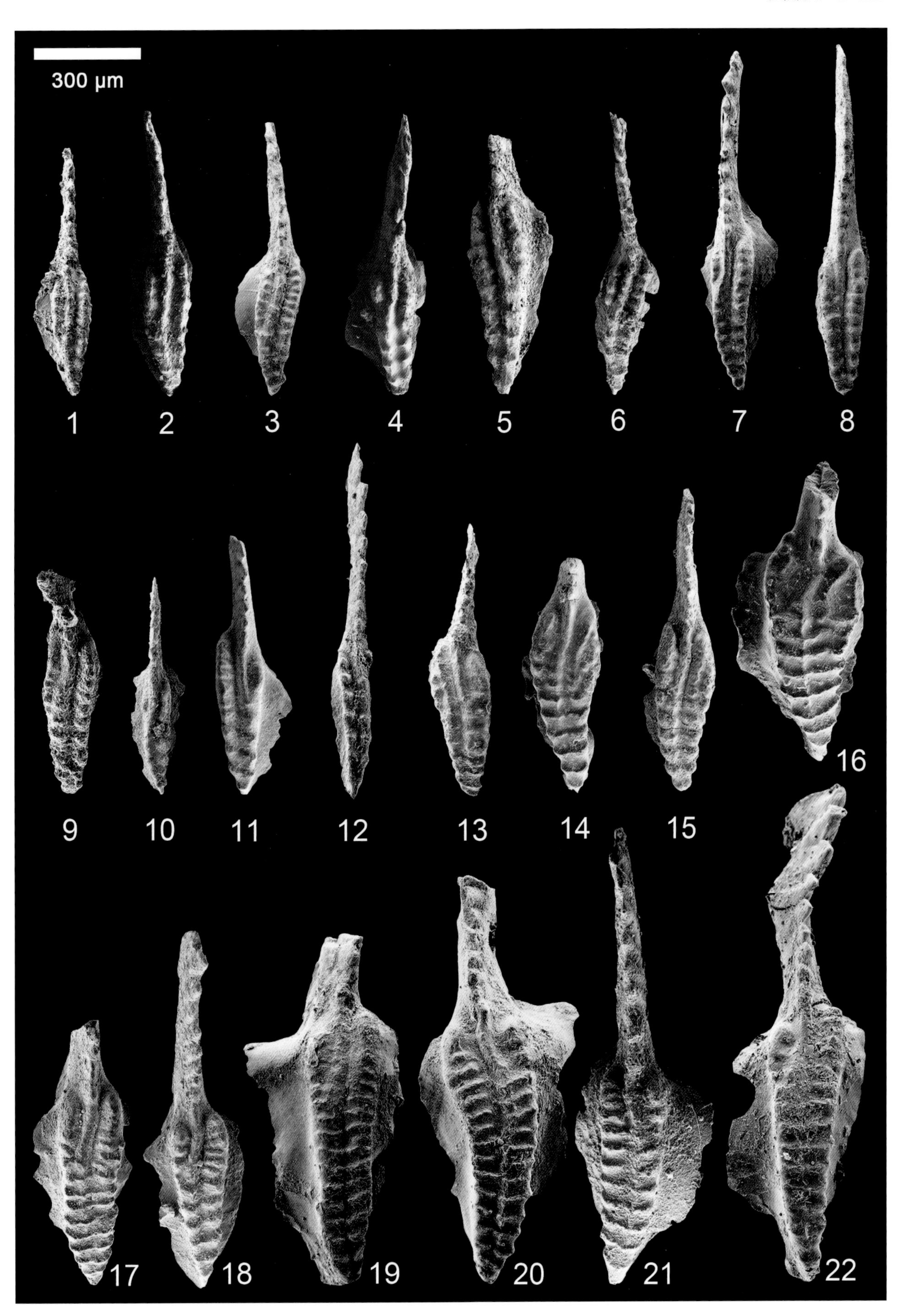
300 μm
1
2
3
4
5
6
7
8
9
10
11
12
13
14
15
16
17
18
19
20
21
22

图版 5-1-22 说明

（所有标本均保存在中国科学院南京地质古生物研究所）

1—2　先具节斜颚齿刺 *Declinognathodus praenoduliferus* Nigmadganov and Nemyrovska，1992　1 引自 Hu 等（2019），2 引自 Hu 等（2017）

口视。登记号：1. 164650；2. 162581。主要特征：齿台窄、长，饰以横脊，隆脊短、止于横脊，齿沟弱或不发育，齿台前部不具额外瘤齿。产地：1. 贵州罗甸纳庆剖面；2. 贵州罗甸罗悃剖面。层位：石炭系巴什基尔阶下部（南丹组）。

3—6、11　伯纳格斜颚齿刺 *Declinognathodus bernesgae* Sanz-López et al.，2006　引自 Hu 等（2019）

口视。登记号：3. 164647；4. 164639；5. 166627；6. 164645；11. 164641。主要特征：齿台窄、长，饰以横脊，隆脊短，齿沟弱或不发育，齿台前部外侧具单个瘤齿。产地：贵州罗甸纳庆剖面。层位：石炭系巴什基尔阶下部（南丹组）。

7、15—16　边缘瘤齿斜颚齿刺 *Declinognathodus marginodosus*（Grayson，1984）　7、15 引自 Hu 等（2017），16 引自 Qi 等（2016）

口视。登记号：7. 162591；15. 162592；16. 161024。主要特征：隆脊短、向后延伸极短距离后融合于外齿垣，齿台前部外侧具单个分离的长瘤齿，齿沟发育、分离两侧瘤状齿垣。产地：贵州罗甸纳庆剖面。层位：石炭系巴什基尔阶中部至莫斯科阶下部（南丹组）。

8—10　侧生斜颚齿刺 *Declinognathodus lateralis*（Higgins and Bouckaert，1968）　引自 Hu 等（2019）

口视。登记号：8. 166667；9. 166669；10. 166668。主要特征：齿垣饰以短横脊，隆脊短至中等，向后延伸并与外齿垣融合，齿沟窄，齿台前部外侧不具额外瘤齿。产地：贵州罗甸纳庆剖面。层位：石炭系巴什基尔阶下部（南丹组）。

12—14　假侧生斜颚齿刺比较种 *Declinognathodus* cf. *pseudolateralis* Nemyrovska，1999　引自 Hu 等（2019）

口视。登记号：12. 166679；13. 166677；14. 166676。主要特征：齿台下凹、卵状，饰以横脊，隆脊短、或可向后延伸出瘤齿与横脊融合，形成齿台中部凸起，齿沟弱或不发育。产地：贵州罗甸纳庆剖面。层位：石炭系巴什基尔阶下部（南丹组）。

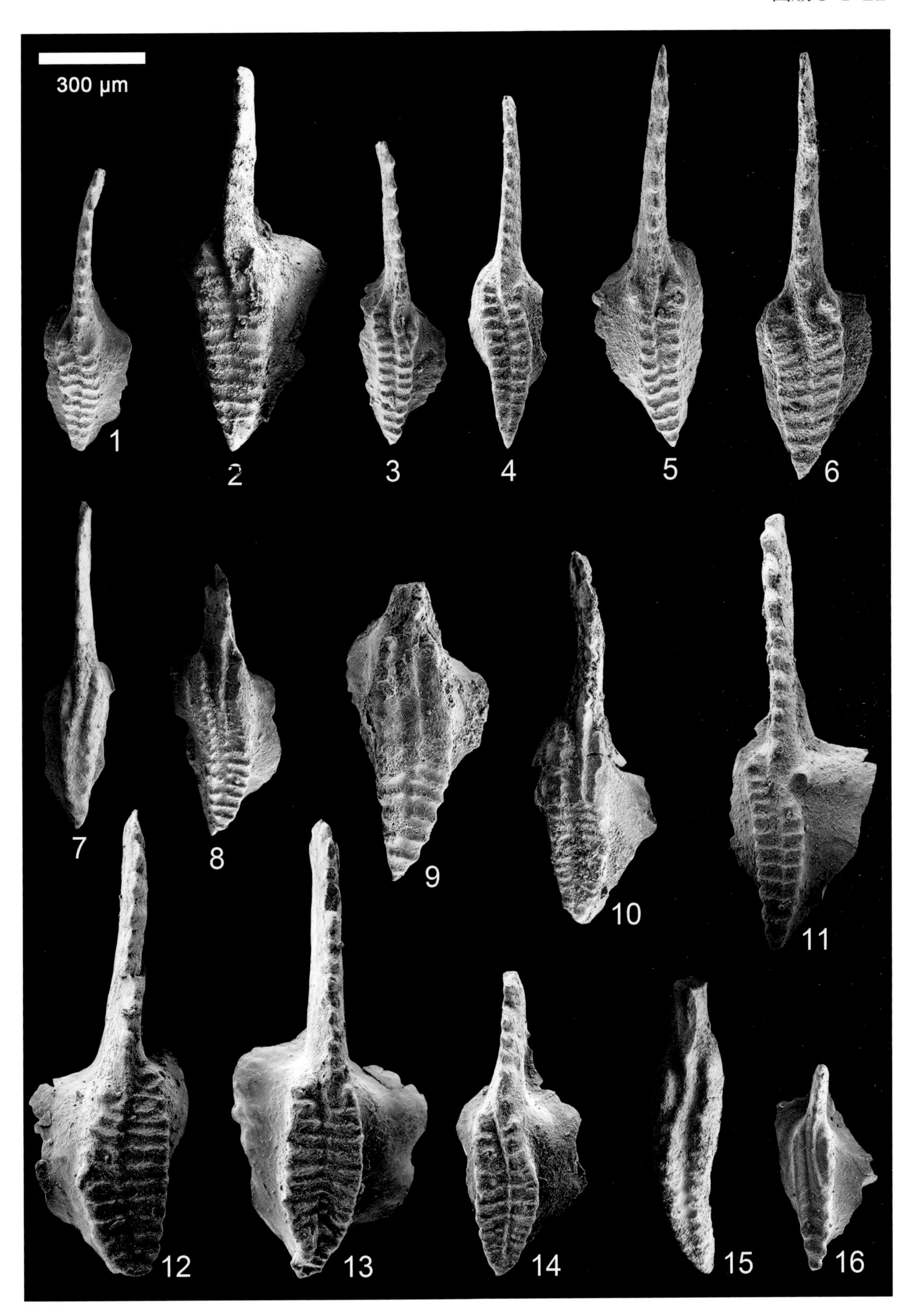

300 μm
1
2
3
4
5
6
7
8
9
10
11
12
13
14
15
16

图版 5-1-23 说明

（所有标本均保存在中国科学院南京地质古生物研究所）

1、6—7 曲拟异颚刺 *Idiognathoides sinuatus*（Harris and Hollingsworth，1933） 1 引自 Hu 等（2019），6 引自 Qi 等（2016），7 引自 Hu 等（2017）

口视。登记号：1. 166704；6. 161432；7. 162611。主要特征：分子左型，齿台窄长，内、外齿垣饰以横脊，外齿垣较高、呈阶梯状。产地：1、6. 贵州罗甸纳庆剖面；7. 贵州罗甸罗悃剖面。层位：石炭系巴什基尔阶下部至莫斯科阶下部（南丹组）。

2—5 褶皱拟异颚刺 *Idiognathoides corrugatus* Harris and Hollingsworth，1933 2、4 引自 Hu 等（2019），3、5 引自 Qi 等（2016）

口视。登记号：2. 166710；3. 161007；4. 166709；5. 161006。主要特征：分子右型、矛状、侧视弯曲，齿台平坦或略下凹、饰以平行的横脊。产地：贵州罗甸纳庆剖面。层位：石炭系巴什基尔阶下部至莫斯科阶下部（南丹组）。

8—9 奥启拟异颚刺 *Idiognathoides ouachitensis*（Harlton，1933） 引自王志浩等（2020）

口视。登记号：8. 161015；9. 161014。主要特征：分子右型、矛状、侧视弯曲，齿台下凹、饰以平行的横脊、前部具明显齿沟。产地：贵州罗甸纳庆剖面。层位：石炭系巴什基尔阶上部至莫斯科阶下部（南丹组）。

10—14 槽拟异颚刺槽亚种 *Idiognathoides sulcatus sulcatus*（Higgins and Bouckaert，1968） 10、14 引自 Hu 等（2019），12—13 引自 Qi 等（2016）

口视。登记号：10. 166711；11. 161061；12. 161058；13. 162602；14. 166713。主要特征：内、外齿垣等长、饰以瘤齿，由齿沟分离。产地：10—12、14. 贵州罗甸纳庆剖面；13. 贵州罗甸罗悃剖面。层位：石炭系巴什基尔阶下部至莫斯科阶下部（南丹组）。

15—17 莱恩拟异颚刺 *Idiognathoides lanei* Nemyrovska in Kozitskaya et al.，1978 15、17 引自 Hu 等（2019），16 引自 Qi 等（2016）

口视。登记号：15. 166720；16. 161001；17. 166719。主要特征：左型分子、窄长、矛状，外齿垣仅在齿台前部高于内齿垣并由齿沟分离、在后部与内齿垣融合形成平坦的后齿台并饰以连续的横脊。产地：15—16. 贵州罗甸纳庆剖面；17. 贵州罗甸罗悃剖面。层位：石炭系巴什基尔阶中部至莫斯科阶下部（南丹组）。

18—19 槽拟异颚刺小亚种 *Idiognathoides sulcatus parvus* Higgins and Bouckaert，1968 18 引自 Qi 等（2016），19 引自 Hu 等（2017）

口视。登记号：18. 161428；19. 162603。主要特征：内齿垣约为外齿垣一半长度、仅发育于齿台前部。产地：18. 贵州罗甸纳庆剖面；19. 贵州罗甸罗悃剖面。层位：石炭系巴什基尔阶上部（南丹组）。

20 瘦弱拟异颚刺 *Idiognathodus macer*（Wirth，1967） 引自 Qi 等（2016）

口视。登记号：161016。主要特征：外齿垣饰以瘤齿，内齿垣前部为横脊、后部为瘤齿、中间发育齿沟。产地：贵州罗甸纳庆剖面。层位：石炭系巴什基尔阶下部至莫斯科阶底部（南丹组）。

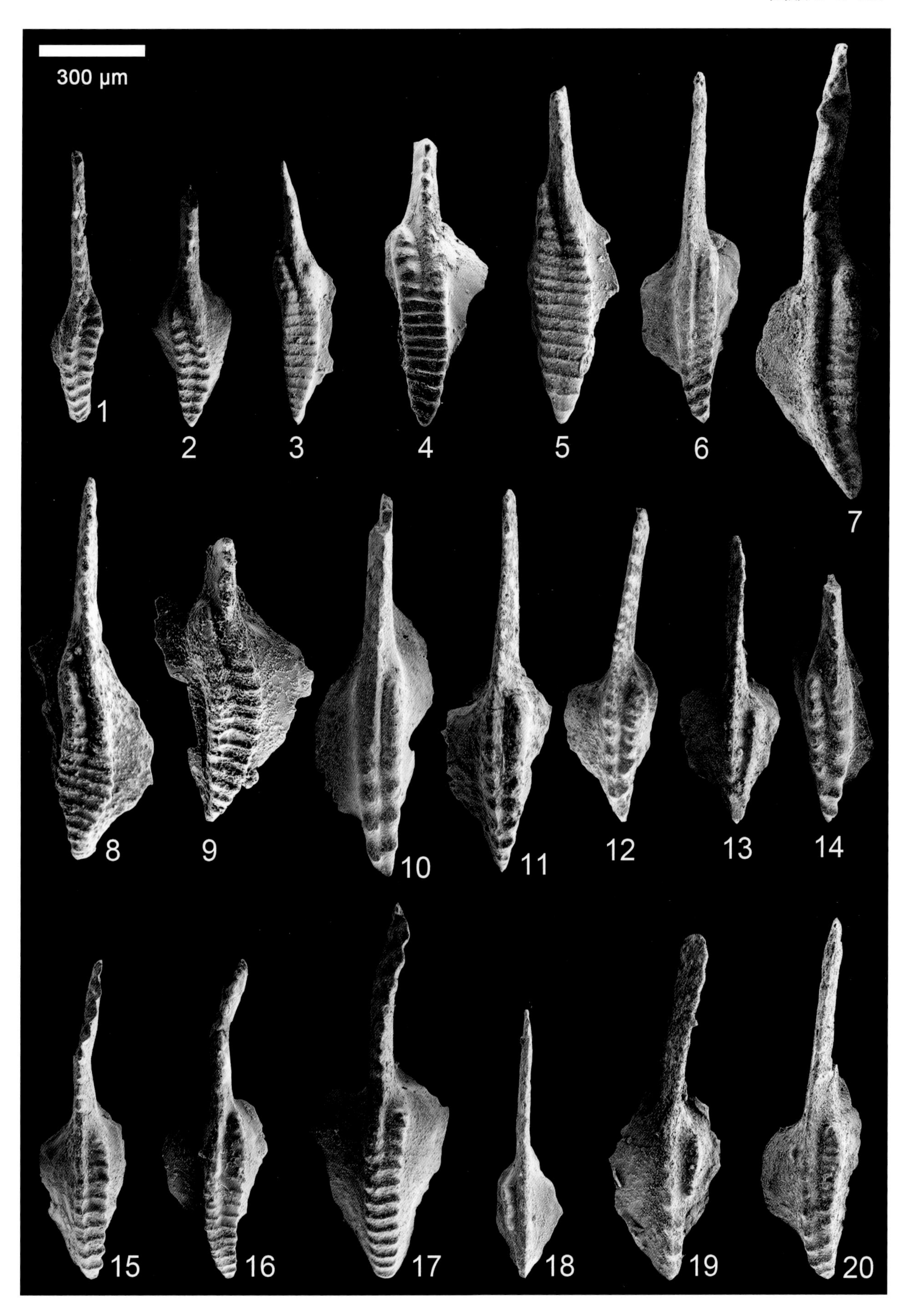
300 μm
1
2
3
4
5
6
7
8
9
10
11
12
13
14
15
16
17
18
19
20

图版 5-1-24 说明

（所有标本均保存在中国科学院南京地质古生物研究所）

1—2　亚洲拟异颚刺 *Idiognathoides asiaticus* Nigmadganov and Nemyrovska，1992　引自 Hu 等（2019）

口视。登记号：1. 166718；2. 166717。主要特征：齿台窄长，饰以连续横脊，齿沟弱或不发育。产地：贵州罗甸纳庆剖面。层位：石炭系巴什基尔阶下部（南丹组）。

3　太平洋拟异颚刺 *Idiognathoides pacificus* Savage and Barkeley，1985　引自 Hu 等（2017）

口视。登记号：162616。主要特征：分子窄长，齿台前部具短齿沟，其他部则饰以“V”形横脊。产地：贵州罗甸罗悃剖面。层位：石炭系巴什基尔阶上部至莫斯科阶下部（南丹组）。

4—6　后槽拟异颚刺 *Idiognathoides postsulcatus* Nemyrovska，1999　4 引自 Qi 等（2016），5—6 引自 Hu 等（2017）

口视。登记号：4. 161431；5. 162604；6. 162605。主要特征：齿台窄长，具内、外齿垣、饰以瘤齿，中间具窄齿沟。产地：4、6. 贵州罗甸纳庆剖面；5. 贵州罗甸罗悃剖面。层位：石炭系巴什基尔阶上部至莫斯科阶下部（南丹组）。

7—9　边缘瘤拟异颚刺 *Idiognathoides tubeculatus* Nemyrovska in Kozitskaya et al.，1978　7—8 引自 Hu 等（2017），9 引自 Qi 等（2016）

口视。登记号：7. 162612；8. 162613；9. 161057。主要特征：齿台外侧具多个瘤齿。产地：7—8. 贵州罗甸罗悃剖面；9. 贵州罗甸纳庆剖面。层位：石炭系巴什基尔阶上部至莫斯科阶下部（南丹组）。

10—11　罗悃拟异颚刺 *Idiognathoides luokunensis* Hu and Qi in Hu et al.，2017　引自 Hu 等（2017）

10a、11. 口视；10b. 侧视；10c. 反口视。登记号：10. 162622；11. 162621。主要特征：齿垣饰以短横脊，内齿垣前部内侧具“齿叶”，外齿垣较内齿垣高，齿台外侧具放射状瘤齿列。产地：贵州罗甸罗悃剖面。层位：石炭系巴什基尔阶上部（南丹组）。

12—14　平坦拟异颚刺 *Idiognathoides planus* Furduj，1979　12—13 引自胡科毅（2016），14 引自 Qi 等（2014b）

口视。登记号：12. PZ 171194；13. PZ 171195；14. 155858。主要特征：无齿沟，齿台饰以小间距的横脊，横脊向后弯曲、呈“U”形。产地：12—13. 贵州罗甸纳庆剖面；14. 贵州镇宁店子上路边剖面，层位：石炭系莫斯科阶下部（南丹组）。

300 μm
1
2
3
4
5
6
7
8
9
10a
10b
10c
11
12
13
14

图版 5-1-25 说明

（所有标本均保存在中国科学院南京地质古生物研究所）

1—3　膨大“曲颚齿刺”1 型“*Streptognathodus*” *expansus* Igo and Koike，1964 Morphotype 1　引自 Qi 等（2016）

口视。登记号：1. 160978；2. 160977；3. 160979。主要特征：齿台较窄、长，饰以连续的横脊、间距小，无齿叶；产地：贵州罗甸纳庆剖面。层位：石炭系巴什基尔阶中至上部（南丹组）。

4—7　膨大“曲颚齿刺”2 型“*Streptognathodus*” *expansus* Igo and Koike，1964 Morphotype 2　4—5、7 引自 Qi 等（2016），6 引自 Qi 等（2014a）

口视。登记号：4. 160974；5. 160973；6. 155820；7. 160972。主要特征：分子侧视弯曲，齿台宽，末端具齿沟，横脊间距小，隆脊短，齿台前部两端具弱齿叶。产地：4—5、7. 贵州罗甸纳庆剖面；6. 贵州镇宁店子上路边剖面。层位：石炭系巴什基尔阶上部至莫斯科阶底部（南丹组）。

8—10　近直立“曲颚齿刺”1 型“*Streptognathodus*” *suberectus* Dunn，1966 Morphotype 1　引自 Qi 等（2016）

口视。登记号：8. 160969；9. 160970；10. 160968。主要特征：隆脊短，齿沟较弱，两侧齿垣饰以窄间距横脊，无齿叶。产地：贵州罗甸纳庆剖面。层位：石炭系巴什基尔阶中至上部（南丹组）。

11—13　近直立“曲颚齿刺”2 型“*Streptognathodus*” *suberectus* Dunn，1966 Morphotype 2　11、13 引自 Qi 等（2016），12 引自 Qi 等（2014a）

口视。登记号：11. 160966；12. 155815；13. 160965。主要特征：隆脊短，齿沟发育，两侧齿垣饰以窄间距横脊，外齿垣较内齿垣高，齿台两侧中部发育齿叶。产地：11、13. 贵州罗甸纳庆剖面；12. 贵州镇宁店子上路边剖面。层位：石炭系巴什基尔阶中上部至莫斯科阶底部（南丹组）。

14—16　近娇柔斯瓦德刺 *Swadelina subdelicata*（Wang and Qi，2003）　引自 Hu 和 Qi（2017）

口视。登记号：14. 164569；15. 164570；16. 164571。主要特征：齿台中等宽度，右侧齿台略高并与隆脊融合齿沟窄、略偏于内侧，齿台前部两侧具简单齿叶。产地：14. 贵州罗甸逢亭剖面；15—16. 贵州罗甸纳庆剖面。层位：石炭系巴什基尔阶中上部至莫斯科阶下部（南丹组）。

17—19　矛状斯瓦德刺 *Swadelina lancea* Hu and Qi，2017　引自 Hu 和 Qi（2017）

口视。登记号：17. 164574；18. 164577；19. 164579。主要特征：齿台窄，齿沟窄，齿垣饰以瘤齿、平行，齿台前端两侧具齿叶，内齿叶发育，外侧齿叶较齿台低。产地：17. 贵州罗甸逢亭剖面；18—19. 贵州罗甸纳庆剖面。层位：石炭系莫斯科阶下部（南丹组）。

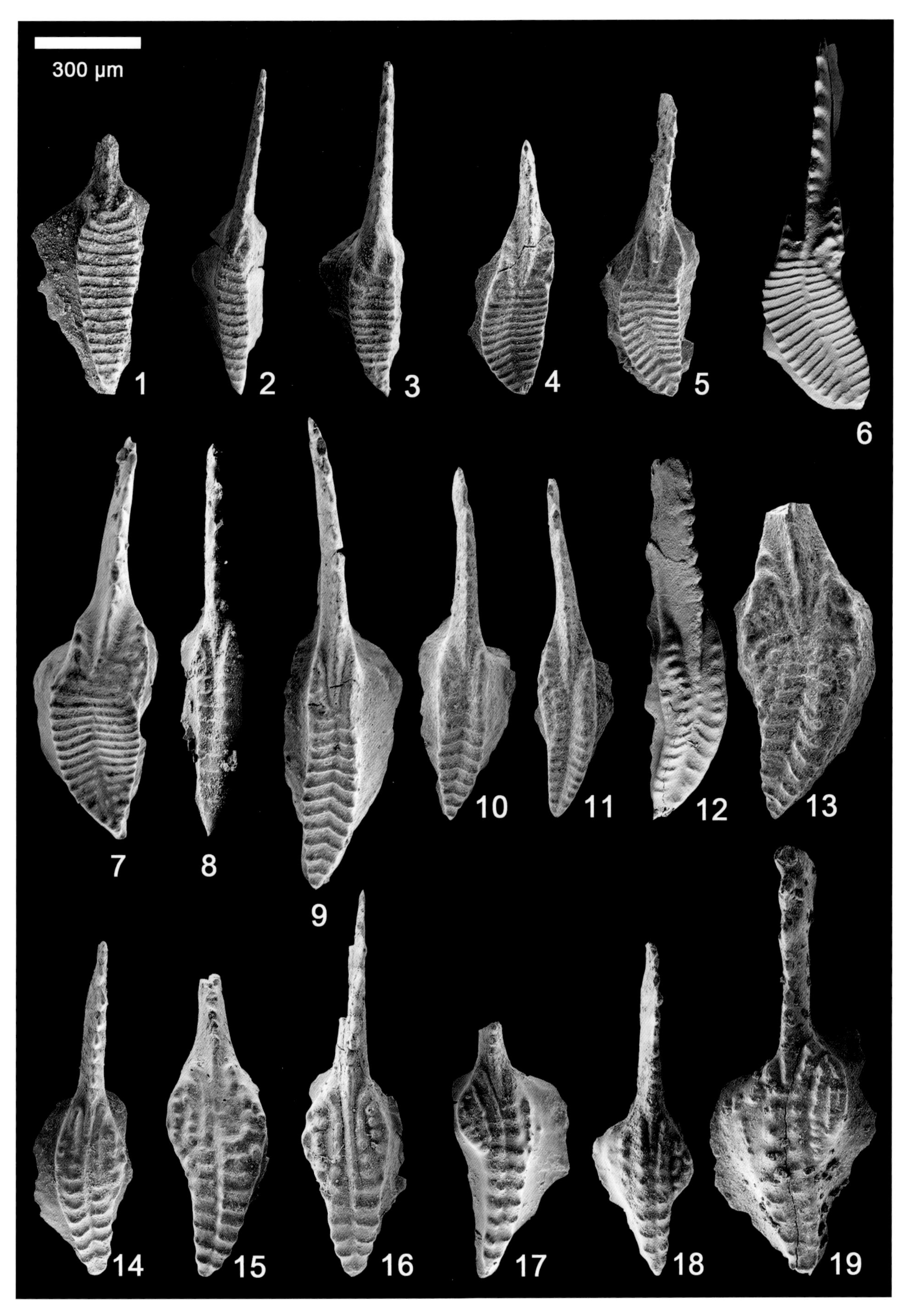
300 μm
1
2
3
4
5
6
7
8
9
10
11
12
13
14
15
16
17
18
19

图版 5-1-26 说明

（所有标本均保存在中国科学院南京地质古生物研究所）

1—9　艾利思姆双颚齿刺 *Diplognathodus ellesmerensis* Bender，1980　1—3、5—9 引自 Hu 等（2020b），4 引自 Qi 等（2016）

侧视。登记号：1. PZ 171166；2. PZ 171167；3. 160985；4. 160984；5. PZ 171168；6. PZ 171168；7. PZ 171173；8. PZ 171171；9. PZ 171172。主要特征：分子侧视由齿片和隆脊组成，二者间具一凹口、内饰若干小细齿，齿片高、呈扇状，约为隆脊的 2~3 倍，末端细齿最高、后倾、向前逐渐降低，隆脊矮、略上凸、其上细齿低。产地：1、3—9. 贵州罗甸纳庆剖面，2. 贵州罗甸纳饶剖面。层位：石炭系莫斯科阶下部（南丹组）。

10—15　本德双颚齿刺 *Diplognathodus benderi* Hu，Hogancamp，Lambert and Qi in Hu et al.，2020b　引自 Hu 等（2020b）

侧视。登记号：10. PZ 171175；11. PZ 171176；12. PZ 171177；13. PZ 171178；14. 160988；15. PZ 171180。主要特征：分子侧视由齿片和隆脊组成，二者发育一凹口、其中具 2 个小细齿，齿片略高，饰以较高、较大的细齿，隆脊略矮、上凸、饰以矮小的细齿。产地：贵州罗甸纳庆剖面。层位：石炭系巴什基尔阶上部至莫斯科阶底部（南丹组）。

16—18　孤儿双颚齿刺 *Diplognathodus orphanus*（Merrill，1973）　16、18 引自 Hu 等（2017），17 引自 Wang 和 Qi（2003）

侧视。登记号：16. 162670；17. 133251；18. 162668。主要特征：分子侧视由齿片和隆脊组成，二者界线不明显，齿片饰以较高、较大的细齿，除最前端细齿外、齿片细齿向前略微增高，隆脊饰以较矮小的细齿，向后逐渐降低，分子高度从前至后整体降低。产地：16、18. 贵州罗甸罗悃剖面；17. 贵州罗甸纳庆剖面。层位：石炭系巴什基尔阶上部至莫斯科阶下部（南丹组）。

19—21　科罗拉多双颚齿刺 *Diplognathodus coloradoensis* Murray and Chronic，1965　19、21 引自王志浩等（2020），20 引自 Qi 等（2016）

侧视。登记号：19. 160991；20. 167401；21. 160990。主要特征：分子侧视由齿片和隆脊组成，齿片上具较大较高的细齿、向前逐渐增高，但最前端 1~2 个细齿高度低，隆脊铲状、不具细齿或具非常细小的细齿、高度平缓到末端陡然降低至下口缘。产地：贵州罗甸纳庆剖面。层位：石炭系巴什基尔阶上部至莫斯科阶上部（南丹组）。

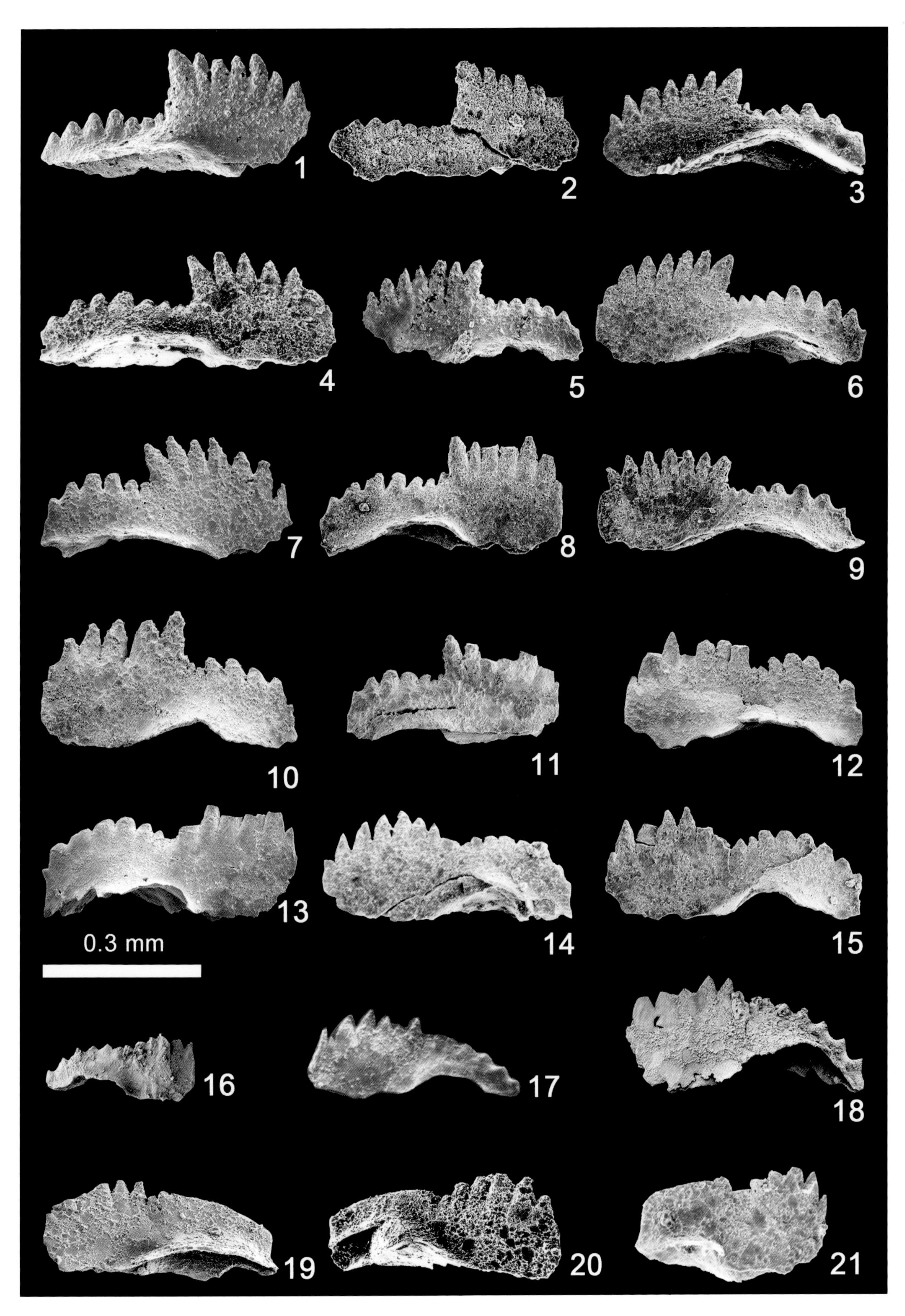
1
2
3
4
5
6
7
8
9
10
11
12
13
14
15
0.3 mm
16
17
18
19
20
21

图版 5-1-27 说明

（所有标本均保存在中国科学院南京地质古生物研究所）

1—2　马克里娜斯瓦德刺 *Swadelina makhlinae*（Alekseev and Goreva，2001）　引自 Hu 和 Qi（2017）

口视。登记号：1. 164581；2. 164582。主要特征：隆脊短，齿槽发育、U 型、深，两侧具齿叶、饰以若干大瘤齿。产地：贵州罗甸纳庆剖面。层位：石炭系莫斯科阶上部（南丹组）。

3—6　艾诺斯瓦德刺 *Swadelina einori*（Nemyrovska and Alekseev，1993）　引自 Hu 等（2017）

口视。登记号：3. 162653；4. 162655；5. 162658；6. 162656。主要特征：隆脊较短，具齿槽，具横脊，齿台前部两侧具简单齿叶。产地：贵州罗甸罗悃剖面。层位：石炭系巴什基尔阶中上部至莫斯科阶下部（南丹组）。

7—9　精巧斯瓦德刺比较种 *Swadelina* cf. *concinna*（Kossenko，1975）　引自 Hu 和 Qi（2017）

口视。登记号：7. 164596；8. 164597；9. 164598，主要特征：齿台舌形，隆脊短，齿槽 U 型，齿垣平行、饰以瘤齿及短横脊，齿台前端两侧具齿叶。产地：7—8. 贵州罗甸纳庆剖面；9. 贵州罗甸逢亭剖面。层位：石炭系莫斯科阶上部（南丹组）。

10—17　近直立斯瓦德刺 *Swadelina subexcelsa*（Alekseev and Goreva，2001）　引自 Hu 和 Qi（2017）

口视。登记号：10. 162693；11. 162692；12. 164556；13. 164544；14. 164553；15. 164552；16. 164547；17. 164548。主要特征：分子内弯，隆脊短，两侧齿叶发育，齿槽发育、“V”形、窄、中等深度。产地：贵州罗甸纳庆剖面。层位：石炭系莫斯科阶中上部（南丹组）。

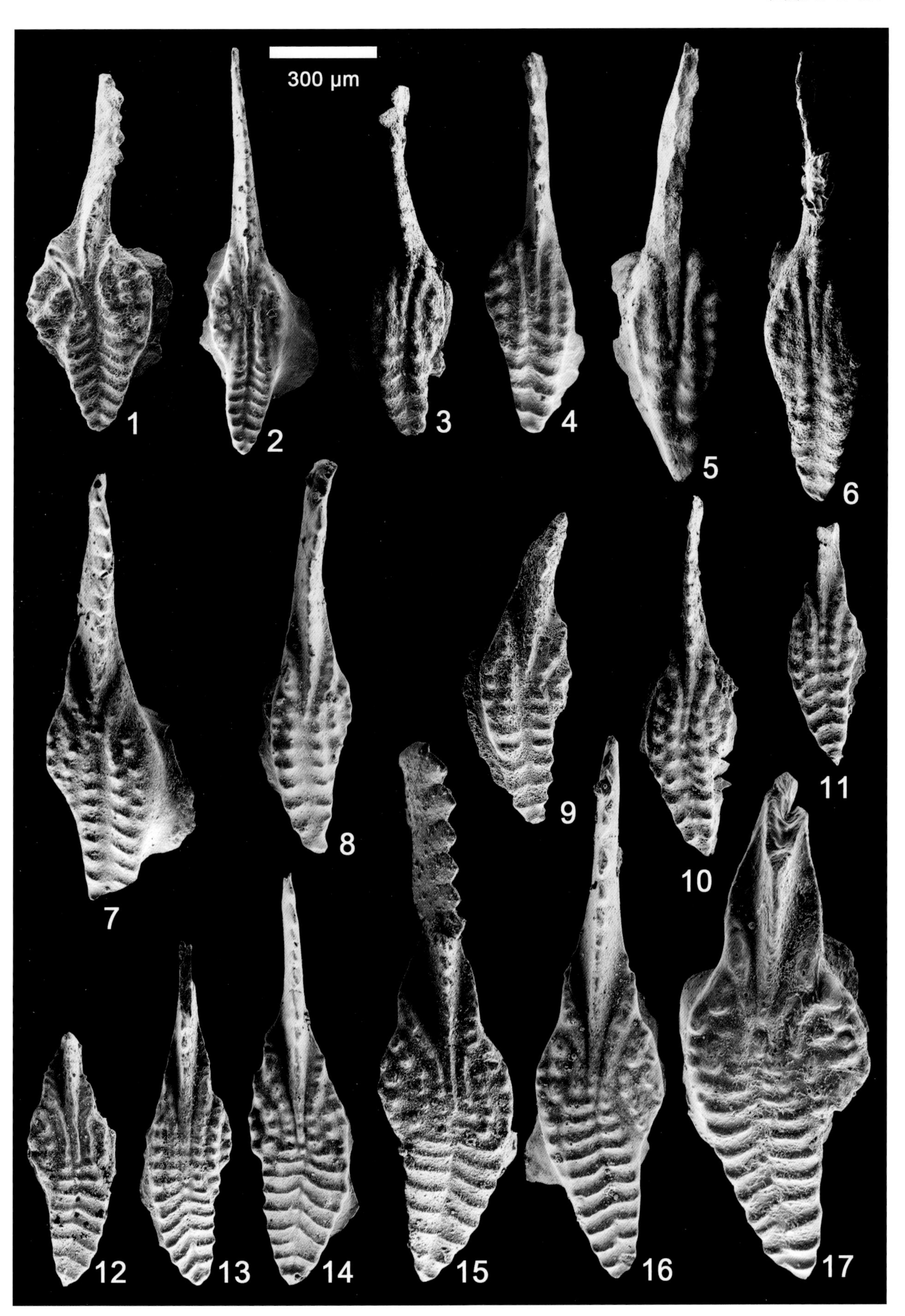
300 μm
1
2
3
4
5
6
7
8
9
10
11
12
13
14
15
16
17

图版 5-1-28 说明

（所有标本均保存在中国科学院南京地质古生物研究所）

1—3、5　瘤脊斯瓦德刺 *Swadelina nodocarinata*（Jones，1941）　引自 Hu 和 Qi（2017）

口视。登记号：1. 164591；2. 164609；3. 164613；5. 164612。主要特征：齿台较宽，隆脊极短，具“V”形齿槽至齿台末端，内、外齿叶均发育，外齿叶可向后延伸至齿台中部，内、外齿垣所饰横脊偏转、呈倒“V”形。产地：贵州罗甸纳庆剖面。层位：石炭系莫斯科阶上部（南丹组）。

4　瘤脊斯瓦德刺比较种 *Swadelina* cf. *nodocarinata*（Jones，1941）　引自 Hu 和 Qi（2017）

口视。登记号：164607。主要特征：齿台较宽，隆脊极短，具“V”形齿槽至齿台末端，内齿叶发育，外齿叶仅有若干瘤齿并限于齿台极前端，内、外齿垣所饰横脊偏转、呈倒“V”形。产地：贵州罗甸纳庆剖面。层位：石炭系莫斯科阶中部（南丹组）。

6—14　莱恩斯瓦德刺 *Swadelina lanei* Hu and Qi，2017　引自 Hu 和 Qi（2017）

口视。登记号：6. 164611；7. 164610；8. 164609；9. 164563；10. 164617；11. 164604；12. 164617；13. 164616；14. 164615。主要特征：齿台窄，具“V”形齿槽、达齿台中部—末端，隆脊短、限于前端，齿台两侧齿垣饰以横脊，内齿叶较发育、由 1~2 列瘤齿或几个小瘤齿组成，外齿叶仅具若干小瘤齿或无。产地：贵州罗甸纳庆剖面。层位：石炭系莫斯科阶上部（南丹组）。

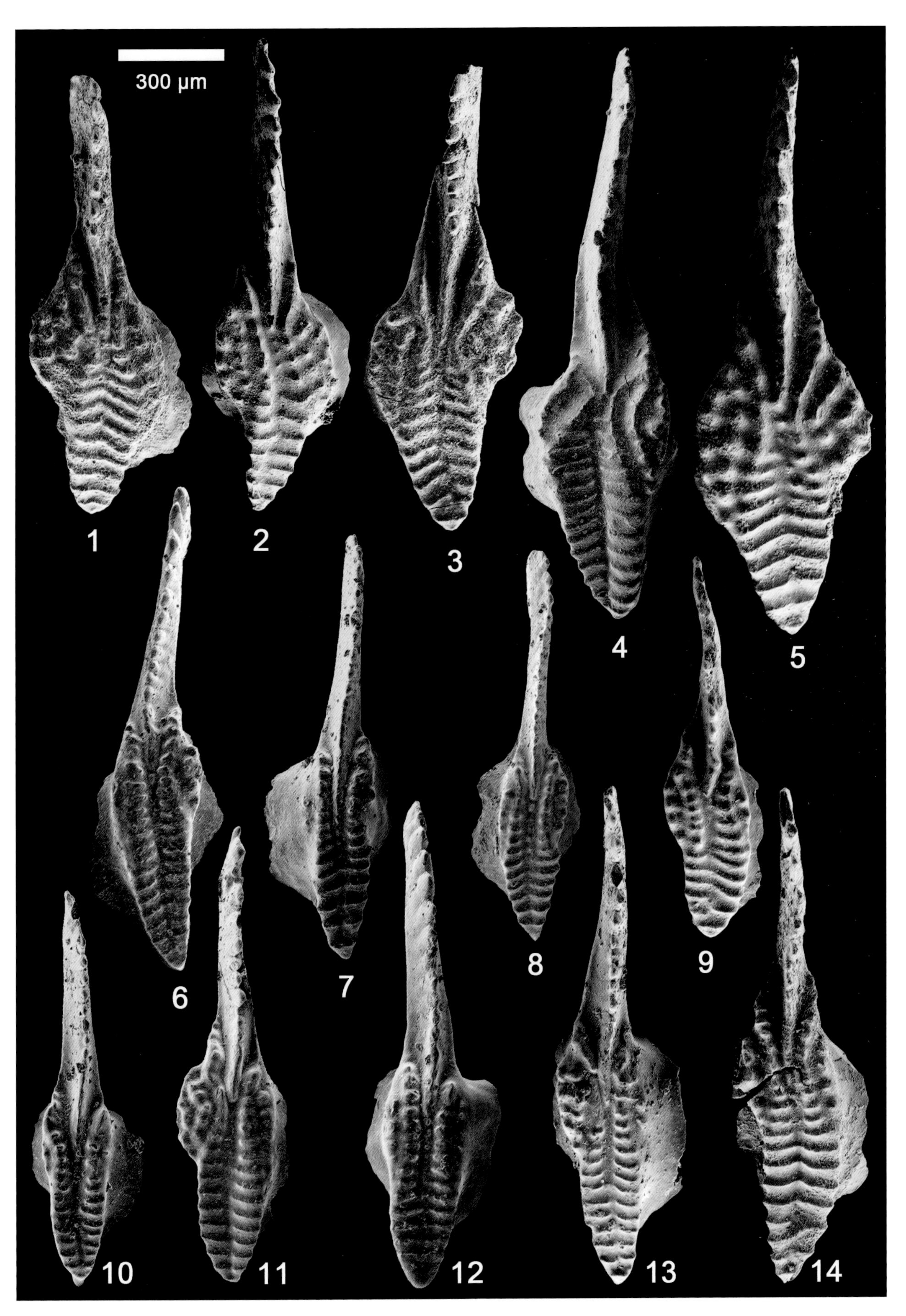
300 μm
1
2
3
4
5
6
7
8
9
10
11
12
13
14

图版 5-1-29 说明

（所有标本均保存在中国科学院南京地质古生物研究所）

1—8　波多尔斯克异颚刺 *Idiognathodus podolskensis* Goreva，1984　1—6 引自 Qi 等（2014b），7—8 引自王志浩和祁玉平（2003）

口视。登记号：1. 155844；2. 155839；3. 155842；4. 155845；5. 155852；6. 155846；7. 135501；8. 135500。主要特征：口视分子内弯，左型分子侧视弯曲、右型分子较平坦，左型分子两侧具齿叶、外齿叶向后延伸略长于内齿叶，内前缘脊呈"S"形，齿台大部饰以短间距、倾斜的横脊、略向前凸、后部或不连续。产地：1—6. 贵州镇宁店子上路边剖面；7—8. 山西太原。层位：1—6. 石炭系莫斯科阶下至中部（南丹组）；7—8. 石炭系莫斯科阶下至中部（本溪组）。

9　涅米罗夫斯卡异颚刺 *Idiognathodus nemyrovskae* Wang and Qi，2003　引自 Wang 和 Qi（2003）

登记号：133214。主要特征：分子窄长，两侧具简单齿叶。产地：贵州罗甸纳庆剖面。层位：石炭系巴什基尔阶上部至莫斯科阶下部（南丹组）。

10—12　斜异颚刺 *Idiognathodus obliquus* Kossenko in Kozitskaya et al.，1978　引自胡科毅（2016）

口视。登记号：10. PZ 171196; 11. PZ 171197; 12. PZ 171198。主要特征：分子内弯，内前缘脊"S"形，齿台大部饰以短间距、倾斜、直的横脊，内齿叶位于齿台前部，外齿叶则可延伸至齿台后部。产地：贵州罗甸纳庆剖面。层位：石炭系莫斯科阶下至中部（南丹组）。

13—15　前斜异颚刺 *Idiognathodus praeobliquus* Nemyrovska，Perret-Mirouse and Alekseev，1999　引自胡科毅（2016）

口视。登记号：13. PZ 171199；14. PZ 171200；15. PZ 171201。主要特征：分子内弯、内前缘脊"S"形，齿台大部饰以略倾斜的横脊、直或略弯，两侧齿叶限于齿台前部。产地：贵州罗甸纳庆剖面。层位：石炭系莫斯科阶下至中部（南丹组）。

16　山西异颚刺 *Idiognathodus shanxiensis* Wan and Ding，1984　in 天津地质矿产研究所，1984　引自 Wang 等（1987）

口视。登记号：94596。主要特征：分子矛状，齿台窄、内弯，横脊不直，沿中间有压痕、前凸，齿台两侧发育齿叶，外齿叶可延伸 1/2~3/4 齿台长度，齿台外侧略高。产地：山西武乡温庄。层位：石炭系莫斯科阶（本溪组）。

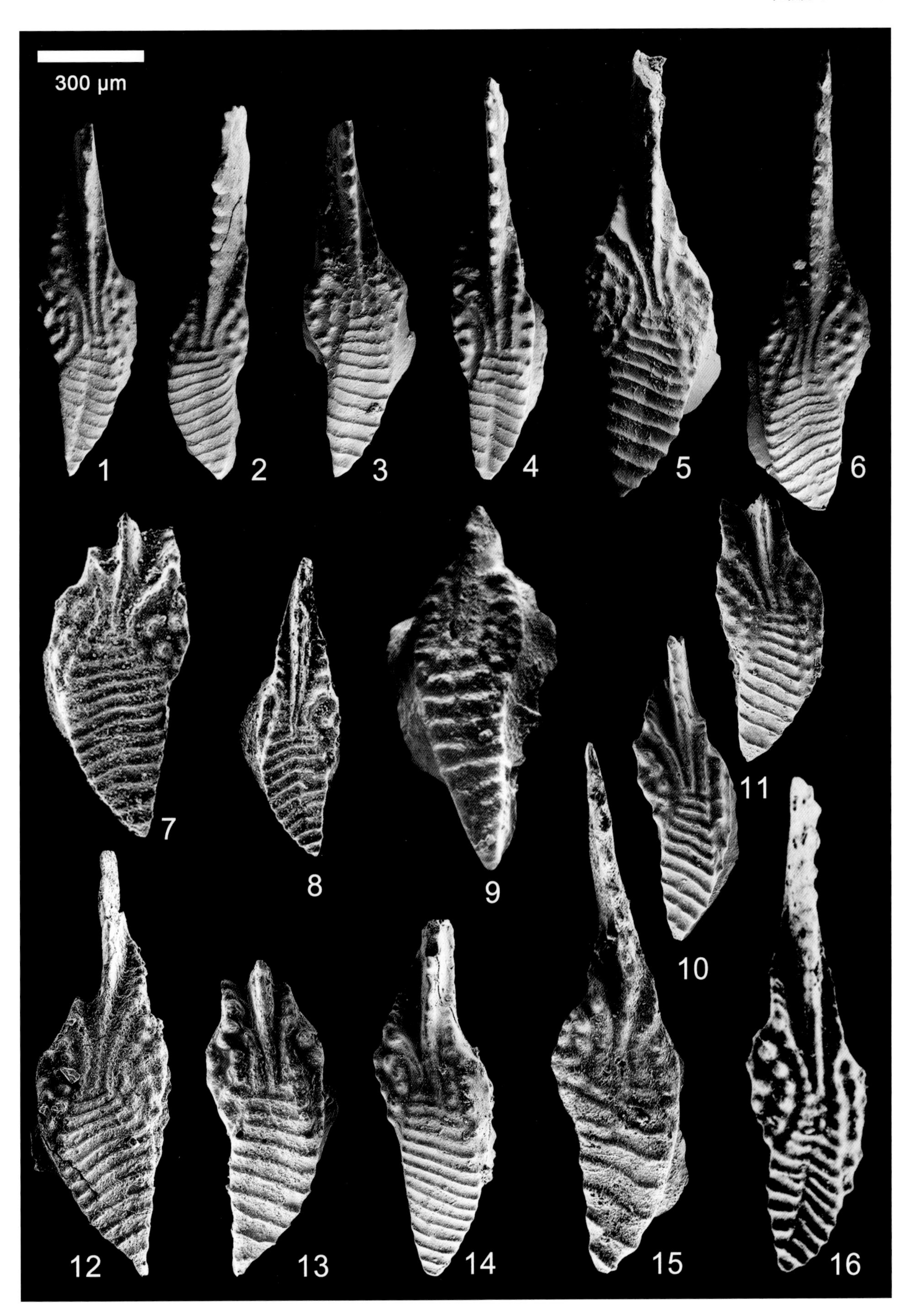
300 μm
1
2
3
4
5
6
7
8
9
10
11
12
13
14
15
16

图版 5-1-30 说明

（所有标本均保存在中国科学院南京地质古生物研究所）

1—3　顿巴斯中舟刺 *Mesogondolella donbassica*（Kossenko，1975）　1 引自 Wang 和 Qi（2003），2 引自 Qi 等（2016），3 引自 Qi 等（2014b）

1、2a、3. 口视；2b. 侧口视。登记号：1. 133250；2. 160999；3. 155834。主要特征：齿台长卵形，前端尖，后端圆状，侧视上拱，齿台宽、光滑，隆脊锯齿状、未及齿台最末端，隆脊两侧具齿沟、光滑，而齿台边缘饰以网状纹饰，末端主齿缺失，反口面龙脊宽，扁平，基腔极小。产地：1—2. 贵州罗甸纳庆剖面；3. 贵州镇宁店子上路边剖面。层位：石炭系莫斯科阶（南丹组）。

4—5　沃德洛舟刺 *Gondolella wardlawi* Nestell and Pope in Nestell et al.，2016　引自胡科毅（2016）

口视。登记号：4. PZ 171202；5. PZ 171203。主要特征：齿台饰以细横脊、使得齿台两侧呈褶皱状，隆脊由圆锥状瘤齿组成、最前部 1~2 个瘤齿为齿片，齿台末端具主齿，反口面龙脊宽，扁平，基腔极小、深、位于主齿之下。产地：贵州罗甸纳庆剖面。层位：石炭系莫斯科阶上部至卡西莫夫阶（南丹组）。

6　优美舟刺 *Gondolella elegantula* Stauffer and Plummer，1932　引自 Wang 和 Qi（2003）

登记号：99038。主要特征：齿台前后两端尖，前端齿片 1~2 个瘤齿，后端具主齿，大幅向后倾斜，隆脊由分离的瘤齿组成、从前向后增大，两侧饰以细横脊、使得齿台两侧略显褶皱，反口面扁平、龙脊自后向前变窄，基腔极小、深、位于主齿之下。产地：贵州罗甸纳庆剖面。层位：石炭系卡西莫夫阶（南丹组）。

7—8　克拉克中舟刺 *Mesogondolella clarki*（Koike，1967）　7 引自 Wang 和 Qi（2003），8 引自 Qi 等（2016）

口视。登记号：7. 133248；8. 161000。主要特征：齿台长、自后向前逐渐变窄，侧式分子在后端上拱，齿台末端具主齿向后倾斜，隆脊由大的、局部融合的瘤齿组成，除隆脊两侧小范围内光滑外、齿台大部饰以网状纹饰，反口面平坦、龙脊窄，仅基腔处略大，基腔深、位于主齿之下。产地：贵州罗甸纳庆剖面。层位：石炭系莫斯科阶（南丹组）。

9—10　次克拉克中舟刺 *Mesogondolella subclarki* Wang and Qi，2003　引自 Wang 和 Qi（2003）

口视。登记号：9. 99090；10. 99089。主要特征：齿台宽、前后端均圆状，隆脊较低、由分离的瘤齿组成，末端主齿不明显，齿台绝大部饰以网状纹饰。产地：贵州罗甸纳庆剖面。层位：石炭系莫斯科阶（南丹组）。

300 μm
1
2a
2b
3
4
5
6
7
8
9
10

图版 5-1-31 说明

（所有标本均保存在中国科学院南京地质古生物研究所）

1—4　前贵州异颚刺 *Idiognathodus praeguizhouensis* Hu in Wang et al.，2020　引自王志浩等（2020）

口视。登记号：1. 167196；2. 167197；3. 167198；4. 167200。主要特征：齿台窄长、平或略下凹、饰以横脊，隆脊短，齿叶不发育、内外侧或具 1~2 个小瘤齿，或具齿沟，产地：贵州罗甸纳庆剖面。层位：石炭系莫斯科阶上部至卡西莫夫阶下部（南丹组）。

5—8　槽形异颚刺 *Idiognathodus sulciferus* Gunnell，1933　引自王志浩等（2020）

口视。登记号：5. 167219；6. 167213；7. 167217；8. 167214。主要特征：两侧齿叶发育、位于齿台前部，后齿台饰以连续的横脊、前部横脊微弱前凸。产地：贵州罗甸纳庆剖面。层位：石炭系莫斯科阶上部至卡西莫夫阶下部（南丹组）。

9—14　斯瓦德异颚刺 *Idiognathodus swadei* Rosscoe and Barrick，2009　引自王志浩等（2020）

口视。登记号：9. 167224；10. 167232；11. 167225；12. 167231；13. 167223；14. 167229。主要特征：内、外齿叶发育、约占一半齿台长度，内齿叶位于齿台上部，外齿叶可延伸至齿台中部，后齿台平坦或略下凹、饰以连续的横脊。产地：贵州罗甸纳庆剖面。层位：石炭系莫斯科阶上部至卡西莫夫阶下部（南丹组）。

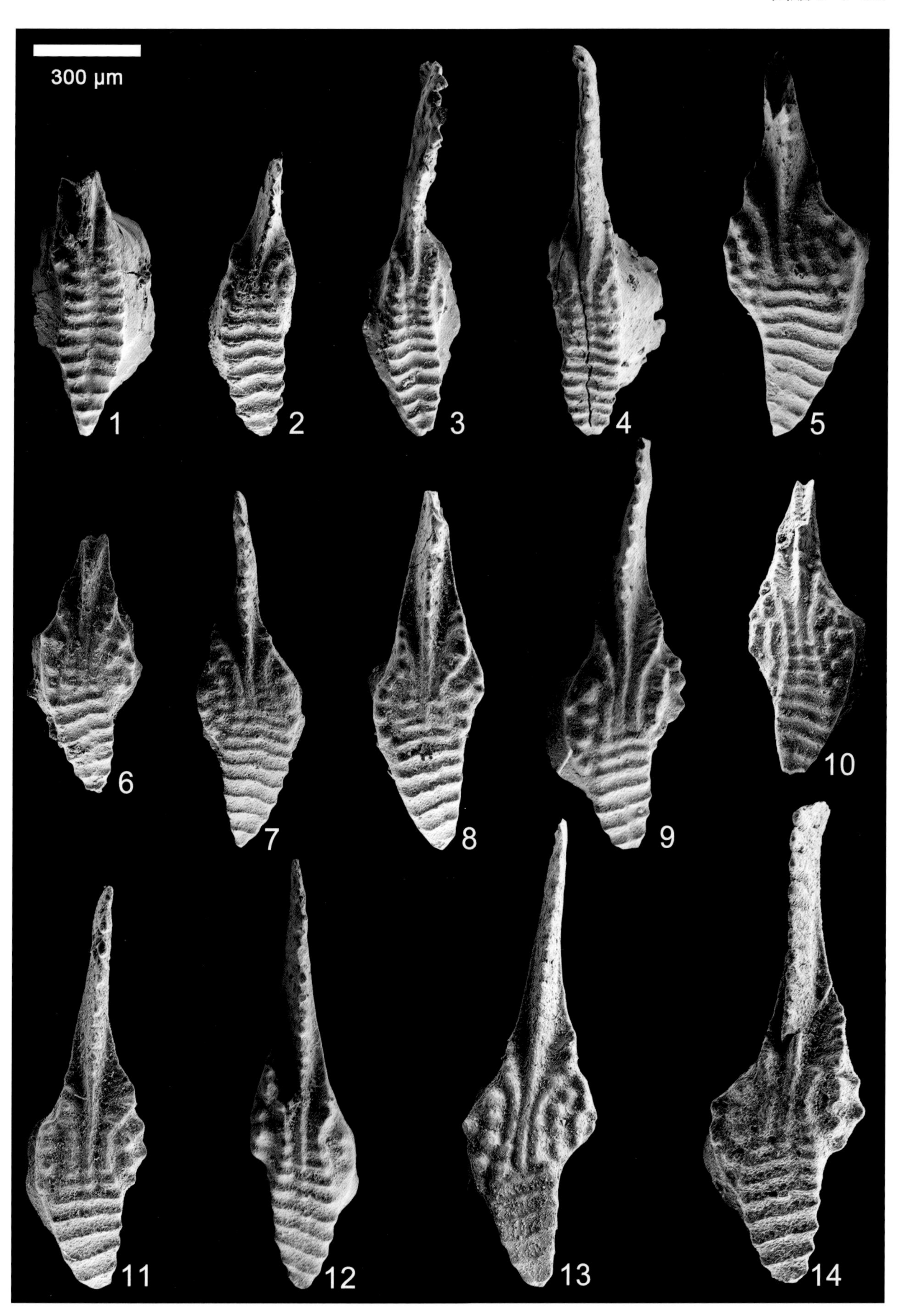
300 μm
1
2
3
4
5
6
7
8
9
10
11
12
13
14

图版 5-1-32 说明

（标本 1—6、8—14 保存在中国科学院南京地质古生物研究所，标本 7 保存在山西煤田地质局）

1—5 黑格尔异颚刺 *Idiognathodus heckeli* Rosscoe and Barrick，2013 引自王志浩等（2020）

口视。登记号：1. 167247；2. 167248；3. 167249；4. 167252；5. 167250。主要特征：齿台内侧具奇异齿沟，横脊为之切段，内、外齿叶发育、外齿叶向后延伸较多。产地：贵州罗甸纳庆剖面。层位：石炭系莫斯科阶上部至卡西莫夫阶下部（南丹组）。

6—7 瓦包恩曲颚齿刺 *Streptognathodus wabaunsensis* Gunnell，1933 6 引自王志浩和祁玉平（2003），7 引自孔宪祯等（1996）

口视。登记号：6. 135515；7. 缺。主要特征：齿台宽，具"V"形较浅齿槽，两侧齿垣横脊发育，内前缘脊内部发育若干小瘤齿。产地：山西太原西山地区。层位：石炭系格舍尔上部至二叠系（太原组）。

8 褶皱异颚刺 *Idiognathodus corrugatus* Gunnell，1933 引自王秋来（2014）

口视。登记号：PZ 171204。主要特征：齿台窄，内齿叶小、具若干瘤齿，无外齿叶，隆脊约占 1/4 齿台长度。产地：贵州罗甸纳庆剖面。层位：石炭系卡西莫夫阶中部至上部（南丹组）。

9 弗吉尔曲颚齿刺 *Streptognathodus virgilicus* Ritter，1995 引自王志浩等（2020）

口视。登记号：171111。主要特征：齿台宽，齿槽"V"形、较深，两侧齿垣具横脊，不具齿叶，隆脊限于齿台前端、但可向后端延伸出若干瘤齿达齿台中部。产地：贵州罗甸纳庆剖面。层位：石炭系格舍尔阶中上部（南丹组）。

10—14 混乱异颚刺 *Idiognathodus turbatus* Rosscoe and Barrick，2009 引自王志浩等（2020）

口视。登记号：10. 167255；11. 167254；12. 167253；13. 167256；14. 133269(167257)。主要特征：隆脊向后延伸出一列小瘤齿直达末端，其两侧均具奇异齿沟，内奇异齿沟略宽，两侧齿叶发育，内齿叶位于前部，外齿叶可延伸至齿台中后部。产地：贵州罗甸纳庆剖面。层位：石炭系卡西莫夫阶底部至中下部（南丹组）。

300 μm
1
2
3
4
5
6
7
8
9
10
11
12
13
14

图版 5-1-33 说明

（所有标本均保存在中国科学院南京地质古生物研究所）

1—5　偏向异颚刺 *Idiognathodus simulator*（Ellison，1941）　引自 Qi 等（2020）

口视。登记号：1. 169858；2. 169856；3. 169854；4. 169859；5. 169861。主要特征：左、右型分子不对称，齿台三角状，具奇异齿沟，内前缘脊与齿台主体分离。产地：1—4. 贵州罗甸纳饶剖面；5. 贵州罗甸纳庆剖面。层位：石炭系格舍尔阶下部（南丹组）。

6—8　萨其特异颚刺 *Idiognathodus sagittalis* Kozitskaya in Kozitskaya et al.，1978　引自王志浩等（2020）

6、7a、8a. 口视；7b、8b. 侧口视。登记号：6. 167205；7. 167212；8. 167211。主要特征：内、外齿叶发育，但高度均逐渐下降；隆脊短，但可向后延伸为瘤齿，齿台内侧具奇异齿沟。产地：贵州罗甸纳庆剖面。层位：石炭系卡西莫夫阶下部至中部（南丹组）。

9—10　宏大异颚刺 *Idiognathodus magnificus* Stauffer and Plummer，1932　引自 Qi 等（2020）

口视。登记号：9. 169793；10. 169795。主要特征：齿台宽，内、外齿叶发育，内齿叶突出、三角状，外齿叶较小，二者限于齿台前部，齿台后部饰以连续横脊。产地：贵州罗甸纳庆剖面。层位：石炭系卡西莫夫阶（南丹组）。

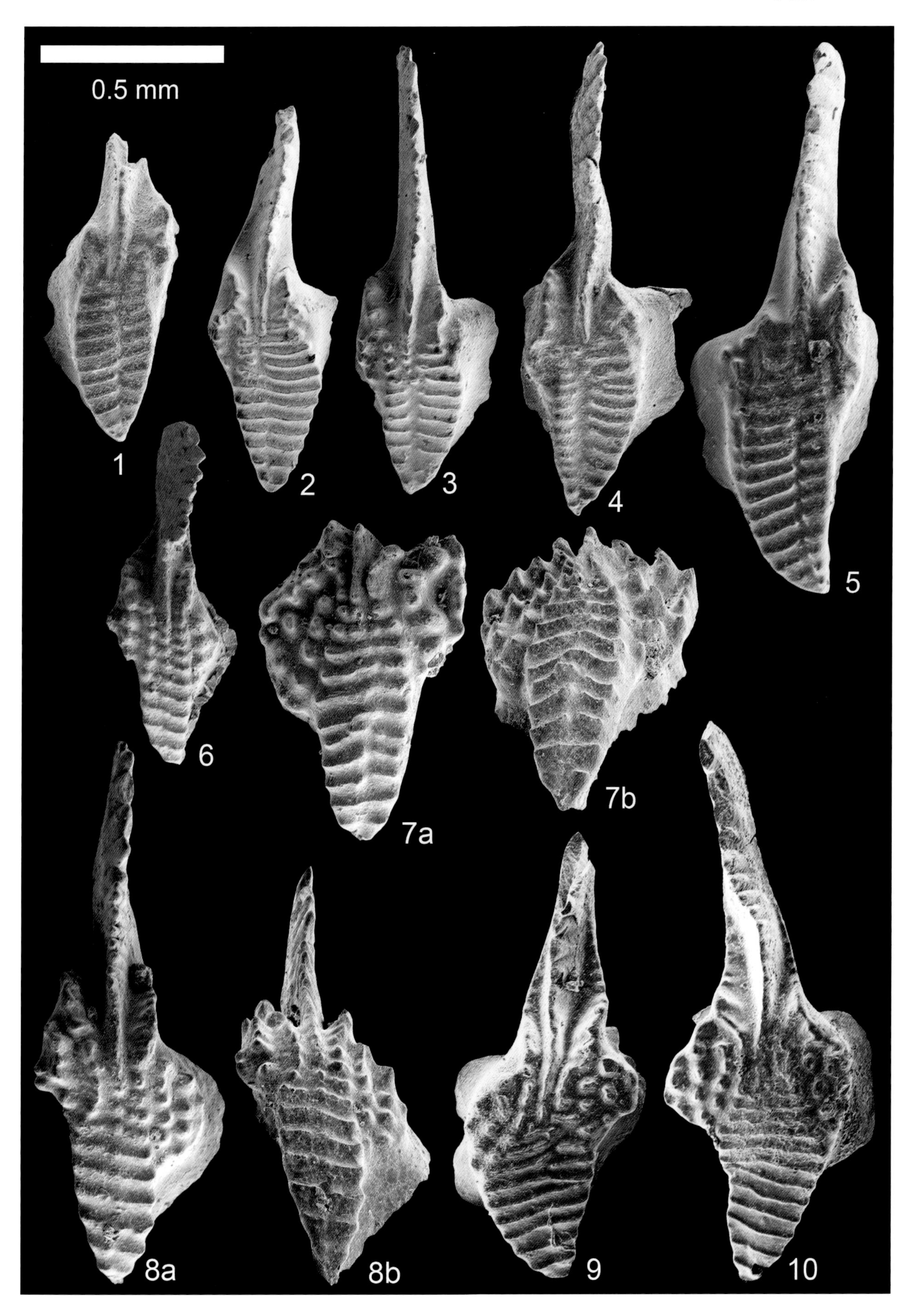
0.5 mm
1
2
3
4
5
6
7a
7b
8a
8b
9
10

图版 5-1-34 说明

（所有标本均保存在中国科学院南京地质古生物研究所）

1—4　纳饶异颚刺 *Idiognathodus naraoensis* Qi, Barrick and Hogancamp in Qi et al., 2020　引自 Qi 等(2020）

口视。登记号：1. 169827；2. 169852；3. 169829；4. 169844。主要特征：分子弯曲，前缘脊受限，隆脊极短，无齿叶，齿台中部膨大。产地：贵州罗甸纳庆剖面。层位：石炭系卡西莫夫阶上部（南丹组）。

5—10　罗甸异颚刺 *Idiognathodus luodianensis* Qi，Barrick and Hogancamp in Qi et al.，2020　引自 Qi 等（2020）

口视。登记号：5. 169805；6. 169804；7. 169810；8. 169820；9. 169822；10. 169818。主要特征：齿台长、窄、略弯，齿台口面平坦或略下凹，或具齿沟，外前缘脊短、外张。产地：5、7. 贵州罗甸纳饶剖面；6、8—10. 贵州罗甸纳庆剖面。层位：石炭系卡西莫夫阶上部（南丹组）。

11　泽托斯曲颚齿刺 *Streptognathodus zethus* Chernykh and Reshetkova，1987　引自 Qi 等（2020）

口视。登记号：169770。主要特征：齿台中等宽度，末端尖，具齿沟，具内外齿叶，外齿叶与齿台界线较不清晰。产地：贵州罗甸纳饶剖面。层位：石炭系卡西莫夫阶上部至格舍尔阶下部（南丹组）。

12　高大曲颚齿刺 *Streptognathodus excelsus* Stauffer and Plummer，1932　引自 Qi 等（2020）

口视。登记号：169771。主要特征：分子内弯，齿台中等宽度，隆脊长，具深齿沟、具内外齿叶。产地：贵州罗甸纳庆剖面。层位：石炭系卡西莫夫阶（南丹组）。

13　维塔利曲颚齿刺 *Streptognathodus vitali* Chernykh，2002　引自王秋来（2014）

口视。登记号：PZ 171205。主要特征：齿台较宽，具齿沟，隆脊长，可达齿台中下部并可通过瘤齿向后继续延伸，无齿叶。产地：贵州罗甸纳庆剖面。层位：石炭系格舍尔阶（南丹组）。

14　强壮曲颚齿刺 *Streptognathodus firmus* Kozitskaya in Kozitskaya et al.，1978　引自 Qi 等（2020）

口视。登记号：169772。主要特征：齿台船型，无齿叶，隆脊长。产地：贵州罗甸纳庆剖面。层位：石炭系卡西莫夫阶上部（南丹组）。

15　波哈斯卡曲颚齿刺 *Streptognathodus pawhuskaensis* Harris and Hollingsworth，1933　引自 Qi 等(2020）

口视。登记号：169773。主要特征：分子稍有弯曲，齿台中部较宽，尾部尖，隆脊长、较光滑，齿沟明显，较深；齿垣较发育，齿叶不发育。产地：贵州罗甸纳饶剖面。层位：石炭系格舍尔阶（南丹组）。

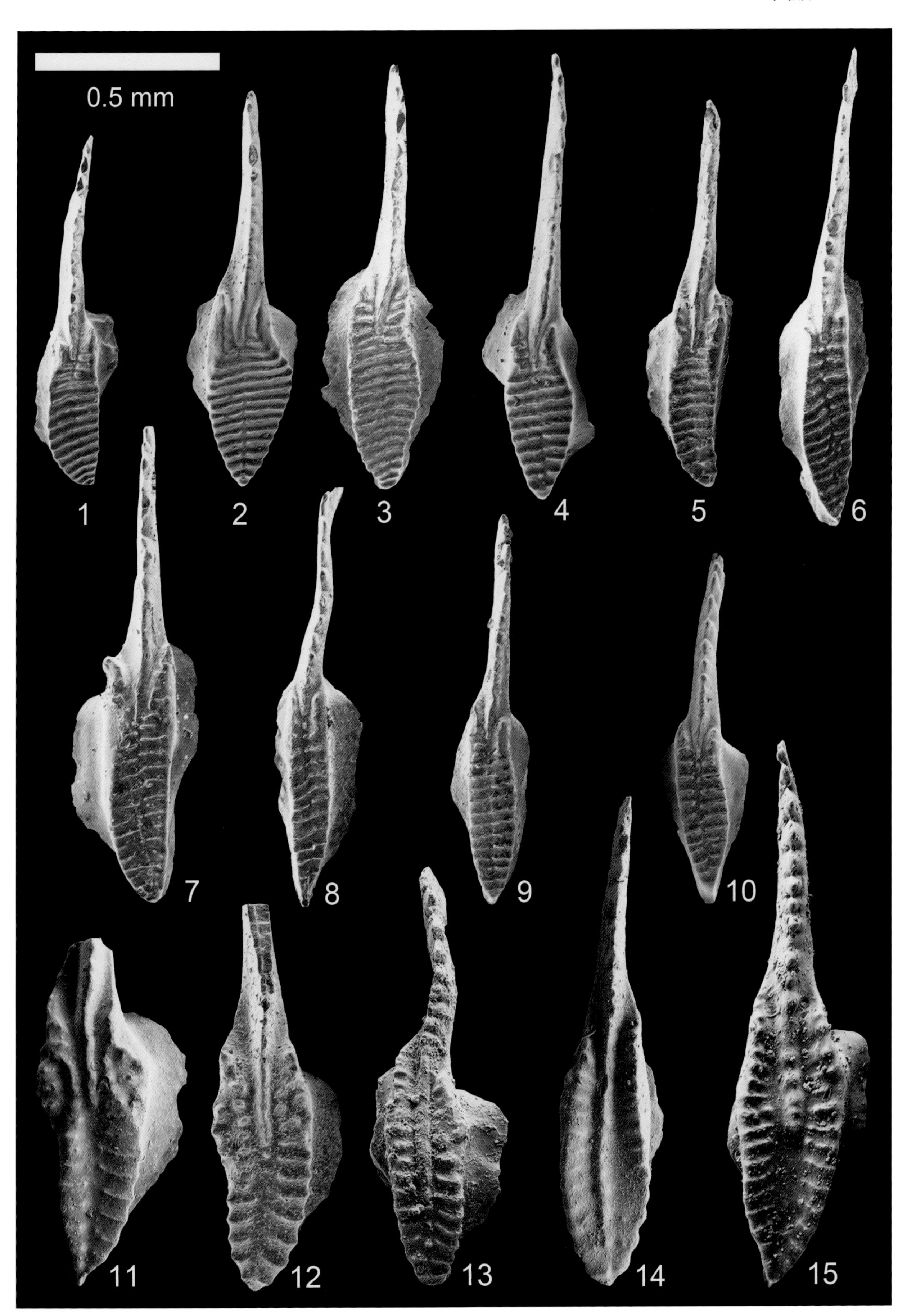
0.5 mm
1
2
3
4
5
6
7
8
9
10
11
12
13
14
15

图版 5-1-35 说明

（所有标本均保存在中国科学院南京地质古生物研究所）

1—3　贵州异颚刺 *Idiognathodus guizhouensis*（Wang and Qi，2003）　引自 Qi 等（2020）

口视。登记号：1. 169834；2. 169835；3. 169833。主要特征：齿台窄、长、下凹、具中央齿沟，内、外边缘近平行，无齿叶，前缘脊短而直。产地：贵州罗甸纳庆剖面。层位：石炭系卡西莫夫阶中至上部（南丹组）。

4—6　纳水异颚刺 *Idiognathodus nashuiensis*（Wang and Qi，2003）　引自 Qi 等（2020）

口视。登记号：4. 169831；5. 169832；6. 169830。主要特征：齿台长、极窄，左、右型分子不对称。产地：贵州罗甸纳庆剖面。层位：石炭系格舍尔阶（南丹组）。

7—9　尤多拉异颚刺 *Idiognathodus eudoraensis* Barrick，Heckel and Boardman，2008　引自 Qi 等（2020）

口视。登记号：7. 169715；8. 169712；9. 169713。主要特征：左、右型分子不对称，齿台后端具奇异齿沟，齿叶受限、不发育，前缘脊向前延伸。产地：贵州罗甸纳庆剖面。层位：石炭系卡西莫夫阶上部（南丹组）。

10—11 耳状异颚刺 *Idiognathodus auritus* (Chernykh, 2005)　引自 Qi 等（2020）

口视。登记号：10. 169704；11. 169705。主要特征：左、右型分子不对称，齿台三角状，具奇异齿沟，两侧具齿叶，但不发育。产地：贵州罗甸纳庆剖面。层位：石炭系格舍尔阶下部（南丹组）。

12—13　分离异颚刺 *Idiognathodus abdivitus* Hogancamp and Barrick，2018　引自 Qi 等（2020）

口视。登记号：12. 169865；13. 169866。主要特征：左、右型分子不对称，齿台后端具奇异齿沟，内前缘脊不连续，无外齿叶。产地：贵州罗甸纳庆剖面。层位：石炭系卡西莫夫阶上部至格舍尔阶下部（南丹组）。

0.5 mm
1
2
3
4
5
6
7
8
9
10
11
12
13

图版 5-1-36 说明

（所有标本均保存在中国科学院南京地质古生物研究所）

1—4　纳庆异颚刺 *Idiognathodus naqingensis* Qi, Barrick and Hogancamp in Qi et al., 2020　引自 Qi 等（2020）

口视。登记号：1. 169745；2. 169746；3. 169750；4. 169751，主要特征：齿台窄、略弯，具齿沟，外前缘脊外张，内前缘脊外发育瘤齿。产地：1、3. 贵州罗甸纳庆剖面；2、4. 贵州罗甸纳饶剖面。层位：石炭系格舍尔阶下部（南丹组）。

5—10　罗苏异颚刺 *Idiognathodus luosuensis*（Wang and Qi，2003）　引自 Qi 等（2020）

口视。登记号：5. 169755；6. 169756；7. 169754；8. 169739；9. 169741；10. 169742。主要特征：左、右型分子不对称、齿台弯曲，具奇异齿沟，隆脊极短，具内齿叶，外齿叶较不发育。产地：5—7、9. 贵州罗甸纳庆剖面；8、10. 贵州罗甸纳饶剖面。层位：石炭系格舍尔阶下部（南丹组）。

11—14　逢亭异颚刺 *Idiognathodus fengtingensis* Qi，Barrick and Hogancamp in Qi et al.，2020　引自 Qi 等（2020）

口视。登记号：11. 169735；12. 169731；13. 169733；14. 169736。主要特征：齿台较窄、略弯曲，前缘脊略向前展开，隆脊极短，具奇异齿沟，无齿叶 / 瘤齿。产地：11—12. 贵州罗甸纳饶剖面；13—14. 贵州罗甸纳庆剖面。层位：石炭系格舍尔阶下部（南丹组）。

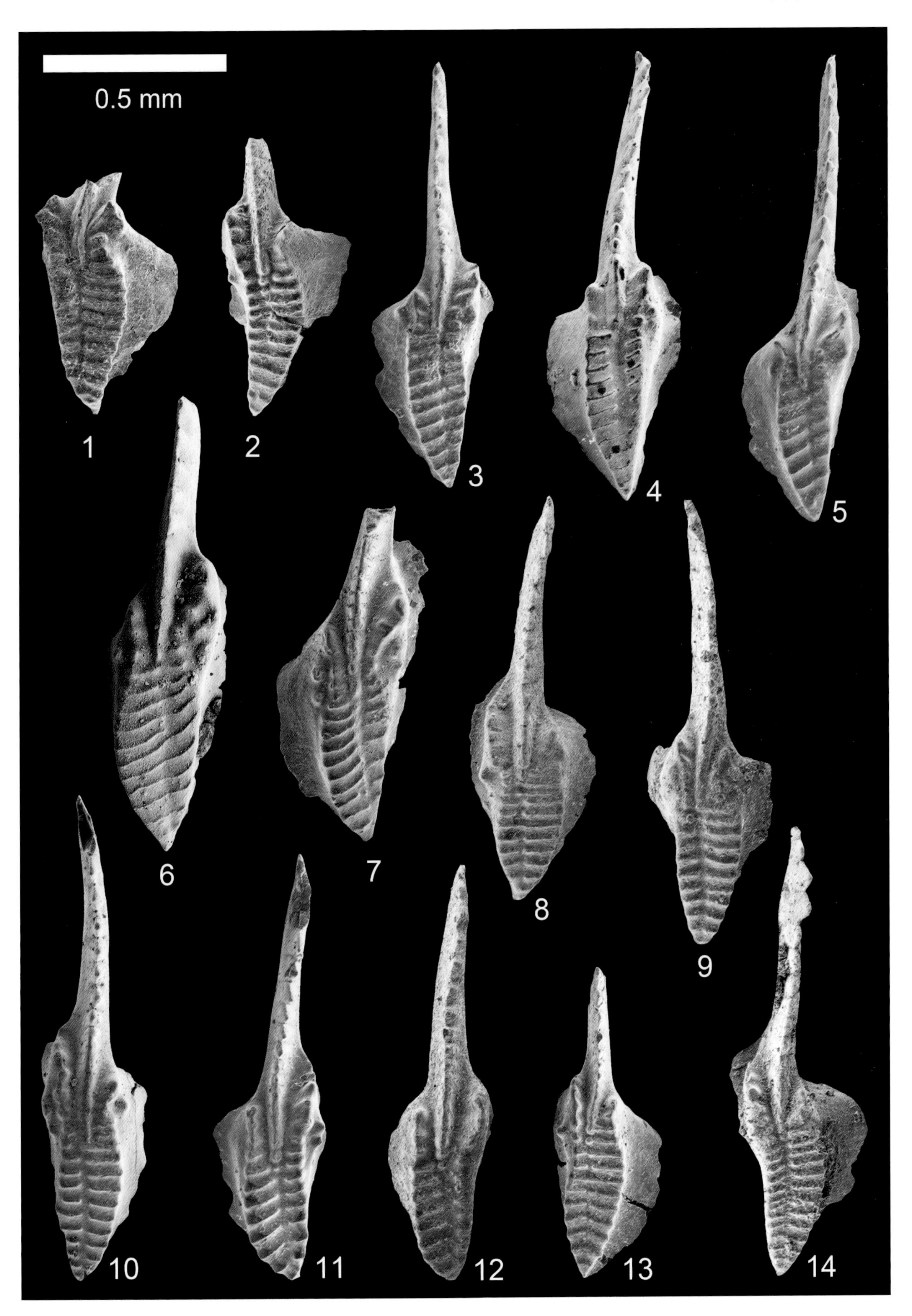
0.5 mm
1
2
3
4
5
6
7
8
9
10
11
12
13
14

图版 5-1-37 说明

（所有标本均保存在中国科学院南京地质古生物研究所）

1—4　涅米罗夫斯卡曲颚齿刺 *Streptognathodus nemyrovskae* Qi and Barrick in Qi et al.，2020　引自 Qi 等（2020）

口视。登记号：1. 169780；2. 169774；3. 169778；4. 169781。主要特征：分子略弯曲，隆脊长、延伸至中部后其后离散的瘤齿延续至齿台末端、常与外齿垣横脊融合，齿台外侧常被额外的瘤齿列加宽。产地：贵州罗甸纳庆剖面。层位：石炭系格舍尔阶下部（南丹组）。

5—9　志浩曲颚齿刺 *Streptognathodus zhihaoi* Qi and Barrick in Qi et al.，2020　引自 Qi 等（2020）

口视。登记号：5. 169776; 6. 169777; 7. 169783; 8. 169781; 9. 169779。主要特征：分子略弯曲，内齿缘向外弯曲、呈蜿蜒状，隆脊限于前齿台，后齿台具齿沟、其中无瘤齿，齿台外侧常被额外的瘤齿列加宽。产地：贵州罗甸纳庆剖面。层位：石炭系格舍尔阶下部（南丹组）。

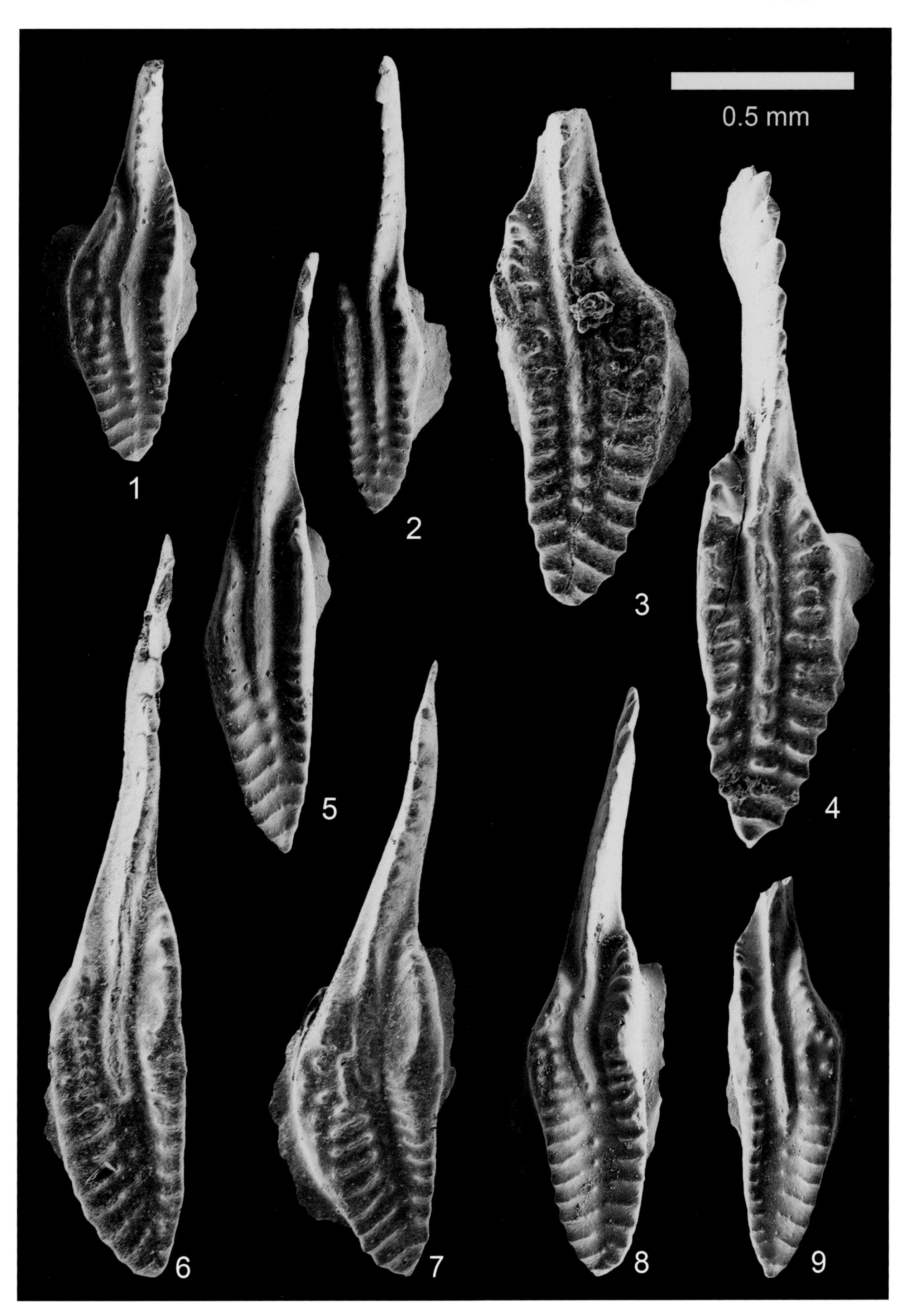
0.5 mm
1
2
3
4
5
6
7
8
9

图版 5-1-38 说明

（标本 7 保存在中国地质大学（北京），标本 14 保存在太原理工大学，
其他标本均保存在中国科学院南京地质古生物研究所）

1—4　细长曲颚齿刺 *Streptognathodus elongatus* Gunnell，1933　1 引自 Wang 和 Qi（2003），2 引自王志浩和祁玉平（2003），3 引自 Wang 等（1987）

口视。登记号：1. 135503；2. 133218；3. 94617；4. 135495。主要特征：齿台窄长、向内弯、侧视略上拱，隆脊短、其后具 1~2 个较大且分离的瘤齿，两侧齿垣饰以横脊，齿沟前部深、后部浅，齿台前部内侧或具齿叶、仅发育一个大瘤齿。产地：1、4. 山西太原西山地区；2. 贵州罗甸纳庆剖面，3. 山西太原。层位：1. 石炭系格舍尔阶至二叠系底部（太原组 K3 灰岩）；2. 石炭系格舍尔阶至二叠系底部（南丹组），3. 石炭系格舍尔阶至二叠系底部（太原组 K5 灰岩）；4. 石炭系格舍尔阶至二叠系底部（太原组）。

5—6　单线瘤曲颚齿刺 *Streptognathodus nodulinearis* Reshetkova and Chernykh，1986　5 引自 Wang 和 Qi（2003），6 引自王志浩和祁玉平（2003）

口视。登记号：5. 99120；6. 135507。主要特征：齿台窄—中等、内弯，内齿缘内边缘具一列小瘤齿平行于齿垣及隆脊。产地：5. 贵州罗甸纳庆剖面，6. 内蒙古阿拉善葫芦斯太地区。层位：5. 石炭系格舍尔阶至二叠系底部（南丹组）；6. 石炭系格舍尔阶至二叠系底部（晋祠组）。

7　浅槽曲颚齿刺 *Streptognathodus tenuialveus* Chernykh and Ritter，1997　引自 Fang 等（2014）

口视。登记号：44100。主要特征：分子左、右型对称，窄长，不发育齿叶，内外齿垣见具窄齿沟，齿台较平坦—略下凹。产地：甘肃武威永昌红山窑剖面。层位：格舍尔阶上部（太原组）。

8—9　优美曲颚齿刺 *Streptognathodus elegantulus* Stauffer and Plummer，1932　8 引自 Wang 等（1987），9 引自王志浩和祁玉平（2003）

口视。登记号：8. 94614；9. 135522。主要特征：齿台中等宽度，齿槽“V”形，隆脊或向后延伸出若干分离的瘤齿、但不超过齿台中部，两侧齿垣饰以短横脊，无齿叶或额外瘤齿。产地：8. 山西长治荫城；9. 山西太原地区。层位：8. 石炭系卡西莫夫阶中部至格舍尔阶中下部（太原组 K2 灰岩）；9. 石炭系卡西莫夫阶中部至格舍尔阶中下部（晋祠组）。

10　多瘤异颚刺 *Idiognathodus multinodosus* Gunnell，1933　引自 Wang 和 Qi（2003）

登记号：99107。主要特征：齿台窄、较平坦，隆脊向后延伸出多个瘤齿至齿台末端、局部与右侧横脊融合，齿叶弱，或见内侧具一瘤齿。产地：贵州罗甸纳庆剖面。层位：石炭系卡西莫夫阶中下部（南丹组）。

11—13　精美曲颚齿刺 *Streptognathodus bellus* Chernykh and Ritter，1997　11—12 引自 Wang 等（1987），13 引自王志浩和祁玉平（2002）

登记号：11. 94606；12. 94606；13. 133264。主要特征：齿台窄长，隆脊位于前部、1/3 齿台长度，齿台饰以较平直横脊，齿沟发育、“V”形、窄、至齿台末端，无齿叶或额外瘤齿。产地：11. 山西陵川附城；12. 山西太原；13. 贵州罗甸纳庆剖面。层位：11—12. 石炭系格舍尔阶（太原组）；13. 石炭系格舍尔阶（南丹组）。

14—17 纤细曲颚齿刺 *Streptognathodus gracilis* Stauffer and Plummer，1932　14 引自 Wang 等（1987），15 引自 Ding 和 Wan（1990），16—17 引自王志浩和祁玉平（2003）

口视。登记号：14. 94623；15. Z7405；16. 135523；17. 101875。主要特征：齿台中等宽度，侧视上拱，隆脊短，两侧齿垣饰以横脊，齿槽窄、中等深度、达齿台末端，内齿叶具 1 瘤齿或无内齿叶，无外齿叶。产地：14. 山西陵川附城；15. 河南禹州大风口剖面；16. 山西太原西山地区；17. 甘肃肃南。层位：石炭系卡西莫夫阶（太原组）。

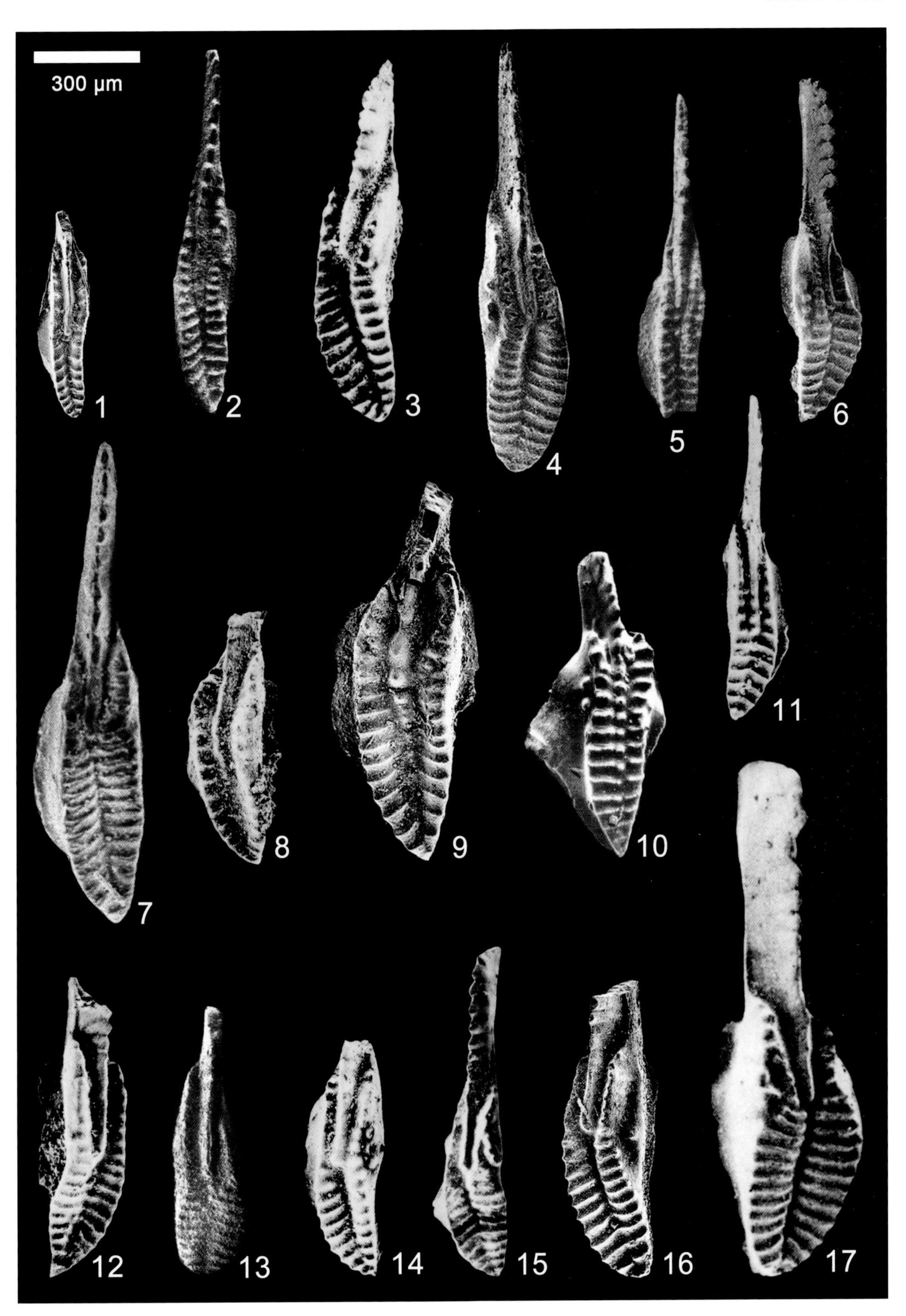
300 μm
1
2
3
4
5
6
7
8
9
10
11
12
13
14
15
16
17

5.2 有孔虫

有孔虫目在肉足动物门根足纲下。有孔虫水生，绝大部分为具壳的单细胞原生动物，营底栖或浮游生活。有孔虫从寒武纪出现至今依然存在，并且种类繁多，已记述的约有 3.4 万种，其中 6000 多种为现代种。有孔虫的生态研究是现代海洋和古海洋研究中的重要组成部分。

有孔虫大小一般仅 0.1~1mm，但也有直径大于 5mm 的。有孔虫的软体部分主要是一团细胞质，细胞质分化为两层，外层又薄又透明，叫作外质；内层颜色较深，叫作内质。外质经常伸出许多根状或丝状的伪足，分叉、分支并且相连为网状，主要功能是运动、取食、消化食物、清除废物和分泌外壳。内质里含有各种细胞器，如细胞核、高尔基体、线粒体、核糖体和食物泡等。一般壳体构造如图 5-2-1 所示。

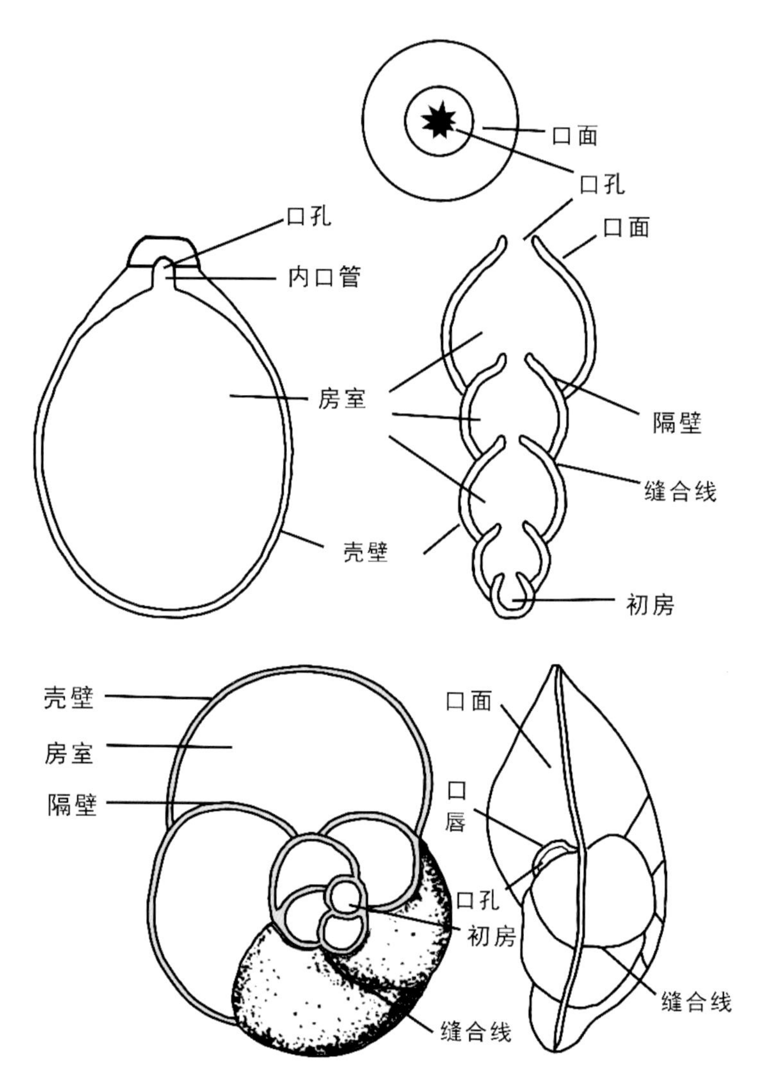

图 5-2-1　有孔虫壳体一般构造（郝诒纯等，1980）

壳体依壳壁组成成分及微细构造，可分为以下几种基本类型（图 5-2-2）：①假几丁质壳，最原始类型，薄且易变形，不易保存化石；②胶结质壳，壳壁由自身分泌的物质胶结外来物质而成，胶结物通常为有机质，其次为铁质；③钙质壳，主要由自身分泌的碳酸钙组成，依壳壁的结晶体和微细构造，又可分为微粒质壳、瓷质壳、玻璃质壳三种类型。壳体按壳室多少可分为单房室壳、双房室壳和多房室壳。壳室间有孔相通。单房室壳多数呈近球形或平旋管状；多房室壳的壳室排列比较复杂，壳形多样，主要有螺旋式、平旋式、单列式、双列式、绕旋式等，还有混合式，如从平旋到单列或双列，从双列到单列，从螺旋到三列等。另外，壳口的形状及位置、壳饰等也多种多样。这些特征都是有孔虫分类时的依据。晚古生代的有孔虫多发育钙质壳体，并且保存在碳酸盐岩中。由于壳体和围岩成分相近，对壳体形态、结构的认知通常通过薄片观察完成。分类学工作需要在显微镜下寻找到特征切面来完成。

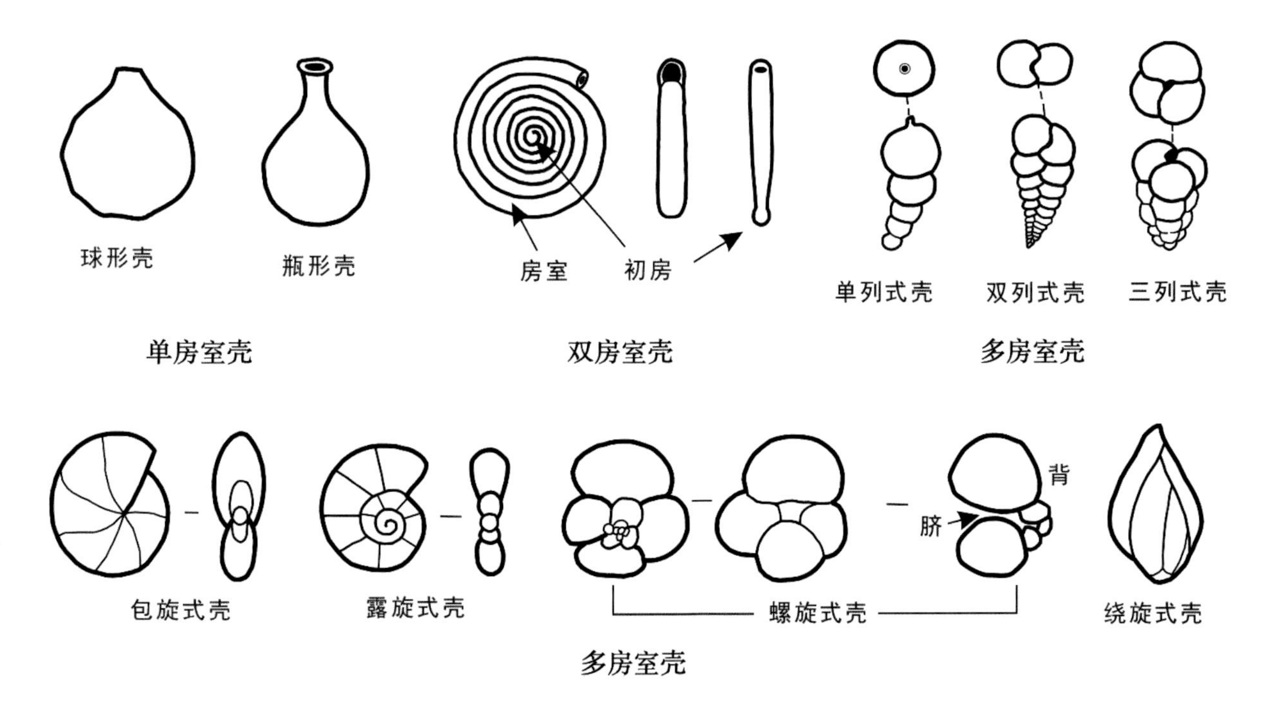

图 5-2-2　有孔虫壳体类型，据郝诒纯和茅绍智（1993）、陈建强等（2019）修改

有孔虫是石炭纪密西西比亚纪碳酸盐岩中的重要化石，演化迅速，其精细的生物地层序列和化石带可用于区域和全球对比。中国华南密西西比亚纪的有孔虫经过多年的研究（王克良，1983；林甲兴等，1990；吴祥和，2008；Hance 等，2011；盛青怡，2016；Sheng 等，2018），可识别出 12 个有孔虫化石带：*Plectogyra komi –Granuliferella complanata* 带、*Dainella gumbeica* 带、*Eoparastaffella* ex gr. *ovalis* 带、*Eoparastaffella simplex* 带、*Viseidiscus monstratus* 带、*Paraarchaediscus koktjubensis* 带、*Archaediscus krestovnikovi* 带、*Asteroarchaediscus baschkiricus* 带、*Janischewskina delicata/Plectomillerella tortula* 带、*Eostaffellina paraprotvae* 带、*Bradyina cribrostomata* 带、*Monotaxinoides transitorius* 带。代表性有孔虫构造见图 5-2-3。

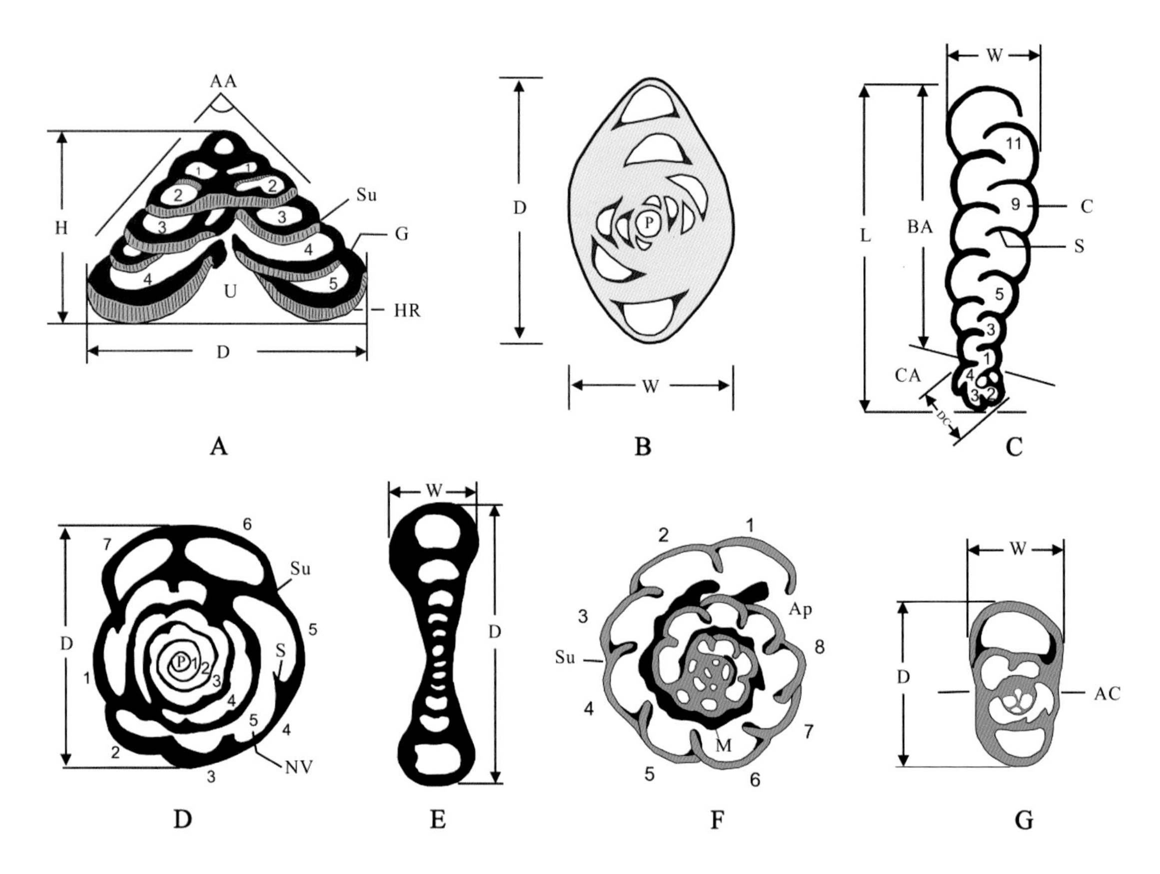

图 5-2-3　代表性有孔虫构造，据 Brenckle（1973 修改）。A. *Tetrataxis* 的轴切面，4.5 个壳圈；B. *Archaediscus* 的轴切面；C. *Palaeospiroplectammina* 的中切面；D. *Septatournayella* 的中切面，5 个壳圈； E. *Septatournayella* 的轴切面，5.5 个壳圈；F. *Endothyra* 的中切面，在最后一个壳圈有 8.5 个房室；G. *Endothyra* 的轴切面。AA，顶角；AC，最后一个壳圈的旋转轴；Ap，口孔；BA，双列部分；C，房室；CA，旋卷部分；D，直径；DC，旋卷部分直径；G，微粒层；H，高度；HR，透明放射层；L，长度；M，次生堆积物；P，初房；S，隔壁；Su，缝合线；U，脐部；W，宽度

本书共制作了有孔虫化石图版 14 幅，其中包括 52 属、68 种 / 亚种。

5.2.1 有孔虫结构术语

壳（test）：由分泌物或由分泌物胶结其他外来物质而成，用于包裹并保护软体部分。

壳圈（whorl）：旋卷壳的一个旋圈，即旋绕 360°。

房室（chamber）：壳壁围绕而成、原生质停留的空腔，为多房室类型的一个短暂的生长阶段。壳内各个房室始终由隔壁孔或者其他通道相通，并通过口孔、次生口孔与壳面相通。

小房室（chamberlet）：房室被纵、横小隔壁细分而成。

初房（proloculus），或称“胎壳”：有孔虫最早形成的房室。

脐（umbilicus）：壳体两侧（平旋）或一侧（螺旋）中央部分形成的下凹。

口孔（aperture）：壳室向外开口。

隔壁（septum）：壳内隔开两个相邻房室的壳壁。

缝合线（suture）：相邻房室或壳圈之间的愈合线。

口面（oral face）：口孔周围的壳壁。

扭旋式壳（streptospiral test）：有孔虫房室的排列方式之一，房室在不同平面上旋卷生长。

平旋式壳（planispiral test）：有孔虫房室的排列方式之一，全部房室在一个平面上环绕初房盘旋，分包旋和露旋。

螺旋式壳（trochospiral test）：房室由初房开始围绕一轴线呈螺旋式排列生长。

绕旋式壳（streptospiral test）：房室沿一条长轴或若干个方向在以一定角度相交的平面上绕旋排列。

露旋（evolute）：房室不包裹，可见所有房室，也叫外卷。

包旋（involute）：强烈包裹的旋卷型壳，后生壳圈完全包裹先生壳圈，壳面只见终壳圈，又称内卷。

单房室壳（unilocular test）：由一个房室组成，房室上具有一个或多个口孔。单房室壳形态变化很大，常见的有圆球形、梨形、瓶形、直管形等。

双房室壳（bilocular test）：一般由一个球形的初房和一个管形的第二房室组成，口孔常位于第二房室的末端。由于第二房室生长方式的变化可以使壳体呈现各种各样的形态。常见的如圆管形壳、圆盘形壳、球形壳、螺锥形壳等。

多房室壳（multilocular test）：由两个以上的房室构成。每一个房室代表个体发育的一个阶段，所以房室排列的方式也是壳体生长的方式。由于房室形状和排列方式的不同，壳体形态可以有很大的变化。房室的排列方式可以归纳为单列式、平旋式、螺旋式、绕旋式、双卷式等。

中轴（axis）：一个假想的轴，由壳体的一极通过初房到达另一极。

轴切面（axial section）：平行于中轴、通过初房的切面。切面中多呈现初房居中，两侧对称，中轴的两极互相包裹的形态。

中切面（sagittal section）：垂直于中轴、通过初房的切面。大多呈圆形，由内向外，依次作螺旋状扩卷。

旋脊（chomata）：通道两侧的两条脊状突起，绕中轴旋卷。

旋壁（spirotheca）：或称“外壁”：由各个壳室壁在外面的部分相互连接而成。

致密层（tectum）：为一层薄而致密的黑色物质，显微镜下不透光，呈连续的线状。

透明层（diaphanotheca）：为一无色透明而较明亮之层，成分大多为方解石。

5.2.2 有孔虫图版

图版 5-2-1 说明

［标本 14—15 保存在中国地质大学（北京），其余标本保存在比利时列日大学（Université de Liège）］

1　原始假砂盘虫 *Pseudoammodiscus priscus*（Rauser-Chernousova，1948a）　引自 Hance 等（2011）

采集号：Huilong 2-77。登记号：缺。主要特征：壳体较小，平旋，露旋，管状房室不分隔，末端单一口孔。产地：广西桂林回隆。层位：下石炭统杜内阶（英塘组）。

2—3　美丽布林斯虫 *Brunsia pulchra* Mikhailov，1939　引自 Hance 等（2011）

采集号：2. Yajiao 24；3. Yajiao 23。登记号：缺。主要特征：壳体盘形，初房后为一不分隔的管状房室，早期扭旋，后期平旋，末端单一口孔。产地：广西象州崖脚。层位：下石炭统杜内阶（巴平组）。

4—6　多旋"假球旋虫"*"Pseudoglomospira" multivoluta* Hance，Hou and Vachard，2011　引自 Hance 等（2011）

采集号：Poty 15。登记号：缺。主要特征：壳体较大，壳圈多，外形不规则。产地：贵州惠水雅水。层位：下石炭统维宪阶上部（上司组）。

7、14—15　绕旋布林斯虫 *Brunsia spirillinoides*（Grozdilova and Glebovskaya，1948）　引自 Hance 等（2011）

采集号：7. Huilong 2-83；14. Y92b(3)-4；15. Y90g(3)-24。登记号：缺。主要特征：壳体盘形，初房后为一未分隔的管状房室，早期扭旋，后期平旋，末端单一口孔。产地：7. 广西桂林回隆；14—15. 贵州惠水雅水。层位：下石炭统杜内阶至维宪阶（英塘组和旧司组）。

8—9　湖北拉伯盘虫 *Lapparentidiscus hubeiensis*（Lin，1984）　引自 Hance 等（2011）

采集号：8. Zhouwangpu 86；9. Zhouwangpu 83。登记号：缺。主要特征：壳体小，不分隔，早期扭旋，平旋，包旋，末圈半露旋至露旋，末端单一口孔。产地：湖南邵阳周旺铺。层位：下石炭统维宪阶（石磴子组）。

10—13　年幼威赛盘虫 *Viseidiscus primaevus*（Pronina，1963）　引自 Hance 等（2011）

采集号：10、12–13. Yajiao 80；11. Yajiao 79。登记号：缺。主要特征：壳体平旋，包旋，双层壳壁，具连续发育的微粒层和侧部发育的假纤维层，两侧微隆起。产地：广西象州崖脚。层位：下石炭统维宪阶下部（巴平组）。

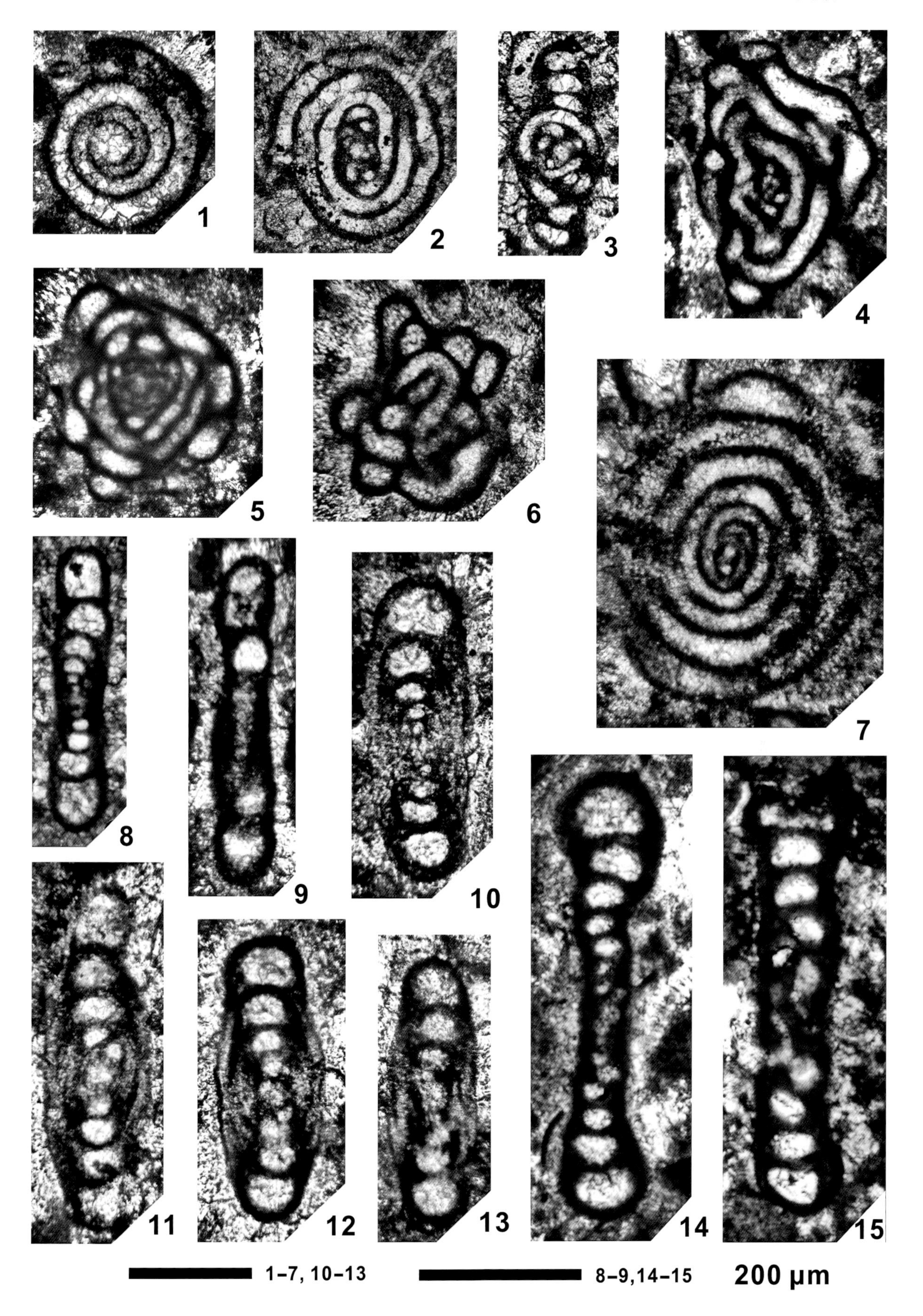
1
2
3
4
5
6
7
8
9
10
11
12
13
14
15
1-7, 10-13
8-9,14-15
200 μm

图版 5-2-2 说明

［标本 1、12 保存在比利时列日大学（Université de Liège），其余标本保存在中国地质大学（北京）］

1、5　乌姆博格马威赛盘虫 *Viseidiscus umbogmaensis*（Omara and Conil，1965）　1 引自 Hance 等（2011），5 引自 Shen 和 Wang（2015）

采集号：1. Pengchong 197；5. P0c1(2)-2。登记号：缺。主要特征：壳体平旋，包旋，双层壳壁，连续发育的微粒层和侧部发育的假纤维层，两侧平行，盘形。产地：广西柳州碰冲。层位：下石炭统维宪阶（鹿寨组碰冲段和北岸组）。

2—4　绕旋平古盘虫 *Planoarchaediscus spirillinoides*（Rauser-Chernousova，1948b）　引自 Shen 和 Wang（2015）

采集号：2. P1(4)-2；3. P1(3)-3；4. P1(5)-1。登记号：缺。主要特征：壳体盘形，壳壁主要为暗色微粒层，透明放射层发育在脐区两侧。产地：广西柳州碰冲。层位：下石炭统维宪阶（北岸组）。

6—8　柱拟古盘虫 *Paraarchaediscus* ex gr. *stilus*（Grozdilova and Lebedeva in Grozdilova，1953）　引自 Shen 和 Wang（2015）、沈阳（2016）

采集号：6. P7f(1)-11；7. S15(1)-10；8. Y92a(3)-1。登记号：缺。主要特征：壳体盘形，内部壳圈成 S 形旋卷，外部壳圈平旋，壳壁由内部的微粒层和外部的透明放射层组成。产地：6. 广西桂林；7. 柳州碰冲；8. 贵州雍水。层位：下石炭统维宪阶（黄金组、北岸组、旧司组及上司组）。

9　寻常厄尔兰德虫 *Earlandia vulgaris*（Rauser-Chernousova and Reitlinger in Rauser-Chernousova and Fursenko，1937）　引自 Shen 和 Wang（2015）

采集号：P6c(2)-2。登记号：缺。主要特征：壳体较大，管状房室无分隔。产地：广西柳州碰冲。层位：下石炭统维宪阶（北岸组）。

10—11　卡勒古盘虫 *Archaediscus karreri* Brady，1873　引自 Shen 和 Wang（2015）

采集号：10. BA-4a(4)-21；11. BA-4a(4)-15。登记号：缺。主要特征：早期壳圈成 S 形旋卷，在最后一两个壳圈改变方向，壳壁透明放射状。产地：广西柳州碰冲。层位：下石炭统维宪阶（北岸组）。

12　莫勒古盘虫 *Archaediscus* ex gr. *moelleri* Rauser-Chernousova，1948a　引自 Hance 等（2011）

采集号：Malanbian 118　(2006)。登记号：缺。主要特征：S 形旋绕的管状房室底部平坦，壳壁透明放射状。产地：湖南邵阳马栏边。层位：下石炭统维宪阶（石磴子组）。

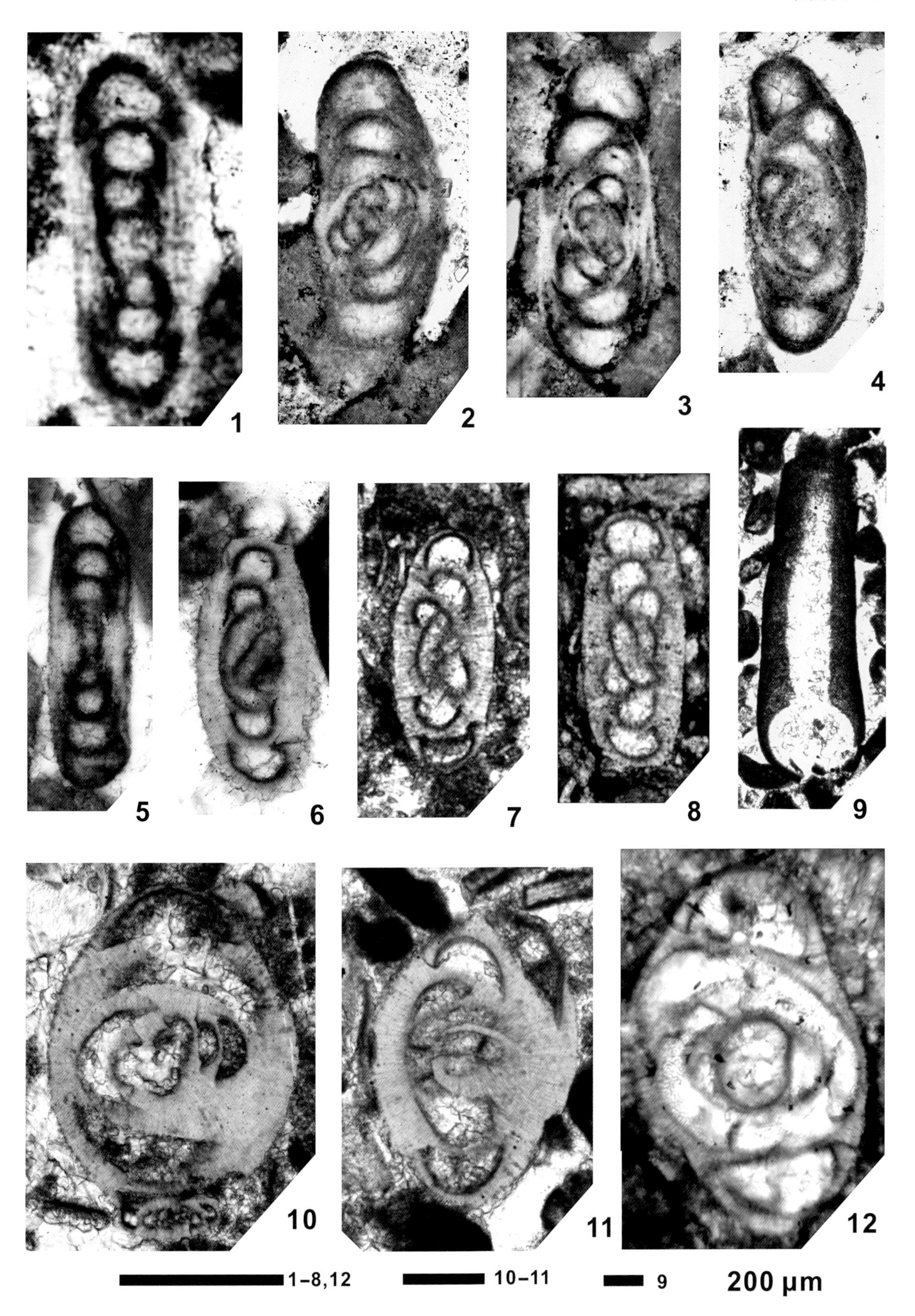
1
2
3
4
5
6
7
8
9
10
11
12
1–8,12
10–11
9
200 μm

图版 5-2-3 说明

［全部标本保存在比利时列日大学（Université de Liège）］

1—2、7　莫勒始福希虫 *Eoforschia moelleri*（Malakhova in Dain，1953）　引自 Hance 等（2011）

采集号：1. Huaqiao 21；2. Huilong 2-101b；7. Huilong G11。登记号：缺。主要特征：壳壁较厚，发育微弱的假隔壁，单一口孔。产地：广西桂林。层位：下石炭统杜内阶（英塘组）。

3—6　有肋杜内虫 *Tournayella costata* Lipina，1955　引自 Hance 等（2011）

采集号：3. Huilong 2-33；4. Huilong 2-24；5–6. Huilong 2-75。登记号：缺。主要特征：壳体中等大小，平旋，露旋，具有单独的低小结节。产地：广西桂林回隆。层位：下石炭统杜内阶（英塘组）。

8　米绍布拉纳虫 *Eblanaia michoti*（Conil and Lys，1964）　引自 Hance 等（2011）

采集号：144b。登记号：缺。主要特征：壳体平旋，露旋，双脐，次生堆积发育。产地：湖南邵阳马栏边。层位：下石炭统杜内阶（石磴子组）。

9、13　小福希虫 *Forschia parvula* Rauser-Chernousova，1948c　引自 Hance 等（2011）

采集号：9. Pengchong 178；13. Yajiao 80。登记号：缺。主要特征：壳体平旋，露旋，管状房室无分隔，末端筛状口孔。产地：广西象州崖脚，柳州碰冲。层位：下石炭统维宪阶（巴平组和鹿寨组碰冲段）。

10—12　基赛拉始杜内虫 *Eotournayella kisella*（Malakhova，1956）　引自 Hance 等（2011）

采集号：10. Huilong 2-41；11. Huilong 2-72；12. Huilong 2-24。登记号：缺。主要特征：壳体平旋，露旋，具非常微弱的假隔壁。产地：广西桂林回隆。层位：下石炭统杜内阶（英塘组）。

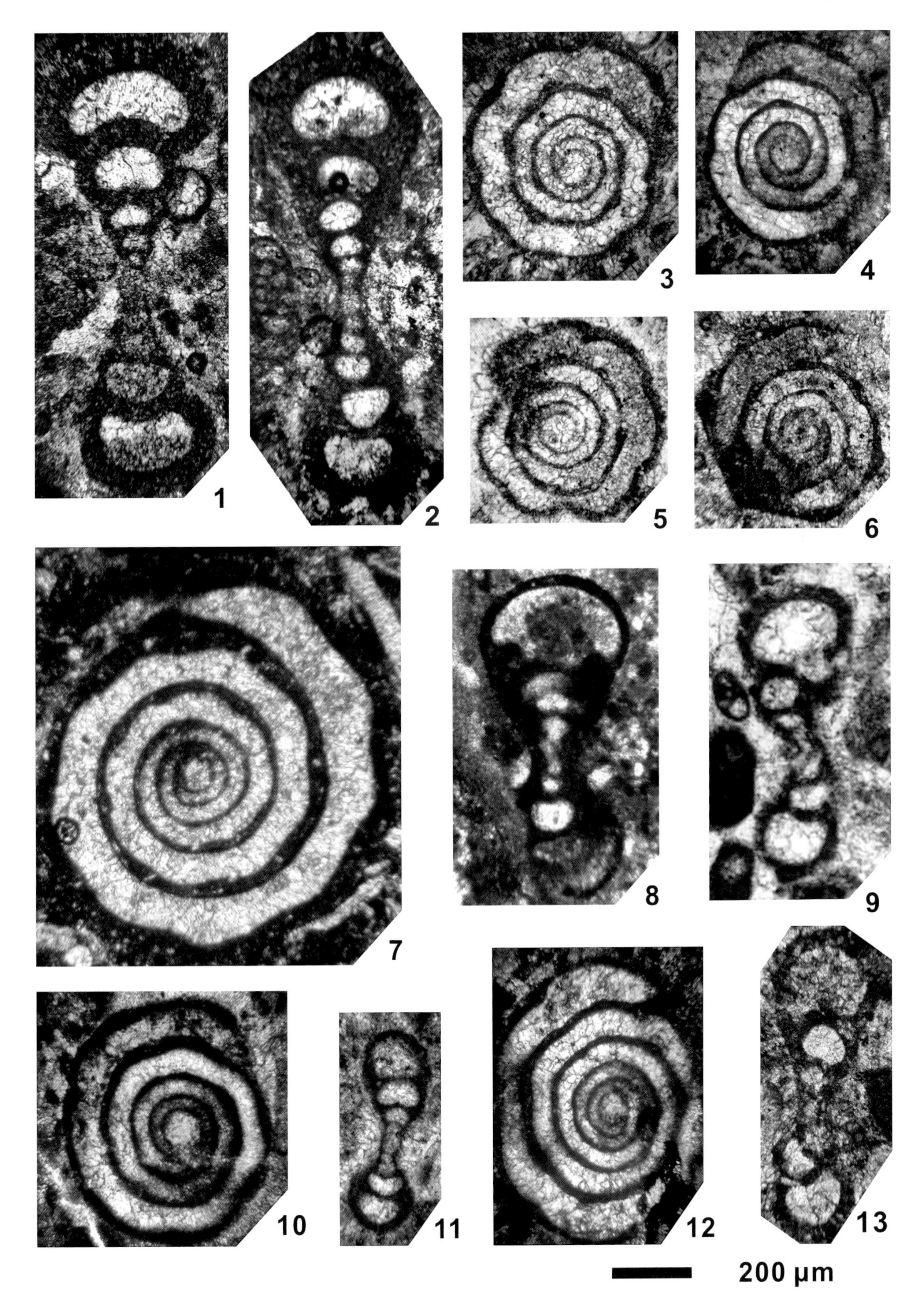
1
2
3
4
5
6
7
8
9
10
11
12
13
200 μm

图版 5-2-4 说明

［全部标本保存在比利时列日大学（Université de Liège）］

1—2　华丽平球内卷虫 *Planogloboendothyra splendens* Hance, Hou and Vachard, 2011　引自 Hance 等（2011）

采集号：1. Huilong 2-116；2. Huilong 2-S139-10>146。登记号：缺。主要特征：壳圈有 3 次旋卷变向，初期壳圈后变向 90° 呈 S 形旋卷，末圈平旋，露旋，末端单一口孔。产地：广西桂林回隆。层位：下石炭统维宪阶（英塘组）。

3、5—6　拟乌克兰刺切尔内拉虫 *Spinochernella paraukrainica*（Lipina in Grozdilova and Lebedeva，1954 sensu Lipina，1955）　引自 Hance 等（2011）

采集号: 140b。登记号: 缺。主要特征: 内卷虫式旋卷，在最后期的房室底部长有刺，位于隔壁之间。产地: 湖南邵阳马栏边。层位：下石炭统杜内阶（石磴子组）。

4　乌拉尔似布林斯虫 *Brunsiina uralica* Lipina in Dain，1953　引自 Hance 等（2011）

采集号：Huaqiao 21。登记号：缺。主要特征：壳圈早期扭旋，随后平旋，假隔壁相对发育，末端单一口孔。产地：广西桂林华侨农场。层位：下石炭统杜内阶（英塘组）。

7—8　双乙新似布林斯虫 *Neobrunsiina bisigmoidalis* Hance, Hou and Vachard, 2011　引自 Hance 等（2011）

采集号：EP Huilon g 3-127。登记号：缺。主要特征：圆形的初房被具有假隔壁的管状房室旋卷，在中部旋卷有明显的转向，单一口孔。产地：广西桂林回隆。层位：下石炭统维宪阶（黄金组）。

9　珠状达杰拉虫 *Darjella monilis* Malakhova，1963　引自 Hance 等（2011）

采集号：Huilong G15。登记号：缺。主要特征：壳体较大，单列，房室膨大，末端单一口孔。产地：广西桂林回隆。层位：下石炭统杜内阶（英塘组）。

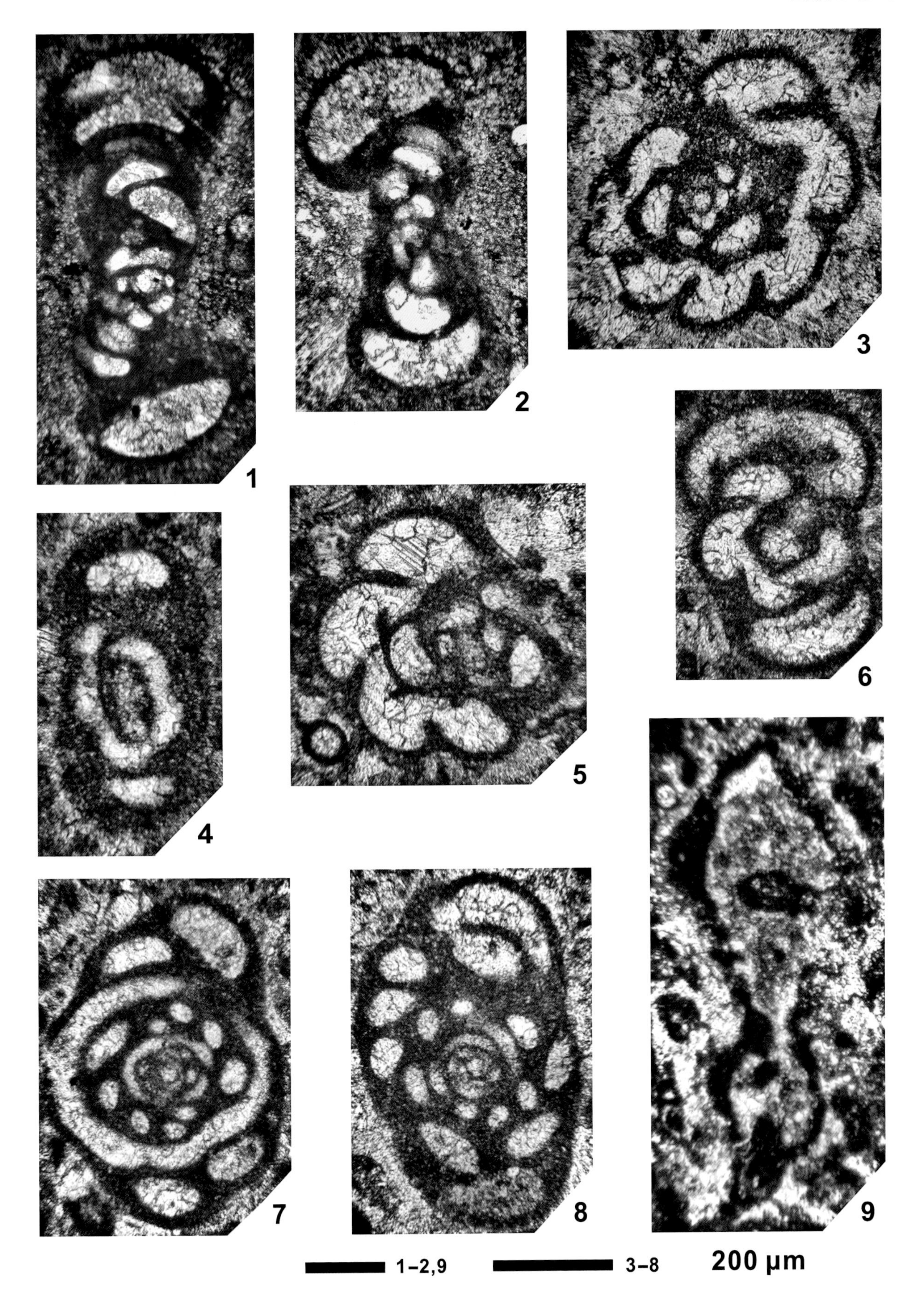
1
2
3
4
5
6
7
8
9
1–2,9
3–8
200 μm

图版 5-2-5 说明

［全部标本保存在比利时列日大学（Université de Liège）］

1—2　似切尔尼欣隔板小球旋虫 *Septaglomospiranella chernyshinelloides* Durkina，1984　引自 Hance 等（2011）

采集号：1. Malanbian 113-3；2. Malanbian 90 (2006)。登记号：缺。主要特征：壳体扭旋，具有发育较好的假隔壁，末端单一口孔。产地：湖南邵阳苏家坪。层位：下石炭统杜内阶（马栏边组）。

3—4、6　克拉尼斯卡隔板布林斯虫 *Septabrunsiina* ex gr. *krainica*（Lipina，1948a）　引自 Hance 等（2011）

采集号：3. Jiguanshan 39；4. Jiguanshan 45；6. Jiguanshan 41。登记号：缺。主要特征：壳体小到中等，早期扭旋，随后平旋，半露旋—露旋，盘状，具双脐，外部壳圈发育假隔壁，末端单一口孔。产地：广西桂林鸡冠山。层位：下石炭统杜内阶（英塘组）。

5、8　切尔尼欣古旋褶虫 *Palaeospiroplectammina tchernyshinensis*（Lipina，1948）　引自 Hance 等（2011）

采集号：5. L2；8. Malanbian 93 (2006)。登记号：缺。主要特征：早期房室旋卷，仅一个壳圈，随后为双列的成对房室，末端单一口孔。产地：湖南邵阳马栏边，广西柳州龙殿山。层位：下石炭统杜内阶（马栏边组和隆安组）。

7　贝娅塔杜内虫 *Tournayellina* ex gr. *beata*（Malakhova，1956）　引自 Hance 等（2011）

采集号：Jiguanshan 31。登记号：缺。主要特征：壳体不规则的平旋，包旋，只有 3~5 个假房室。产地：广西桂林鸡冠山。层位：下石炭统杜内阶（英塘组）。

9—10　永福古旋褶虫 *Palaeospiroplectammina yuongfuensis*（Wang，1985）　引自 Hance 等（2011）

采集号：Huilong 1/176。登记号：缺。主要特征：早期房室旋卷，较发育，随后为双列的成对房室，末端单一口孔。产地：广西回隆。层位：下石炭统杜内阶（尧云岭组）。

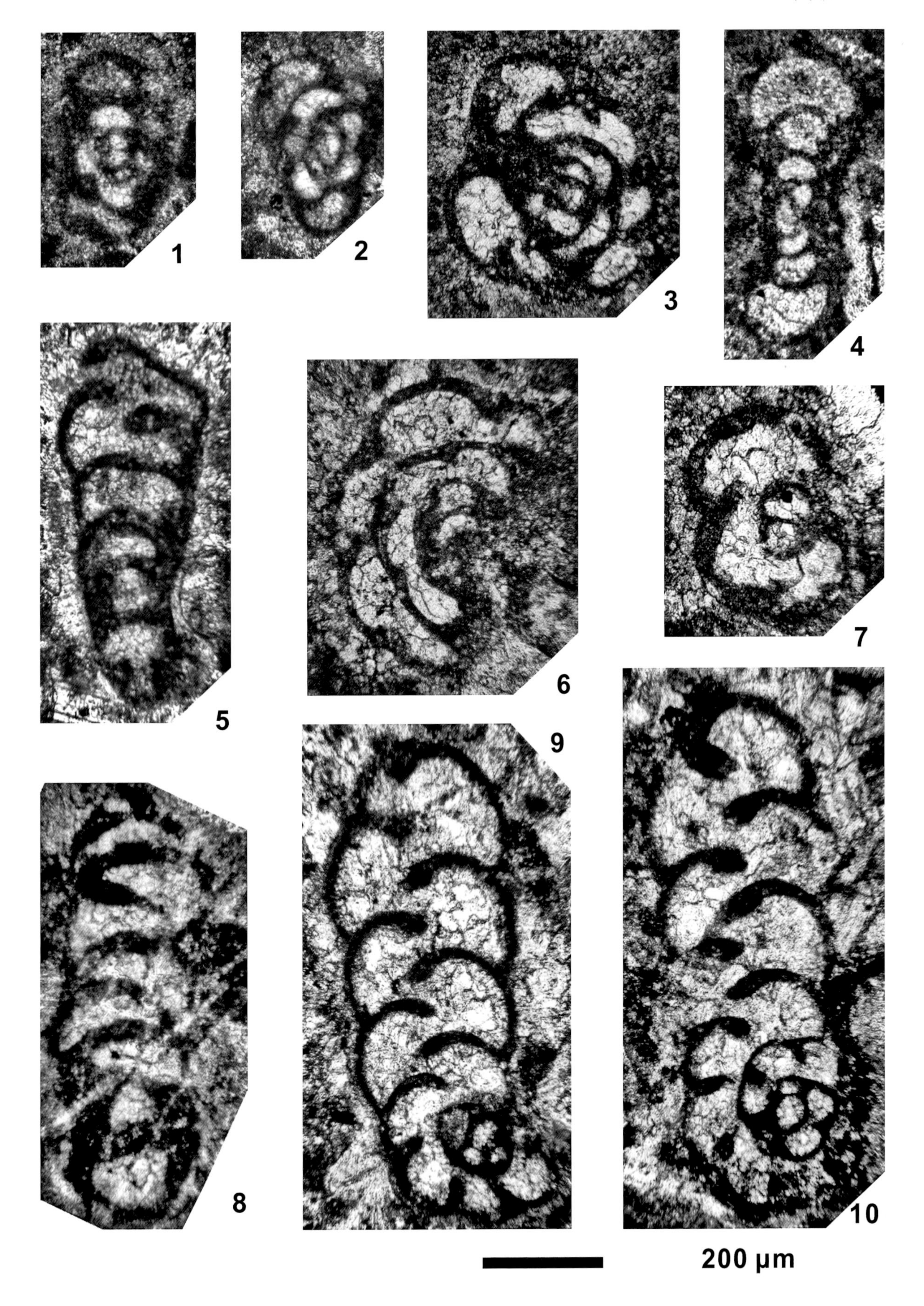
1
2
3
4
5
6
7
8
9
10
200 μm

图版 5-2-6 说明

［全部标本保存在比利时列日大学（Université de Liège）］

1—3　始似球旋小管杖虫 *Lituotubella eoglomospiroides* Vdovenko，1970　引自 Hance 等（2011）

采集号：1–2. Zhouwangpu 8；3. Zhouwangpu 85。登记号：缺。主要特征：房室早期扭旋，发育单一口孔，后期房室不旋卷，见假隔壁，发育 1~2 排筛状口孔。产地：湖南邵阳周旺铺，广西桂林磨盘山。层位：下石炭统维宪阶（石磴子组和黄金组）。

4、8　迷人内旋褶虫 *Endospiroplectammina venusta*（Vdovenko，1954）　引自 Hance 等（2011）

采集号：4. Huilong 2-143；8. 48c。登记号：缺。主要特征：壳体早期内卷虫式旋卷，随后双列，末端单一口孔。产地：广西桂林回隆，柳州龙殿山。层位：下石炭统杜内阶（英塘组和都安组）。

5—6　分隔假小管杖虫 *Pseudolituotubella* ex gr. *separata*（Pronina，1963）　引自 Hance 等（2011）

采集号：5. Pengchong 67；6. Yajiao 19。登记号：缺。主要特征：隔壁粗壮，特别是在未旋卷的后面部分，末端筛状口孔。产地：广西柳州碰冲及象州崖脚。层位：下石炭统杜内阶（鹿寨组碰冲段和巴平组）。

7、11　纳拉夫金似颗粒虫 *Granuliferelloides nalivkini*（Malakhova，1956）　引自 Hance 等（2011）

采集号：7. Luojiang；11. Huilong 1/174。登记号：缺。主要特征：早期房室旋卷，多变，后期单列，房室形状、大小等相对规则，末端单一口孔。产地：广西桂林。层位：下石炭统杜内阶（尧云岭组）。

9—10　分段隔板杜内虫 *Septatournayella segmentata*（Dain，1953）　引自 Hance 等（2011）

采集号：9. Malanbian 127m；10. Malanbian 127w。登记号：缺。主要特征：壳体小到中等，平旋，露旋，具发育很好的假隔壁。产地：湖南省邵阳马栏边。层位：下石炭统杜内阶（陡岭坳组）。

12—13　波斯纳中间内卷虫 *Mediendothyra posneri*（Ganelina，1956）　引自 Hance 等（2011）

采集号：12. Pengchong 202；13. Pengchong 184 (LH P34)。登记号：缺。主要特征：壳体盘形，最后的 1~2 个壳圈半露旋—露旋，侧向的充填明显。产地：广西柳州碰冲及桂林回隆。层位：下石炭统维宪阶（鹿寨组碰冲段和黄金组）。

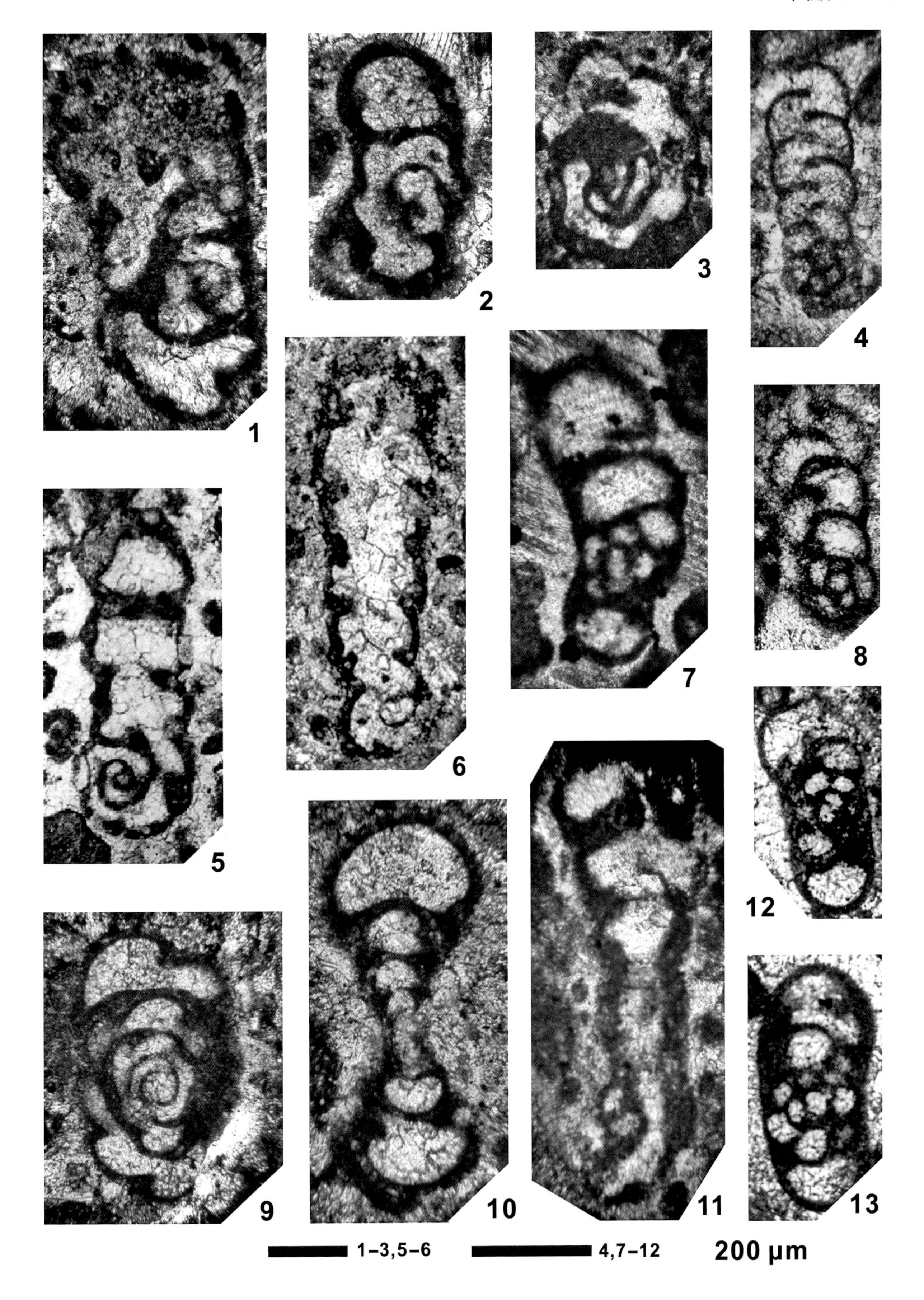
1
2
3
4
5
6
7
8
9
10
11
12
13
1–3,5–6
4,7–12
200 μm

图版 5-2-7 说明

［标本 9 保存在中国地质大学（北京），其余标本保存在比利时列日大学（Université de Liège）］

1—4　坚实类内卷虫 *Endothyranopsis solida* Hance，Hou and Vachard，2011　引自 Hance 等（2011）

采集号：1. Huilong 2-112；2. Huilong 2-S136 - 4>146；3. Huilong 2-112；4. Huilong 2-S139 – 10>146。登记号：缺。主要特征：壳体鹦鹉螺式旋卷，包旋，假旋脊发育，末端单一口孔。产地：广西桂林回隆。层位：下石炭统维宪阶下部（英塘组）。

5、7—8　年幼类内卷虫 *Endothyranopsis primaeva* Hance，Hou and Vachard，2011　引自 Hance 等（2011）

采集号：5、7. Huilong 2-77；8. Huilong 2-75。登记号：缺。主要特征：壳圈相对较多，房室相对较少，假旋脊发育较弱。产地：广西桂林回隆。层位：下石炭统杜内阶（英塘组）。

6、11　球形类内卷虫 *Endothyranopsis sphaerica*（Rauser-Chernousova and Reitlinger in Rauser-Chernousova et al.，1936）　引自 Hance 等（2011）

采集号：Sample Poty 15。登记号：缺。主要特征：壳体较大，平旋，包旋，最后一个壳圈房室数目大于 10 个，无次生堆积，末端单一口孔。产地：贵州惠水雅水。层位：下石炭统维宪阶上部（上司组）。

9—10　规则类扭曲虫 *Plectogyranopsis regularis*（Rauser-Chernousova，1948d）　引自 Shen 和 Wang（2015）、Hance 等（2011）

采集号：9. BA-4a(3)-6；10. Pengchong 180。登记号：缺。主要特征：内卷虫式旋卷方式，房室相对较大，数量少，半圆形。产地：广西柳州碰冲。层位：下石炭统维宪阶（鹿寨组碰冲段和北岸组）。

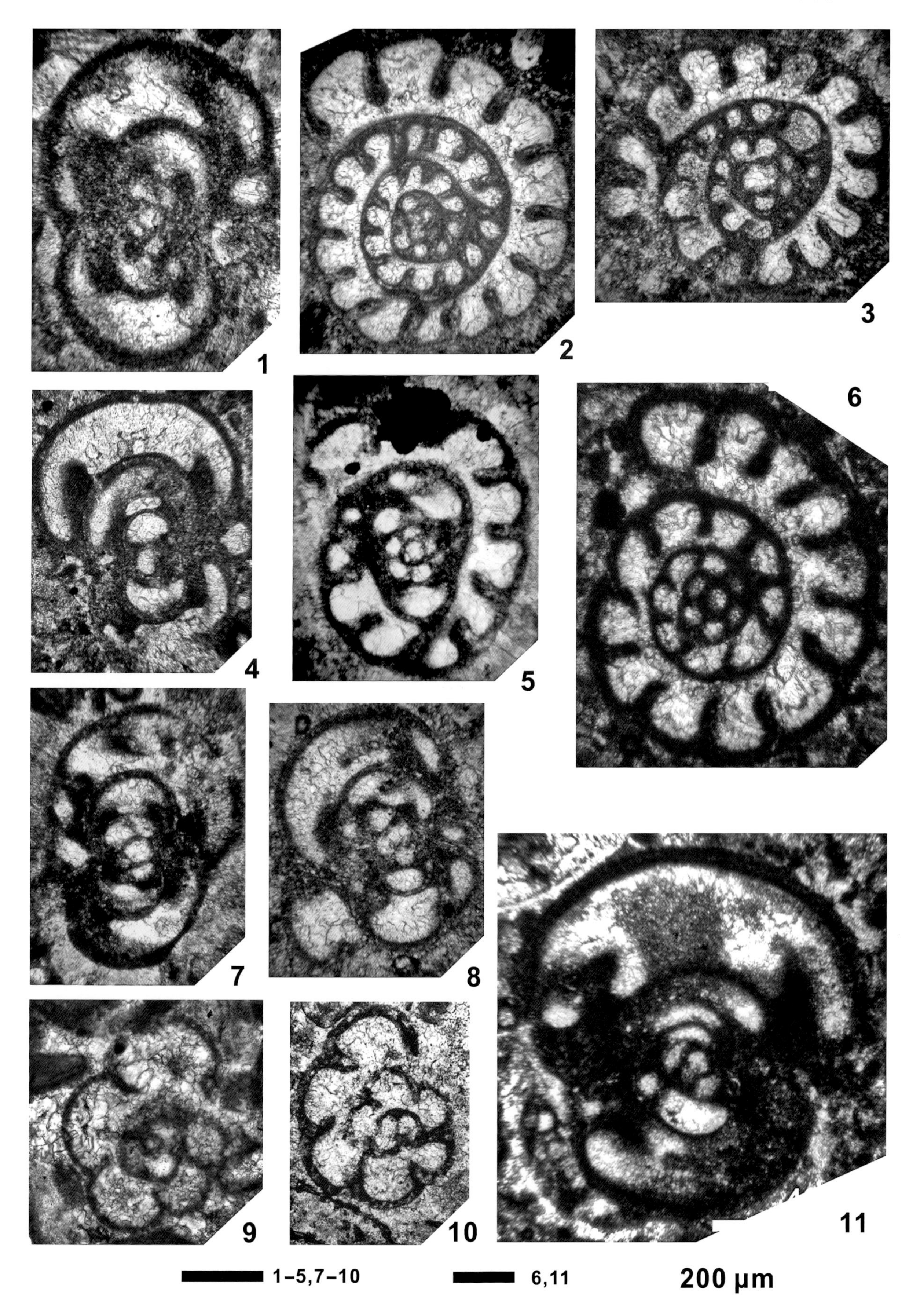
1
2
3
4
5
6
7
8
9
10
11
1–5,7–10
6,11
200 μm

图版 5-2-8 说明

［全部标本保存在比利时列日大学（Université de Liège）］

1—2　鲍曼内卷虫 *Endothyra* ex gr. *bowmani* Phillips，1946 sensu Brady，1876 emend. China，1965　引自 Hance 等（2011）

采集号：1. Huilong 3-127；2. Mopanshan 61。登记号：缺。主要特征：壳体小到中等，具稳定偏离方向的不规则旋卷，缝合线明显，末端单一口孔。产地：广西桂林回隆、磨盘山，柳州碰冲，湖南邵阳周旺铺。层位：下石炭统维宪阶（英塘组、黄金组、鹿寨组碰冲段及石磴子组）。

3　大宽类内卷虫 *Latiendothyranopsis grandis*（Lipina，1955）　引自 Hance 等（2011）

采集号：Luojiang 17。登记号：缺。主要特征：壳体较大，每个壳圈的房室较多，次生堆积物不发育，末端单一口孔。产地：广西桂林。层位：下石炭统杜内阶（英塘组）。

4—6　连县筛旋虫 *Cribrospira lianxianensis* Lin，1981　引自 Hance 等（2011）

采集号：4、6. Yashui 9；5. Yashui 8。登记号：缺。主要特征：壳体平旋，包卷，壳圈和房室的数量较少，隔壁较短；最后一个壳圈为筛状口孔。产地：贵州惠水雅水。层位：下石炭统维宪阶上部（上司组）。

7—8　简单梯状虫 *Climacammina simplex* Rauser-Chernousova，1948e　引自 Hance 等（2011）

采集号：7. Malanbian 118 (2006)；8. Sample Poty 15。登记号：缺。主要特征：房室早期双列，基部单一口孔，后期单列，筛状口孔，双层壳壁。产地：贵州惠水雅水，湖南邵阳马栏边。层位：下石炭统维宪阶上部（上司组和石磴子组）。

9　利皮纳单壁串珠虫 *Consobrinellopsis lipinae*（Conil and Lys，1964）　引自 Hance 等（2011）

采集号：Sample Poty 15。登记号：缺。主要特征：壳体双列，房室数目中等，单层壳壁，末端单一口孔。产地：贵州惠水雅水。层位：下石炭统维宪阶（上司组）。

10　长隔壁古串珠虫粗壮亚种 *Palaeotextularia longiseptata crassa* Lipina，1948b　引自 Hance 等（2011）

采集号：Sample Poty 15。登记号：缺。主要特征：壳体双列，双层壳壁，末端单一口孔。产地：贵州雅水。层位：下石炭统维宪阶（上司组）。

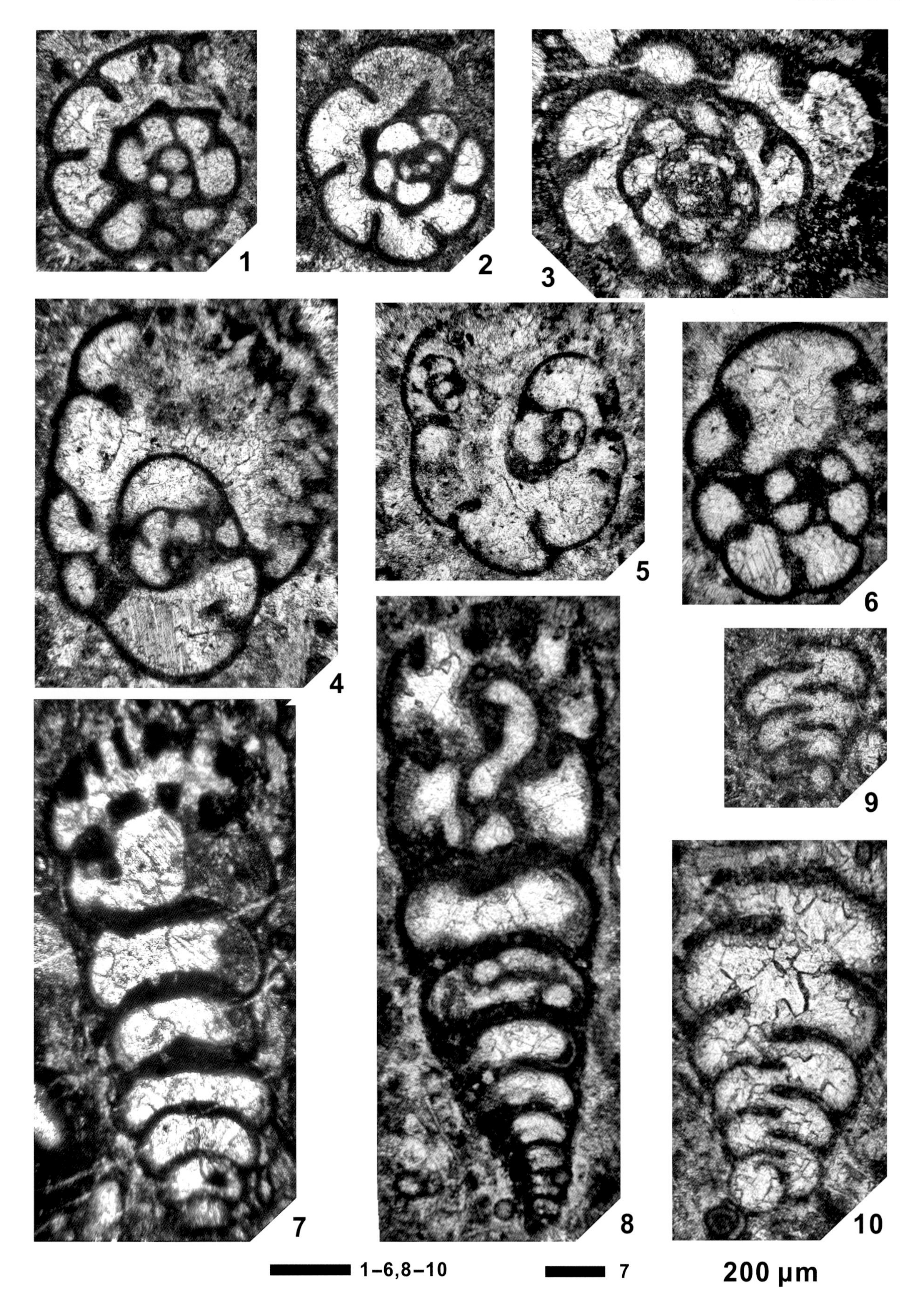
1
2
3
4
5
6
7
8
9
10
1–6,8–10
7
200 μm

图版 5-2-9 说明

［标本 13 保存在中国地质大学（北京），其余标本保存在比利时列日大学（Université de Liège）］

1—4　优美戴恩虫 *Dainella* ex gr. *elegantula* Brazhnikova，1962　引自 Hance 等（2011）

采集号：1. Pengchong 68；2–3. Pengchong 24；4. Pengchong 00。登记号：缺。主要特征：壳体包旋，频繁强烈地改变旋转轴的方向，房室较多，假旋脊通常较发育，末端单一口孔。产地：广西柳州碰冲。层位：下石炭统杜内阶上部（鹿寨组碰冲段）。

5—7　精美戴恩虫 *Dainella delicataeformis* Hance，Hou and Vachard，2011　引自 Hance 等（2011）

采集号：5–6. 142a；7. Huilong 2-123。登记号：缺。主要特征：壳体中等大小，壳缘钝圆，旋转轴方向强烈改变，两侧压扁，发育不对称的脐部，所有壳圈均发育假旋脊，末端单一口孔。产地：湖南马栏边，广西桂林回隆。层位：下石炭统杜内阶至维宪阶（石磴子组和英塘组）。

8—10　近美拟莱伊尔虫 *Paralysella parascitula* Hance，Hou and Vachard，2011　引自 Hance 等（2011）

采集号：8. Pengchong 90　(FXP 00/47)；9. Pengchong 68　(FXP 05/68)；10. Pengchong 84 (FXP 05/84)。登记号：缺。主要特征：壳体鹦鹉螺式旋卷，包旋，旋卷偏离程度较小，最后一个壳圈露旋，隔壁具有明显的向前指向。产地：广西柳州碰冲。层位：下石炭统维宪阶（鹿寨组碰冲段）。

11—12　原始拟莱伊尔虫 *Paralysella primitive* Hance，Hou and Vachard，2011　引自 Hance 等（2011）

采集号：Pengchong 83e。登记号：缺。主要特征：壳体鹦鹉螺式旋卷，包旋，旋卷中度偏离，最后一个壳圈半露旋，隔壁具有明显的向前指向。产地：广西柳州碰冲。层位：下石炭统杜内阶顶部至维宪阶底部（鹿寨组碰冲段）。

13—15　坚实小穹虫 *Urbanella solida* Brazhnikova and Vdovenko，1973　引自 Hance 等（2011）、沈阳（2016）

采集号：13. Y90b；14–15. Huilong 2-S144 - 20>146。登记号：缺。主要特征：壳体盘形，早期旋卷，后期平旋，露旋，房室较多，具有假旋脊，末端单一口孔。产地：贵州惠水雅水，广西桂林回隆。层位：下石炭统维宪阶（旧司组和英塘组）。

16　棱脊刺内卷虫 *Spinoendothyra costifera*（Lipina，1955）　引自 Hance 等（2011）

采集号：Huilong 2-S136 - 4>146。登记号：缺。主要特征：内卷虫式旋卷，后期房室具有刺。产地：广西桂林回隆。层位：下石炭统维宪阶（英塘组）。

17　少隔壁刺门虫 *Spinothyra pauciseptata*（Rauser-Chernousova，1948f）　引自 Hance 等（2011）

采集号：Malanbian 116 (2006)。登记号：缺。主要特征：在最后的房室底部有向前弯曲的刺，末端单一口孔。产地：湖南邵阳马栏边。层位：下石炭统维宪阶上部（石磴子组）。

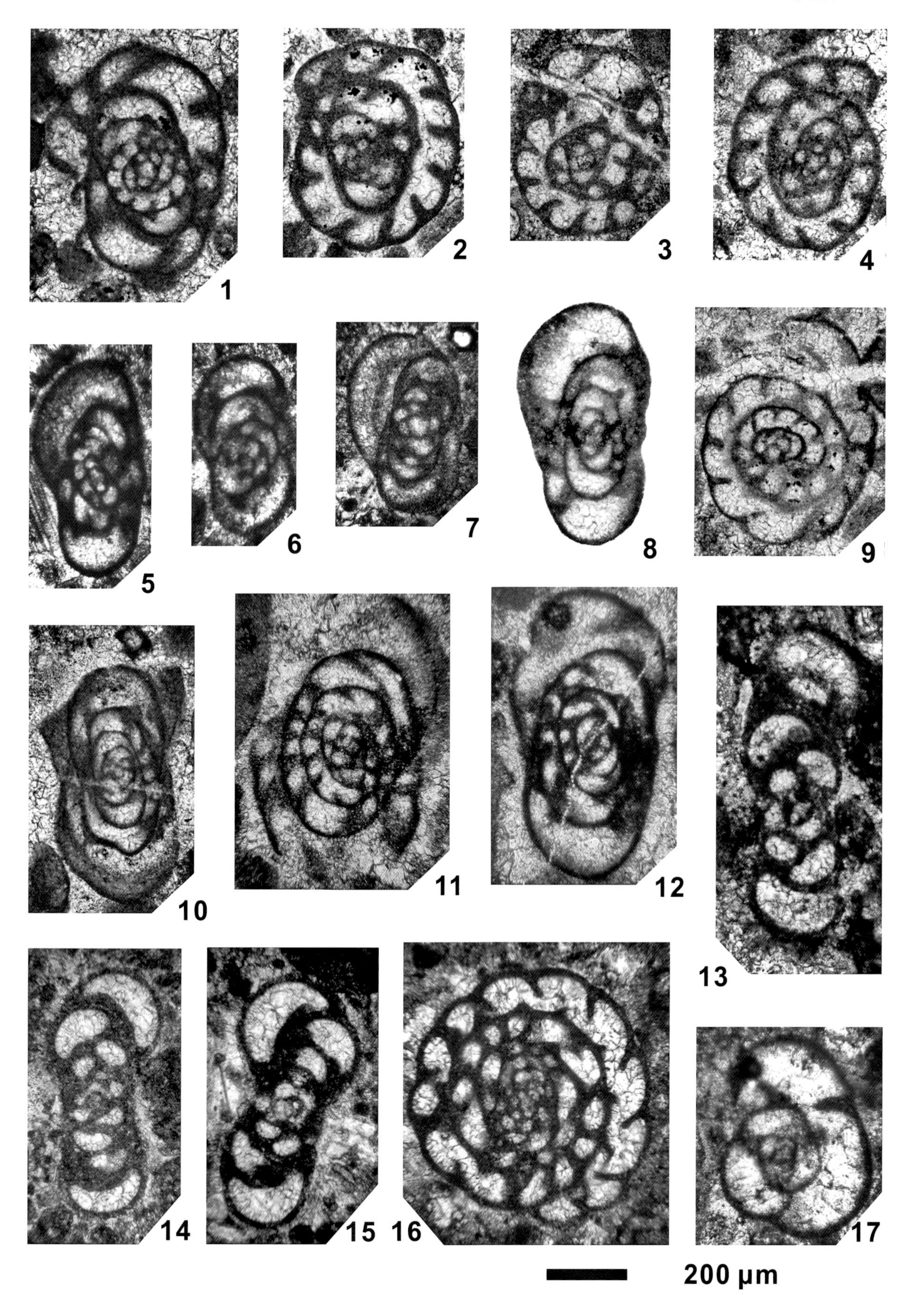
1
2
3
4
5
6
7
8
9
10
11
12
13
14
15
16
17
200 μm

图版 5-2-10 说明

［标本 5 保存在中国地质大学（北京），其余标本保存在比利时列日大学（Université de Liège）］

1—2　原伊克始史塔夫蜓 *Eostaffella* ex gr. *proikensis* Rauser-Chernousova，1948a　引自 Hance 等（2011）

采集号：1. Mopanshan 35；2. Mopanshan 84。登记号：缺。主要特征：壳体小，透镜状，壳缘钝尖。产地：广西桂林磨盘山。层位：下石炭统维宪阶（黄金组）。

3—4　史特洛弗假内卷虫 *Pseudoendothyra* ex gr. *struvei*（Moeller，1879）　引自 Hance 等（2011）

采集号：Yashui 10。登记号：缺。主要特征：壳体中等，透镜状，壳壁三层，中间为一亮层，壳缘钝尖。产地：贵州惠水雅水。层位：下石炭统维宪阶上部（上司组）。

5—6　中间中间虫 *Mediocris* ex gr. *mediocris*（Vissarionova，1948a）　引自 Hance 等（2011）、Shen 和 Wang（2015）

采集号：5. B8-2(1)-2(20)；6. Yajiao 85。登记号：缺。主要特征：壳体中等大小，壳圈 3~4.5 个，壳缘钝圆。产地：广西柳州碰冲、象州崖脚。层位：下石炭统维宪阶（鹿寨组碰冲段、北岸组及巴平组）。

7—8、13　卵形古拟史塔夫蜓 *Eoparastaffella ovalis* Vdovenko，1954　引自 Hance 等（2011）

采集号：7. Huaqiao 185；8. Huaqiao 185；13. Pengchong 78。登记号：缺。主要特征：壳体小，壳缘钝圆，前两个壳圈内卷虫式旋卷，后期壳圈近平旋。产地：广西柳州碰冲、桂林。层位：下石炭统杜内阶顶部至维宪阶下部（鹿寨组碰冲段和英塘组）。

9—10、12　短中间虫 *Mediocris* ex gr. *breviscula*（Ganelina，1951）　引自 Hance 等（2011）

采集号：9. Yajiao 85；10. Pengchong 182 (LH 33)；12. Pengchong 184　(LH 34)。登记号：缺。主要特征：壳体小到极小，壳圈 2~3.5 个，壳缘钝圆，最后的 1~2 个壳圈露旋。产地：广西柳州碰冲。层位：下石炭统维宪阶（鹿寨组碰冲段）。

11　短型旋脊中间虫 *Chomatomediocris brevisculiformis* Vdovenko in Brazhnikova and Vdovenko，1973　引自 Hance 等（2011）

采集号：Malanbian 112 (2006)。登记号：缺。主要特征：壳体小，具有假旋脊。产地：湖南邵阳马栏边及周旺铺。层位：下石炭统维宪阶（石磴子组）。

14—16　简单古拟史塔夫蜓 *Eoparastaffella simplex* Vdovenko，1971　引自 Hance 等（2011）

采集号：14. 86d; 15. 86c; 16. 86d。登记号：缺。主要特征：壳体小，壳缘钝尖，前两个壳圈内卷虫式旋卷，后期壳圈近平旋。产地：广西柳州碰冲、桂林。层位：下石炭统维宪阶下部（鹿寨组碰冲段和英塘组）。

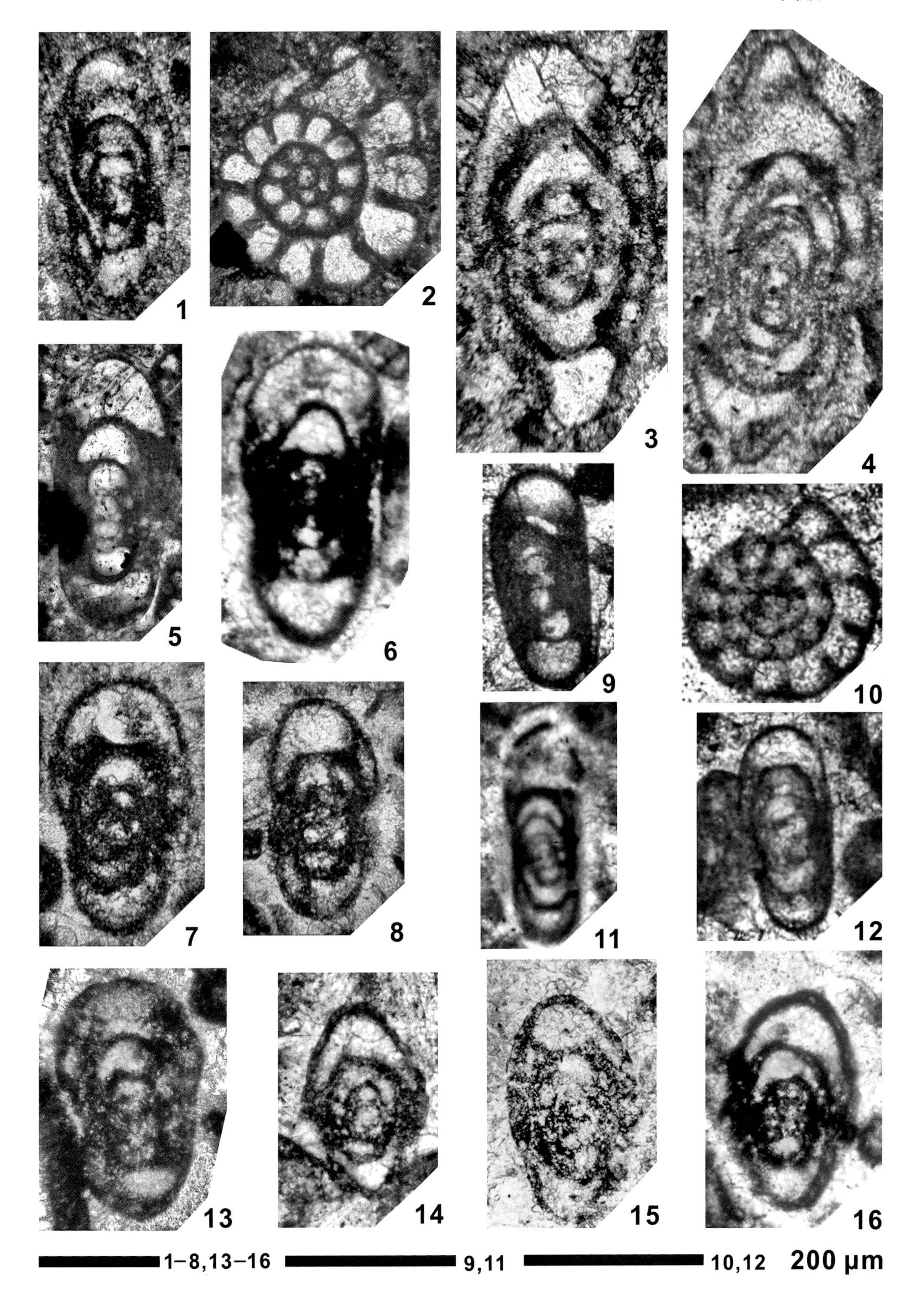
1
2
3
4
5
6
7
8
9
10
11
12
13
14
15
16
1–8,13–16
9,11
10,12
200 μm

图版 5-2-11 说明

［标本 1—6 保存在中国地质大学（北京），标本 10 保存在中国科学院南京地质古生物研究所，其余标本保存在比利时列日大学（Université de Liège）］

1、4　北岸豪奇虫 *Howchinia beianensis* Shen and Wang，2017　引自 Shen and Wang（2017）

采集号：1. BA-4a(32)-6；4. BA-4a(39)-9。登记号：缺。主要特征：壳体相对较大，早期房室旋卷形成平顶，后期房室变向形成侧壁，双层壳壁。产地：广西柳州碰冲。层位：下石炭统维宪阶上部（北岸组）。

2、5　穹隆豪奇虫 *Howchinia gibba*（Moeller，1879）　引自 Shen 和 Wang（2017）

采集号：4. BA-4a(8)-1；5. BA-4a(2)-11。登记号：缺。主要特征：壳体相对较大，管状房室旋卷成中度的螺旋状，壳圈数目中等，壳壁微粒层发育，透明层在早期壳圈不发育，在最后的壳圈发育。产地：广西柳州碰冲。层位：下石炭统维宪阶上部（北岸组）。

3、6　布雷迪豪奇虫 *Howchinia bradyana*（Howchin，1888）emend. Davis，1951　引自 Shen 和 Wang（2017）

采集号：3. BA-4a(8)-3；6. BA-4a(34)-8。登记号：缺。主要特征：壳体相对较大，初房中等大小，房室旋卷为中等至高螺旋状，双层壳壁。产地：广西柳州碰冲。层位：下石炭统维宪阶上部（北岸组）。

7　中间四排虫 *Tetrataxis media* Vissarionova，1948b　引自 Hance 等（2011）

采集号：Yajiao 24。登记号：缺。主要特征：壳体中等，螺旋锥形，每个壳圈 4 个房室，双层壳壁，具脐，单一口孔。产地：广西象州崖脚。层位：下石炭统杜内阶上部（巴平组）。

8—9　偏小瓣虫 *Valvulinella lata* Grozdilova and Lebedeva，1954　引自 Hance 等（2011）、Shen 和 Wang（2015）

采集号：8. Yajiao 82；9. B17(1)-2。登记号：缺。主要特征：壳壁单层，房室被隔板分为小房室，小房室相对更宽，数量更少。产地：广西象州崖脚、柳州碰冲。层位：下石炭统维宪阶（巴平组和北岸组）。

10、18—19　小双串虫 *Biseriella parva*（Chernysheva，1948）　引自 Sheng 等（2018）、Hance 等（2011）

采集号：10. FHSL4.85m；18–19. Sample Poty 15。登记号：10. 163584；18–19. 缺。主要特征：壳体小，通常一个壳圈，最后的房室覆盖之前的 4 个房室，初房相对较大，壳壁单层，钙质微粒壳。产地：安徽巢湖凤凰山，贵州惠水雅水。层位：下石炭统维宪阶顶部至谢尔普霍夫阶（上司组和和州组）。

11　乌什小波加尔克虫 *Pojarkovella wushiensis*（Li，1991）　引自 Hance 等（2011）

采集号：Pengchong 197。登记号：缺。主要特征：壳体包旋，每个壳圈都偏离 90°，末圈平旋，半露旋至露旋，具旋脊。产地：广西桂林回隆。层位：下石炭统维宪阶（黄金组）。

12—13　尼伯小波加尔克虫 *Pojarkovella* ex gr. *nibelis*（Durkina，1959）　引自 Hance 等（2011）

采集号：Zhouwangpu 85。登记号：缺。主要特征：壳体包旋，旋卷方向偏离明显，末圈平旋，半露旋至露旋，具旋脊。产地：湖南邵阳周旺铺，广西桂林回隆。层位：下石炭统维宪阶（石磴子组和黄金组）。

14—15　始小假排虫 *Pseudotaxis eominima*（Rauser-Chernousova，1948f）　引自 Shen 和 Wang（2015）

采集号：14. B32(01)-13；15. BA-13a(1)-12。登记号：缺。主要特征：壳体小，螺旋锥形，每个壳圈 3~6 个房室，具脐，单一口孔。产地：广西柳州碰冲。层位：下石炭统维宪阶至谢尔普霍夫阶（北岸组）。

16—17　宽旋颗粒虫 *Granuliferella* ex gr. *latispiralis*（Lipina，1955）　引自 Hance 等（2011）

采集号：Jiguanshan 31。登记号：缺。主要特征：内卷虫式旋卷方式，无次生堆积物，末端单一口孔。产地：广西桂林鸡冠山。层位：下石炭统杜内阶（英塘组）。

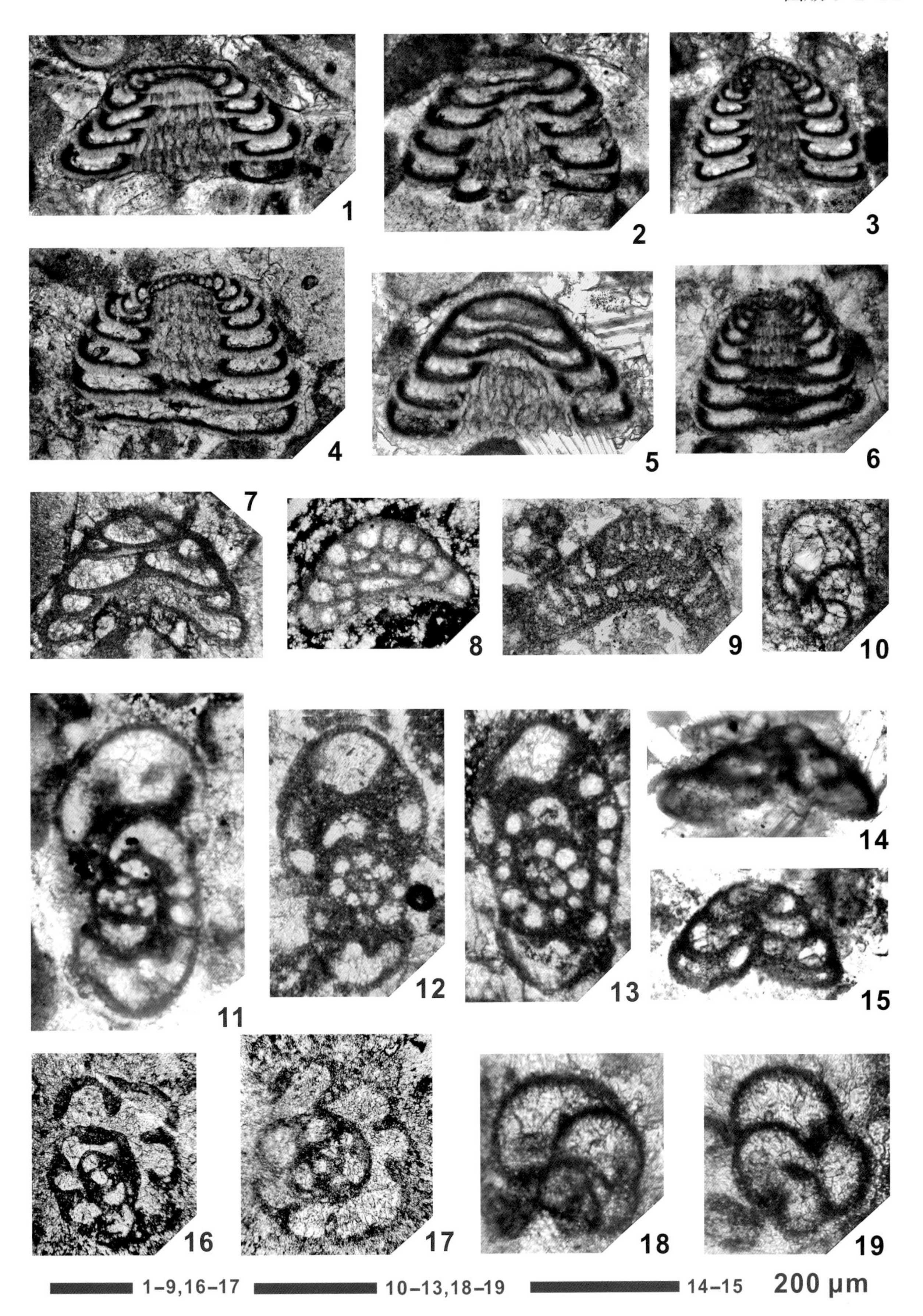
1
2
3
4
5
6
7
8
9
10
11
12
13
14
15
16
17
18
19
1-9,16-17
10-13,18-19
14-15
200 μm

图版 5-2-12

（所有标本保存在中国科学院南京地质古生物研究所，比例尺均为 100 微米）

1—4　扭曲绞密勒蜓 *Plectomillerella tortula*（Zeller，1953）　引自 Sheng 等（2018）

登记号：1. 163648；2. 163649；3. 163650；4. 163651。主要特征：脐部凹，早期壳圈倾斜绕卷，后期平旋，末圈外旋，壳壁不分化或由致密层及内、外疏松层组成，次生沉积轻微发育。产地：安徽巢湖凤凰山。层位：下石炭统谢尔普霍夫阶 *Janischewskina delicata*/ *Plectomillerella tortula* 带（和州组）。

5—6　纤细扎尼舍夫虫 *Janischewskina delicata*（Malakhova，1956）　引自 Sheng 等（2018）

登记号 : 5. 163662；6. 163663。主要特征：房室增大迅速，壳壁、隔壁和前隔壁小板形成沿缝合线的楔状小空间，并向内部开口，口孔筛状。产地：安徽巢湖凤凰山。层位：下石炭统谢尔普霍夫阶 *Janischewskina delicata*/ *Plectomillerella tortula* 带（和州组）。

7　后皱纹星古盘虫相似种 *Asteroarchaediscus* cf. *postrugosus*（Reitlinger，1949）　引自 Sheng 等（2018）

登记号：163621。主要特征：后期两个壳圈近平旋，露旋，房室高度迅速增大，呈半圆形，壳壁具放射状透明层。产地：安徽巢湖凤凰山。层位：下石炭统谢尔普霍夫阶 *Janischewskina delicata*/ *Plectomillerella tortula* 带（和州组）。

8　圆锥形四排虫 *Tetrataxis conica* Ehrenberg，1854 emend. Nestler，1973　引自 Sheng 等（2018）

登记号：163591。主要特征：壳圆锥形，顶角约 90°，螺旋式绕卷，每个壳圈 4 个房室，两侧平直，壳壁由黑色微粒层和透明纤维层组成，脐部宽凹，口孔狭长。产地：安徽巢湖凤凰山。层位：下石炭统谢尔普霍夫阶 *Janischewskina delicata*/ *Plectomillerella tortula* 带（和州组）。

9—10　和县始史塔夫蜓 *Eostaffella hohsienica* Chang，1962　引自 Sheng 等（2018）

登记号: 9. 163639; 10. 163638。主要特征: 壳体卵圆形，旋壁由致密层及内、外疏松层组成，旋脊硕大，自通道延伸至两侧，通道显著。产地: 安徽巢湖凤凰山。层位: 下石炭统谢尔普霍夫阶 *Janischewskina delicata*/ *Plectomillerella tortula* 带（和州组）。

11　轮形布拉德虫 *Bradyina rotula*（Eichwald，1860）　引自 Sheng 等（2018）

登记号：163657。主要特征：壳体粗壮，鹦鹉螺式，平旋，内旋，房室增大迅速，隔壁与前隔壁小板之间的壳壁上有裂缝状开口，壳壁由致密层和蜂巢层组成，口孔筛状。产地：安徽巢湖凤凰山。层位：下石炭统谢尔普霍夫阶 *Janischewskina delicata*/ *Plectomillerella tortula* 带（和州组）。

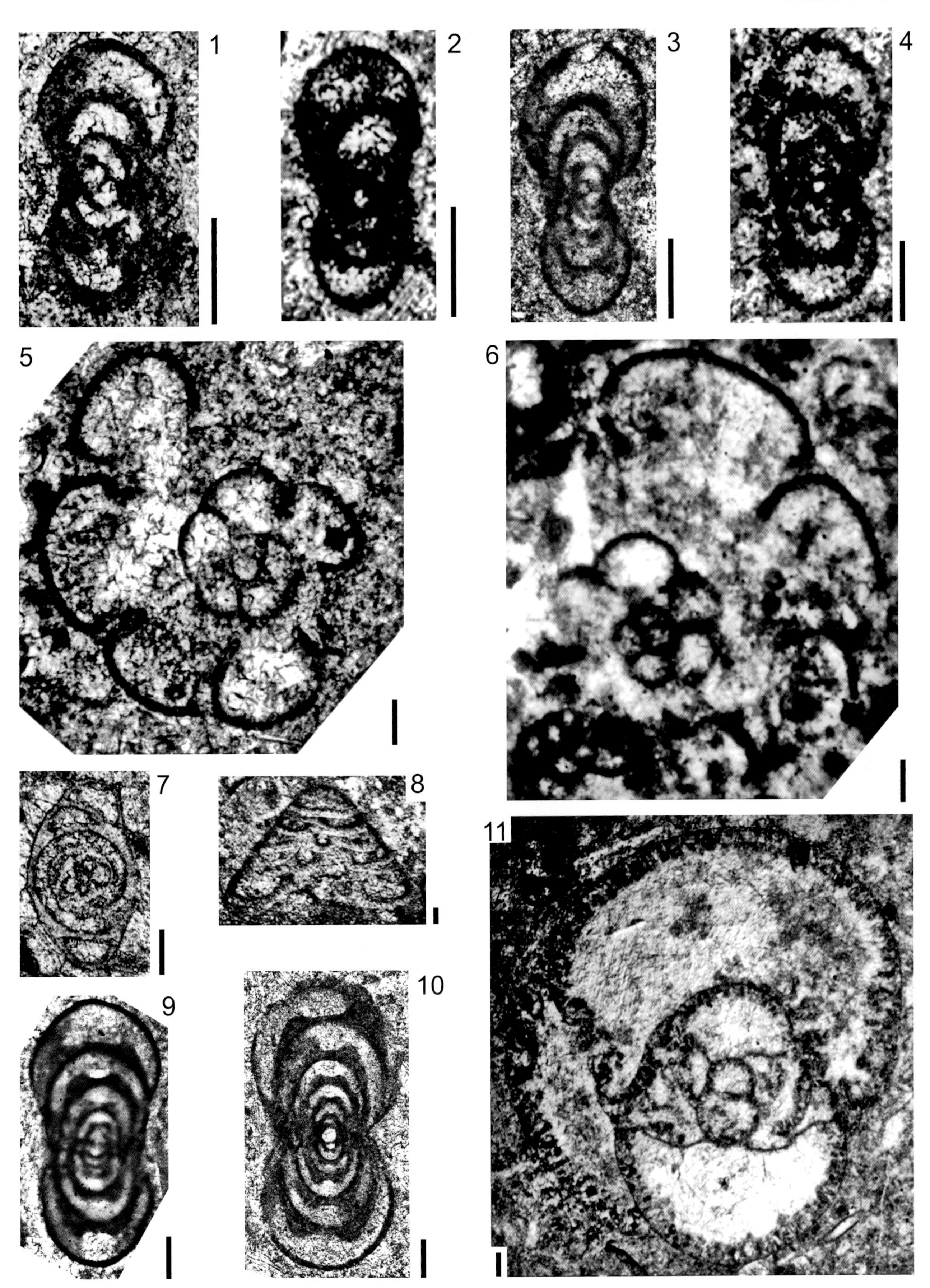
1
2
3
4
5
6
7
8
9
10
11

图版 5-2-13

（所有标本保存在中国科学院南京地质古生物研究所，比例尺均为 100 微米）

1—2　拟普罗特夫氏小始史塔夫蠖 *Eostaffellina paraprotvae*（Rauser-Chernousova，1948a）　引自 Sheng 等（2018）

登记号：1. 163645；2. 163646。主要特征：壳小，亚球形，内圈呈内卷虫式绕卷，旋转轴与外圈斜交，壳壁由致密层及内、外疏松层组成，隔壁平直，通道低而宽，初房圆。产地：安徽巢湖凤凰山。层位：下石炭统谢尔普霍夫阶 *Eostaffellina paraprotvae* 带和 *Bradyina cribrostomata* 带（和州组）。

3—4　择定扭密勒蠖（类群种）*Plectomillerella* ex gr. *designata*（Zeller，1953）　引自 Sheng 等（2018）

登记号：3. 163652；4. 163653；主要特征：*P.* ex gr. *designata* 与 *P. tortula* 相似，区别在于前者更大，次生沉积较发育。产地：安徽巢湖凤凰山。层位：下石炭统谢尔普霍夫阶 *Eostaffellina paraprotvae* 带和 *Bradyina cribrostomata* 带（和州组）。

5—7　筛口布拉德虫 *Bradyina cribrostomata* Rauser-Chernousova and Reitlinger, 1937　引自 Sheng 等（2018）

登记号：5. 163659；6. 163660；7. 163661。主要特征：*B. cribrostomata* 与 *B. rotula* 相似，区别在于前者壳壁厚度较薄，壳壁蜂巢层孔隙间距离较小。产地：安徽巢湖凤凰山。层位：下石炭统谢尔普霍夫阶 *Eostaffellina paraprotvae* 带和 *Bradyina cribrostomata* 带（和州组）。

8　中等球瓣虫 *Globivalvulina moderata* Reitlinger，1949　引自 Sheng 等（2018）

登记号：163586。主要特征：亚球形，初房之后房室呈双列式，初期绕卷紧密，后期迅速增大、放松，壳壁钙质微粒状，夹放射状透明层。产地：安徽巢湖凤凰山。层位：下石炭统谢尔普霍夫阶 *Eostaffellina paraprotvae* 带和 *Bradyina cribrostomata* 带（和州组）。

9　变化绞史塔夫蠖 *Plectostaffella varvariensis*（Brazhnikova and Potievska，1948）　引自 Sheng 等（2018）

登记号：163655。主要特征：旋转轴变换两次，壳圈绕卷不对称，末圈的脐部可见隔壁。产地：安徽巢湖凤凰山。层位：下石炭统谢尔普霍夫阶 *Eostaffellina paraprotvae* 带和 *Bradyina cribrostomata* 带（和州组）。

10　挤压绞密勒蠖 *Plectomillerella pressula*（Ganelina，1951）　引自 Sheng 等（2018）

登记号：163654。主要特征：壳室外圈外旋，脐部宽而浅，次生沉积发育。产地：安徽巢湖凤凰山。层位：下石炭统谢尔普霍夫阶 *Eostaffellina paraprotvae* 带和 *Bradyina cribrostomata* 带（和州组）。

11　窄串窄串珠虫 *Consobrinellopsis consobrina*（Lipina，1948）　引自 Sheng 等（2018）

登记号：163594。主要特征：壳体双列式，狭长形，壳室逐渐增大，壳壁单层，黑色微粒状，偶含胶结的钙质颗粒，口孔位于最后一个壳室的口面基部，裂缝状。产地：安徽巢湖凤凰山。层位：下石炭统谢尔普霍夫阶 *Eostaffellina paraprotvae* 带和 *Bradyina cribrostomata* 带（和州组）。

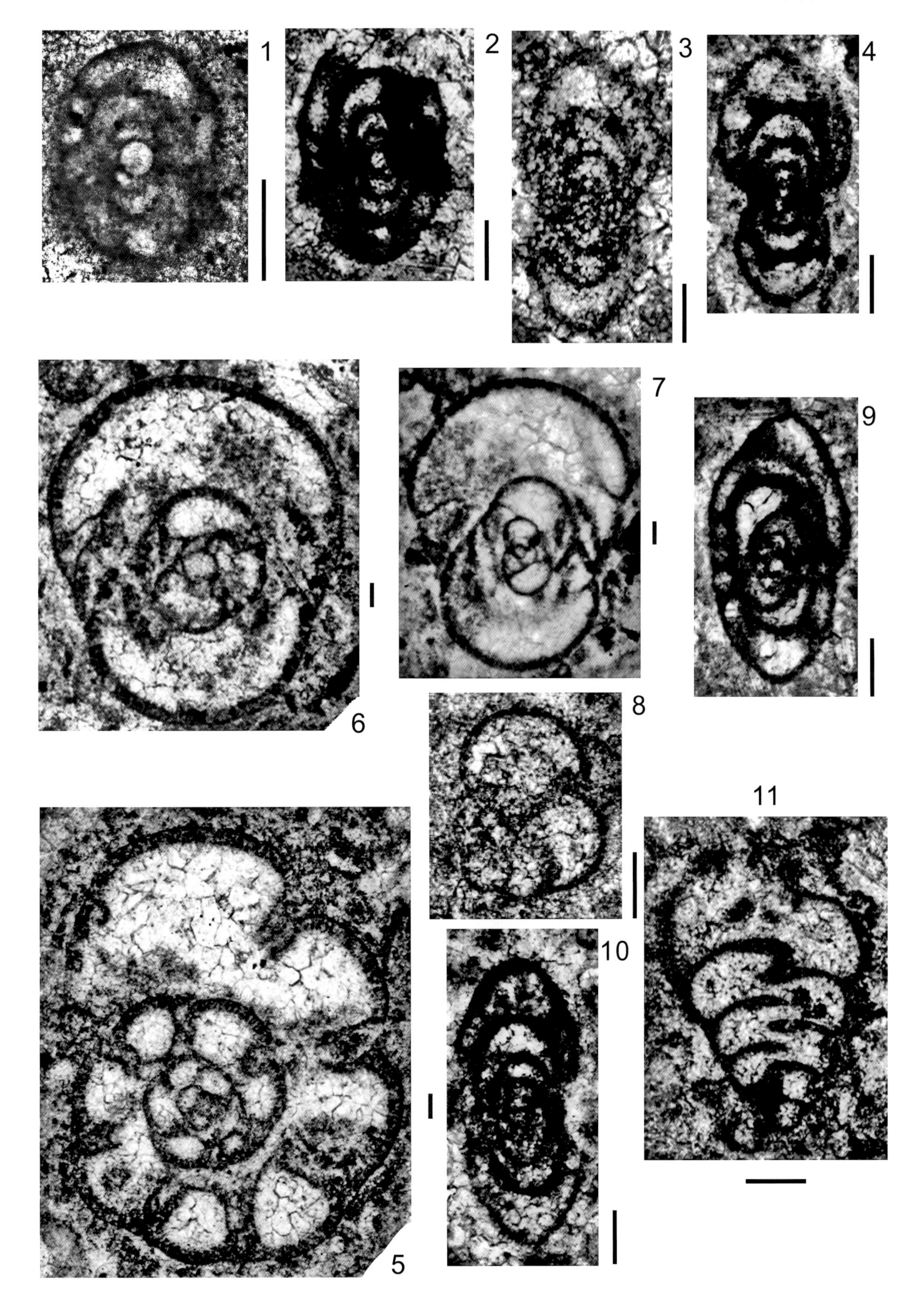
1
2
3
4
7
9
6
8
11
10
5

图版 5-2-14

（所有标本保存在中国科学院南京地质古生物研究所，比例尺均为 100 微米）

1—3　中间似单排虫 *Monotaxinoides transitorius* Brazhnikova and Yartseva，1956　引自 Sheng 等（2018）

登记号：1. 163601；2. 163602，3. 163603。主要特征：壳体由小的球状初房和管状第二房室组成，近平旋，壳壁由黑色微粒层和透明放射层组成，脐部微凹，具纤维状充填。产地：安徽巢湖凤凰山。层位：下石炭统谢尔普霍夫阶 *Monotaxinoides transitorius* 带（和州组）。

4—6　亚扁似单排虫 *Monotaxinoides subplanus*（Brazhnikova and Yartseva，1956）　引自 Sheng 等（2018）

登记号：4. 163604；5. 163605；6. 163606。主要特征：与 *M. transitorius* 的区别在于前者壳室外圈呈宽锥状绕旋。产地：安徽巢湖凤凰山。层位：下石炭统谢尔普霍夫阶 *Monotaxinoides transitorius* 带（和州组）。

7　半圆虫未定种 *Hemidiscopsis* sp.　引自 Sheng 等（2018）

登记号：163608。主要特征：壳体由低度螺旋式绕卷形成宽锥形，壳壁由黑色微粒层构成，脐部纤维状充填不发育，缝合线处有凸起的斜刺，初房与两侧壳圈形成的顶角是大角度的钝角。产地：安徽巢湖凤凰山。层位：下石炭统谢尔普霍夫阶 *Monotaxinoides transitorius* 带（和州组）。

8. 贾克汉斯绞史塔夫䗴 *Plectostaffella jakhensis* (Reitlinger, 1971)　引自 Sheng 等（2018）

登记号：163656。主要特征：壳体球形至亚球形，壳缘宽圆或尖圆，旋转轴变换两次，壳圈绕卷不对称，隔壁平直，壳壁微粒状，偶见致密层，假旋脊分布不规则。产地：安徽巢湖凤凰山。层位：下石炭统谢尔普霍夫阶 *Monotaxinoides transitorius* 带（和州组）。

9　德库塔小始史塔夫䗴 *Eostaffellina decurta*（Rauser-Chernousova，1948a）　引自 Sheng 等（2018）

登记号：163647。主要特征：壳体近球形，壳缘宽圆，壳圈对称。产地：安徽巢湖凤凰山。层位：下石炭统谢尔普霍夫阶 *Monotaxinoides transitorius* 带（和州组）。

10　巨大古盘虫 *Archaediscus gigas* Rauser-Chernousova，1948a　引自 Sheng 等（2018）

登记号：163612。主要特征：壳体大，圆盘状，管状房室无充填，壳壁是由透明放射层组成的。产地：安徽巢湖凤凰山。层位：下石炭统谢尔普霍夫阶 *Monotaxinoides transitorius* 带（和州组）。

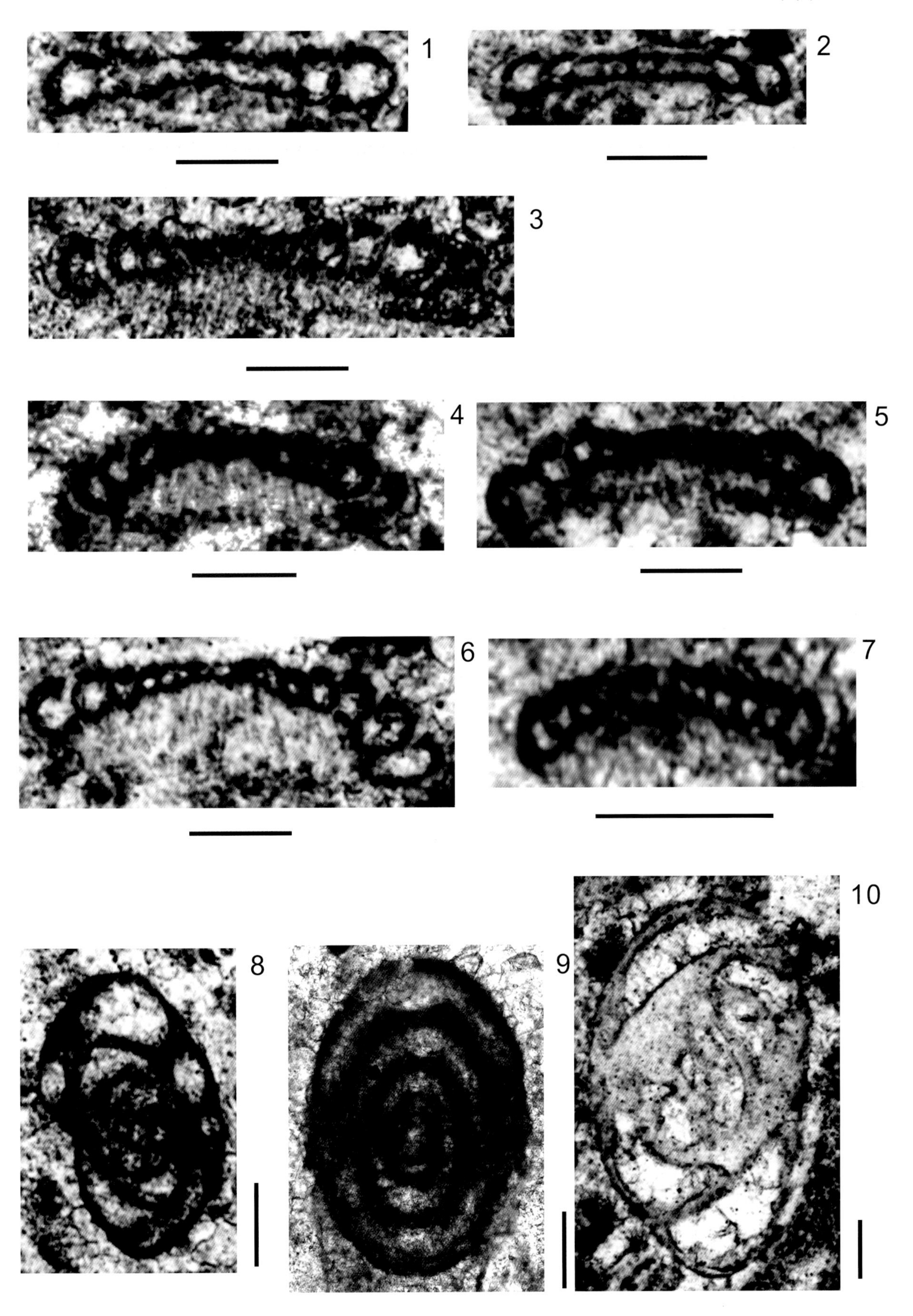

1
2
3
4
5
6
7
8
9
10

5.3 蜓 类

蜓类 Fusuline，中文名由李四光命名，因其形态像纺纱用的纺锤（即筳），故也称纺锤虫。蜓是一类已经灭绝的单细胞生物，属于原生动物门，是宾夕法尼亚亚纪至二叠纪末期繁盛于温暖浅海的重要化石生物，常生活于水深 100 米以内的热带或亚热带正常浅海环境，营底栖生活。蜓类化石壳体微小，外形多为纺锤形，一般壳长 5~10mm，最小者不及 1mm，最大者可达 30~60mm。壳体形态多样，有凸镜形、盘形、圆球形、纺锤形和圆柱形等。蜓类的鉴定标准包括：旋壁结构、壳形、初房大小和形状、隔壁的形状（平直或褶皱）、旋脊或拟旋脊的发育情况、通道的情况（单或复）、列孔的有无、轴积的发育情况等，见图 5-3-1。

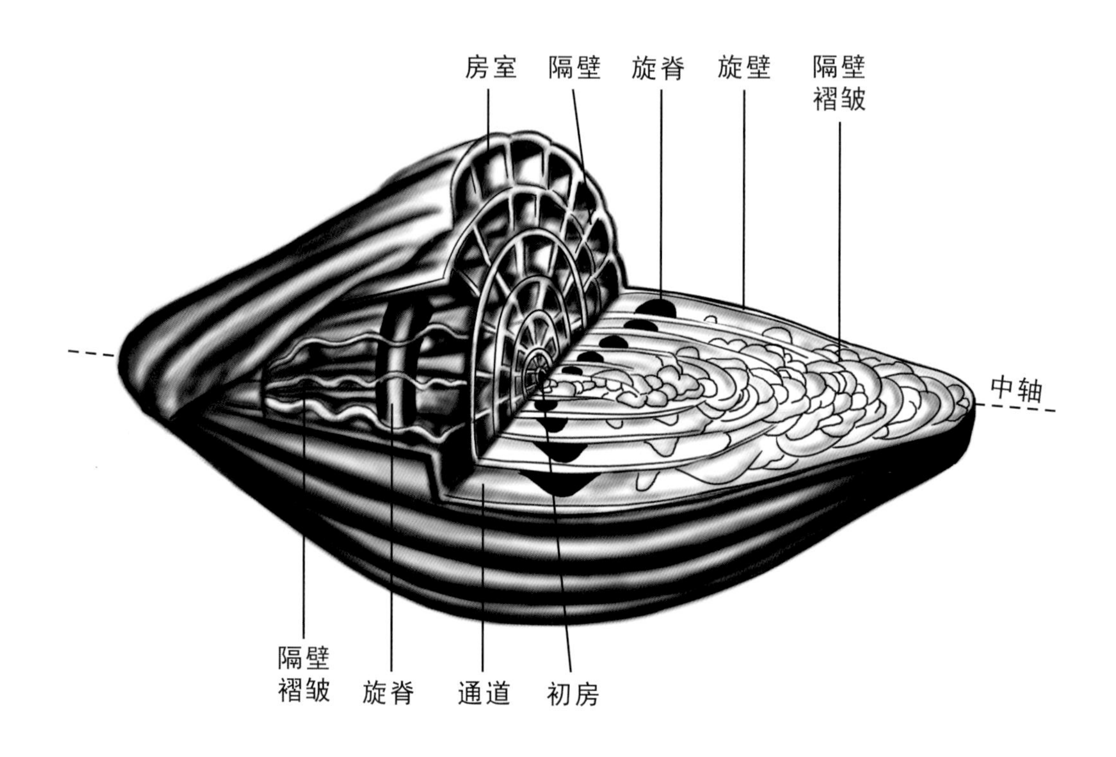

图 5-3-1 蜓壳的构造［据 Dunbar 和 Condra（1927）修改］

蜓类是划分和对比石炭纪浅水相碳酸盐岩地层的标志性化石，在野外借助放大镜通常能够初步识别到属一级单元，可用于阶一级地层单元的认知，但精细的分类学工作需要室内的切片研究。常用于蜓类研究的切面，是垂直壳壁生长方向、通过初房的轴切面和平行壳壁生长方向、通过初房的中切面。在观察特殊结构（如串孔）的发育时，需要其他切面的协助。石炭纪的蜓类最早出现在密西西比亚纪的晚期，为小型的直径仅毫米级的始史塔夫蜓类，之后演化迅速，至宾夕法尼亚亚纪结束，开始出现直径达厘米级的假希瓦格蜓类。

宾夕法尼亚亚纪是石炭纪蜓类的繁盛时期，在中国各个地区均有分布，并可进行对比。但此时期，南方冈瓦纳大陆冰川形成，全球海平面频繁变化，强烈的构造运动使得东西海道封闭，作为底栖固着类型的䗴类生物地理分区性明显，因此欧亚与北美的䗴类动物群之间对比较为困难。中国的䗴类生物地层序列是根据华南地区发育良好的剖面建立起来的（张遴信等，2010），可识别出 12 个䗴类化石带（王向东等，2019），从下到上为 *Millerella marblensis* 带、*Pseudostaffella antiqua* –*P. antiqua posterior* 带、*Pseudostaffella composita* –*P. paracompressa* 带、*Profusulinella priscoidea* –*P. parva* 带、*Profusulinella aljutovica* –*Taitzehoella taitzehoensis extensa* 带、*Fusulinella obesa* –*F. eopulchra* 带、*Fusulina lanceolata* –*Fusulinella vozhgalensis* 带、*Fusulina pakhrensis* –*Pseudostaffella paradoxa* 带、*Fusulina cylindrica*–*F. quasifusulinoides* 带、*Montiparus weiningica* –*M. longissima* 带、*Triticites parvulus*–*T. umbonoplicatus* 带和 *Triticites subcrassulus* –*T. noinskyi plicatus* 带。

本书共制作了䗴类化石图版 20 幅，其中包括 23 属、202 种 / 亚种。

5.3.1 䗴类结构术语

初房（proloculus），或称胎室：䗴类最初的住室，位于䗴壳的中心。初房是䗴类行无性生殖分裂出来的游子与有性生殖所产生的接合子居住的房室。一般呈圆形，少数为椭圆形、矩形、肾形等。初房的直径从数微米至 1 mm 以上不等。初房上有一圆形开口，是细胞质溢出的通道。

旋壁（spirotheca），也称外壁：是细胞质不断增长并阶段性地分泌壳质所形成的壳壁，由原生壁和次生壁组成（图 5-3-2 至图 5-3-4）。原生壁包括致密层、透明层和蜂巢层；次生壁包括内疏松层和外疏松层。有些原始䗴类的旋壁仅由一层浅灰色的疏松物质组成，称为原始层（protheca）。

（1）致密层（tectum）：是一层薄而黑色致密的层，显微镜下不透光，呈一条黑线，几乎所有䗴都具有致密层。

（2）透明层（diaphanotheca）：位于致密层之下，为一浅色透明的壳质层，成分大多为方解石。

（3）蜂巢层（keriotheca）：位于致密层之下，为一较厚且具蜂巢状构造的壳层，在垂直旋壁的切面上呈“梳”状。

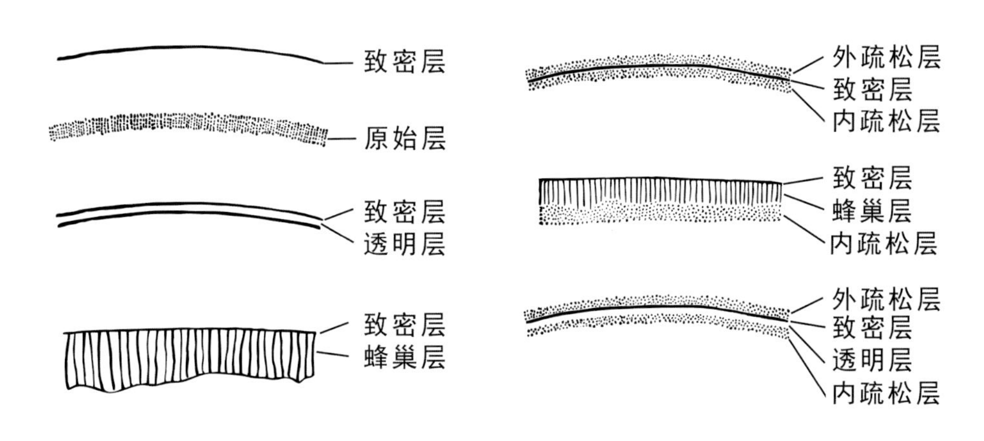

图 5-3-2 䗴类的旋壁构造及分层

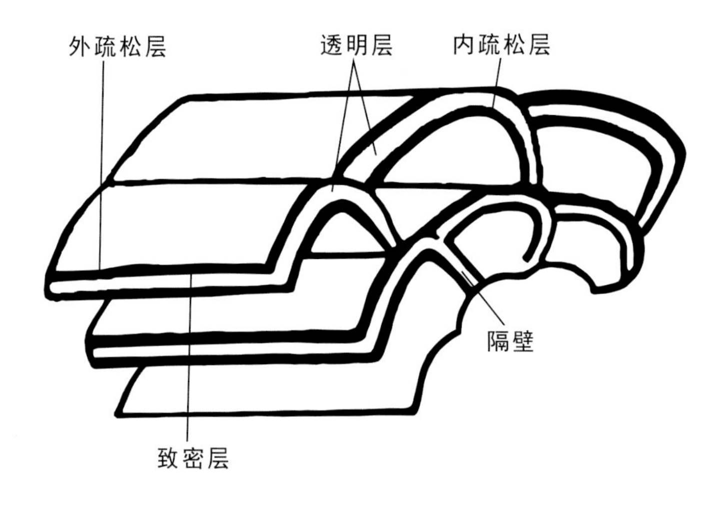

图 5-3-3　蜓类的壳壁分层结构

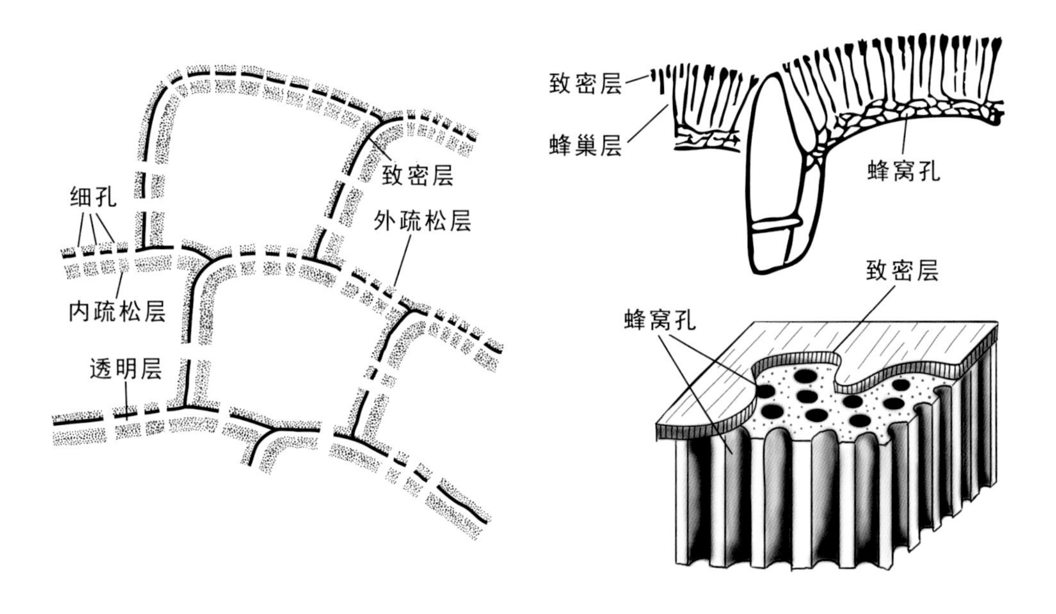

图 5-3-4　蜓类的旋壁微细构造［据 Dunbar 和 Henbest,（1942）修改］

（4）疏松层（tectorium）：位于致密层上、下方（若具透明层，则在透明层之下），通常为不太致密不均匀的灰黑色层，显微镜下半透光。在致密层之上的称为外疏松层，在致密层或透明层之下的称为内疏松层。疏松层并非所有蜓类都有，内、外疏松层也不一定并存。疏松层的厚度有变化，分布也不均匀，即使在同一标本中都存在变化。

旋壁构造：不同蜓类间不同，可分为以下 4 种类型：

（1）单层式：旋壁仅由致密层或原始层组成。

（2）双层式：分古纺锤蜓型和麦蜓型两类，前者由致密层和透明层组成，后者由致密层和蜂巢层组成。

（3）三层式：分原小纺锤蜓型和费伯克蜓型两类，前者由致密层和内、外疏松层组成，后由致密层、蜂巢层和内疏松层组成。

（4）四层式：由致密层、透明层及内、外疏松层组成，称为小纺锤蜓型。

隔壁（septum）：旋壁围绕一假想的旋转轴（即中轴）增长，同时向轴的两端伸展，包裹初房，其前端向内弯折形成隔壁。隔壁可平直或褶皱。褶皱的隔壁从两端褶皱发展到全面褶皱，隔壁褶皱的强弱程度因属种而异，并可根据褶皱的强弱程度，从轻微褶皱至强烈褶皱，分成多种。限于两极和隔壁下部的褶皱，褶曲线宽圆的称为轻微褶皱；达到侧坡及中央而隔壁上下全部褶皱的称为强烈褶皱。根据褶曲线的形式可以分为规则褶皱和不规则褶皱。前者褶曲线排列整齐，后者褶曲线排列无序。

房室（chamber）：两条隔壁之间的空间即为一个窄长的房室。旋壁围绕中轴增长会形成多房室，而房室每绕中轴一圈即构成一个壳圈。壳圈与壳圈的接触一般有外旋、内旋和包旋 3 种包卷形式。

（1）外旋：壳圈之间仅壳壁接触，外圈不包围内圈，在外可见到所有内圈。

（2）内旋：外圈全部包围内圈，在外仅能见到壳室的最后一圈。

（3）包旋：外圈部分包围内圈，在外仅能见到内圈的一部分。

通道（tunnel）：壳室隔壁基部中央有一个开口，各隔壁的开口彼此贯通形成通道。通道为原生质流通提供场所。

旋脊（chomata）：通道两侧的次生堆积物随通道自内向外盘旋形成的两条隆脊。有些蜓类有几个甚至十几个通道。

轴积（axial fillings）：旋脊不发育的蜓类沿轴部填充的黑而不透明的次生钙质物。轴积有浓有淡、有多有少，分布范围视蜓的属种而不同（图 5-3-5）。

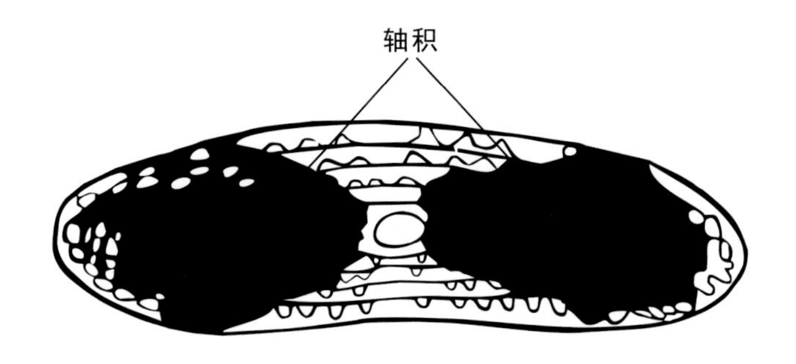

图 5-3-5　蜓类的轴积

5.3.2 蜓类图版

图版 5-3-1 说明

（所有标本均保存在中国科学院南京地质古生物研究所；图 1—2 采用比例尺 A，图 3—25 采用比例尺 B）

1—2　微小密勒䗴 *Millerella minuta* Sheng，1958　引自盛金章（1958a）

登记号：1. 8196；2. 8193。主要特征：扁圆形，内圈内旋式，外圈外旋式，旋脊、通道低而窄。产地：辽宁本溪。层位：石炭系谢尔普霍夫阶上部到莫斯科阶下部。

3—5　后莫斯科始史塔夫䗴 *Eostaffella postmosquensis* Kireeva，1951　引自张遴信等（2010）

登记号：3. 142300；4. 142301；5. 136211。主要特征：凸镜形，旋脊及通道低而宽。产地：贵州威宁。层位：上石炭统巴什基尔阶。

6—8　后莫斯科始史塔夫䗴尖刺状亚种 *Eostaffella postmosquensis acutiformis* Kireeva，1951　引自张遴信等（2010）

登记号：6. 136216；7. 142303；8. 136215。主要特征：凸镜形，旋脊及通道低而宽。产地：贵州威宁。层位：上石炭统巴什基尔阶。

9、11　艾琳氏小始史塔夫䗴 *Eostaffellina irenae*（Ganelina，1956）　引自张遴信等（2010）

登记号：9. 142359；11；42360。主要特征：卵圆形，首圈外旋，其余内旋，旋脊小，通道宽。产地：贵州威宁。层位：上石炭统巴什基尔阶。

10　拟史特洛弗氏始史塔夫䗴秋索夫亚种 *Eostaffella parastruvei chusovensis* Kireeva，1951　引自张遴信等（2010）

登记号：142325。主要特征：短卵圆形，首圈外旋，其余内旋，旋脊发育差，通道低而宽。产地：贵州威宁。层位：上石炭统巴什基尔阶。

12　内卷虫式始史塔夫䗴 *Eostaffella endothyroidea* Chang，1962　引自张遴信等（2010）

登记号：142312。主要特征：短卵圆形，首圈内卷虫式包卷，旋脊呈块状，通道内窄外宽。产地：贵州威宁。层位：上石炭统巴什基尔阶。

13—14　可变始史塔夫䗴 *Eostaffella versabilis* Orlova，1958　引自张遴信等（2010）

登记号：13. 142342；14. 142344。主要特征：盘形，脐部微凹，内圈呈内卷虫式包卷，旋脊不发育，通道低而宽。产地：贵州威宁。层位：上石炭统巴什基尔阶。

15—17　东方始史塔夫䗴 *Eostaffella subsolana* Sheng，1958　引自盛金章（1958a）

登记号：15. 8203；16. 8199；17. 8201。主要特征：椭圆形，壳缘钝圆，首圈外旋，其余内旋，旋壁厚，旋脊显著，通道低而宽。产地：辽宁本溪。层位：上石炭统巴什基尔阶顶部到莫斯科阶底部。

18—20　莫斯科始史塔夫䗴 *Eostaffella mosquensis* Vissarionova，1948　引自张遴信等（2010）

登记号：18. 142306；19. 22614；20. 136203。主要特征：凸镜形，首圈外旋或与外圈中轴斜交，旋脊小，通道低。产地：贵州威宁。层位：上石炭统巴什基尔阶。

21—22　加琳氏始史塔夫䗴 *Eostaffella galinae* Ganelina，1956　引自张遴信等（2010）

登记号：21. 142338；22. 142339。主要特征：透镜形，内圈中轴与外圈中轴斜交，旋脊在外圈呈带状，通道低而宽。产地：贵州威宁。层位：上石炭统巴什基尔阶。

23—25　普罗特夫氏小始史塔夫䗴 *Eostaffellina protvae*（Rauser-Chernousova，1948）　引自张遴信等（2010）

登记号：23. 136224；24. 136222；25. 136223。主要特征：亚球形，内圈呈内卷虫式包卷，旋脊在外圈清晰，通道低。产地：贵州威宁。层位：上石炭统巴什基尔阶。

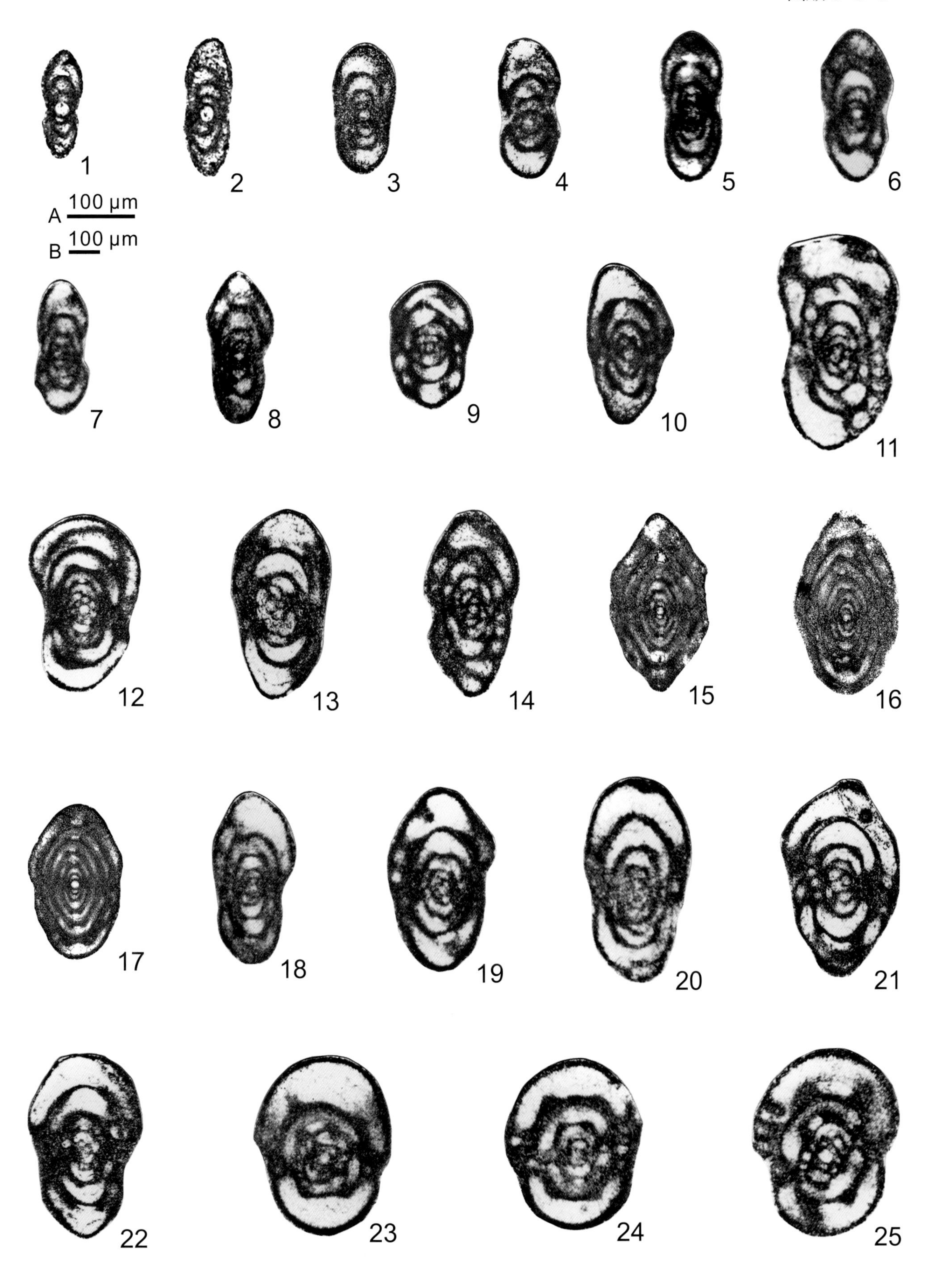

A 100 μm
B 100 μm
1
2
3
4
5
6
7
8
9
10
11
12
13
14
15
16
17
18
19
20
21
22
23
24
25

图版 5-3-2 说明

（所有标本均保存在中国科学院南京地质古生物研究所；图 1—5、15—16 采用比例尺 A，图 6—14、17—27 采用比例尺 B）

1—5 泽冷小始史塔夫蜓 *Eostaffellina zelenica*（Durkina，1959） 引自张遴信等（2010）

登记号：1. 142361；2. 136218；3. 142364；4. 142365；5. 136219。主要特征：短卵圆形，首圈外旋，其余内旋，旋脊小，通道低而宽。产地：贵州威宁、盘县及水城。层位：上石炭统巴什基尔阶到莫斯科阶。

6—8 角状小泽蜓 *Ozawainella angulata* Colani，1924 引自张遴信等（2010）

登记号：6. 142394；7. 12809；8. 142397。主要特征：凸镜形，首圈外旋，其余内旋，旋脊和通道明显。产地：贵州威宁、水城。层位：上石炭统莫斯科阶到下二叠统阿瑟尔阶。

9—11 施特拉氏小泽蜓 *Ozawainella stellae* Manukalova，1950 引自张遴信等（2010）

登记号：9. 142386；10. 142388；11. 142389。主要特征：凸镜形，内圈外旋，旋脊发育，通道明显。产地：贵州威宁、盘县。层位：上石炭统莫斯科阶到下二叠统阿瑟尔阶。

12—14 美丽小泽蜓 *Ozawainella pulchella* Chen and Wang，1983 引自张遴信等（2010）

登记号：12. 142408；13. 142406；14. 142409。主要特征：凸镜形，除首圈外，其余内旋，旋脊高而宽，通道窄。产地：贵州威宁、水城。层位：上石炭统卡西莫夫阶到下二叠统阿瑟尔阶。

15—18 伏芝加尔小泽蜓 *Ozawainella vozhgalica* Safonova，1951 引自张遴信等（2010）

登记号：15. 142381；16. 142378；17. 142379；18. 136922。主要特征：凸镜形，内圈外旋，其余内旋，旋脊呈带状。产地：贵州威宁、盘县。层位：上石炭统莫斯科阶到下二叠统阿瑟尔阶。

19—20 贵州小泽蜓 *Ozawainella guizhouensis* Chang，1974 引自张遴信等（2010）

登记号：19. 22612；20. 142382。主要特征：凸镜形，内圈外旋，其余内旋，旋脊带状，通道显著。产地：贵州威宁、水城及盘县。层位：上石炭统莫斯科阶到下二叠统阿瑟尔阶。

21 假不相称小泽蜓 *Ozawainella pseudoinepta* Xie，1982 引自张遴信等（2010）

登记号：142412。主要特征：凸镜形，旋脊呈带状，通道窄。产地：贵州水城、盘县。层位：上石炭统莫斯科阶到格舍尔阶。

22、25—26 肿小泽蜓 *Ozawainella turgida* Sheng，1958 引自张遴信等（2010）

登记号：22. 142401；25. 142398；26. 142400。主要特征：厚凸镜形，旋脊呈带状，通道显著。产地：贵州威宁。层位：上石炭统莫斯科阶。

23—24 伊克始史塔夫蜓 *Eostaffella ikensis* Vissarionova，1948 引自张遴信等（2010）

登记号：23. 142335；24. 142336。主要特征：粗凸镜形，首圈外旋，其余内旋，旋脊明显，通道低而宽。产地：贵州威宁。层位：上石炭统巴什基尔阶到莫斯科阶。

27 厚型小泽蜓 *Ozawainella crassiformis* Putrja，1956 引自张遴信等（2010）

登记号：142354。主要特征：粗凸镜形，旋脊带状，通道宽。产地：贵州威宁、水城。层位：上石炭统巴什基尔阶到莫斯科阶。

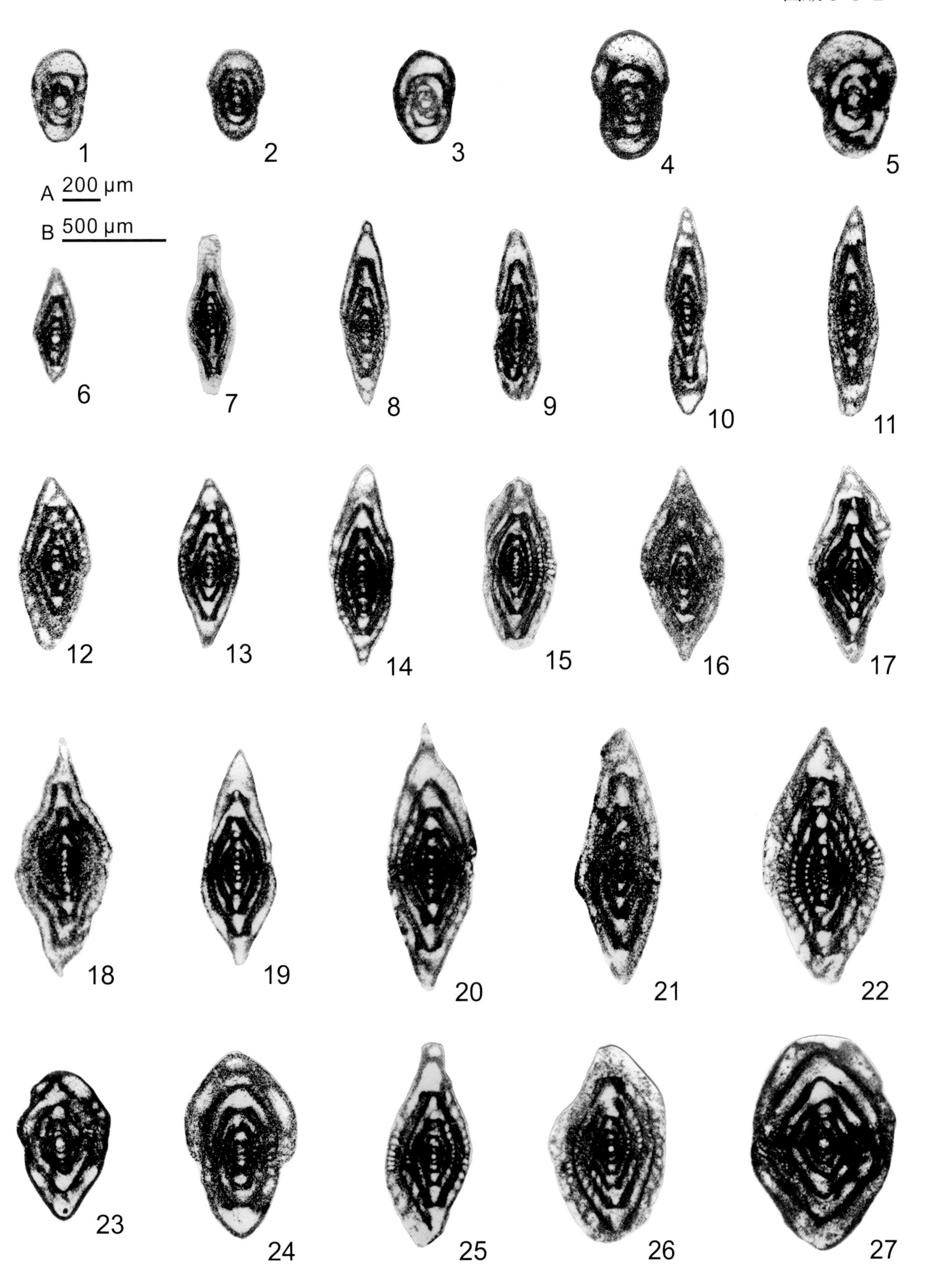
1
2
3
4
5
A 200 μm
B 500 μm
6
7
8
9
10
11
12
13
14
15
16
17
18
19
20
21
22
23
24
25
26
27

图版 5-3-3 说明

（所有标本均保存在中国科学院南京地质古生物研究所；图 1—22 采用比例尺 A，图 23—25 采用比例尺 B）

1—2　球苏伯特蜓似史塔夫蜓型亚种 *Schubertella sphaerica staffelloides* Suleymanov，1949　引自张遴信等（2010）

登记号：1. 142489；2. 142490。主要特征：亚球形，旋脊小，通道低而宽。产地：贵州威宁、水城。层位：上石炭统莫斯科阶到格舍尔阶。

3—7　昧苏伯特蜓 *Schubertella obscura*（Lee and Chen，1930）　引自张遴信等（2010）

登记号：3. 142431；4. 142432；5. 142433；6. 142437；7. 142434。主要特征：亚球形，旋脊发育，通道低而宽。产地：贵州威宁、水城及盘县。层位：上石炭统莫斯科阶到格舍尔阶。

8—9　宽苏伯特蜓 *Schubertella lata* Lee and Chen，1930　引自张遴信等（2010）

登记号：8. 142438；9. 142442。主要特征：短圆柱形，首圈与外圈中轴斜交，旋脊小，通道低而宽。产地：贵州威宁、水城及盘县。层位：上石炭统莫斯科阶到格舍尔阶。

10　柔苏伯特蜓 *Schubertella gracilis* Rauser-Chernousova，1951　引自张遴信等（2010）

登记号：142463。主要特征：粗纺锤形，内圈呈内卷虫式包卷，旋脊小，通道低。产地：贵州威宁、水城。层位：上石炭统莫斯科阶到格舍尔阶。

11—13　米亚奇科夫苏伯特蜓 *Schubertella mjachkovensis* Rauser-Chernousova，1951　引自张遴信等（2010）

登记号：11. 142495；12. 142476；13. 136926。主要特征：短椭圆形，内圈与外圈中轴斜交，旋脊小，通道低。产地：贵州水城、盘县。层位：上石炭统莫斯科阶到格舍尔阶。

14—16　金氏松苏伯特蜓细弱亚种 *Schubertella kingi exilis* Suleymanov，1949　引自张遴信等（2010）

登记号：14. 142457；15. 142458；16.142455。主要特征：纺锤形，内圈与外圈中轴斜交，旋脊小，通道低而宽。产地：贵州水城、盘县。层位：上石炭统莫斯科阶到格舍尔阶。

17—18、20　筒形苏伯特蜓 *Schubertella cylindrica*（Chen，1934）　引自张遴信等（2010）

登记号：17. 142451；18. 142450；20. 142454。主要特征：亚圆柱形，内圈呈内卷虫式包卷，旋脊小，通道低而宽。产地：贵州水城、盘县。层位：上石炭统莫斯科阶到格舍尔阶。

19、21—22　宽松苏伯特蜓 *Schubertella laxa* Chang，1974　引自张遴信等（2010）

登记号：19. 142478；21. 22647；22. 142479。主要特征：近短柱形，首圈与外圈中轴斜交，旋脊小，通道低而宽。产地：贵州威宁、盘县。层位：上石炭统莫斯科阶到格舍尔阶。

23—25　威尔斯氏布尔顿蜓 *Boultonia willsi* Lee，1927　引自张遴信和王玉净（1985）、张遴信等（2010）

登记号：23. 59307；24. 142840；25. 142843。主要特征：长纺锤形，内圈与外圈中轴正交或斜交，旋脊小，通道低而宽，轴积轻微，初房微小。产地：新疆温宿，贵州威宁、盘县。层位：上石炭统格舍尔阶到下二叠统阿瑟尔阶。

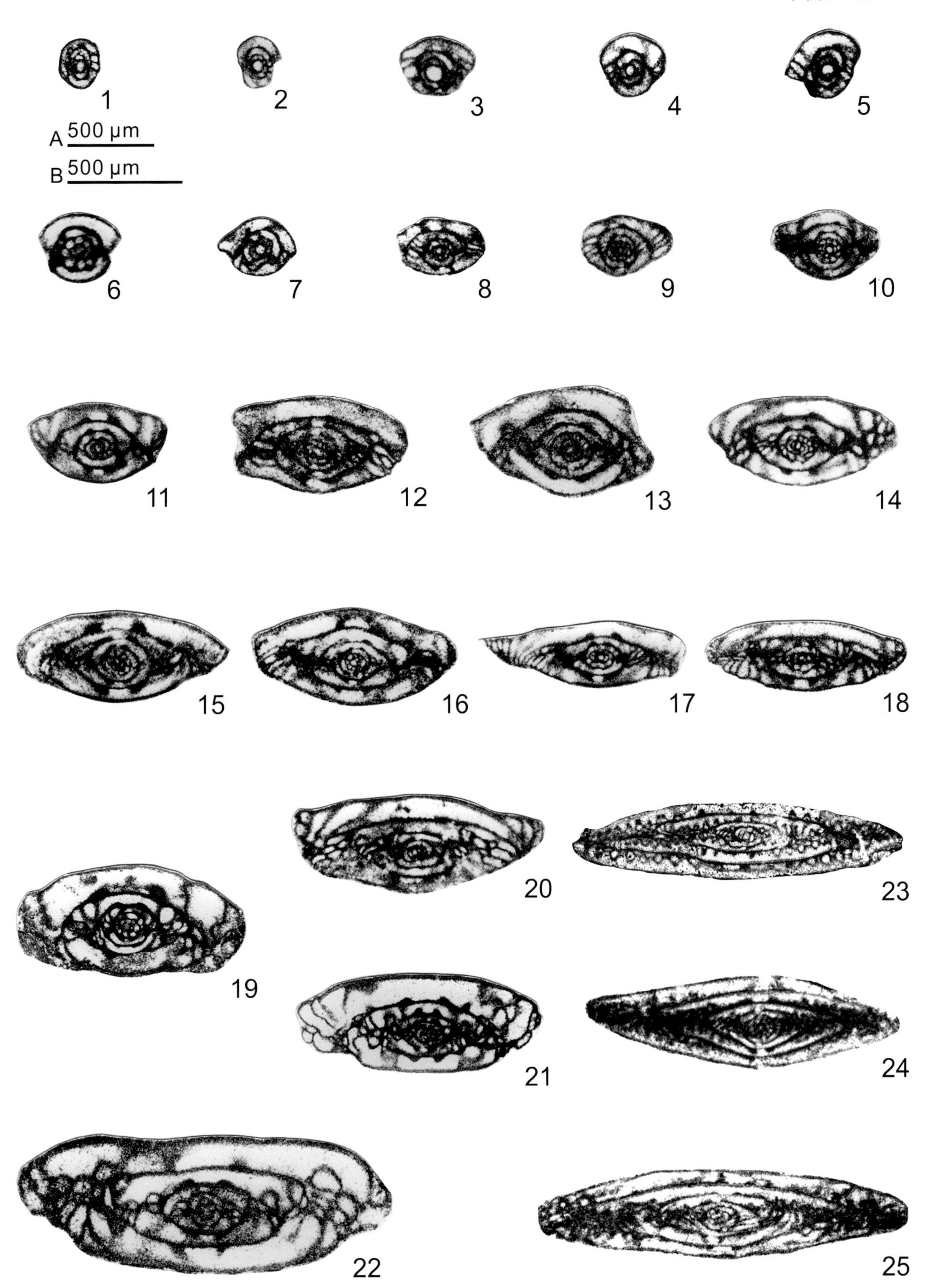
A 500 μm
B 500 μm
1
2
3
4
5
6
7
8
9
10
11
12
13
14
15
16
17
18
19
20
21
22
23
24
25

图版 5-3-4 说明

（除标本 10 保存在南京大学外，其他标本均保存在中国科学院南京地质古生物研究所）

1—4　特性小始史塔夫蜓 *Eostaffellina characteris* Reitlinger，1977　引自张遴信等（2010）

登记号：1. 142370；2. 142375；3. 142376；4. 136238。主要特征：卵圆形，首圈与外圈中轴斜交，旋脊小，通道低而宽。产地：贵州威宁、水城及盘县。层位：上石炭统巴什基尔阶。

5—8、11—12　古代假史塔夫蜓 *Pseudostaffella antiqua*（Dutkevich，1934）　引自张遴信等（2010）

登记号：5. 136242；6. 142537；7. 136243；8. 142538；11. 142535；12. 142539。主要特征：近球形，内圈呈内卷虫式包卷或与外圈中轴斜交，旋脊呈土丘状，通道宽。产地：贵州威宁、水城及盘县。层位：上石炭统巴什基尔阶到莫斯科阶。

9—10　混淆假史塔夫蜓 *Pseudostaffella confusa*（Lee and Chen，1930）　引自张遴信等（2010）、史宇坤等（2012）

登记号：9. 142610；10. ZF45-4-1。主要特征：亚球形，旋脊宽而大，自通道两侧延伸至两极。产地：贵州威宁、紫云。层位：上石炭统巴什基尔阶上部到莫斯科阶。

13—14、16　拟直假史塔夫蜓 *Pseudostaffella paracompressa* Safonova，1951　引自张遴信等（2010）

登记号：13. 142561；14. 142562；16. 142559。主要特征：亚球形，首圈呈内卷虫式包卷或与外圈中轴斜交，旋脊大，通道显著。产地：贵州威宁、水城及盘县。层位：上石炭统巴什基尔阶。

15　蒂曼假史塔夫蜓 *Pseudostaffella timanica* Rauser-Chernousova，1951　引自张遴信等（2010）

登记号：142616。主要特征：近长方形，首圈呈内卷虫式包卷，旋脊块状，通道宽。产地：贵州威宁、水城及盘县。层位：上石炭统巴什基尔阶上部到莫斯科阶下部。

17—18　拟直假史塔夫蜓延伸亚种 *Pseudostaffella paracompressa extensa* Safonova，1951　引自张遴信等（2010）

登记号：17. 142564；18. 142565。主要特征：与 *Pseudostaffella paracompressa* 相比壳圈数较多，壳体中轴稍短，轴率较小，且壳缘较平圆，脐部内凹明显。产地：贵州水城、盘县。层位：上石炭统巴什基尔阶。

19—20　结合假史塔夫蜓 *Pseudostaffella composita* Grozdilova and Lebedeva，1950　引自张遴信等（2010）

登记号：19. 142567；20. 142569。主要特征：扁圆形，内圈呈内卷虫式包卷或与外圈中轴斜交，旋脊硕大，通道明显。产地：贵州威宁、水城及盘县。层位：上石炭统巴什基尔阶。

21—22　古代假史塔夫蜓随后亚种 *Pseudostaffella antiqua posterior* Safonova，1951　引自张遴信等（2010）

登记号：21. 142547；22. 142544。主要特征：与 *Pseudostaffella antiqua* 相比，该亚种的壳体更接近球形，旋脊更发育，呈块状。产地：贵州威宁、水城及盘县。层位：上石炭统巴什基尔阶。

23—24　结合假史塔夫蜓凯尔特米亚种 *Pseudostaffella composita keltmica* Rauser-Chernousova，1951　引自张遴信等（2010）

登记号：23. 136268；24. 142575。主要特征：与 *Pseudostaffella composita* 相比，该亚种壳体近球形，脐部不明显。产地：贵州威宁、水城及盘县。层位：上石炭统巴什基尔阶。

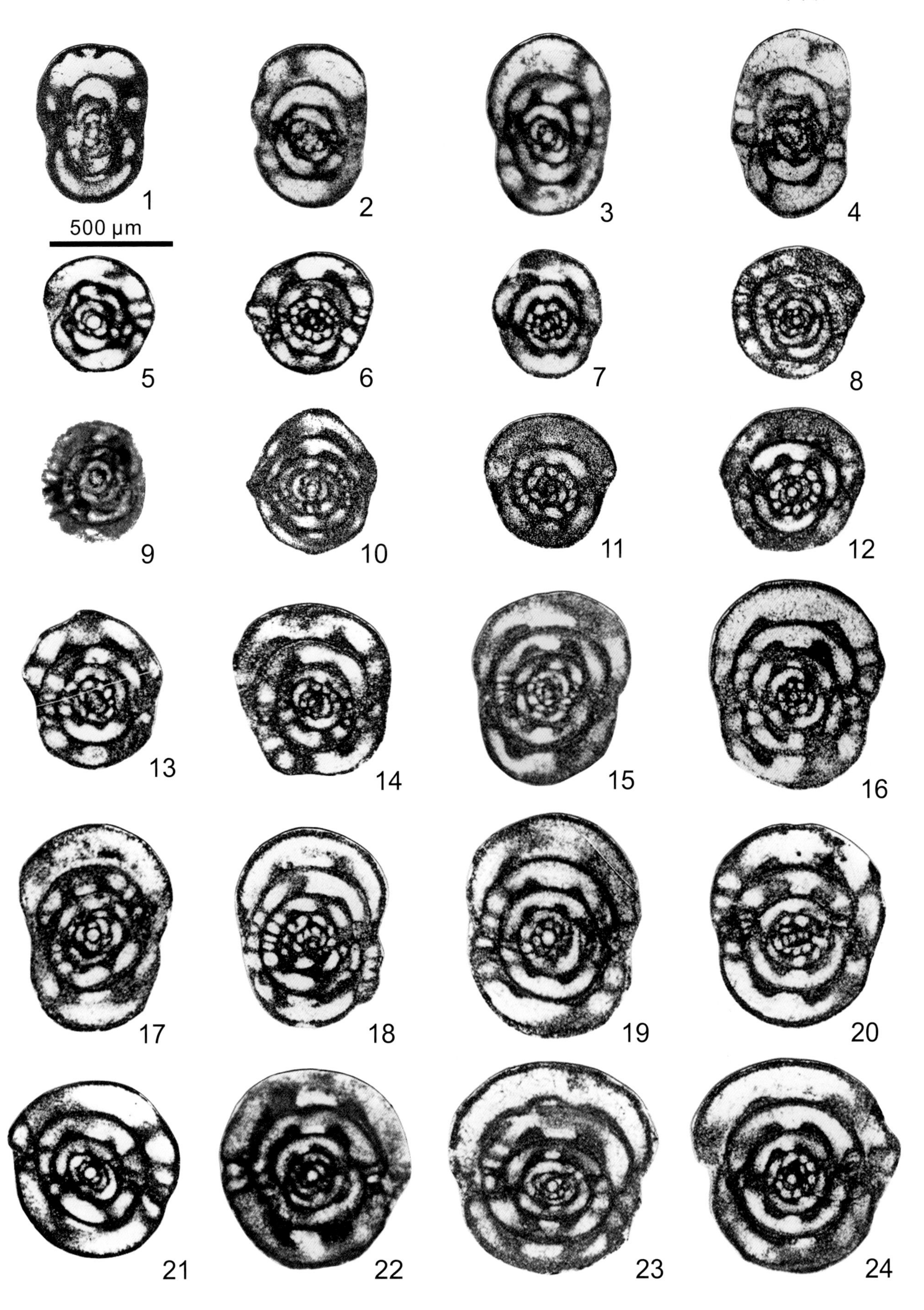
500 μm
1
2
3
4
5
6
7
8
9
10
11
12
13
14
15
16
17
18
19
20
21
22
23
24

图版 5-3-5 说明

（标本 6—7 保存在南京大学，标本 12 保存在长江大学，其他标本均保存在中国科学院南京地质古生物研究所）

1—3　显著假史塔夫蜓 *Pseudostaffella conspecta* Rauser-Chernousova，1951　引自张遴信等（2010）

登记号：1. 142579；2. 142577；3. 142578。主要特征：近方形，内圈呈内卷虫式包卷，旋脊块状，通道显著。产地：贵州威宁、水城及盘县。层位：上石炭统巴什基尔阶到莫斯科阶下部。

4—7　古代假史塔夫蜓丰富亚种 *Pseudostaffella antiqua grandis* Shlykova，1950　4—5 引自张遴信等（2010），6—7 引自史宇坤等（2012）

登记号：4. 136248；5. 142553；6. ZF49-7-2；7. ZF45-4-2。主要特征：与 *Pseudostaffella antiqua* 相比，该亚种的壳体较大，壳圈数目较多，旋脊更发育。产地：贵州紫云、威宁、水城及盘县。层位：上石炭统巴什基尔阶到莫斯科阶。

8—9　克雷姆斯氏假史塔夫蜓 *Pseudostaffella kremsi* Rauser-Chernousova，1951　引自张遴信等（2010）

登记号：8. 136967；9. 142691。主要特征：近方形，首圈与外圈中轴斜交，旋脊较发育，通道低而宽。产地：贵州威宁、水城及盘县。层位：上石炭统巴什基尔阶到莫斯科阶下部。

10　小泽氏假史塔夫蜓 *Pseudostaffella ozawai*（Lee and Chen，1930）　引自张遴信等（2010）

登记号：142600。主要特征：亚球形，旋脊显著，通道呈方形。产地：贵州威宁、水城及盘县。层位：上石炭统巴什基尔阶。

11　高尔斯基氏假史塔夫蜓 *Pseudostaffella gorskyi* Dutkevich，1934　引自张遴信等（2010）

登记号：142603。主要特征：正方形，首圈呈内卷虫式包卷，旋脊块状，自通道延伸至两侧，通道显著，切面呈长方形。产地：贵州威宁。层位：上石炭统巴什基尔阶。

12　美丽假史塔夫蜓 *Pseudostaffella formosa* Rauser-Chernousova，1951　引自李罗照和林甲兴（1994）

登记号：0049。主要特征：近正方形，旋脊显著，通道宽而低。产地：新疆莎车。层位：上石炭统巴什基尔阶。

13　尼贝尔假史塔夫蜓 *Pseudostaffella nibelensis* Rauser-Chernousova，1951　引自张遴信等（2010）

登记号：142591。主要特征：亚球形，内圈与外圈中轴斜交，旋脊呈块状，通道宽。产地：贵州威宁、水城。层位：上石炭统巴什基尔阶。

14　拉里奥诺娃氏假史塔夫蜓 *Pseudostaffella larionovae* Rauser-Chernousova and Safonova，1951　引自张遴信等（2010）

登记号：142619。主要特征：近长方形，内圈呈内卷虫式包卷，旋脊发育，通道显著。产地：贵州威宁。层位：上石炭统巴什基尔阶。

15　拟似球形假史塔夫蜓 *Pseudostaffella parasphaeroidea*（Lee and Chen，1930）　引自张遴信等（2010）

登记号：142712。主要特征：近正方形，旋脊块状，通道显著，切面呈正方形。产地：贵州水城。层位：上石炭统莫斯科阶。

16　美丽假史塔夫蜓卡姆亚种 *Pseudostaffella formosa kamensis* Safonova，1951　引自张遴信等（2010）

登记号：142602。主要特征：长方形，旋脊显著，通道显著，切面呈长方形。产地：贵州水城。层位：上石炭统巴什基尔阶上部。

17—20　亚方形假史塔夫蜓伏芝加尔亚种 *Pseudostaffella subquadrata vozhgalica* Safonova，1951　引自张遴信等（2010）

登记号：17. 142583；18. 22611；19. 142584；20. 142585。主要特征：亚方形，内圈与外圈中轴斜交，旋脊块状，通道显著。产地：贵州威宁、水城及盘县。层位：上石炭统巴什基尔阶到莫斯科阶下部。

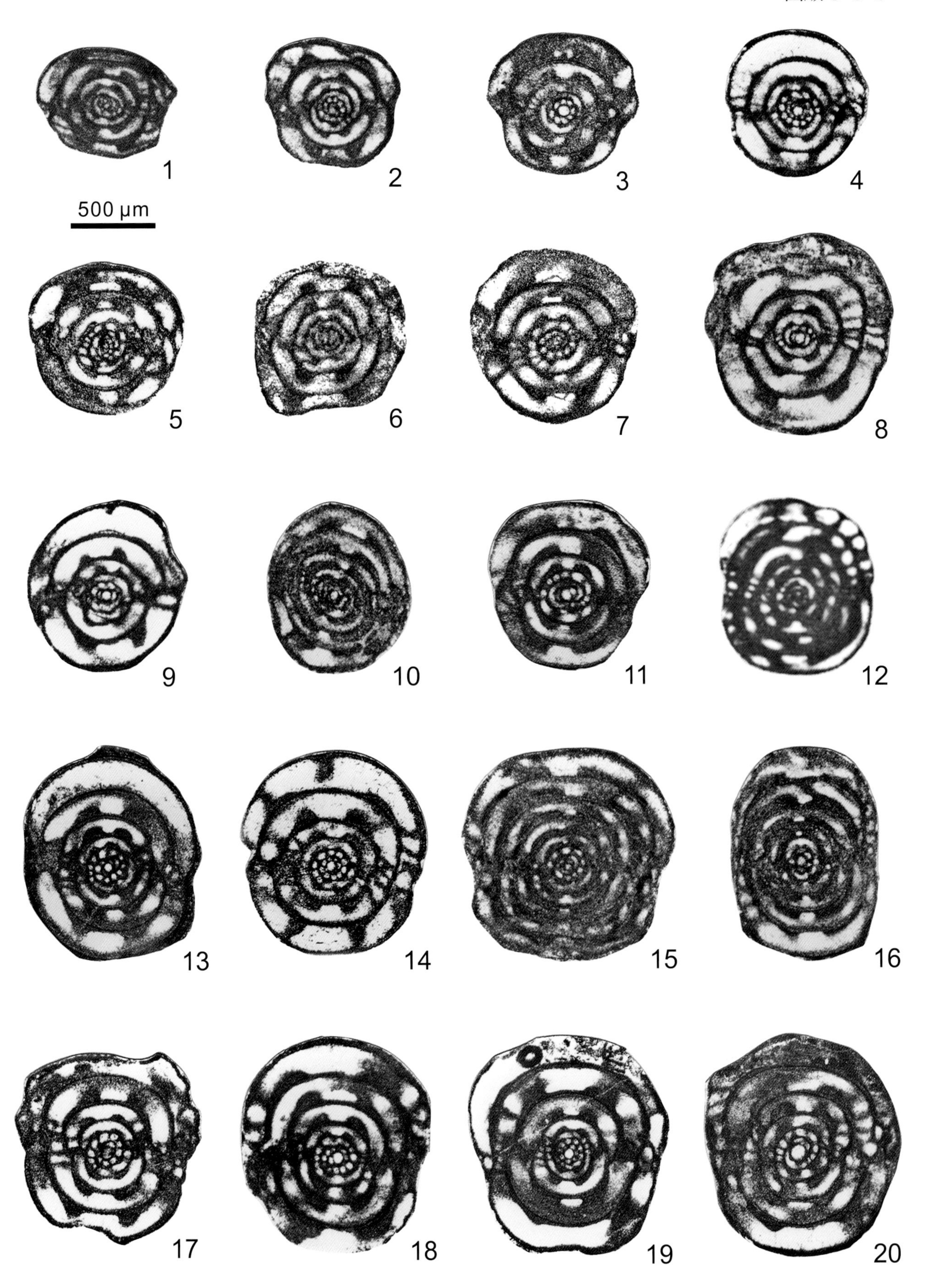
1
2
3
4
500 μm
5
6
7
8
9
10
11
12
13
14
15
16
17
18
19
20

图版 5-3-6 说明

（除标本 12 保存在南京大学外，其他标本均保存在中国科学院南京地质古生物研究所；
图 1—2、8—10、12—18、22—24 采用比例尺 A，图 3—7、11、19—21 采用比例尺 B）

1 克何屯假史塔夫蜓 *Pseudostaffella khotunensis* Rauser-Chernousova，1951 引自张遴信等（2010）

登记号：142605。主要特征：近正方形，旋脊块状，通道窄，切面呈方形。产地：贵州威宁、盘县。层位：上石炭统莫斯科阶上部。

2、12 似球形假史塔夫蜓近正方形变种 *Pseudostaffella sphaeroidea* var. *cuboides* Rauser-Chernousova，1951 引自张遴信等（2010）、史宇坤等（2012）

登记号：2. 142634；12. ZF80-5-1。主要特征：与 *Pseudostaffella sphaeroidea* Moeller 相比，两者相似，但该变种外形更接近正方形，壳体较小。产地：贵州威宁、紫云。层位：上石炭统莫斯科阶上部。

3 盘县假史塔夫蜓 *Pseudostaffella panxianensis* Chang，1974 引自张遴信等（2010）

登记号：22618。主要特征：近长方形，旋脊块状，通道宽。产地：贵州水城、盘县。层位：上石炭统莫斯科阶。

4 似球形假史塔夫蜓 *Pseudostaffella sphaeroidea*（Ehrenberg，1842 sensu Moeller，1878） 引自张遴信等（2010）

登记号：142629。主要特征：近正方形，旋脊块状，通道显著，切面近正方形。产地：贵州威宁、水城及盘县。层位：上石炭统莫斯科阶。

5—7 格陵兰假史塔夫蜓 *Pseudostaffella greenlandica* Ross and Dunbar，1962 引自张遴信等（2010）

登记号：5. 136970；6. 142636；7. 22619。主要特征：近正方形，旋脊硕大，通道宽。产地：贵州威宁、盘县。层位：上石炭统莫斯科阶。

8—11 奇异假史塔夫蜓 *Pseudostaffella paradoxa*（Dutkevich，1934） 引自张遴信等（2010）

登记号：8. 136965；9. 142623；10. 136960；11. 22617。主要特征："X" 形或蝶形，旋脊块状，通道显著，切面呈近正方形。产地：贵州威宁、水城及盘县。层位：上石炭统莫斯科阶。

13—17 史塔夫蜓型原小纺锤蜓 *Profusulinella staffellaeformis*（Kireeva，1951） 引自张遴信等（2010）

登记号：13. 142663；14. 142662；15. 142664；16. 142666；17. 142665。主要特征：亚球形，内圈呈内卷虫式包卷，旋脊小，通道窄而低。产地：贵州威宁、水城。层位：上石炭统巴什基尔阶上部到莫斯科阶。

18 假球形苏伯特蜓 *Schubertella pseudoglobulosa* Safonova，1951 引自张遴信等（2010）

登记号：142492。主要特征：近球形，旋脊微小，通道低而窄。产地：贵州威宁。层位：上石炭统莫斯科阶上部。

19—21 古代原小纺锤蜓蒂曼亚种 *Profusulinella prisca timanica* Kireeva，1951 引自张遴信等（2010）

登记号：19. 142685；20. 142688；21. 142687。主要特征：粗纺锤形，内圈与外圈中轴斜交，旋脊呈块状，通道窄而高。产地：贵州盘县、威宁及水城。层位：上石炭统巴什基尔阶上部到莫斯科阶。

22—24 小原小纺锤蜓 *Profusulinella parva*（Lee and Chen，1930） 引自张遴信等（2010）

登记号：22. 142685；23. 142688；24. 142687。主要特征：粗纺锤形至近乎椭圆形，内圈呈内卷虫式包卷，与外圈中轴斜交，旋脊明显，通道低而宽。产地：贵州盘县、威宁及水城。层位：上石炭统巴什基尔阶上部到莫斯科阶。

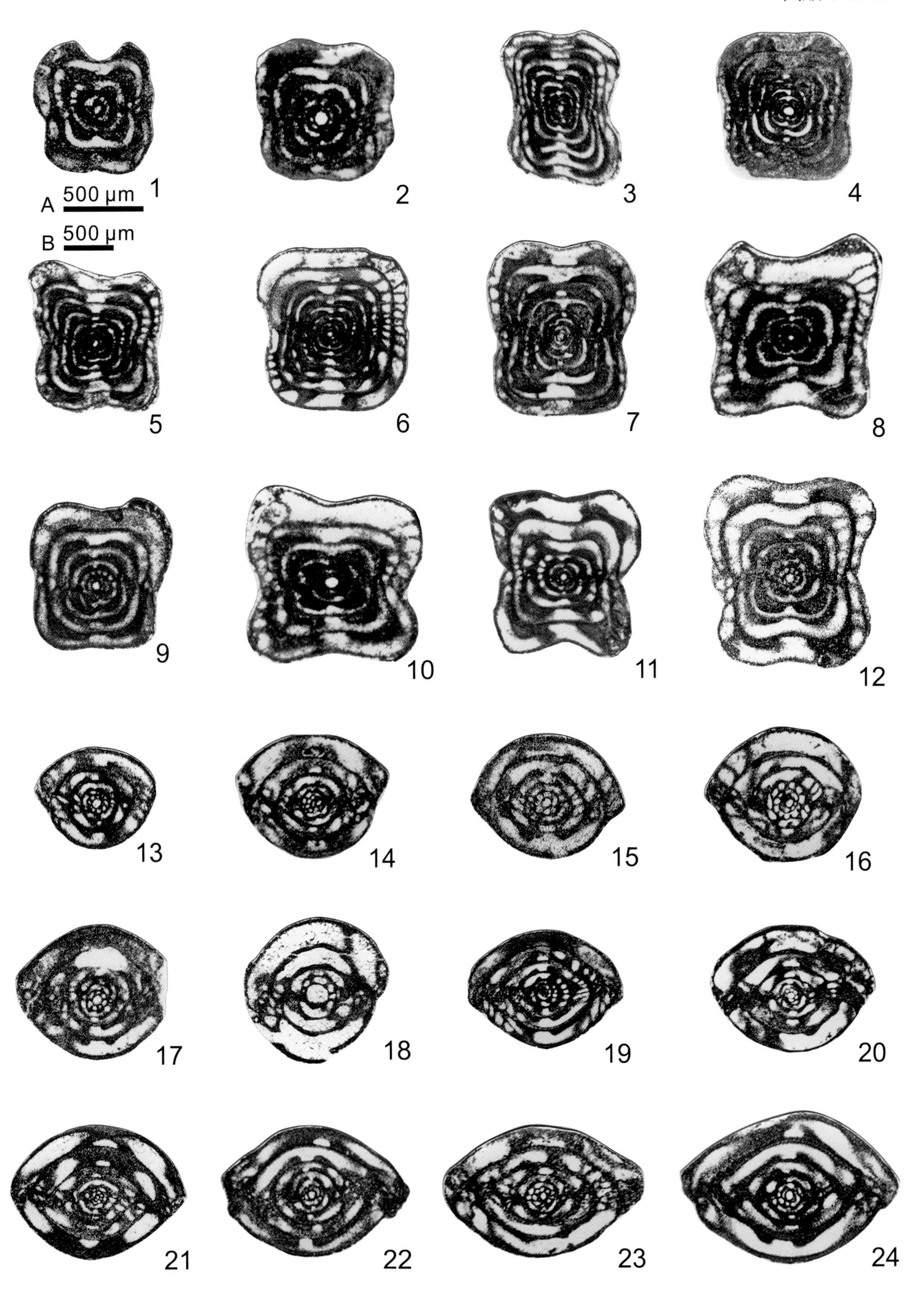
A 500 μm
B 500 μm
1
2
3
4
5
6
7
8
9
10
11
12
13
14
15
16
17
18
19
20
21
22
23
24

图版 5-3-7 说明

（除标本 1—2、21 保存在南京大学外，其他标本均保存在中国科学院南京地质古生物研究所）

1　小原小纺锤蜓强壮变种 *Profusulinella parva* var. *robusta* Rauser-Chernousova and Beljaev,1936　引自史宇坤等（2012）

登记号：ZF70-3-1-1。主要特征：与 *Profusulinella parva* Lee and Chen 相比，该变种短而粗纺锤形，中部更加拱凸，初房较大。产地：贵州紫云。层位：上石炭统巴什基尔阶上部到莫斯科阶。

2　小原小纺锤蜓旋转变种 *Profusulinella parva* var. *convoluta*（Lee and Chen，1930）　引自史宇坤等（2012）

登记号：ZF49-7-1。主要特征：与 *Profusulinella parva* Lee and Chen 相比，该变种短纺锤形至纺锤形，旋脊较弱。产地：贵州紫云。层位：上石炭统巴什基尔阶上部到莫斯科阶。

3、14　卵圆形原小纺锤蜓 *Profusulinella ovata* Rauser-Chernousova，1938　引自张遴信等（2010）

登记号：3. 142427；14. 142426。主要特征：卵圆形，内圈与外圈中轴斜交，旋脊发育，通道明显，初房圆。产地：贵州盘县、威宁及水城。层位：上石炭统莫斯科阶。

4—6　阿留陀夫原小纺锤蜓 *Profusulinella aljutovica* Rauser-Chernousova，1938　引自张遴信等（2010）

登记号：4. 142657；5. 142658；6. 136947。主要特征：纺锤形，旋脊不大，通道窄。产地：贵州盘县、威宁及水城。层位：上石炭统莫斯科阶。

7—10　近斜方原小纺锤蜓 *Profusulinella rhomboides*（Lee and Chen，1930）　引自张遴信等（2010）

登记号：7. 142674；8. 22623；9. 142673；10. 142675。主要特征：近斜方形，旋脊大，通道低。产地：贵州盘县、水城。层位：上石炭统巴什基尔阶上部到莫斯科阶。

11—12　威宁原小纺锤蜓 *Profusulinella weiningica* Chang，1974　引自张遴信等（2010）

登记号：11. 142679；12. 136949。主要特征：粗纺锤形，旋脊显著，通道窄而高。产地：贵州威宁、盘县及水城。层位：上石炭统巴什基尔阶上部到莫斯科阶下部。

13　毛盘山原小纺锤蜓 *Profusulinella maopanshanensis* Liu，Xiao and Dong，1978　引自张遴信等（2010）

登记号：142423。主要特征：粗纺锤形，最初两圈呈亚球形，外圈变为粗纺锤形，旋脊较大，通道宽。产地：贵州威宁、盘县及水城。层位：上石炭统巴什基尔阶上部到莫斯科阶下部。

15—16　亚卵形原小纺锤蜓 *Profusulinella subovata* Safonova，1951　引自张遴信等（2010）

登记号：15. 142658；16. 136947。主要特征：卵圆形，首圈呈内卷虫式包卷，旋脊呈块状，通道窄而高。产地：贵州盘县、威宁。层位：上石炭统巴什基尔阶上部。

17—20　近原始原小纺锤蜓 *Profusulinella priscoidea* Rauser-Chernousova，1938　引自张遴信等（2010）

登记号：17. 142428；18. 142430；19. 22626；20. 136956。主要特征：粗纺锤形，内圈呈内卷虫式包卷，旋脊呈点状，通道显著。产地：贵州盘县、水城。层位：上石炭统巴什基尔阶上部到莫斯科阶。

21　阿尔塔原小纺锤蜓卡姆变种 *Profusulinella arta* var. *kamensis* Safonova，1951　引自史宇坤等（2012）

登记号：ZF65-1-5。主要特征：椭圆形，内圈呈内卷虫式包卷，旋脊呈块状，通道宽而高。产地：贵州紫云。层位：上石炭统莫斯科阶。

22—23　后阿留陀夫原小纺锤蜓 *Profusulinella postaljutovica* Safonova，1951　引自张遴信等（2010）

登记号：22. 12806；23. 136959。主要特征：粗纺锤形，旋脊呈块状，通道窄而高。产地：贵州盘县。层位：上石炭统莫斯科阶。

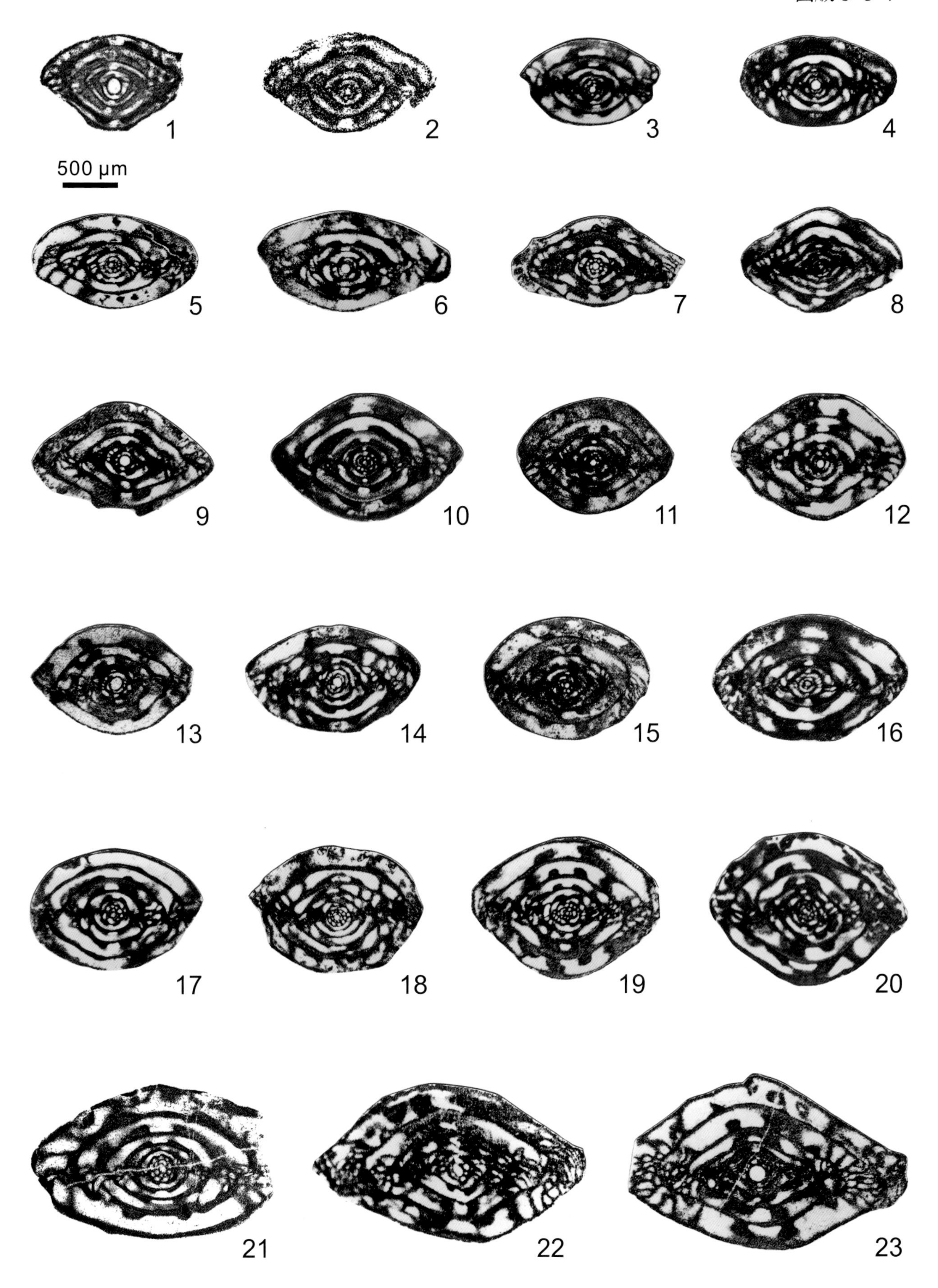
1
2
3
4
500 μm
5
6
7
8
9
10
11
12
13
14
15
16
17
18
19
20
21
22
23

图版 5-3-8 说明

（标本 3、6—12、15—16 保存在南京大学，其他标本均保存在中国科学院南京地质古生物研究所；
图 1—2、4—5、8—10、12—24 采用比例尺 A，图 6 采用比例尺 B，图 3、7、11 采用比例尺 C）

1—2　切诺夫氏原小纺锤䗴 *Profusulinella chernovi* Rauser-Chernousova，1951　引自张遴信等（2010）
登记号: 1. 142676; 2. 142677。主要特征: 粗纺锤形，最初两圈与外圈中轴正交，旋脊呈块状，通道低而宽。产地: 贵州水城、盘县。层位: 上石炭统莫斯科阶。

3　阿留陀夫原小纺锤䗴华美变种 *Profusulinella aljutovica* var. *elongata* Rauser-Chernousova，1938　引自史宇坤等（2012）
登记号：ZF74-5-2。主要特征：与 *Profusulinella aljutovica* 相比，该变种壳更长，纺锤形，包卷均匀，初房小而圆。产地：贵州紫云。层位：上石炭统莫斯科阶。

4　变形原小纺锤䗴 *Profusulinella mutabilis* Safonova，1951　引自张遴信等（2010）
登记号：136946。主要特征：近菱形，内圈与外圈中轴正交，旋脊呈块状，通道低。产地：贵州盘县。层位：上石炭统莫斯科阶。

5、17—18　戴普拉氏原小纺锤䗴 *Profusulinella deprati*（Beede and Kniker，1924）　引自张遴信等（2010）
登记号：5. 142684；17. 136955；18. 142682。主要特征：粗纺锤形，内圈与外圈中轴斜交，旋脊发育，通道低而宽。产地：贵州盘县、水城。层位：上石炭统莫斯科阶。

6　凤凰山原小纺锤䗴 *Profusulinella fenghuangshanensis* Wang，1981　引自史宇坤等（2012）
登记号：ZF64-1-1。主要特征：短纺锤形，旋脊呈块状，通道窄而高。产地：贵州紫云。层位：上石炭统莫斯科阶。

7　王钰原小纺锤䗴烟台变种 *Profusulinella wangyui* var. *yentaiensis* Sheng，1958　引自史宇坤等（2012）
登记号：ZF64-1-8。主要特征：与 *Profusulinella wangyui* Sheng 相比，该变种壳体更大，隔壁在近两极的侧坡上微皱，旋壁薄，壳圈包卷较紧。产地：贵州紫云。层位：上石炭统莫斯科阶。

8　双型原小纺锤䗴 *Profusulinella biconiformis* Kireeva，1951　引自史宇坤等（2012）
登记号：ZF73-2-1。主要特征：纺锤形，内圈内卷虫式包卷，旋脊呈点状，通道低而宽。产地：贵州紫云。层位：上石炭统莫斯科阶。

9—10、15　拟菲提斯原小纺锤䗴 *Profusulinella parafittsi* Rauser-Chernousova and Safonova，1951　引自史宇坤等（2012）
登记号：9. ZF64-1-6；10. ZF74-6-3；15. ZF66-2-3。主要特征：短纺锤形，内圈内卷虫式包卷，旋脊呈块状，通道低而宽。产地：贵州紫云。层位：上石炭统莫斯科阶。

11—14　假近斜方原小纺锤䗴 *Profusulinella pseudorhomboides* Putrja and Leontovich，1948　引自张遴信等（2010）、史宇坤等（2012）
登记号：11. ZF65-1-3；12. ZF68-1-2；13. 136952；14. 136953。主要特征：粗纺锤形，隔壁仅在两极部分微皱，旋脊发育，通道宽。产地：贵州紫云、盘县及威宁。层位：上石炭统莫斯科阶。

16　巢湖原小纺锤䗴 *Profusulinella chaohuensis* Wang，1981　引自史宇坤等（2012）
登记号: ZF63-2-3-1。主要特征: 短纺锤形，隔壁平直，旋脊显著，通道低而宽。产地: 贵州紫云。层位: 上石炭统莫斯科阶。

19—20　王钰原小纺锤䗴 *Profusulinella wangyui* Sheng，1958　引自盛金章（1958a）
登记号: 19. 8321; 20. 8323。主要特征: 粗而短的纺锤形，隔壁仅在两极部分微皱，旋脊显著，通道低而窄。产地: 辽宁本溪。层位：上石炭统莫斯科阶。

21—24　鸭子塘原小纺锤䗴 *Profusulinella yazitangica* Zhang, Zhou and Sheng, 2010　引自张遴信等(2010)
登记号：21. 142650；22. 142649；23. 142655；24. 142651。主要特征：粗纺锤形，隔壁仅在两极部分微皱，旋脊发育，内圈呈带状，外圈呈块状，通道窄。产地：贵州威宁。层位：上石炭统莫斯科阶。

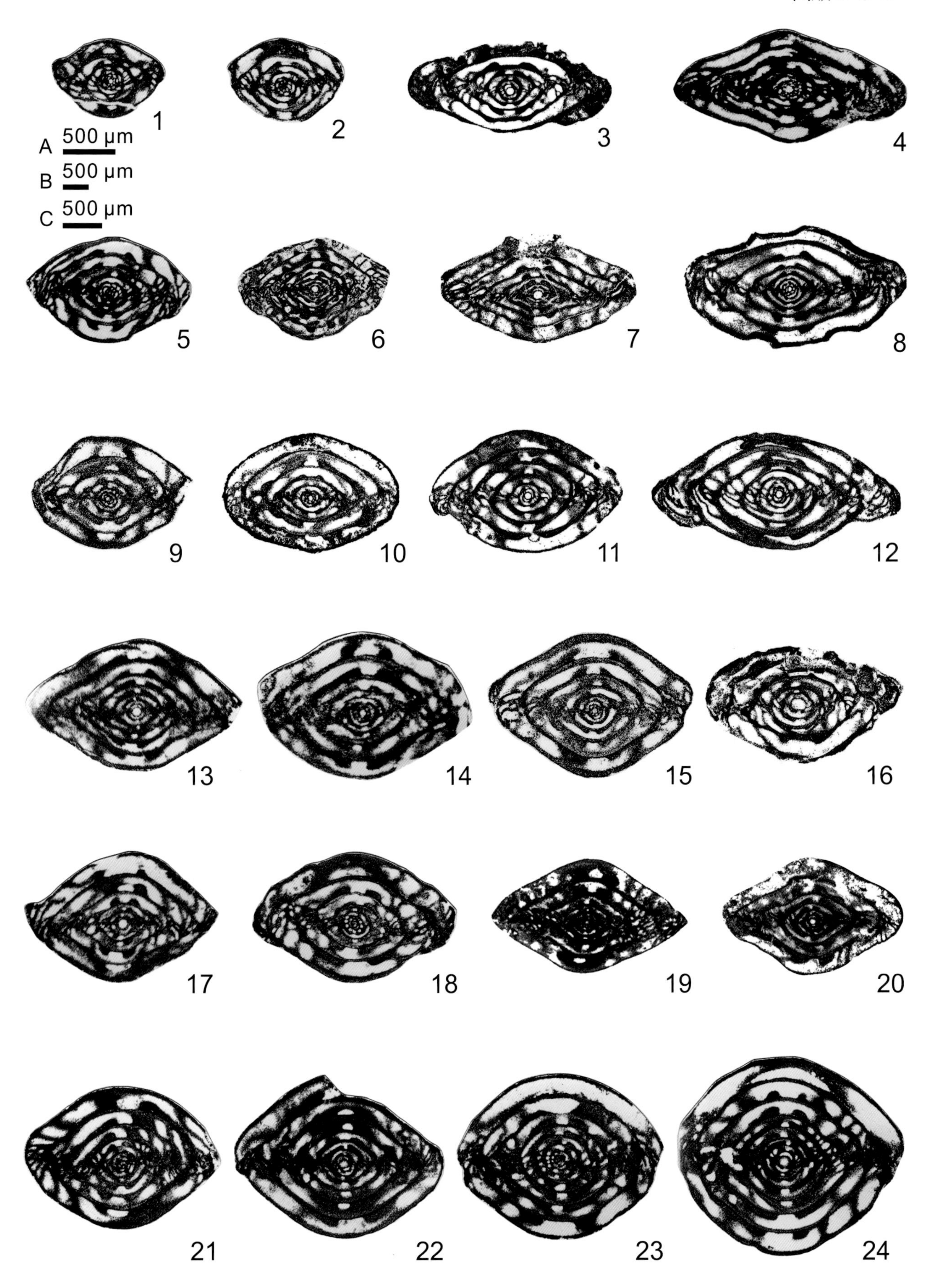
1
2
3
4
A 500 μm
B 500 μm
C 500 μm
5
6
7
8
9
10
11
12
13
14
15
16
17
18
19
20
21
22
23
24

图版 5-3-9 说明

（所有标本均保存在中国科学院南京地质古生物研究所；图 1—10 和 12—21 采用比例尺 A，图 11 采用比例尺 B）

1—5　标准微纺锤蜓少圈亚种 *Fusiella typica sparsa* Sheng，1958　引自盛金章（1958a）、张遴信等（2010）

登记号：1. 8271；2. 8270；3. 8269；4. 142518；5. 142519。主要特征：与 *Fusiella typica* 相比，该亚种更小，壳圈少，旋脊发育差，轴积较弱。产地：辽宁本溪，贵州威宁、水城及盘县。层位：上石炭统莫斯科阶。

6　柔微纺锤蜓 *Fusiella subtilis* Sheng，1958　引自盛金章（1958a）

登记号：8277。主要特征：圆柱形，最初两圈包卷较紧，与外圈中轴斜交，隔壁平直，旋脊显著，通道低而宽。产地：辽宁本溪。层位：上石炭统莫斯科阶。

7　标准微纺锤蜓延伸亚种 *Fusiella typica extensa* Rauser-Chernousova，1951　引自盛金章（1958a）

登记号：8265。主要特征：长纺锤形，最初两圈内卷虫式包卷，与外圈中轴斜交，隔壁平直，旋脊见于外圈，通道低而窄，有轴积。产地：辽宁本溪。层位：上石炭统莫斯科阶。

8—10　标准微纺锤蜓 *Fusiella typica* Sheng，1958　引自张遴信等（2010）

登记号：8. 142514；9. 142516；10. 142515。主要特征：纺锤形，内圈内卷虫式包卷，旋脊小，通道低而宽。产地：贵州威宁、水城及盘县。层位：上石炭统莫斯科阶。

11　威宁普德尔蜓 *Putrella weiningica* Chang，1974　引自张遴信等（2010）

登记号：22633。主要特征：长纺锤形，隔壁全面强烈褶皱，旋脊仅见于内圈。产地：贵州威宁。层位：上石炭统莫斯科阶。

12—13、17—19　太子河太子河蜓 *Taitzehoella taitzehoensis* Sheng，1951　引自盛金章（1958a）

登记号：12. 8311；13. 8314；17. 8312；18. 8317；19. 8310。主要特征：菱形，首圈内卷虫式包卷，隔壁仅在中部微皱，旋脊小，通道明显。产地：辽宁本溪。层位：上石炭统莫斯科阶。

14—16　太子河太子河蜓延伸亚种 *Taitzehoella taitzehoensis extensa* Sheng，1958　引自盛金章（1958a）、张遴信等（2010）

登记号：14. 142645；15. 22624；16. 8319。主要特征：与 *Taitzehoella taitzehoensis* 相比，该亚种更大，轴率也较大，中轴部分发育淡淡的轴积。产地：贵州水城、盘县，辽宁本溪。层位：上石炭统莫斯科阶。

20　沙拉托夫原小纺锤蜓 *Profusulinella saratovica* Putrja and Leontovich，1948　引自张遴信等（2010）

登记号：142713。主要特征：纺锤形，中部强凸，隔壁在极部明显褶皱，旋脊呈方形，通道窄而高。产地：贵州盘县、水城。层位：上石炭统莫斯科阶。

21　后阿留陀夫原小纺锤蜓双清亚种 *Profusulinella postaljutovica dilucida*（Leontovich，1951）　引自张遴信等（2010）

登记号：142717。主要特征：粗纺锤形，隔壁在两极部分中等褶皱，旋脊呈块状，通道窄，切面呈长方形。产地：贵州水城。层位：上石炭统莫斯科阶。

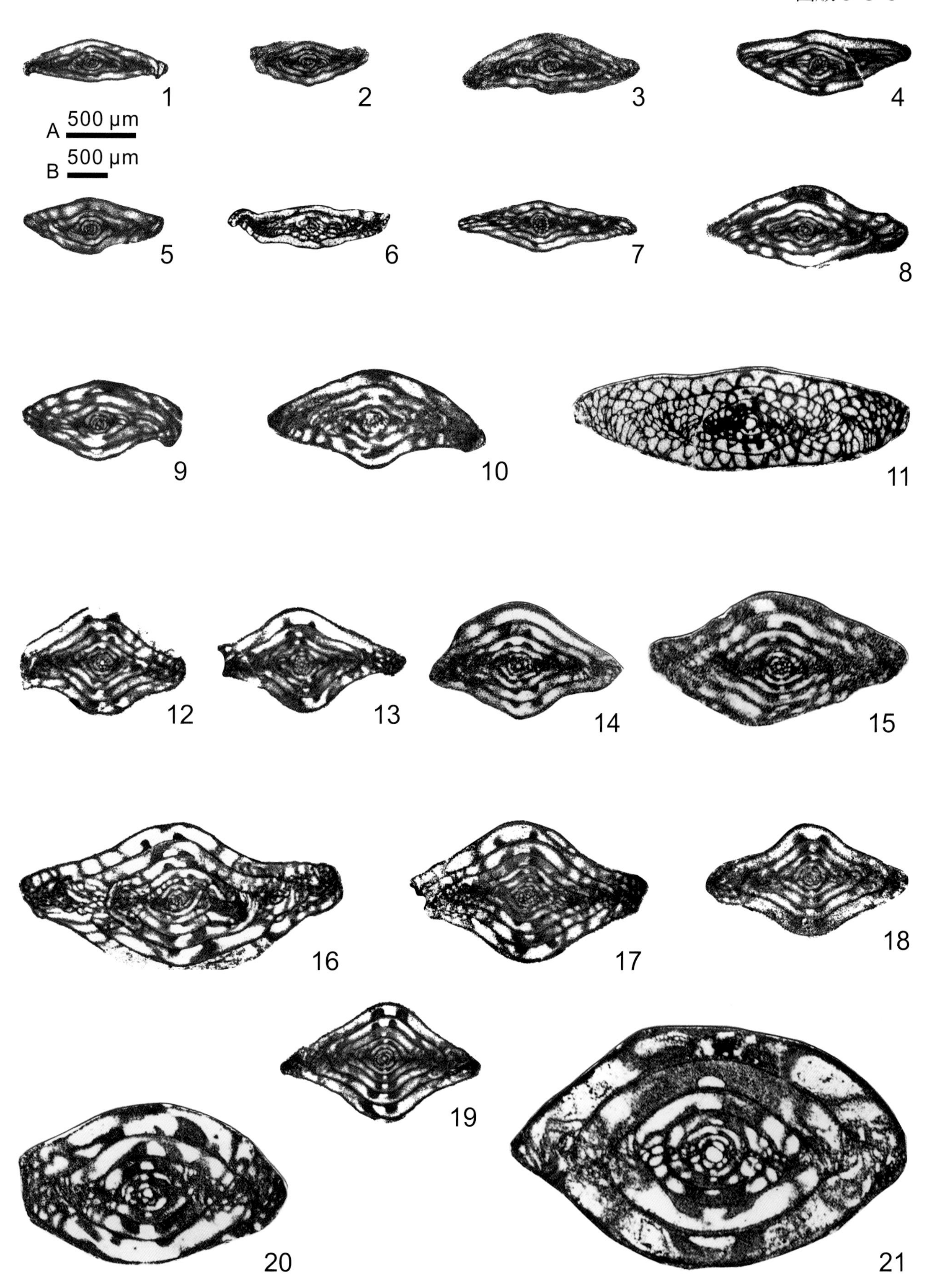
A 500 μm
B 500 μm
1
2
3
4
5
6
7
8
9
10
11
12
13
14
15
16
17
18
19
20
21

图版 5-3-10 说明

（所有标本均保存在中国科学院南京地质古生物研究所；图 1—3、15 采用比例尺 A；图 4—7、14 采用比例尺 B，图 8—13 采用比例尺 C）

1—2　杜德柯维奇氏魏特肯蜓 *Wedekindellina dutkevichi* Rauser and Beljaev-Chernousova，1936　引自张遴信等（2010）

登记号：1. 142509；2. 142511。主要特征：细长纺锤形，内圈内卷虫式包卷，与外圈中轴斜交，隔壁不褶皱，旋脊明显，通道宽，轴积发育。产地：贵州威宁、水城及盘县。层位：上石炭统莫斯科阶上部到卡西莫夫阶下部。

3—7　伸长韦雷尔蜓 *Verella prolixa*（Sheng，1958）　引自盛金章（1958a）、张遴信等（2010）

登记号：3. 142507；4. 8353；5. 8354；6. 8344；7. 8343。主要特征：长纺锤形，隔壁在中部平直，两极微皱，旋脊显著，通道在内圈低而窄，外圈则变宽，轴积发育。产地：贵州威宁、盘县，辽宁本溪。层位：上石炭统莫斯科阶。

8　似三角形始纺锤蜓 *Eofusulina trianguliformis* Putrja，1956　引自张遴信等（2010）

登记号：22630。主要特征：细长纺锤形，隔壁褶皱强烈，轴积发育。产地：贵州威宁、盘县。层位：上石炭统莫斯科阶。

9、11　三角形始纺锤蜓 *Eofusulina triangula* Rauser-Chernousova and Beljaev，1936　引自张遴信等（2010）

登记号：9. 136939；11. 22637。主要特征：壳体形状一般为三角形，隔壁褶皱强烈，初房大。产地：贵州盘县、水城。层位：上石炭统莫斯科阶。

10、12—13　三角形始纺锤蜓拉斯多尔亚种 *Eofusulina triangula rasdorica* Putrja，1938　引自张遴信等（2010）

登记号：10. 142530；12. 142528；13. 136941。主要特征：与 *Eofusulina triangula* 相比，该亚种壳体更大，轴率也大，隔壁褶皱更强烈，其地层中的首现层位也较高。产地：贵州盘县、水城。层位：上石炭统莫斯科阶。

14　椭圆半纺锤蜓 *Hemifusulina elliptica*（Lee，1937）　引自张遴信（1964）

登记号：14753。主要特征：亚椭圆形，中部平或微拱，旋壁两层，蜂巢层很细，隔壁仅在下半部褶曲，旋脊不大，通道低而宽。产地：四川江油。层位：上石炭统莫斯科阶。

15　罕见始纺锤蜓 *Eofusulina inusitata* Sheng，1958　引自盛金章（1958a）

登记号：8411。主要特征：亚圆柱形，褶皱强而高，旋脊仅在第一圈可见，很小，通道在内圈低而窄，外圈不清晰，初房大。产地：辽宁本溪。层位：上石炭统莫斯科阶。

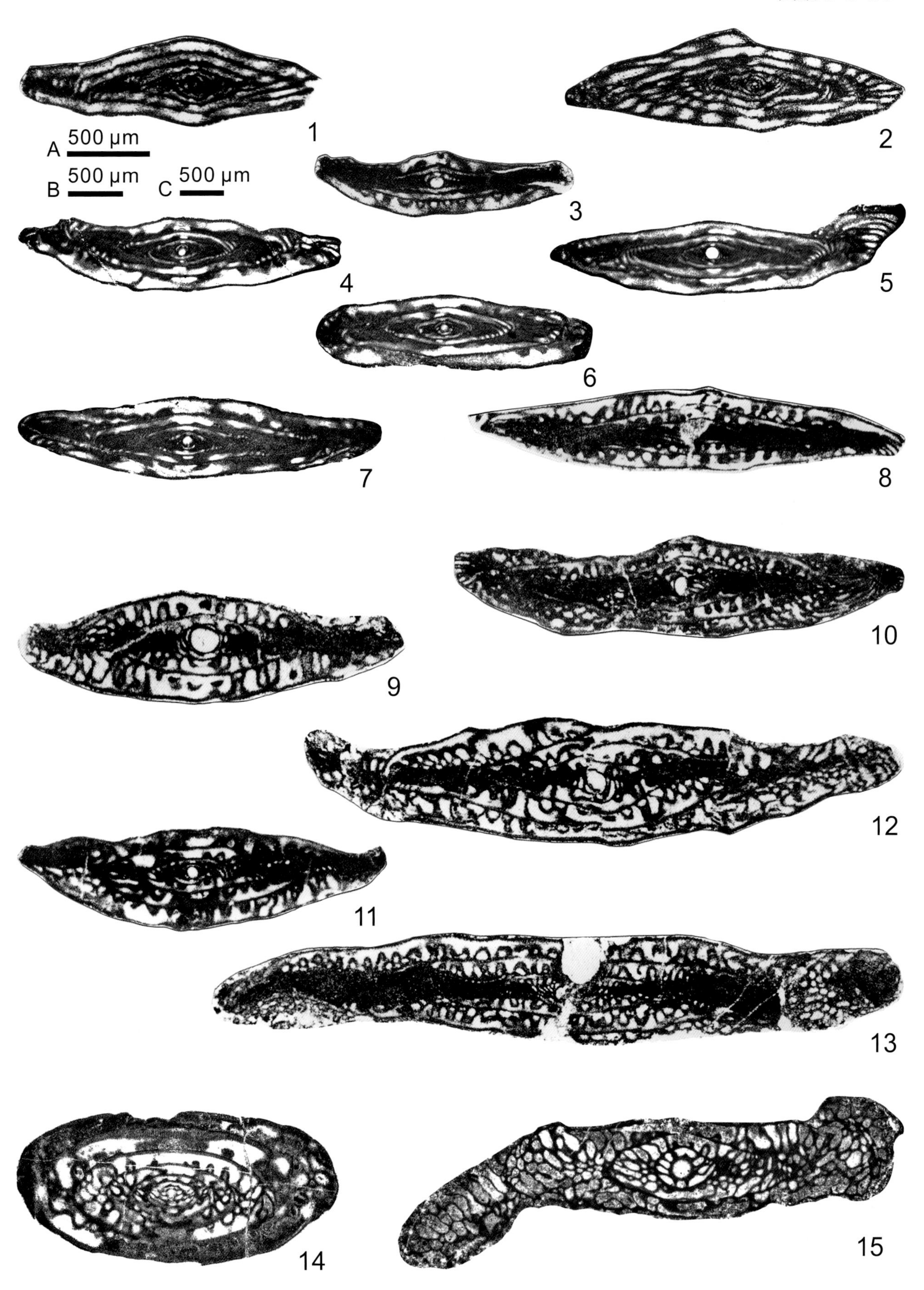
1
2
A 500 μm
B 500 μm
C 500 μm
3
4
5
6
7
8
9
10
11
12
13
14
15

图版 5-3-11 说明

（标本 4、5 保存在南京大学，其他标本均保存在中国科学院南京地质古生物研究所）

1—2　达拉小纺锤蜓 *Fusulinella dalaensis* Liu，Xiao and Dong，1978　引自张遴信等（2010）

登记号：1. 142786；2. 142787。主要特征：短柱形，隔壁仅在两极微皱，旋脊呈黑点状，通道低而窄。产地：贵州盘县、威宁。层位：上石炭统莫斯科阶。

3　柯兰妮氏小纺锤蜓 *Fusulinella colaniae* Lee and Chen，1930　引自张遴信等（2010）

登记号：136974。主要特征：长纺锤形，隔壁在两极呈波状褶曲，旋脊呈脊状或带状，通道低。产地：贵州盘县、水城。层位：上石炭统莫斯科阶。

4—5　假薄克氏小纺锤蜓 *Fusulinella pseudobocki* Lee and Chen，1930　引自史宇坤等（2012）

登记号：4. ZF76-4-10；5. ZF76-4-7。主要特征：短纺锤形，中部拱，隔壁在两极褶皱，旋脊显著，通道窄。产地：贵州紫云。层位：上石炭统莫斯科阶。

6—7　拟柯兰妮氏小纺锤蜓 *Fusulinella paracolaniae* Safonova，1951　引自张遴信等（2010）

登记号：6. 136978；7. 136977。主要特征：纺锤形，中部拱，首圈与外圈中轴斜交，隔壁在两极褶皱，旋脊呈带状，通道低而宽。产地：贵州盘县、水城及威宁。层位：上石炭统莫斯科阶。

8—9　伏芝加尔小纺锤蜓 *Fusulinella vozhgalensis* Safonova，1951　引自张遴信等（2010）

登记号：8. 142778；9. 136993。主要特征：近椭圆形，在两极呈网状构造，旋脊呈带状，通道低。产地：贵州盘县、威宁。层位：上石炭统莫斯科阶。

10—11　松卷小纺锤蜓 *Fusulinella laxa* Sheng，1958　引自盛金章（1958a）、张遴信等（2010）

登记号：10. 142772；11. 8376。主要特征：纺锤形，中部拱凸，隔壁在两极褶皱，旋脊块状，通道显著。产地：贵州威宁、水城及盘县，辽宁本溪。层位：上石炭统莫斯科阶。

12　薄克氏小纺锤蜓蒂曼亚种 *Fusulinella bocki timanica* Rauser-Chernousova，1951　引自张遴信等（2010）

登记号：142795。主要特征：纺锤形，中部强拱，隔壁在两极部分微皱，旋脊呈块状，通道低而宽。产地：贵州盘县。层位：上石炭统莫斯科阶。

13　前柯兰妮氏小纺锤蜓 *Fusulinella praecolaniae* Safonova，1951　引自张遴信等（2010）

登记号：142801。主要特征：纺锤形，中部拱凸，首圈有时呈内卷虫式包卷，隔壁在两极褶皱，旋脊呈块状，通道低而宽。产地：贵州水城、威宁。层位：上石炭统莫斯科阶。

14、16　索利加利氏小纺锤蜓 *Fusulinella soligalichi* Dalmatskaya，1961　引自张遴信等（2010）

登记号：14. 12816；16. 142763。主要特征：粗纺锤形，中部强凸，最初一两圈与外圈的中轴正交，隔壁在外圈两极部分微皱，旋脊块状，通道显著。产地：贵州威宁、盘县。层位：上石炭统莫斯科阶。

15　金基尔氏小纺锤蜓 *Fusulinella ginkeli* Villa，1995　引自张遴信等（2010）

登记号：142789。主要特征：短圆柱形，首圈与外圈的中轴斜交，隔壁在内圈平直，在外圈的两极部分微皱，旋脊小，通道低。产地：贵州水城、威宁。层位：上石炭统莫斯科阶。

17　海伦氏小纺锤蜓 *Fusulinella helenae* Rauser-Chernousova，1951　引自盛金章（1958a）

登记号：8398。主要特征：纺锤形，中部凸，隔壁薄，在两极部分褶皱较强，旋脊在内圈显著，通道在内圈窄而高，外圈低而宽。产地：辽宁本溪。层位：上石炭统莫斯科阶。

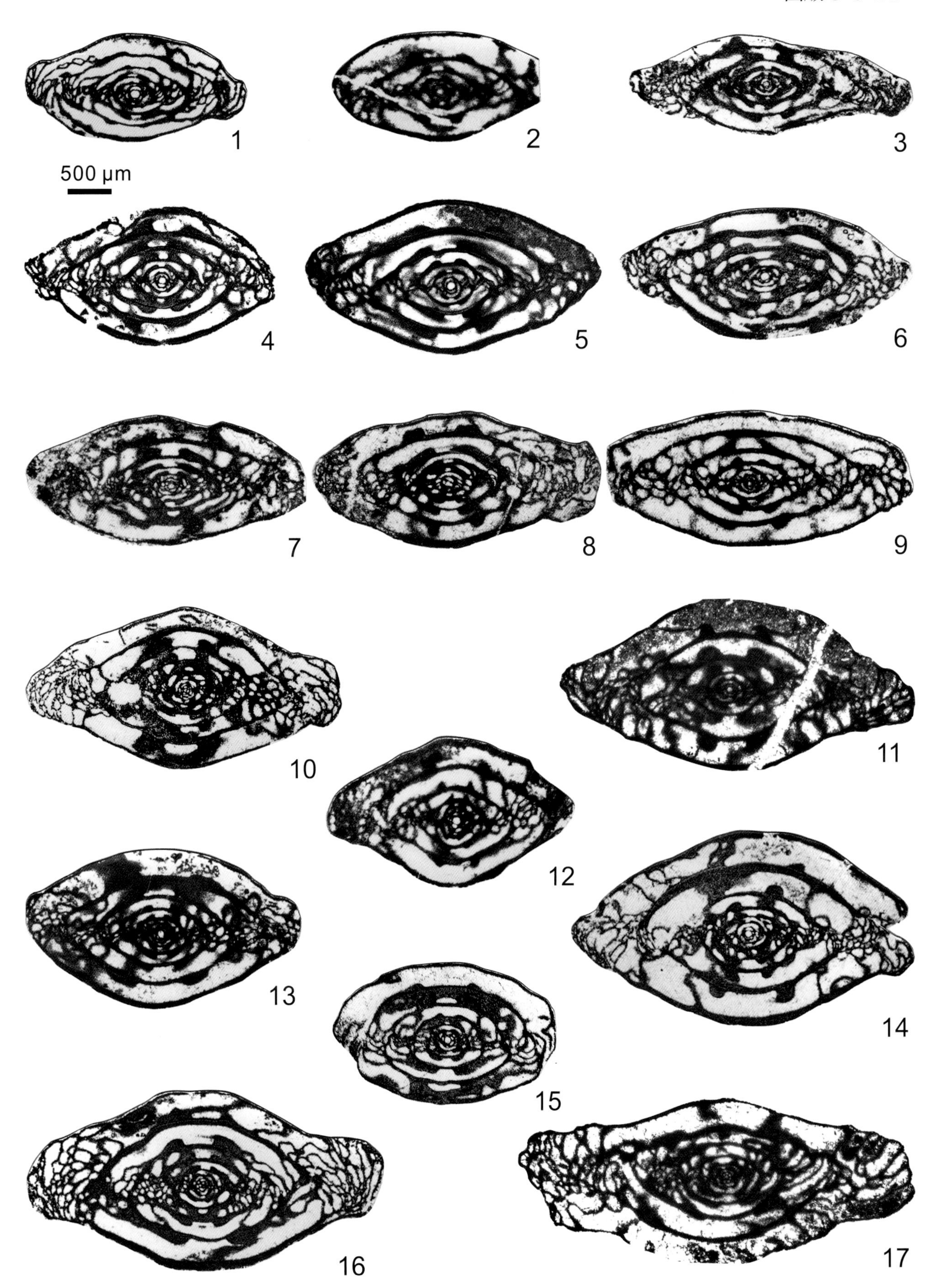
1
2
3
500 μm
4
5
6
7
8
9
10
11
12
13
14
15
16
17

图版 5-3-12 说明

（标本 9—10 和 15 保存在南京大学，其他标本均保存在中国科学院南京地质古生物研究所；
图 1—2、4、6、9—15、17 采用比例尺 A；图 3、5、7—8、16 采用比例尺 B）

1　假希瓦格蠖状小纺锤蠖 *Fusulinella pseudoschwagerinoides* Putrja，1940　引自张遴信等（2010）
登记号：142779。主要特征：纺锤形，隔壁在外圈的两极部分呈网状褶皱，旋脊呈块状，通道在切面上呈新月状。产地：贵州威宁。层位：上石炭统莫斯科阶。

2、16　高级小纺锤蠖 *Fusulinella provecta* Sheng，1958　引自盛金章（1958a）、张遴信等（2010）
登记号：2. 8385；16. 142815。主要特征：纺锤形，中部微拱，两极钝尖，隔壁在两极部分形成宽而弱的褶曲，旋脊块状，通道显著。产地：辽宁本溪，贵州威宁、水城及盘县。层位：上石炭统莫斯科阶。

3—5　华美小纺锤蠖 *Fusulinella pulchra* Rauser-Chernousova and Beljaev，1936　引自张遴信等（2010）
登记号：3. 142759；4. 142760；5. 136976。主要特征：纺锤形，中部强凸，两极钝尖，隔壁在两极部分微皱，旋脊显著，通道窄而高。产地：贵州盘县、水城。层位：上石炭统莫斯科阶。

6　始华美小纺锤蠖 *Fusulinella eopulchra* Rauser-Chernousova，1951　引自张遴信等（2010）
登记号：缺。主要特征：近菱形，中部强凸，两极钝尖，隔壁在两极部分微皱，旋脊大，通道在内圈窄，外圈宽。产地：贵州盘县。层位：上石炭统莫斯科阶。

7—8　薄克氏小纺锤蠖 *Fusulinella bocki* Moeller，1878　引自张遴信等（2010）
登记号：7. 142813；8. 142793。主要特征：粗纺锤形，中部强凸，两极钝圆，隔壁平直，旋脊发育，通道显著。产地：贵州威宁、水城及盘县。层位：上石炭统莫斯科阶。

9—10　前薄克氏小纺锤蠖 *Fusulinella praebocki* Rauser-Chernousova，1951　引自史宇坤等（2012）
登记号：9. ZF74-6-5；10. ZF82-3-3。主要特征：短纺锤形至卵圆形，内圈与外圈的中轴正交，隔壁在两极部分微皱，旋脊呈块状，通道低而宽。产地：贵州紫云。层位：上石炭统莫斯科阶。

11—13　肥小纺锤蠖 *Fusulinella obesa* Sheng，1958　引自张遴信等（2010）
登记号：11. 142756；12. 142758；13. 142757。主要特征：粗纺锤形，中部强凸，两极钝尖，隔壁在两极部分微皱，旋脊显著，通道在内圈高而窄，外圈低而宽。产地：贵州盘县、水城。层位：上石炭统莫斯科阶。

14　莫斯科小纺锤蠖 *Fusulinella mosquensis* Rauser-Chernousova and Safonova，1951　引自张遴信等（2010）
登记号：142776。主要特征：纺锤形，首圈有时呈内卷虫式包卷，隔壁仅在两极微皱，旋脊发育，通道低而宽。产地：贵州盘县。层位：上石炭统莫斯科阶。

15　近斜方小纺锤蠖 *Fusulinella rhomboides*（Lee and Chen，1930）　引自史宇坤等（2012）
登记号：ZF77-3-2。主要特征：纺锤形，中部拱，两极钝尖，隔壁在两极部分微皱，旋脊显著，通道低而宽。产地：贵州紫云。层位：上石炭统莫斯科阶。

17　假柯兰妮氏小纺锤蠖 *Fusulinella pseudocolaniae* Putrja，1956　引自张遴信等（2010）
登记号：142797。主要特征：近圆柱形，两极钝圆，隔壁在两极部分褶皱强烈，旋脊呈土丘状，通道在切面上呈长方形。产地：贵州威宁。层位：上石炭统莫斯科阶。

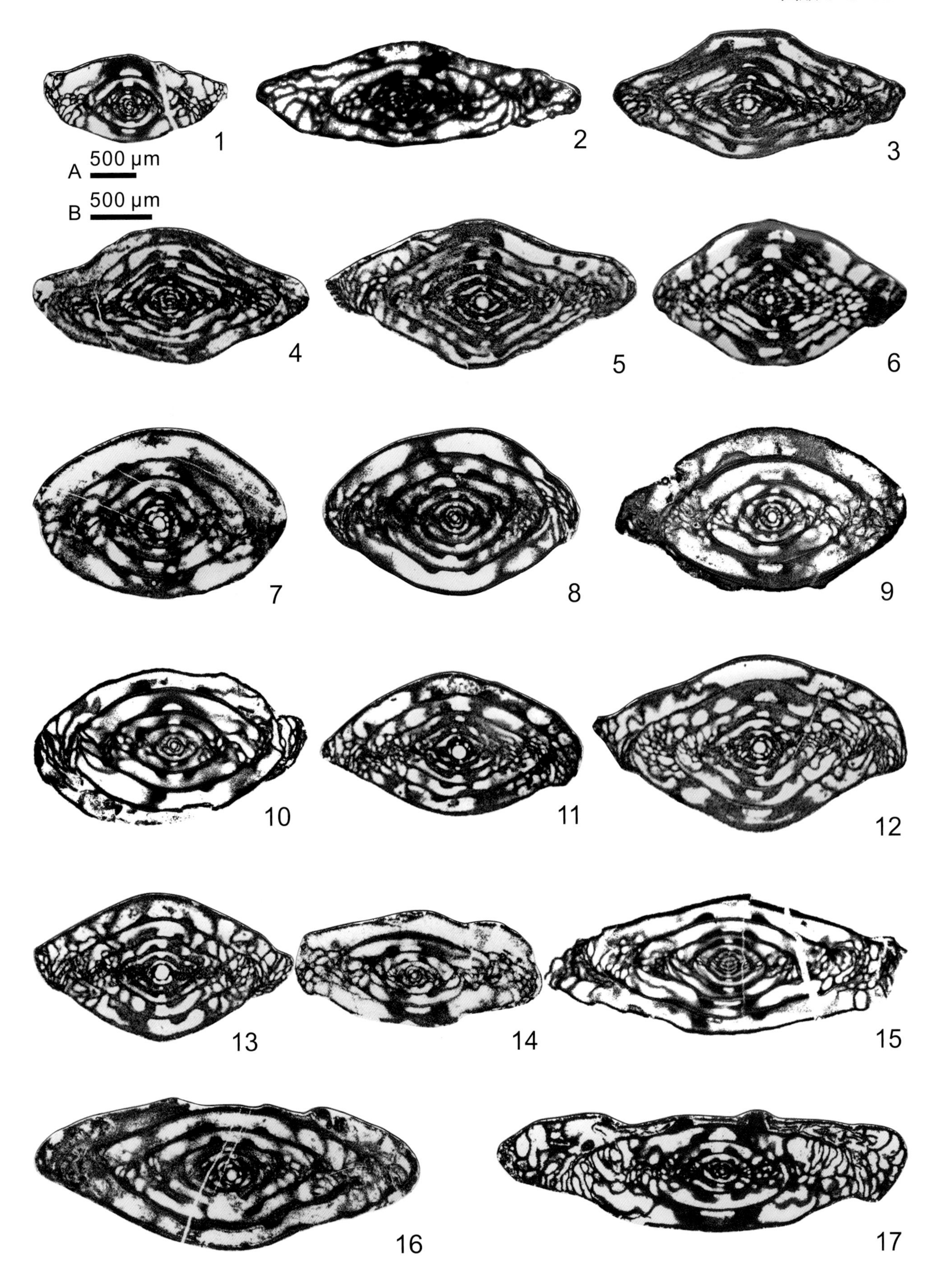
1
2
3
A 500 μm
B 500 μm
4
5
6
7
8
9
10
11
12
13
14
15
16
17

图版 5-3-13 说明

（标本 5、7—10、12—13、16—17 保存在南京大学，其他标本均保存在中国科学院南京地质古生物研究所；
图 1—15 采用比例尺 A，图 16—17 采用比例尺 B）

1　截切纺锤蜓 *Fusulina truncatulina* Thompson，1936　引自盛金章（1958a）

登记号：8446。主要特征：短纺锤形，中部外拱，侧坡微内凹，两极钝尖，隔壁褶皱规则，旋脊显著，通道窄而高。产地：辽宁本溪。层位：上石炭统莫斯科阶。

2　今野氏纺锤蜓 *Fusulina konnoi*（Ozawa，1925）　引自盛金章（1958a）

登记号：8441。主要特征：纺锤形，中部微拱，两极钝尖，内圈椭圆形，外圈变为纺锤形，隔壁褶皱强烈，旋脊显著，通道窄而高。产地：辽宁本溪。层位：上石炭统莫斯科阶。

3　小泽氏纺锤蜓 *Fusulina ozawai* Rauser-Chernousova and Beljaev，1937　引自盛金章（1958a）

登记号：8486。主要特征：纺锤形，中部微拱，两极钝尖，隔壁褶皱强烈，旋脊仅在内圈发育，黑点状，通道窄而高。产地：辽宁本溪。层位：上石炭统莫斯科阶。

4　蚂蚁纺锤蜓 *Fusulina mayiensis* Sheng，1958　引自盛金章（1958a）

登记号：8412。主要特征：粗纺锤形，中部强凸，两极钝尖，隔壁褶皱规则，旋脊块状，通道窄而高。产地：辽宁本溪。层位：上石炭统莫斯科阶。

5、8　硬皮聂特夫纺锤蜓 *Fusulina nytvica callosa* Safonova，1951　引自史宇坤等（2012）

登记号：5. ZF73-2-2；8. ZF73-1-8。主要特征：纺锤形，中部拱凸，两极钝尖，隔壁褶皱强而规则，旋脊显著，通道高。产地：贵州紫云。层位：上石炭统莫斯科阶。

6　聂特夫纺锤蜓 *Fusulina nytvica* Safonova，1951　引自张遴信等（2010）

登记号：142733。主要特征：纺锤形，中部拱凸，两极钝尖，隔壁全面褶皱，旋脊在内圈呈黑点状，外圈未见，通道窄。产地：贵州威宁。层位：上石炭统莫斯科阶。

7、12　德日进氏纺锤蜓 *Fusulina teilhardi*（Lee，1927）　引自史宇坤等（2012）

登记号：7. ZF80-2-7；12. ZF73-1-6。主要特征：纺锤形，中部拱凸，两极钝尖，隔壁褶皱较强且规则，旋脊块状，通道窄而高。产地：贵州紫云。层位：上石炭统莫斯科阶。

9、11　萨马尔纺锤蜓 *Fusulina samarica* Rauser-Chernousova and Beljaev，1937　引自盛金章（1958a）、史宇坤等（2012）

登记号：9. ZF72-1-4；11. 8451。主要特征：粗纺锤形，中部强凸，两极钝尖，隔壁褶皱强烈，旋脊显著，通道窄而高。产地：辽宁本溪，贵州紫云。层位：上石炭统莫斯科阶。

10、13—14　谢尔文氏纺锤蜓 *Fusulina schellwieni* (Staff, 1912)　引自盛金章（1958a）、史宇坤等（2012）

登记号：10. ZF73-4-6；13. ZF76-5-2；14. 8431。主要特征：短纺锤形，中部强凸，两极钝尖，隔壁褶皱强而规则，旋脊显著，通道窄而高。产地：贵州紫云，辽宁本溪。层位：上石炭统莫斯科阶。

15—17　有关纺锤蜓 *Fusulina consobrina* Safonova，1951　引自张遴信等（2010）、史宇坤等（2012）

登记号：15. 137001；16. ZF80-11-2；17. ZF81-1-4。主要特征：长纺锤形，中部微拱，两极钝尖，隔壁褶皱强，旋脊点状，通道高。产地：贵州盘县、紫云。层位：上石炭统莫斯科阶。

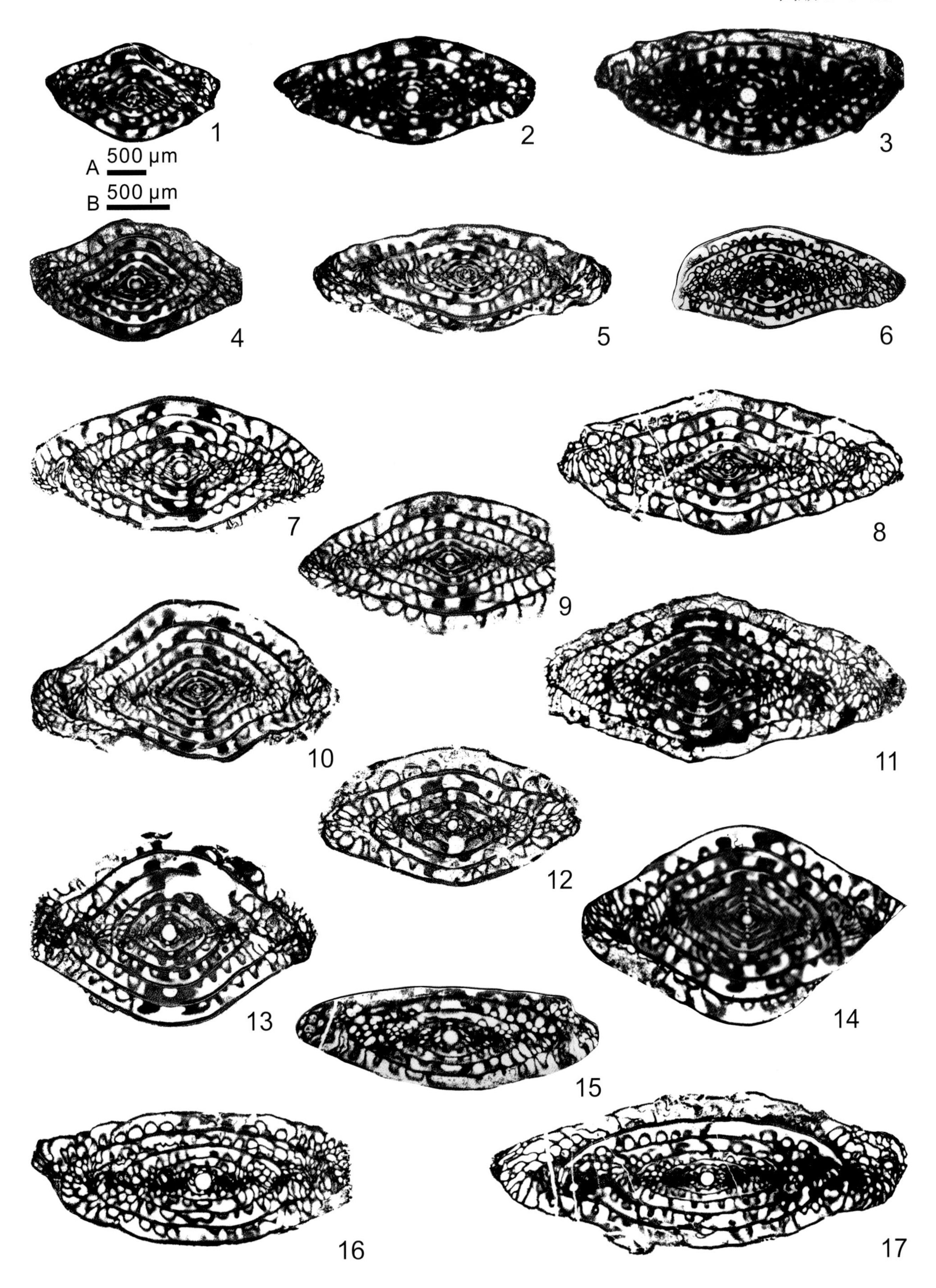
1
2
3
A 500 μm
B 500 μm
4
5
6
7
8
9
10
11
12
13
14
15
16
17

图版 5-3-14 说明

（标本 7 和 10 保存在南京大学，其他标本均保存在中国科学院南京地质古生物研究所）

1—3、8　矛头纺锤蜓 *Fusulina lanceolata* Lee and Chen，1930　引自张遴信等（2010）

登记号：1. 137010；2. 142738；3. 142739；8. 142737。主要特征：菱形，中部强拱，两极钝尖或锐尖，隔壁褶皱在中部弱，在两极处强烈，旋脊显著，通道窄。产地：贵州盘县、水城。层位：上石炭统莫斯科阶。

4—6、9　拟充足纺锤蜓 *Fusulina paradistenta* Safonova，1951　引自张遴信等（2010）

登记号：4. 142743；5. 142740；6. 142742；9. 137005。主要特征：粗纺锤形，中部强凸，两极钝尖，隔壁褶皱在内圈微弱，外圈强烈，旋脊呈块状，通道窄。产地：贵州威宁、盘县及水城。层位：上石炭统莫斯科阶。

7、10—11　假今野氏纺锤蜓 *Fusulina pseudokonnoi* Sheng，1958　引自盛金章（1958a）、史宇坤等（2012）

登记号：7. ZF76-7-1；10. ZF79-1-1；11. 8456。主要特征：纺锤形，中部拱，两极钝尖，旋壁的透明层薄，隔壁在两极处褶皱强，旋脊呈块状，通道窄而高。产地：贵州紫云，辽宁本溪。层位：上石炭统莫斯科阶。

12、15　似筒形纺锤蜓紧圈亚种 *Fusulina quasicylindrica compacta* Sheng，1958　引自盛金章（1958a）、张遴信等（2010）

登记号：12. 8507；15. 22634。主要特征：近圆柱形，两极钝圆，旋壁薄，隔壁褶皱强而不规则，旋脊小，见于内圈，轴积淡，通道低而窄。产地：贵州威宁，辽宁本溪。层位：上石炭统莫斯科阶。

13　假今野氏纺锤蜓长型变种 *Fusulina pseudokonnoi* var. *longa* Sheng，1958　引自盛金章（1958a）

登记号：8463。主要特征：与 *Fusulina pseudokonnoi* Sheng 相比，本种壳体特别伸长，且两极尖锐，旋壁更厚，旋脊大而显著。产地：辽宁本溪。层位：上石炭统莫斯科阶。

14　杨氏纺锤蜓 *Fusulina yangi* Sheng，1958　引自张遴信等（2010）

登记号：142748。主要特征：纺锤形，中部微拱，两极钝尖，隔壁褶皱不强但规则，旋脊呈黑点状，通道低。产地：贵州威宁。层位：上石炭统莫斯科阶。

16、18　筒形纺锤蜓 *Fusulina cylindrica* Fischer de Waldheim，1830　引自盛金章（1958a）、张遴信等（2010）

登记号：16. 12814；18. 8496。主要特征：亚圆柱形至圆柱形，两极钝尖，旋壁极薄而柔，隔壁褶皱强而规则，旋脊不清晰，轴积淡。产地：贵州威宁、水城及盘县，辽宁本溪。层位：上石炭统莫斯科阶。

17　似纺锤蜓型纺锤蜓 *Fusulina quasifusulinoides* Rauser-Chernousova，1951　引自张遴信等（2010）

登记号：137000。主要特征：长柱形，两极钝圆，旋壁薄，隔壁褶皱强烈，旋脊见于内圈，轴积浓，呈扇形分布在初房两边。产地：贵州盘县。层位：上石炭统莫斯科阶。

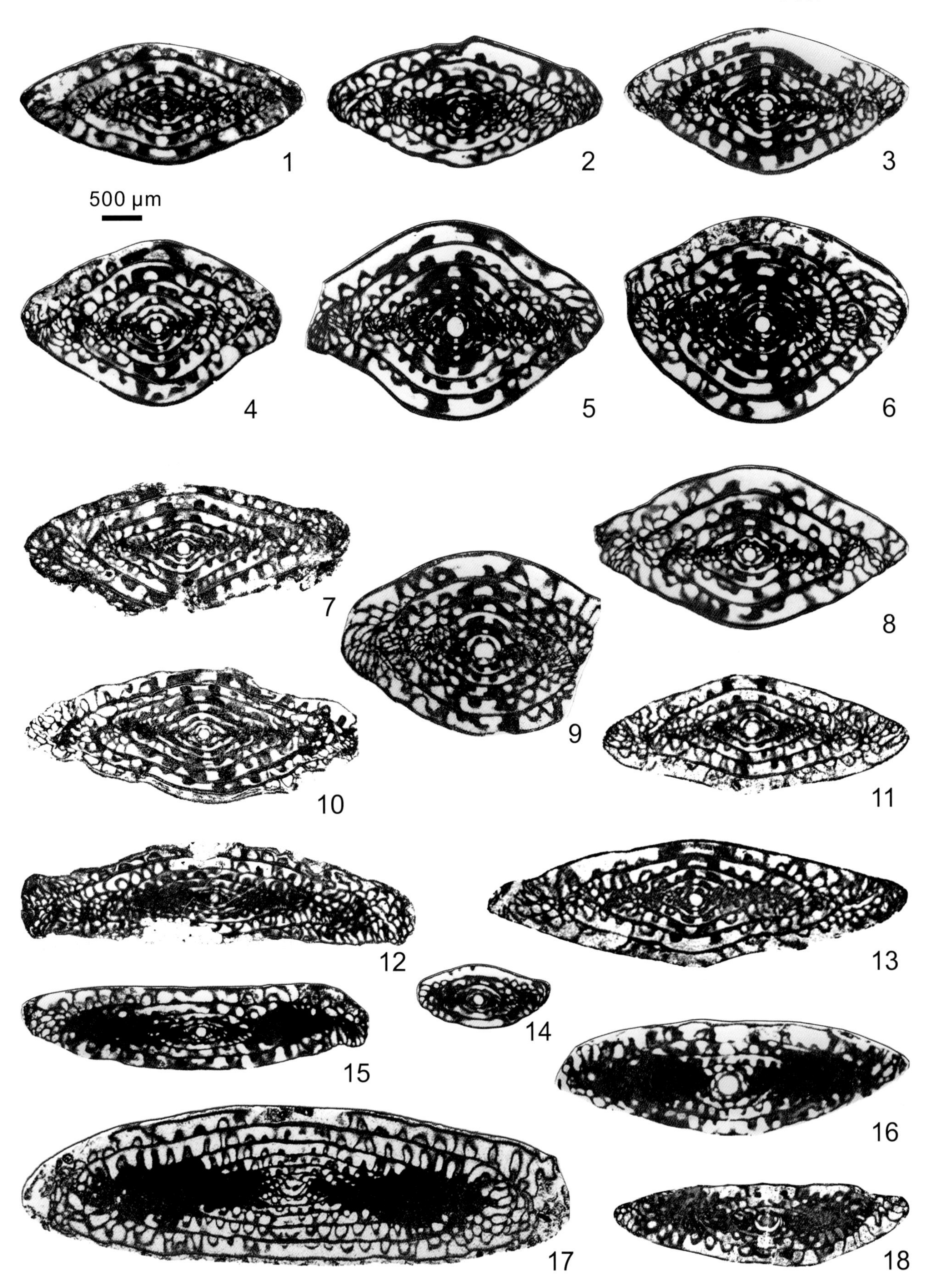
500 μm
1
2
3
4
5
6
7
8
9
10
11
12
13
14
15
16
17
18

图版 5-3-15 说明

（标本 7、12—14、16 保存在南京大学，其他标本均保存在中国科学院南京地质古生物研究所）

1—2　稀少原麦蜓 *Protriticites rarus* Sheng，1958　引自盛金章（1958a）

登记号：1. 8405；2. 8406。主要特征：粗纺锤形，中部外凸，两极钝尖，旋壁内圈四层式，末圈三层式，隔壁在两极微皱，旋脊显著，通道在内圈窄，外圈宽。产地：辽宁本溪。层位：上石炭统卡西莫夫阶。

3　长形大旋脊蜓 *Montiparus longissima* Liu，Xiao and Dong，1978　引自张遴信等（2010）

登记号：142875。主要特征：长纺锤形至亚圆柱形，两极钝尖，旋壁薄，隔壁在轴部褶皱，旋脊块状，通道低而宽。产地：贵州威宁、盘县及水城。层位：上石炭统卡西莫夫阶到格舍尔阶。

4—6　威宁大旋脊蜓 *Montiparus weiningica* Chang，1974　引自张遴信等（2010）

登记号：4. 142878；5. 142879；6. 22652。主要特征：纺锤形，中部强拱，两极钝尖，首圈内卷虫式包卷，旋壁由致密层和蜂巢层组成，隔壁仅在轴部微皱，旋脊块状，通道低而宽。产地：贵州威宁、盘县及水城。层位：上石炭统卡西莫夫阶到格舍尔阶。

7　亚希瓦格蜓状原麦蜓 *Protriticites subschwagerinoides* Rozovskaya，1950　引自史宇坤等（2012）

登记号：ZF80-11-1-1。主要特征：短纺锤形，中部拱凸，两极钝尖，隔壁平直，旋脊呈黑点状或块状，通道显著。产地：贵州紫云。层位：上石炭统卡西莫夫阶。

8　前简单原麦蜓 *Protriticites praesimplex*（Lee，1927）　引自 Lee（1927）

登记号：缺。主要特征：纺锤形，中部微拱，两极钝圆或圆尖，旋壁末圈的细蜂巢层明显，隔壁在中部微皱，外圈极部褶皱较强烈，旋脊显著，通道低而宽。产地：甘肃张掖。层位：上石炭统卡西莫夫阶。

9—12　衰颓原麦蜓 *Protriticites*（*Obsoletes*）*obsoletus*（Schellwien，1908）　引自张遴信等（2010）、史宇坤等（2012）

登记号：9. 142917；10. 142916；11. 142918；12. ZF85-2-3。主要特征：椭圆形，两极圆尖，旋壁内圈四层式，外圈两层式，末圈发育细的蜂巢层，隔壁平直，旋脊显著，通道低而宽。产地：贵州紫云、水城。层位：上石炭统卡西莫夫阶。

13　新似菱形原麦蜓 *Protriticites neorhomboides* Shi，2009　引自史宇坤等（2012）

登记号：ZF84-1-1。主要特征：短纺锤形，两极钝尖，外圈发育蜂巢层，隔壁平直，旋脊呈黑点状，通道显著。产地：贵州紫云。层位：上石炭统卡西莫夫阶。

14　小型原麦蜓 *Protriticites minor* Zhou，Sheng and Wang，1987　引自史宇坤等（2012）

登记号：ZF83-1-4。主要特征：短纺锤形，中部拱凸，两极钝尖，隔壁在两极部分微皱，旋脊呈黑点状，通道窄而低。产地：贵州紫云。层位：上石炭统卡西莫夫阶。

15　大旋脊蜓型大旋脊蜓 *Montiparus montiparus*（Rozovskaya，1948）　引自陈旭和王建华（1983）

登记号：68705。主要特征：短纺锤形，中部拱凸，两极钝尖，旋壁由致密层和蜂巢层组成，隔壁褶皱较强烈，旋脊呈块状，通道宽。产地：广西宜山。层位：上石炭统卡西莫夫阶到格舍尔阶。

16　前大旋脊原麦蜓 *Protriticites praemontiparus* Zhou，Sheng and Wang，1987　引自史宇坤等（2012）

登记号：ZF76-1-4。主要特征：椭圆形，两极钝圆，外圈发育蜂巢层，隔壁平直，旋脊呈块状或带状，通道低而宽。产地：贵州紫云。层位：上石炭统卡西莫夫阶。

17　优美似纺锤蜓 *Quasifusulina eleganta* Shlykova，1948　引自陈旭和王建华（1983）

登记号：68671。主要特征：圆柱形至亚圆柱形，旋壁薄，隔壁褶皱强烈，轴积发育。产地：广西宜山。层位：上石炭统格舍尔阶。

图版 5-3-15

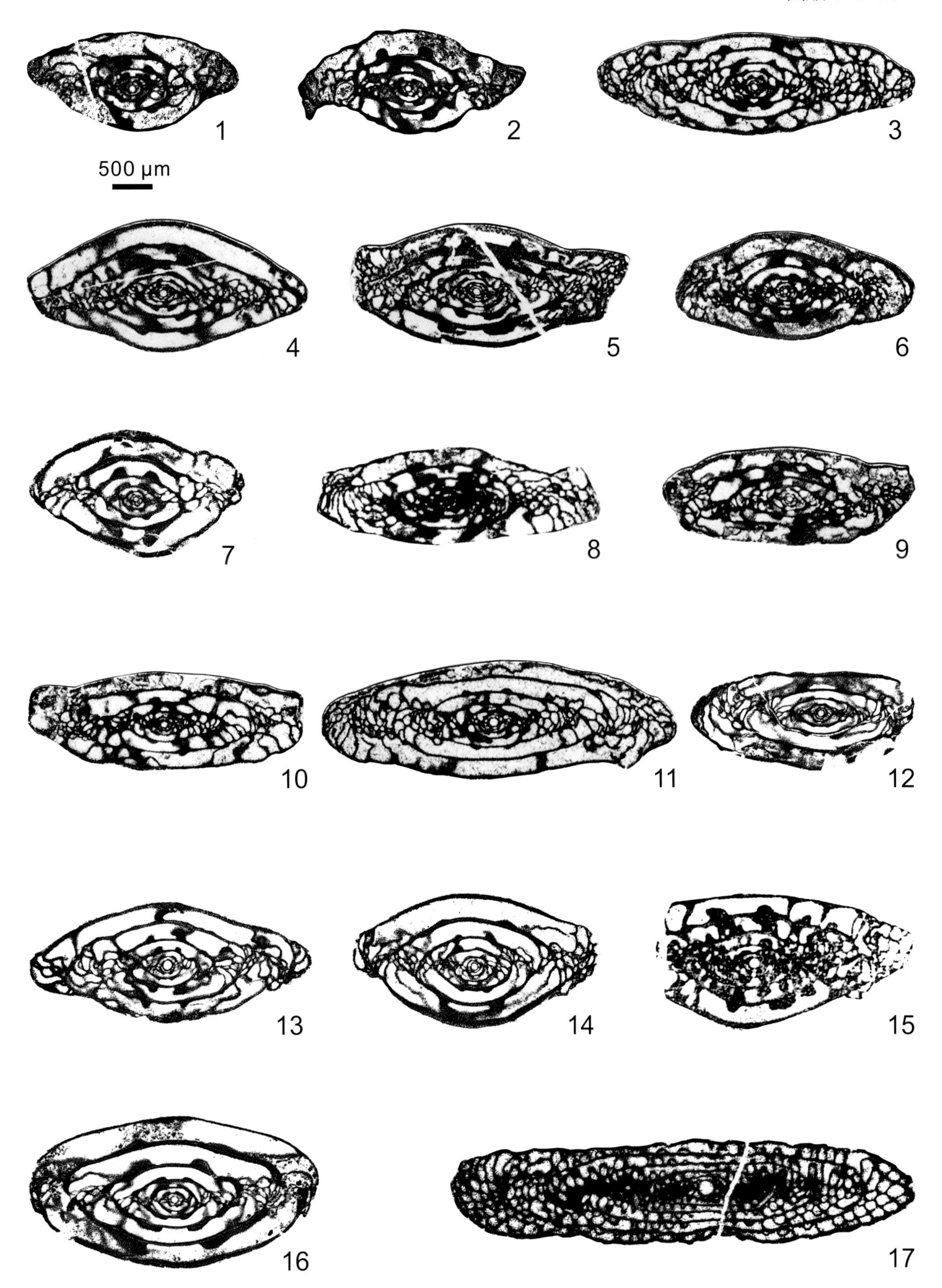

图版 5-3-16 说明

（标本 3、5—8 和 11—12 保存在南京大学，其他标本均保存在中国科学院南京地质古生物研究所）

1　卢氏普德尔䗴 *Putrella lui* Sheng，1958　引自盛金章（1958a）

登记号：8517。主要特征：粗圆柱形至亚圆柱形，两极钝尖，旋壁薄，由致密层和原始层组成，隔壁褶皱强烈，旋脊未见，通道仅部分壳圈可见，低而窄。产地：辽宁本溪。层位：上石炭统莫斯科阶。

2、12　拟紧卷似纺锤䗴 *Quasifusulina paracompacta* Chang，1963　引自张遴信等（2010）、史宇坤等（2012）

登记号：2. 142821；12. ZF89-3-3。主要特征：圆柱形，旋壁薄，隔壁仅下半部褶皱，轴积发育。产地：贵州威宁、水城、盘县及紫云。层位：上石炭统格舍尔阶到下二叠统阿瑟尔阶。

3—4　细长似纺锤䗴 *Quasifusulina gracilis* Sheng，1983　引自张遴信等（2010）

登记号：3. 142836；4. 142839。主要特征：圆筒形，细长而微弯曲，旋壁薄，隔壁褶皱强而规则，轴积呈扇形分布在初房两侧，旋脊无，通道不清楚。产地：贵州盘县。层位：上石炭统格舍尔阶到下二叠统阿瑟尔阶。

5　巨似纺锤䗴相似种 *Quasifusulina* cf. *spatiosa* Sheng，1958　引自史宇坤等（2012）

登记号：ZF114-(3)-7。主要特征：圆柱形，旋壁薄，隔壁褶皱强而规则，轴积在内圈的极部发育，旋脊未见，通道不清楚。产地：贵州紫云。层位：上石炭统格舍尔阶到下二叠统阿瑟尔阶。

6—7　弓形似纺锤䗴 *Quasifusulina arca*（Lee，1923）　引自张遴信等（2010）、史宇坤等（2012）

登记号：6. 22639；7. ZF106-6-11。主要特征：似肾状，两极钝圆，旋壁薄，隔壁全面褶皱，轴积在中轴部分呈扇形分布，旋脊未见，通道不清楚。产地：贵州威宁、水城、盘县及紫云。层位：上石炭统格舍尔阶到下二叠统阿瑟尔阶。

8　假华美似纺锤䗴 *Quasifusulina pseudoelongata* Miklukho-Maklay，1949　引自史宇坤等（2012）

登记号：ZF106-1-2。主要特征：短圆柱形，旋壁薄，隔壁褶皱强而规则，轴积在内圈的极部发育，旋脊未见，通道不清楚。产地：贵州紫云。层位：上石炭统格舍尔阶到下二叠统阿瑟尔阶。

9　柔似纺锤䗴 *Quasifusulina tenuissima*（Schellwien，1898）　引自史宇坤等（2012）

登记号：ZF93-2-4。主要特征：短圆柱形，旋壁薄，隔壁褶皱强烈，轴积在极部发育，旋脊未见，通道不清楚。产地：贵州紫云。层位：上石炭统格舍尔阶到下二叠统阿瑟尔阶。

10　最远似纺锤䗴 *Quasifusulina ultima* Kanmera，1958　引自史宇坤等（2012）

登记号：ZF91-2-7-2。主要特征：短圆柱形，两极钝圆，旋壁薄，隔壁褶皱强而规则，轴积在内圈的极部发育，旋脊未见，通道不清楚。产地：贵州紫云。层位：上石炭统格舍尔阶到下二叠统阿瑟尔阶。

11　德胜似纺锤䗴 *Quasifusulina deshengensis* Sheng，1983　引自史宇坤等（2012）

登记号：ZF92-2-3。主要特征：短圆柱形，旋壁薄，隔壁褶皱强而规则，轴积仅在内圈的极部发育，旋脊未见，通道不清楚。产地：贵州紫云。层位：上石炭统格舍尔阶到下二叠统阿瑟尔阶。

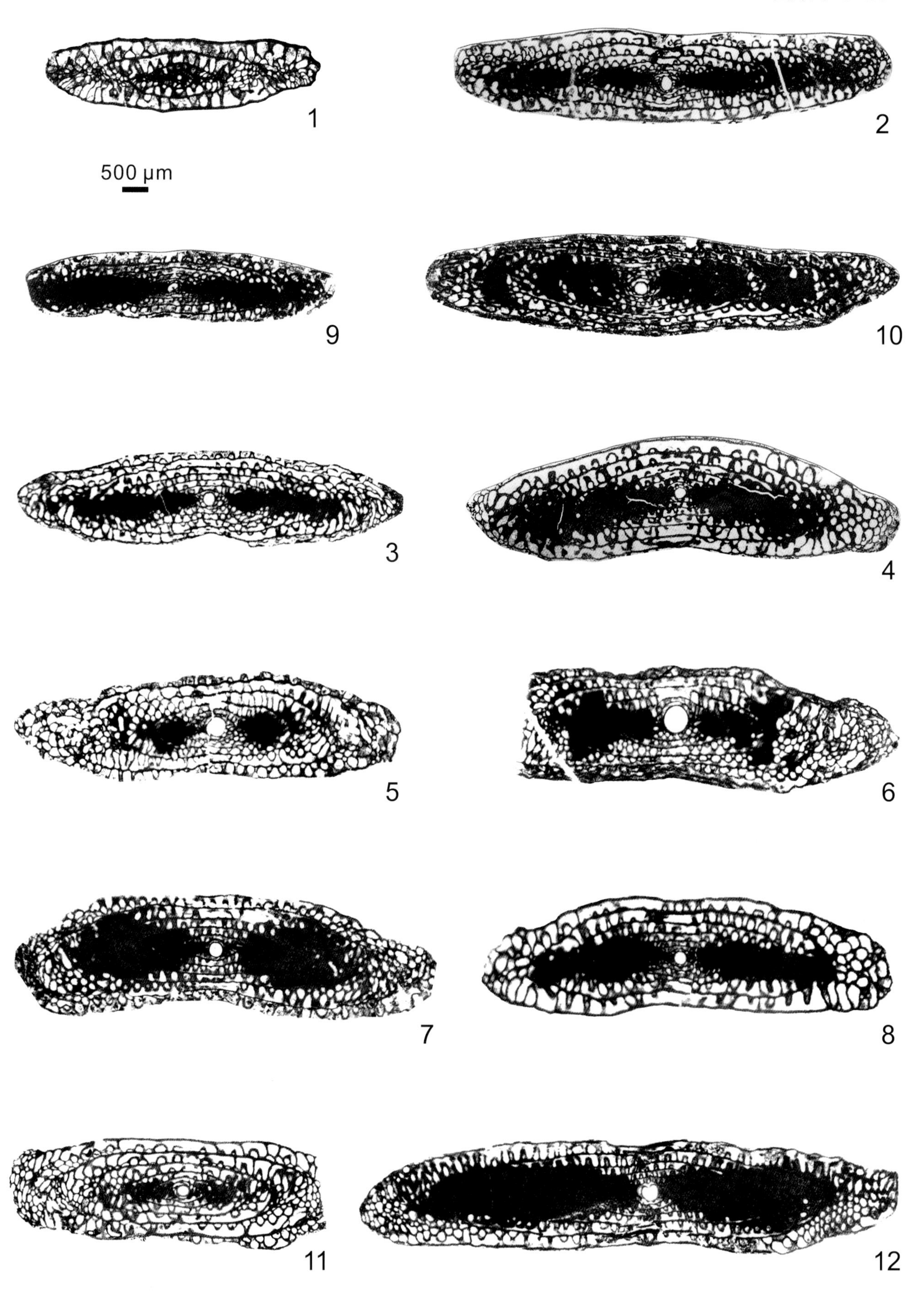
1
2
500 μm
9
10
3
4
5
6
7
8
11
12

图版 5-3-17 说明

（标本 20 保存在南京大学，其他标本均保存在中国科学院南京地质古生物研究所；
图 1、3—4、7—9、20 采用比例尺 A，图 2 采用比例尺 B，图 5—6、10—19 采用比例尺 C）

1—2　较小麦蜓 *Triticites parvus* Chen，1934　引自张遴信等（2010）

登记号：1. 142965；2. 142966。主要特征：纺锤形，两极钝尖，旋壁由致密层和蜂巢层组成，隔壁在两极微皱，旋脊小，通道低。产地：贵州威宁、水城。层位：上石炭统格舍尔阶到下二叠统阿瑟尔阶。

3—4　张氏麦蜓 *Triticites zhangi* Chen and Wang，1983　引自张遴信等（2010）

登记号：3. 142959；4. 142960。主要特征：纺锤形，两极钝尖，旋壁薄，隔壁在极部呈宽松的网状构造，旋脊显著，通道高而窄。产地：贵州水城。层位：上石炭统格舍尔阶到下二叠统阿瑟尔阶。

5、13　网带麦蜓 *Triticites dictyophorus* Rozovskaya，1950　引自张遴信等（2010）

登记号：5. 142954；13. 142955。主要特征：纺锤形，两极钝尖，旋壁薄，隔壁在中部微皱，旋脊见于内圈，通道低而宽。产地：贵州威宁、水城及盘县。层位：上石炭统格舍尔阶到下二叠统阿瑟尔阶。

6　拟希瓦格蜓状麦蜓 *Triticites paraschwageriniformis* Rozovskaya，1950　引自张遴信等（2010）

登记号：143278。主要特征：粗纺锤形，两极钝尖，旋壁薄，隔壁在内圈微皱，外圈褶皱强烈，旋脊见于内圈，通道窄。产地：贵州盘县。层位：上石炭统格舍尔阶。

7—9　美观麦蜓 *Triticites bonus* Chen and Wang，1983　引自张遴信等（2010）

登记号：7. 142985；8. 142979；9. 142978。主要特征：纺锤形，两极钝尖，旋壁薄，隔壁在极部褶皱明显，旋脊显著，通道窄。产地：贵州威宁、水城及盘县。层位：上石炭统格舍尔阶到下二叠统阿瑟尔阶。

10、14　网状麦蜓 *Triticites reticulatus* Rozovskaya，1950　引自张遴信等（2010）

登记号：10. 142950；14. 142951。主要特征：近似菱形，两极钝尖，旋壁较厚，隔壁褶皱在侧部较强，旋脊呈块状，通道窄。产地：贵州威宁、盘县。层位：上石炭统格舍尔阶到下二叠统阿瑟尔阶。

11　普氏麦蜓 *Triticites plummeri* Dunbar and Condra，1927　引自张遴信等（2010）

登记号：143257。主要特征：粗纺锤形，中部强凸，两极钝尖，旋壁薄，蜂巢层细，隔壁在内圈褶皱弱，在外圈强烈，旋脊小，通道窄。产地：贵州盘县。层位：上石炭统格舍尔阶。

12　亚厚麦蜓 *Triticites subcrassulus* Rozovskaya，1950　引自张遴信等（2010）

登记号：142907。主要特征：纺锤形，中部圆凸，两极钝尖，蜂巢层细，隔壁在侧部褶皱较窄且不规则，旋脊显著，通道在内圈窄，外圈宽。产地：贵州威宁、水城及盘县。层位：上石炭统格舍尔阶。

15—16　新马场麦蜓 *Triticites xinmachangensis* Zhang，Zhou and Sheng，2010　引自张遴信等（2010）

登记号：15. 142884；16. 142888。主要特征：长柱形，旋壁薄，蜂巢层细，隔壁在极部褶皱强烈，旋脊显著，通道在内圈窄而高，在外圈低而宽。产地：贵州水城、盘县。层位：上石炭统格舍尔阶。

17—19　原始麦蜓 *Triticites primarius* Merchant and Keroher，1939　引自张遴信等（2010）

登记号：17. 142897；18. 142896；19. 142895。主要特征：亚柱形，隔壁褶皱限于侧部及两极，旋脊呈黑点状，外圈缺失，通道低而宽。产地：贵州威宁。层位：上石炭统格舍尔阶。

20　卡尔麦蜓 *Triticites karlensis*（Rozovskaya，1950）　引自史宇坤等（2012）

登记号：ZF85-5-7。主要特征：近椭圆形，两极钝圆或圆尖，旋壁薄，隔壁在两极处微皱，旋脊显著，通道低而宽。产地：贵州紫云。层位：上石炭统格舍尔阶到下二叠统阿瑟尔阶。

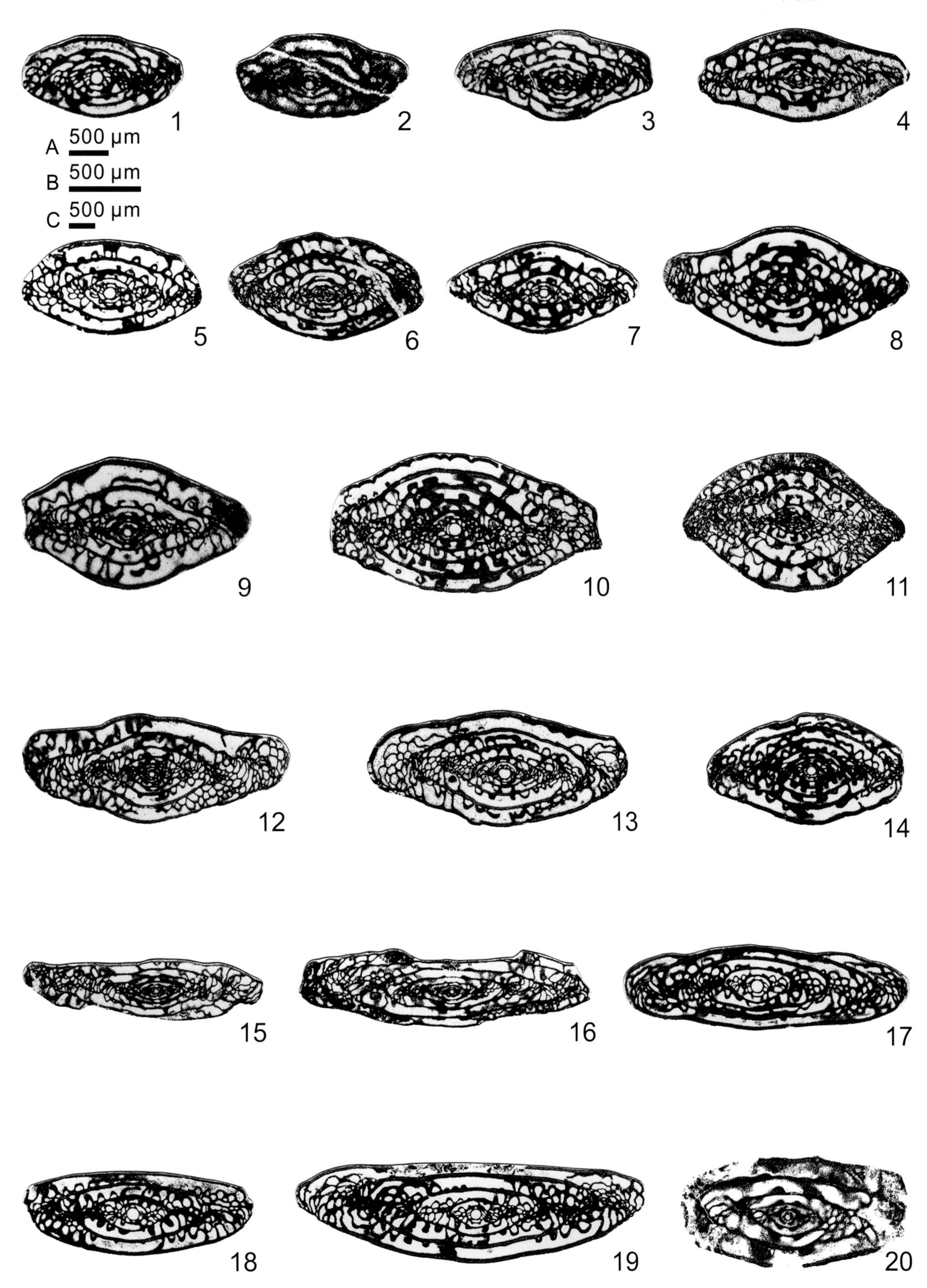
A 500 μm
B 500 μm
C 500 μm
1
2
3
4
5
6
7
8
9
10
11
12
13
14
15
16
17
18
19
20

图版 5-3-18 说明

（标本 3—6、8 和 10—14 保存在南京大学，其他标本均保存在中国科学院南京地质古生物研究所）

1—2　小麦䗴 *Triticites parvulus*（Schellwien，1908）　引自张遴信等（2010）

登记号：1. 142937；2. 142942。主要特征：纺锤形，中部微拱，旋壁薄，隔壁褶皱在侧部微弱，旋脊小，通道在内圈窄，外圈宽。产地：贵州威宁、水城。层位：上石炭统格舍尔阶。

3　扁形麦䗴 *Triticites planus* Thompson and Thomas，1953　引自史宇坤等（2012）

登记号：ZF87-1-5。主要特征：长纺锤形，旋壁薄，隔壁在两极部分微皱，旋脊显著，通道高而窄。产地：贵州紫云。层位：上石炭统格舍尔阶。

4—5　施伯令维尔麦䗴 *Triticites springvillensis* Thompson，Verville and Bissell，1950　引自史宇坤等（2012）

登记号：4. ZF87-2-6；5. ZF87-2-8。主要特征：纺锤形，中部稍拱，两极钝尖，旋壁薄，隔壁在极部微皱，旋脊呈黑点状，通道在内圈窄，外圈宽。产地：贵州紫云。层位：上石炭统格舍尔阶。

6　易变麦䗴 *Triticites variabilis* Rozovskaya，1950　引自史宇坤等（2012）

登记号：ZF96-9-9。主要特征：纺锤形，中部稍拱，两极钝尖，隔壁在内圈微皱，外圈极部加强，旋脊见于内圈，通道窄。产地：贵州紫云。层位：上石炭统格舍尔阶到下二叠统阿瑟尔阶。

7　贵州麦䗴 *Triticites guizhouensis*（Zhuang，1984）　引自张遴信等（2010）

登记号：142932。主要特征：纺锤形，两极钝尖，隔壁褶皱较弱，旋脊显著，通道窄。产地：贵州盘县、水城。层位：上石炭统格舍尔阶到下二叠统阿瑟尔阶。

8—9　亚球形麦䗴 *Triticites subglobarus* Chen and Wang，1983　引自张遴信等（2010）、史宇坤等（2012）

登记号：8. ZF94-1-15；9. 142964。主要特征：厚纺锤形至亚球形，两极尖圆，隔壁在两极部分呈宽松的网格状构造，旋脊显著，通道在内圈高而窄，外圈宽。产地：贵州紫云、水城。层位：上石炭统格舍尔阶。

10—11　雅特麦䗴 *Triticites iatensis* Thompson，1957　引自史宇坤等（2012）

登记号：10. ZF93-11-8；11. ZF94-1-5。主要特征：纺锤形，两极钝尖，隔壁褶皱稍强，旋脊在内圈显著，通道在内圈窄，外圈宽。产地：贵州紫云。层位：上石炭统格舍尔阶到下二叠统阿瑟尔阶。

12　诺因斯基氏麦䗴 *Triticites noinskyi* Rauser-Chernousova，1938　引自史宇坤等（2012）

登记号：ZF93-5-11。主要特征：短纺锤形，两极钝尖，隔壁褶皱较强，旋脊显著，通道窄而高。产地：贵州紫云。层位：上石炭统格舍尔阶到下二叠统阿瑟尔阶。

13　亚凸麦䗴 *Triticites subventricosus* Dunbar and Skinner，1937　引自史宇坤等（2012）

登记号：ZF93-3-1。主要特征：纺锤形，两极钝尖，隔壁在极部褶皱较强，旋脊在内圈显著，通道低而宽。产地：贵州紫云。层位：上石炭统格舍尔阶到下二叠统阿瑟尔阶。

14　斯徒金伯格氏麦䗴 *Triticites stuckenbergi* Rauser-Chernousova，1938　引自史宇坤等（2012）

登记号：ZF92-4-6。主要特征：纺锤形，中部拱，两极钝尖，隔壁在极部褶曲不规则，旋脊呈黑点状，通道在内圈窄，外圈宽。产地：贵州紫云。层位：上石炭统格舍尔阶到下二叠统阿瑟尔阶。

15　盛氏麦䗴 *Triticites shengiana* Chen and Wang，1983　引自张遴信等（2010）

登记号：143267。主要特征：长纺锤形，两极圆尖，内圈呈粗纺锤形，外圈呈长纺锤形，隔壁在两极部分稍强，旋脊小，通道在内圈窄，外圈宽。产地：贵州水城。层位：上石炭统格舍尔阶。

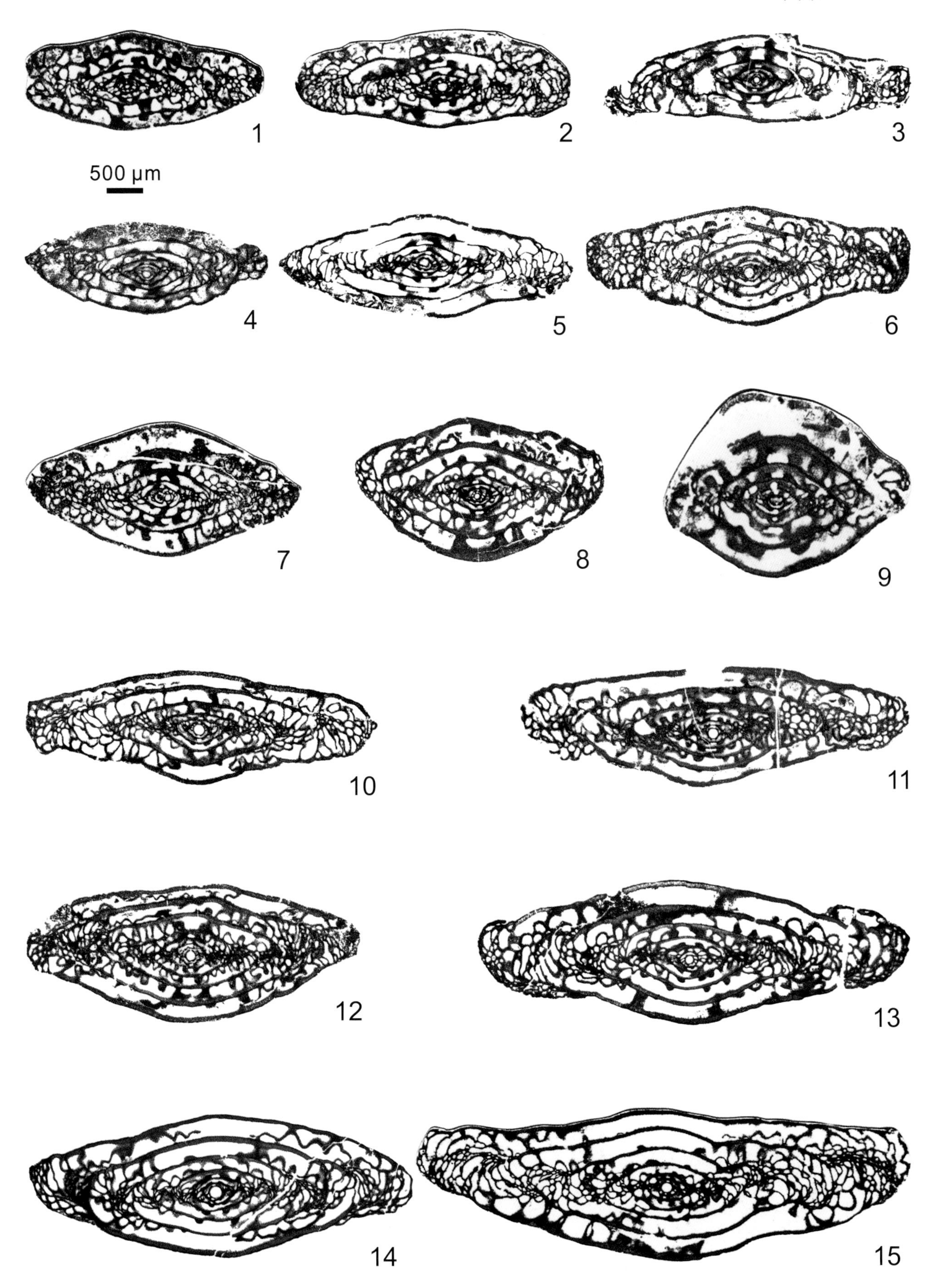
1
2
3
500 μm
4
5
6
7
8
9
10
11
12
13
14
15

图版 5-3-19 说明

（标本 5、14、16 保存在南京大学，其他标本均保存在中国科学院南京地质古生物研究所）

1 最早麦䗴 *Triticites primitivus* Rozovskaya，1950 引自张遴信（1982）

登记号：49108。主要特征：纺锤形，旋壁较薄，隔壁在侧部褶皱微弱，旋脊呈带状，通道窄而低。产地：四川凉山木里。层位：上石炭统格舍尔阶。

2—4 菱形麦䗴 *Triticites rhombiformis* Rozovskaya，1950 引自张遴信等（2010）

登记号：2. 142968；3. 142969；4. 142970。主要特征：近菱形，隔壁褶皱在两极部分较强，旋脊小，通道窄。产地：贵州威宁、盘县及水城。层位：上石炭统格舍尔阶到下二叠统阿瑟尔阶。

5 卵形麦䗴 *Triticites ovalis* Rozovskaya，1950 引自史宇坤等（2012）

登记号：ZF91-1-11。主要特征：短纺锤形至卵圆形，旋壁薄，隔壁在侧部褶皱微弱，旋脊见于内圈，通道低而宽。产地：贵州紫云。层位：上石炭统格舍尔阶。

6、15、18 长形麦䗴 *Triticites longissima* Liu，Xiao and Dong，1978 引自张遴信等（2010）

登记号：6. 142892；15. 182893；18. 142891。主要特征：长纺锤形，旋壁薄，蜂巢层极细，隔壁褶皱微弱。产地：贵州水城。层位：上石炭统格舍尔阶。

7—8 微隆麦䗴 *Triticites umbus* Rozovskaya，1958 引自张遴信等（2010）

登记号：7. 142947；8. 142943。主要特征：纺锤形，两极钝尖，隔壁褶皱在两极部分较强，旋脊呈方块状，通道在内圈高而窄，外圈宽。产地：贵州威宁、盘县及水城。层位：上石炭统格舍尔阶。

9—11 朱氏麦䗴 *Triticites chui* Chen，1934 引自张遴信等（2010）

登记号：9. 143011；10. 143012；11. 143013。主要特征：亚圆柱形，两极圆尖，内圈呈纺锤形，旋壁较薄，隔壁褶皱强烈，旋脊不大，通道窄而低。产地：贵州水城、盘县。层位：上石炭统格舍尔阶。

12 简单麦䗴 *Triticites simplex*（Schellwien，1908） 引自 Lee（1927）

登记号：4113a。主要特征：长纺锤形至亚圆柱形，两极圆尖，隔壁褶皱弱，旋脊在内圈显著，通道窄。产地：甘肃高台。层位：上石炭统格舍尔阶到下二叠统阿瑟尔阶。

13 矮小麦䗴 *Triticites pygmaeus* Dunbar and Condra，1927 引自盛金章（1958b）

登记号：9028。主要特征：纺锤形，旋壁较薄，隔壁褶皱在两极部分稍强，旋脊显著，通道窄而低。产地：内蒙古白云鄂博。层位：上石炭统格舍尔阶到下二叠统阿瑟尔阶。

14、16 错综麦䗴 *Triticites sinuosus* Rozovskaya，1950 引自史宇坤等（2012）

登记号：14. ZF96-2-6；16. ZF93-10-12。主要特征：纺锤形，两极钝尖，隔壁褶皱中等，旋脊显著，通道窄。产地：贵州紫云。层位：上石炭统格舍尔阶到下二叠统阿瑟尔阶。

17 朱氏麦䗴粗壮亚种 *Triticites chui robustatus* Chen，1934 引自张遴信等（2010）

登记号：143019。主要特征：与 *Triticites chui* Chen 相比，该亚种壳体大，轴率小，壳圈包卷松。产地：贵州水城、盘县。层位：上石炭统格舍尔阶。

19—20 拉老兔麦䗴 *Triticites lalaotuensis* Sheng，1958 引自张遴信等（2010）

登记号：19. 143005；20. 143002。主要特征：长纺锤形，两极圆尖，旋壁在内圈薄，外圈厚，隔壁褶皱较强，旋脊显著，通道在内圈窄，外圈宽。产地：贵州水城。层位：上石炭统格舍尔阶到下二叠统阿瑟尔阶。

图版 5-3-19

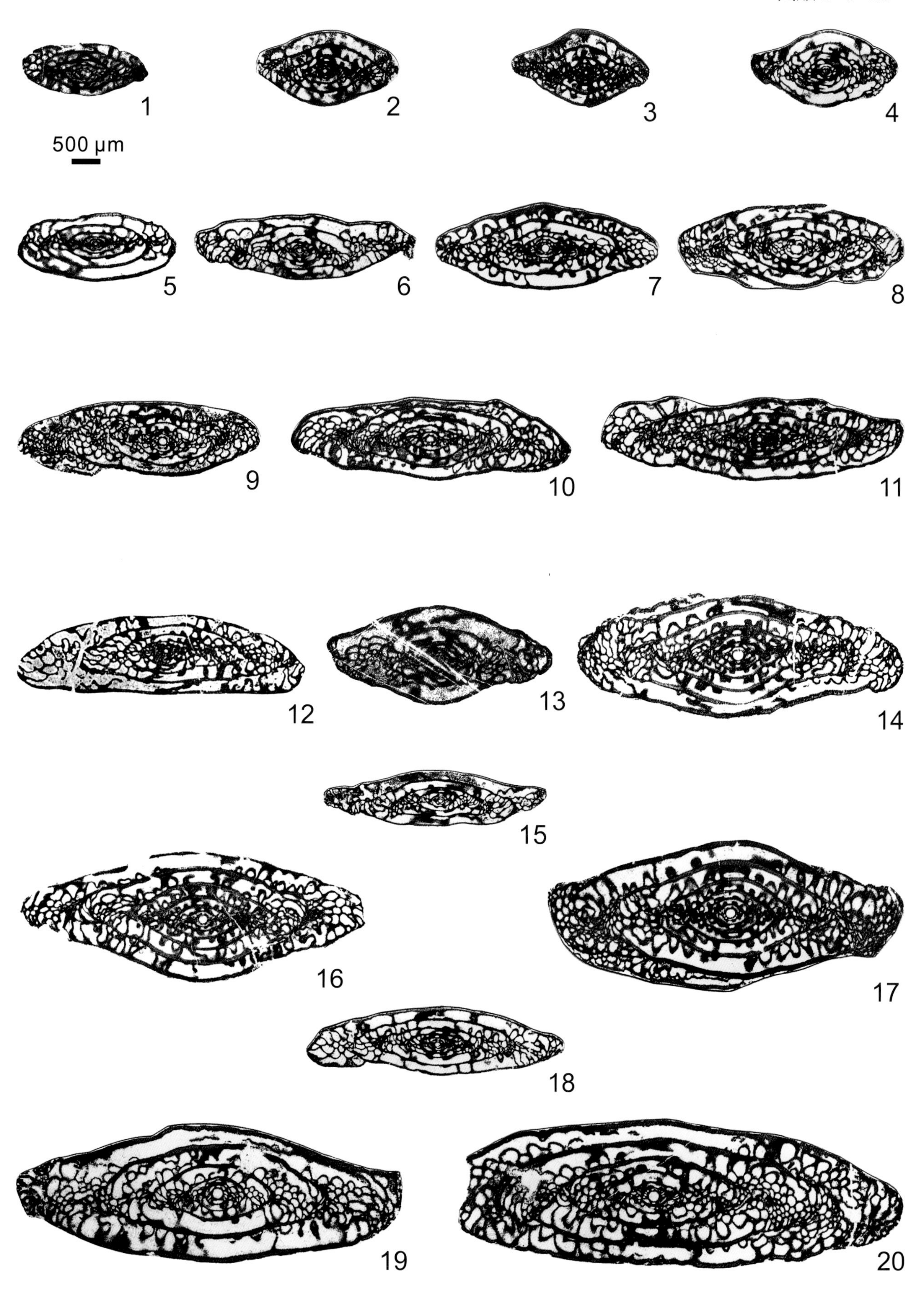

图版 5-3-20 说明

［标本 17、18 保存在中国地质大学（武汉），其他标本均保存在中国科学院南京地质古生物研究所］

1—2　薄希瓦格蜓 *Schwagerina emaciata*（Beede，1916）　引自张遴信等（2010）

登记号：1. 143246，2. 143247。主要特征：纺锤形，两极钝尖，旋壁在内圈薄，外圈加厚，蜂巢层细，隔壁全面褶皱，旋脊见于内圈，通道窄，轴积淡，分布在内圈。产地：贵州威宁。层位：上石炭统格舍尔阶。

3　易变希瓦格蜓 *Schwagerina variabilis* Chen et al.，1991　引自张遴信等（2010）

登记号：143288。主要特征：纺锤形，两极锐尖，旋壁的蜂巢层较粗，隔壁全面强烈褶皱，旋脊小，仅见于初房，轴积分布在初房两侧。产地：贵州水城。层位：上石炭统格舍尔阶。

4—5　亚近斜方麦蜓 *Triticites subrhomboides* Chen，1934　引自张遴信等（2010）

登记号：4. 143025；5. 143022。主要特征：近斜方形，内圈包卷紧，外圈松，旋壁在内圈薄，外圈厚，隔壁仅下半部褶皱，旋脊在内圈明显，通道窄。产地：贵州水城、盘县。层位：上石炭统格舍尔阶。

6—7　波乌麦蜓 *Triticites powwowensis* Dunbar and Skinner，1937　引自张遴信等（2010）

登记号：6. 143008；7. 143007。主要特征：纺锤形，中部微凸，两极钝尖，旋壁较厚，隔壁褶皱较强，旋脊显著，通道窄。产地：贵州水城、盘县。层位：上石炭统格舍尔阶到下二叠统阿瑟尔阶。

8—9　诺因斯基氏麦蜓褶皱亚种 *Triticites noinskyi plicatus* Rozovskaya，1950　引自张遴信等（2010）

登记号：8. 142920；9. 142924。主要特征：纺锤形，两极钝尖，内圈包卷紧，外圈松，隔壁在褶皱极部强，旋脊小，通道清晰。产地：贵州盘县、威宁。层位：上石炭统格舍尔阶到下二叠统阿瑟尔阶。

10　拟肿麦蜓 *Triticites paraturgidus* Chen and Wang，1983　引自张遴信等（2010）

登记号：142994。主要特征：纺锤形，中部强拱，两极钝尖，旋壁薄，隔壁褶皱在两极部分稍强，旋脊见于内圈，通道在内圈窄，在外圈宽。产地：贵州威宁、水城及盘县。层位：上石炭统格舍尔阶到下二叠统阿瑟尔阶。

11　巴当希瓦格蜓 *Schwagerina padangensis* Lang，1925　引自张遴信等（2010）

登记号：143272。主要特征：纺锤形，中部微拱，两极钝尖，内圈包卷紧，外圈松，旋壁的蜂巢层较粗，隔壁全面强烈褶皱，旋脊小，仅见于首圈，轴积淡。产地：贵州威宁、水城。层位：上石炭统格舍尔阶到下二叠统阿瑟尔阶。

12—13　近菱形希瓦格蜓 *Schwagerina rhomboides*（Shamov and Scherbovich，1949）　引自张遴信等（2010）

登记号：12. 143273，13. 143290。主要特征：纺锤形，中部拱，两极钝尖，内圈包卷紧，外圈松，隔壁褶皱强烈，旋脊见于内圈，通道窄而高。产地：贵州盘县。层位：上石炭统格舍尔阶。

14—16　亚那托斯特氏蜓 *Triticites subnathorsti*（Lee，1927）　引自张遴信等（2010）

登记号：14. 142904，15. 142899，16. 22650。主要特征：近菱形，隔壁在外圈褶皱较强，旋脊仅见于内圈。产地：贵州威宁、盘县及水城。层位：上石炭统格舍尔阶到下二叠统阿瑟尔阶。

17　佐藤氏石炭希瓦格蜓相似种 *Carbonoschwagerina* cf. *satoi*（Ozawa，1925）

登记号：无。主要特征：粗纺锤形或近菱形，内圈包卷紧，呈短纺锤形，外圈放松，呈粗纺锤形或近菱形，旋壁内薄外厚，隔壁褶皱在两极部分强，旋脊呈显著，通道在内圈窄，外圈宽。产地：广西贡川。层位：上石炭统格舍尔阶。

18　森川氏石炭希瓦格蜓相似种 *Carbonoschwagerina* cf. *morikawai*（Igo，1957）

登记号：无。主要特征：粗纺锤形，中部膨胀显著，两极钝尖，内圈呈短纺锤形，但外圈呈粗纺锤形，其他特征类似。产地：广西贡川。层位：上石炭统格舍尔阶。

图版 5-3-20

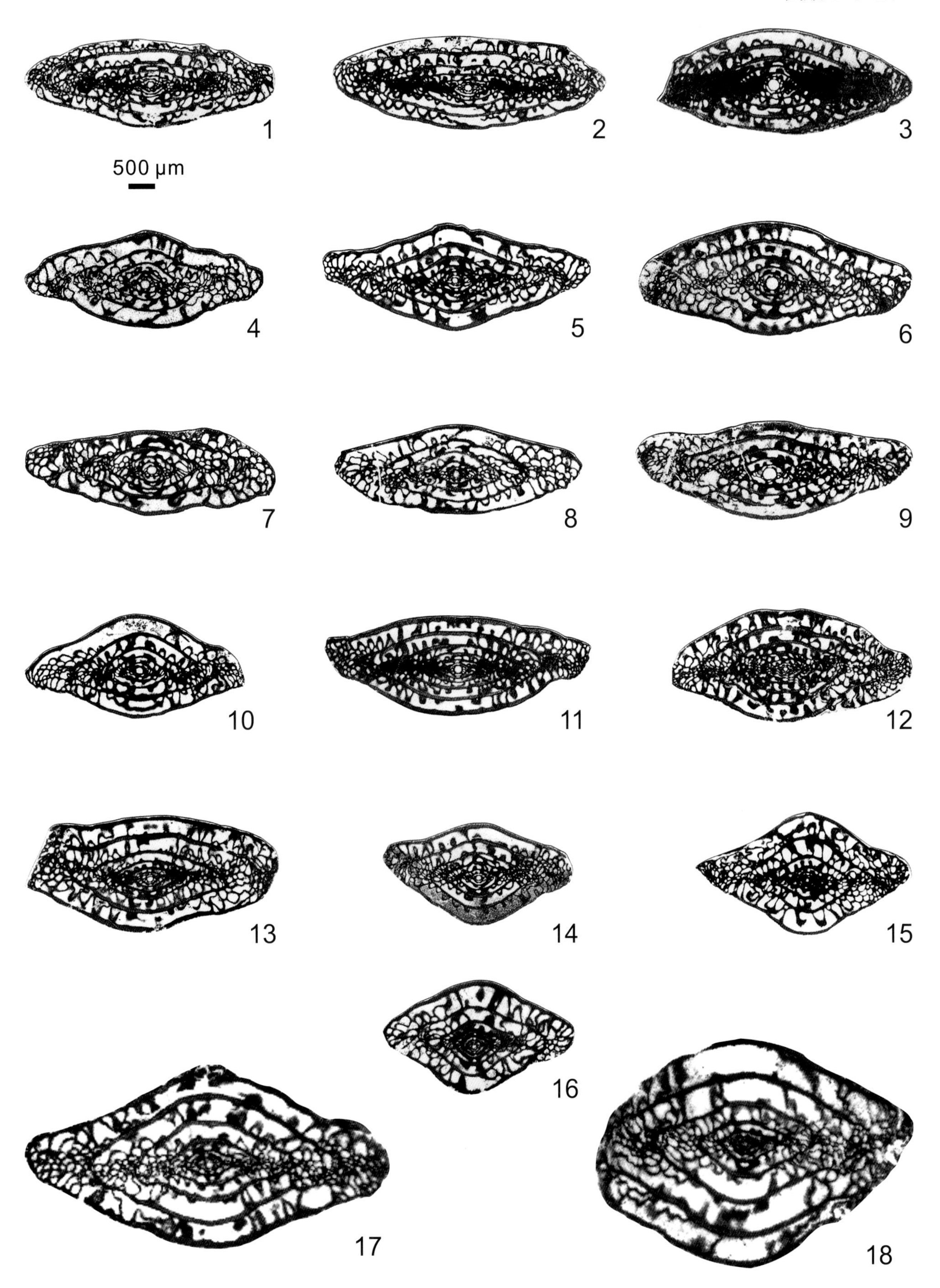

5.4 菊 石

菊石类指菊石亚纲（Ammonoidea），是隶属于软体动物门头足纲的一类已经灭绝的生物，可能由杆石类演化而来。菊石最早见于早泥盆世，消失于白垩—古近纪之交的灭绝事件。现生的近亲包括鹦鹉螺以及常见的章鱼、乌贼、鱿鱼等。菊石一般生活在较深的正常浅海中，肉食，自由游泳生活。它们死后壳体常可随洋流等远距离漂流，因此在深水、浅水以及海陆交互相沉积中均有化石发现，具有重要的地层对比意义。菊石由胚胎期开始，经过幼年期、青年期直到成年期，整个生长期是有阶段性的，亦有一定的节律性。菊石的定向依据个体发育方向，壳体生长的方向，也就是壳口的方向，即为前方。切面及装饰构造中的“纵”指沿生长方向，“横”则指沿旋卷方向。磨制壳体的横切面是研究菊石生长发育过程中壳体整体形态变化的一个重要手段。菊石形态如图 5-4-1 和图 5-4-2 所示。

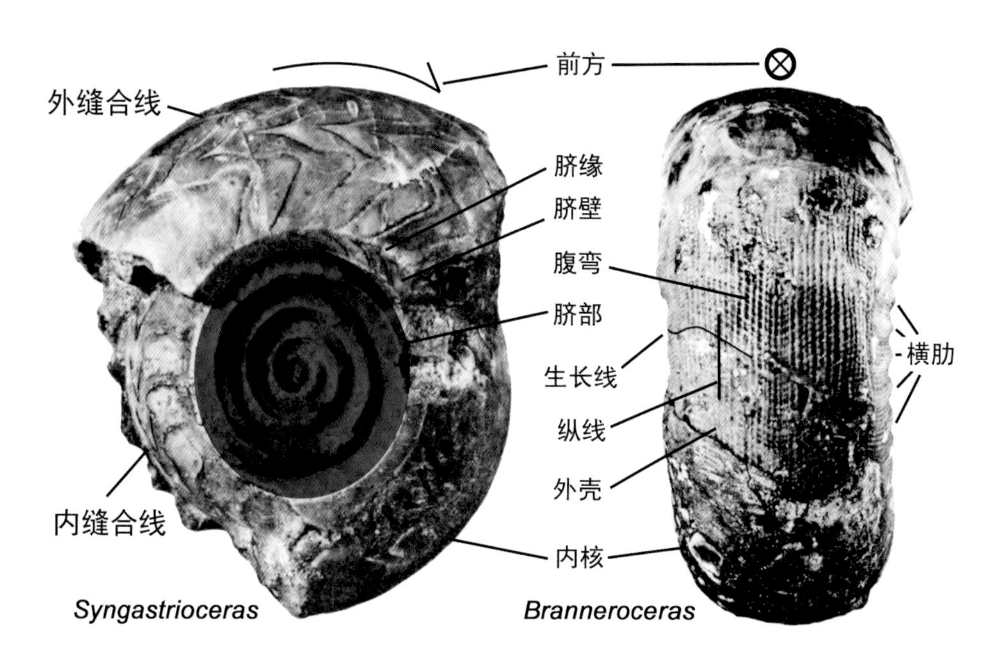

（a）侧视，未保存外旋环的壳壁，但在内部旋环的外壳上可识别出内缝合线

（b）腹视，保存内核和部分外壳，可见清晰壳饰

图 5-4-1　菊石外部视图，化石标本引自 Yin（1935）

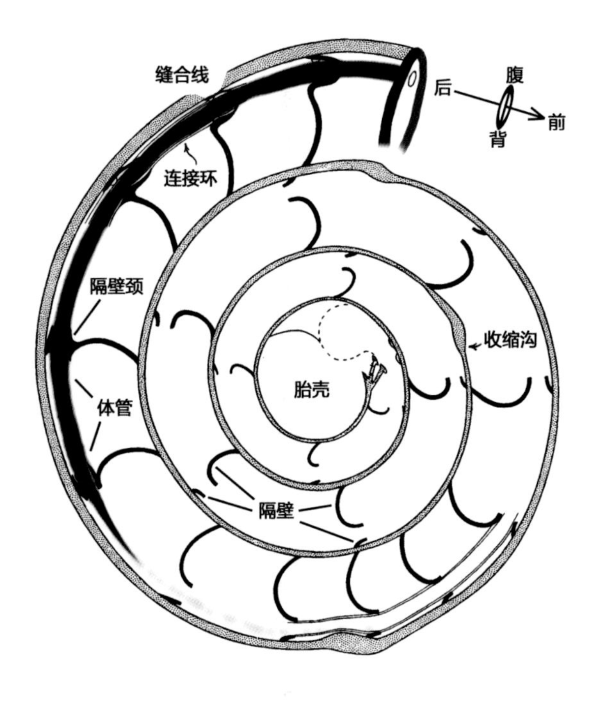

（a）纵切面（侧视）示最初的几个旋圈及内部构造

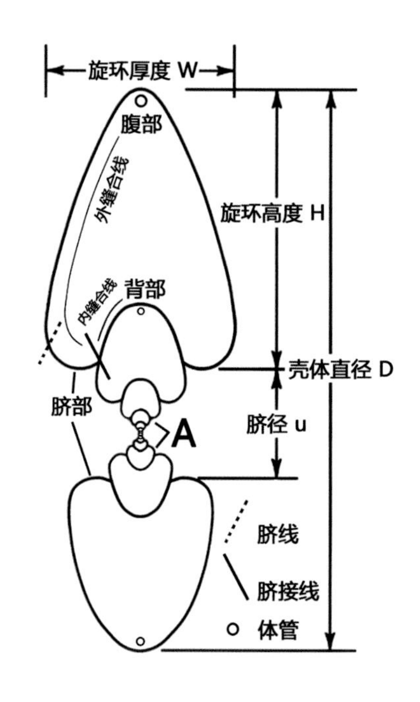

（b）横切面（口视）可获得的部分形态参数

图 5-4-2　菊石切面视图，改自 Arkell 等（1957）

缝合线是鉴定菊石类群的重要形态特征，它是隔壁与外壳壁的交线，用来表示隔壁形态及其复杂程度，需要剥离外壳壁才能看见，绘制时总是以前方为上方。由于理论上其总是两侧对称，而内缝合线一般较难获取，除腹叶外，常只描绘单侧的外缝合线，见图 5-4-3。菊石的总体演化趋势主要体现在隔壁的复杂化（缝合线鞍叶数量），壳体整体形态的复杂化（旋卷程度），装饰的复杂化以及原生隔壁、体管等构造的形态或位置变化上。

菊石亚纲根据隔壁（缝合线）形态、体管位置等特征，按演化的出现顺序，可分为 6 个目：无棱菊石目（Agoniatitida）、棱菊石目（Goniatitida）、海神石目（Clymeniida）、前碟菊石目（Prolecanitida）、齿菊石目（Ceratitida）和菊石目（Ammonitida）。石炭纪的地层中主要包括棱菊石目和前碟菊石目 2 个类型，前者是晚古生代的主要类型，消失于二叠纪末期的灭绝事件，后者则是中生代主要类型齿菊石目和菊石目的祖先。此外，海神石目在泥盆纪晚期非常繁盛，但消失于泥盆—石炭纪之交的灭绝事件。

石炭纪菊石在我国的分布较为离散，数量上也不太丰富，主要分布于新疆、甘肃、宁夏、西藏、贵州、广西、云南等地。各古地理板块的典型菊石动物群在属一级别上可与全球其他地区进行大致对比。综合而言，我国石炭系自下而上大致可以分为 13 个菊石属带：*Gattendorfia* 带、*Pericyclus* 带、*Ammonellipsites* 带（杜内阶）、*Beyrichoceras* 带、*Goniatites* 带（维宪阶）、*Dombarites–Eumorphoceras* 带（谢尔普霍夫阶）、*Homoceras* 带、*Reticuloceras* 带、*Bilinguites–Cancelloceras* 带、*Branneroceras–Gastrioceras*

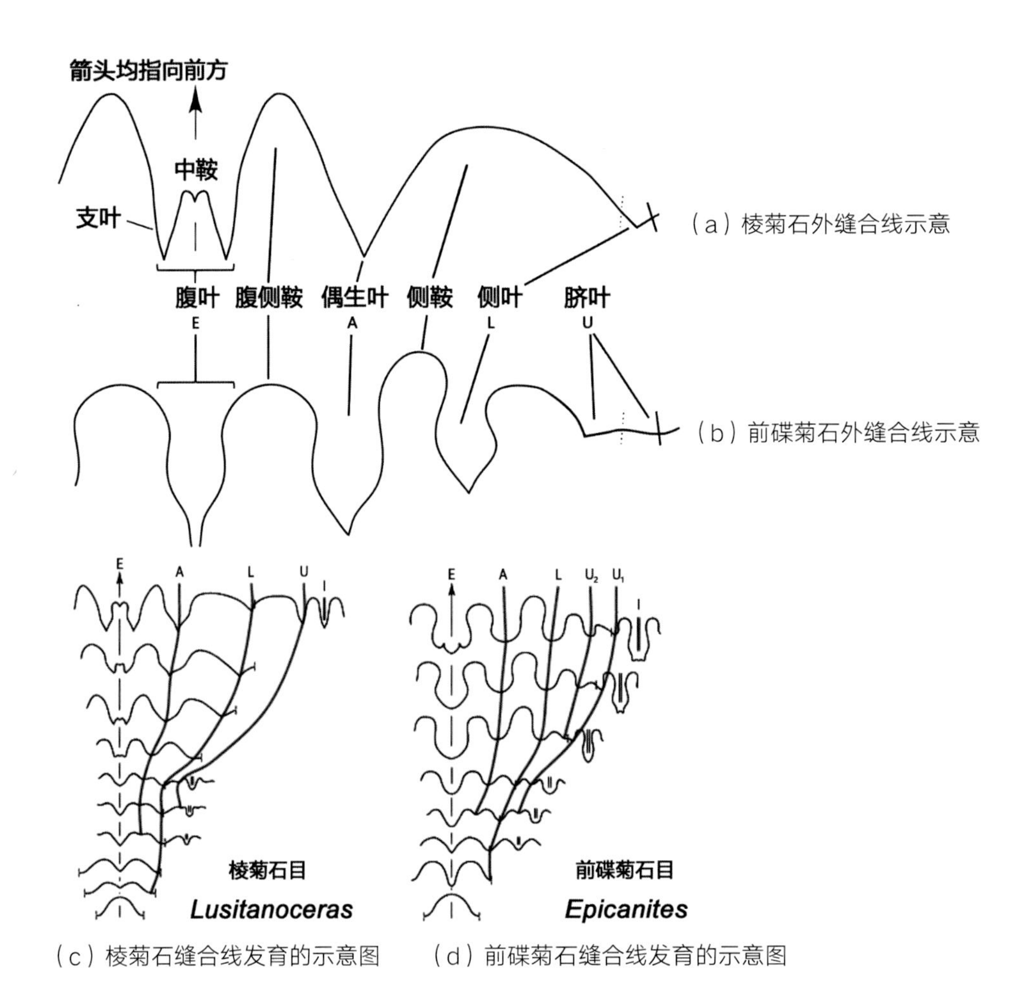

图 5-4-3 菊石缝合线，改自 Korn 等（2003）和 Korn（2010）

带（巴什基尔阶）、*Winslowoceras* 带、*Owenoceras* 带（莫斯科阶）和 *Prouddenites* 带（卡西莫夫阶和格舍尔阶）。

本书共制作了菊石类化石图版 20 幅，其中包括 117 属、126 种 / 亚种。

5.4.1 菊石结构术语

棱菊石目（Goniatitida），或称棱角菊石目：见图版 5–4–1 至图版 5–4–18。壳形多样，平旋，内卷为主，壳饰多样。体管位于腹部，少数在初期位于中部，后随个体发育移往腹部，隔壁颈多数前伸。缝合线一般具棱角状的叶，包括腹叶、偶生叶、侧叶、脐叶和背叶，仅少数复杂类型的脐叶会多次分裂，腹侧鞍一般高于其他各鞍。延限为 D_2—P_3。

前碟菊石目（Prolecanitida）：见图版 5–4–19 和图版 5–4–20。壳形以盘状为主，平旋，外卷为主，壳表光滑或具微弱壳饰。体管位于腹部，隔壁颈后伸。缝合线一般具腹叶、偶生叶、侧叶、脐叶以及背叶，多数类型的脐叶会多次分裂并形成相似的多个次级脐叶，石炭纪类型的菊石侧鞍普遍高于腹侧鞍。

延限为 C_1—T_1。

外壳（shell）：主要硬体部分，包括围限胎壳、气室、住室的壳壁、隔壁等硬体构造，保留有壳饰等特征，但不包括与之分离的颚片、齿舌、口盖等。

内核（internal core）：房室内部的充填，反映了壳内表面构造的实体，其上缝合线特征明显。由于菊石壳壁较薄，内核形态可视为近似的菊石整体形态。

旋环（whorl）：即整个旋壳，每360° 的旋环为一个旋圈。外旋环指外圈的旋环，内旋环指内圈的旋环。

胎壳（protoconch），或称胎室：胚胎期所居住的房室，位于壳体最始端，一般为椭球状，以壳壁延伸的原生隔壁（第一隔壁，proseptum）和初生隔壁（第二隔壁，primary septum）与气室相隔。石炭纪菊石的胎壳一般直径约为 0.5mm。

气室（camera/air chamber）：外壳除去胎壳和住室以外的部分，由外套膜分泌的隔壁分割成若干气室，是菊石软体生长发育过程中曾居住过的房室；菊石可通过调整其中的气体比例控制壳体作垂向运动。

住室（living chamber）：软体居住的房室，为外壳最后的一个大房室，在成年个体中往往比普通的气室长，可能特化。

体管（siphuncle）：贯穿气室，连通胎壳和住室的管道，由隔壁颈以及连接环组成，内为体管索，一般无体管沉积。

隔壁（septum）：分隔内部各房室并供软体依托的硬体构造。

前方/前部（front/anterior）：即口方（adoral），菊石壳口（aperture）的方向，也是旋壳生长的方向。前视即正对壳口的观察方向。

后方/后部（backward）：即顶向（adapical），菊石胎壳的方向，与前方相反。

侧方/侧部（side/lateral）：菊石对称的两个侧面。侧视即正对侧面的观察方向。此外，在背方的可称内侧方/内侧部。

腹方/腹部（ventral）：菊石正常生活时的下方，一般是体管和腹弯所在的一侧；在石炭纪菊石中，可等同于旋环（壳口的）外侧。腹视即正对腹部的观察方向。

背方/背部（dorsal）：菊石正常生活时的上方，与腹方相对；在石炭纪菊石中，可等同于旋环（壳口的）内侧（internal）。

横切面（cross section）：一般指穿过胎壳中心，垂直于菊石对称面的切面，为若干角间距为 180° 的旋环横截面，横向上可观察和度量菊石形态。

纵切面（dorsoventral section）：一般指沿菊石对称面的切面，纵向上可观察到菊石内部构造随着生长发育的连续变化。

旋环直径（diameter，D）：纵切面上某一旋圈上经过胎壳中心的两个腹部边缘之间的直线距离。

旋环半径（radius，R）：纵切面上胎壳中心与一个腹部边缘的直线距离。除非化石保存不完全，一般不采用。

旋环高度（whorl height，H）：某一特定直径的横切面外侧旋环壳口的高度。如果化石保存不完全，指旋环壳口横截面的高度。

旋环厚度 / 宽度（whorl width，W）：某一特定直径的横切面外侧旋环壳口的宽度。如果化石保存不完全，指旋环壳口横截面的宽度。

脐 / 脐部（umbilicus）：旋壳中部向内凹陷的部分。

脐径（umbilical width，u）：某一特定直径的横切面中角间距为 180° 的两个旋环壳口之间的纵向距离。

脐壁（umbilical wall）：脐部附近的壳壁，即脐线与脐接线之间的部分。

脐缘（umbilical edge）：壳体侧部与脐壁的交汇处，往往是壳体向内凹陷，曲率发生明显变化的位置，其交线称脐线。对于侧部与脐部连续过渡的类型，脐缘并不明显。

脐接线（umbilical seam）：内外旋环的交线。如果脐壁为凸状，则脐接线可能不在旋环壳口的端点位置。

缝合线（suture line）：隔壁与壳壁的交线。绘制缝合线时，以前方为上方，以虚线表示脐线，以实线表示脐接线。

鞍（saddle）：缝合线上前凸的叫鞍，分裂产生的较小次级鞍称为支鞍。

叶（lobe）：缝合线上后凹的叫叶，分裂产生的较小次级叶称为支叶。

内缝合线（internal suture）：脐接线内侧经背部的缝合线。

外缝合线（external suture）：脐接线外侧经腹部的缝合线。

原生缝合线（prosuture）：原生隔壁形成的缝合线（第一缝合线）。

初生缝合线（primary suture）：初生隔壁形成的缝合线（第二缝合线）。一般已分裂出腹叶、侧叶及背叶，为之后缝合线发育的基础。

腹叶（ventral/external lobe，E）：位于腹部，在初生缝合线中已存在，石炭纪菊石中可等同于外叶。

偶生叶（adventive lobe，A）：一般位于侧部，为初生缝合线腹叶及侧叶中间的鞍分裂形成的较大次级叶。部分早期前碟菊石可能没有偶生叶。

侧叶（lateral lobe，L）：位于侧部或脐部，在初生缝合线中已存在。

脐叶（umbilical lobe，U）：一般位于脐部或内侧部，在初生缝合线中已存在或为初生缝合线背叶及侧叶中间的鞍分裂形成的较大叶。腹叶、背叶、侧叶以及最早的脐叶是菊石最基本的叶。部分菊石类型在早期脐叶与侧叶之间会进一步分裂形成若干支叶，位于内、外侧部及脐部。

背叶（dorsal/internal lobe，I）：位于背部，在初生缝合线中已存在。石炭纪菊石中、背叶可等同于内叶。

中鞍（median saddle，M），或称腹鞍：由腹叶分裂形成的较大次级鞍，位于腹部中央。

腹侧鞍（ventrolateral saddle，E/A）：一般位于腹侧部，腹叶与偶生叶中间的较大次级鞍。

侧鞍 / 背侧鞍（dorsolateral saddle，A/L）：一般位于侧部，侧叶与偶生叶中间的较大次级鞍。

生长线（growth line/striae）：细的横向装饰，在壳体生长过程中平行于壳口边缘的线。

收缩沟（constriction）：菊石在生长发育过程中休止时期的定期收缩，下凹的横向装饰，可保存在外壳或内核上，但该性状不一定稳定出现。深的收缩沟可能造成壳体呈圆多角状形态。

纵线 / 旋线（spiral line/lirae）：细的纵向装饰。

脊（keel）：粗的、上凸的纵向线状装饰，一般存在于特定位置，如腹部、腹侧部及脐缘附近。

肋（rib）：粗的、上凸的横向线状装饰，一般为生长线的加强，与之形态走势相近。

沟（groove）：粗的、下凹的线状装饰，往往配合脊、肋等出现。

瘤（node）：点状装饰，多出现在横、纵向装饰的交汇处。

腹弯（ventral sinus）：生长线上向后的凹口，位于腹部中央，可能与外套膜的水管有关。

腹侧突（ventrolateral projection）：生长线上向前的凸起，位于腹侧部。

盘状（discoidal）：宽度远小于直径的形态。

墩状（pachyconic）：宽度略小于直径的形态。

球状（globular）：直径与宽度相当的形态。

纺锤状（spindle）：宽度大于直径的形态。

5.4.2 菊石图版

图版 5-4-1 说明

（标本 1、3 保存在中国地质博物馆；标本 2、4—7 保存在中国科学院南京地质古生物研究所）

1　不等形尖仿效菊石 *Acutimitoceras*（*Stockumites*） *inequalis*（Sun and Shen，1965）　引自孙云铸和沈耀庭（1965）

a. 侧视，×2；b. 前视，×2；c. 腹视，×2；d. 缝合线，×5，H=5.2mm。登记号：IV4116（正模）。主要特征：厚盘状、脐部闭合、腹部窄圆，具双凸式生长线，缝合线偶生叶窄圆。产地：贵州惠水王佑。层位：杜内阶 *Gattendorfia-Eocanites* 带（王佑组）。

2　厚形尖仿效菊石 *Acutimitoceras*（*Streeliceras*） *crassum* Ruan，1981a　引自阮亦萍（1981a）

a. 侧视，×1；b. 前视，×1；c. 腹视，×1；d. 缝合线，×2。登记号：33407（正模）。主要特征：厚盘状、脐部较小接近闭合、腹部窄圆，每个旋圈有 5 条收缩沟，缝合线腹叶明显浅于偶生叶，两侧近平行。产地：贵州惠水王佑老凹坡。层位：杜内阶 *Gattendorfia-Eocanites* 带（王佑组）。

3　王佑尖仿效菊石 *Acutimitoceras*（*Acutimitoceras*） *wangyouense*（Sun and Shen，1965）　引自孙云铸和沈耀庭（1965）

a—b. 侧视，×0.5；c. 前视，×0.5；d. 腹视，×0.5；e. 缝合线，×2，H=2mm。登记号：IV4120（正模）。主要特征：窄盘状、脐部闭合、腹部尖棱状，缝合线腹叶较宽。产地：贵州惠水王佑。层位：杜内阶 *Gattendorfia-Eocanites* 带（王佑组）。

4　华丽线仿效菊石 *Costimitoceras epichare* Ruan，1981a　引自阮亦萍（1981a）

a. 侧视，×2；b. 前视，×2；c. 腹视，×2；d. 缝合线，×6。登记号：33442（正模）。主要特征：厚盘状、脐部闭合、腹部窄圆，具双凸式生长线及纵线，交叉成网格状，未见收缩沟，缝合线腹叶较浅，呈“V”形。产地：贵州惠水王佑老凹坡。层位：杜内阶 *Gattendorfia-Eocanites* 带（王佑组）。

5　近内卷加登多夫菊石 *Gattendorfia subinvoluta* Münster，1839　引自阮亦萍（1981a）

a. 侧视，×1；b. 前视，×1；c. 腹视，×1；d. 缝合线，×5。登记号：33443。主要特征：薄墩状、脐部较大、腹部宽圆，具双凸式生长线，每个旋圈有 3 条收缩沟，缝合线腹叶窄深，下部稍膨大，偶生叶呈“V”形，较浅，脐叶位于脐接线外。产地：贵州惠水王佑老凹坡。层位：杜内阶 *Gattendorfia-Eocanites* 带（王佑组）。

6　亚里扎德尔斯多夫菊石 *Zadelsdorfia yaliense*（Liang，1976）　引自梁希洛（1976）

a. 侧视，×0.5；b. 腹视，×0.5；c. 缝合线，×1。登记号：24130（正模）。主要特征：薄墩状、脐部较小、腹部窄圆，壳饰不详，缝合线腹叶窄，下部膨大，脐叶位于脐接线外。产地：西藏聂拉木亚里。层位：杜内阶（亚里组）。

7　多槽哈塞尔巴赫菊石 *Hasselbachia multisulcata*（Vöhringer，1960）　引自阮亦萍（1981a）

a. 侧视，×2；b. 前视，×2；c. 腹视，×2；d. 缝合线，×5；e. 横切面，×2。登记号：a—c. 33441，d. 33439，e. 33440。主要特征：生长过程中，壳形由亚球状到厚墩状、脐部中等到较小、腹部宽圆到窄圆，总体上壳口高度较低，生长线在腹部接近平直，脐缘及侧面内围具数量较多的收缩沟，于侧面中部消失，缝合线腹叶呈“V”形，该属可能为 *Acutimitoceras* (*Stockumites*) 的同义名。产地：贵州惠水王佑老凹坡。层位：杜内阶 *Gattendorfia-Eocanites* 带（王佑组）。

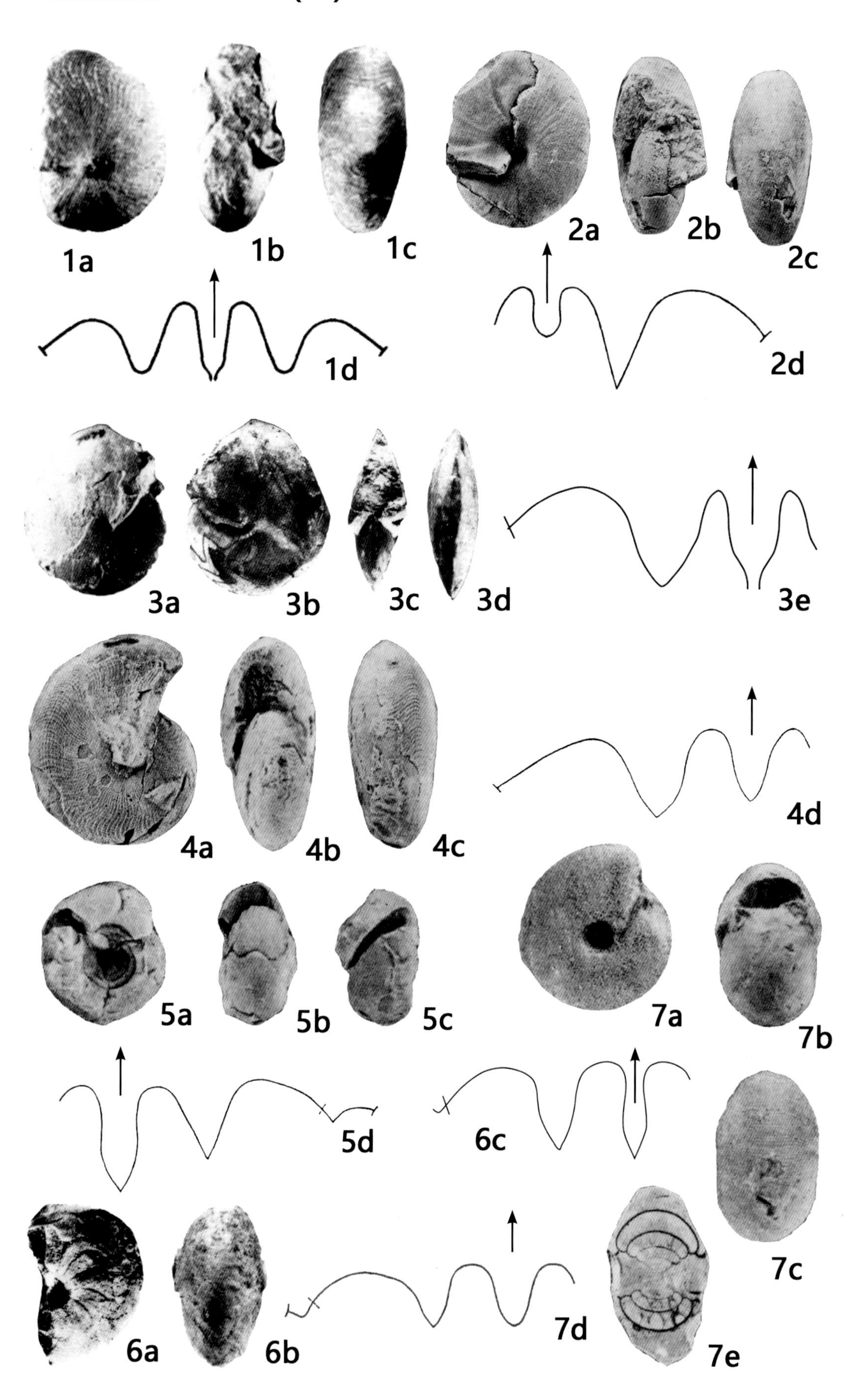
20 mm (x1)
1a
1b
1c
2a
2b
2c
1d
2d
3a
3b
3c
3d
3e
4a
4b
4c
4d
5a
5b
5c
7a
7b
5d
6c
6a
6b
7d
7e
7c

图版 5-4-2 说明

（标本 1—6 保存在中国科学院南京地质古生物研究所；标本 7 保存在新疆区测队）

1　扁平哈萨克斯坦菊石 *Kazakhstania depressa* Librovitch，1940　引自梁希洛（1993）

a. 侧视，×1；b. 腹视，×1；c. 缝合线，×5，D=27mm。登记号：114305。主要特征：薄盘状、脐部始终很大，具生长线及收缩沟，缝合线腹叶较窄，下部膨大。产地：甘肃平川磁窑大水沟。层位：杜内阶（前黑山组）。

2　近尖锐精仿效菊石 *Nicimitoceras subacre*（Vöhringer，1960）　引自阮亦萍（1981a）

a. 侧视，×2；b. 前视，×2；c. 腹视，×2；d. 缝合线，×4。登记号：33418。主要特征：盘状、脐部闭合、腹部窄圆，具细弱的双凸式生长线，缝合线腹叶约为偶生叶深度的一半，呈“V”形，偶生叶宽，亦呈“V”形，下端窄圆或尖棱状。产地：贵州惠水王佑水库南。层位：杜内阶 *Gattendorfia-Eocanites* 带（王佑组）。

3　圆饼状魏尔菊石 *Weyerella popanoides*（Ruan，1981a）　引自阮亦萍（1981a）

a. 侧视，×2；b. 前视，×2；c. 腹视，×2；d. 缝合线，×6；e. 横切面，×2。登记号： a—c. 33461（正模），d—e. 33464。主要特征：厚盘状，生长过程中脐部大小存在变化，初期脐部中等大小，但晚期由于外旋环包围内部旋环，脐部变得很小，腹部及腹侧部均较圆，每个旋圈具 3 条收缩沟，腹叶两侧近平行，稍深于偶生叶。产地：贵州惠水王佑老凹坡。层位：杜内阶 *Gattendorfia-Eocanites* 带（王佑组）。

4　东方仿效菊石 *Imitoceras orientale* Liang，1976　引自梁希洛（1976）

a. 侧视，×0.5；b. 腹视，×0.5；c. 缝合线，×2。登记号：24131（正模）。主要特征：薄盘状、脐部闭合、腹部窄圆，壳口较高，缝合线腹叶窄而深，下部膨大，侧鞍宽圆。产地：西藏聂拉木亚里。层位：杜内阶（亚里组）。

5　拟球形球仿效菊石 *Globimitoceras globoidale*（Ruan，1981a）　引自阮亦萍（1981a）

a. 侧视，×1；b. 前视，×1；c. 缝合线，×4。登记号：33431（正模）。主要特征：球状、脐部始终很小、腹部宽圆，缝合线腹叶及偶生叶均为“V”形，宽深相近。产地：贵州惠水王佑老凹坡。层位：杜内阶 *Gattendorfia-Eocanites* 带（王佑组）。

6　近展开拟加登多夫菊石 *Paragattendorfia subpatens*（Ruan，1981a）　引自阮亦萍（1981a）

a. 侧视，×2；b. 前视，×2；c. 缝合线，×4。登记号：33433（正模）。主要特征：亚球状、脐部较小、腹部宽圆，缝合线腹叶呈“V”形，偶生叶不对称。产地：贵州惠水王佑老凹坡。层位：杜内阶 *Gattendorfia-Eocanites* 带（王佑组）。

7　阿勒泰伊林菊石 *Irinoceras altayense* Wang，1983　引自王明倩（1983）

a. 侧视，×0.5；b. 前视，×0.5；c. 缝合线。登记号：XC-55（正模）。主要特征：盘状、脐部闭合、腹部圆、旋环高，壳表生长线具明显腹弯，缝合线腹叶下部膨大，偶生叶窄，不对称，较腹叶宽深。产地：新疆阿勒泰喀拉吉拉。层位：维宪阶（南明水组上部）。

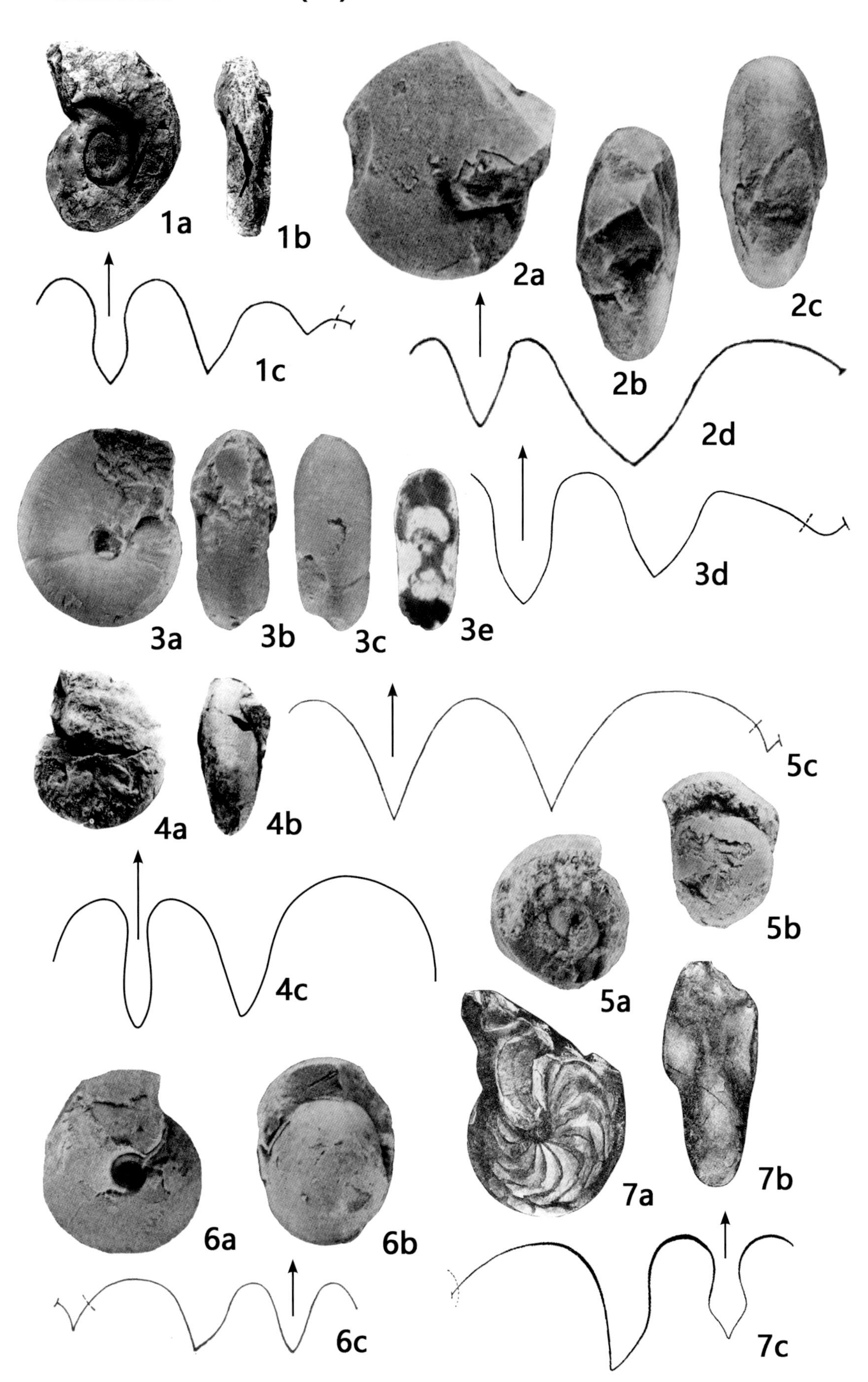
20 mm (x1)
1a
1b
1c
2a
2b
2c
2d
3a
3b
3c
3e
3d
4a
4b
4c
5c
5a
5b
7a
7b
6a
6b
6c
7c

图版 5-4-3 说明

（标本 1 保存在新疆区测队；标本 2—7 保存在中国科学院南京地质古生物研究所）

1 弓伊林菊石 *Irinoceras arcuatum* Ruzhencev，1947 引自王明倩（1981）

a. 侧视，×1；b. 前视，×1；c. 缝合线，×2，D=32mm。登记号：XC-104。主要特征：薄盘状、脐部闭合、腹部窄圆，缝合线腹叶下部膨大，偶生叶窄、不对称，较腹叶宽深。产地：新疆哈密雅满苏。层位：谢尔普霍夫阶（雅满苏组）。

2 椭圆形帕普洛斯菊石 *Paprothites ellipticus*（Ruan，1981a） 引自阮亦萍（1981a）

a. 侧视，×1；b. 前视，×1；c. 腹视，×1；d. 腹部细节，×2；e. 缝合线，×5。登记号：33472（正模）。主要特征：薄盘状、脐部大、整体呈椭圆形、腹部圆，具双凸形生长线及较粗的横肋，缝合线腹叶窄深，两侧近平行，下部末端窄圆，偶生叶浅小，呈"U"形。产地：贵州惠水王佑老凹坡。层位：杜内阶 *Gattendorfia-Eocanites* 带（王佑组）。

3 透镜形拟弛菊石 *Paralytoceras lenticulus*（Ruan，1981a） 引自阮亦萍（1981a）

a. 侧视，×2；b. 前视，×2；c. 腹视，×2；d. 缝合线，×5。登记号：33477（正模）。主要特征：厚盘状、脐部中等、旋环高度增长很快，腹部具高而尖的中棱，外旋环具较细的凹式横肋，其间具微弱的纵向短脊，缝合线腹叶宽深，两侧近平行，偶生叶浅小、下端窄圆，侧鞍很低。产地：贵州惠水王佑老凹坡。层位：杜内阶 *Gattendorfia-Eocanites* 带（王佑组）。

4 轮形假白羊菊石 *Pseudarietites rotatilis* Ruan，1981a 引自阮亦萍（1981a）

a. 侧视，×2；b. 腹视，×2；c. 缝合线，×10。登记号：33474（正模）。主要特征：薄盘状、脐部大，腹部具较低圆状的中棱，两侧各具一条浅圆的纵沟，侧面较粗的横肋不穿过纵沟，缝合线腹叶下端窄圆，腹侧鞍宽圆，偶生叶很浅、宽圆，侧鞍很低。产地：贵州惠水王佑老凹坡。层位：杜内阶 *Gattendorfia-Eocanites* 带（王佑组）。

5 尖锐黔南菊石 *Qiannanites acutus* Ruan，1981a 引自阮亦萍（1981a）

a. 侧视，×1；b. 前视，×1；c. 缝合线，×2。登记号：33614（正模）。主要特征：薄盘状、脐部小，腹部具高尖的中棱，具双凸式生长线、细密的褶边状横肋及收缩沟，缝合线腹叶宽，腹支叶窄浅，呈"V"形，中鞍较宽，达腹侧鞍高度的一半，偶生叶深，与腹侧鞍宽度相当，侧叶窄浅，呈"V"形，脐接线外具一浅圆的脐叶。产地：贵州惠水王佑老凹坡。层位：杜内阶 *Gattendorfia-Eocanites* 带（王佑组）。

6 中华优菊石 *Maximites sinensis* Ruan and Zhou，1987 引自阮亦萍和周祖仁（1987）

a. 侧视，×10；b. 前视，×10；c. 缝合线，×50。登记号：95709（正模）。主要特征：厚盘至亚球状、脐部接近闭合、腹部宽圆，具收缩沟，缝合线腹叶浅，上宽下窄，呈"V"形，中鞍很低，偶生叶及侧鞍窄圆。产地：宁夏贺兰苏峪口。层位：莫斯科阶（羊虎沟组上部）。

7 弗涅奇硬币菊石 *Nomismoceras frechi* Schmidt，1925 引自梁希洛和刘世坤（1987）

a. 侧视，×3；b. 腹视，×3；c. 缝合线，×15，H=3mm，W=3mm。登记号：a—b. 91561，c. 91566。主要特征：薄盘状、脐部较大、腹部宽圆，具浅的腹侧沟，双凸式生长线，缝合线腹叶较宽，中鞍较低，偶生叶窄，下端窄圆。产地：西藏改则日土角木茶卡东。层位：杜内阶（未命名组）。

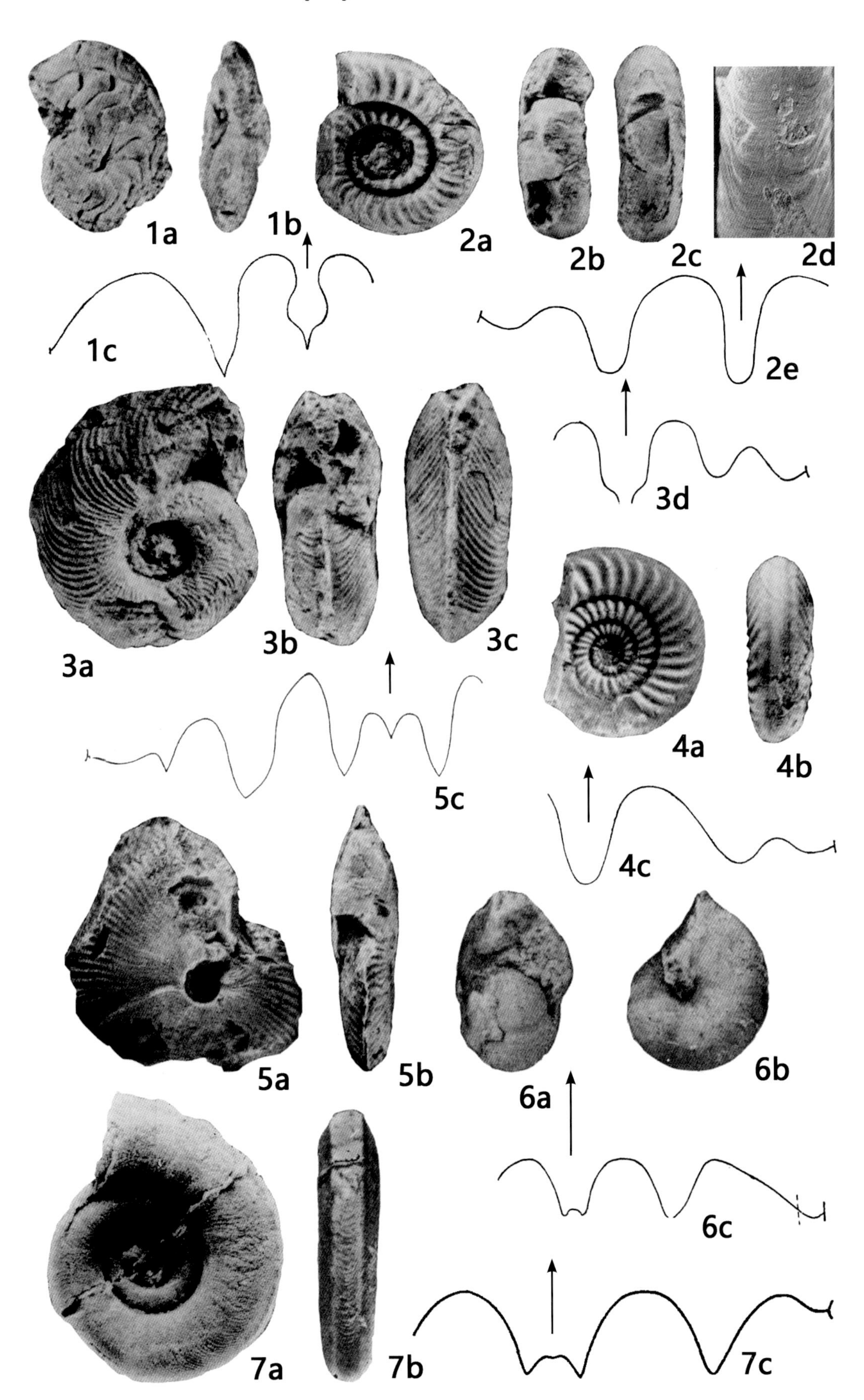
20 mm (x1)
1a
1b
2a
2b
2c
2d
1c
2e
3a
3b
3c
3d
4a
4b
5c
4c
5a
5b
6a
6b
6c
7a
7b
7c

图版 5-4-4 说明

［标本 1 保存在中国地质大学（武汉）；标本 2—5、7 保存在中国科学院南京地质古生物研究所；
标本 6 保存在中国地质博物馆］

1　华丽凹镜菊石 *Cavilentia epichare*（Yang，1986）　引自杨逢清（1986）

a. 侧视，×3；b. 腹视，×3；c. 缝合线，×9，D=12mm。登记号：431（正模）。主要特征：薄盘状、脐部中等、腹部窄圆，具插入式横纹及较密的收缩沟，缝合线腹叶较宽，中鞍高度中等，偶生叶较浅，呈“V”形。产地：宁夏中宁陈麻子井。层位：谢尔普霍夫阶（中卫组）。

2　保山博兰菊石 *Bollandites baoshanensis* Liang and Zhu，1988　引自梁希洛和朱夔玉（1988）

a. 侧视，×0.5；b. 腹视，×0.5；c. 缝合线，×3，H=11mm，W=11.5mm。登记号：a—b. 105183（全模），c. 105185。主要特征：厚盘状、脐部较小、腹部宽圆，具浅的的收缩沟，缝合线腹叶深，中鞍较低，腹支叶窄尖、偏向两侧，偶生叶较腹叶稍宽深，下端收缩变尖。产地：云南保山蒋家湾清水沟。层位：维宪阶（未命名组）。

3　巴沙奇博兰多菊石 *Bollandoceras bashatchense*（Popov，1965）　引自梁希洛和朱夔玉（1988）

a. 侧视，×1.5；b. 腹视，×1.5；c. 缝合线，×3，H=11mm，W=12.5mm。登记号：a—b. 105173，c. 105176。主要特征：薄墩到厚盘状、脐部较小到小、腹部宽圆，具收缩沟，缝合线腹叶较深，上部宽，下部收缩变窄，中部稍微膨大，两侧近于平行，中鞍较低，腹支叶窄尖、偏向两侧，偶生叶深，下端收缩变尖。产地：云南保山蒋家湾清水沟。层位：维宪阶（未命名组）。

4　贵州伯利克菊石 *Beyrichoceras guizhouense* Chao，1962　引自赵金科（1962）

a. 侧视，×1；b. 腹视，×1。登记号：22025（正模）。主要特征：厚盘状、脐部小、腹部宽圆，缝合线腹叶较深，上部宽，下部收缩变窄，中部稍微膨大，中鞍较低，腹支叶非常窄尖、偏向两侧，偶生叶深，下端收缩变尖。产地：贵州水城垮山。层位：维宪阶（赵家山组）。

5　凯瑟椭圆羊角菊石 *Ammonellipsites kayseri*（Schmidt，1925）　引自梁希洛和刘世坤（1987）

a. 侧视，×3；b. 腹视，×3；c. 缝合线，×10，H=6mm，W=6mm。登记号：91560。主要特征：亚球状、脐部小、腹部宽圆，具较粗的横肋及收缩沟，缝合线腹叶窄深，中鞍较低，腹支叶对称，呈“V”形，偶生叶较宽深。产地：西藏改则日土角木茶卡东。层位：杜内阶（未命名组）。

6　亚球形纸房菊石 *Zhifangoceras subglobosum* Sheng，1984　引自盛怀斌（1984）

a. 侧视，×1；b. 前视，×1；c. 缝合线，×2，D=39.5mm，H=20.8mm，W=21.6mm。登记号：C3043（正模）。主要特征：厚盘状、脐部小、腹部圆，具微弱生长线，每个旋圈有 3~4 条宽浅的收缩沟，缝合线腹叶宽，中鞍较高，腹支叶宽深，偶生叶不对称，上部较宽，下部收缩较快至很窄。产地：新疆东巴里坤纸房。层位：杜内阶上部或维宪阶下部（东古鲁巴斯套组下段中部）。

7　外弯扎普腊克菊石 *Dzhaprakoceras deflexum* Kusina，1980　引自梁希洛和朱夔玉（1988）

a. 侧视，×1.5；b. 腹视，×1.5；c. 缝合线，×3，H=16mm，W=11mm。登记号：a—b. 105168，c. 105166。主要特征：薄盘状、脐部很小、腹部窄圆，缝合线腹叶中等宽、较深，两侧近平行，但中部稍膨大，中鞍较低，腹支叶窄小、偏向两侧，偶生叶不对称、较深，稍窄于腹叶。产地：云南保山蒋家湾清水沟。层位：维宪阶（未命名组）。

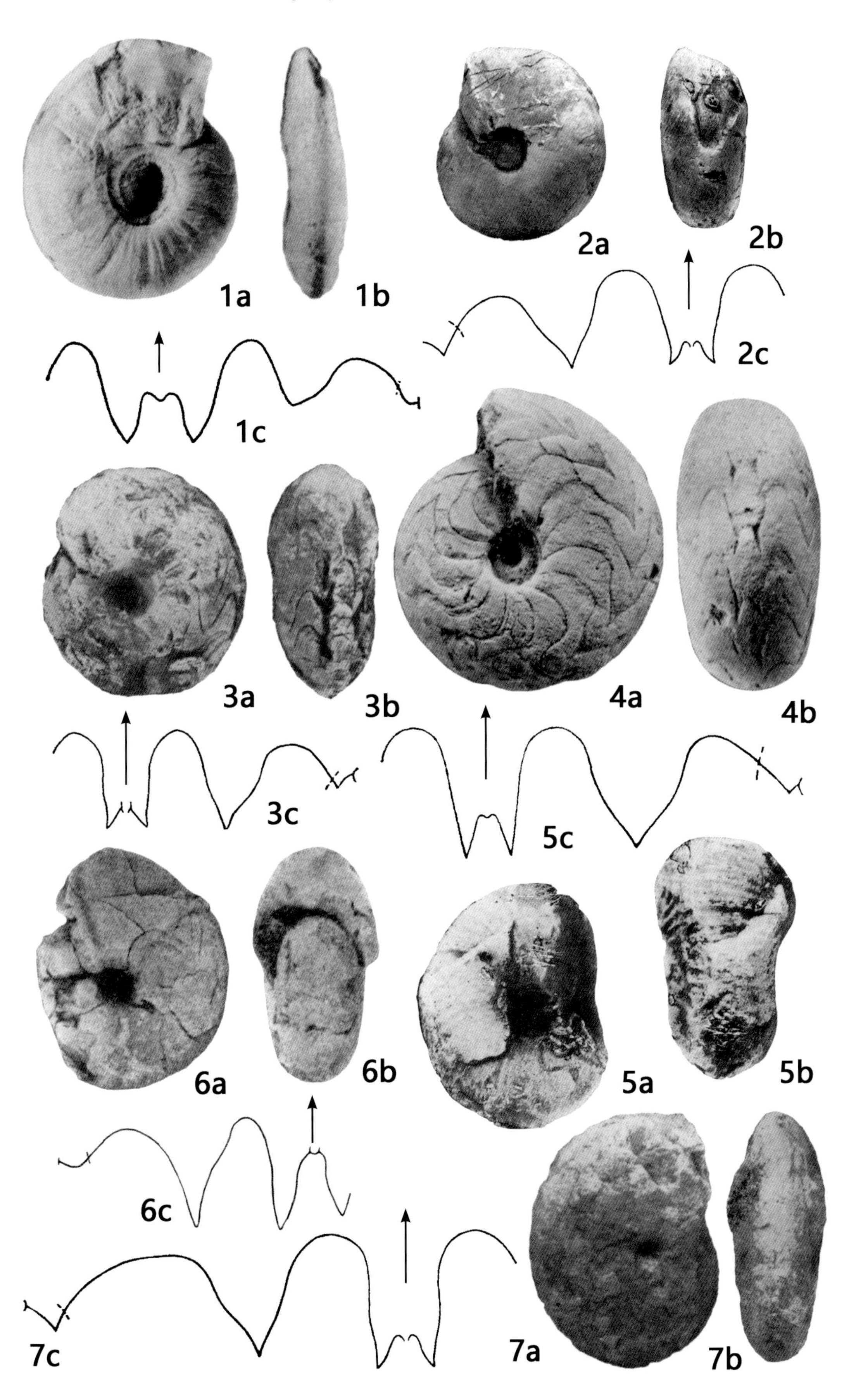
20 mm (x1)
1a
1b
1c
2a
2b
2c
3a
3b
3c
4a
4b
5c
6a
6b
5a
5b
6c
7c
7a
7b

图版 5-4-5 说明

（标本 1—2、5—6 保存在中国科学院南京地质古生物研究所；标本 3—4 保存在中国地质调查局西安地质调查中心）

1 厚盘明斯特菊石 *Muensteroceras pachydiscus* Kusina，1980 引自梁希洛和王明倩（1991）

a. 侧视，×1；b. 前视，×1；c. 缝合线，×4，H=11.5mm，W=16mm。登记号：91378。主要特征：厚盘状、脐部中等大小、腹部宽圆，缝合线腹叶总体较深，上部宽，至下部收缩，两侧近平行，中鞍较低，腹支叶窄尖，偶生叶较宽，腹侧鞍宽圆较高，侧鞍宽圆很低。产地：新疆库鲁克山地区卡拉克山北坡。层位：杜内阶（野云沟组下部）。

2 扁平新疆菊石 *Xinjiangites applanatus* Ruan，1995

a. 侧视，×1；b. 前视，×1；c. 缝合线，×2.5，W=15.2mm。登记号：108711（正模）。主要特征：盘状、脐部很小、腹部窄圆，缝合线腹叶上部较宽，下部明显收缩变窄，中鞍很低，偶生叶呈“V”形，腹侧鞍与侧鞍高度相当。产地：新疆和布克赛尔额热根那仁。层位：杜内阶（根那仁组下亚组）。

3 尖叶克拉撒菊石 *Cluthoceras acutilobatum* Gao，1983 引自高月英等（1983）

a. 侧视，×4；b. 前视，×4；c. 缝合线，×16。登记号：C013（正模）。主要特征：亚球状、脐部较小、腹部宽圆，具生长线及纵线，生长线细密较直，腹弯不显著，每个旋圈具 3 条收缩沟，缝合线腹叶上部很宽，下部收缩变得很窄，中鞍非常低，偶生叶上部宽下部收缩变窄尖，相比腹叶较浅，腹侧鞍及侧鞍均为宽圆。产地：宁夏中宁陈麻子井。层位：谢尔普霍夫阶（臭牛沟组顶部）。

4 尼尔森克拉撒菊石 *Cluthoceras neilsoni* Currie，1954 引自高月英等（1983）

a. 侧视，×2；b. 前视，×2；c. 缝合线，×16。登记号：C050。主要特征：墩状、脐部很小、腹部宽圆，生长线细密较直，具宽舌状腹弯，在脐缘加强为放射肋，每个旋圈具 3 条收缩沟，缝合线腹叶上部宽，下部收缩变窄，中鞍非常低，偶生叶上部宽下部收缩变窄尖，相比腹叶较浅，腹侧鞍及侧鞍均为宽圆。产地：宁夏中宁陈麻子井。层位：谢尔普霍夫阶（臭牛沟组顶部）。

5 收缩棱菊石 *Goniatites constractus* Liang and Wang，1991 引自梁希洛和王明倩（1991）

a. 侧视，×1；b. 腹视，×1；c. 缝合线，×2，H=19mm，W=23mm。登记号：91419（正模）。主要特征：厚墩状至亚球状、脐部很小、腹部宽圆，具细密的生长线及纵线，每个旋圈具 2~3 条收缩沟，缝合线腹叶中等宽，呈“V”形，中部稍有膨大，中鞍可达腹侧鞍高度的一半，腹支叶窄尖、微偏向两侧，偶生叶中部稍微膨大，下部急剧收缩为窄尖，腹侧鞍窄圆至尖棱。产地：新疆阿勒泰喀拉吉拉。层位：维宪阶（那林卡拉组下部）。

6 乔克托乔克托菊石 *Choctawites choctawensis*（Shumard，1863） 引自梁希洛和王明倩（1991）

a—b. 侧视，×1；c. 腹视，×1；d. 缝合线，×2，H=29mm，W=34mm。登记号：a、c. 91515，b、d. 91512。主要特征：墩状至亚球状、脐部很小、腹部宽圆，具细密的生长线及纵线，具收缩沟，缝合线腹叶较宽，呈“V”形，中鞍可达腹侧鞍高度的一半以上，腹支叶窄尖，偶生叶中部膨大，下部急剧收缩为窄尖，腹侧鞍尖棱状，侧鞍宽圆。产地：新疆阿勒泰喀拉吉拉。层位：维宪阶（那林卡拉组上部）。

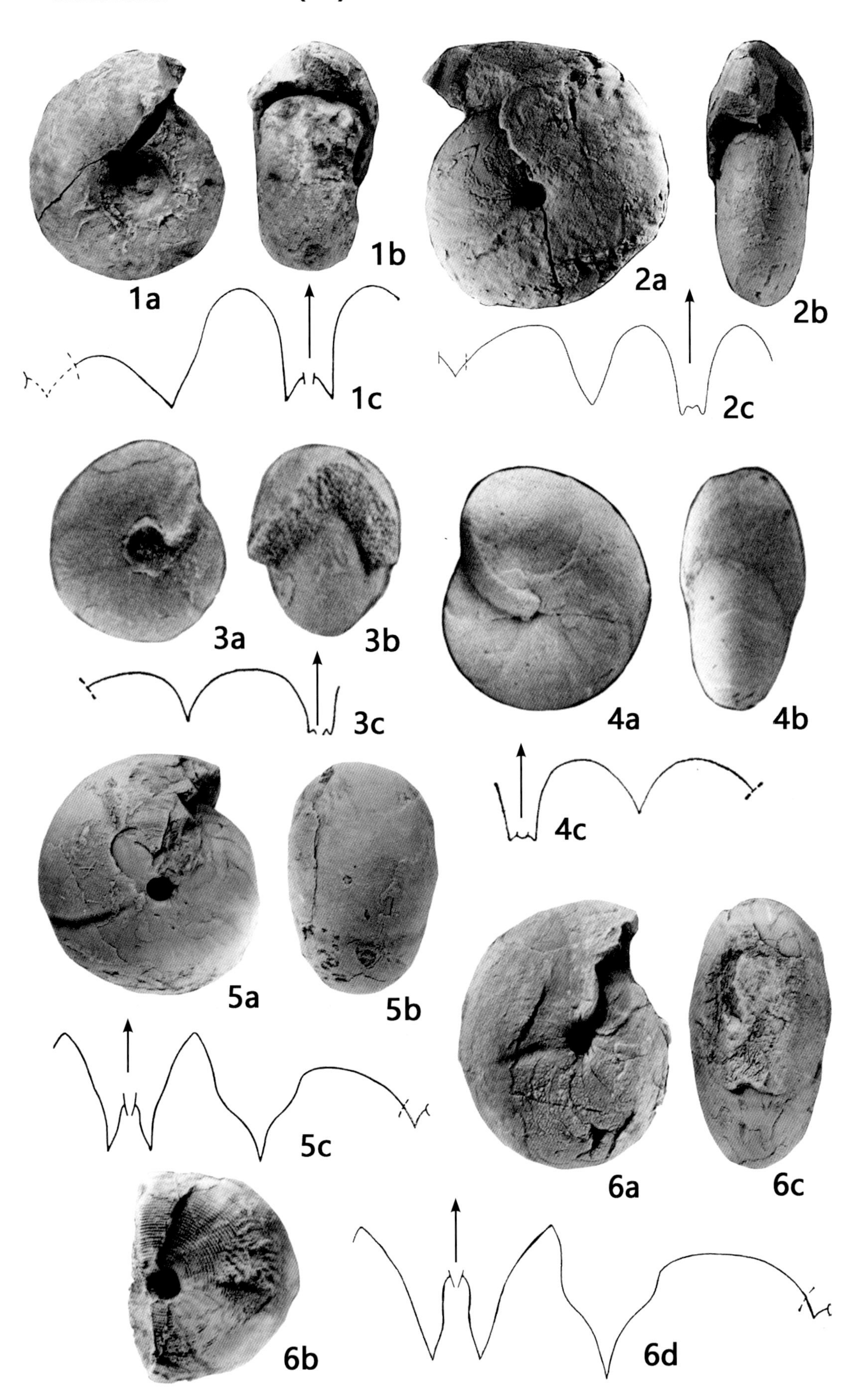
20 mm (x1)
1a
1b
1c
2a
2b
2c
3a
3b
3c
4a
4b
4c
5a
5b
5c
6a
6b
6c
6d

图版 5-4-6 说明

（标本 1—5 保存在中国科学院南京地质古生物研究所；标本 6 保存在中国地质博物馆）

1　线球希贝尼克菊石 *Hibernicoceras striatosphaericum* Brüning，1923　引自梁希洛和王明倩（1991）

a. 侧视，×1；b. 前视，×1；c. 缝合线，×3，H=14mm，W=20mm，91448。登记号：91449。主要特征：厚墩状至球状、脐部小、腹部宽圆，生长线接近平直，缝合线腹叶中等宽度，中鞍接近腹侧鞍高度的一半，偶生叶稍窄于腹叶，中部稍膨大，腹侧鞍窄圆。产地：新疆阿勒泰吐于克日什。层位：维宪阶（那林卡拉组下部）。

2　肥壮准噶尔菊石 *Junggarites pinguis* Liang and Wang，1991　引自梁希洛和王明倩（1991）

a. 侧视，×0.5；b. 前视，×0.5；c. 缝合线，×1.5，H=28mm，W=36mm。登记号：91468（正模）。主要特征：厚墩状至亚球状、脐部较小、腹部宽圆，具细密的纵线及隐约可见的生长线，每个旋圈具 2~3 个收缩沟，缝合线腹叶较窄，总体呈“Y”形，两侧在中部收缩后在下部近平行，中鞍可达腹侧鞍高度的一半，腹支叶狭窄，下端呈钳子状、偏向腹侧，偶生叶窄深，中部略微膨大，腹侧鞍窄圆。产地：新疆阿勒泰喀拉吉拉。层位：维宪阶（那林卡拉组下部）。

3　颗粒卢西塔诺菊石 *Lusitanoceras granosum*（Portlock，1843）　引自梁希洛和王明倩（1991）

a. 侧视，×1.5；b. 前视，×1.5；c. 缝合线，×3，H=12mm，W=17mm。登记号：91533。主要特征：亚球状、脐部小、腹部宽圆，缝合线腹叶中等宽度，呈“Y”形，中鞍可达腹侧鞍高度的一半，偶生叶较窄，中上部膨大，腹侧鞍窄圆。产地：新疆阿勒泰喀拉吉拉。层位：谢尔普霍夫阶（那林卡拉组上部）。

4　窄叶喀拉吉拉菊石 *Kalajilagites stenolobus* Liang and Wang，1991　引自梁希洛和王明倩（1991）

a. 侧视，×1；b. 前视，×1；c. 缝合线，×2，H=20mm，W=27.5mm。登记号：91441（正模）。主要特征：亚球状、脐部小、腹部宽圆，具细密呈网格状的生长线及纵线，缝合线腹叶窄深，两侧接近平行，中鞍可达腹侧鞍高度的一半，腹支叶窄长，偶生叶窄深、稍不对称，中部略微膨大，腹侧鞍窄圆。产地：新疆阿勒泰喀拉吉拉。层位：维宪阶（那林卡拉组下部）。

5　薄超棱菊石 *Hypergoniatites tenuiliratus* Ruzhencev and Bogoslovskaya，1971　引自梁希洛和王明倩（1991）

a. 侧视，×2；b. 腹视，×2；c. 缝合线，×5，H=11mm，W=13mm。登记号：91463。主要特征：亚球状、脐部小、腹部宽圆，缝合线腹叶窄深，呈“V”形，中鞍较低，约达腹侧鞍的 1/3，偶生叶稍不对称，两侧近直，腹侧鞍尖棱状。产地：新疆阿勒泰吐于克日什。层位：谢尔普霍夫阶（那林卡拉组上部）。

6　扁平新棱菊石 *Neogoniatites platyformis*（Sheng，1983）　引自盛怀斌（1983）

a. 侧视，×1；b. 前视，×1；c. 缝合线，×4，D=33.7mm，W=14.1mm，H=15mm，u=6.7mm；d. ×4，D=43.3mm，W=17.1mm，H=16.7mm，u=9.2mm。登记号：a—b、d. C3075（正模），c. C3076（副模）。主要特征：墩状到盘状、脐部较小、腹部宽圆，具显著而细密的纵线和微弱的生长线，每个旋圈约具 4 条收缩沟，缝合线腹叶宽，呈“V”形，中鞍较高，可达腹侧鞍高度的 3/4 以上，偶生叶窄深，总体呈“V”形，不对称，下部收缩为窄尖状，腹侧鞍尖棱状，偏向两侧，侧鞍宽圆。产地：西藏申扎永珠多那个里以北约 3km。层位：维宪阶（多那个里组上部）。

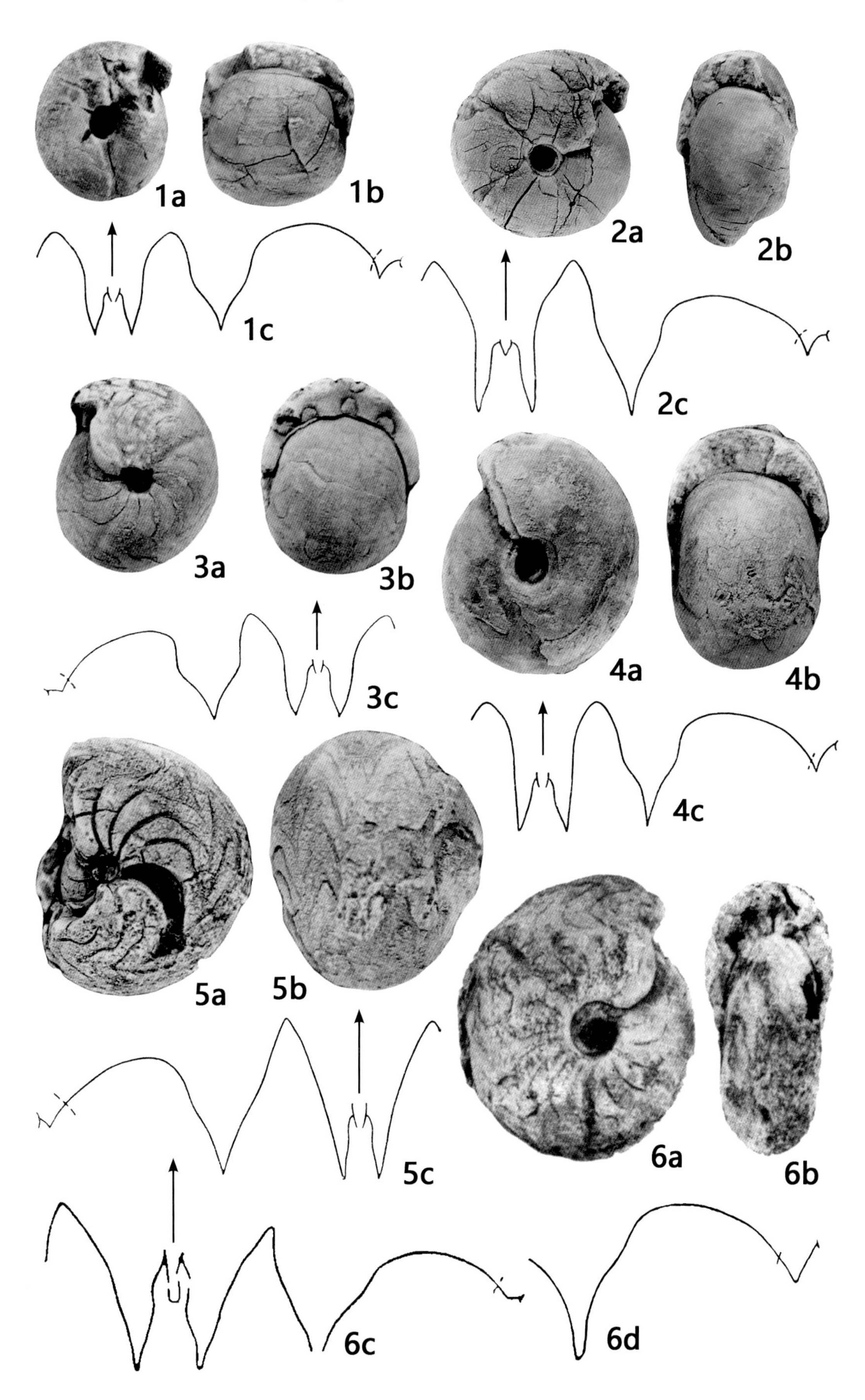
20 mm (x1)
1a
1b
1c
2a
2b
2c
3a
3b
3c
4a
4b
4c
5a
5b
5c
6a
6b
6c
6d

图版 5-4-7 说明

（所有标本均保存在中国科学院南京地质古生物研究所）

1　肥厚宽棱菊石 *Platygoniatites altilis* Ruan，1981b　引自阮亦萍（1981b）

a. 侧视，×2；b. 腹视，×2；c. 缝合线，×4，D=16.2mm。登记号：48797（正模）。主要特征：亚球状、脐部很小、腹部宽圆，具细密的纵线及双凸式生长线，每个旋圈具3条收缩沟，缝合线腹叶很宽，呈“Y”形，两侧收缩至中部近平行，下端尖棱状，中鞍很高，接近腹侧鞍高度，偶生叶较腹叶窄，较腹支叶宽，中部略微膨大，腹侧鞍窄圆，侧鞍高、宽圆。产地：广西南丹七圩。层位：谢尔普霍夫阶 *Eumorphoceras plummeri-Dombarites falcatoides* 带（罗城组）。

2　始海德莱皮纳菊石 *Delepinoceras eothalassoides* Wagner-Gentis，1963　引自阮亦萍（1981b）

a. 侧视，×1；b. 前视，×1；c. 缝合线，×2，D=57mm。登记号：48801。主要特征：薄墩状至盘状、脐部很小、腹部窄圆，缝合线腹叶很宽，中鞍很高，可达腹侧鞍高度，腹支叶分化为3个小叶，其中中间小叶最为突出、窄深，偶生叶窄深，中部明显膨大，但并没有完全分化为3个小叶，下部收缩，腹侧鞍窄圆至尖棱状、偏向两侧。产地：广西南丹七圩。层位：谢尔普霍夫阶 *Eumorphoceras plummeri-Dombarites falcatoides* 带（罗城组）。

3　似镰形多姆巴菊石 *Dombarites falcatoides* Ruzhencev and Bogoslovskaya，1970　引自阮亦萍（1981b）

a—b. 侧视，×1；c. 腹视，×1；d. 缝合线，×3，D=27mm。登记号：a、c—d. 48805，b. 48808。主要特征：亚球状至厚盘状、脐部小、腹部宽圆，具较粗而稀疏的纵线以及细密的生长线，每个旋圈具3条收缩沟，幼体具有明显的三叶形态，缝合线腹叶较宽，呈“Y”形，中鞍可达腹侧鞍高度的一半，腹支叶较宽，呈“V”形，偶生叶中部明显膨大，但并没有完全分化为3个小叶，腹侧鞍尖棱状。产地：广西南丹七圩。层位：谢尔普霍夫阶 *Eumorphoceras plummeri-Dombarites falcatoides* 带（罗城组）。

4　拟脊多姆巴菊石 *Dombarites paratectus* Ruzhencev and Bogoslovskaya，1971　引自阮亦萍和周祖仁（1987）

a. 侧视，×2；b. 前视，×2；c. 缝合线，×3，H=13.9mm。登记号：95737。主要特征：厚墩状、脐部较小、腹部宽圆，缝合线腹叶较宽，呈“Y”形，中鞍超过腹侧鞍高度的2/3，腹支叶较宽，呈“V”形，偶生叶中部明显膨大，分化为3个小叶，腹侧鞍尖棱状。产地：宁夏中宁陈麻子井。层位：谢尔普霍夫阶（靖远组下段）。

5　厚壳前舒马德菊石 *Proshumardites pilatus*（Ruan，1981b）　引自阮亦萍（1981b）

a. 侧视，×0.5；b. 腹视，×0.5；c. 缝合线，×2，D=41.5mm；d. 横切面，×1。登记号：a—c. 48823（正模）；d. 48827。主要特征：亚球状、脐部较小、腹部宽圆，具细密的纵线和近直的生长线，较大标本纵线消失，缝合线腹叶较宽，呈“V”形，中鞍较高，超过腹侧鞍高度的4/5，腹支叶没有分化，偶生叶较宽，分化为3个小叶，两侧小叶较小，腹侧鞍尖棱状。产地：广西南丹七圩。层位：谢尔普霍夫阶 *Eumorphoceras plummeri-Dombarites falcatoides* 带（罗城组）。

6　宽型萼状格蒂菊石 *Calygirtyoceras platyforme*（Moore，1946）　引自梁希洛和朱夔玉（1988）

a. 侧视，×2；b. 前视，×2；c. 缝合线，×4，H=8mm，W=7.5mm。登记号：105186。主要特征：薄盘状、脐部接近闭合、腹部窄圆至尖棱状，缝合线腹叶宽，中鞍较宽，约为腹侧鞍高度的一半，腹支叶窄、偏向两侧，偶生叶窄深，呈“V”形。产地：云南保山蒋家湾清水沟。层位：维宪阶（未命名组）。

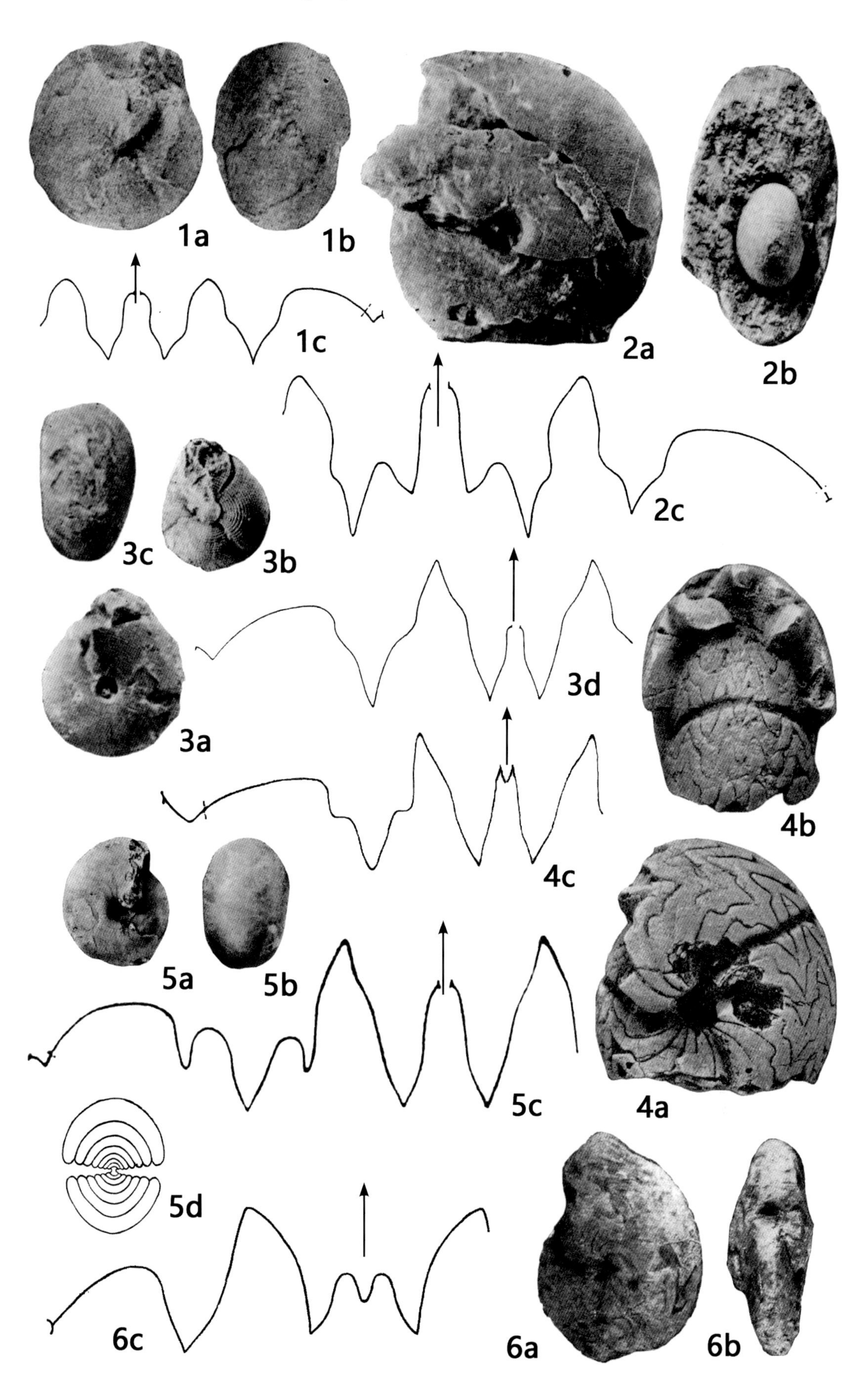
20 mm (x1)
1a
1b
1c
2a
2b
2c
3c
3b
3d
3a
4b
4c
5a
5b
5c
4a
5d
6c
6a
6b

图版 5-4-8 说明

［标本 1—2、4—5 保存在中国科学院南京地质古生物研究所；标本 3 保存在新疆区测队；
标本 6—7 保存在中国地质大学（武汉）］

1　普卢默埃德蒙菊石 *Edmooroceras plummeri*（Miller and Youngquist，1948）　引自阮亦萍和周祖仁（1987）

a. 侧视，×4; b. 前视，×4; c. 缝合线，×10，W=3.8mm。登记号：95732。主要特征：薄盘状、脐部中等、腹部圆，具腹侧沟，生长线腹弯明显，横肋在脐缘附近加粗加厚，缝合线腹叶宽，呈“V”形，中鞍较低，偶生叶较宽，窄圆至尖棱状，腹侧鞍宽圆。产地：宁夏中卫上校育川。层位：谢尔普霍夫阶（靖远组下段）。

2　光滑格蒂菊石 *Girtyoceras glabrum* Ruzhencev and Bogoslovskaya，1971　引自阮亦萍和周祖仁（1987）

a. 侧视，×3；b. 前视，×3；c. 缝合线，×5，D=14.1mm。登记号：95731。主要特征：盘状、脐部很小至接近闭合、腹部窄圆至尖棱状，旋环扩张很快，具生长线，腹侧突和腹弯明显，缝合线腹叶很宽，中鞍中等高度，偶生叶不对称、较窄深，腹侧鞍窄圆，侧鞍窄圆状较低。产地：宁夏中宁陈麻子井。层位：谢尔普霍夫阶（靖远组下段）。

3　黑山头格蒂菊石 *Girtyoceras heishantouense*（Wang，1983）　引自王明倩（1983）

a. 侧视，×1；b. 前视，×1；c. 缝合线。登记号：XC-52（正模）。主要特征：盘状、脐部较小、腹部窄圆，壳表光滑，缝合线腹叶很宽，中鞍中等高度，为腹侧鞍高度的一半，腹支叶窄尖，偶生叶较浅，腹侧鞍窄圆状，侧鞍宽圆、很低。产地：新疆吉木乃黑山头北东。层位：维宪阶（南明水组下部）。

4　甘肃真形菊石 *Eumorphoceras kansuense* Liang in Li et al.，1974　引自梁希洛（1993）

a. 侧视，×3；b. 前视，×3；c. 缝合线，×15，H=5.5mm，W=5mm。登记号：a—b. 114323（正模），c. 114324。主要特征：薄盘状、脐部中等大小、腹部窄圆，具明显的腹侧沟，生长线具明显的腹弯和腹侧突，横肋由靠近脐缘的一列小瘤分出，缝合线腹叶很宽，中鞍宽低，腹支叶窄浅，偶生叶呈“V”形，腹侧鞍及侧鞍均为宽圆。产地：甘肃平川磁窑榆树梁。层位：谢尔普霍夫阶（靖远组下段，榆树梁剖面第 44 层）。

5　中卫凸墓菊石 *Tumulites chungweiense*（Liang，1957）　引自梁希洛（1957）

a. 侧视，×3；b. 前视，×3。登记号：9001（正模）。主要特征：墩状、脐部较大、腹部宽圆，具明显的腹侧沟、生长线以及稀疏的粗横肋。产地：宁夏中卫孟家湾。层位：谢尔普霍夫阶（羊虎沟系）。

6　美丽中宁菊石 *Zhongningoceras bellum* Yang，1986　引自杨逢清（1986）

a. 侧视，×2；b. 前视，×2；c. 腹视，×2；d—e. 缝合线，×5，D=6.5mm；×5，D=11.2mm。登记号：125（正模）。主要特征：盘状、脐部中等，腹部初期具一条宽浅的腹沟，晚期腹沟消失呈宽圆状，壳表侧面具横肋，在脐缘附近呈瘤状，遇腹侧沟消失，每个旋圈具 4 条浅的收缩沟，缝合线腹叶较宽，中鞍中等宽较低，腹支叶窄浅，偶生叶呈“V”形，腹侧鞍及侧鞍窄圆到圆状。产地：宁夏中宁陈麻子井。层位：谢尔普霍夫阶（中卫组）。

7　中宁三带菊石 *Trizonoceras zhongningense* Yang，1986　引自杨逢清（1986）

a. 侧视，×4；b. 前视，×4；c—d. 缝合线，×5，R=13.5mm；×10，D=5.1mm。登记号：a—b. 089（正模），c—d. 缺。主要特征：薄盘状、脐部接近闭合、腹部窄圆，具生长线，缝合线腹叶很宽，分化为 4 个宽度相当的小的腹支叶，腹支叶下端均二分叉，中鞍较高，偶生叶窄深而不对称，腹侧鞍及侧鞍宽圆。产地：宁夏中宁陈麻子井。层位：谢尔普霍夫阶（中卫组）。

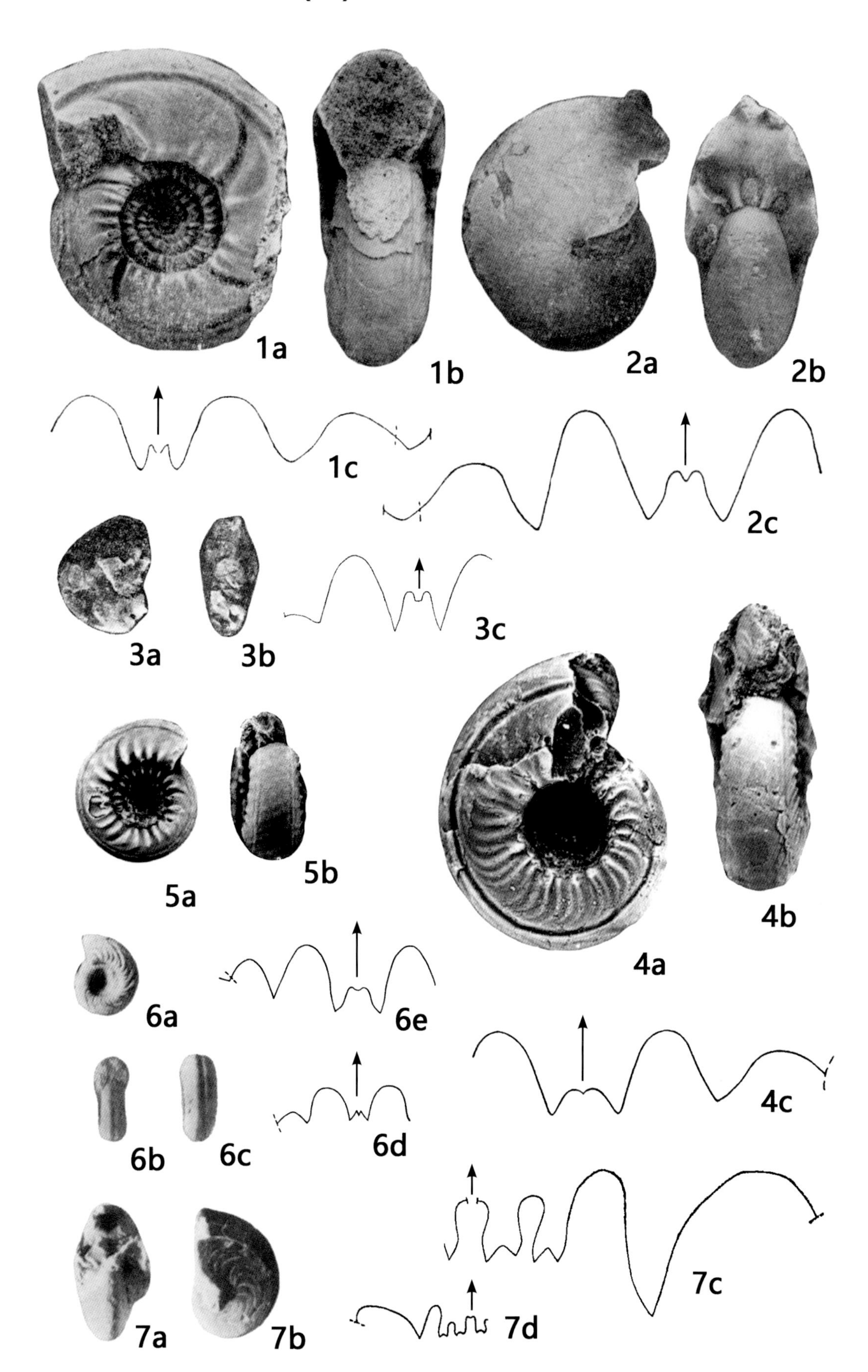
20 mm (x1)
1a
1b
2a
2b
1c
2c
3a
3b
3c
5a
5b
4a
4b
6a
6e
6b
6c
6d
4c
7a
7b
7c
7d

图版 5-4-9 说明

［标本 1、5—6 保存在中国科学院南京地质古生物研究所；标本 2 保存在中国地质大学（武汉）；标本 3 保存在中国地质调查局西安地质调查中心；标本 4 保存在新疆区测队］

1　其余雕叶菊石 *Glyphiolobus reliquus* Ruzhencev and Bogoslovskaya，1978　引自梁希洛（1993）

a. 侧视，×4; b. 前视，×4; c. 缝合线，×15，H=5mm，W=4mm。登记号：114314。主要特征：厚墩状、脐部闭合、腹部窄圆，缝合线腹叶很宽，中鞍较高，腹支叶与中鞍宽度接近，下端均二分叉，偶生叶较腹支叶宽，下端亦二分叉，腹侧鞍及侧鞍宽圆。产地：甘肃平川井儿川。层位：巴什基尔阶（红土洼组）。

2　中华雕叶菊石 *Glyphiolobus sinensis* Yang，1986　引自杨逢清（1986）

a. 侧视，×2；b. 前视，×2；c. 缝合线，×7，D=8.3mm。登记号：095（正模）。主要特征：厚墩状、脐部接近闭合、腹部窄圆，缝合线腹叶很宽，中鞍窄高，腹支叶较宽，下端二分叉，内支较宽，下端微弱二分叉，偶生叶与腹支叶宽度相当，下端二分叉，内支较外支深，腹侧鞍窄圆，侧鞍宽圆，标本的缝合线总体上与 *Metadimorphoceras* Moore, 1958 属的分子也存在相似，可能为某种中间类型。产地：宁夏中宁陈麻子井。层位：谢尔普霍夫阶（中卫组）。

3　同心后双形菊石 *Metadimorphoceras tongxinense*（Gao，1983）　引自高月英等（1983）

a. 侧视，×2；b. 前视，×2；c. 缝合线，×8。登记号：C018（正模）。主要特征：薄墩状、脐部很小、腹部窄圆，具细密的生长线和纵线，缝合线腹叶很宽，分化为 4 个宽度相当的小的腹支叶，每个腹支叶下端均二分叉，偶生叶宽度接近两个腹支叶，分化为 2 个宽度相当但深度不同的支叶，内支较外支深，下端均二分叉，腹侧鞍窄圆。产地：宁夏中宁陈麻子井。层位：谢尔普霍夫阶（臭牛沟组顶部）。

4　新疆副双形菊石 *Paradimorphoceras xinjiangensis* Wang，1983　引自王明倩（1983）

a. 侧视，×1；b. 前视，×1；c. 缝合线。登记号：XC-56（正模）。主要特征：厚盘状、脐部接近闭合、腹部窄圆，缝合线腹叶很宽，中鞍高，可达腹侧鞍高度的 4/5，腹支叶下端二分叉，内支较深，偶生叶与腹支叶宽度相当，下端二分叉，腹支叶及偶生叶的外支均很浅，腹侧鞍较窄，窄圆状，侧鞍宽圆。产地：新疆叶城喀喇昆仑山。层位：谢尔普霍夫阶（恰提尔群下部）。

5　透镜状哈萨克菊石 *Kazakhoceras lenticulum* Ruan，1981b　引自阮亦萍（1981b）

a. 侧视，×1；b. 腹视，×1；c. 缝合线，×3，R=23mm。登记号：48931（正模）。主要特征：盘状、脐部闭合、腹部窄圆至尖棱状，缝合线腹叶很宽，分化为 4 个宽度相当的腹支叶，均为窄尖状并偏向两侧，内支较外支深，中鞍较低，低于 E1/E2 鞍（腹支鞍），偶生叶较宽，呈“V”形，腹侧鞍为宽的尖棱状，侧鞍圆。产地：广西南丹七圩 SD。层位：谢尔普霍夫阶 *Eumorphoceras plummeri-Dombarites falcatoides* 带（罗城组）。

6　阿勒泰隐蔽菊石 *Arcanoceras altayense*（Liang and Wang，1991）　引自梁希洛和王明倩（1991）

a. 侧视，×0.5; b. 前视，×0.5; c. 缝合线，×2，H=46mm，W=29mm。登记号：91440（正模）。主要特征：薄盘状、脐部小、腹部窄圆，缝合线腹叶很宽，呈“Y”形，中鞍接近腹侧鞍高度的一半，呈三角状，腹支叶上宽下窄，偶生叶与腹支叶宽度相当，中部略微膨大，下部变为窄尖，腹侧鞍窄圆至尖棱状、偏向两侧，侧鞍宽圆。产地：新疆阿勒泰喀拉吉拉。层位：维宪阶（那林卡拉组下部）。

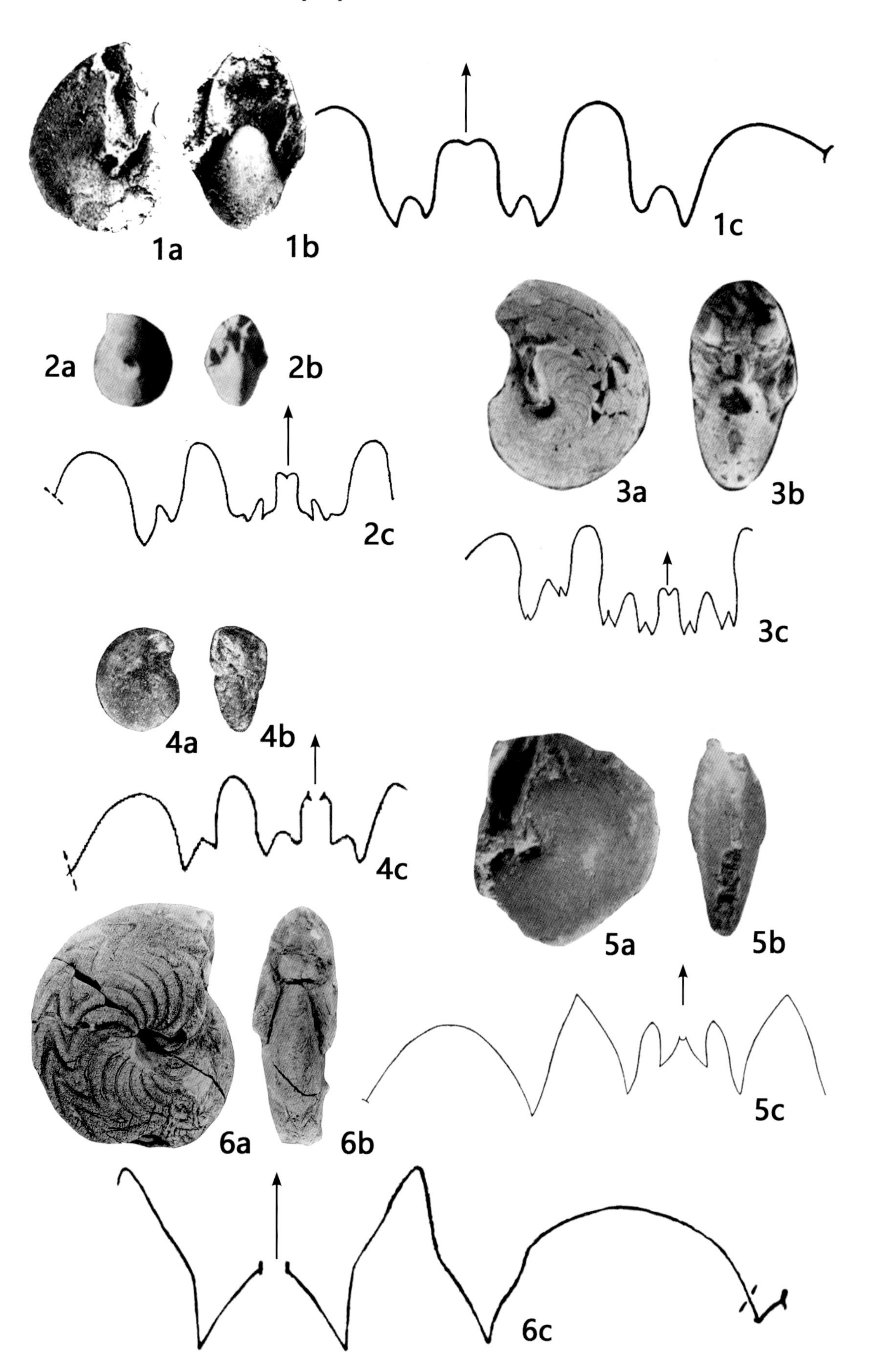
20 mm (x1)
1a
1b
1c
2a
2b
2c
3a
3b
3c
4a
4b
4c
5a
5b
5c
6a
6b
6c

图版 5-4-10 说明

［标本 1—4 保存在中国科学院南京地质古生物研究所；标本 5—6 保存在中国地质大学（武汉）；
标本 7 保存在中国地质调查局西安地质调查中心］

1　广西角叶菊石 *Eogonioloboceras guangxiense* Ruan，1981b　引自阮亦萍（1981b）

a. 侧视，×1；b. 前视，×1；c. 缝合线，×2，D=34.2mm。登记号：48936（正模）。主要特征：薄盘状、脐部小、腹部窄圆，缝合线腹叶很宽，呈不显著的“Y”形，中鞍很高，可达腹侧鞍高度的 3/5 以上，呈三角状，腹支叶上宽下窄，偶生叶与腹支叶宽度相当且不对称，两侧近平直，腹侧鞍窄圆至尖棱状、偏向两侧，侧鞍宽圆。产地：广西南丹七圩 Ch。层位：巴什基尔阶 *Retites carinatus* 带（黄龙组）。

2　窄叶窄叶菊石 *Stenoloboceras stenolobatum* Ruan，1981b　引自阮亦萍（1981b）

a. 侧视，×1；b. 缝合线，×4，R=12.9mm。登记号：48933（正模）。主要特征：薄盘状、脐部小、腹部窄圆，可具微弱中脊，具双凸式生长线，缝合线腹叶中等宽度，中鞍较低但很宽，腹支叶很窄，偶生叶窄深、不对称，腹侧鞍圆。产地：广西南丹七圩 SD。层位：谢尔普霍夫阶 *Eumorphoceras plummeri-Dombarites falcatoides* 带（罗城组）。

3　扁平苏台德菊石 *Sudeticeras applanatum* Ruan，1981b　引自阮亦萍（1981b）

a. 侧视，×2；b. 腹视，×2；c. 缝合线，×5，D=14.6mm；d. 横切面，×2。登记号：a—c. 48786（正模），d. 48788。主要特征：厚盘状，脐部初期较大、后期很小，腹部窄圆到圆，具细密的双凸式生长线，缝合线腹叶中等宽度，呈“V”形，中鞍较低，偶生叶呈“V”形，腹侧鞍圆。产地：广西南丹七圩 SD。层位：谢尔普霍夫阶 *Eumorphoceras plummeri-Dombarites falcatoides* 带（罗城组）。

4　圆盘煤炭菊石 *Anthracoceras discus* Frech，1899　引自阮亦萍和周祖仁（1987）

a. 侧视，×2；b. 腹视，×2；c. 缝合线，×6，H=6.7mm。登记号：95720。主要特征：薄盘状、脐部接近闭合、腹部窄圆，具细密的双凸式生长线，腹弯明显，缝合线腹叶宽，呈“V”形，中鞍较低且宽，偶生叶宽浅，腹侧鞍圆。产地：宁夏中卫上校育川。层位：谢尔普霍夫阶（靖远组下段）。

5　短叶宁夏菊石 *Ningxiaceras brevilobatum* Yang，1987　引自杨逢清（1987）

a. 侧视，×2；b. 前视，×2；c. 缝合线，×6，D=10mm。登记号：a—b. 855（正模），c. 853。主要特征：薄盘状、脐部接近闭合、腹部窄圆至尖棱状，具凹凸式生长线，腹弯窄尖，缝合线腹叶较窄，中鞍较窄低，腹支叶呈“U”形，下端圆，偶生叶窄、较浅，腹侧鞍及侧鞍圆。产地：宁夏中卫校育川。层位：巴什基尔阶（靖远组）。

6　宽脐新琴菊石 *Caenolyroceras latumbilicatum*（Yang，1986）　引自杨逢清（1986）

a. 侧视，×2；b. 前视，×2；c. 腹视，×2；d. 缝合线，×10，D=8mm。登记号：379（正模）。主要特征：厚盘状至薄墩状、脐部大、腹部宽圆，具生长线及纵线，每个旋圈具 2 条浅的收缩沟，缝合线腹叶较窄，中鞍低，偶生叶呈“V”形，下端圆至窄圆。产地：宁夏中宁陈麻子井。层位：谢尔普霍夫阶（中卫组）。

7　窄腹琴棱菊石 *Lyrogoniatites stenoventrosus* Gao，1983　引自高月英等（1983）

a. 侧视，×3；b. 前视，×3；c. 缝合线，×16。d. 横切面，×3。登记号：a—b. C031（正模），c. 缺，d. C025。主要特征：亚球状、脐部大、腹部宽圆，具生长线和明显的纵线，交织成网格状，每个旋圈具 3 条较深的收缩沟，缝合线腹叶较窄，中鞍低，偶生叶较宽，浅于腹叶。产地：宁夏中宁陈麻子井。层位：谢尔普霍夫阶（臭牛沟组顶部）。

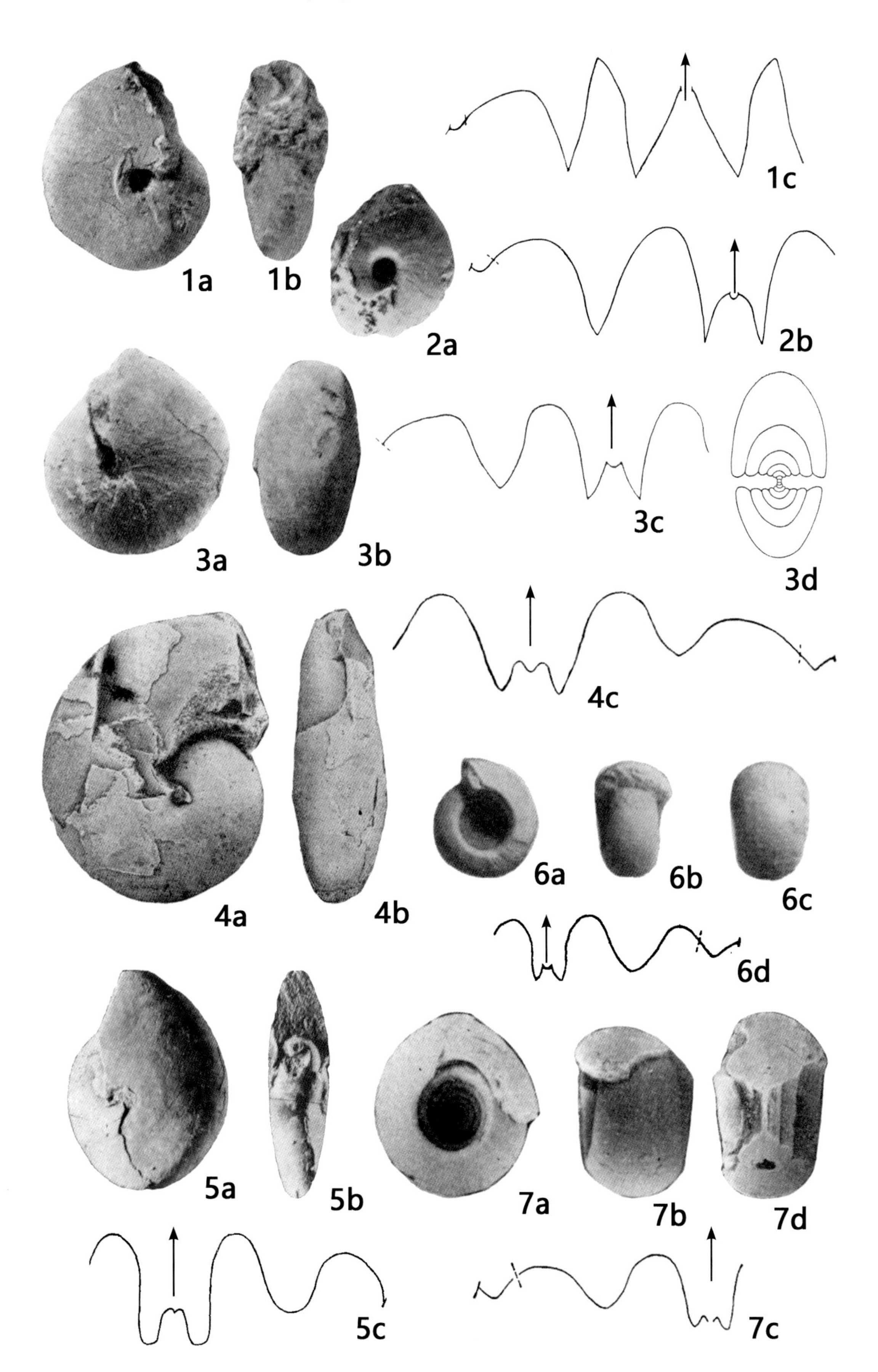
20 mm (x1)
1a
1b
1c
2a
2b
3a
3b
3c
3d
4a
4b
4c
6a
6b
6c
6d
5a
5b
5c
7a
7b
7d
7c

图版 5-4-11 说明

［标本 1、5 保存在中国地质调查局西安地质调查中心；
标本 2、4、6 保存在中国科学院南京地质古生物研究所；标本 3、7 保存在中国地质大学（武汉）］

1 小型新雕菊石 *Neoglyphioceras minutus* Gao，1983 引自高月英等（1983）

a. 侧视，×3；b. 前视，×3；c. 缝合线，×16。登记号：C040（正模）。主要特征：厚墩状、脐部较小、腹部宽圆，具明显的生长线和纵线，呈网格状，缝合线腹叶窄深，呈“V”形，中鞍低，偶生叶宽，下端窄圆至尖棱。产地：宁夏中宁陈麻子井。层位：谢尔普霍夫阶（臭牛沟组顶部）。

2 瓜形异镜菊石 *Mirilentia cucurbitoides* Ruan and Zhou，1987 引自阮亦萍和周祖仁（1987）

a. 侧视，×3；b. 前视，×3；c. 缝合线，×10，W=6.2mm。登记号：95778（正模）。主要特征：墩状、脐部较小、腹部宽圆，壳表生长线具腹突，偶有收缩沟，缝合线腹叶中等宽度，中鞍低于腹侧鞍高度的一半，偶生叶较宽，下端窄圆至尖棱状，腹侧鞍及侧鞍宽圆。产地：宁夏中卫上校育川。层位：谢尔普霍夫阶（靖远组下段）。

3 似蠕虫绳菊石 *Rhymmoceras vermiculatum* Ruzhencev，1958 引自杨逢清（1986）

a. 侧视，×2；b. 前视，×2；c. 腹视，×2；d. 缝合线，×10，D=9.5mm。登记号：308。主要特征：盘状、脐部较大、腹部宽圆，具生长线及纵线，呈网格状，生长线具腹弯，每个旋圈具 3 条浅的收缩沟，缝合线腹叶中等宽度，中鞍较低，腹支叶不对称，下端尖棱状，腹侧鞍上端窄圆状、偏向腹侧。产地：宁夏中宁陈麻子井。层位：谢尔普霍夫阶（中卫组）。

4 肥厚壳果菊石 *Nuculoceras pilatum* Ruan and Zhou，1987 引自阮亦萍和周祖仁（1987）

a. 侧视，×3；b. 腹视，×3；c. 缝合线，×6，W=7.4mm。登记号：95798（正模）。主要特征：亚球状、脐部较小、腹部宽圆，具细肋状生长线，在近脐缘处二分叉，具腹弯，收缩沟窄浅，缝合线腹叶较窄，中鞍较低，偶生叶宽度与腹叶相当，呈“V”形。产地：宁夏中宁陈麻子井。层位：谢尔普霍夫阶（靖远组下段）。

5 宁夏克拉文菊石 *Cravenoceras ningxiaense* Gao，1983 引自高月英等（1983）

a. 侧视，×4；b. 前视，×4；c. 缝合线，×16。登记号：C026（正模）。主要特征：亚球状至墩状、脐部中等大小、腹部宽圆，具细密的生长线，近直，腹部附近可见纵线，每个旋圈具 2~3 条收缩沟，缝合线腹叶较窄，中鞍宽低，腹支叶窄浅，偶生叶稍有膨大，下端窄圆或存在小突起，腹侧鞍及侧鞍宽圆。产地：宁夏中宁陈麻子井。层位：谢尔普霍夫阶（臭牛沟组顶部）。

6 宽叶交叉菊石 *Lechroceras latilobatum* Ruan and Zhou，1987 引自阮亦萍和周祖仁（1987）

a. 侧视，×2；b. 前视，×2；c. 缝合线，×4，H=7.4mm。登记号：95799（正模）。主要特征：墩状、脐部中等大小、腹部宽圆，壳表生长线具宽的钝角状腹弯，具细而稀疏的肋状纵线，每个旋圈具 3 条宽深的收缩沟，缝合线腹叶很宽，下部快速收缩，呈“V”形，中鞍较低，腹支叶与中鞍宽度相当，偶生叶较宽，稍有膨大，呈“V”形，下端窄圆。产地：宁夏中卫上校育川。层位：谢尔普霍夫阶（靖远组下段）。

7 蛇形费耶特维尔菊石 *Fayettevillea serpentina* Yang，1986 引自杨逢清（1986）

a. 侧视，×4；b. 前视，×4；c. 腹视，×4；d. 缝合线，×14，D=5.8mm。登记号：310（正模）。主要特征：盘状，脐部初期非常大，后期较大，腹部宽圆，具生长线及收缩沟，缝合线腹叶较窄，两侧近平行，中鞍低，偶生叶圆，较腹叶宽浅，腹侧鞍宽圆。产地：宁夏中宁陈麻子井。层位：谢尔普霍夫阶（中卫组）。

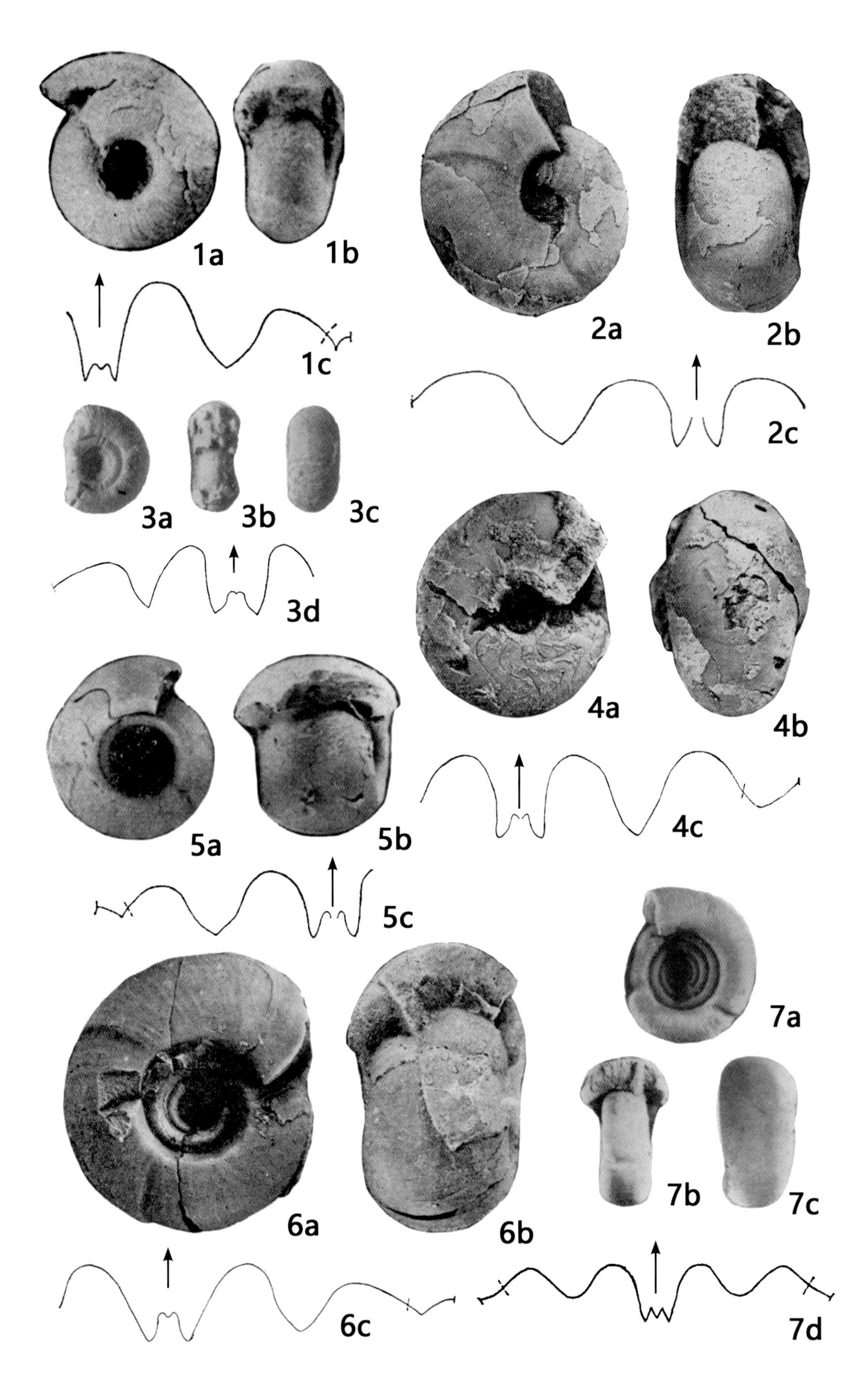
20 mm (x1)
1a
1b
1c
2a
2b
2c
3a
3b
3c
3d
4a
4b
4c
5a
5b
5c
6a
6b
6c
7a
7b
7c
7d

图版 5-4-12 说明

［标本 1、3—4、6 保存在中国科学院南京地质古生物研究所；标本 2 保存在中国地质大学（武汉）；
标本 5 保存单位不明］

1　先驱东方菊石 *Euroceras praecursor*（Ruan，1981b）　引自阮亦萍（1981b）

a. 侧视，×2；b. 前视，×2；c. 腹视，×2；d. 缝合线，×3，D=17.6mm。登记号：48887（正模）。主要特征：墩状、脐部小、腹部宽圆，壳表光滑，缝合线腹叶很宽，中鞍较高，腹支叶与中鞍宽度相当，下部膨大，下端收缩变尖，偶生叶宽度与腹支叶相当，中部膨大，下端尖棱状，腹侧鞍上部稍膨大、窄圆。产地：广西南丹七圩。层位：谢尔普霍夫阶 *Eumorphoceras plummeri-Dombarites falcatoides* 带（罗城组）。

2　宁夏假萨尔特菊石 *Pseudoschartymites ningxiaensis* Yang，1987　引自杨逢清（1987）

a. 侧视，×4；b. 前视，×4；c. 缝合线，×10，D=7.5mm。登记号：905（正模）。主要特征：厚盘状、脐部接近闭合、腹部宽圆，具直或微弯的生长线及横纹，初期具收缩沟，晚期消失，缝合线腹叶较宽，中鞍低，偶生叶宽浅，呈“V”形，腹侧鞍窄圆。产地：宁夏中卫下河沿。层位：上石炭统巴什基尔阶（靖远组）。

3　球状封闭菊石 *Clistoceras globosum* Nassichuk，1967　引自梁希洛和王明倩（1991）

a. 侧视，×3；b—c. 前视，×3；d. 缝合线，×6，H=8mm，W=11mm。登记号：a—b、d. 91534，c. 91535。主要特征：球状至纺锤状、脐部小、腹部宽圆，外壳在脐缘附近加厚，缝合线腹叶很宽，中鞍约为腹侧鞍高度的一半，腹支叶较宽，呈“V”形，稍膨大，偶生叶较宽，呈“V”形，腹侧鞍窄圆到圆，侧鞍圆。产地：新疆奇台老君庙北。层位：莫斯科阶（石钱滩组）。

4　盘状合腹菊石 *Syngastrioceras discoidale* Ruan，1981b　引自阮亦萍（1981b）

a. 侧视，×1；b. 前视，×1；c. 缝合线，×3，D=28.7mm。登记号：48840（正模）。主要特征：厚盘状至墩状、脐部中等大小、腹部宽圆，具细弱生长线，缝合线腹叶较窄，中鞍较高，可达腹侧鞍高度的3/4，腹支叶窄深，中部膨大，偶生叶略宽于腹叶、较深，中部明显膨大，下部收缩变尖，腹侧鞍上部膨大、窄圆至尖棱状，侧鞍窄圆到圆。产地：广西南丹七圩。层位：巴什基尔阶 *Retites carinatus* 带到 *Branneroceras branneri* 带（黄龙组）。

5　德坞光洁菊石 *Glaphyrites dewuensis*（Yang，1978）　引自杨逢清（1978）

a. 侧视，×1；b. 腹视，×1；c. 缝合线，×4。登记号：a—b. 0113（正模），c. 缺。主要特征：厚盘状、脐部较大、腹部宽圆，具肋状生长线及脐缘旋脊，缝合线腹叶中等宽度，中鞍约为腹侧鞍高度的一半，偶生叶稍窄于腹叶，中部膨大，下端窄圆或尖棱状，腹侧鞍上部略膨大，上端圆，侧鞍窄圆。产地：贵州水城德坞。层位：谢尔普霍夫阶（摆佐组上部）。

6　稠密短菊石 *Brevikites densus* Ruzhencev and Bogoslovskaya，1978　引自梁希洛（1993）

a. 侧视，×3；b. 腹视，×3；c. 缝合线，×10，H=5mm，W=7mm。登记号：114361。主要特征：薄盘状、脐部中等大小，具腹棱、双凸式生长线及较深的收缩沟，脐缘具瘤，在侧面形成横肋，缝合线腹叶上端很宽，但收缩很快，下部很窄，两侧近平行，中鞍较低，腹支叶窄浅，下端圆，偶生叶呈“V”形，下端窄圆，腹侧鞍宽高，侧鞍窄低，上端均宽圆。产地：甘肃景泰大安福禄村。层位：巴什基尔阶（红土洼组）。

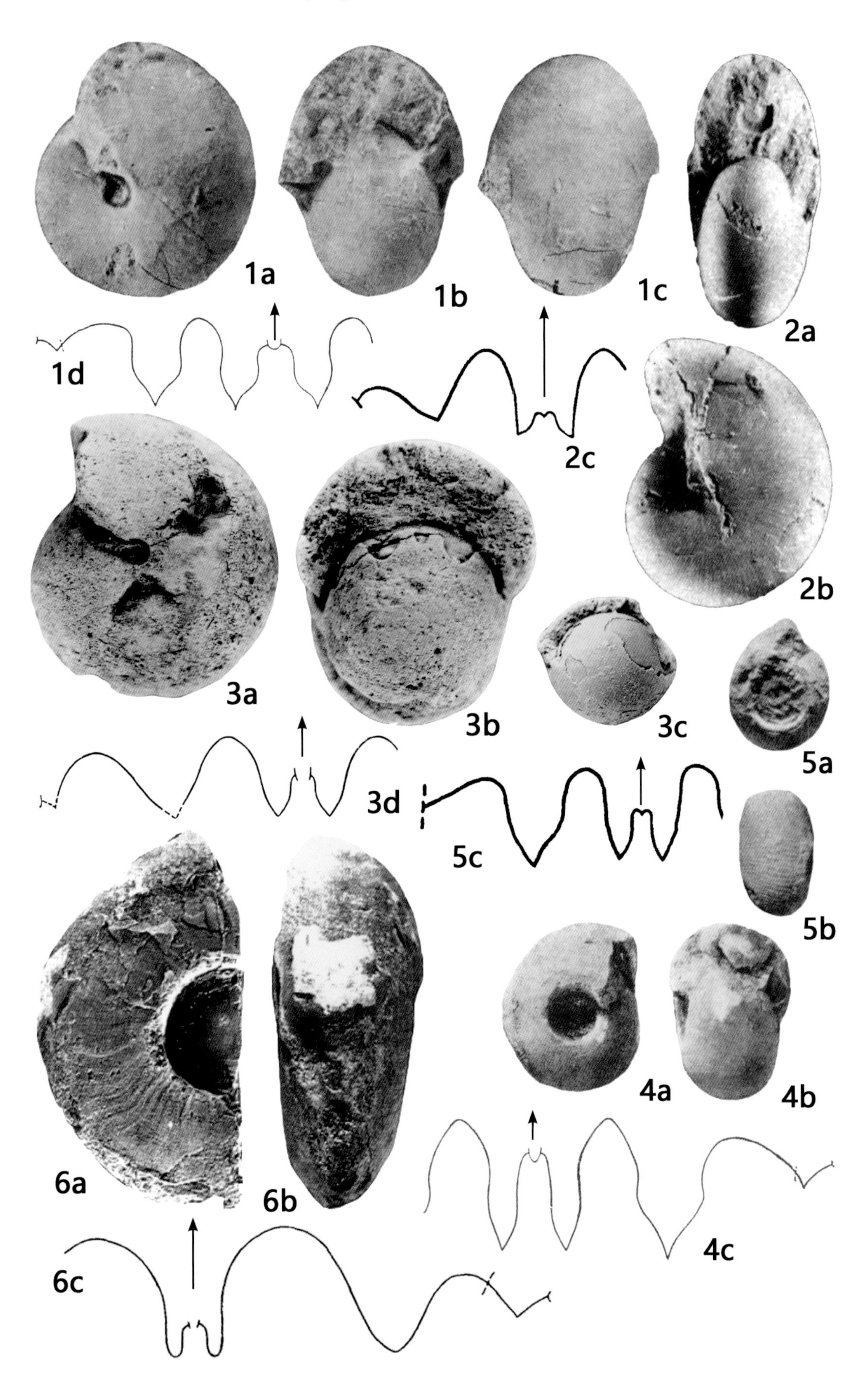
20 mm (x1)
1a
1b
1c
1d
2a
2b
2c
3a
3b
3c
3d
4a
4b
4c
5a
5b
5c
6a
6b
6c

图版 5-4-13 说明

［标本 1—2、4、6 保存在中国科学院南京地质古生物研究所；标本 3 保存单位不明；
标本 5 保存在中国地质大学（武汉）］

1　祖先华美菊石 *Decorites avus* Ruzhencev and Bogoslovskaya，1978　引自梁希洛（1993）

a. 侧视，×3；b. 腹视，×3；c. 缝合线，×18，H=6mm，W=6mm。登记号：a—b. 114366，c. 114365。主要特征：厚盘状、脐部较小、腹部宽圆，具生长线及双凸式的两分叉粗横肋，在腹部形成浅的“V”形腹弯，缝合线腹叶较宽，中鞍约为腹侧鞍高度的一半，腹支叶窄，下端窄圆，偶生叶窄深，下端窄圆至尖棱状，腹侧鞍及侧鞍圆。产地：宁夏中卫下河沿。层位：巴什基尔阶（红土洼组）。

2　轮形库山菊石 *Kushanites rotalis* Ruan and Zhou，1987　引自阮亦萍和周祖仁（1987）

a. 侧视，×3；b. 前视，×3；c. 缝合线，×6，H=5.2mm。登记号：95802（正模）。主要特征：薄墩状、脐部中等大小、腹部宽圆，最后期具腹沟，具较粗的二分叉横肋，腹部处近直，每个旋圈具 4 条宽深的收缩沟，缝合线腹叶浅，上部很宽，下部收缩变窄，中鞍宽、较低，腹支叶窄浅，偶生叶及腹侧鞍宽圆，侧鞍窄圆较低。产地：宁夏中卫校育川干柴沟。层位：巴什基尔阶（靖远组上段下部）。

3　亚球形马场菊石 *Machangoceras subglobosum* Yang，1978　引自杨逢清（1978）

a. 侧视，×1；b. 前视，×1；c. 缝合线，×6。登记号：0933（正模）。主要特征：亚球状至墩状、脐部中等大小、腹部宽圆，具明显的二分叉横肋，腹部处近直，在脐缘处加厚形成发育小瘤的旋脊，缝合线腹叶宽，中鞍较高，约为腹侧鞍高度的 2/3，腹支叶宽深，下端窄圆至尖棱状，偶生叶窄深，中部膨大，腹侧鞍及侧鞍较窄，窄圆到圆。产地：贵州盘县马场滑石板。层位：巴什基尔阶（滑石板组）。

4　裸似腹菊石 *Homoceras nudum*（Haug，1898）　引自阮亦萍（1981b）

a. 侧视，×3；b. 前视，×3；c. 腹视，×3；d. 缝合线，×6，D=12mm。登记号：48901。主要特征：亚球状、脐部中等大小，腹部宽圆、微拱，初期具低的腹中棱，后期内核可见腹脊，脐缘光滑呈锐角状，具微弱腹弯的细密生长线，每个旋圈具 3~4 条宽浅的收缩沟，缝合线腹叶中等宽度，中鞍接近腹侧鞍高度的一半，腹支叶窄，偶生叶较浅，成“V”形，下端窄圆，腹侧鞍及侧鞍圆。产地：广西南丹七圩。层位：巴什基尔阶 *Homoceras nudum* 带（黄龙组）。

5　盘形阿鲁尔菊石 *Alurites discoides* Yang，1987　引自杨逢清（1987）

a. 侧视，×2；b. 前视，×2；c. 腹视，×2；d. 缝合线，×10，D=7.5mm。登记号：a—c. 488（正模），d. 487。主要特征：厚盘状、脐部中等大小、腹部宽圆，具明显前倾的二分叉横肋，每个旋圈具 3~4 条收缩沟，腹弯浅，缝合线腹叶较宽，中鞍较宽低，腹支叶窄圆，偶生叶宽浅，下端圆，腹侧鞍窄圆到圆。产地：宁夏中卫校育川。层位：巴什基尔阶（靖远组）。

6　细肋阿肯色菊石 *Arkanites tenuicinctus* Ruan and Zhou，1987　引自阮亦萍和周祖仁（1987）

a. 侧视，×2；b. 前视，×2；c. 缝合线，×2，D=26.2mm。登记号：95813（正模）。主要特征：厚盘状、脐部较小、腹部圆，具细而低平的双凸式横肋及生长线，腹侧突及腹弯明显，腹侧沟窄，稍深，每个旋圈具 3 条收缩沟，缝合线腹叶中等宽度，中鞍较宽低，偶生叶窄浅，鞍叶窄圆到圆。产地：宁夏中卫校育川干柴沟。层位：巴什基尔阶（靖远组上段下部）。

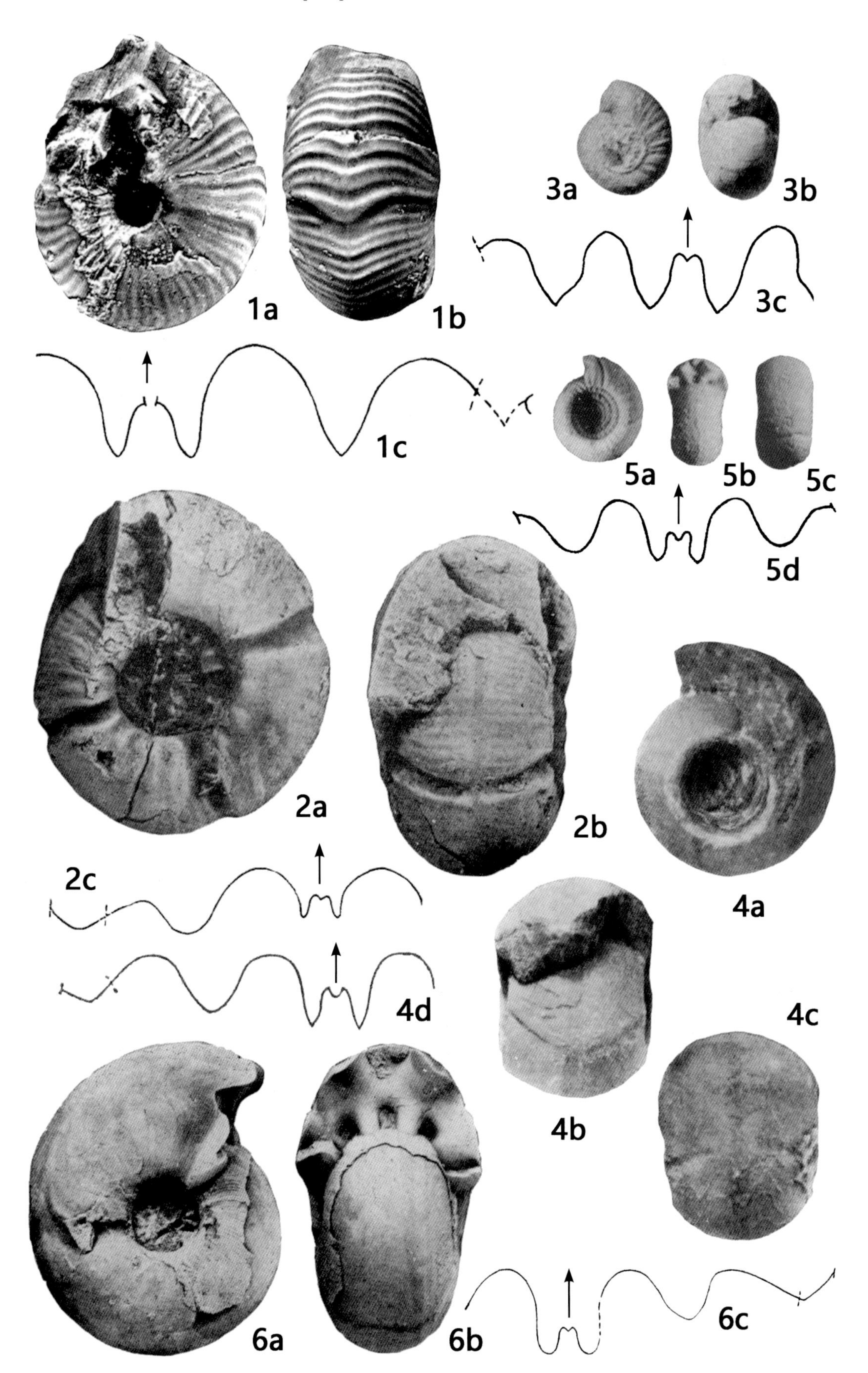
20 mm (x1)
1a
1b
3a
3b
3c
1c
5a
5b
5c
5d
2a
2b
2c
4a
4d
4b
4c
6a
6b
6c

图版 5-4-14 说明

（所有标本保存在中国科学院南京地质古生物研究所）

1　胜比林比林菊石 *Bilinguites superbilinguis*（Bisat，1924）　引自阮亦萍和周祖仁（1987）

a. 侧视，×2；b. 前视，×2；c. 缝合线，×8，H=4.3mm；d. 横切面，×3。登记号：a—b. 95823；c. 95830；d. 95843。主要特征：成年体薄盘状、脐部小、腹部窄圆，具双凸式或镰形生长线，腹弯明显，腹侧突较尖，位于较深的圆凹状腹侧沟中，缝合线腹叶宽，中鞍接近腹侧鞍高度的一半，下部宽而上部收缩变窄，腹支叶不对称，下端窄圆，偶生叶宽浅、稍有膨大，下端窄圆，腹侧鞍及侧鞍窄圆到圆。产地：宁夏中卫校育川。层位：巴什基尔阶（靖远组上段下部）。

2　舌形菲力浦斯菊石 *Phillipsoceras linguatum* Ruzhencev and Bogoslovskaya，1978　引自梁希洛（1993）

a. 侧视，×2；b. 前视，×2；c. 缝合线，×10，H=5.3mm，W=9mm。登记号 114373。主要特征：墩状、脐部中等大小、腹部宽圆，具一微弱的腹棱，脐缘具瘤或短肋，具细肋和纵线，形成网格状，腹侧突窄圆，腹弯明显，每个旋圈具 3 条较深的收缩沟，缝合线腹叶中等宽度，中鞍低，腹支叶窄浅，偶生叶呈“V”形，下端均为窄圆。产地：甘肃景泰大安福禄村。层位：巴什基尔阶（红土洼组）。

3　网纹网纹菊石 *Reticuloceras reticulatum*（Phillips，1836）　引自阮亦萍和周祖仁（1987）

a. 侧视，×5；b. 腹视，×5；c. 缝合线，×18，W=3.8mm。登记号：95807。主要特征：厚盘状、脐部较小、腹部圆，脐缘处的横肋低弱，具粗细不均的双凸式生长线及浅弱的收缩沟，纵线弱，缝合线腹叶较窄，中鞍低，腹支叶窄浅，偶生叶呈“V”形，下端窄圆或圆。产地：宁夏中卫校育川干柴沟。层位：巴什基尔阶（靖远组中部）。

4　南丹网菊石 *Retites nandanensis* Ruan，1981b　引自阮亦萍（1981b）

a. 侧视，×1；b. 前视，×1；c. 腹视，×1；d. 缝合线，×5，D=22.9mm；e. 横切面，×2。登记号：a—d. 48947（正模）；e. 48954。主要特征：盘状、脐部中等大小、腹部圆，成年期具腹棱，在脐缘处具瘤或细肋以及微弱的脐缘脊，分叉形成细密的生长线，腹弯明显，纵线细密，与生长线交叉形成网格状，每个旋圈具 4 条收缩沟，缝合线腹叶中等宽度，中鞍约为腹侧鞍高度的一半，腹支叶及偶生叶均呈“V”形，略微膨大，下端均为窄圆。产地：广西南丹七圩 Ch。层位：巴什基尔阶 *Retites carinatus* 带（黄龙组）。

5　脊状盖网菊石 *Tectiretites carinatus*（Ruan，1981b）　引自阮亦萍（1981b）

a. 侧视，×1；b. 前视，×1；c. 腹视，×1；d. 缝合线，×2，D=42.5mm。登记号：48941（正模）。主要特征：厚盘状、脐部中等大小、腹部初期窄圆，成年期具腹棱和明显的脐缘脊，具肋状生长线及细的纵线，交叉呈网状，每个旋圈具 3 条收缩沟，缝合线腹叶宽，中鞍高于腹侧鞍高度的一半，偶生叶窄、稍膨大且浅于腹叶，下端窄尖。产地：广西南丹七圩 Ch。层位：巴什基尔阶 *Retites carinatus* 带（黄龙组）。

6　松卷苏伦菊石 *Surenites laxilectus* Ruzhencev and Bogoslovskaya，1978　引自阮亦萍（1991）

a. 侧视，×4；b. 前视，×4；c. 缝合线，×12，D=10mm。登记号：a—b. 108465，c. 108469。主要特征：厚盘状、脐部中等大小、腹部圆，脐缘瘤明显，分叉后形成细密的生长线，每个旋圈约有 3 条收缩沟，缝合线腹叶较宽，中鞍约为腹侧鞍高度的一半，偶生叶略微膨大，下端窄圆或尖棱状。产地：新疆尼勒克陶坎 - 伊宁水泥厂。层位：巴什基尔阶（东图津河群下部）。

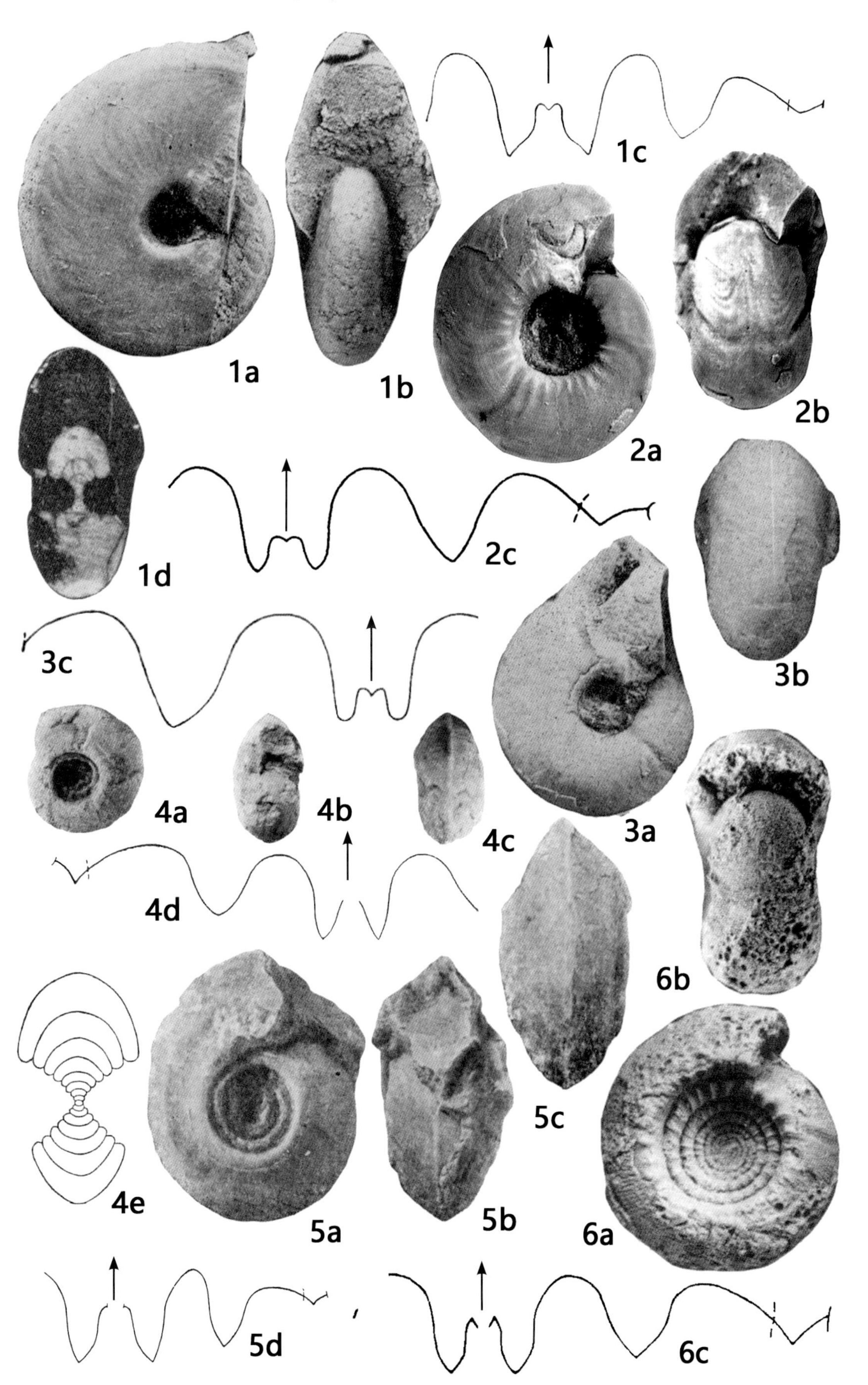
20 mm (x1)
1a
1b
1c
1d
2a
2b
2c
3a
3b
3c
4a
4b
4c
4d
4e
5a
5b
5c
5d
6a
6b
6c

图版 5-4-15 说明

［标本 1、3—6 保存在中国科学院南京地质古生物研究所；标本 2 保存在中国地质大学（武汉）］

1 矮小维纽尔菊石 *Verneuilites pygmaeus*（Mather，1915） 引自阮亦萍和周祖仁（1987）

a. 侧视，×4；b. 前视，×4；c. 缝合线，×10，H=4.7mm。登记号：a—b. 95819，c. 95820。主要特征：墩状到厚盘状、脐部较小、腹部窄圆，具细密生长线，腹弯明显，腹侧突窄圆，每个旋圈具 4~5 条收缩沟，缝合线腹叶中等宽度，中鞍较窄低，偶生叶窄浅，下端窄圆状。产地：宁夏中卫上校育川。层位：巴什基尔阶（靖远组上段上部）。

2 厚盘网格菊石 *Cancelloceras*（*Cancelloceras*） *pachygyrum* Yang，Zheng and Liu，1983 引自杨逢清（1987）

a. 侧视，×2；b. 腹视，×2；c. 缝合线，×6，D=17.3mm。登记号：a—b. 469（正模），c. 612。主要特征：厚盘状、脐部中等大小、腹部圆，脐缘发育横肋，分叉形成细密的生长线，腹弯浅，纵线较粗而明显，每个旋圈具 3 条微弱的收缩沟，缝合线腹叶较宽，中鞍较宽，约为腹侧鞍高度的一半，腹支叶下端窄圆，偶生叶呈“V”形。产地：宁夏中卫校育川。层位：巴什基尔阶（靖远组）。

3 亚洲网格菊石 *Cancelloceras*（*Crencelloceras*） *asianum* Ruzhencev and Bogoslovskaya，1978 引自阮亦萍和周祖仁（1987）

a. 侧视，×1；b. 前视，×1；c. 缝合线，×4，H=6.6mm。登记号：95927。主要特征：厚盘状、脐部中等大小、腹部宽圆，初期在脐缘处发育横肋，成年期后逐渐消失，具明显的生长线及细弱的纵线，每个旋圈具 4 条收缩沟，缝合线腹叶中等宽度，中鞍可达腹侧鞍高度的一半，腹支叶窄深，下端窄圆，腹支叶呈“V”形，下端窄圆。产地：宁夏中卫校育川干柴沟。层位：巴什基尔阶（靖远组上段上部）。

4 里斯特腹菊石 *Gastrioceras listeri*（Sowerby，1812） 引自阮亦萍和周祖仁（1987）

a. 侧视，×3；b. 前视，×3；c. 缝合线，×12，H=2.6mm；d. 横切面，×3。登记号：a—c. 95929，d. 95937。主要特征：墩状到球状、脐部中等大小、腹部宽圆，在脐缘处具突出较粗大的横肋或瘤，由此分叉形成肋状生长线，脐缘附近具纵线，每个旋圈具 4 条收缩沟，缝合线腹叶较宽浅，中鞍宽，接近腹侧鞍高度的一半，腹支叶下端窄圆，腹支叶较浅，呈“V”形，下端窄圆，腹侧鞍宽圆。产地：宁夏中卫上校育川。层位：巴什基尔阶（靖远组上段上部）。

5 翁氏腹菊石 *Gastrioceras wongi* Grabau，1924 引自阮亦萍和周祖仁（1987）

a. 侧视，×2；b. 前视，×2；c. 腹视，×2；d. 缝合线，×10，W=8.6mm；e. 横切面，×2。登记号：a—d. 95943，e. 95945。主要特征：墩状、脐部中等大小、腹部及侧部宽圆，在脐缘处具短的肋状瘤，分叉形成粗的生长线，腹弯明显，每个旋圈具 4 条窄深的收缩沟，缝合线腹叶较宽，中鞍不到腹侧鞍高度的一半，偶生叶呈“V”形，下端窄圆。产地：宁夏中卫上校育川。层位：巴什基尔阶（靖远组上段上部）。

6 尖叶欧文菊石 *Owenoceras arcutum* Liang and Wang，1991 引自梁希洛和王明倩（1991）

a. 侧视，×2；b. 前视，×2；c. 缝合线，×5，H=6.3mm，W=9.2mm。登记号：91541（正模）。主要特征：厚墩状、脐部较小、腹部宽圆，具明显的纵线，每个旋圈具 3 条收缩沟，缝合线腹叶较窄，中鞍较低，腹支叶窄尖，偶生叶窄深，中部稍膨大，下端尖棱状。产地：新疆巴里坤三圹湖。层位：莫斯科阶（石钱滩组）。

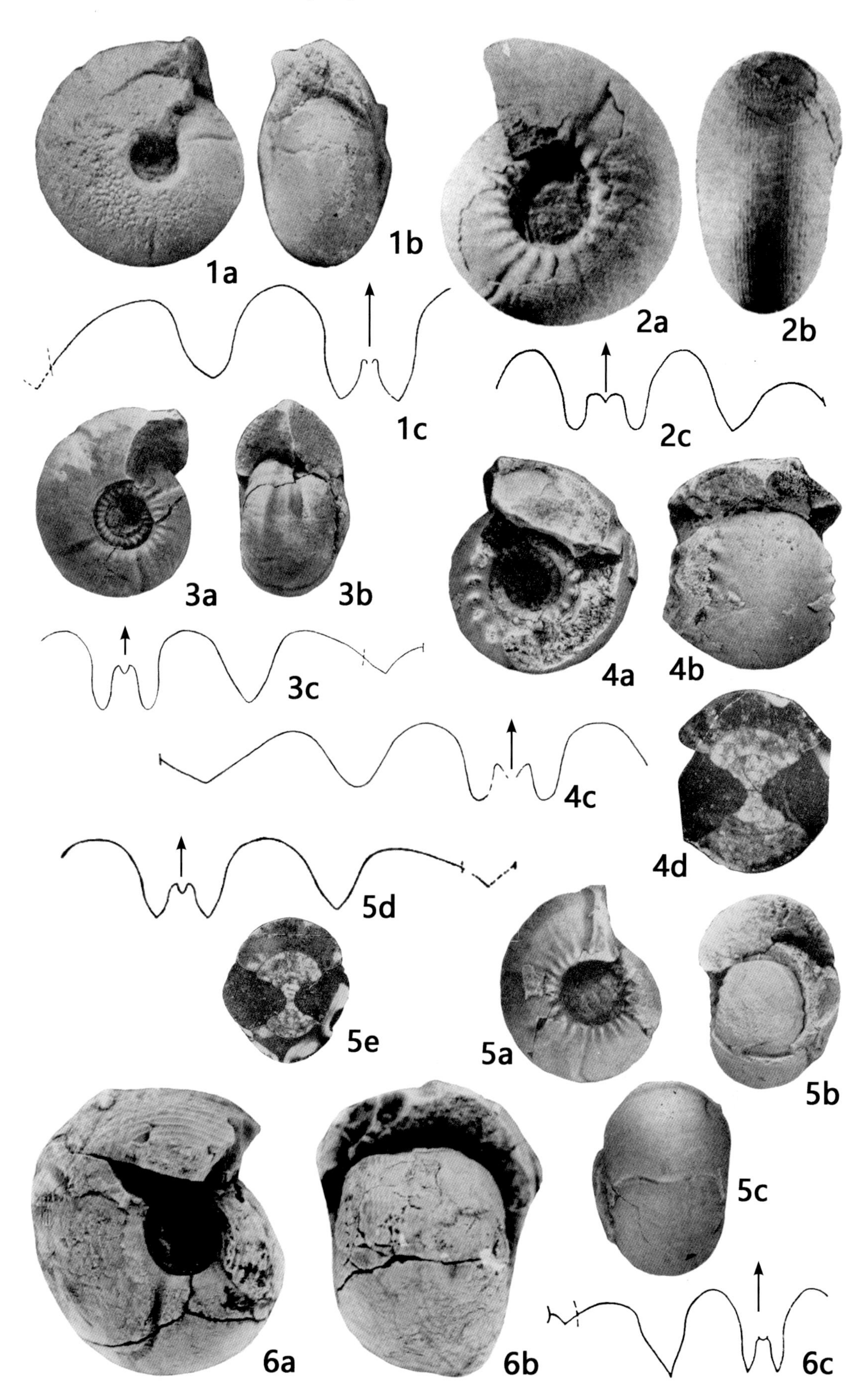
20 mm (x1)
1a
1b
1c
2a
2b
2c
3a
3b
3c
4a
4b
4c
4d
5d
5e
5a
5b
5c
6a
6b
6c

图版 5-4-16 说明

［标本 1 保存在中国地质大学（武汉）；标本 2、4、7 保存单位不明；标本 3 保存在中国地质博物馆；标本 5—6 保存在中国科学院南京地质古生物研究所］

1　下河沿威特菊石 *Wiedeyoceras xiaheyianense* Yang，1987　引自杨逢清（1987）

a. 侧视，×2；b. 前视，×2；c. 腹视，×2；d. 缝合线，×4，D=14.5mm。登记号：457（正模）。主要特征：厚盘状、脐部较小、腹部窄圆，具细的生长线，腹弯宽深，缝合线腹叶较宽，中鞍较窄低，腹支叶不对称，下端窄圆或尖棱状，偶生叶成“V”形，下端尖棱状，腹侧鞍窄圆，侧鞍亦窄圆但较低。产地：宁夏中卫下河沿。层位：巴什基尔阶（靖远组）。

2　细线大车轮菊石 *Megatrochoceras striatum* Yang，1978　引自杨逢清（1978）

a. 侧视，×0.8；b. 前视，×0.8；c. 腹视，×0.8；d. 缝合线，×1；e. 横切面，×0.4。登记号：a—c. 0087（正模），d. 缺，e. 0089。主要特征：薄盘状、脐部小、腹部窄圆到尖棱状，具细密的双凸式生长线，腹弯明显，缝合线腹叶较宽，中鞍超过腹侧鞍高度的一半，呈三角状，偶生叶窄深，中部膨大，下端收缩为尖棱状。产地：贵州盘县马场滑石板。层位：巴什基尔阶（滑石板组）。

3　韦勒角叶菊石 *Gonioloboceras welleri* Smith，1903　引自盛怀斌（1981）

a. 侧视，×0.5；b. 腹视，×0.5；c. 缝合线，×1，H=41mm，W=15.6mm。登记号：C3010。主要特征：薄盘状、脐部小、腹部窄圆，具微弱生长线，缝合线腹叶宽，中鞍较宽，可达腹侧鞍高度的一半，偶生叶与腹支叶宽度相当，下端均窄圆，腹侧鞍窄圆、偏向两侧，侧鞍宽圆。产地：新疆奇台克拉麦里塔木岗。层位：莫斯科阶（石钱滩组）。

4　中华似同菊石 *Homoceratoides sinensis* Yang，1978　引自杨逢清（1978）

a. 侧视，×1；b. 腹视，×1；c. 缝合线，×2。登记号：0342（正模）。主要特征：盘状、脐部较小、腹部窄圆，在靠近脐缘处为脊，之后二分叉为细密的生长线，腹弯明显，缝合线腹部较宽，中鞍窄高，达到腹侧鞍高度的 3/4，腹支叶宽深，偶生叶窄深，下部均为尖棱状，腹侧鞍窄圆。产地：贵州水城德坞。层位：谢尔普霍夫阶（摆佐组上部）。

5　窄鞍多枝菊石 *Ramosites stenosellatus* Ruan，1981b　引自阮亦萍（1981b）

a. 侧视，×1；b. 前视，×1；c. 缝合线，×2，D=28.4mm。登记号：48909（正模）。主要特征：厚盘状、脐部较小、腹部圆，缝合线腹叶较宽，两侧中部近平行，中鞍窄高，可达腹侧鞍高度的 3/4，腹支叶宽深，偶生叶窄深，均稍膨大，下端尖棱状。产地：广西南丹七圩 D。层位：巴什基尔阶 *Branneroceras branneri* 带（黄龙组）。

6　乐氏水城菊石 *Shuichengoceras yohi* Yin，1935

a. 侧视，×0.5；b. 腹视，×0.5；c. 缝合线，×0.5。登记号：5835（正模）。主要特征：薄盘状、脐部很小、腹部窄圆，具细密的生长线，缝合线腹叶很宽，中鞍较高，可达腹侧鞍高度的 2/3，腹支叶下端二分叉，外支很浅，偶生叶窄深、不对称，下端均为尖棱状，腹侧鞍亦为尖棱状，偏向两侧，侧鞍很低。产地：贵州水城。层位：巴什基尔阶（王家坝灰岩）。

7　大型双形菊石 *Neodimorphoceras giganteum* Yang，1978　引自杨逢清（1978）

a. 侧视，×1；b. 前视，×1；c. 腹视，×1；d. 缝合线，×1。登记号：a—c. 0101（正模），d. 0102。主要特征：薄盘状、脐部小、腹部窄圆，不具腹沟，具细密的生长线，缝合线腹叶很宽，呈“Y”形，中鞍约为腹侧鞍高度的一半，腹支叶下端二分叉，内支窄深、尖棱状，外支窄浅、窄圆，偶生叶不对称，下端尖棱状、偏向两侧，腹侧鞍不对称，上部较宽、尖棱状，侧鞍低、宽圆。产地：贵州水城发箐。层位：莫斯科阶（达拉组上部）。

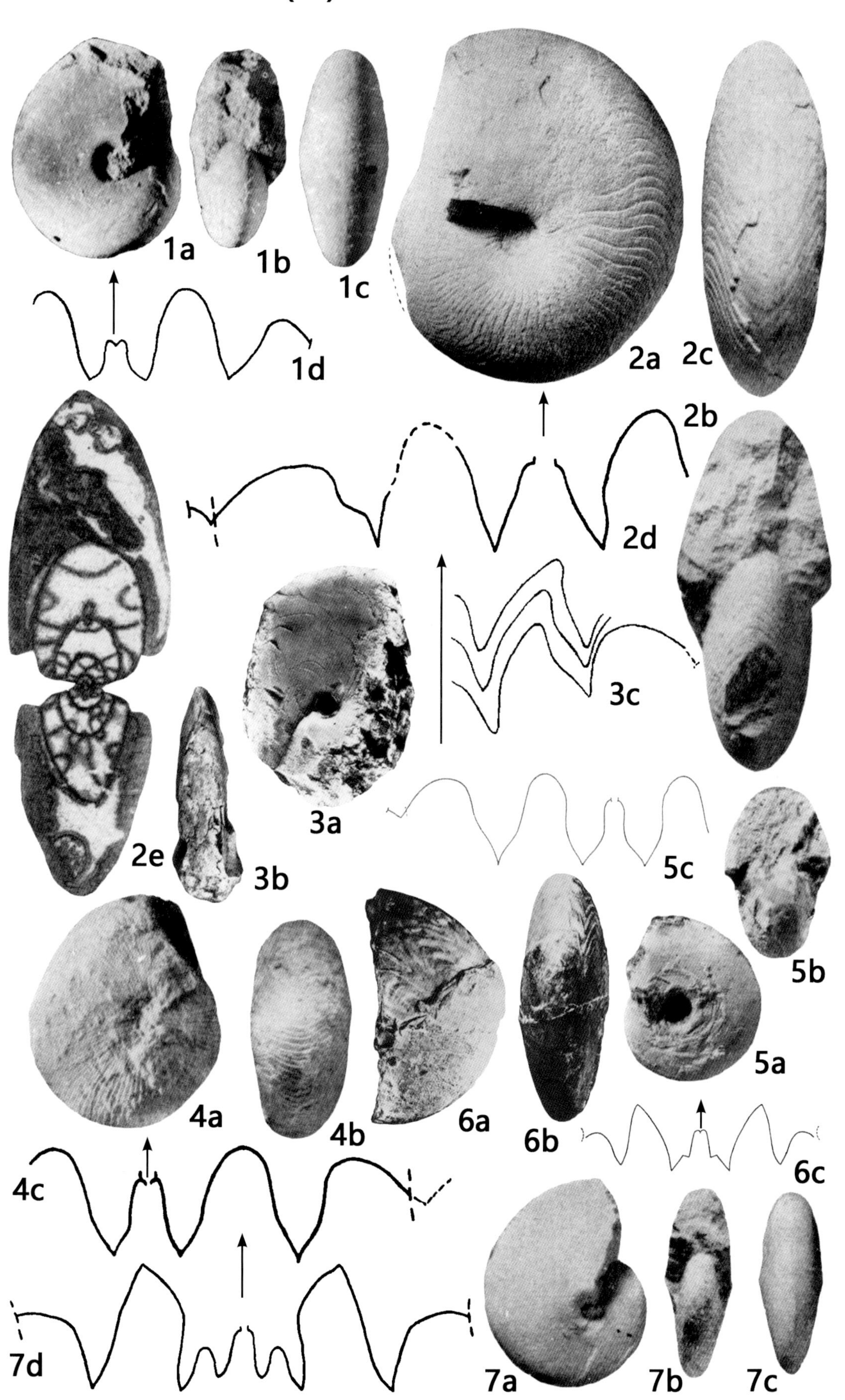
20 mm (x1)
1a
1b
1c
1d
2a
2c
2b
2d
2e
3a
3b
3c
5c
5b
5a
4a
4b
6a
6b
6c
4c
7d
7a
7b
7c

图版 5-4-17 说明

（标本 1 保存在新疆区测队；标本 2—4 保存单位不明；标本 5—6 保存在中国科学院南京地质古生物研究所）

1　美丽阿奇山菊石 *Aqishanoceras bellum* Wang，1981　引自王明倩（1981）

a. 侧视，×2；b. 腹视，×2；c. 缝合线，×8，H=5.5mm；d—e 横切面，×2。登记号：XC-103（正模）。主要特征：薄盘状、脐部较大，具腹沟，具较细密的镰形横肋，止于腹沟两侧而形成瘤，缝合线腹叶很宽、浅，中鞍宽，腹支叶不对称、总体偏向两侧，但下端尖棱状、偏向腹侧，偶生叶窄，深度约为腹叶的 2 倍，下部明显膨大，下端尖棱状，侧叶窄、稍膨大，两个脐叶很小，分别位于脐线及脐接线处，所有鞍均为圆状。产地：新疆东部阿奇山东南。层位：莫斯科阶（雅满苏组）。

2　盘状发箐菊石 *Faqingoceras discoideum* Yang，1978　引自杨逢清（1978）

a. 侧视，×1；b. 腹视，×1；c. 缝合线，×5。登记号：0213（正模）。主要特征：墩状至盘状、脐部中等大小、腹部圆或窄圆，具较密的双凸式肋状生长线，腹弯浅圆，缝合线腹叶中等宽度，两侧近平行，中鞍较高，可达腹侧鞍高度的 2/3，腹支叶窄深，下端窄圆，偶生叶宽深，不对称，下端尖棱状，侧鞍远高于腹侧鞍。产地：贵州水城发箐。层位：莫斯科阶（达拉组上部）。

3　华美文士楼菊石 *Winslowoceras decorosum* Yang，1978　引自杨逢清（1978）

a. 侧视，×1；b. 腹视，×1；c. 缝合线，×3。登记号：1298（正模）。主要特征：薄盘状、脐部中等宽度、腹部圆，侧面具低平而宽的棱，具细密的双凸式生长线，在腹缘处加粗，可能形成小瘤，腹侧突及腹弯明显，缝合线腹叶较窄，两侧近平行，中鞍约为腹侧鞍高度的一半，偶生叶窄，深于腹叶，下部膨大，侧叶窄浅，所有鞍的上端均为较平的宽圆状。产地：贵州水城发箐。层位：莫斯科阶（达拉组上部）。

4　兹氏假拟聚菊石 *Pseudoparalegoceras tzwetaevae* Ruzhencev，1951　引自廖能懋（1978）

a. 侧视，×1；b. 前视，×1。登记号：Ga-012。主要特征：厚盘状、脐部较大、腹部圆，缝合线腹叶宽，中鞍高度接近腹侧鞍，腹叶稍宽于腹支叶，侧叶靠近脐缘、较浅，腹侧鞍宽圆，侧鞍窄圆（未图示该种缝合线）。产地：贵州盘县马场滑石板。层位：巴什基尔阶（滑石板组）。

5　粗纹布朗菊石 *Branneroceras perornatum*（Yin，1935）

a. 侧视，×1；b. 前视，×1；c. 缝合线，×2。登记号：5830（正模）。主要特征：盘状、脐部大、腹部宽圆，在脐缘附近具长肋，同时具双凸式生长线，腹弯较浅，纵线与生长线相当，交叉呈网格状，每个旋圈具 3~4 条收缩沟，缝合线腹叶较窄，两侧近平行，中鞍窄高，可达腹侧鞍高度的 4/5，腹支叶窄深，下端窄圆至尖棱状，偶生叶窄深、不对称，下部尖棱状，侧叶位于脐线处，腹侧鞍窄圆，侧鞍宽圆。产地：贵州水城。层位：巴什基尔阶（王家坝灰岩）。

6　石钱滩魔菊石 *Diaboloceras shiqiantanense* Liang and Wang，1991　引自梁希洛和王明倩（1991）

a. 侧视，×1；b. 前视，×1；c. 缝合线，×2，H=12.5mm，W=18mm。登记号：91542（正模）。主要特征：盘状，初期旋圈呈三角状，脐部大、腹部圆，在脐缘附近具短肋，生长线及纵线交叉呈网状，缝合线中等宽度，中鞍较高，腹支叶窄深，下部膨大，下端尖棱状，偶生叶窄深，中部膨大，下端收缩为尖棱状，侧叶宽浅，靠近脐线，脐线与脐接线之间微凹，腹侧鞍圆。产地：新疆奇台石钱滩南。层位：莫斯科阶（石钱滩组）。

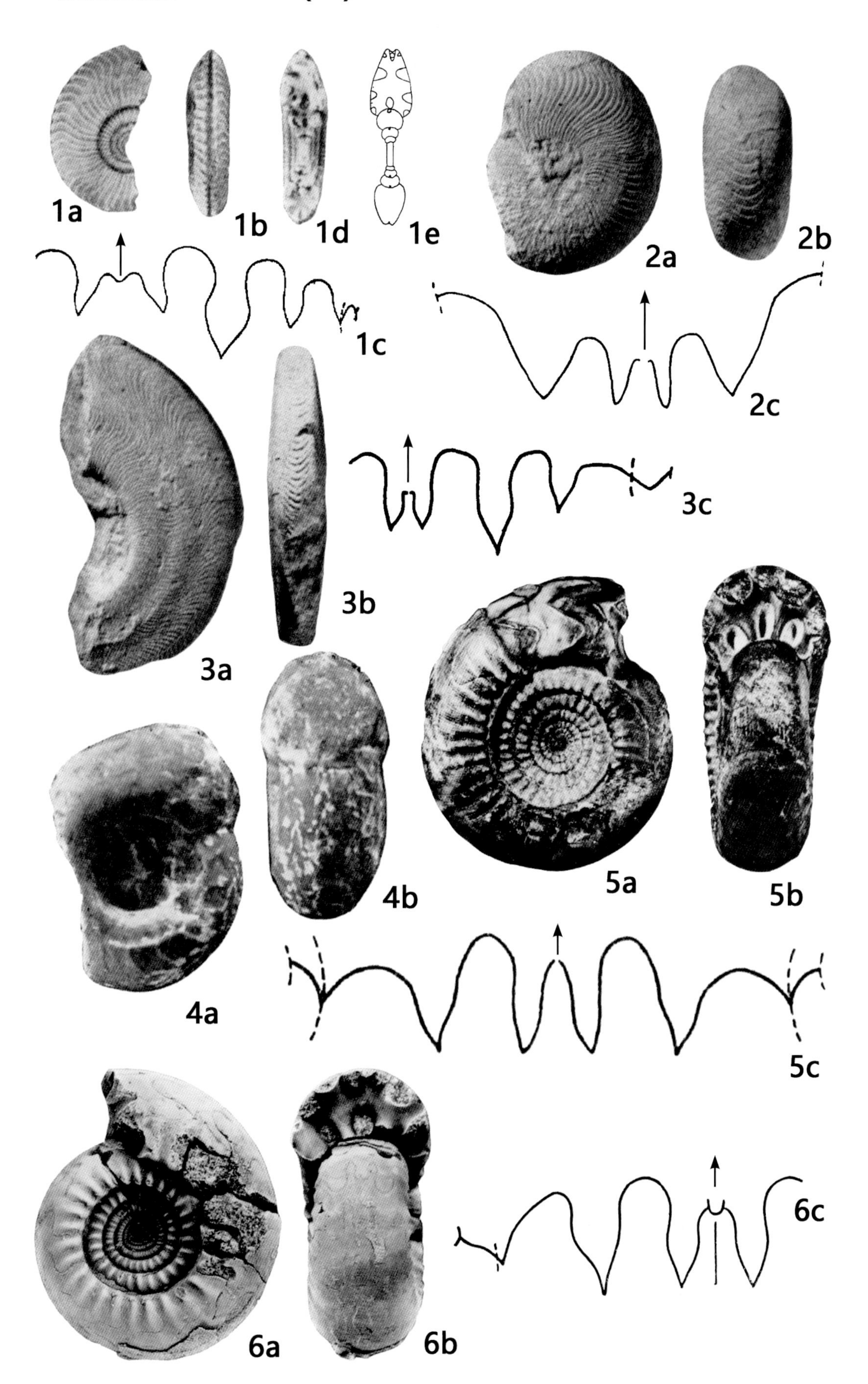
20 mm (x1)
1a
1b
1d
1e
1c
2a
2b
2c
3a
3b
3c
4a
4b
5a
5b
5c
6a
6b
6c

图版 5-4-18 说明

（标本 1—3 保存在中国科学院南京地质古生物研究所；标本 4—5 保存单位不明）

1　膨大钻孔菊石 *Trettinoceras afflatum* Liang，1993　引自梁希洛（1993）

a. 侧视，×1.5；b. 腹视，×1.5；c. 缝合线，×4，H=15mm，W=19mm。登记号：114438（正模）。主要特征：厚盘状、脐部较小、腹部圆，在脐缘附近具小瘤或短肋，具细密的网格状纹饰，每个旋圈具 3~4 条收缩沟，缝合线腹叶较宽，中鞍可达腹侧鞍高度的 2/3，偶生叶下部膨大，下端窄圆到尖棱，偶生叶窄于腹叶，中部稍膨大，下端尖棱，腹侧鞍及侧鞍宽度与偶生叶相当，上端窄圆到圆。产地：甘肃平川磁窑红土洼。层位：巴什基尔阶（羊虎沟组）。

2　棱腹靖远菊石 *Jingyuanoceras carinatum* Liang，1993　引自梁希洛（1993）

a. 侧视，×0.5；b. 腹视，×0.5；c. 缝合线，×1.5，H=28mm，W=24mm。登记号：114439（正模）。主要特征：盘状、脐部较小、腹部窄圆，具中棱，缝合线腹叶中等宽度，中鞍约为腹侧鞍高度的一半，偶生叶稍膨大，呈“V”形，下端尖棱状，腹侧鞍及侧鞍窄圆。产地：甘肃平川磁窑红土洼。层位：巴什基尔阶（羊虎沟组）。

3　优美比萨特菊石 *Bisatoceras elegantulum* Ruan，1981b　引自阮亦萍（1981b）

a. 侧视，×1；b. 前视，×1；c. 缝合线，×1，D=52.4mm；d. 横切面，×1。登记号：a—c. 48891（正模），d. 48896。主要特征：墩状、脐部很小、腹部窄圆，缝合线腹叶宽，中鞍很高，比腹侧鞍稍低，腹支叶深，下端尖棱状，偶生叶窄深，两侧近平行，下端收缩为尖棱状，腹侧鞍尖圆到圆，侧鞍宽圆。产地：广西南丹七圩 Ch。层位：巴什基尔阶 *Retites carinatus* 带（黄龙组）。

4　中华索摩全菊石 *Somoholites sinensis* Yang，1978　引自杨逢清（1978）

a. 侧视，×1；b. 腹视，×1；c. 缝合线，×3；d. 横切面，×1。登记号：a—b. 0548（正模），c. 缺，d. 薄 008。主要特征：墩状、脐部较大、腹部宽圆，具微弱生长线，每个旋圈具 2~3 条收缩沟，缝合线腹叶窄，上部收缩，下部膨大，中鞍窄，较高，约及腹侧鞍高度的 2/3，腹支叶均膨大，下端尖棱状，偶生叶中部明显膨大，下端收缩为尖棱状，腹侧鞍不对称，上部膨大、圆，侧鞍较平、宽圆。产地：贵州水城发箐。层位：莫斯科阶（达拉组上部）。

5　界牌阿加斯菊石 *Agathiceras jiepaiense* Yang，1978　引自杨逢清（1978）

a. 侧视，×2；b. 前视，×2；c. 腹视，×1；d. 缝合线，×10。登记号：a—b. 0845（正模）；c. 0844；d. 缺。主要特征：墩状、脐部很小、腹部宽圆，具粗旋线，每个旋圈具 2~3 条收缩沟，缝合线腹叶较宽，中鞍较高，偶生叶较腹叶浅、三等分叉，支叶均膨大，下端窄圆至尖棱状，所有鞍均窄圆到圆。产地：贵州水城界牌。层位：莫斯科阶（达拉组）。

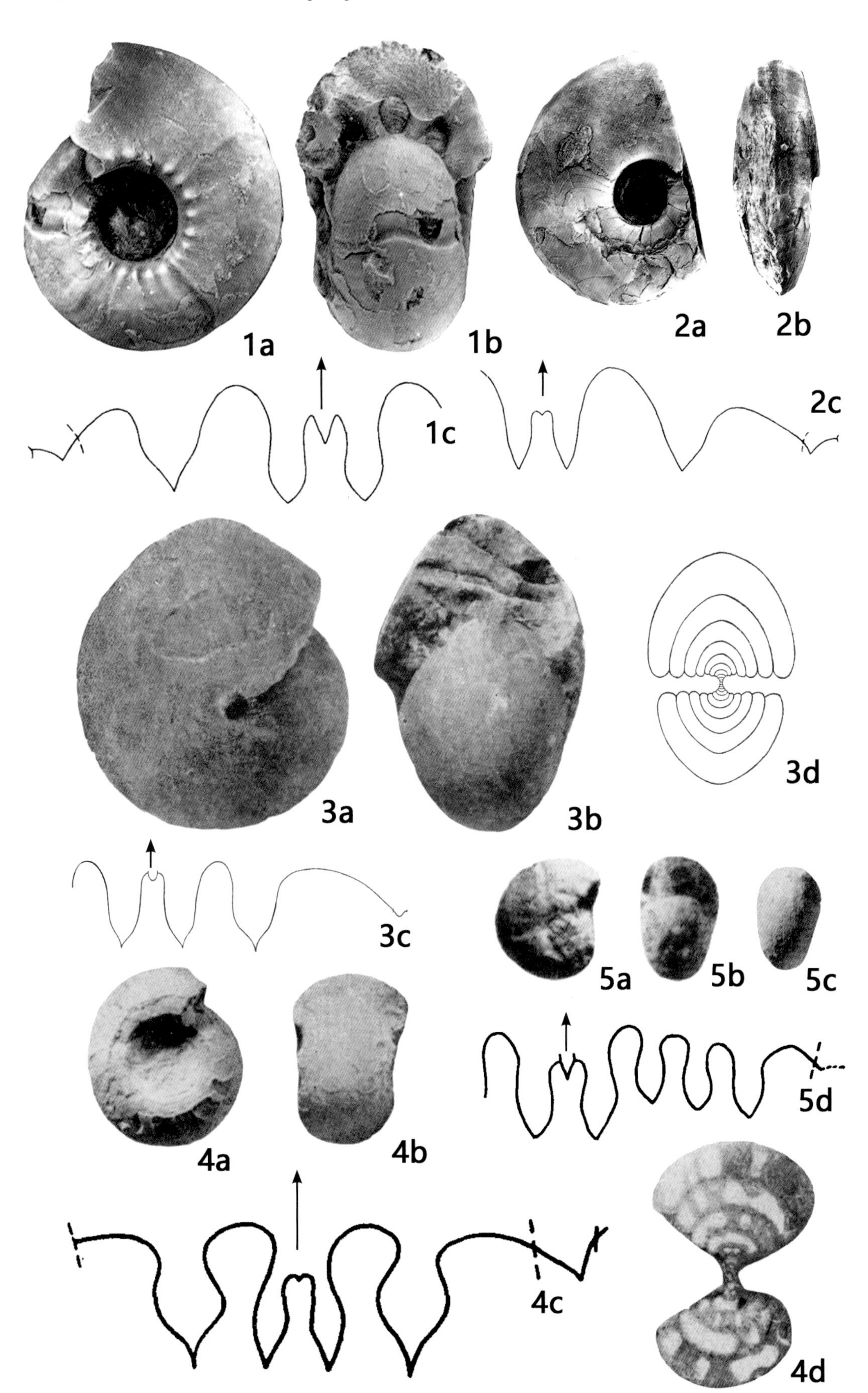
20 mm (x1)
1a
1b
2a
2b
1c
2c
3a
3b
3d
3c
5a
5b
5c
5d
4a
4b
4c
4d

图版 5-4-19 说明

（标本 1—2、4 保存在中国地质博物馆；标本 3、5—6 保存在中国科学院南京地质古生物研究所）

1　强壮前钵菊石 *Protocanites firmus*（Sheng，1984）　引自盛怀斌（1984）

a. 侧视，×1；b. 前视，×1；c. 腹视，×1；d. 缝合线，×2，H=19mm，W=16.5mm。登记号：C3041（正模）。主要特征：盘状、脐部大、腹部圆，壳表装饰很弱，近于光滑，缝合线腹叶非常窄深，呈“V”形，偶生叶和侧叶均膨大，下端尖棱状，仅具一个宽浅的脐叶，位于背侧，腹侧鞍均膨大，上端为圆状：新疆东巴里坤纸房。层位：杜内阶（东古鲁巴斯套组下段上部）。

2　瘦裂钵菊石 *Merocanites tenuis* Sheng，1984　引自盛怀斌（1984）

a. 侧视，×1；b. 前视，×1；c. 缝合线，×2，H=12.4mm，W=10.8mm。登记号：C3042（正模）。主要特征：薄盘状、脐部大、腹部圆，缝合线腹叶窄深，呈“V”形，偶生叶及侧叶窄深，中部膨大，具 2 个窄浅的脐叶，各叶下端均为尖棱状，各鞍上端均为圆状，其中侧鞍上部明显膨大、高度最高。产地：新疆东巴里坤纸房。层位：杜内阶（东古鲁巴斯套组中段底部）。

3　王佑幼钵菊石 *Becanites wangyouensis* Ruan and He，1974　引自阮亦萍（1981a）

a. 侧视，×1；b. 前视，×1；c. 缝合线，×4。登记号：a—b. 22018（正模），c. 缺。主要特征：薄盘状、脐部较大、腹部圆，具双凸式生长线及微弱的横肋，缝合线腹叶及偶生叶均窄深，下部稍膨大，偶生叶较不对称、偏向腹侧，侧叶窄浅。产地：贵州惠水王佑老凹坡。层位：杜内阶 *Gattendorfia-Eocanites* 带（王佑组）。

4　亚洲始钵菊石 *Eocanites asiatica*（Sun and Shen，1965）　引自孙云铸和沈耀庭（1965）

a. 侧视，×1；b. 前视，×1；c. 腹视，×1；d. 缝合线，×2，H=11.8mm；e. 横切面，×2。登记号：a—c. IV4051（正模），d—e. IV4053。主要特征：薄盘状、脐部较大、腹部平或微凹，具疏密相间的双凸式生长线及微弱的横肋，缝合线腹叶及偶生叶均窄、较浅，中部稍膨大，偶生叶明显不对称、偏向腹侧，侧鞍远高于腹侧鞍，侧叶、脐叶以及背叶均非常窄浅。产地：贵州惠水王佑老凹坡。层位：杜内阶 *Gattendorfia-Eocanites* 带（王佑组）。

5　双棱密执安菊石 *Michiganites bicarinatus* Pareyn，1961　引自梁希洛和朱夔玉（1988）

a. 侧视，×1；b. 腹视，×1；c. 缝合线，×3，H=13.5mm，W=10.5mm。登记号：105162。主要特征：薄盘状、脐部中等大小、腹部圆，缝合线腹叶窄浅，中部膨大，下部收缩为很窄的短凸起，偶生叶及侧叶均窄深，中部膨大，脐叶窄浅。产地：云南保山蒋家湾清水沟。层位：维宪阶（未命名组）。

6　窄叶前碟菊石 *Prolecanites stenolobus* Liang and Wang，1991　引自梁希洛和王明倩（1991）

a. 侧视，×1；b. 前视，×1；c. 缝合线，×3，H=14.2mm，W=9mm。登记号：91344（正模）。主要特征：薄盘状、脐部大小中等、腹部窄圆到圆，缝合线腹叶初期中部膨大，晚期中上部膨大，下部均收缩为很窄的较长凸起，偶生叶、侧叶均窄深，中下部膨大，腹侧具 2 个脐叶，外支窄浅、稍膨大，内支非常窄浅，呈“V”形。产地：新疆阿勒泰喀拉吉拉。层位：维宪阶至谢尔普霍夫阶（那林卡拉组）。

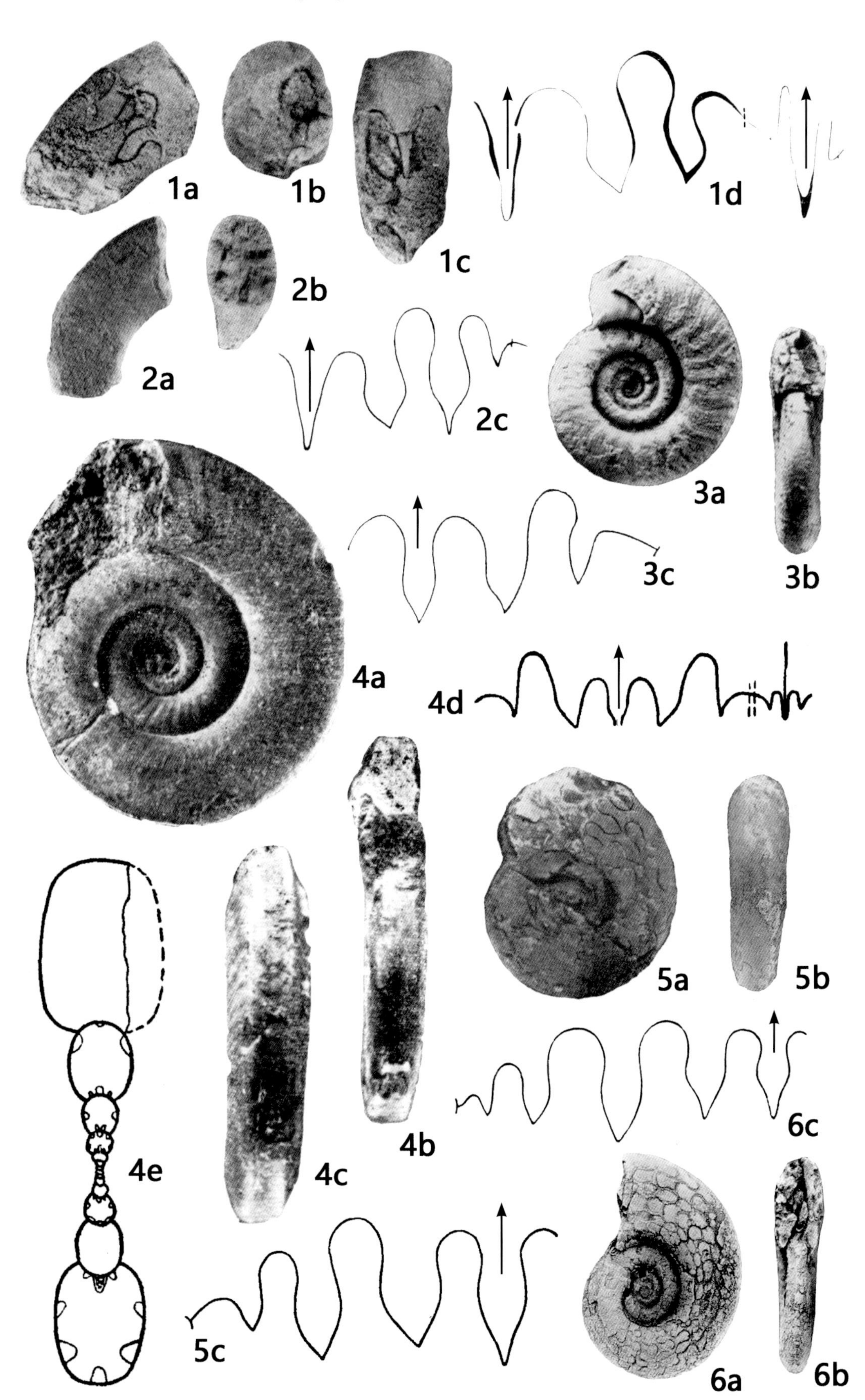
20 mm (x1)
1a
1b
1c
1d
2a
2b
2c
3a
3b
3c
4a
4b
4c
4d
4e
5a
5b
5c
6a
6b
6c

图版 5-4-20 说明

（标本 1、4—5 保存在中国地质博物馆；标本 2—3 保存在中国科学院南京地质古生物研究所）

1　大型外钵菊石 *Epicanites magmus* Sheng，1983　引自盛怀斌（1983）

a. 侧视，×1；b. 前视，×1；c. 缝合线，×4，H=11.5mm，W=7.9mm。登记号：C3095（正模）。主要特征：盘状、脐部中等大小、腹部窄圆，具微弱的生长线，缝合线腹叶中等宽度，中下部膨大，标本保存不全，最下端可能具腹中叶，偶生叶较腹叶宽、稍膨大，下端窄圆，侧叶窄浅，下端窄圆，侧鞍远高于腹侧鞍，具 1~2 个较宽而非常浅的脐叶。产地：西藏申扎永珠多那个里以北约 3km。层位：维宪阶（多那个里组上部）。

2　粗壮前达雷尔菊石 *Praedaraelites viriosus* Ruan，1981b　引自阮亦萍（1981b）

a. 侧视，×1；b. 前视，×1；c. 腹视，×1；d. 缝合线，×4，D=22.3mm。登记号：a、2—d. 48746（正模），b. 48747。主要特征：盘状、脐部中等大小、腹部窄圆，具细密的生长线，缝合线腹叶中等宽度，下部明显膨大，底部三分叉为腹中叶以及两侧稍宽浅的腹支叶，次级鞍低，偶生叶稍宽于腹叶，下部膨大，底部具若干窄浅的锯齿，侧叶窄浅，明显膨大，底部可能具少量微弱的锯齿，侧鞍远高于腹侧鞍，腹侧具 2 个脐叶，均较侧叶窄浅，鞍通常上部膨大，上端窄圆或圆。产地：广西南丹七圩。层位：谢尔普霍夫阶 *Eumorphoceras plummeri-Dombarites falcatoides* 带（罗城组）。

3　乌拉尔薄饼菊石 *Stenopronorites uralensis*（Karpinsky，1889）　引自阮亦萍（1981b）

a. 侧视，×1；b. 前视，×1；c. 缝合线，×4，R=14.8mm，48771；d. 横切面，×2，48772。登记号：a—b. 48770，c. 48771，d. 48772。主要特征：薄盘状、脐部中等大小、腹部宽圆，缝合线腹叶较窄，下部膨大，底部三等分叉为腹中叶以及两侧的腹支叶，次级鞍较低，偶生叶较宽，下部膨大，下端二分叉为宽度相当的支叶，中间的次级鞍接近腹侧鞍高度的一半、窄圆，侧叶窄深，下部膨大，腹侧具 5~6 个脐叶，从紧邻侧叶而与之类似的形态逐渐过渡到脐接线附近窄浅的“V”形，侧鞍远高于腹侧鞍，其他次级鞍通常上部膨大，上端圆。产地：广西南丹七圩。层位：巴什基尔阶 *Homoceras nudum* 带到 *Retites carinatus* 带（黄龙组）。

4　石炭新前诺利菊石 *Neopronorites carboniferus* Ruzhencev，1949　引自盛怀斌（1981）

a. 侧视，×1；b. 腹视，×1；c—d. 缝合线，×3，H=13.3mm；×3，H=14.5mm。登记号：C3001。主要特征：薄盘状、脐部小、腹部宽圆，内模具窄浅的腹沟，缝合线腹叶窄、稍膨大，底部三分叉、窄圆或尖棱状，次级鞍高度较低，偶生叶宽，下端二分叉为很浅的具细齿支叶，侧叶窄深，下部窄圆或具微弱细齿，腹侧具 3 个以上的脐叶、窄圆或圆，侧鞍较腹侧鞍高，所有鞍的上部均膨大、圆。产地：新疆乌鲁木齐祁家沟。层位：格舍尔阶（奥尔吐组上段中部）。

5　第一前乌德菊石 *Prouddenites primus* Miller，1930　引自盛怀斌（1981）

a. 侧视，×1；b. 前视，×1；c—d. 缝合线，×3，D=17.3mm，H=8.4mm；×3，H=7.6mm。登记号：C3002。主要特征：盘状、脐部较小、腹部微凸近平，内模具窄浅的腹沟，缝合线腹叶窄、膨大，底部近等三分叉，次级鞍叶尖棱状，偶生叶很宽，三分叉为宽度深浅不一的支叶，其中内支最宽深，侧叶窄深、明显膨大，下部窄圆，腹侧具 3 个以上的脐叶、窄圆或圆，其他所有鞍均膨大、圆形为主，其中腹侧鞍窄，侧鞍高，背侧具 3 个脐叶，背叶窄深，下端二分叉。产地：新疆乌鲁木齐祁家沟。层位：格舍尔阶（奥尔吐组上段中部）。

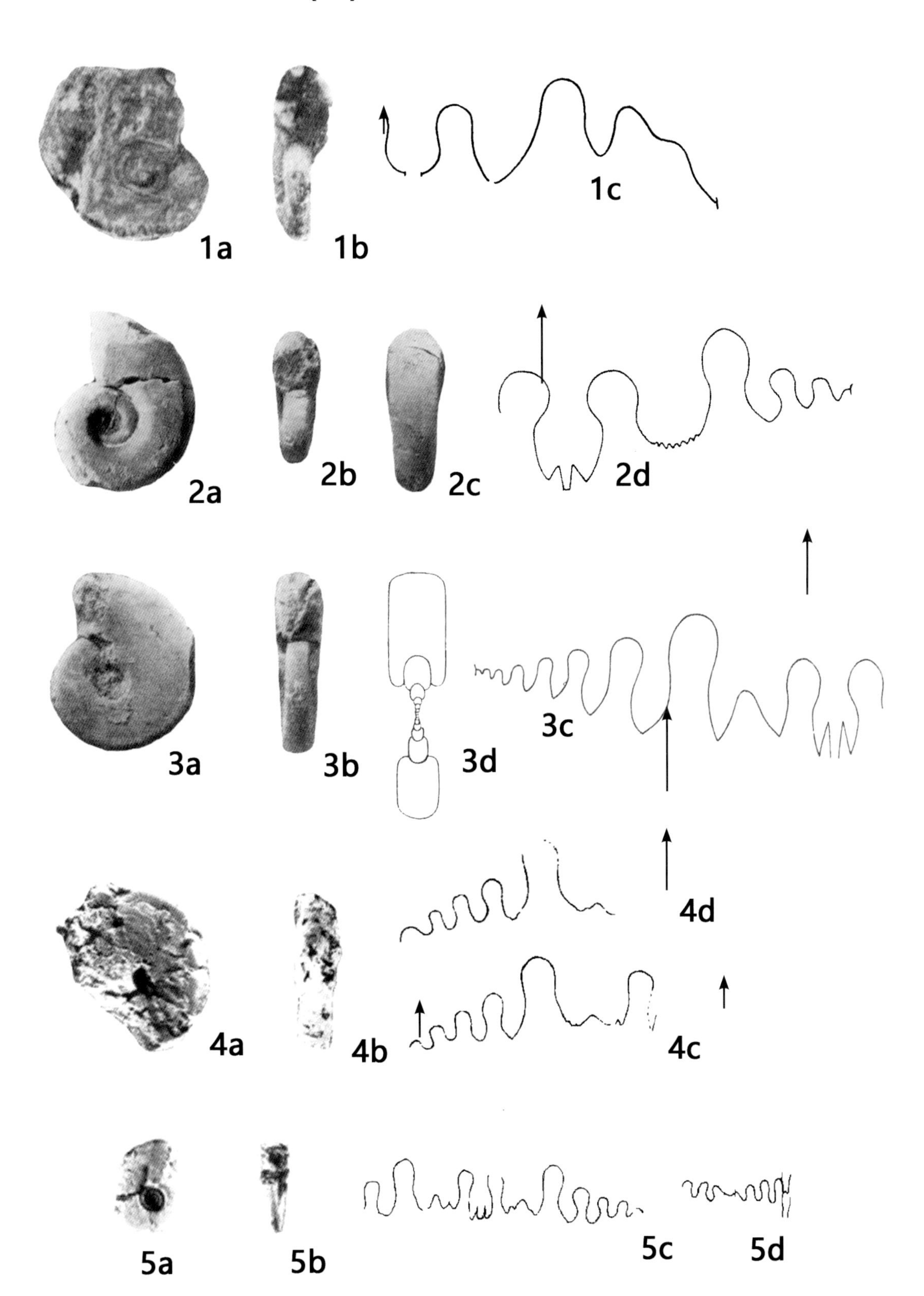
20 mm (x1)
1a
1b
1c
2a
2b
2c
2d
3a
3b
3d
3c
4d
4a
4b
4c
5a
5b
5c
5d

5.5 腕足类

腕足动物是一类营底栖固着生活的海洋无脊椎动物，一般生活在水深 200m 内的陆表海、斜坡或盆地平坦海底上，其幼虫可在海水中漂浮 1~2 个星期，之后即产生钙质壳。腕足动物的壳体由两个钙质或几丁磷灰质的壳瓣组成，两壳大小不同，左右对称；全部软体均包围在两个壳瓣之间，有时伸出一个肉茎，与外物相连接。具肉茎的壳瓣较大，称腹壳，另一壳瓣较小，往往具有支持纤毛环的钙质或几丁质构造，称背壳。腕足动物后缘一般彼此铰合，前缘可自由启闭。

腕足类化石的鉴定特征主要分为外部特征与内部构造特征，见图 5-5-1 和图 5-5-2。外部特征着重关注壳形与壳饰。壳形一般包括壳体大小、壳体轮廓、壳体侧视和槽隆形式及前接合缘的变化。除少数腕足动物壳表光滑无饰之外，大多都具壳饰，主要分为同心状壳饰、放射状壳饰和刺状壳饰。壳体内部构造复杂多变，主要包括铰合构造（如铰齿、铰窝和齿板等）和支持纤毛腕的腕骨（如腕棒、腕环和腕螺等）等。

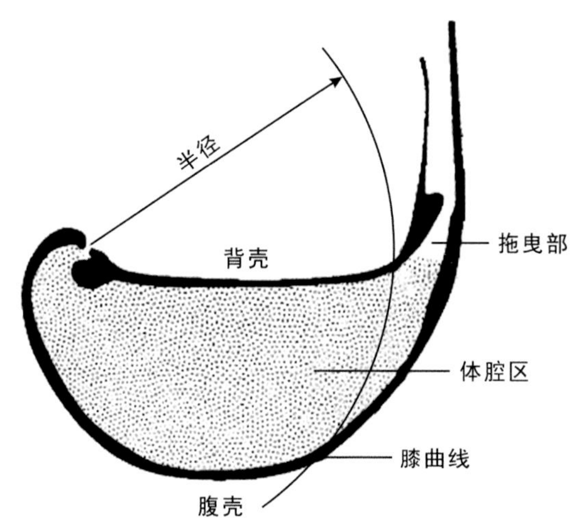

图 5-5-1　成年长身贝类的纵向中切面，展示以膝曲处为界，体腔区与拖曳部的位置，修改自 Williams 等（2000）

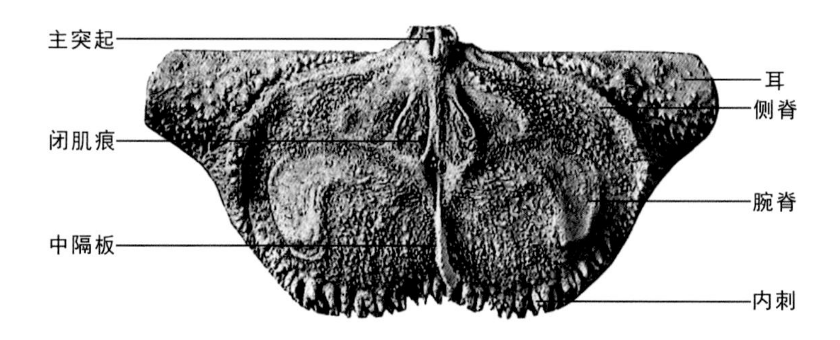

图 5-5-2　以 *Paucispinifera* 属为例，长身贝类背壳内部结构图解，修改自 Muir-Wood 和 Cooper（1960）

腕足动物在石炭纪极为繁盛，以长身贝目的大发展为特征，并出现了一些巨型化的类型，如大长身贝等（Qiao and Shen, 2015）。密西西比亚纪的腕足类种类多、演化快，可作为浅水碳酸盐岩相地层的标志化石，用于区域地层的划分和对比。在宾夕法尼亚亚纪早期，腕足动物发生了一次比较大的生物更替事件，可能与此时发生的全球性气候强烈分异有关（Shen et al., 2006）。此后的宾夕法尼亚亚纪，腕足动物的属种数量及个体数量都有明显减少。华南浅水相的石炭纪腕足类自下而上可识别出 10 个组合带（王向东等，2019）：*Unispirifer–Yangunania* 带、*Eochoristites–Martiniella* 带、*Finospirifer shaoyangensis* 带、*Delepinea subcarinata–Megachonetes zimmermanni* 带、*Vitiliproductus groberi–Pugilis hunanensis* 带、*Gigantoproductus moderatus* 带、*Gigantoproductus edelburgensis–Godolina–Striatifera* 带、*Choristites mansuyi–Semicostella panxianensis* 带、*Buxtonia grandis* 带、*Choristites jigulensis–Protanidanthus* 带。石炭纪典型腕足类结构见图 5-5-3 和图 5-5-4。

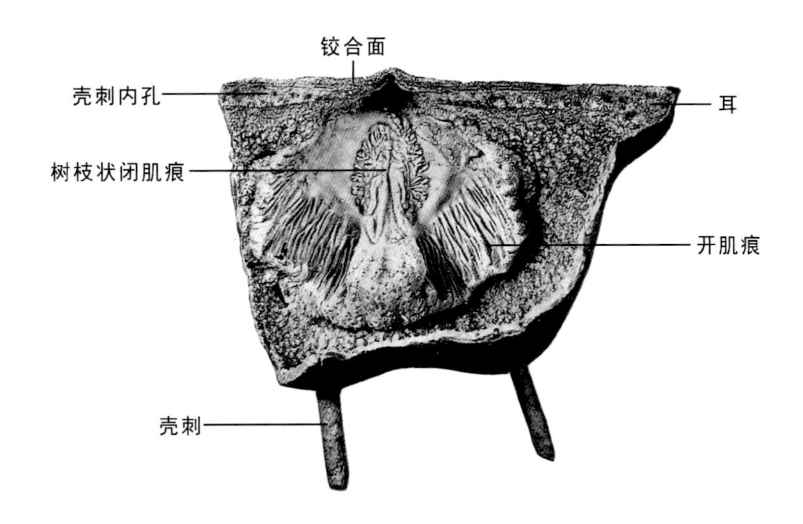

图 5-5-3　以 *Yakovlevia* 属为例，长身贝类腹壳内部结构图解，修改自 Muir-Wood 和 Cooper（1960）

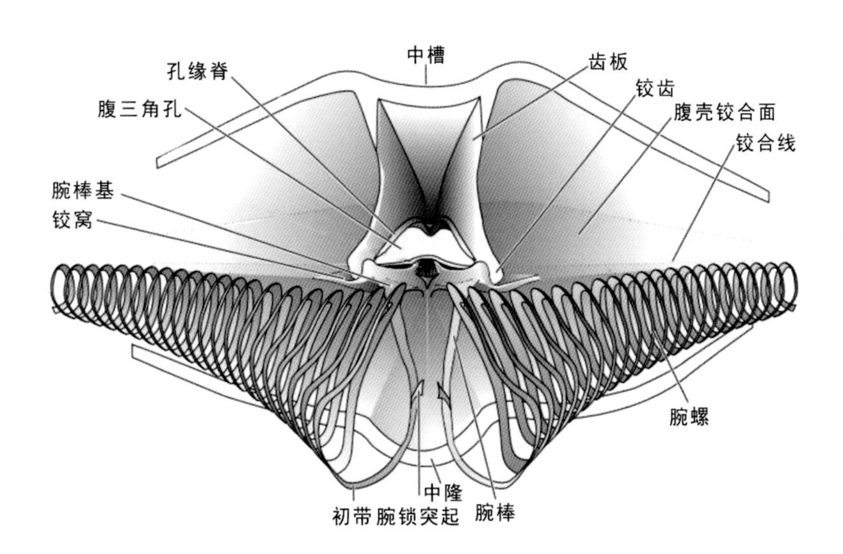

图 5-5-4　石燕贝类内部结构图解（前视），上为腹壳，下为背壳。修改自 Williams 等（2006）

本书共制作了腕足动物化石图版 18 幅，其中包括 82 属、94 种 / 亚种。

5.5.1 腕足类结构术语

1. 壳体外部形态

腹壳（ventral valve）：具肉茎，一般为较大的壳瓣。

背壳（dorsal valve）：具有支持纤毛环的钙质或几丁质构造，较小的壳瓣。

后方（posterior side）：具有肉茎的一方。

前方（anterior side）：与后方相对的一方。

壳长（length）：自肉茎孔至前缘中点测得的最大长度。

壳宽（width）：垂直壳长方向测得的最大长度。

壳厚（thickness）：垂直两壳接合面并与壳长直交方向测得的最大长度。

侧视（lateral view）：从侧缘方向观察壳体，一般来说共有 6 种类型的侧貌，具体如下。

（1）双凸型（biconvex）：两壳均隆凸，凸度近等时称近等双凸型，一高一低时称不等双凸型。

（2）平凸型（plano-convex）：背壳平坦，腹壳高隆。

（3）凹凸型（concavo-convex）：背壳凹曲，腹壳凸隆。

（4）凸凹性（convexo-concave）：背壳凸隆，腹壳凹曲。

（5）双曲型（resupinate）：壳体后方凹凸型，前方凸凹型。

（6）凸平型（convexo-plane）：背壳锥状，腹壳平坦，附着于外物上。

壳顶（umbo）：壳体凸隆的最高点，也就是壳体弯曲度最强烈的地方；壳顶附近的壳面称壳顶区（umbonal region）。

壳喙（beak）：胚壳形成的部分，即壳体最早分泌的硬体部分，呈鸟喙状。

主端（cardinal extremities）：后缘的两端。

主缘（cardinal margin）：壳体的后边缘，常与铰合线吻合，有时则为铰合线所截切。

铰合线（hinge line）：腕足动物腹、背两壳启闭时相互连接的线。

耳（ears），或称耳翼：两壳主端附近比较平坦或低凹的壳面。

中槽（sulcus）：沿壳体中轴部分的凹沟，多见于腹壳。

中隆（fold）：沿壳体中轴部分的隆凸，多见于背壳。

舌突（tongue）：腹壳中槽的前端作膝形弯折，向背方延伸的部分。

体腔区（visceral area）：长身贝亚目的壳面膝曲线的后方，除去耳翼以外的壳面。

侧区（lateral area）：中槽与中隆两侧的壳面。

拖曳部（trail）：长身贝目膝曲线前方的壳面。

膝曲（geniculation）：壳体沿其生长方向突然或持续的变化，一般形成膝状弯曲。

2. 壳面装饰

壳饰（ornamentation）：肉眼观察下壳面上可见的各种形式装饰。需用放大镜或显微镜才能看到的各种构造称为微细壳饰（microornamentation）。

同心纹、线或生长纹、线（concentric line 或 growth line）：壳面上各种同心线的纹线，较粗强的称同心线，细弱的称同心纹，可能是腕足动物在不同生长阶段因贝体扩增的速度变化而显示的遗迹。

同心皱、壳皱（concentric wrinkle）：壳面上的同心状褶皱。

同心层、壳层（concentric lamellae）：壳面上粗细不等的同心状饰线相间出现，隙距较宽，成层状，若层缘翘起，则称叠瓦状。

壳纹（costellae）：壳面上各种细弱的放射状纹线。

壳线（costae）：壳面上各种较粗强的放射状纹线。

壳刺（spine）：壳面上各种针刺状的装饰。

壳褶（plication）：壳面上各种放射状的隆褶，壳体内部亦受影响，凹凸不平。

壳瘤（pustula）：壳面上狭长的突瘤，前方时常附有贴近壳面的发状刺。

侧区壳线或壳褶（lateral costae 或 plications）：壳面侧区上的放射状饰线或饰褶。

3. 壳体后部

铰合面（interarea）：贝体生长时铰合缘移动的轨迹，也就是三角孔的侧缘与喙脊及后缘所环绕的壳面，两侧以明显的棱脊与其余壳面分隔。

固结痕（attachment scar）：腕足动物生活时，由于附着外物，在壳面上形成的痕迹，通常位于壳喙上，为圆凹的断口或平面。

腹三角孔（delthyrium）：腹壳铰合面中央的三角形孔洞。

背三角孔（notothyrium）：背壳铰合面中央的三角形孔洞。

正倾型（anacline）：腹壳在下，壳喙位于观察者的左方，将两壳的接合面视为坐标的横轴，铰合面位于第四象限内。

直倾型（orthocline）：铰合面与横轴平行。

斜倾型（apsacline）：铰合面位于第三象限。

下倾型（catacline）：铰合面与纵轴平行。

前倾型（procline）：铰合面位于第二象限。

超倾型（hypercline）：背壳铰合面位于第一象限内。

4. 腹壳、背壳内部

铰窝（socket）：背壳内三角孔两前侧的凹窝，为承纳铰齿之处。

铰板（hinge plate）：背壳三角腔内各种类型的平板状壳质。位于两个腕棒基前方中央的部分称内铰板，位于铰窝与腕棒基之间的部分称外铰板。

腕骨（brachidium）：支持纤毛环的构造，有腕棒、腕环和腕螺等类型。

腕螺（spiralum）：无洞贝目及石燕贝目支持纤毛环的腕骨。连接主基的第一个螺带称初带，旋进的部分称腕螺。

腕锁（jugum）：石燕贝类将初带或降带连接于中隔板上的腕骨。

腕锁突起（jugal process）：穿孔贝目和石燕贝目中腕环降带中部相向耸伸的两个小三角形的突起。

中隔板（median septum）：腹壳或背壳内沿闭肌痕面轴部的一个高耸的板状构造，低阔时称中隔脊（median ridge）。

侧隔板（lateral septum）：背壳内部位于中隔板两侧的其他隔板。

主突起（cardianl process）：背壳三角孔中央的一个耸凸壳质，为开肌附着处。

腕痕（brachial scars or ridge）：在长身贝类背壳内后部的耳形隆脊。

腕基（brachiophore）：背壳三角腔两侧的棍状构造，与小嘴贝目的腕棒基相似，但更为原始。

腕基支板（brachiophore plate）：腕基背方的支板，与背壳壳底相连。

肌痕面（muscle scar）：体筋所占壳面的综合名称，有方形、扇形等。

闭肌痕（adductor scar）：闭壳肌在壳内遗留的痕迹，位于壳面中部的稍后方，多方形。

开肌痕（diductor scar）：开壳肌在壳内遗留的痕迹，位于主突起之上，较小，化石中多不保存。

围脊（marginal ridge）：扭月贝目及长身贝目沿体腔区前缘发育的隆脊。

侧脊（lateral carina）：扭月贝目及长身贝目沿体腔区后侧缘发育的隆脊。

铰齿（hinge teeth）：腹壳三角孔前侧的一对突起，与背壳的铰窝相铰合，作为腕足动物两壳启闭的支点。

齿板（dental plate）：铰齿之下、支持铰齿的板状支撑构造，有时空悬，有时与壳底连接。

孔缘脊（delthyrial ridge）：沿三角孔的侧缘，位于铰齿下面的壳质隆脊。

内刺（endospine）：壳体内部表面各种细的、中空的刺状物。

主脊（cardinal ridge）：背壳内部沿后缘发育的隆脊。

主穴（alveolus）：为部分扭月贝类和长身贝类背壳主突起基部顶腔内的凹窝。

匙形台（spondylium）：腹壳腔内匙形的壳质构造，由齿板汇合生长而成，为体肌固着区。

5.5.2 腕足类图版

腕足登记号字母缩写及保存地点解释如下：

CCG：长春地质学院；

CDUT：成都科技大学；

CIGM：成都地矿所；

CSU：中南矿冶学院地质系；

CUGB：中国地质大学（北京）；

GCG：桂林冶金地矿学院；
GBGM：贵州地矿局；
HNGM：湖南地矿所；
NIGP：中科院南京地质古生物研究所；
NMVP：澳大利亚墨尔本维多利亚博物馆；
PKUM、PUM：北京大学地质系博物馆；
SYUG：中山大学地质系；
XBRB：新疆地矿局；
XIGM：西安地矿所；
YIGM：宜昌地矿所；
ZPAL：波兰华沙古生物研究所。

图版 5-5-1 说明

1—2 独山岩关贝 *Yanguania dushanensis*（Yang，1964） 引自杨式溥（1978）

1. 腹、背、侧、前、腹后视；2c. 腹、背、侧视。登记号：1. CUGB-Kt-7（正模）；2. 缺。主要特征：腹、背壳均发育同心壳皱，腹壳上有小的瘤状刺基，背内主脊沿铰合线平伸。产地：贵州和湖南。层位：下石炭统杜内阶底部（革老河组）。

3—4 方形新岩关贝 *Neoyanguania quadrata* Shi，1988 引自史晓颖（1988）

3. 腹前、侧、腹后视；4. 背壳内部。登记号：3. CUGB-H1431（正模）；4. CUGB-H1469（副模）。主要特征：壳体中等大小，纵长方形，腹壳前部膝曲，无基面，腹壳后部具不规则同心皱，壳刺在耳翼簇生，背内主突起三叶型，无主脊，中隔脊长。产地：湖南湘乡，涟源。层位：下石炭统杜内阶（刘家塘组下部）。

5—8 新邵新邵长身贝 *Xinshaoproductus xinshaoensis* Tan，1986 引自谭正修（1986）

5. 腹前、腹后、侧视；6. 腹后、腹前、侧视；7—8. 背壳内部。登记号：5. HNGM-302（正模）；6. HNGM-303；7. HNGM-304；8. HNGM-306。主要特征：壳体中等，方圆形，腹壳强凸，侧坡陡，无中槽，背壳缓凹，前部膝曲，壳顶区饰刺脊，背内主突起粗短，中隔脊长。产地：湖南新邵陡岭坳。层位：下石炭统杜内阶（刘家塘组下部）。

9 大型苏克贝 *Schuchertella magna* Tolmatchoff，1924 引自金玉玕和方润森（1983）

腹、背视。登记号：NIGP-70171。主要特征：壳体大，横方形，主端方圆，腹顶区缓凸，背壳微凸，壳纹细密，间隙内布满横纹。产地：云南施甸。层位：下石炭统杜内阶上部（鱼洞组）。

10 革老河苏克贝 *Schuchertella gelaoheensis* Yang，1964 引自杨式溥（1964）

腹、背视。登记号：CUGB-Kg594-1（正模）。主要特征：壳体凸度大，放射线粗，腹瓣内无齿板，背内主突起顶端二分。产地：贵州独山革老河。层位：下石炭统杜内阶（革老河组）。

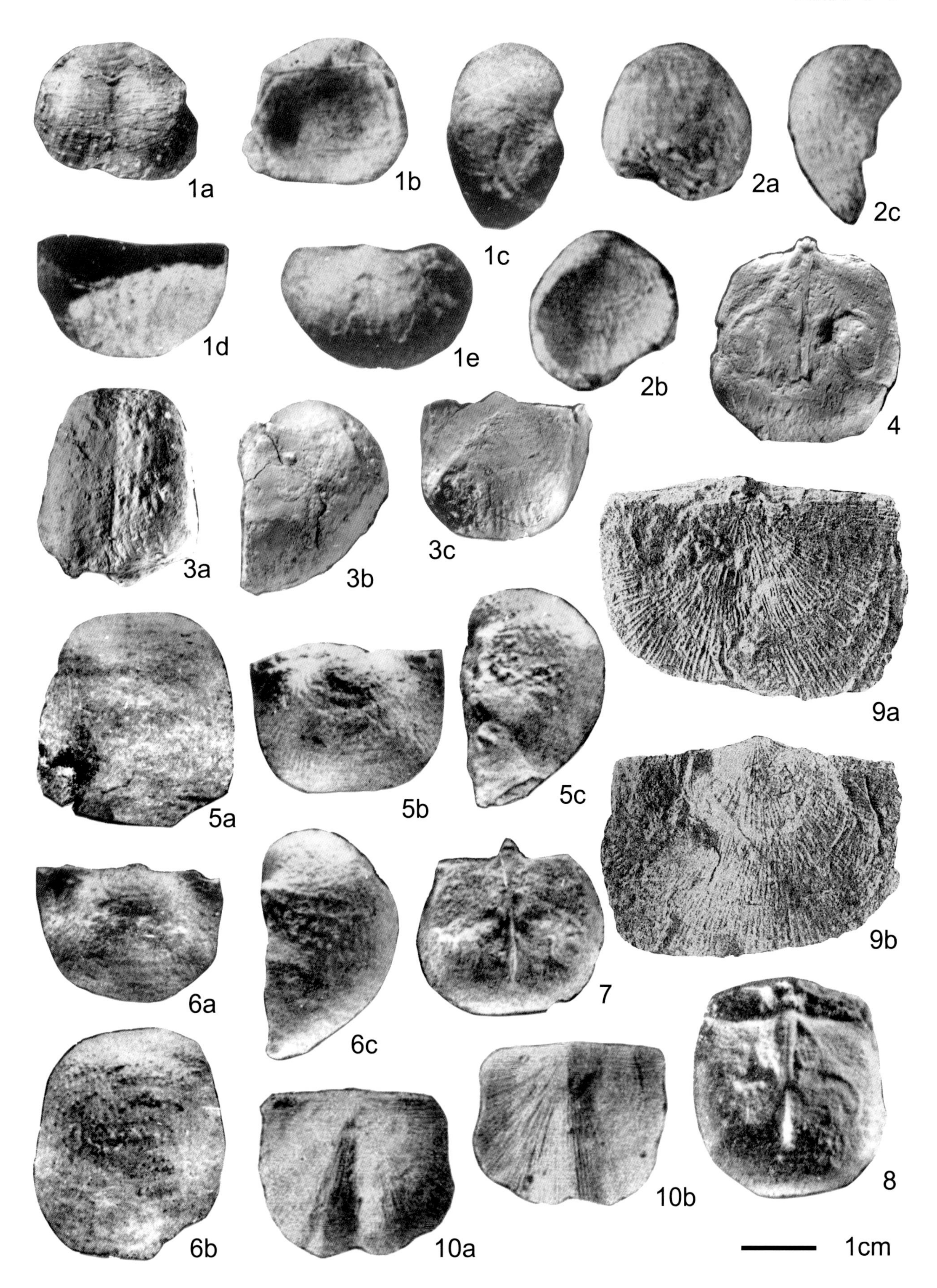
1a
1b
1c
2a
2c
1d
1e
2b
4
3a
3b
3c
9a
5a
5b
5c
9b
6a
6c
7
8
6b
10a
10b
1cm

图版 5-5-2 说明

1—2　圆筒托姆长身贝 *Tomiproductus cylindricus* Wang，1983　引自张川等（1983）

1. 腹、腹后、侧视；2. 腹、侧视。登记号：1. XBRB-77-2（正模）；2. XBRB-77-3。主要特征：壳体小，腹壳强烈卷曲，槽、隆缺失，壳线细，壳皱弱，壳刺稀疏。产地：新疆阿瓦提。层位：下石炭统杜内阶（巴楚组上部）。

3—5　威宁边脊贝 *Marginatia weiningensis*（Yang，1978）　引自杨式溥（1978）

3—5，腹前、背内、背外模视。登记号：3. CUGB-WS17-144（正模），4. CUGB-WS17-145；5. CUGB-WS17-148。主要特征：背内主脊沿铰合缘分布直达两耳翼，并向前方转折，沿背壳两侧形成边缘脊。产地：贵州威宁种羊场。层位：下石炭统维宪阶（旧司组）。

6—7　刺状层刺贝 *Lamellispina spinosa* Sun and Baliński，2008　引自 Baliński 和 Sun（2008）

6. 背壳外部、内部、后视；7. 腹壳外部、内部视。登记号：6. PKUM-02-001327（正模）；7. PKUM-02-0332。主要特征：壳体小，双凸，腹基面高，假三角板隆凸，壳线粗，被同心层截切成半管状的突起。产地：贵州长顺葛东关村，穆化剖面。层位：下石炭统杜内阶（穆化组）。

8　德克泪滴贝 *Dacryrina dziki* Baliński and Sun，2008　引自 Baliński 和 Sun（2008）

背、侧、后视、喙部放大。登记号：ZPAL-V. XXVI/26（正模）。主要特征：壳体小，长卵形，泪滴状轮廓，腹喙直伸，中槽缺失，腹内齿板短、近平，背内铰窝脊高强。产地：贵州穆化剖面。层位：下石炭统杜内阶（穆化组）。

9　圆形穆化贝 *Muhuathyris circularis* Sun et al.，2004　引自 Sun 等（2004）

9. 背外、背内、侧、后视、背壳内部放大示主基和隔板槽。登记号：PKUM-02-0012（正模）。主要特征：壳体双凸，轮廓近圆形，槽、隆微弱，腹内齿板发育，背内隔板槽被低的中隔脊支持。产地：贵州长顺。层位：下石炭统杜内阶（穆化组）。

10　阿木尼克布伦顿贝 *Bruntonathyris amunikeensis* Chen，Shi and Zhan，2003　引自 Chen 等（2003）

腹、背、后视。登记号：NMVP-309563（正模）。主要特征：壳体中等大小，轮廓横宽，背双凸，中槽不明显，同心纹细。产地：青海柴达木盆地。层位：下石炭统杜内阶上部到维宪阶下部。

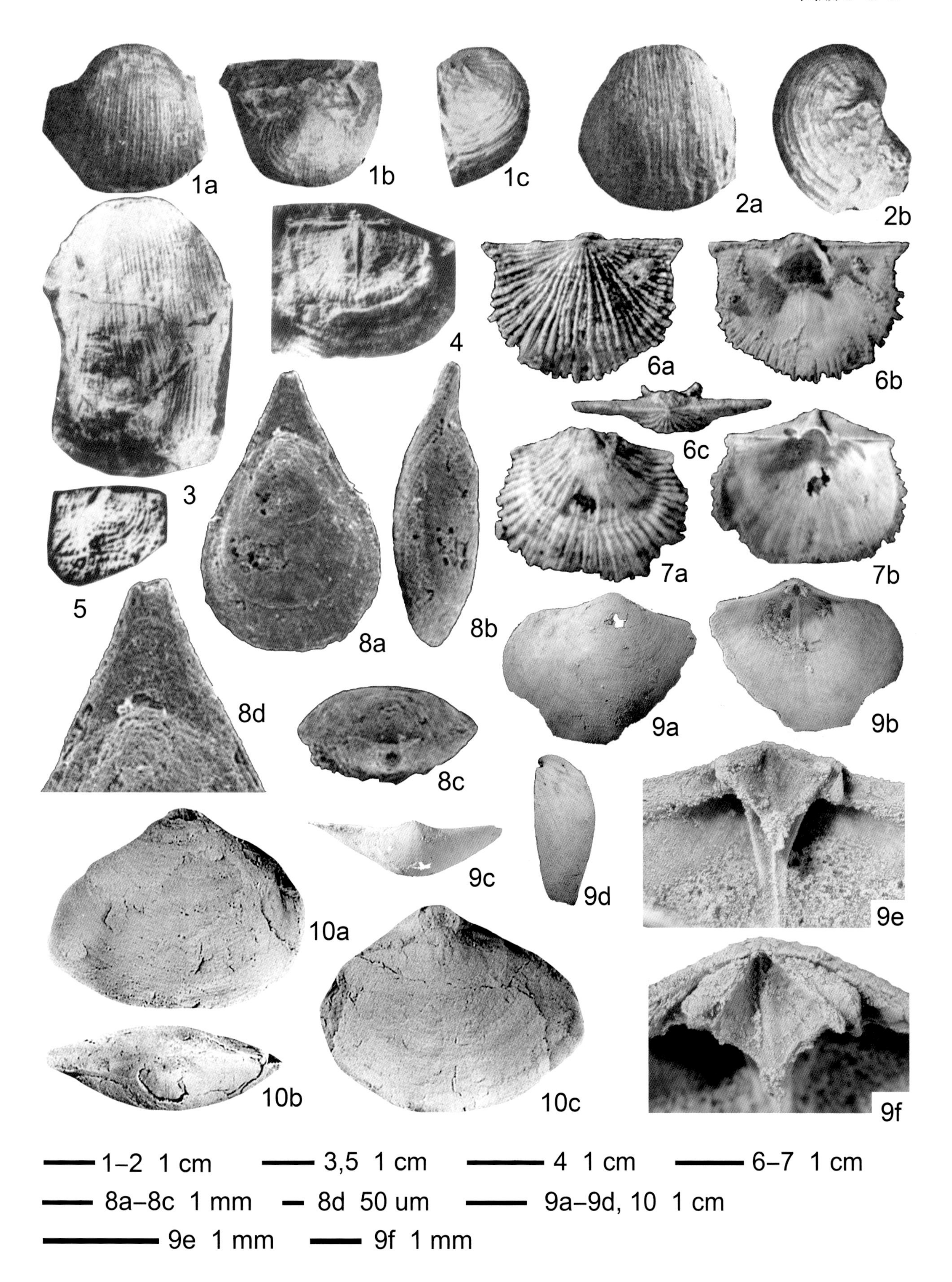
1a
1b
1c
2a
2b
3
4
5
6a
6b
6c
7a
7b
8a
8b
8c
8d
9a
9b
9c
9d
9e
9f
10a
10b
10c
1–2 1 cm
3,5 1 cm
4 1 cm
6–7 1 cm
8a–8c 1 mm
8d 50 um
9a–9d, 10 1 cm
9e 1 mm
9f 1 mm

图版 5-5-3 说明

1　揺彭台始分喙石燕 *Eochoristites neipentaiensis* Chu，1933　引自 Chu（1933）

腹、背、侧、后、前视。登记号：NIGP-K322（正模）。主要特征：壳体中等大小，亚三角形轮廓，中槽、中隆明显，壳线简单。产地：江苏南京青龙山。层位：下石炭统杜内阶（“金陵灰岩”）。

2　朱氏始分喙石燕 *Eochoristites chui* Yang，1964　引自杨式溥（1964）

腹、背、侧、后、前视。登记号：CUGB- Kg14-17（正模）。主要特征：轮廓半圆，两翼近平，槽、隆低平，放射线细密。产地：贵州独山革老河。层位：下石炭统杜内阶（汤耙沟组）。

3　甘肃始小分喙石燕 *Eochoristitella gansuensis* Qi in Ding and Qi，1983　引自丁培榛和齐文同（1983）

背、侧视。登记号：XIGM-Gy8-20（正模）。主要特征：壳体小，腹铰合面三角形、斜倾，槽、隆不明显，壳线圆，分枝或插入式增加。产地：甘肃景泰前黑山。层位：下石炭统杜内阶（前黑山组）。

4　香山单石燕 *Unispirifer xiangshanensis* Shi，Chen and Zhan，2005　引自 Shi 等（2005）

腹、背、前、后视。登记号：NMVP-307939（正模）。主要特征：壳体中等大小，轮廓横宽，主端尖，壳线密集。产地：云南保山施甸香山剖面。层位：下石炭统杜内阶（鱼洞组）。

5　阿尔金纺锤贝 *Fusella altunensis* Zhang，1983　引自张川等（1983）

腹、背、侧视。登记号：XBRA-300（正模）。主要特征：壳体中等大小，轮廓纺锤形，腹铰合面横宽三角形，中槽宽，中隆微凸，壳线低圆。产地：新疆阿尔金山雅克苏北。层位：下石炭统杜内阶（巴什考贡群）。

6　稍大石燕 *Spirifer subgrandis* Rotai，1938　引自张川等（1983）

腹、背视。登记号: XBRA-293。主要特征: 壳体大，轮廓近圆，槽、隆不明显，壳线宽平、二分枝。产地: 新疆阿勒泰红山嘴。层位：下石炭统杜内阶（红山嘴群）。

7　汉尼伯管孔贝 *Syringothyris hannibalensis*（Swallow，1860）　引自张川等（1983）

腹、前、侧视。登记号：XBRA-294。主要特征：腹壳亚半圆形，铰合面凹曲，壳线简单，腹内齿板分离。产地：新疆和布克赛尔洪古勒楞南。层位：下石炭统杜内阶（根那仁组）。

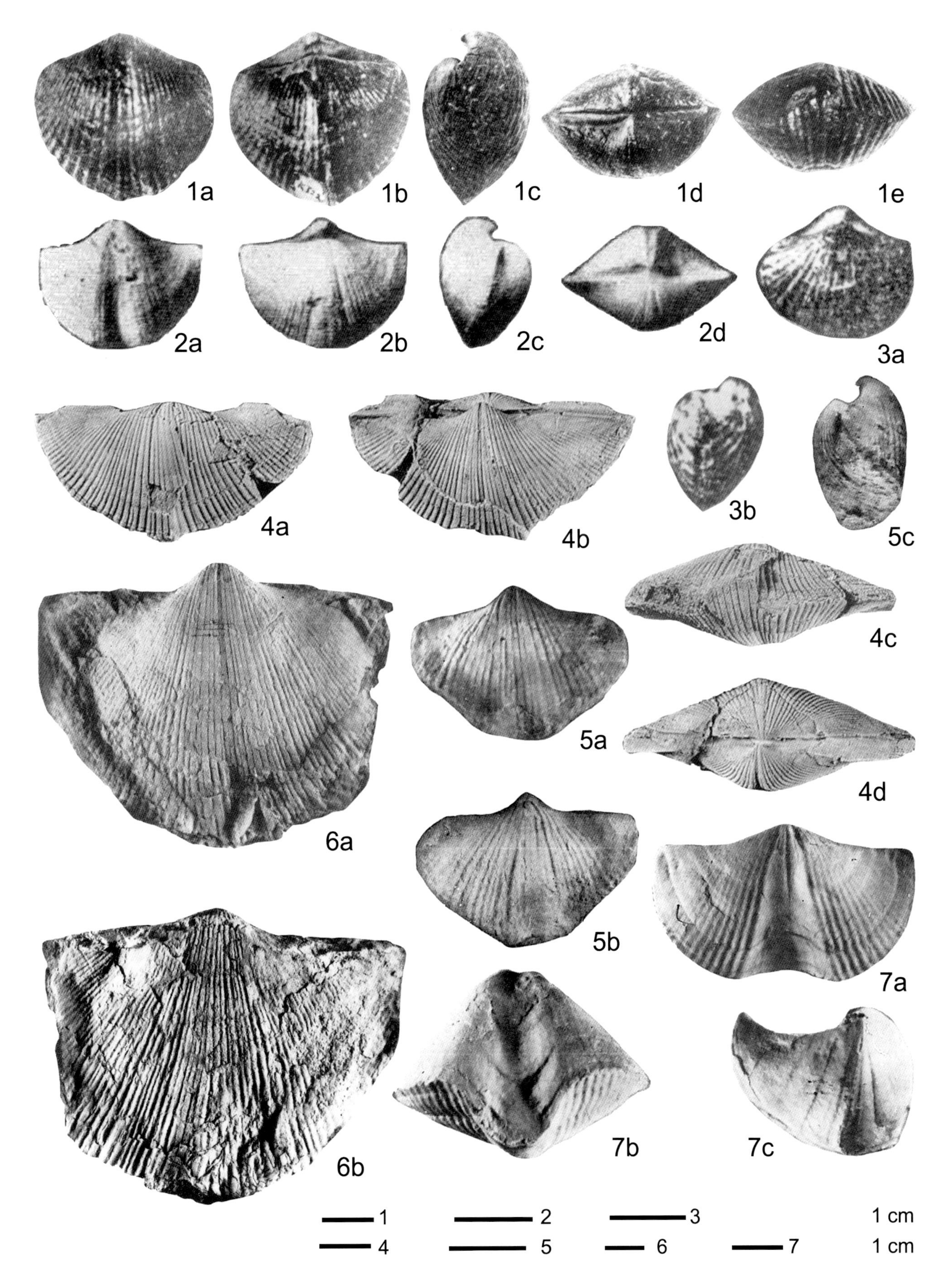
1a
1b
1c
1d
1e
2a
2b
2c
2d
3a
4a
4b
3b
5c
4c
5a
4d
6a
5b
7a
6b
7b
7c
1
2
3
1 cm
4
5
6
7
1 cm

图版 5-5-4 说明

1—3　陶塘鳍石燕 *Finospirifer taotangensis* Yin，1981　引自尹仲科（1981）

1. 背、前、后视；2. 背视；3. 壳表微纹饰放大，×8。登记号：1. CSU-X7504（正模）；2. CSU-X7501；3. CSU-X7516。主要特征：壳体中等，强烈横向展伸，主端尖突，腹喙小而弯曲，腹铰合面微凹，三角孔开，中槽宽深，中隆棱角形、隆脊高耸若鱼鳍状，壳线粗强，同心纹叠瓦状。产地：湖南兴化陶塘。层位：下石炭统杜内阶（刘家塘组）。

4　双凸强石燕 *Cratospirifer biconvexus* Tong，1986　引自佟正祥（1986）

腹、后、前、背、侧视。登记号：CIGM-81-B579（正模）。主要特征：壳体大，轮廓长卵形，主端圆，两壳强凸，壳体前部弯曲，腹喙高耸，腹铰合面高，中槽宽浅，中隆高凸，全壳饰有细放射线和细密同心纹。产地：四川平武白马。层位：下石炭统杜内阶（长滩子组）。

5　角弓宕昌石燕 *Dangchangspirifer jiaogongensis* Han，1984　引自韩乃仁（1984）

腹、背前、后、侧视。登记号：GCG-KB002（正模）。主要特征：壳体大，轮廓五角形，近等双凸，腹铰合面高三角形、微弯，三角孔开，槽、隆明显，全壳覆有细壳线。产地：甘肃宕昌角弓沟。层位：下石炭统杜内阶底部。

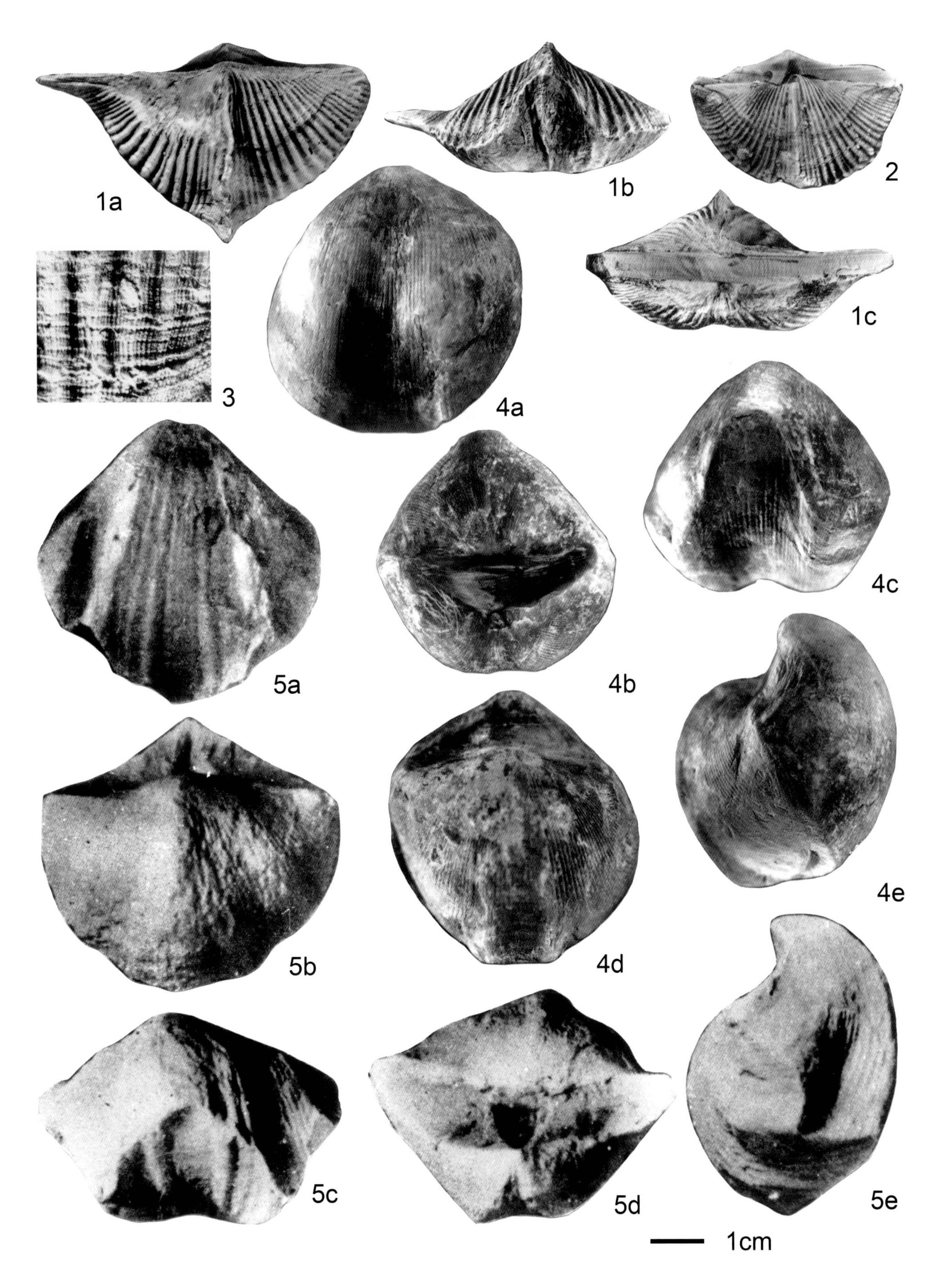
1a
1b
2
3
4a
1c
4c
5a
4b
4e
5b
4d
5c
5d
5e
1cm

图版 5-5-5 说明

1—2　杨氏长顺石燕 *Changshunella yangi* Sun et al.，2004　引自 Sun 等（2004）

1. 背外、背内、背后、前、侧视；2. 背外、背内，背后、侧视。登记号：1. PKUM-02-0035（正模）；2. PKUM-02-0043。主要特征：壳体小，横展，轮廓倒三角形，主端尖锐，腹铰合面高平，两壳均具 3 条粗强的圆形壳褶，褶上具凹沟，全壳覆有明显同心层，背内主突起双叶型。产地：贵州长顺穆化剖面。层位：下石炭统杜内阶中部（穆化组）。

3　结构形管孔石燕 *Syringothyris textiformis* Zhang，1983　引自宗普和马学平（2012）

腹、前、背、后、侧视。登记号：PUM-11026。主要特征：壳体大，腹壳亚锥形，槽、隆明显，壳线简单，同心皱弱，齿板长、近平。产地：新疆和布克赛尔和什托洛盖俄姆哈剖面。层位：下石炭统杜内阶（根那仁组）。

4—5　美路卡巨石燕 *Grandispirifer mylkensis*（Yang，1959）　引自杨式溥（1964）

4. 腹、背、后、侧视；5. 腹内模。登记号：4. CUGB-5/55；5. CUGB-12/55。主要特征：壳体巨大，横向伸展，壳线密；腹内无齿板，背内具铰板，主突起发育。产地：新疆波罗霍洛山北美路卡河。层位：下石炭统维宪阶下部。

6　凹曲雅尔错贝 *Yarirhynchia concava* Jin and Sun，1981　引自金玉玕和孙东立（1981）

腹、背、侧、前视。登记号：NIGP-48687（正模）。主要特征：壳体小，轮廓近圆形，不等双凸，腹喙近直，背中槽浅，无中隆，壳褶简单，腹内齿板异向展伸，背内隔板槽宽深。产地：西藏日土拉竹龙南山。层位：下石炭统杜内阶。

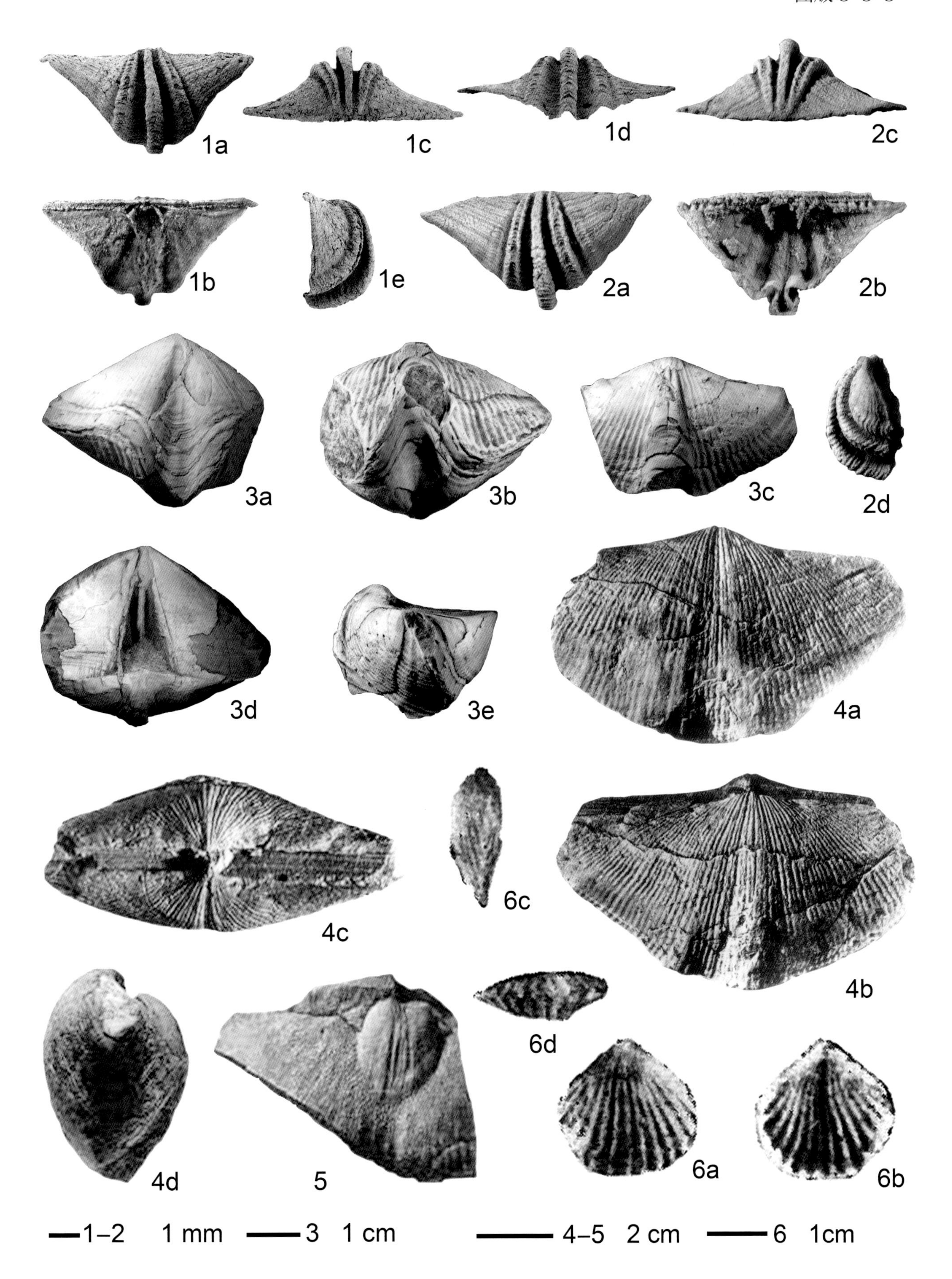
1a
1c
1d
2c
1b
1e
2a
2b
3a
3b
3c
2d
3d
3e
4a
4c
6c
4b
6d
4d
5
6a
6b
1–2 1 mm
3 1 cm
4–5 2 cm
6 1cm

图版 5-5-6 说明

1—2 达尔曼大戟贝 *Megachonetes dalmanianus*（Koninck，1843） 引自杨式溥（1978）

1. 腹、背视；2. 腹外模。登记号：1. CUGB-WS13a；2. CUGB-WS13b。主要特征：轮廓半圆形，腹壳缓凸，耳翼三角形，背壳深凹，壳纹细密。产地：贵州威宁种羊场、独山。层位：下石炭统维宪阶下部（旧司组）。

3—4 毛发戴利比贝 *Delepinea comoides*（Sowerby，1822） 引自杨式溥（1978）

3. 腹、背视；4. 背内模。登记号：3. CUGB-kv503-34；4. CUGB-kv503-36。主要特征：壳体大，横椭圆形，腹壳后部高凸，两翼扁平，腹基面高，背壳强凹，放射纹细而平直，壳刺沿铰合缘排列；背内主突起粗短，中隔脊短。产地：贵州威宁城郊江子林。层位：下石炭统维宪阶下部（上司组）。

5—7 艾特沟艾特沟戟贝 *Aitegounetes aitegouensis* Chen and Shi，2003 引自 Chen 和 Shi（2003）

5. 背内视；6. 腹视；7. 背视。登记号：5. NMVP-303202（正模）；6. NMVP-303199；7. NMVP-303200。主要特征：壳体小，凹凸型，轮廓亚长方形，主端尖，两壳均具有放射线，壳刺在铰合缘斜伸，腹内中隔板薄而长，背内铰窝脊短。产地：新疆泽普。层位：下石炭统维宪阶（和什拉甫组）。

8—9 桂林光瘤贝 *Levitusia guiliensis* Liao and Li，1996 引自廖卓庭和李镇梁（1996）

8. 腹、后、侧视；9. 背内视。登记号：8. NIGP-127047（正模）；9. NIGP-127046。主要特征：壳体大，耳翼小，腹壳高凸，体腔区后部强烈内弯，拖曳部长，中槽缺失，体腔区前部具粗疏的纵褶，壳刺粗疏或具粗大的刺瘤。产地：广西桂林大圩。层位：下石炭统维宪阶下部（黄金组中下部）。

10—12 湖南缘脊长身贝 *Marginoproductus hunanensis* Tan，1986 引自谭正修（1986）

10. 腹前、侧、后视；11—12. 背内视。登记号：10. HNGM-HB318（正模）；11. HGS-HB316；12. HGS-HB 317。主要特征：壳体小至中等，长卵形，腹壳强凸，膝曲显著，无中槽，壳线细密，壳皱在耳翼和顶坡较清楚，壳刺直立、粗壮，背内主脊平行于铰合缘，中隔板长。产地：湖南新邵陡岭坳。层位：下石炭统维宪阶（刘家塘组中下部）。

13 卵形卵形贝 *Ovatia ovata*（Hall，1858） 引自丁培榛和齐文同（1983）

腹、背、侧视。登记号：XIGM-B589。主要特征：壳体中等，长卵圆形，腹顶区圆凸，无中槽，壳线细，壳刺稀少，同心皱弱。产地：宁夏同心石泉。层位：下石炭统维宪阶（臭牛沟组）。

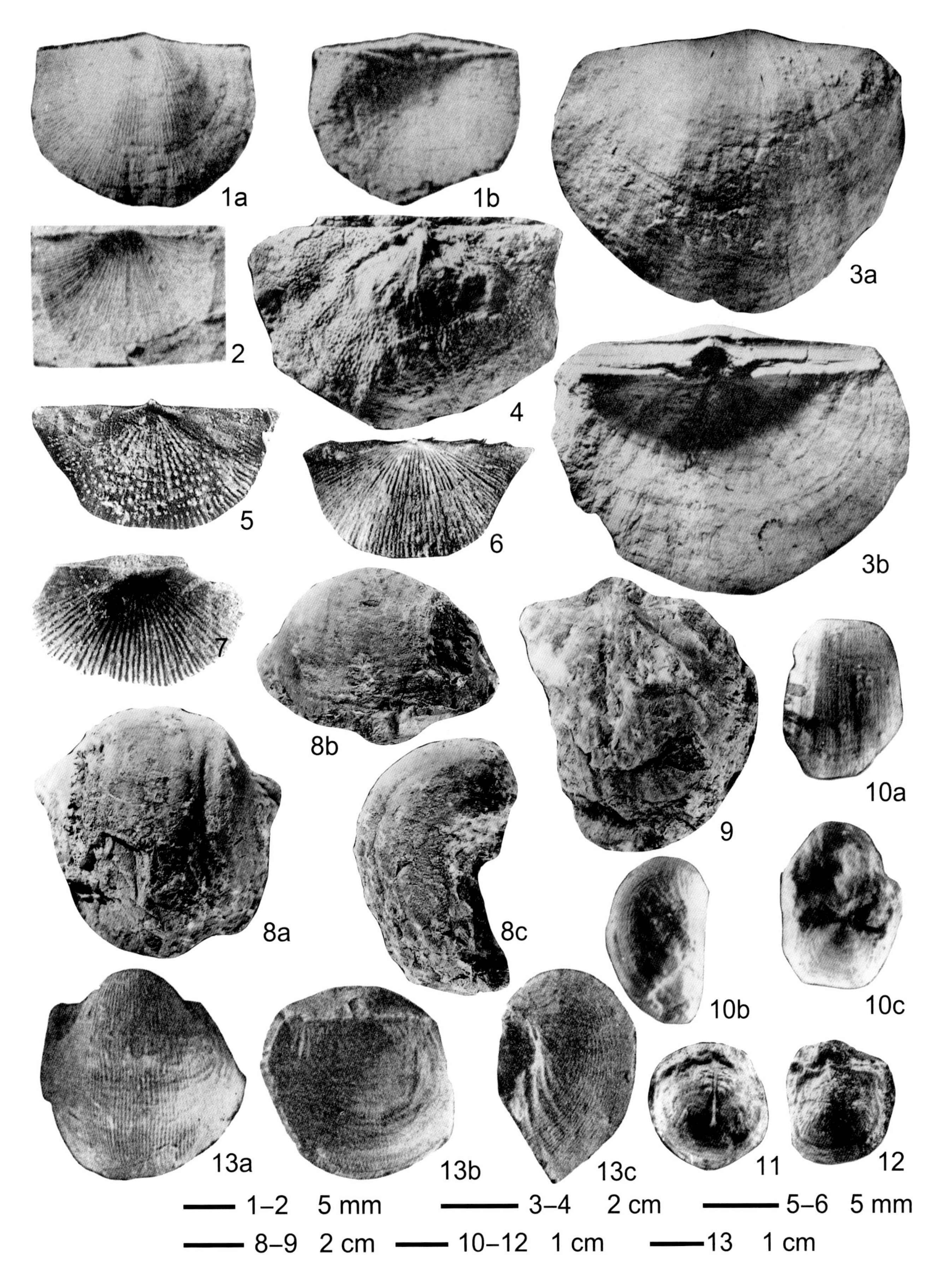
1a
1b
3a
2
4
5
6
3b
7
8b
9
10a
8a
8c
10b
10c
13a
13b
13c
11
12
1–2 5 mm
3–4 2 cm
5–6 5 mm
8–9 2 cm
10–12 1 cm
13 1 cm

图版 5-5-7 说明

1—3　葛罗勃交织长身贝 *Vitiliproductus groeberi*（Krenkel，1913）　引自杨式溥（1978）

1. 腹、背视; 2—3. 腹视。登记号: 1. CUGB-Ws15A-4; 2. CUGB-Ws15A-1; 3. CUGB-Ws14-8。主要特征: 壳体中等，轮廓横长，腹喙弯曲，侧坡缓，壳线细密，两组壳皱斜向相交成菱形，壳刺疏。产地: 贵州威宁。层位: 下石炭统维宪阶下部(旧司组)。

4—6　观音岩湖北长身贝 *Hubeiproductus guanyinyanensis* Yang，1984　引自冯少南等（1984）

4. 腹、侧视；5. 铰合标本纵切面；6. 背壳内部。登记号：4. YIGM-IV47399（正模）；5. YIGM-IV47400；6. YIGM-IV47398。主要特征：壳体中等，轮廓近长圆形，腹顶区强烈隆凸弯曲，侧坡陡直，前部膝曲，拖曳部长，无中槽，同心线密集、与壳线交织成网格状，顶区壳刺稀少。产地：湖北松滋。层位：下石炭统维宪阶下部（高骊山组）。

7—8　港井似波斯通贝 *Parabuxtonia kongjingensis* Yang and Zhang，1982　引自杨式溥和张康富（1982）

7. 腹内模、背内模; 8. 腹视。登记号: 7. CUGB-TB6404591(正模); 8. CUGB-TB6404526。主要特征: 壳体较大，放射线规则，腹壳上壳刺稀少，背壳无壳刺，背内主突起高，中隔板细长，侧隔脊发育。产地: 西藏喜马拉雅地区，希夏邦马峰港门穹山。层位：下石炭统维宪阶（港井组）。

9　肃北狮鼻长身贝 *Pugilis subeiensis* Ding in Ding and Qi，1983　引自丁培榛和齐文同（1983）

腹、侧、后视。登记号：XIGM-B572（正模）。主要特征：壳体中等大小，长方圆形，腹顶区强凸向后弯曲，前部膝曲，中槽窄浅，壳线不规则，在前部和侧部形成隆脊，后部壳线规则并与同心皱相交成网格状，壳刺分布不规则。产地：甘肃肃北盐池湾塔塔尔湾。层位：下石炭统维宪阶（怀头他拉组）。

10—12　威宁大塘贝 *Datangia weiningensis* Yang，1978　引自杨式溥（1978）

10. 腹、后、侧视；11. 腹内模；12. 背内。登记号：10. CUGB-WS51-18（正模）；11. CUGB-Ws37-16；12. CUGB-Ws38-50。主要特征：壳体中等至大，半圆形，腹壳中部强凸成球状，腹喙小、弯曲，两翼扁平，壳面仅饰有规则均匀的细放射线和细密同心纹，无纵褶。产地：贵州威宁种羊场。层位：下石炭统维宪阶（上司组下部）。

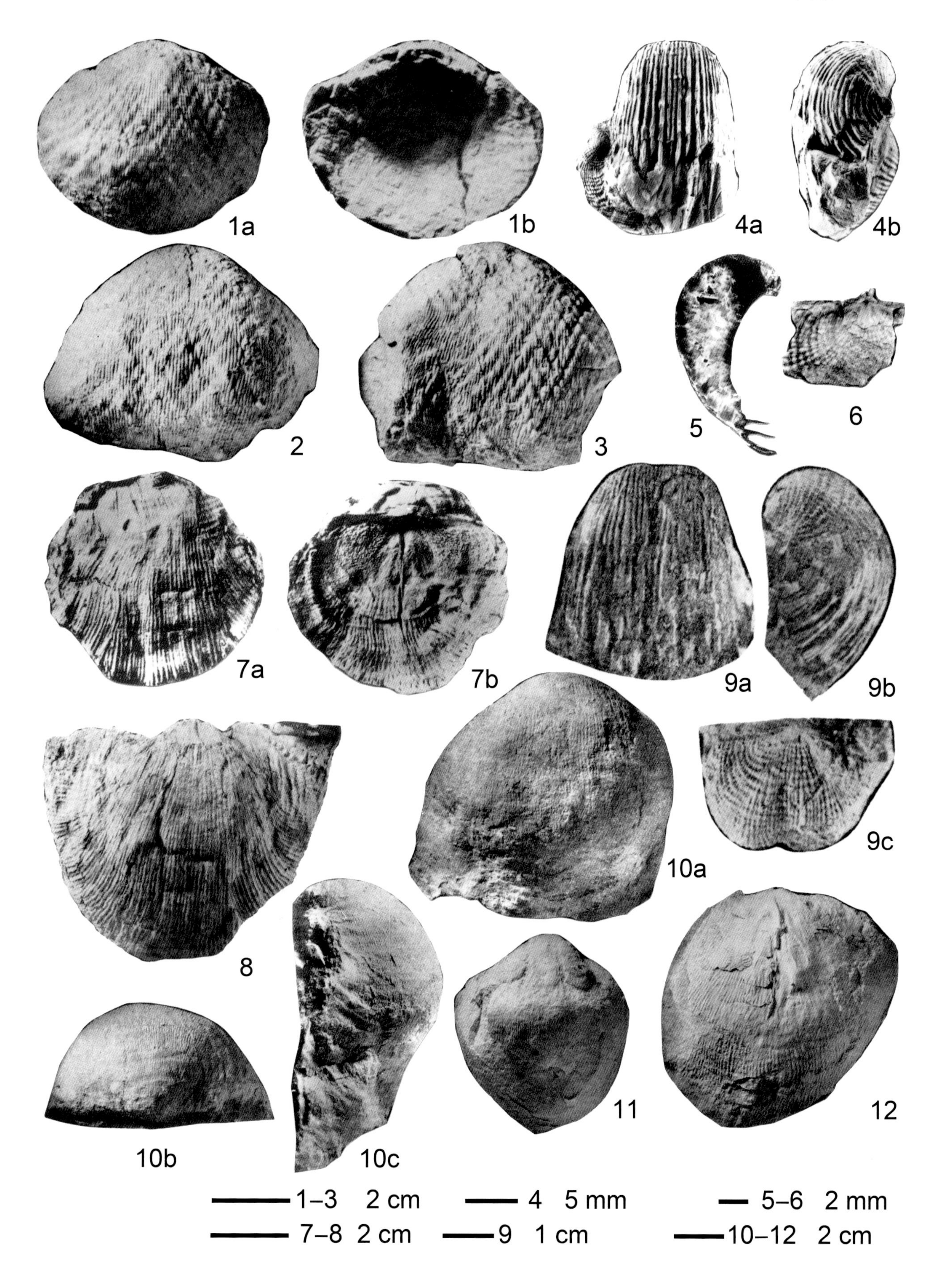
1a
1b
4a
4b
2
3
5
6
7a
7b
9a
9b
8
10a
9c
10b
10c
11
12
1–3 2 cm
4 5 mm
5–6 2 mm
7–8 2 cm
9 1 cm
10–12 2 cm

图版 5-5-8 说明

1—3　细线细线贝 *Striatifera striata*（Fischer，1837）　1 引自 Chao（1927）；2 引自 Qiao 和 Shen (2012)

1—2. 腹视；3. 腹壳、腹外模。登记号：1. NIGP-874；2. NIGP-875；3. NIGP-154053。主要特征：轮廓长三角形，壳皱少，壳纹较粗，同心纹细密、遍布全壳。产地；1—2. 贵州威宁；3. 陕西镇巴火焰溪剖面。层位：下石炭统维宪阶上部。

4—6　甘肃甘肃贝 *Kansuella kansuensis*（Chao，1927）　引自 Chao（1927）

腹壳、背壳内部、完整的腹壳。登记号：4. NIGP-980；5. NIGP-859；6. NIGP-858。主要特征：壳体巨大，轮廓横长，两壳皆具铰合面，壳皱位于后部，壳纹细。产地：甘肃武威臭牛沟。层位：下石炭统维宪阶（臭牛沟组）。

7　新邵似甘肃贝 *Parakansuella xinshaoensis* Tan，1987　引自谭正修（1987）

背壳内部、腹壳外部、腹壳内部。登记号：HNGM-HB418（正模）。主要特征：壳体大，横宽，半圆形，两壳均具铰合面，耳翼大，腹壳无中槽，全壳覆有细密均匀的壳线，壳刺直立，同心纹遍布两壳，同心皱缺失，腹内开肌痕横卵形，背内主突起基部膨大，中隔板短。产地：湖南新邵。层位：下石炭统维宪阶（梓门桥组）。

1
2
3a
3b
4
5
6
7a
7b
7c
1–3 1 cm
4–6 2 cm
7 2 cm

图版 5-5-9 说明

1　肥厚网格长身贝新疆亚种 *Dictyoclostus pinguis sinkianensis* Yang，1964　引自杨式溥（1964）

腹、背、侧、后视。登记号：CUGB-100/70。主要特征：壳体大，轮廓圆形，壳体后部同心皱清楚；背内主突起强，中隔板长。产地：新疆波罗霍洛山北坡美路卡河。层位：下石炭统维宪阶。

2—3　粗糙波斯通贝 *Buxtonia scabricula*（Martin，1809）　引自杨式溥（1964）

2. 背内；3. 腹视。登记号：2. CUGB-71/19；3. CUGB-70/19。主要特征：轮廓方圆，腹壳隆凸，壳面上具细小壳刺和壳瘤。产地：新疆波罗霍洛山北坡美路卡河。层位：下石炭统维宪阶。

4—5　巨型大长身贝 *Gigantoproductus giganteus*（Sowerby，1822）　引自 Qiao 和 Shen（2012）

4. 铰合标本腹、侧视、背内视；5. 铰合标本腹视。登记号：4. NIGP-154061；5. NIGP-154059。主要特征：壳体大，腹壳高隆，壳纹细弱，壳面前部具微弱的纵褶；背内主突起三叶型，中隔脊长。产地：陕西镇巴火焰溪剖面。层位：下石炭统维宪阶（展坡组）。

6　爱德堡大长身贝 *Gigantoproductus edelburgensis*（Phillips，1836）　引自冯儒林和江宗龙（1978）

腹视。登记号：无。主要特征：壳体大，横伸，两翼平，腹壳均匀隆凸、中部较低平，壳线较粗，壳面前部无纵褶。产地：贵州独山平塘甘寨。层位：下石炭统谢尔普霍夫阶（摆佐组）。

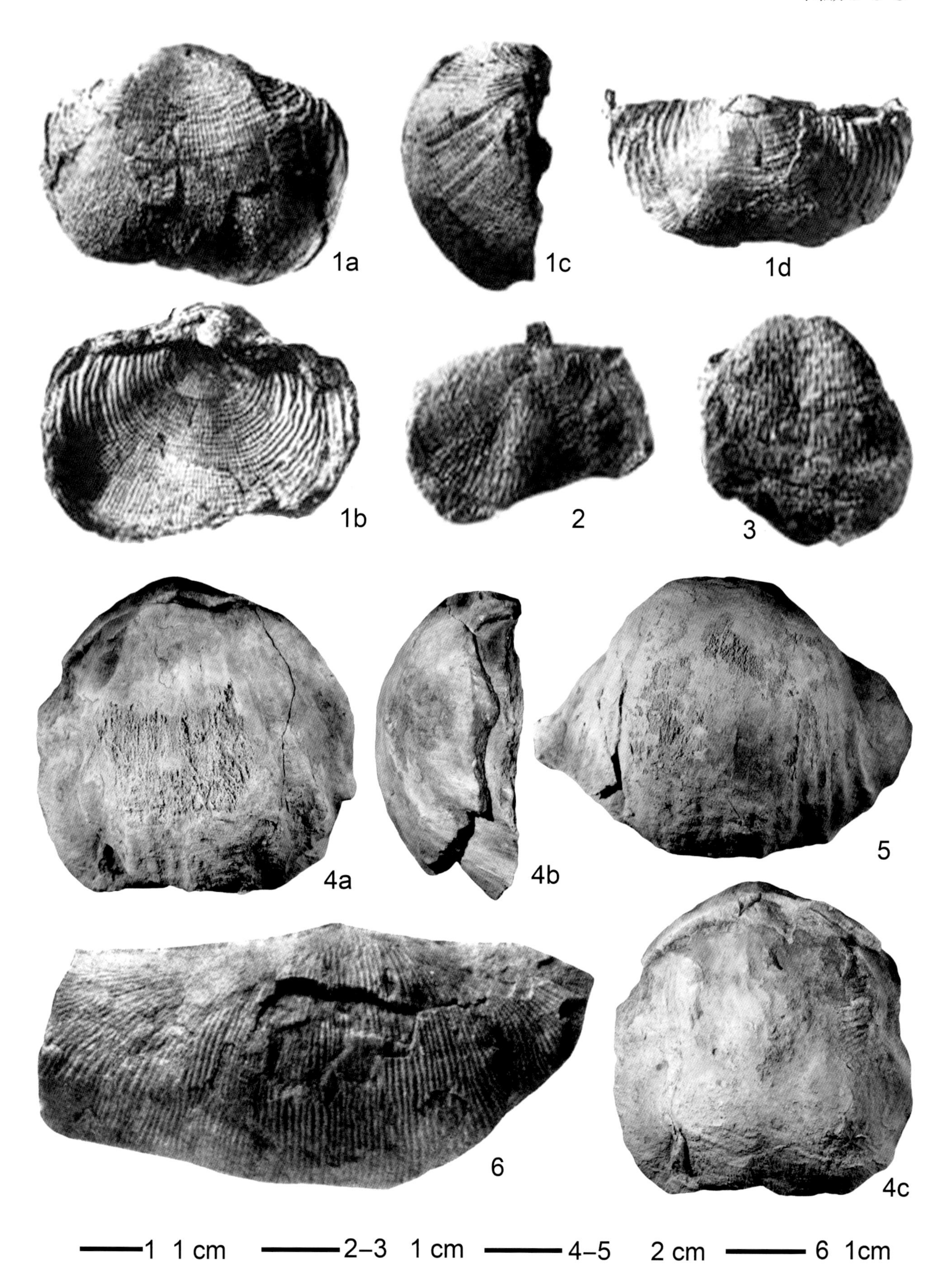
1a
1c
1d
1b
2
3
4a
4b
5
6
4c
1 1 cm
2–3 1 cm
4–5 2 cm
6 1cm

图版 5-5-10 说明

1—3　美雅轮刺贝 *Echinoconchella elegans*（McCoy，1844）　引自 Chen 和 Shi（2003）

1—2. 腹壳标本腹视；3. 腹壳标本腹、侧视。登记号：1. NMVP-303227；2. NMVP-303228；3. NMVP-303230。主要特征：壳体小，腹壳均匀隆凸，无中槽；壳层疏，壳刺少。产地：新疆泽普，达木斯，艾特沟剖面。层位：下石炭统维宪阶到谢尔普霍夫阶（和什拉甫组）。

4—5　雅满苏新疆长身贝 *Xinjiangiproductus yamansuensis* Yao and Fu，1987　引自姚守民和傅力浦（1987）

4. 腹壳侧视；5. 背外模。登记号：4. XIGM-Hy-1（正模）；5. XIGM-Hy-2。主要特征：壳体大，横展，主端呈翼状，轮廓半圆形，腹壳强烈隆凸，背壳浅凹，侧视半球状，腹体腔区平坦宽大，壳线均匀规则，同心皱在耳翼附近与壳线相交成网格状。产地：新疆哈密雅满苏。层位：下石炭统谢尔普霍夫阶（雅满苏组）。

6—7　龟形舟形贝 *Gondolina testudinaria* Jin and Liao，1974　引自 Jin 等（1998）

6. 背、侧、腹视；7. 腹内模。登记号：6. NIGP-22451；7. NIGP-22451a。主要特征：壳体大，龟形，腹铰合面高强，体腔薄。产地：贵州威宁。层位：下石炭统谢尔普霍夫阶（赵家山组）。

8　半面半面贝 *Semiplanus semiplanus*（Schwetzow，1922）　引自杨式溥（1978）

后、腹视。登记号：CUGB-694。主要特征：壳体中等，纺锤形，腹壳后部高凸，两翼尖伸，壳线细、与同心线相交成栅状，壳刺稀疏。产地：贵州威宁。层位：下石炭统维宪阶（旧司组）。

9　贵州贵州贝 *Kueichowella guizhouensis* Yang，1978　引自杨式溥（1978）

腹壳、腹壳后视。登记号：CUGB-Fs-2297（正模）。主要特征：壳体大，方圆形，腹壳缓凸，两翼平坦，无腹基面，壳表覆有均匀的细放射线，同心皱显著。产地：贵州盘县白泥塘子。层位：下石炭统谢尔普霍夫阶（摆佐组）。

10　威宁舟形贝 *Gondolina weiningensis* Jin and Liao in Wang et al.，1966　引自王钰等（1966）

腹、侧、背视。登记号：NIGP22444（正模）。主要特征：壳长显著大于壳宽，长三角形，腹喙直立，腹铰合线短，耳翼不明显，腹壳缓凸，背壳平凹，放射线细密，同心皱发育。产地：贵州威宁。层位：下石炭统谢尔普霍夫阶（赵家山组）。

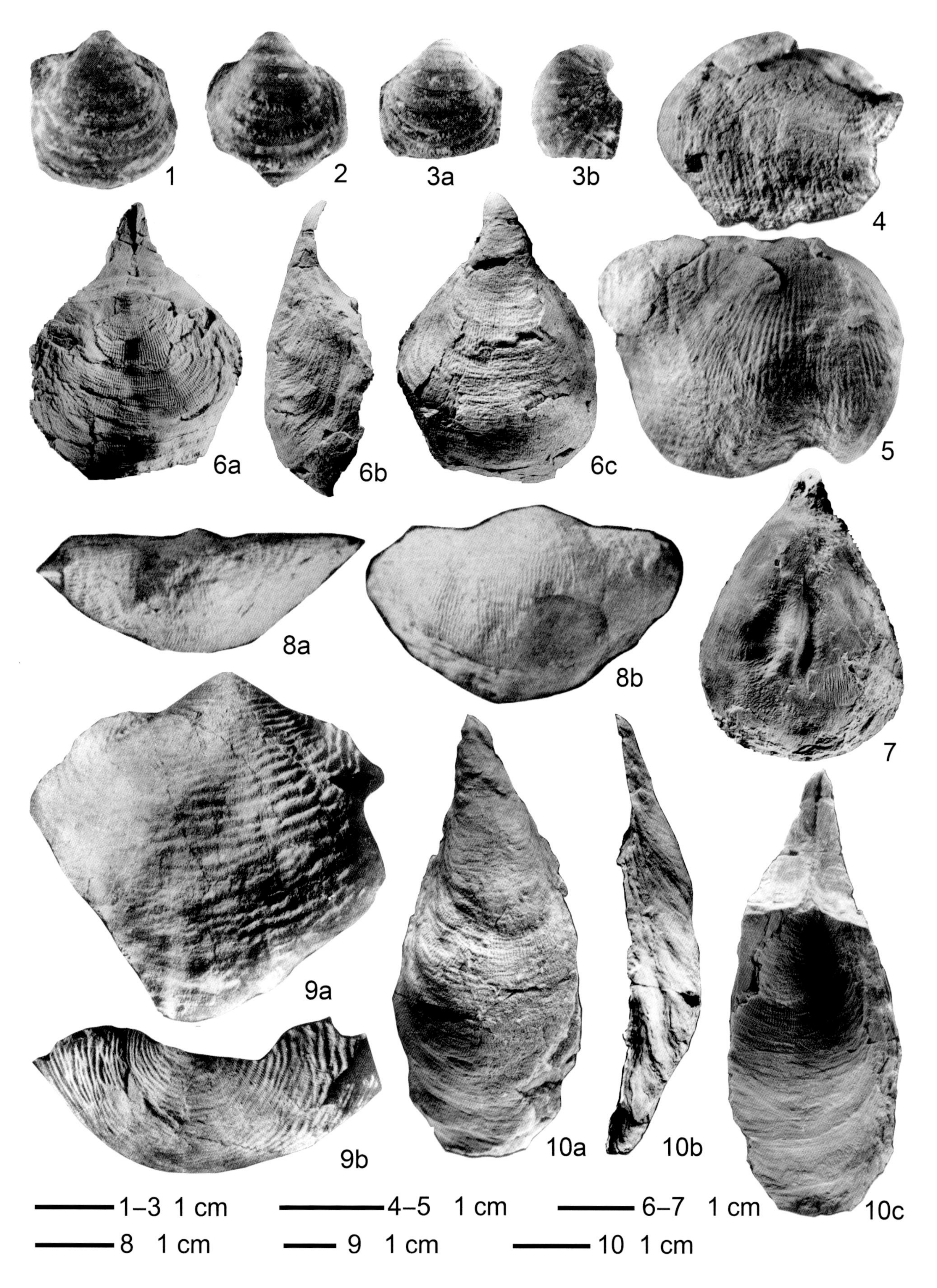
1
2
3a
3b
4
6a
6b
6c
5
8a
8b
7
9a
9b
10a
10b
10c
1–3 1 cm
4–5 1 cm
6–7 1 cm
8 1 cm
9 1 cm
10 1 cm

图版 5-5-11 说明

1—2　罗城罗城贝 *Lochengia lochengensis* Grabau in Yoh，1929　引自金玉玕（1983）

1. 腹、侧、背视；2. 腹视。登记号：1. NIGP-70738（正模）；2. NIGP-70739。主要特征：壳体大，横卵圆形，主端圆，腹壳微凸，背壳近平，腹喙强烈弯曲，中槽、中隆弱，壳线简单或具微弱的同心层，腹内齿板短，背内铰板近方形。产地：广西罗城寺门大罗山。层位：下石炭统维宪阶到谢尔普霍夫阶（罗城组）。

3—4　典型盔形贝 *Galeatathyris galeata* Jin，1983　引自金玉玕（1983）

3. 腹前、背、侧视；4. 背、腹、后视。登记号：3. NIGP-70750　（正模）；4. NIGP-70752。主要特征：壳体盔状，凹凸型，腹壳高凸，周缘壳面挠曲，腹喙卷曲，耳翼大而平，中槽窄，壳褶粗，同心线遍覆全壳。产地：3. 广西天峨牛洞村，4. 东兰龙窝村。层位：下石炭统维宪阶到谢尔普霍夫阶（大塘组）。

5　紫云紫云石燕 *Ziyunospirifer ziyunensis*（Xian，1982）　引自鲜思远（1982）

腹、背、前、侧视。登记号：GBGM-CB6430（正模）。主要特征：壳体中至大，横方形，主端尖，腹双凸型，腹铰合面发育，三角孔开，槽、隆发育，前舌明显，槽、隆上壳褶粗棱状，侧区壳褶稍细，微纹饰为同心状排列的瘤突，腹内无齿板和中隔板，背内主突起毛发状，铰板直。产地：贵州紫云。层位：下石炭统维宪阶到谢尔普霍夫阶（赵家山组）。

6　棋梓桥次石燕 *Subspirifer chizechiaoensis* Shan and Zhao，1981　引自单惠珍和赵汝旋（1981）

腹、背、侧、前视。登记号：SYUG-Hu-10-1（正模）。主要特征：壳体小，圆三角形，主端钝圆，腹铰合面低平、微凹，中槽内具一条楔状壳褶、呈短舌状向前伸，中隆明显、前端作鳍状突起，壳线宽圆不分枝。产地：湖南湘乡棋子桥。层位：下石炭统维宪阶到谢尔普霍夫阶（梓门桥组）。

1a
1b
1c
2
3a
3b
4a
3c
4b
4c
5a
6a
5b
5c
6b
6c
5d
6d
1–2 2 cm
3–4 2 cm
5 1 cm
6 1 cm

图版 5-5-12 说明

1　拉马克全形贝 *Enteletes lamarckii* Fischer，1825　引自张川等（1983）

腹、背、侧、前视。登记号：XBRB-251。主要特征：壳体中等，主端圆，腹三角孔开，前缘单褶型，壳褶位于前部，壳纹细密；齿板粗强，腕基支板薄，主突起小。产地：新疆皮山克兹里奇曼。层位：上石炭统（塔合奇组）。

2—3　波浪波纹贝 *Fluctuaria undata*（Defrance，1826）　2 引自佟正祥（1978），3 引自金玉玕和廖卓庭（1974）

2. 后、侧视；3. 腹视。登记号：2. Sb4069；3. NIGP22462。主要特征：壳体中等，长卵形，腹壳高凸，前部不膝曲，无中槽，同心皱成波状，壳线规则。产地：2. 四川盐边干海子；3. 贵州盘县滑石板。层位：上石炭统（威宁组）。

4—7　束线奇台长身贝 *Qitaiproductus sarcinicostatus* Wang and Yang，1998　引自王成文和杨式溥（1998）

4—6. 腹前、背内、腹视；7. 腹壳侧、前视。登记号：4. CCG-O504713；5. CCG-T40104708；6. CCG-O404720；7. CCG-S62-0204719（副模）。主要特征：壳体中等，腹壳强凸，耳翼平，中槽明显，壳线细，刺基粗大。产地：新疆奇台。层位：上石炭统莫斯科阶（石钱滩组）。

8　方形穆武贝 *Muirwoodia quadrata*（Zhang，1983）　引自张川等（1983）

背、腹、侧、腹内、后、背内视。登记号：XBRA-353。主要特征：壳体中等，轮廓方形，主端直角状，腹壳后部微凸，前部强烈膝曲，中槽浅平，全壳覆有均匀的放射线，同心线微弱。产地：新疆奇台塔木岗。层位：上石炭统莫斯科阶（石钱滩组）。

9　横宽威宁贝 *Weiningia transversa* Jin and Liao，1974　引自金玉玕和廖卓庭（1974）

腹、背、侧视；登记号：NIGP-22450（正模）。主要特征：壳体大，横圆形，铰合面直耸，三角孔开，两壳均具有鳞片状不规则壳层。产地：贵州水城德坞。层位：上石炭统巴什基尔阶（威宁组底部）。

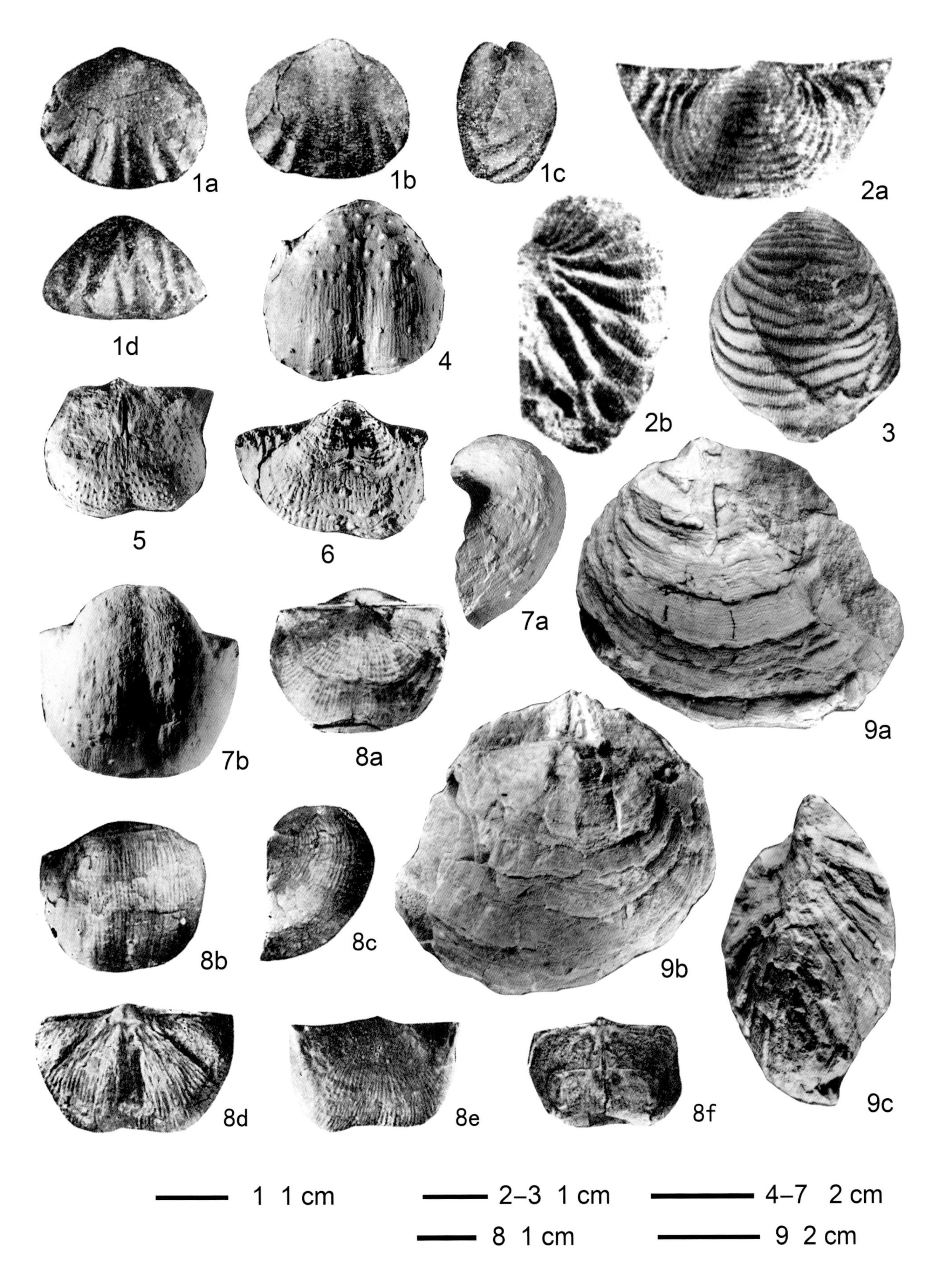
1a
1b
1c
2a
1d
4
2b
3
5
6
7a
9a
7b
8a
8b
8c
9b
9c
8d
8e
8f
1 1 cm
2–3 1 cm
4–7 2 cm
8 1 cm
9 2 cm

图版 5-5-13 说明

1—3　瘤状克罗托夫贝 *Krotovia pustulata*（Keyserling，1853）　引自王成文和杨式溥（1998）

1—2. 腹视；3. 腹、背视。登记号：1. CCG-T4-0101809；2. CCG-O401805；3. T4-0101809。主要特征：壳体中等大小，轮廓横展，耳翼平，主端方，壳瘤多、不规则排列。产地：新疆奇台。层位：上石炭统莫斯科阶（石钱滩组）。

4—5　前长形线纹长身贝 *Linoproductus praelongatus*（Zhang，1983）　引自张川等（1983）

4. 腹、侧视；5. 腹、侧视。登记号：4. XBRA-351（副模）；5. XBRA-352（正模）。主要特征：壳体巨大，纵长方形，腹壳强凸，中槽缺失，壳线细密，壳皱见于耳翼，壳刺散布，沿铰合缘成行。产地：新疆阿尔金山。层位：上石炭统（喀拉米兰河群）。

6　簇形轮刺贝 *Echinoconchus fasciatus*（Kutorga，1844）　引自张川等（1983）

腹、背、后、侧视。登记号：XBRA-342。主要特征：壳体中等大小，长卵形，腹壳顶部卷曲，中部平坦，两侧近于直立，壳层宽阔，壳刺密集。产地：新疆奇台塔木岗。层位：上石炭统莫斯科阶（石钱滩组）。

7—11　准噶尔顾脱贝 *Kutorginella zhungerensis* Wang and Yang，1998　引自王成文和杨式溥（1998）

腹后、腹、腹前、背内、背视。登记号：CCG-T23-1002301—1002305。主要特征：壳体大，长筒形，耳翼小，侧翼陡，拖曳部长，中槽始于喙顶，体腔区壳线粗平、与同心层交织成网格状，壳刺粗大、稀疏。产地：新疆奇台塔木岗。层位：上石炭统莫斯科阶（石钱滩组）。

12—13　中华柯兹洛夫斯基贝 *Kozlowskia sinica* Wang and Yang，1998　引自王成文和杨式溥（1998）

12. 背、腹、侧视；13. 背内视。登记号：12. CCG-T4-0102906；13. CCG-O302912。主要特征：壳体中等大小，亚长方形，腹壳强凸卷曲，侧翼陡，中槽不明显，壳线规则，同心线发育在体腔区，壳刺粗大，沿后缘成一排。产地：新疆奇台。层位：上石炭统莫斯科阶（石钱滩组）。

1
3a
2
3b
4a
4b
5a
5b
6a
6b
6c
6d
7
8
9
10
11
12a
12b
12c
13
1–3 1 cm
4–5 1 cm
6 1 cm
7–11 1 cm
12–13 1 cm

图版 5-5-14 说明

1—2　奇台先耸立贝 *Praehorridonia qitaiensis* Wang and Yang，1998　引自王成文和杨式溥（1998）

1. 腹、侧、背视；2. 背内。登记号：1. CCG-T40404709；2. CCG-S620204718。主要特征：壳体中等，腹喙尖，腹壳强烈卷曲、体腔区隆凸似盔状，中槽明显，壳皱位于耳翼及侧坡，壳面无壳线，壳刺粗大；背壳同心层发育，无壳刺。产地：新疆奇台。层位：上石炭统莫斯科阶（石钱滩组）。

3　标准克拉麦里贝 *Kelamailia typica* Zhang，1983　引自张川等（1983）

腹、背、侧、后视、腹内、背内。登记号：XBRA-355。主要特征：壳体大，亚方形轮廓，耳翼卷曲，腹壳具假基面，放射线细密，同心纹弱，壳刺布满全壳，沿铰合缘和耳翼基部成行排列。产地：新疆奇台克拉麦里。层位：上石炭统莫斯科阶（石钱滩组）。

4—5　肿胀肿胀贝奇台亚种 *Inflatia inflata qitaiensis* Wang and Yang，1998　引自王成文和杨式溥（1998）

4. 侧、腹视；5. 腹视。登记号：4. CCG-R156306208；5. CCG-R150306209。主要特征：轮廓长方形，腹喙小，腹壳强烈卷曲，耳翼小，腹中槽宽、始于体腔区前部，壳线细，壳刺粗大。产地：新疆奇台。层位：上石炭统莫斯科阶（石钱滩组）。

6—10　胡埃口网格贝 *Reticulatia huecoensis*（King，1930）　引自王成文和杨式溥（1998）

6. 腹、侧视；7—10. 腹内、背、背内模、腹内模。登记号：6. CCG-O504115；7. CCG-T904103；8. CCG-T16-0804102；9. CCG-T16-0804104；9. CCG-T1904101。主要特征：腹壳强凸卷曲，耳翼大，腹中槽弱，壳线细圆同心线在体腔区与壳线交织成网格状；腹内开肌痕扇形，闭肌痕狭长，背内主突起四叶型，中隔脊短。产地：新疆奇台。层位：上石炭统莫斯科阶（石钱滩组）。

1a
1b
1c
2
3a
3b
3d
3e
3c
6a
4a
4b
3f
5
6b
7
8
9
10
1—2 1 cm
3 1 cm
4–5 1 cm
6–10 1 cm

图版 5-5-15 说明

1—2　萨瓦布奇赵氏贝 *Chaoiella savabuqiensis* Wang and Yang，1998　引自王成文和杨式溥（1998）

1. 腹、腹后视；2. 背内视。登记号：1. CCG-F211601；2. CCG-L204501。主要特征：壳体大，横方形，耳翼大，腹壳体腔区强烈隆凸，中槽深窄，背壳微凹，前部膝曲；壳线均匀细密；背内主突起三叶型，主脊短，中隔脊粗大。产地：新疆柯坪。层位：上石炭统（格热尔阶）到下二叠统（康克林组）。

3—5　细网赵氏贝 *Chaoiella tenuireticulatus*（Ustrisky，1960）　引自张川等（1983）

3. 后、腹视；4. 背外模；5. 腹、背、后视。登记号：3—4. XBRB-359；5. XBRB-235。主要特征：壳体中等至大，方形，腹壳中部强凸，侧部陡，腹壳前部膝曲，耳翼略卷曲，壳线细，壳皱略呈波状。产地：3—4. 新疆昆仑山西北坡；5. 新疆伽师西格尔。层位：3—4. 上石炭统（塔合奇组）；上石炭统（格热尔阶）到下二叠统（康克林组）。

6　帐幕顾脱贝 *Kutorginella tentoria* Jin and Liao，1974　引自金玉玕和廖卓庭（1974）

腹、侧视。登记号：NIGP-22468。主要特征：壳体大，轮廓横长，腹壳后部强烈凸隆，前部膝曲，拖曳部作帐幕状展开，中槽浅，壳线规则。产地：贵州盘县滑石板。层位：上石炭统（威宁组）。

7—9　阎婆线纹长身贝印干亚种 *Linoproductus cora inganensis* Wang and Yang，1998　引自王成文和杨式溥（1998）

7. 腹、侧视；8—9. 背内、背外视。登记号：7. CCG-G405605；8. CCG-G405604；9. CCG-G405601。主要特征：轮廓卵形，腹壳高凸，耳翼平，槽、隆不发育，壳纹细密。产地：新疆印干印干村西。层位：上石炭统（格热尔阶）到下二叠统（康克林组）。

10—11　半瘤棘刺贝 *Echinaria semipunctata*（Shepard，1838）　引自王成文和杨式溥（1998）

10. 腹、背、侧视；11. 腹视。登记号：10. CCG-L203502；11. CCG-L203501。主要特征：壳体大，长卵形，腹喙尖而弯曲，腹壳体腔区高凸，中槽始于喙顶区，同心皱显著，壳皱前坡陡、后坡缓，后坡上布满向前倒伏的壳刺。产地：新疆库尔干萨瓦布七。层位：上石炭统（格热尔阶）到下二叠统（康克林组）。

12　刺形河西长身贝 *Hexiproductus echidniformis*（Grabau in Chao，1925）　引自 Shi 等（2008）

腹前、腹后视。登记号：NMVP-30959。主要特征：壳体中等大小，横卵形，体腔区薄，两壳均发育同心皱，壳刺稀疏、仅见于腹壳。产地：宁夏中卫上河沿剖面。层位：上石炭统卡西莫夫阶到格热尔阶（太原组下部）。

13　奇异米克贝 *Meekella eximia*（Eichwald，1845）　引自王成文和杨式溥（1998）

腹、背视。登记号：CCG-E100801；壳体中等，横卵形，双凸，腹喙直伸，基面扭曲，具粗大的壳褶和发丝状壳纹。产地：新疆印干开派兹雷克。层位：上石炭统（格热尔阶）到下二叠统（康克林组）。

图版 5-5-15

1a
1b
6a
2
3a
5a
3b
4
5b
6b
7a
7b
5c
10a
8
13a
12a
9
12b
13b
10b
10c
11
1–4 1 cm
5 1 cm
6 1 cm
7 1 cm
8–11, 13 1 cm
12 1 cm

图版 5-5-16 说明

1　背凸盐边贝 *Yanbianella dorsiconvexa* Tong，1978　引自佟正祥（1978）

腹、背、前、侧、后视。登记号：CIGM-Sb4096（正模）。主要特征：壳体小，轮廓近五边形，背双凸型，腹喙微弯，中槽宽深，中隆高凸，壳褶粗圆、始于壳体中部靠后。产地：四川盐边野麻干海子。层位：上石炭统巴什基尔阶到莫斯科阶（威宁组）。

2　三角角房贝 *Goniophoria triangularis* Tong，1978　引自佟正祥（1978）

腹、背、后、侧、前视。登记号：CIGM-Sb4112。主要特征：壳体直长，轮廓近三角形，中槽浅，中隆高凸，壳表具少量粗棱角状放射褶，结合缘为锯齿状。产地：四川盐边野麻干海子。层位：上石炭统巴什基尔阶到莫斯科阶（威宁组）。

3　南丹贝形长阳小嘴贝 *Changyangrhynchus nantanelloides* Yang，1984　引自冯少南等（1984）

腹、背、侧视。登记号：YIGM-IV47447（正模）。主要特征：壳体小，近五边形，背双凸型，槽、隆宽平，槽、隆上壳褶棱角状，侧区壳褶弱，顶区光滑，齿板不发育，铰板薄。产地：湖北长阳。层位：上石炭统巴什基尔阶到莫斯科阶（黄龙组）。

4—5　凹槽四川小嘴贝 *Sichuanrhynchus sulcatus* Tong，1978　引自佟正祥（1978）

4. 腹、侧、背、前、后视；5. 腹、背、后、前、侧视。登记号：4. CIGM-Sb4107；5. CIGM-Sb4108（正模）。主要特征：轮廓近圆形，腹壳缓凸，背壳强凸，腹中槽宽浅、见于前部，无明显中隆，壳表光滑，仅饰有微弱同心纹，无齿板和腕支板。产地：四川盐边野麻干海子。层位：上石炭统卡西莫夫阶到下二叠统（马平组）。

6—7　马平南丹贝 *Nantanella mapingensis* Grabau，1936　引自 Grabau（1936）

6. 腹、侧、后、前、背视；7. 腹、背、前、侧视。登记号：6. NIGP-5213；7. NIGP5217（正模）。主要特征：壳体小，近五边形，槽、隆始于前部，放射褶少、棱角状，腹内齿板和中隔板联合成匙板，背内具隔板槽和中隔板。产地：广西南丹。层位：上石炭统卡西莫夫阶到下二叠统（马平组）。

8　赵氏新穆内拉贝 *Neomunella chaoi*（Ozaki，1931）　引自 Ozaki（1931）

腹、背、后视。登记号：无。主要特征：壳体中等大小，横方形，槽、隆始于喙部，全壳覆有低平的壳线，腹内齿板强。产地：辽宁本溪。层位：上石炭统莫斯科阶到格热尔阶（本溪组）。

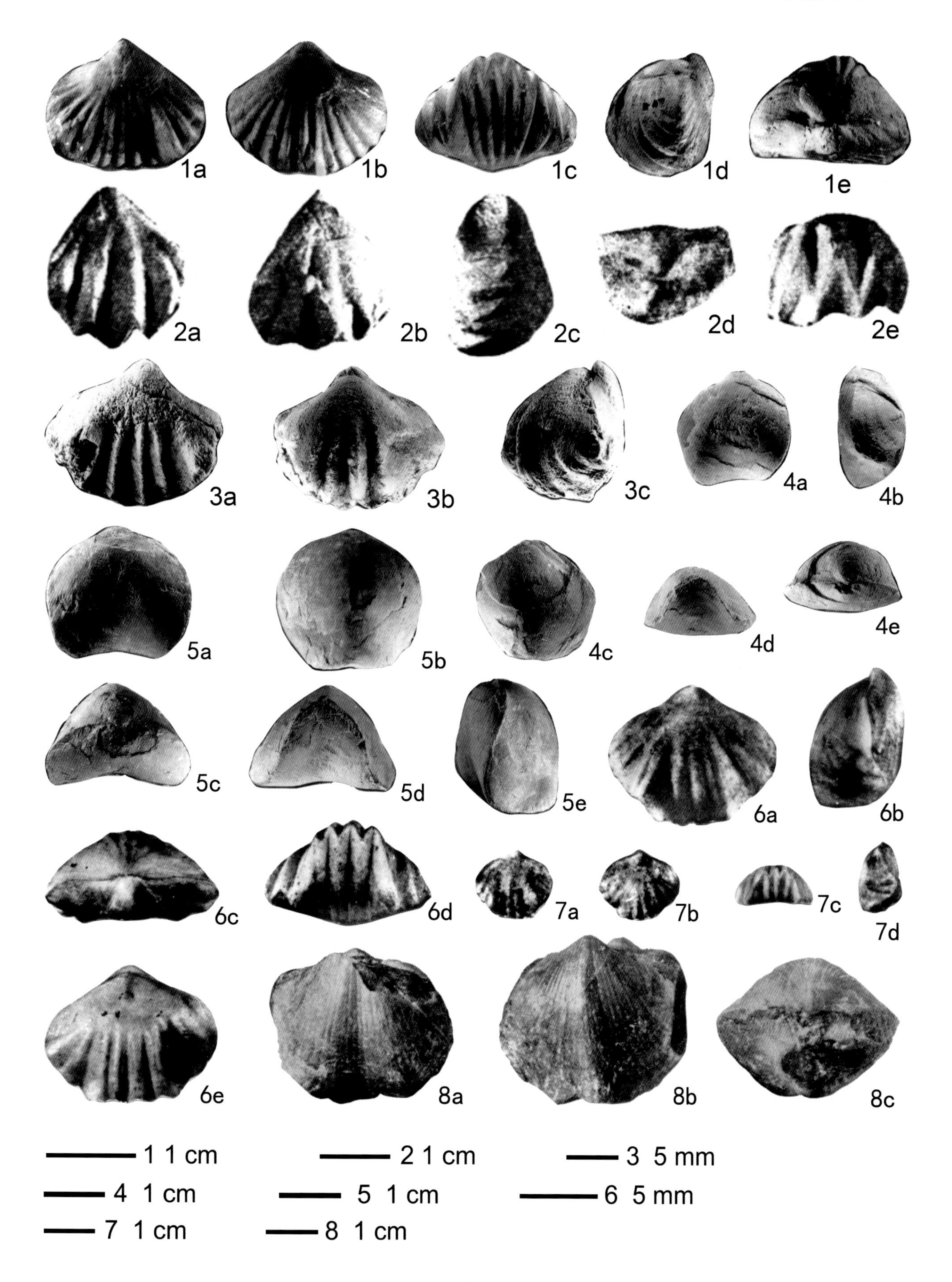
1a
1b
1c
1d
1e
2a
2b
2c
2d
2e
3a
3b
3c
4a
4b
5a
5b
4c
4d
4e
5c
5d
5e
6a
6b
6c
6d
7a
7b
7c
7d
6e
8a
8b
8c
1 1 cm
2 1 cm
3 5 mm
4 1 cm
5 1 cm
6 5 mm
7 1 cm
8 1 cm

图版 5-5-17 说明

1　帕登狭体贝 *Stenoscisma purdoni*（Davidson，1862）　引自张川等（1983）

背、腹、前、侧视。登记号：XBRB-213。主要特征：壳体较大，轮廓亚三角形，槽、隆始于喙部附近，前舌高凸，壳面具圆形壳褶。产地：新疆阿图什通古孜巴什沟。层位：上石炭统（格热尔阶）到下二叠统（康克林组）。

2—3　王恩汗准小钩形贝 *Uncinunellina wangenheimi*（Pander，1862）　引自李莉和谷峰（1976）

2. 腹、背视；3. 腹、背、前、侧视。登记号：无。主要特征：轮廓横五边形，腹顶区宽阔，中槽宽平，前端膝折，壳线粗圆。产地：内蒙古苏尼特左旗。层位：上石炭统（本巴图组）。

4　扁平拟穿孔贝 *Terebratuloidea depressa* Waagen，1883　引自廖卓庭（1979）

背、腹、前视。登记号：NIGP-51345。主要特征：壳体中等，轮廓五边形，侧视扁平状，中槽宽深，中隆上发育中沟，壳褶弱。产地：贵州普安龙吟。层位：上石炭统上部（沙子塘组）。

5　娇弱韦勒贝 *Wellerella delicatula* Dunbar and Condra，1932　引自张川等（1983）

腹、侧、背、后、前视。登记号：XBRA-360。主要特征：壳体小，背壳高凸，后部光滑无饰，槽、隆始于中部，壳褶粗强；齿板达壳底，铰板联合。产地：新疆奇台科什库都克。层位：上石炭统莫斯科阶（石钱滩组）。

6　多褶准小钩形贝 *Uncinunellina multiplicata* Liao，1979　引自廖卓庭（1979）

背、腹视。登记号：NIGP-51354。主要特征：轮廓近五边形，壳顶宽凸，腹基面近平，肩部棱角状，中槽宽深，中隆弱，全壳覆有密集的棱角状壳褶。产地：贵州普安龙吟。层位：上石炭统上部（沙子塘组）。

7　新疆发纹石燕 *Capillispirifer xinjiangensis* Zhang，1983　引自张川等（1983）

腹、侧、后、背、前视。登记号：XBGM-RA-380（正模）。主要特征：壳体小，近圆形，三角孔开，槽、隆发育，壳线简单，全壳覆有细密的放射纹，腹内无齿和中隔板，背内铰窝支板伸达壳壁。产地：新疆奇台科什库都克。层位：上石炭统莫斯科阶（石钱滩组）。

8　叠瓦新石燕 *Neospirifer tegulatus*（Trautschold，1876）　引自李莉和谷峰（1976）

背、腹、侧视。登记号：无。主要特征：壳体大，横向展伸，主端尖，腹壳顶部高隆，铰合面高三角形，中槽宽浅，全壳覆有细密壳线和同心层，侧区壳线成束状。产地：乌拉特中后联合旗平顶山。层位：上石炭统格热尔阶到下二叠统阿舍尔阶（阿木山组）。

9　心形马丁贝 *Martinia corcula*（Kutorga，1842）　引自廖卓庭（1979）

腹、背、前、侧视。登记号：NIGP-51372。主要特征：壳体小至中等，腹铰合面发育，槽、隆宽浅，壳面光滑。产地：贵州普安龙吟。层位：上石炭统上部（包磨山组）。

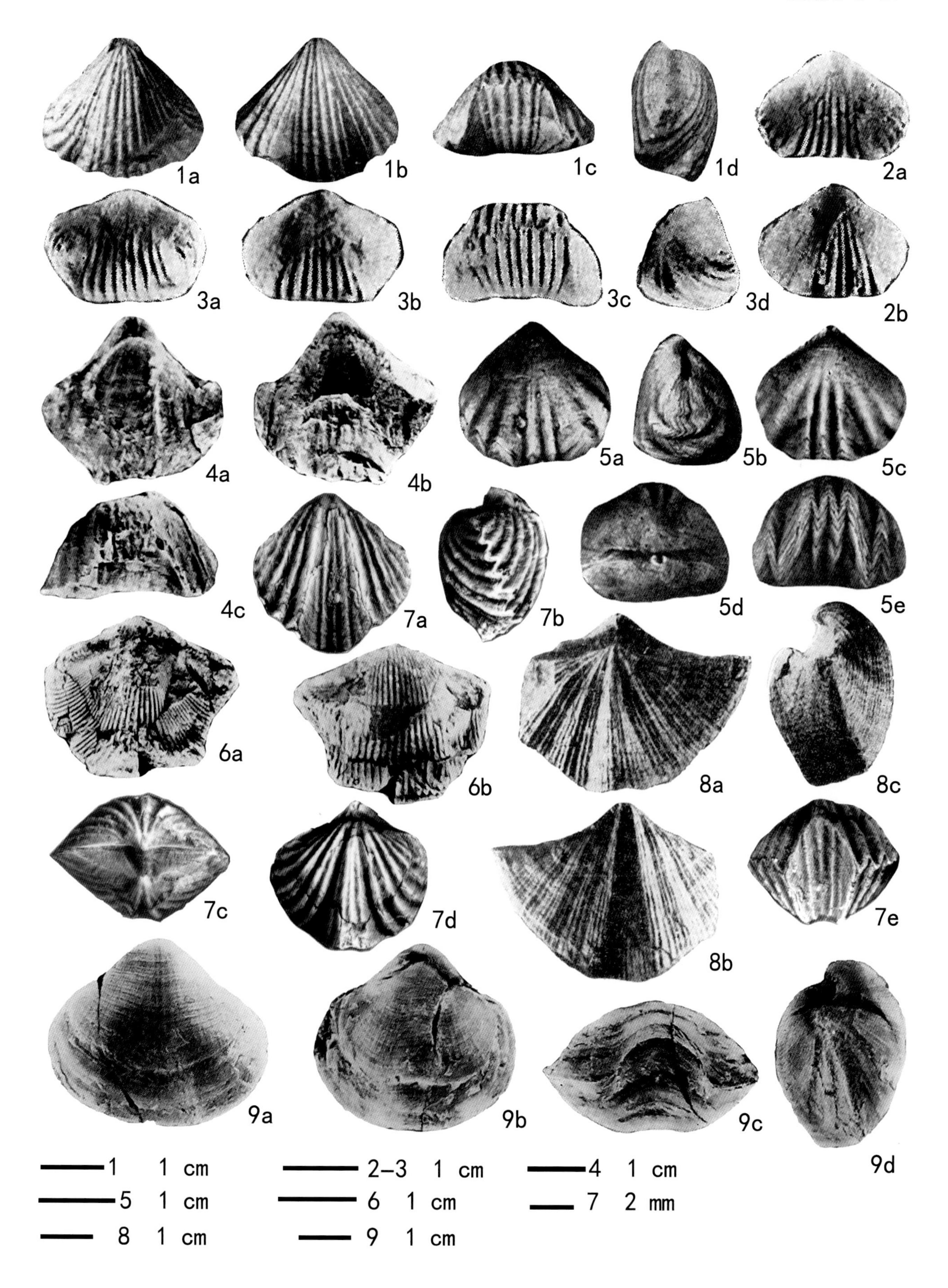
1a
1b
1c
1d
2a
3a
3b
3c
3d
2b
4a
4b
5a
5b
5c
4c
7a
7b
5d
5e
6a
6b
8a
8c
7c
7d
8b
7e
9a
9b
9c
9d
1 1 cm
2–3 1 cm
4 1 cm
5 1 cm
6 1 cm
7 2 mm
8 1 cm
9 1 cm

图版 5-5-18 说明

1　满苏分喙石燕 *Choristites mansuyi* Chao，1929　引自金玉玕和廖卓庭（1974）

腹、背、侧视。登记号：NIGP-22459。主要特征：壳体大，轮廓横圆形，主端圆，腹喙强烈弯曲，中槽宽，中隆低，壳线低平。产地：贵州盘县滑石板。层位：上石炭统巴什基尔阶到莫斯科阶（威宁组）。

2—3　叶古分喙石燕 *Choristites jigulensis*（Stuckenberg，1905）　引自廖卓庭（1979）

2. 腹视；3. 幼体标本的腹、背视。登记号：2. NIGP-51374；3. NIGP-51373。主要特征：壳体大，横椭圆形，主端近方形，腹喙弯，铰合面高，中槽宽平，壳线粗圆。产地：贵州普安龙吟。层位：上石炭统上部（沙子塘组）。

4　开平唐山贝 *Tangshanella kaipingensis* Chao，1929　引自 Chao（1929）

腹、侧、前、背视。登记号：NIGP-2004。主要特征：壳体中等大小，三角孔大，中槽、中隆明显，壳线分枝，无齿板。产地：河北唐山开平。层位：上石炭统莫斯科阶到格热尔阶（本溪组）。

5　亚洲纹窗贝 *Phricodothyris asiatica*（Chao，1929）　引自王成文和杨式溥（1998）

腹、背、侧视。登记号：CCG-K1910004。主要特征：壳体小，横圆形，背壳缓凸，槽、隆不发育，同心层显著。产地：新疆拜城老虎台。层位：上石炭统格热尔阶到下二叠统（康克林组）。

6　新疆准小微石燕 *Spiriferellina sinkiangensis*（Yang，1964）　引自张川等（1983）

腹、背、后、前、侧视。登记号：XBRA-388。主要特征：壳体小，腹壳高凸，喙小而弯，槽、隆明显，壳褶浑圆，同心纹细密。产地：新疆奇台塔木岗。层位：上石炭统莫斯科阶（石钱滩组）。

7—8　尼基丁小帕登贝 *Purdonella nikitini*（Tschernyschew，1902）　引自王成文和杨式溥（1998）

7. 腹、背视；8. 腹内模、背内模。登记号：7. CCG-R180408901；8. CCG-R180408902。主要特征：壳体中等，长椭圆形，两壳缓凸，腹喙尖而弯曲，铰合面宽三角形，中槽宽阔，中隆在前部显著，全壳覆有均匀宽平的壳线。产地：新疆奇台化石沟。层位：上石炭统莫斯科阶（石钱滩组）。

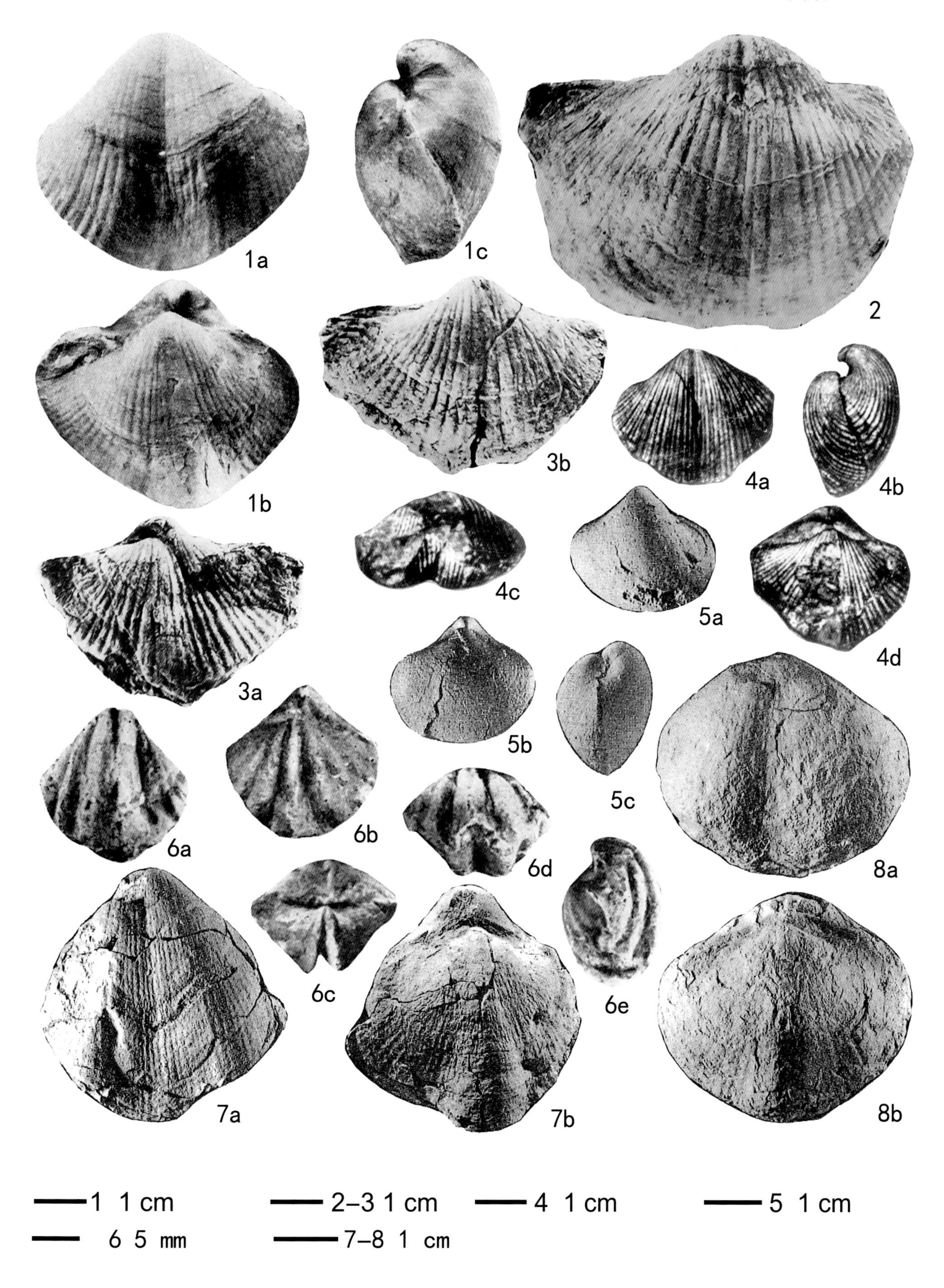
1a
1c
2
1b
3b
4a
4b
4c
5a
4d
3a
5b
5c
6a
6b
6d
8a
6c
6e
7a
7b
8b
1 1 cm
2–3 1 cm
4 1 cm
5 1 cm
6 5 mm
7–8 1 cm

5.6 四射珊瑚

四射珊瑚也称皱壁珊瑚，是一种已经灭绝了的腔肠动物，属于珊瑚虫纲的一个亚纲，生活在温暖的热带或亚热带正常浅海环境，营底栖固着生活。珊瑚的外骨骼由珊瑚虫分泌形成，多为钙质，容易保存为化石。珊瑚骨骼从结构上看，分为外部构造和内部构造。外部构造包括横向的生长线纹和纵向的皱，见图 5-6-1。内部构造比较复杂，纵列构造为隔壁和轴部；横列构造有横板、斜横板、鳞板和泡沫板等。根据横列构造和纵列构造，四射珊瑚可分为单带型、双带型、三带型和泡沫型。单带型仅有隔壁和横板，双带型除隔壁外还有横板和鳞板或泡沫板，三带型除隔壁、横板、鳞板或泡沫板外，还有中轴或复中柱，泡沫型为仅发育泡沫板。四射珊瑚根据形态可分为单体珊瑚和群体珊瑚。单体珊瑚有锥状、盘状、弯柱状、拖鞋状等，为广适性生物，可在较深水和凉水环境中生活。群体珊瑚可分为丛状和块状，前者的个体之间体壁没有直接接触，又分为笙状和树枝状；后者的个体之间共享体壁或缺失体壁，有多角柱状、互嵌状、互通状等。群体四射珊瑚为窄适性生物，在水深不超过 100 米的温暖环境中生活。四射珊瑚出现于奥陶纪，绝灭于二叠纪（Hill, 1981）。

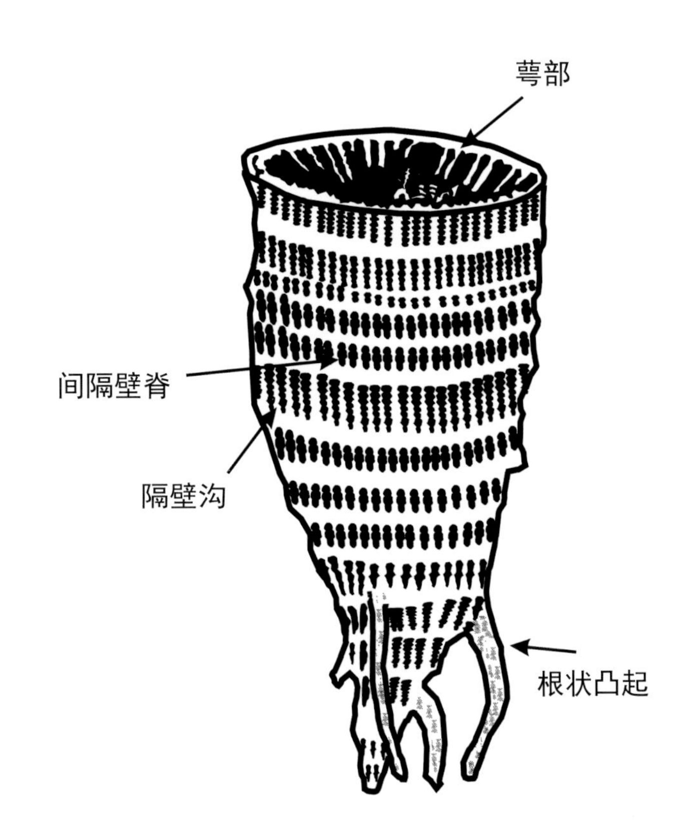

图 5-6-1　四射珊瑚体外壁及其表面构造

四射珊瑚的详细鉴定需要进行室内的切片和磨片，以及显微镜下观察和度量。横切面指垂直珊瑚生长方向的切面，常需要多个，甚至连续的横切面；纵切面指平行珊瑚的生长方向并穿过中心的切面，见图 5-6-2。四射珊瑚的大小、外部和内部构造都是分类鉴定的依据，个体直径、鳞板类型及发育程度、隔壁级别和数量及排列方式、有无轴部构造及轴部构造类型、横板数量及类型等都是重要的分类学标准。

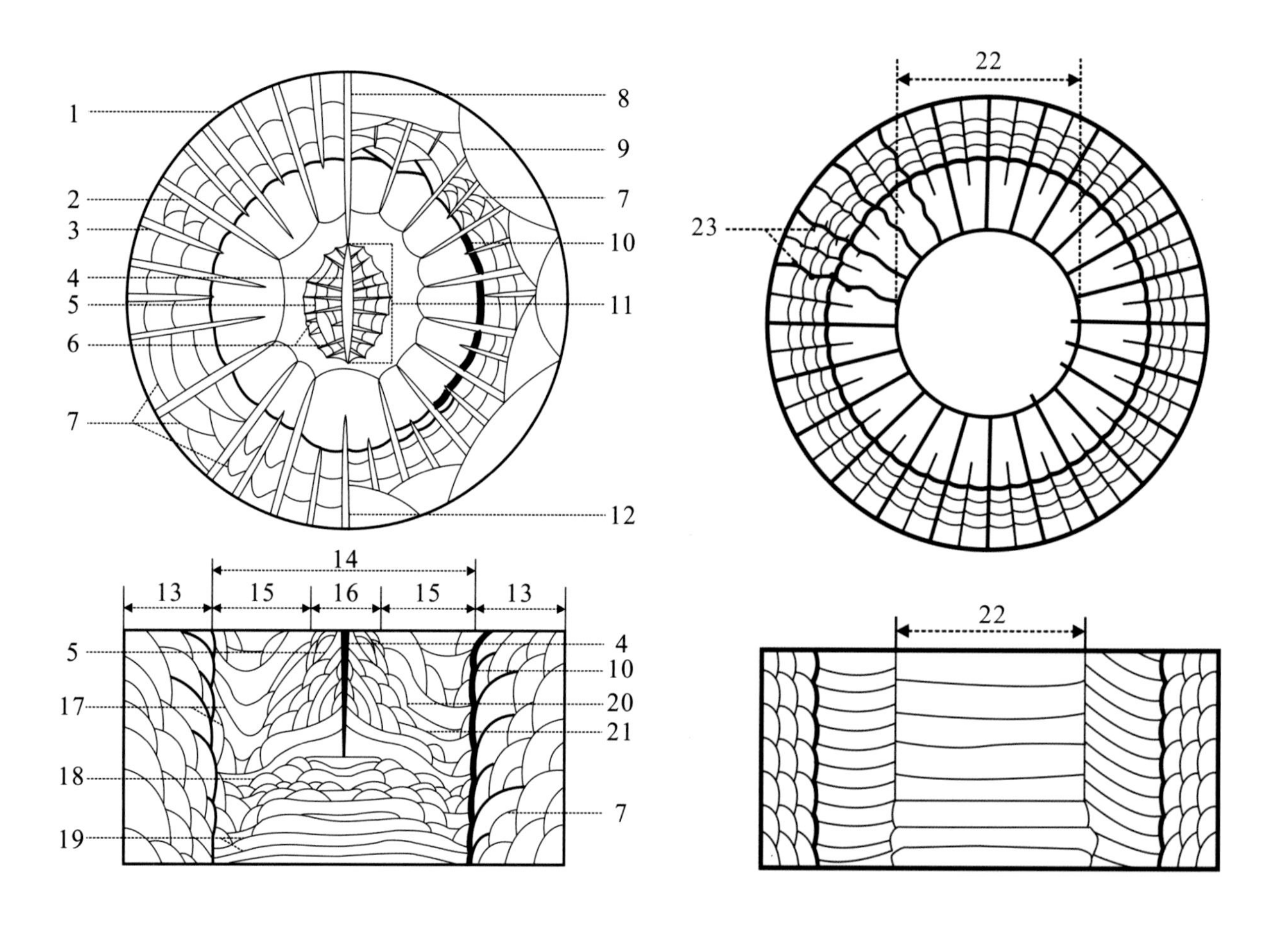

图 5-6-2　四射珊瑚横切面和纵切面结构示意图，术语以 Hill（1956，1981）和俞建章等（1983）为主，并参考 Bamber 和 Fedorowski（1998）加以补充。图中将各种可能出现的形态类型综合在一起，这些结构不一定同时出现在单个珊瑚个体中。1. 外壁；2. 一级隔壁；3. 二级隔壁；4. 中板；5. 斜板；6. 辐板；7. 鳞板；8. 对隔壁；9. 泡沫板；10. 内墙；11. 复中柱；12. 主隔壁；13. 鳞板带；14. 横板带；15. 外横板带；16. 内横板带；17. 斜横板；18. 不完整横板；19. 完整横板；20. 轴周椎体；21. 轴周横板；22. 中管；23. 脊板。

石炭纪是四射珊瑚十分繁盛的时期，有些属种地理分布广，延续时间短，可作为标志化石划分和对比地层。密西西比亚纪的早期，四射珊瑚以单带型和双带型为主，泡沫板发育。在密西西比亚纪晚期，具有轴部构造的三带型珊瑚大量出现。这一时期也是石炭至二叠纪珊瑚类群发育的最盛期，属种数量多，个体数量丰富，可形成复体和含大量单体珊瑚的生物层和生物礁（Yao and Wang，2016）。至宾夕法尼亚亚纪，四射珊瑚属种数和个体数明显减少，大型的单体珊瑚被互通状、互嵌状的复体三带型珊瑚取代（Wang et al.，2006）。

中国石炭纪四射珊瑚研究可追溯到 20 世纪 30 年代，当时的下石炭统地层框架是根据四射珊瑚生物地层学建立起来的（Yü，1931，1933）。20 世纪后期，中国华南及其他地区石炭纪四射珊瑚生物地层被广泛地建立起来，最详细的是根据黔西、滇东的石炭纪四射珊瑚动物群所建立的生物带（吴望始和赵嘉明，1989）。目前，中国华南石炭纪四射珊瑚生物带包括 10 个带，自下而上分别为：*Cystophrentis*–*Uralinia tangpakouensis* 间隔带、*Uralinia tangpakouensis* 带、*Keyserlingophyllum* 带、*Keyserlingophyllum*–*Pseudozaphriphyllum* 带、*Parazaphriphyllum* 带、*Kueichouphyllum sinense*–*Dorlodotia* 带、*Yuanophyllum* 带、*Aulina rotiformis* 带、*Carinthiaphyllum*–*Acrocyathus* 带、*Nephelophyllum*–*Pseudotimania* 带（王向东等，2019）。

本书共制作了四射珊瑚化石图版 20 幅，其中包括 32 属、81 种 / 亚种。

5.6.1 四射珊瑚结构术语

萼部（calice）：珊瑚体的顶（末）端部分，中央常有杯状凹陷，为珊瑚虫生长栖息之所。

隔壁沟（septal groove）：隔壁的产生引起体壁内陷，因此在外壁上呈现垂直于横向的生长纹的纵沟。

间隔壁脊（interseptal ridge）：隔壁沟之间隆起的纵脊。

根状凸起（radiciform process）：珊瑚个体始端或复体珊瑚基部发育的构造，有利于更好地加固和支持珊瑚体。

外壁（outer wall）：珊瑚个体边缘的灰质壳，通常为两层式结构，外侧厚度非常薄的被称为表壁（epitheca），内侧较厚的致密层被称为壁（theca）。壁为隔壁发生的地方，有时隔壁始端会强烈灰质加厚而侧向联接，形成的较厚的灰质带称为边缘结厚带（peripheral stereozone）。

隔壁（septa）：珊瑚个体内部辐射排列的纵向板状结构，其中较长的为一级隔壁（major septa），两条一级隔壁间较短的隔壁为二级隔壁（minor septa）。二级隔壁有时不太发育，仅为短脊状或隐于外壁内。隔壁及其插入方式见图 5-6-3。

中轴（columella）：珊瑚个体中心横切面上透镜状、板状或近圆形的轴部构造，通常由对隔壁末端（少数情况为主隔壁）伸入中心加厚形成，可在个体发育不同时期维持与之相连或孤立状态。

斜板（tabella）：当珊瑚个体中心形成复中柱时，复中柱内部纵面上向中板上升的锥形横板，在横切面表现为同心状或不规则环绕中板。

辐板（septal lamella）：复中柱中板两侧辐射排列的纵向板状结构，可与隔壁连续或不连续，在复中柱内有时断续，附着于斜板远轴侧呈刺状。

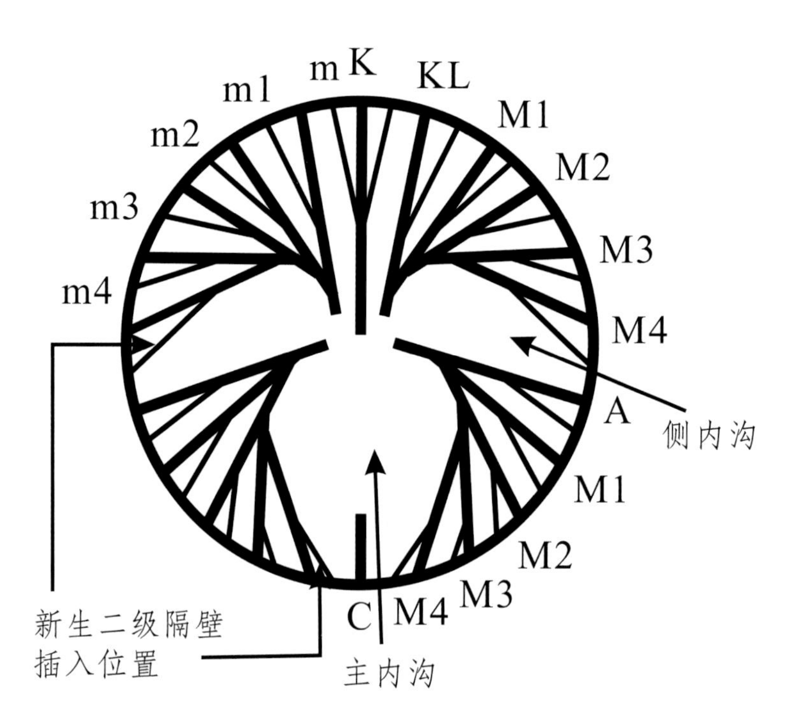

图 5-6-3　四射珊瑚的隔壁及其插入方式。C. 主隔壁，为最初在珊瑚个体近始端中央的对称面上产生的一个连续隔壁；A. 侧隔壁，在主隔壁外端的两侧出现的一对原生隔壁，逐渐向两侧分离而形成侧隔壁；K. 对隔壁，与主隔壁相对一端的隔壁；KL. 对侧隔壁，对隔壁两侧的一对隔壁；M1—4. 一级隔壁，发生在次级隔膜内腔中的隔壁，常与 6 个原生隔壁（主隔壁、2 个侧隔壁、对隔壁、2 个对侧隔壁）等长；m1—4. 二级隔壁，在一级隔壁（包括原生隔壁）之间、多在隔膜外腔中发生的隔壁，长度通常较一级隔壁短

鳞板（dissepiment）：珊瑚个体边缘小型、弯曲或球状，向中心倾斜的纵向板状构造。

（1）隔壁间鳞板（interseptal dissepiment）：发育于隔壁间的鳞板，根据横切面形态可分为 3 类。①规则鳞板（regular dissepiment）或同心状鳞板（concentric dissepiment）：轴向面凹、同心状排列；②角状鳞板（angular dissepiment）：③人字形或鱼骨状鳞板（herringbone dissepiment）：二级隔壁不连续，鳞板呈交错状，或者二级隔壁连续，鳞板仍呈交错状。

（2）侧鳞板（lateral dissepiment）：依附于隔壁两侧的鳞板。

对隔壁（counter septum）：处于珊瑚个体横切面对称轴方向，个体发育最早形成的两个隔壁之一，通常延伸至中心形成中板的一级隔壁。

泡沫板（vesicle）泡沫状鳞板（cystose dissepiment）：鳞板带外缘切割不连续的隔壁，向轴心凸的鳞板。

内墙（inner wall）：鳞板带与横板带交界处最内侧的一列鳞板加厚形成的围壁结构。

复中柱（axial column）：由中板、辐板和斜板构成的复杂的、边界较显著的轴部构造。

主隔壁（cardinal septum）：处于珊瑚个体横切面对称轴方向，个体发育最早形成的两个隔壁之一，通常位于珊瑚虫所在一侧，有时在个体发育晚期缩短的一级隔壁。

主内沟（cardinal fossula）：在一级隔壁发生的后期，主隔壁常萎缩，加之晚生的一级隔壁常发育不全，使主隔壁内端及其附近形成明显凹陷。

侧内沟（alar fossula）：侧隔壁在内缘或顶缘退缩，使侧隔壁内端及其附近形成凹陷。

鳞板带（dissepimentarium）：外壁至内墙发育鳞板的区域。

横板带（tabularium）：内墙内发育横板的区域。

外横板带（outer zone）：中柱边界至内墙内发育横板的区域。

内横板带（inner zone）：中柱内发育横板的区域。

斜横板（clinotabulae）：鳞板带内缘附近，向轴部陡倾的横板。斜横板可直接连接复中柱，或内端落于下伏横板之上。

不完整横板（incomplete tabula）：由一系列小型泡沫状交错的小板构成的横板。

完整横板（complete tabula）：由单个横跨横板带的板状构造构成的横板。

轴周椎体（periaxial cone）：中柱外缘附近发育的泡沫形、外端和外侧横板连续的构造。

轴周横板（periaxial tabelae）：中柱外缘至内墙的区域内发育的完整或不完整的横板。

轴管（aulos）：通常为一级隔壁末端向同一方向弯折相接形成。有时轴管为轴部横板两端下折相接形成，偶尔会与两侧的小板连续，在横切面上可表现为部分隔壁伸入轴管。

脊板（carina）：隔壁两侧的瘤状或短刺状小凸起。脊板的发育可影响隔壁而使隔壁呈波曲状。

5.6.2 四射珊瑚图版

图版 5-6-1 说明

（所有标本保存在中国科学院南京地质古生物研究所）

1　大型乌拉尔珊瑚 *Uralinia gigantea*（Yü，1933）Xu and Poty，1997

a. 横切面；b. 纵切面。登记号：4939。主要特征：单体珊瑚，主部隔壁增厚并融合在一起，对部隔壁较密集、长且薄、弯曲延伸并穿过中心与主部隔壁相连，二级隔壁不发育，外围完全被泡沫板充填，横板彼此分离，呈波状上升，中心近水平。产地：贵州独山汤耙沟。层位：石炭系杜内阶。

2　汤耙沟乌拉尔珊瑚 *Uralinia tangpakouensis*（Yü，1931）Xu and Poty，1997

a—b. 横切面；c. 纵切面；d. 横切面。登记号：4930。主要特征：单体珊瑚，主部一级隔壁短、显著加厚，对部一级隔壁细长、延至中心，主内沟在成年期显著发育，位于珊瑚骸的凸侧，发育泡沫带，横板常向珊瑚凸侧倾斜。产地：贵州独山革老河。层位：石炭系杜内阶。

3　黑土河乌拉尔珊瑚 *Uralinia heituheensis*（Wu and Zhao，1989）Xu and Poty，1997

a. 横切面；b. 纵切面。登记号：92240。主要特征：圆柱锥状单体珊瑚，主部和对部一级隔壁明显加厚、呈羽状排列，部分一级隔壁的末端侧向弯曲并相连，其余一级隔壁的长度不完全一致，主隔壁较长，主内沟不甚明显，边缘泡沫板大，主要发育在对部，其次在侧部，在外壁内缘为小型的泡沫板，横板不甚完全，向内倾斜。产地：贵州威宁黑土河。层位：石炭系杜内阶。

4　不规则乌拉尔珊瑚 *Uralinia irregularis*（Yü，1933）Xu and Poty，1997

a、c. 横切面；b. 纵切面。登记号：4941。主要特征：单体珊瑚，大而弯曲，萼部深，青年期主部隔壁短而厚、弯曲延伸至外鞘，对部隔壁长而薄、始端被泡沫板隔断，成年期隔壁完全被泡沫带包围，边缘泡沫板小，内侧泡沫板大而不规则；横板稍圆拱，不完整，常合并在一起，并向凹面上升。产地：贵州独山汤耙沟。层位：石炭系杜内阶。

5　短隔壁乌拉尔珊瑚 *Uralinia breviseptata*（Yü，1933）Xu and Poty，1997

a、c. 横切面；b. 纵切面。登记号：4932。主要特征：单体珊瑚，中等大小，隔壁在中心发生扭曲，主部隔壁增厚，鳞板带占体径的 2/5，横板上拱，在中央变得致密。产地：甘肃武威。层位：石炭系杜内阶。

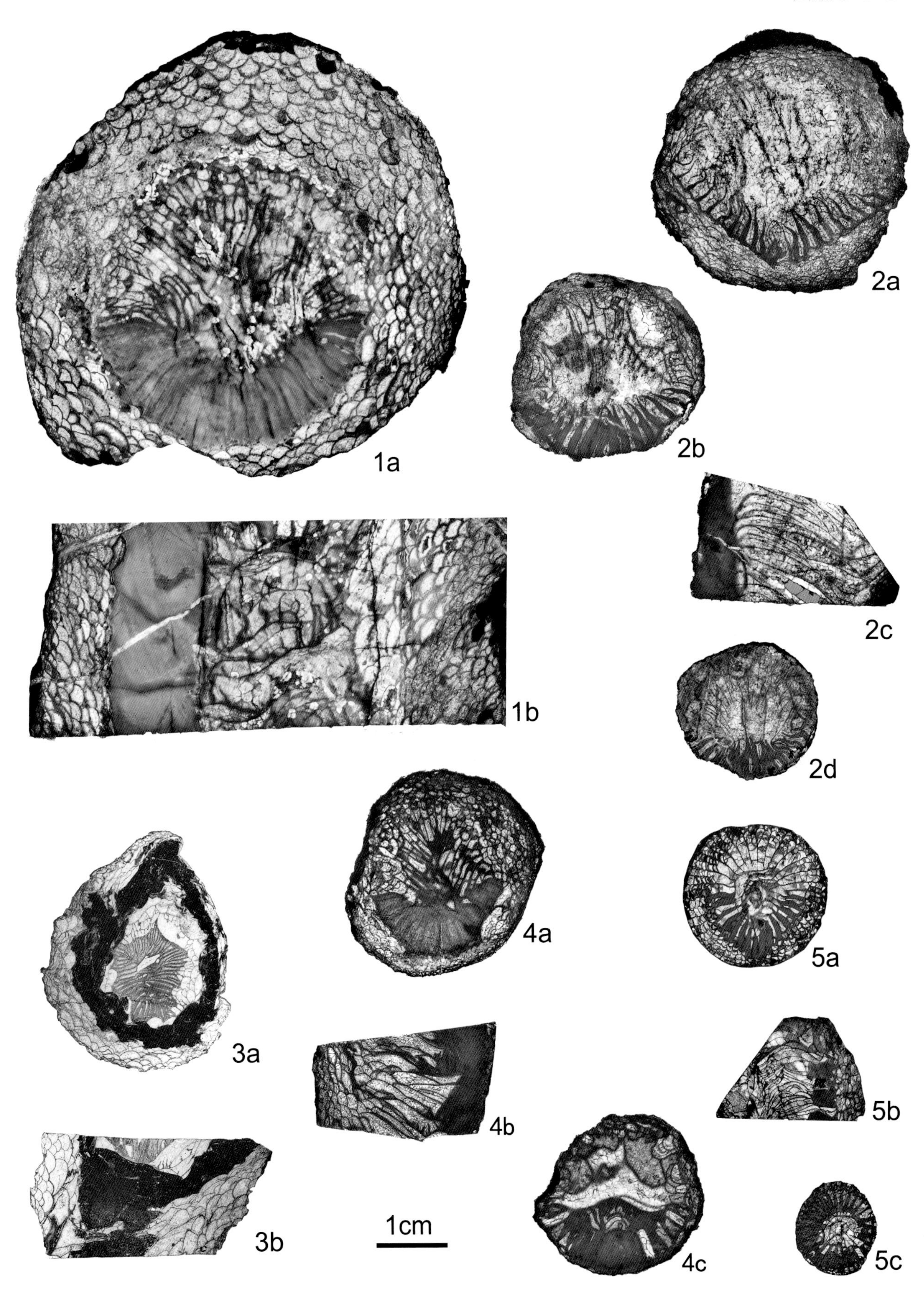
1a
1b
2a
2b
2c
2d
3a
3b
4a
4b
4c
5a
5b
5c
1cm

图版 5-6-2 说明

（所有标本保存在南京大学）

1—3　施甸凯苏林珊瑚 *Keyserlingophyllum shidianenes* Sung in 云南地质局，1974

1c—1d、1cc、1dd、2a—2b、2aa、2bb、3a. 横切面；1b、3b. 纵切面。采集号：1. D12mu-120；2. D12u-1253；3. D12u-132。登记号：缺。主要特征：标本 2 为一幼年期个体；大型柱锥状单体珊瑚，主部隔壁加厚，其余隔壁不等加厚，成年期可见 3~4 个内沟，边缘泡沫带稳定，无二级隔壁，横板呈向中心下凹的漏斗状或水平状，较窄。产地：云南省施甸县大寨门。层位：杜内阶上部。

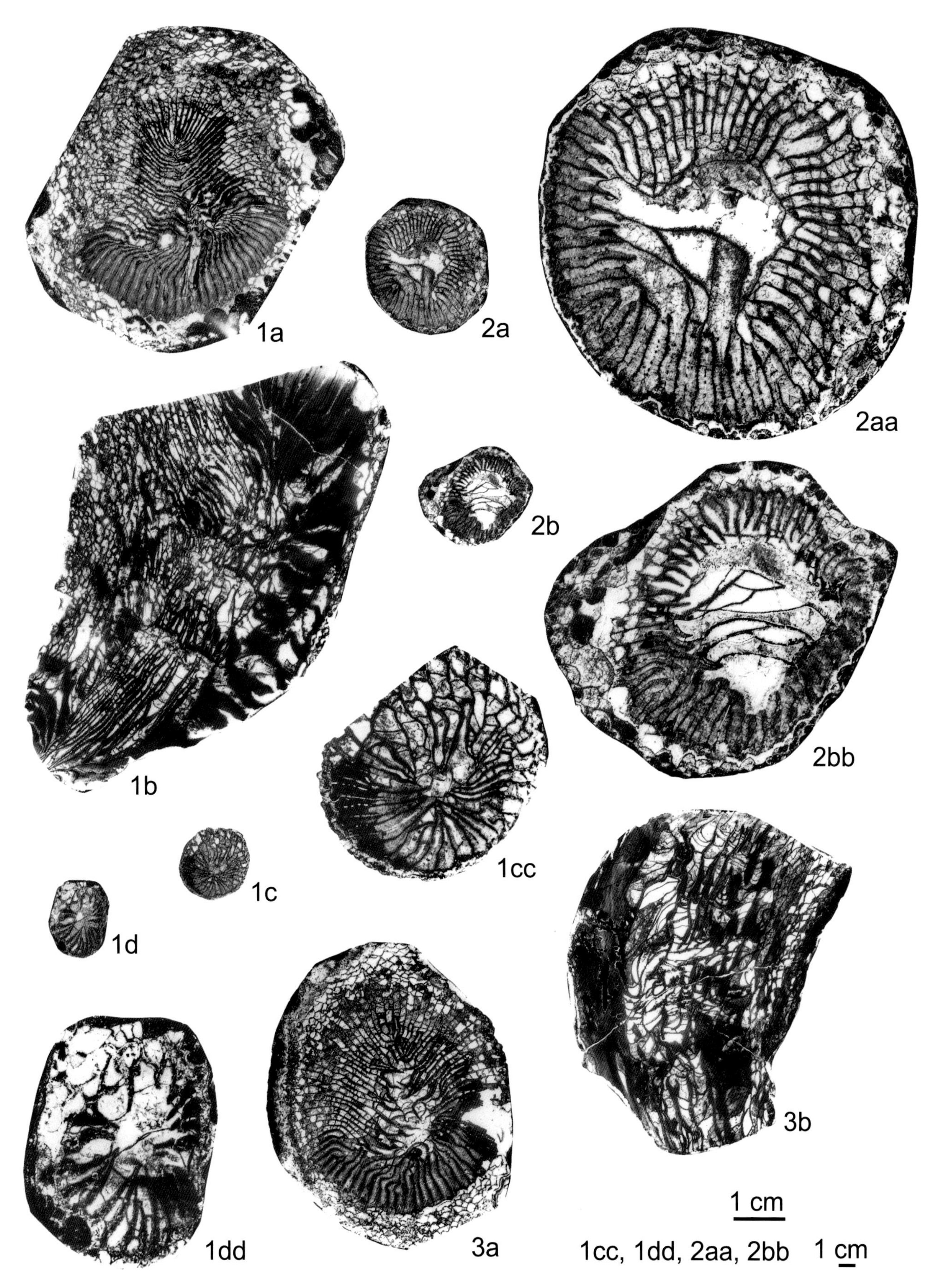
1a
2a
2aa
1b
2b
2bb
1cc
1c
1d
3b
1dd
3a
1 cm
1cc, 1dd, 2aa, 2bb 1 cm

图版 5-6-3 说明

（所有标本保存在南京大学）

1—4 筒状管漏壁珊瑚 *Siphonophyllia cylindrica* Scouler in McCoy，1844

1、2a—2b、2d、3a—3b、4a—4b、4d—4f. 横切面；2c、3c—3d、4c. 纵切面。采集号：1. D121m-u2；2. D12u-124；3. D13u-134；4. D12u-135-1。登记号：缺。主要特征：大型长柱状单体珊瑚，一级隔壁数约 60，外缘加厚，二级隔壁短，主内沟漏斗状，边缘泡沫板发育，稳定，横板中间平，两侧下倾，垂直主内沟方向的纵切面上，横板中间下凹。产地：云南省施甸县大寨门。层位：杜内阶上部。

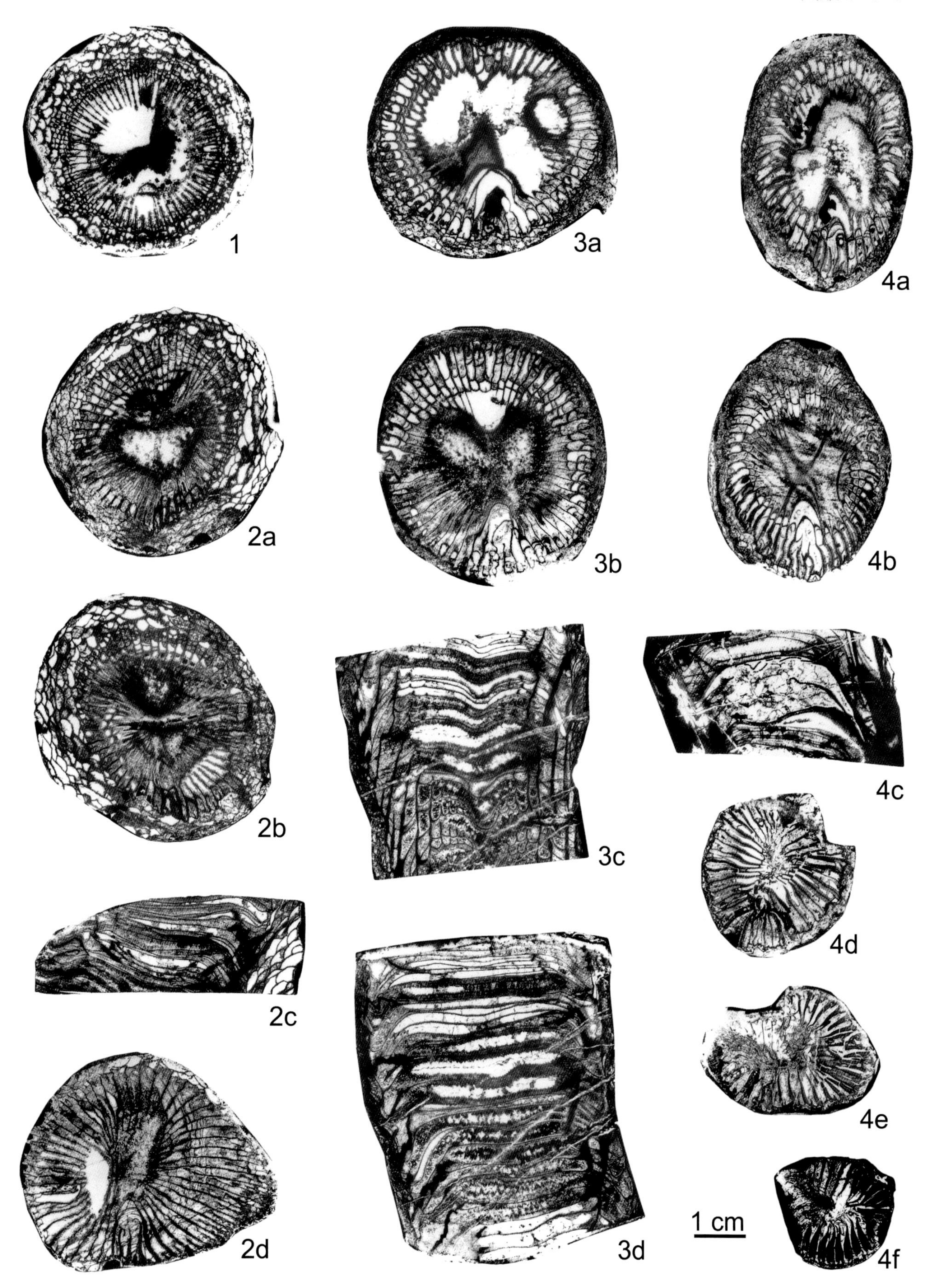
1
3a
4a
2a
3b
4b
3c
4c
2b
4d
2c
4e
2d
3d
1 cm
4f

图版 5-6-4 说明

（所有标本保存在南京大学）

1—4　拟似棚珊瑚型杯蛛网珊瑚 *Cyathoclisia arachnolasmoidea* Duan，1985

1a—1b、1d—1i. 横切面；1c. 纵切面；1j、2—3. 外部侧面观；4. 萼部顶面观。采集号：1. D121-1-23；2. D121-1-24；3. D121-1-25；4. D121-1-26。登记号：缺。主要特征：中等大小弯锥状单体珊瑚，主内沟显著，向中心扩展，一级隔壁长、在中心旋转组成中柱，中板短，主部隔壁加厚，二级隔壁为一级隔壁的 1/3 或更短，侧隔壁在青年期十分明显，伸入轴部，横板短小、向中板上升，鳞板小。产地：云南省施甸县大寨门。层位：杜内阶上部。

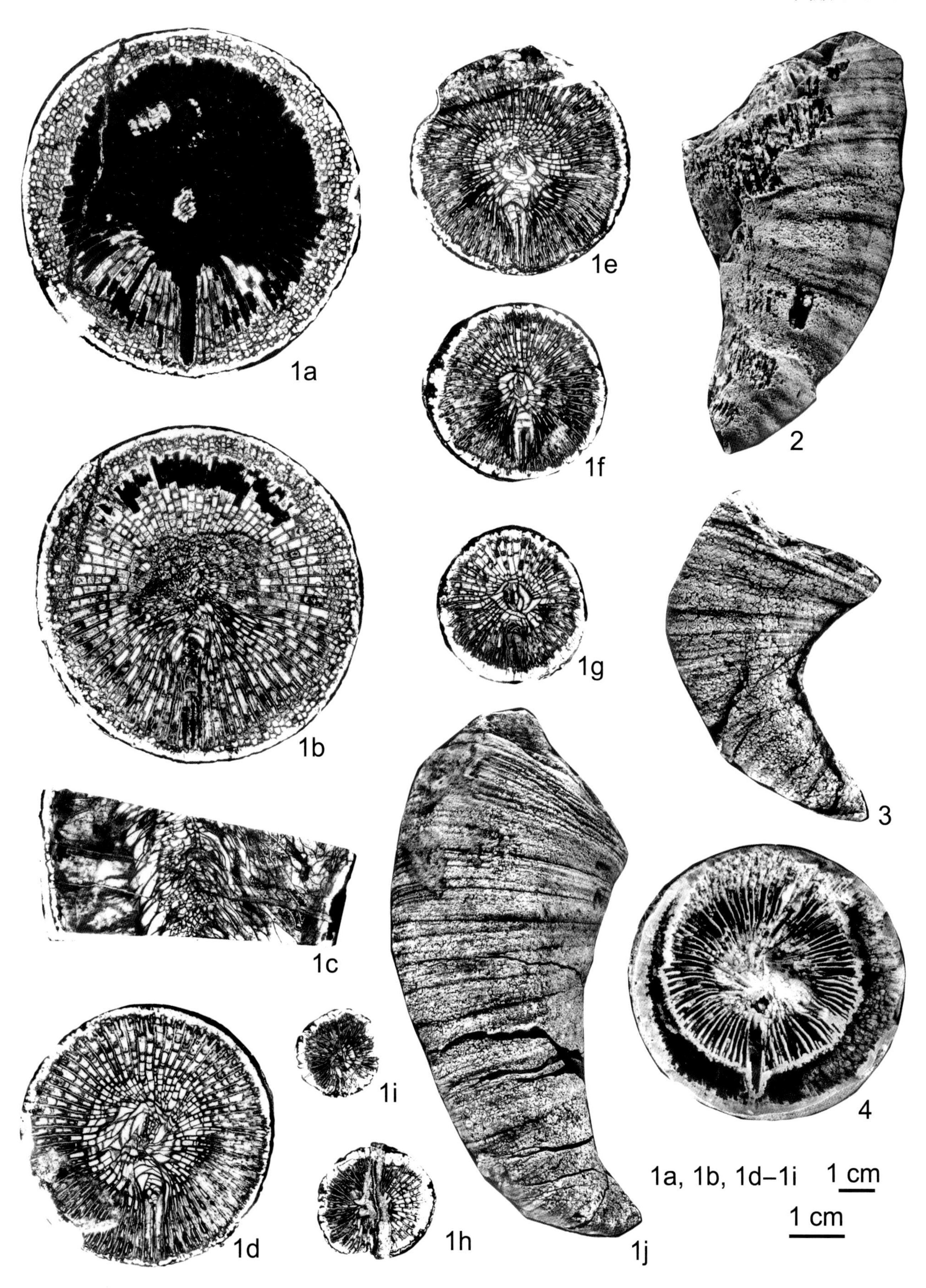
1a
1b
1c
1d
1e
1f
1g
1h
1i
1j
2
3
4
1a, 1b, 1d–1i 1 cm
1 cm

图版 5-6-5 说明

（所有标本保存在中国科学院南京地质古生物研究所）

1、4　坚实隔壁拟鳞板内沟珊瑚 *Parazaphriphyllum stereoseptatum* Wu and Zhao，1989

1a、4a—4b、4d—4e. 横切面；1b、4c. 纵切面。登记号：1. 92411；4. 92412。主要特征：圆柱锥状单体珊瑚，隔壁两级，加厚强烈，主部隔壁较对部的厚，一级隔壁的末端延向轴部，二级隔壁长为一级隔壁的 1/3，横板分异为泡沫状轴横板和下斜或下凹的外横板。产地：贵州威宁鸭子塘。层位：石炭系维宪阶下部。

2—3、5　柱状拟鳞板内沟珊瑚 *Parazaphriphyllum cylindricum* Wu and Zhao，1989

2a—2d、3a、5a、5c. 横切面；2e、3b、5b. 纵切面。登记号：2. 92408；3. 92410；5. 92407。主要特征：小型圆柱锥状单体珊瑚，一级隔壁的末端呈束状相互交接，延至中心加厚形成假中轴，二级隔壁较长，鳞板带宽度与二级隔壁的长度相当，横板分异为泡沫状轴横板和下斜或下凹的外横板。产地：贵州威宁鸭子塘。层位：石炭系维宪阶下部

6　柱状似鳞板内沟珊瑚小柱亚种 *Parazaphriphyllum cylindricum columnarum* Wu and Zhao，1989

a—c. 横切面；d. 纵切面。登记号：92409。主要特征：长圆柱锥状单体珊瑚，隔壁两级，呈楔状加厚，隔壁在横板带边缘显著加厚形成内墙，中轴呈纺锤形，鳞板规则，横板分异为泡沫状轴横板和下凹的外横板。产地：贵州威宁鸭子塘。层位：石炭系维宪阶下部。

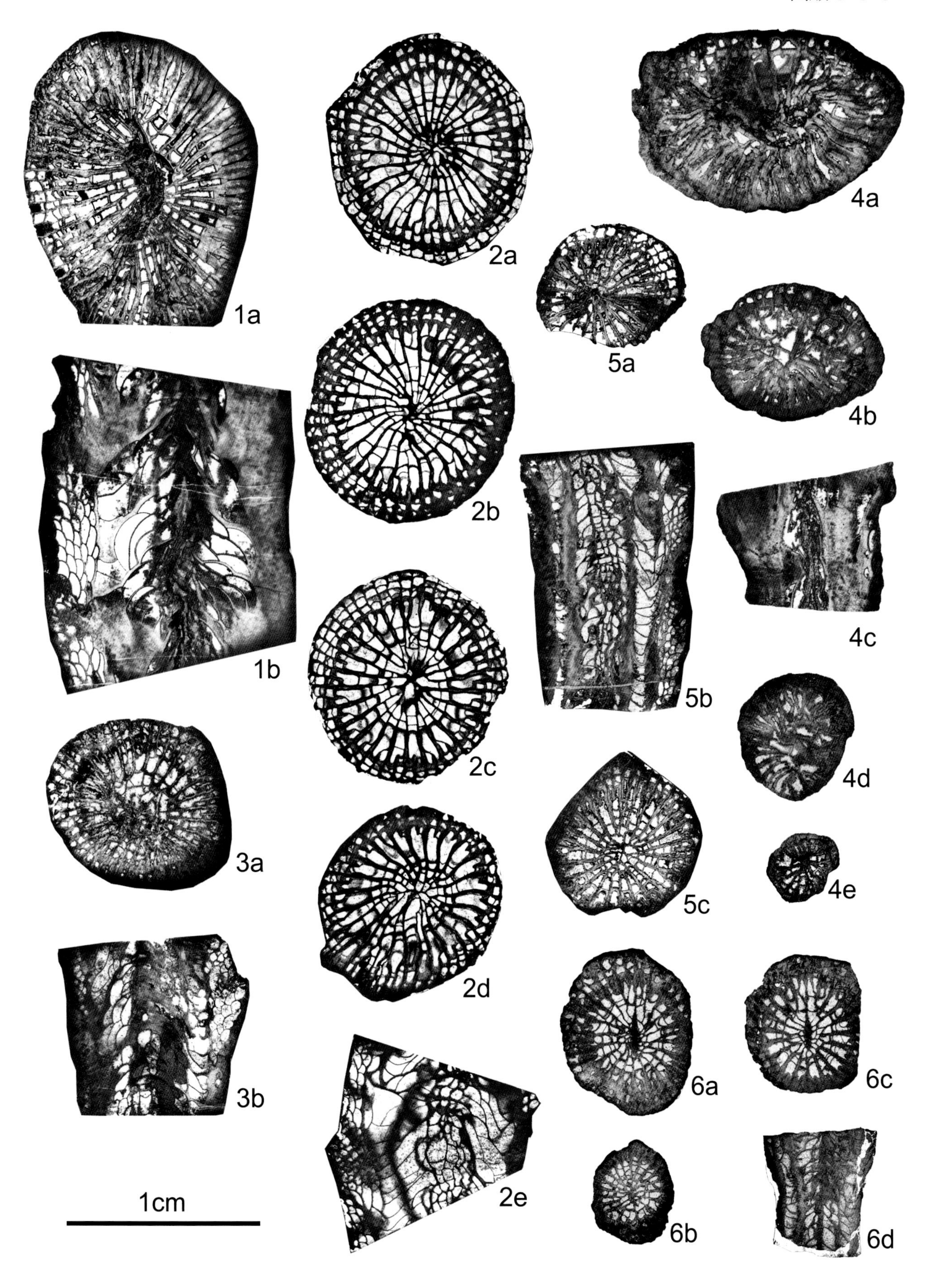
1a
1b
2a
2b
2c
2d
2e
3a
3b
4a
4b
4c
4d
4e
5a
5b
5c
6a
6b
6c
6d
1cm

图版 5-6-6 说明

（所有标本保存在中国科学院南京地质古生物研究所）

1—2　环形泡沫杜洛杜脱珊瑚 *Dorlodotia circulocysticum* Yü，1933

1a、2a. 横切面，1b、2b. 纵切面。登记号：1. 4878；2. 4877。主要特征：丛状复体，隔壁两级、末端被泡沫板隔断，主隔壁厚且略弯曲、向内变细，中板增厚，中柱细，横板上升与中柱相连。产地：1. 湖南耒阳；2. 贵州定番。层位：石炭系维宪阶中部。

3　亚洲杜洛杜脱珊瑚 *Dorlodotia asiaticum* Yü，1933

a—b. 横切面；c—d. 纵切面。登记号：4880。主要特征：丛状复体，一级隔壁略弯曲并向内变细，二级隔壁短，泡沫带窄且厚度不一，横板排列规则且平直，略朝中柱上升，中柱直且稳定。产地：贵州定番。层位：石炭系维宪阶中部。

4　扁平双形珊瑚 *Diphyphyllum platiforme* Yü，1933

a. 横切面；b. 纵切面。登记号：5008。主要特征：丛状复体，隔壁两级，泡沫板小，横板顶部平缓、边缘突然下弯、部分略上拱或不完整并与其他横板相连。产地：贵州定番。层位：石炭系维宪阶中部

5　多泡沫双形珊瑚 *Diphyphyllum multicystatum* Yü，1933

a. 横切面；b. 纵切面。登记号：5007。主要特征：丛状复体，个体小，圆柱状，隔壁两级，鳞板带的宽度小于二级隔壁的长度，横板排列不规则且间隔大、中间平缓、两侧下斜。产地：贵州定番。层位：石炭纪维宪阶中部。

6　小型杜洛杜脱珊瑚长隔壁亚种 *Dorlodotia minus longiseptatum* Wu and Zhao，1989

a. 横切面；b. 纵切面。登记号：92450。主要特征：块状复体，个体大，呈多角柱状，隔壁两级、薄且略弯曲，泡沫板大，横板平而密。产地：贵州威宁种羊场。层位：石炭系维宪阶中部。

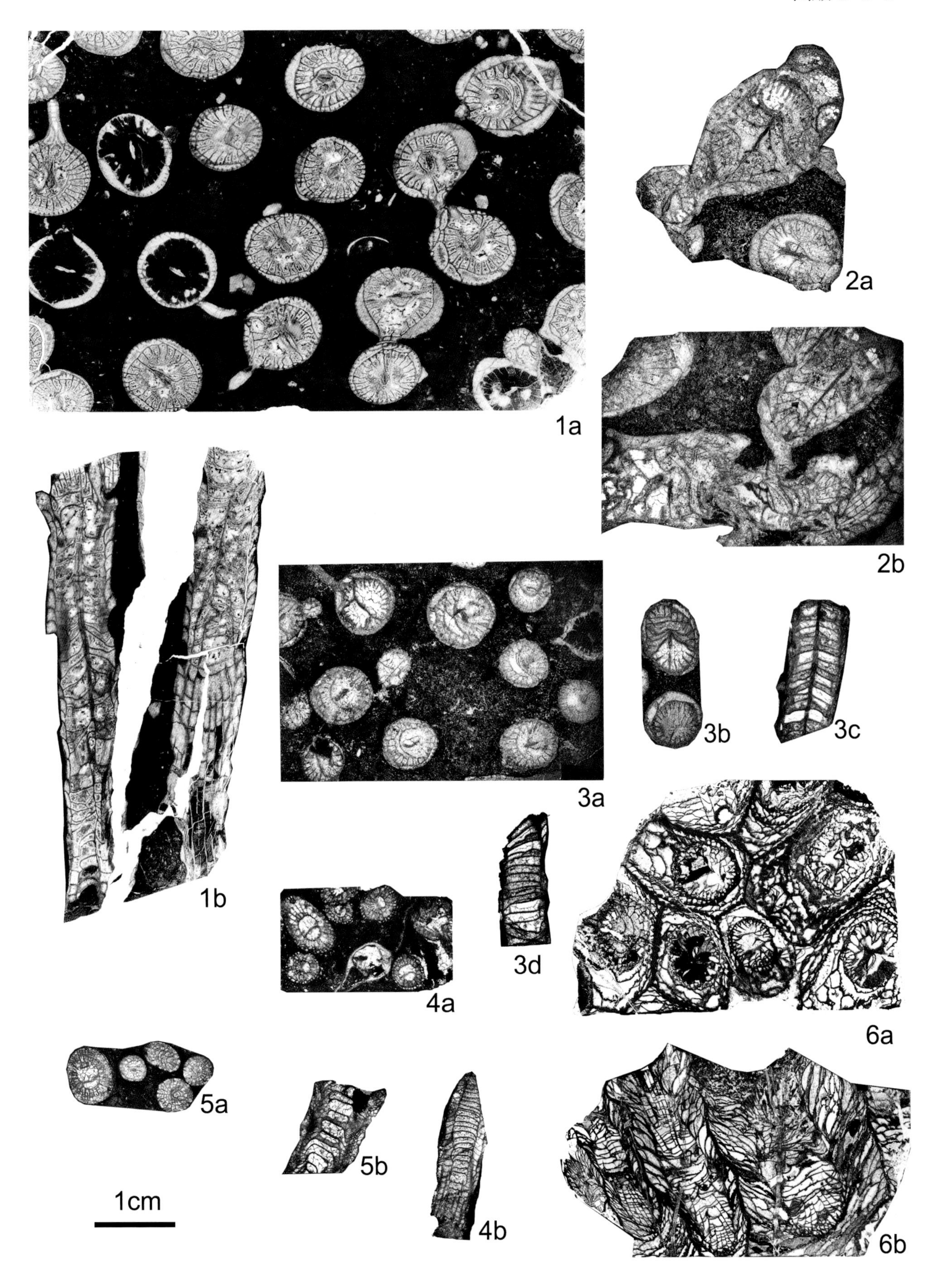
1a
1b
2a
2b
3a
3b
3c
3d
4a
4b
5a
5b
6a
6b
1cm

图版 5-6-7 说明

（所有标本保存在中国科学院南京地质古生物研究所）

1、4　甘肃袁氏珊瑚 *Yuanophyllum kansuense* Yü，1933

1a、4a—4c. 横切面；1b、4d. 纵切面。登记号：1. 4882；2. 4885。主要特征：单体珊瑚，大且弯曲，隔壁增厚，末端朝同方向弯曲，二级隔壁短，对部隔壁末端延至中心加厚形成假中柱，假中柱笔直稳定，但有时不连续，鳞板多且规则，横板呈不规则泡沫状。产地：1. 甘肃武威；2. 贵州定番。层位：石炭系维宪阶上部。

2　不规则似棚珊瑚 *Arachnolasma irregular* Yü，1933

a—b. 横切面；c. 纵切面。登记号：4873。主要特征：长圆柱锥状单体珊瑚，一级隔壁中间增厚、两端减薄、末端朝同方向弯曲，二级隔壁长度变化大，中柱长且增厚，中板边缘发育为网状的隔壁脊，隔壁脊长且不规则加厚、以波状向外延伸、部分与一级隔壁末端相互混杂，鳞板带宽，横板泡沫状，向上并朝中柱延伸。产地：广西柳城。层位：石炭系维宪阶上部。

3　简单似棚珊瑚 *Arachnolasma simplex* Yü，1933

a. 横切面；b. 纵切面。登记号：4874。主要特征：圆柱状单体珊瑚，一级隔壁在内壁增厚，向内变细，复中柱中板长且增厚、与对隔壁相连，辐板弯曲、延伸至一级隔壁末端，斜板少，二级隔壁长度通常与鳞板带宽度相当，横板呈拱形并稳定朝复中柱上升，而外部横板带下凹。产地：广西柳城。层位：石炭系维宪阶上部。

5—7　柱状似棚珊瑚 *Arachnolasma cylindrium* Yü，1933

5a、6a、7a. 横切面；5b、6b、7b. 纵切面。登记号：5. 4871；6. 4867；7. 4866。主要特征：单体珊瑚，一级隔壁中间增厚、两端减薄、部分与复中柱相连、并组成复中柱的辐板，二级隔壁短，复中柱约占体径的 1/4，中板长且均匀增厚，斜板少，鳞板带宽，横板泡沫状、朝复中柱上升。产地：广西柳城。层位：石炭系维宪阶上部。

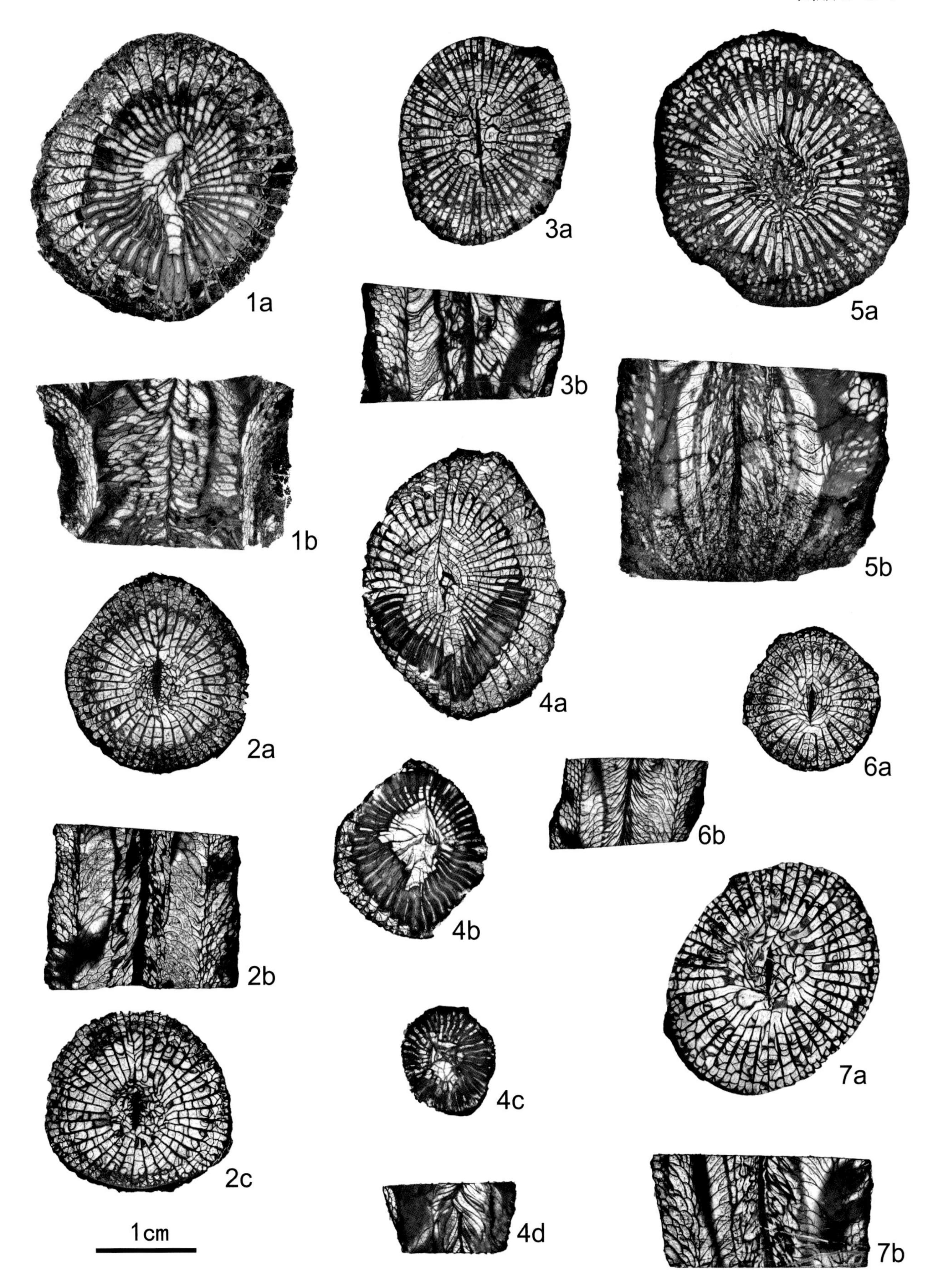
1a
1b
2a
2b
2c
3a
3b
4a
4b
4c
4d
5a
5b
6a
6b
7a
7b
1cm

图版 5-6-8 说明

（所有标本保存在中国科学院南京地质古生物研究所）

1 穹隆横板异犬齿珊瑚 *Heterocaninia tholusitabulata* Yabe and Hayasaka，1920

a—b. 横切面；c. 纵切面。登记号：4945。主要特征：单体珊瑚，一级隔壁增厚、延伸至中心并扭曲在一起，二级隔壁短，主部隔壁增厚明显，主内沟明显，鳞板带宽度不一，横板为规则的泡沫状、向上叠覆排列。产地：贵州湘乡。层位：石炭系维宪阶上部。

2 黑石关贵州珊瑚 *Kueichouphyllum heishihkuanense* Yü，1933。

横切面，登记号：4984。主要特征：圆锥 - 近圆柱状大型单体珊瑚，一级隔壁数多、大部分未抵达中心，二级隔壁的长度略大于鳞板带的宽度，无轴部结构，鳞板带宽，横板跨过中心且不规则。产地：贵州独山。层位：石炭系维宪阶上部。

3 宝庆异犬齿珊瑚 *Heterocaninia paochingensis* Yü，1933

a. 横切面；b. 纵切面。登记号：4956。主要特征：圆锥状大型单体珊瑚，一级隔壁弯曲且中间增厚、至中心并发生扭曲，未见二级隔壁，鳞板带主部窄、对部宽，横板下凹、下斜或呈陡峭的长泡沫状。产地：贵州湘乡。层位：石炭系维宪阶上部。

4 全厚棚珊瑚 *Dibunophyllum percrassum* Gorsky，1951

a. 横切面；b. 纵切面。采集号：YSR1.9-4。主要特征：单体珊瑚，成年期直径 22~30mm，隔壁数（40~52）×2，一级隔壁梭状加厚，二级隔壁短，复中柱占直径 1/5~1/4，鳞板带宽，占半径 1/3，人字形排列；纵面中柱比半截清晰，中板厚而连续，鳞板大小均匀。产地：贵州惠水。层位：石炭系维宪阶上部。

5 丁氏棚珊瑚 *Dibunophyllum tingi* Yü，1933

a、b. 横切面；c. 纵切面。采集号：YSR5-2。主要特征：单体珊瑚，成年期直径 23~36mm，隔壁数（44~50）×2，一级隔壁梭状加厚，二级隔壁长度多变但不超出鳞板带，中柱不规则网状，中板较长、强烈加厚且两端具与辐板对应小刺，鳞板带宽，鳞板不规则同心状或人字形排列，主内沟开放；纵面中柱边界清晰，中板厚而连续，鳞板 5~8 列，半球形或不规则泡沫状。产地：贵州惠水。层位：石炭系维宪阶上部。

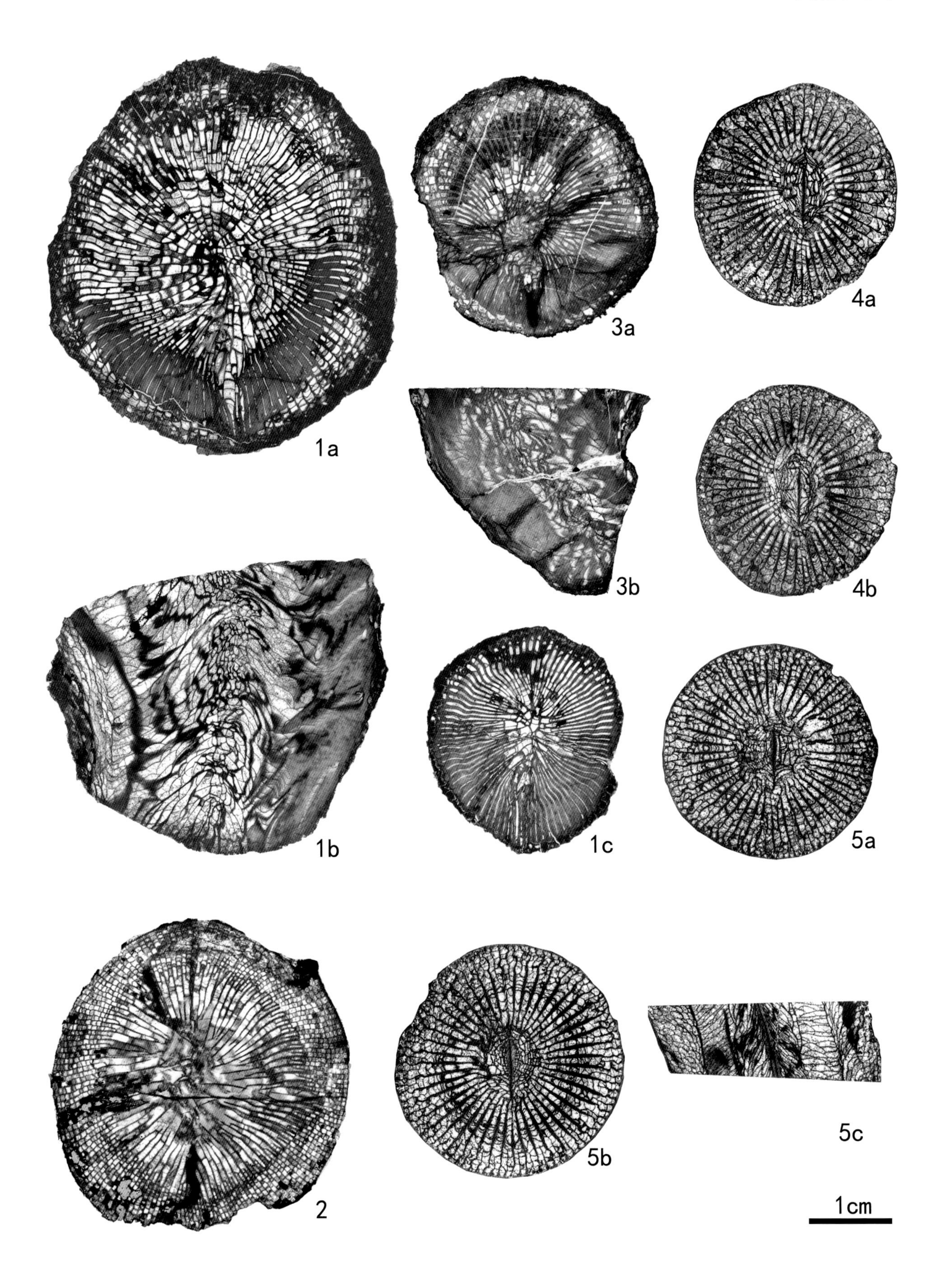
1a
3a
4a
3b
4b
1b
1c
5a
2
5b
5c
1cm

图版 5-6-9 说明

（所有标本保存在中国科学院南京地质古生物研究所）

1　厚新蛛网珊瑚 *Neoclisiophyllum grossinum*（Yü，1933）

a. 横切面；b. 纵切面。登记号：5058。主要特征：弯曲的锥状 — 圆柱状单体珊瑚，一级隔壁末端靠近中心，二级隔壁长，复中柱大、网状，中板略加厚，斜板辐板密集，辐板略弯曲，鳞板带宽度不一，横板上斜并向轴部汇聚。产地：贵州定番。层位：石炭系维宪阶上部。

2　分口新蛛网珊瑚 *Neoclisiophyllum anastomosum*（Yü，1933）

a. 横切面；b. 纵切面。登记号：5057。主要特征：单体珊瑚，一级隔壁中间厚、两端薄、末端略弯曲，二级隔壁的长度略大于一级隔壁长度的 1/2，复中柱约占体径的 1/4，中板的长度大于半径的 1/2，辐板密集、略扭曲，斜板密集、规则，鳞板带宽，横板长泡沫状且排列规则。产地：广西柳城。层位：石炭纪维宪阶上部。

3　三角新蛛网珊瑚 *Neoclisiophyllum triangulatum*（Yü，1933）

a—b. 横切面；c. 纵切面。登记号：5059。主要特征：单体珊瑚，外壁薄，隔壁增厚，一级隔壁数 61，末端靠近中心，辐板直，斜板 7~8 层，复中柱大，中板短而厚，辐板和斜板排列规则，斜板密集，泡状横板间隔远。产地：甘肃武威。层位：石炭系维宪阶上部。

4　多管蛛网珊瑚 *Auloclisia multplexum* Yü，1933

a—b. 连续横切面；c. 纵切面。登记号：5067。主要特征：单体珊瑚，一级隔壁增厚、长、末端向同一方向发生弯曲，二级隔壁短，复中柱呈圆形，中板细长且略弯曲，辐板和斜板排列规则，鳞板带宽，横板平缓、略上凸。产地：湖南宝庆。层位：石炭系维宪阶上部。

5　小气泡新蛛网珊瑚 *Neoclisiophyllum vesiculosum* Yü，1933

a—b. 横切面；c. 纵切面。登记号：5065。主要特征：单体珊瑚，隔壁始端增厚，向内减薄，复中柱致密，中板稳定、长且厚；鳞板带宽度不一，横板呈平缓的泡沫状。产地：贵州定番。层位：石炭系维宪阶上部。

6　致密管蛛网珊瑚 *Auloclisia densum* Yü，1933

a. 横切面；b. 纵切面。登记号：5071。主要特征：单体珊瑚，一级隔壁数在鞘内增厚，二级隔壁短，复中柱圆形、大，中板短且纤细，辐板和斜板密集且排列规则，鳞板边缘密集，横板排列规则、略上拱。产地：贵州湘乡。层位：石炭系维宪阶上部。

7　长江新蛛网珊瑚 *Neoclisiophyllum yengtzeense*（Yoh，1929）

a. 横切面；b. 纵切面。登记号：5063。主要特征：单体珊瑚，一级隔壁长，二级隔壁短，复中柱致密、约占个体直径的 1/3，鳞板带窄，横板呈泡沫状、略上升。产地：广西柳城。层位：石炭系维宪阶上部。

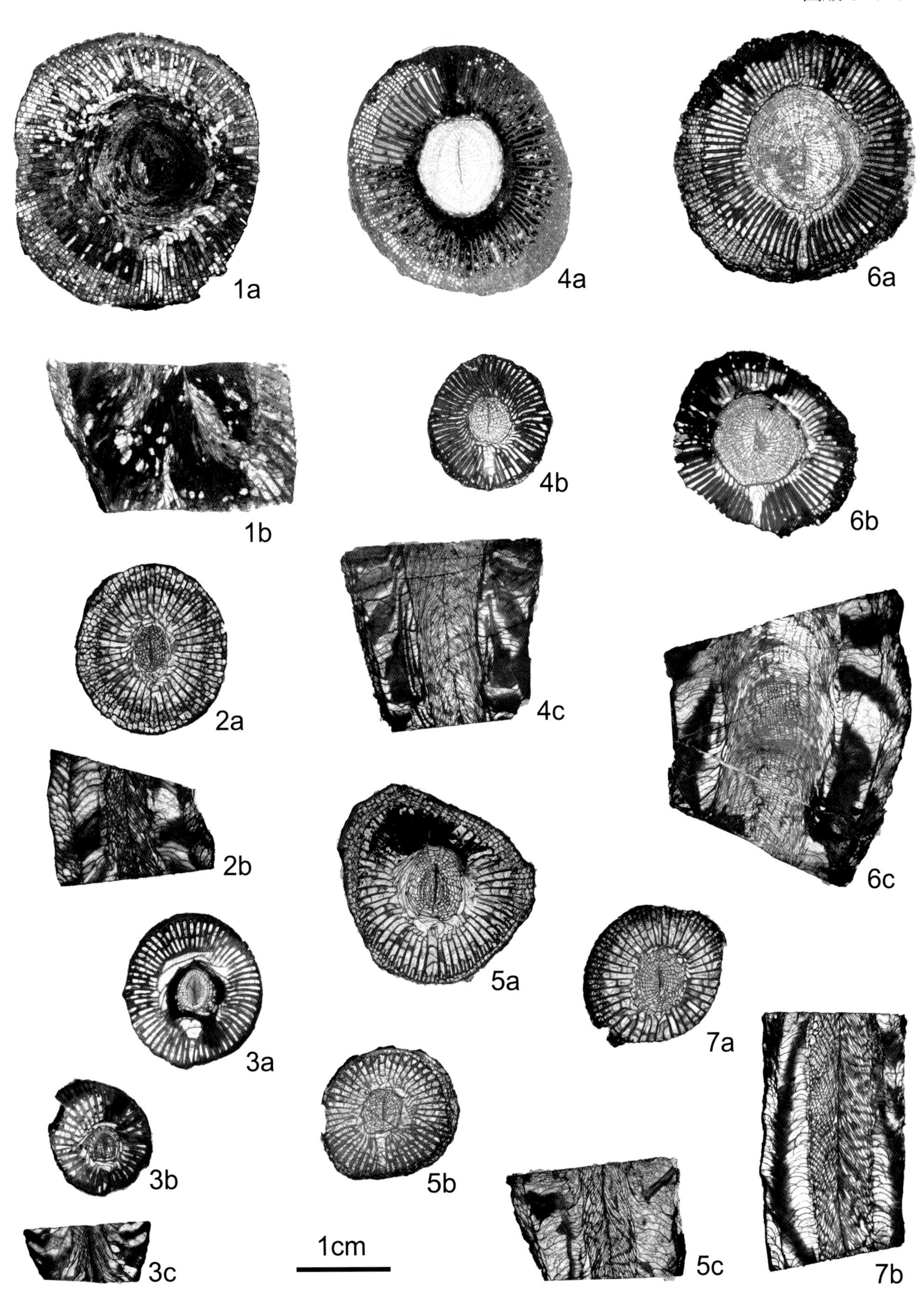
1a
4a
6a
1b
4b
6b
2a
4c
2b
6c
5a
7a
3a
5b
3b
1cm
3c
5c
7b

图版 5-6-10 说明

（所有标本保存在中国科学院南京地质古生物研究所）

1　布里斯托干沟棚珊瑚 *Dibunophyllum bristolense kankouense* Yü，1933

a. 横切面；b. 纵切面。登记号：5077。主要特征：单体珊瑚，一级隔壁在鳞板带内较厚，二级隔壁短，主内沟浅，复中柱中板稳定，辐板略弯曲，斜板密集，鳞板带宽，床板间隔远。产地：甘肃武威。层位：石炭系维宪阶上部。

2　冯氏棚珊瑚稠密亚种 *Dibunophyllum vaughani densum* Salée，1913

a—b. 连续横切面；c. 纵切面。登记号：5080。主要特征：单体珊瑚，一级隔壁中间较厚、末端弯折并与复中柱相连，二级隔壁短，复中柱大，中板长且直、略加厚，辐板长，斜板在复中柱边缘密集，鳞板带宽，横板较密集、倾斜陡峭。产地：广西柳城。层位：石炭系维宪阶上部。

3　库基恩蛛网珊瑚 *Clisiophyllum curkeenense* Vaughan，1905

a. 横切面；b. 纵切面。登记号：92269。主要特征：圆柱锥状或圆角锥状单体珊瑚，一级隔壁长，二级隔壁长度不一，复中柱略呈圆形、约占个体直径的 1/3，中板较粗，辐板呈放射状排列，斜板呈同心状，主内沟不很明显，鳞板带宽带略小于二级隔壁的长度，横板较密集、倾斜陡峭、向外呈平缓的泡沫状。产地：贵州威宁鸭子塘。层位：石炭系维宪阶上部。

4—5　威宁古剑珊瑚 *Palaeosmilia weiningensis* Wu and Zhao，1989

4a、5a. 横切面；4b、5b. 纵切面。登记号：4. 92341；5. 92342。主要特征：小型单体珊瑚，隔壁两级，主隔壁很长，二级隔壁也较长，鳞板带宽，横板带分轴部横板带和侧缘横板带，前者平缓、下凹或交错状，后者上凸呈泡沫状。产地：贵州威宁湾湾头。层位：石炭系维宪阶上部。

6—7　帆珊瑚型螺旋珊瑚 *Spirophyllum histiophylloidea*（de Groot，1963）

6a—6b、7. 横切面；6c. 纵切面。登记号：6a. 92308；6b. 92309；6c. 92310；7. 92311。主要特征：圆柱状单体珊瑚，外壁薄，隔壁两级，一级隔壁长，二级隔壁长度不一，复中柱小而致密、与隔壁带没有界限，中板长而厚，辐板略弯曲，斜板常呈泡沫状，鳞板带宽，横板平缓、呈泡沫状。产地：贵州威宁湾湾头。层位：石炭系维宪阶上部。

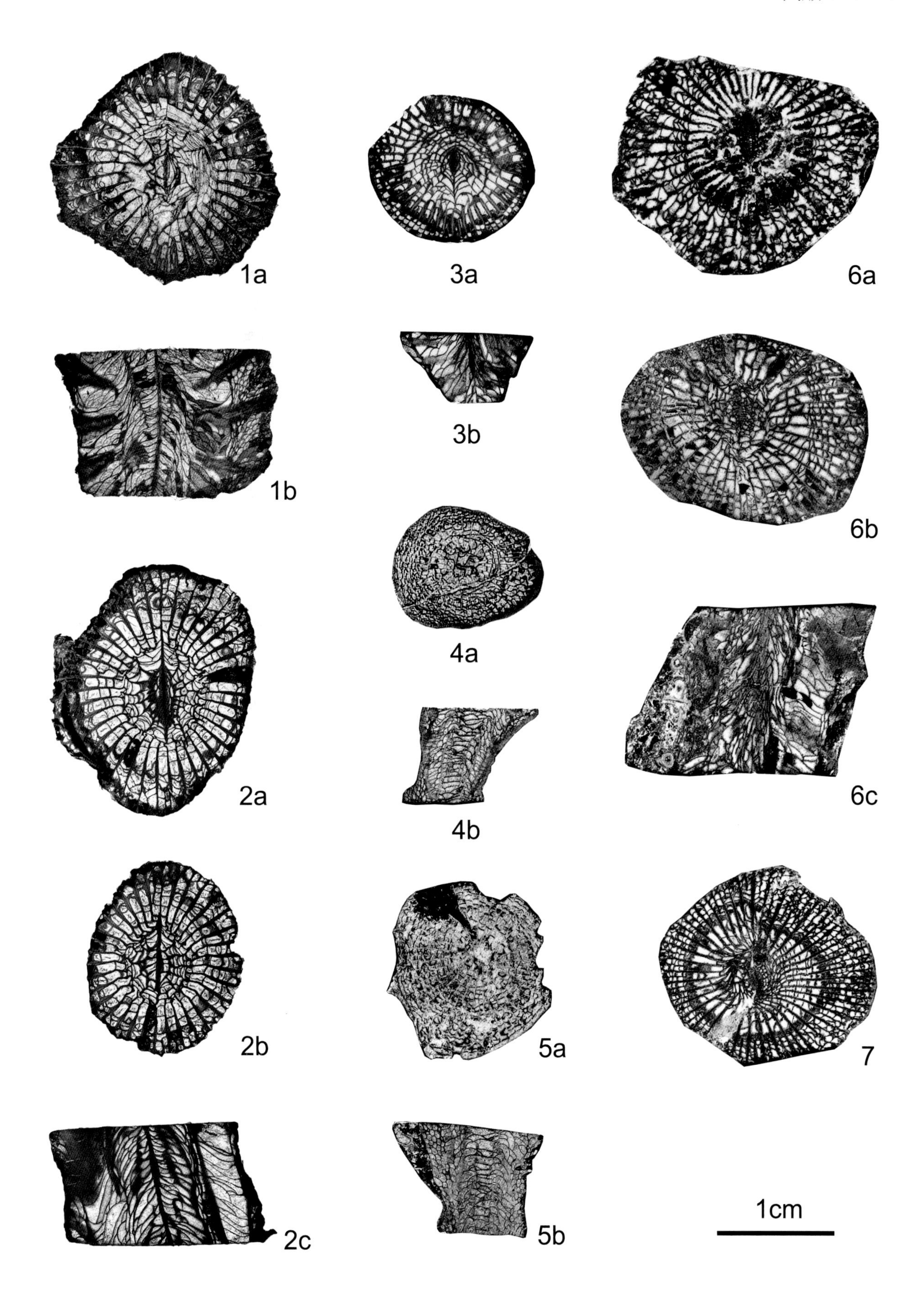
1a
3a
6a
1b
3b
6b
4a
2a
6c
4b
2b
5a
7
2c
5b
1cm

图版 5-6-11 说明

（所有标本保存在中国科学院南京地质古生物研究所）

1 高贵古星珊瑚 *Palastraea regia*（Phillips，1836）

a. 横切面；b. 纵切面。登记号：92349。主要特征：互嵌状块状复体珊瑚，个体间以泡沫板联结，隔壁两级，一级隔壁数为 34~36，二级隔壁长约为一级隔壁的 3/5，泡沫板呈不规则的同心状。产地：云南宜可保村万寿山。层位：石炭系维宪阶上部。

2—3 扁平古星珊瑚 *Palastraea planiuscula* Wu and Zhao，1989

2a、3a. 横切面；2b—2c、3b. 纵切面。登记号：2a. 92350；2b. 92351；2c. 92352；3a. 92354；3b. 92355。主要特征：多角柱状块状复体，个体外壁发育不全，内缘发育似喷口构造，个体间以泡沫板联结，一级隔壁长，数计 36~40，二级隔壁长，鳞板带宽。产地：贵州威宁湾湾头。层位：石炭系维宪阶上部。

4 疑惑石柱珊瑚 *Lithostrotion decipiens*（McCoy，1855）

a. 横切面；b. 纵切面。登记号：92389。主要特征：块状复体，隔壁两级，一级隔壁数为 15~17。二级隔壁长度为一级隔壁的 1/2，鳞板带宽，横板呈平缓长泡沫状。产地：贵州威宁么站飞来石。层位：石炭系维宪阶上部。

5—6 不规则丛管珊瑚 *Siphonodendron irregular*（Phillips，1836）

5a、6a. 横切面；5b、6b. 登记号：5a. 92399；5b. 92400；6a. 92405；6b. 92406。主要特征：丛状复体，外壁薄，隔壁两级，一级隔壁数为 18~20、基部加厚、向中心减薄，二级隔壁短，中轴直、横切面呈卵形、一端与隔壁相连接，鳞板 1 列、常形成一个环状壁，未被中轴穿越的横板呈叠覆状。产地：贵州威宁鸭子塘。层位：石炭系维宪阶上部。

7 莫企逊古剑珊瑚莫企逊亚种 *Palaeosmilia murchisoni murchisoni* Milne-Edwards and Haime，1848

a. 横切面；b. 纵切面。登记号：a. AAC217-1/92344；b. AAC217-1/92345。主要特征：圆柱锥状单体珊瑚，边缘具厚结带，隔壁两级，一级隔壁长，数为 44~46，二级隔壁长，鳞板带宽度，横板分为轴部横板带和侧缘横板带。产地：贵州威宁湾湾头 / 云南沾益炎方。层位：石炭系维宪阶上部。

8 不规则丛管珊瑚亚洲亚种 *Siphonodendron irregular asiatica* Yabe and Hayasaka，1916

横切面。登记号：5038。主要特征：丛状复体，一级隔壁数计 14~16，二级隔壁的长约为一级隔壁的 1/3，中柱粗且连续，鳞板呈同心状，横板排列规则。产地：广西柳城。层位：石炭系维宪阶上部。

9 少辐射丛管珊瑚 *Siphonodendron pauciradiale* McCoy，1855

a. 横切面；c. 纵切面；b. 横切面、纵切面。登记号：a、c. 92392；b.92393。主要特征：丛状复体，隔壁两级，数各为 17~18，一级隔壁的长约为个体半径的 2/3，二级隔壁的长度约为一级隔壁的 1/3~1/2，中轴呈条板状，有时具 1~2 条圈状斜板，鳞板 1~3 列，轴向横板呈叠锥状、侧缘横板平缓。产地：贵州威宁湾湾头。层位：石炭系维宪阶上部。

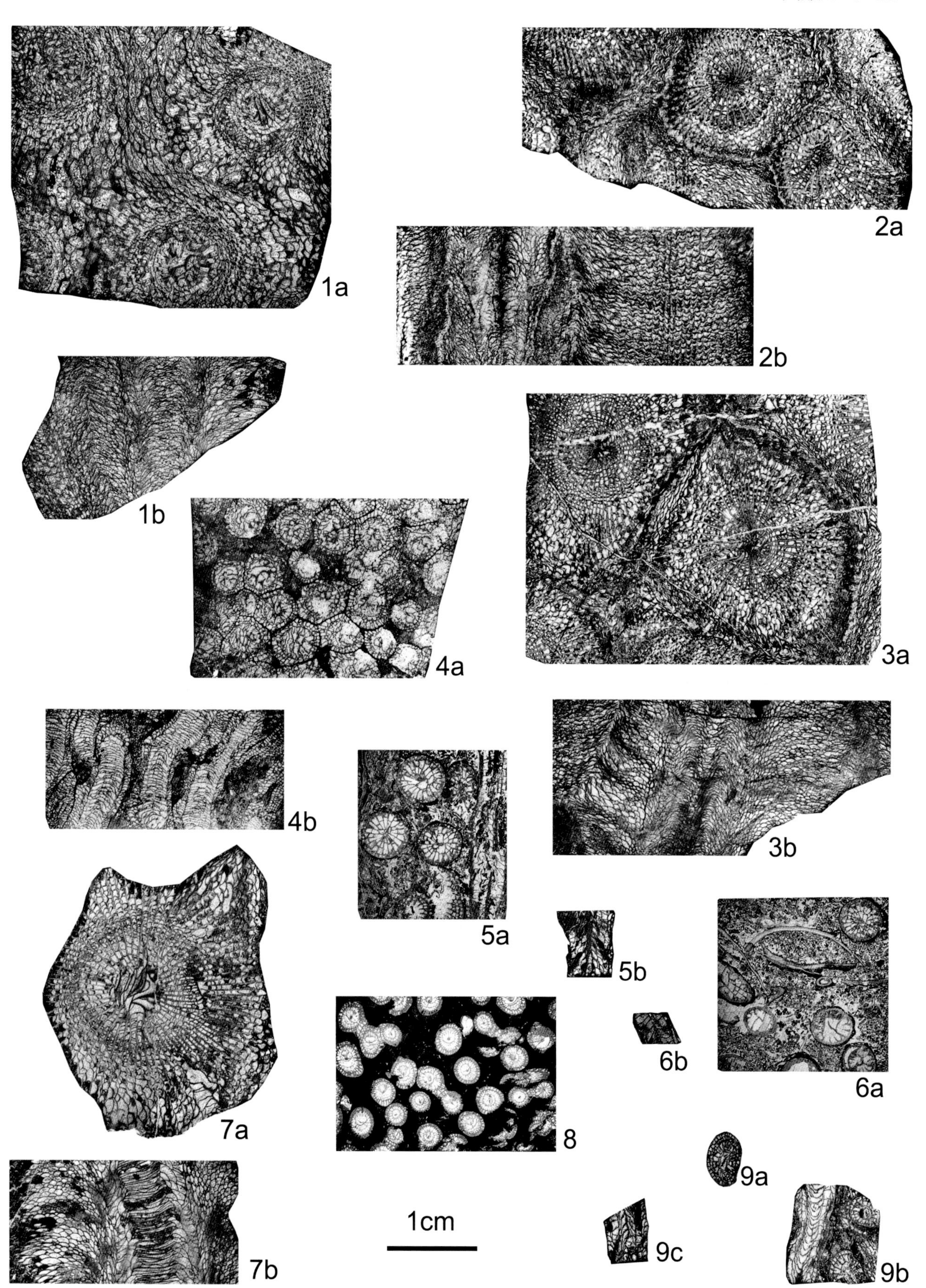
1a
1b
2a
2b
3a
3b
4a
4b
5a
5b
6a
6b
7a
7b
8
9a
9b
9c
1cm

图版 5-6-12 说明

（所有标本保存在中国科学院南京地质古生物研究所）

1　轮状轴管珊瑚 *Aulina rotiformis* Smith，1917

a. 横切面；b. 纵切面。登记号：4999。主要特征：块状复体，互通状，个体间以隔壁相连，隔壁两级，一级隔壁数为 11~13，大部分一级隔壁末端在中心相交，形成一个中轴，二级隔壁很短，轴管小，轴管内横板短小且平缓，两侧横板外斜或缓缓下凹。产地：甘肃武威。层位：石炭系维宪阶上部到谢尔普霍夫阶。

2　脊板轴管珊瑚 *Aulina carinata* Yü，1933

a. 横切面；b. 纵切面。登记号：5003。主要特征：块状复体，互通状，隔壁两级，一级隔壁数为 13~15，二级隔壁长，中轴完整或不完整，轴管内横板完整，轴管外横板短小、平缓或互相交错。产地：甘肃武威。层位：石炭系维宪阶上部到谢尔普霍夫阶。

3、6　厚隔壁基集尔珊瑚 *Kizilia crassiseptata* Kropacheva，1966

3b、6a. 横切面; 3a、6b. 纵切面; 登记号: 3a. 92168; 3b. 9216; 6a. 92178; 6b. 92179。主要特征: 柱锥状单体珊瑚，隔壁两级，基部加厚形成一个宽的边缘厚结带，一级隔壁数为 24，二级隔壁长约为一级隔壁的 3/5~2/3，主内沟不清楚，鳞板带宽，和横板带无明显的界线，两者都呈泡沫状，横板在邻近轴部渐趋平缓。产地: 贵州威宁湾湾头。层位: 石炭系谢尔普霍夫阶。

4　简单基集尔珊瑚 *Kizilia simplex* Wu and Zhao，1989

a. 横切面；b. 纵切面。登记号：a. 92196；b. 92197。主要特征：小型单体珊瑚，一级隔壁长，二级隔壁很短，短脊状，鳞板可能仅 1 列且发育不全，横板均呈长泡沫状、较陡、在轴部短小而微凹。产地：贵州威宁湾湾头。层位：石炭系谢尔普霍夫阶。

5、7　平板基集尔珊瑚 *Kizilia planotabulata* Wu and Zhao，1989

5a、7a. 横切面；5b、7b. 纵切面；登记号：5. 92160；7. 92170。主要特征：长柱锥状单体珊瑚，隔壁两级，一级隔壁呈次放射状排列，二级隔壁长度约为一级隔壁的 1/2~2/3，鳞板带的宽度与二级隔壁的长度大致相当，横板带较宽，横板呈平缓状。产地：5. 贵州威宁么站飞来石；6. 贵州威宁湾湾头。层位：石炭系谢尔普霍夫阶。

1a
2a
2b
1b
3a
4a
5a
6a
3b
7a
4b
1cm
5b
6b
7b

图版 5-6-13 说明

（所有标本保存在中国科学院南京地质古生物研究所）

1　柱轴管珊瑚 *Aulina columnaris* Wu and Zhao，1989

a. 横切面；b. 纵切面。登记号：a. 92425；b. 92426。主要特征：互通状块状复体，隔壁很少，中轴小，轴管内的横板甚为发育且平缓，轴管外的横板缓缓外斜或微下凹。产地：贵州威宁头坡。层位：石炭系维宪阶上部到谢尔普霍夫阶。

2　格子轴管珊瑚 *Aulina career* Smith and Yü，1943

a. 横切面；b. 纵切面。登记号：a. 92419；b. 92420。主要特征：块状复体，互通状，个体之间以隔壁相连接，隔壁两级，一级隔壁数为 9~12，大部分一级隔壁末端在中心相交，形成一个中轴。二级隔壁长，长约为一级隔壁的 3/4；隔壁两侧发育微弱的脊板；中轴两侧的横板下斜，向外延展转而下凹，邻近外壁复向外壁拱起，在 3mm 内约有 12~13 条横板。产地：贵州威宁么站飞来石。层位：石炭纪维宪阶上部到谢尔普霍夫阶。

3、4　变异轴珊瑚 *Axophyllum varium* Fan，1978

3a、3b、4a、4b、4d、4f、4h、4i、4j、4k. 横切面；3c、4c、4e、4g. 纵切面。采集号：4. YSR93.3-1-3；3. YSR93.3-1-1。主要特征：成年期个体直径 9~26mm，隔壁数 (24~30) × 2，二级隔壁较短，中柱不规则，中板弯曲，辐板数不超过隔壁数的 1/2，鳞板带为半径 1/3~1/2；纵面中柱边界清晰，中板连续，波曲状，中柱周缘发育轴周锥（见 4c、4e 的 α 处）；周缘横板双形，发育斜横板（见 4c 的 β 处）；鳞板大泡沫状，鳞板带内缘灰质结厚。产地：贵州惠水。层位：石炭系维宪阶上部至谢尔普霍夫阶。

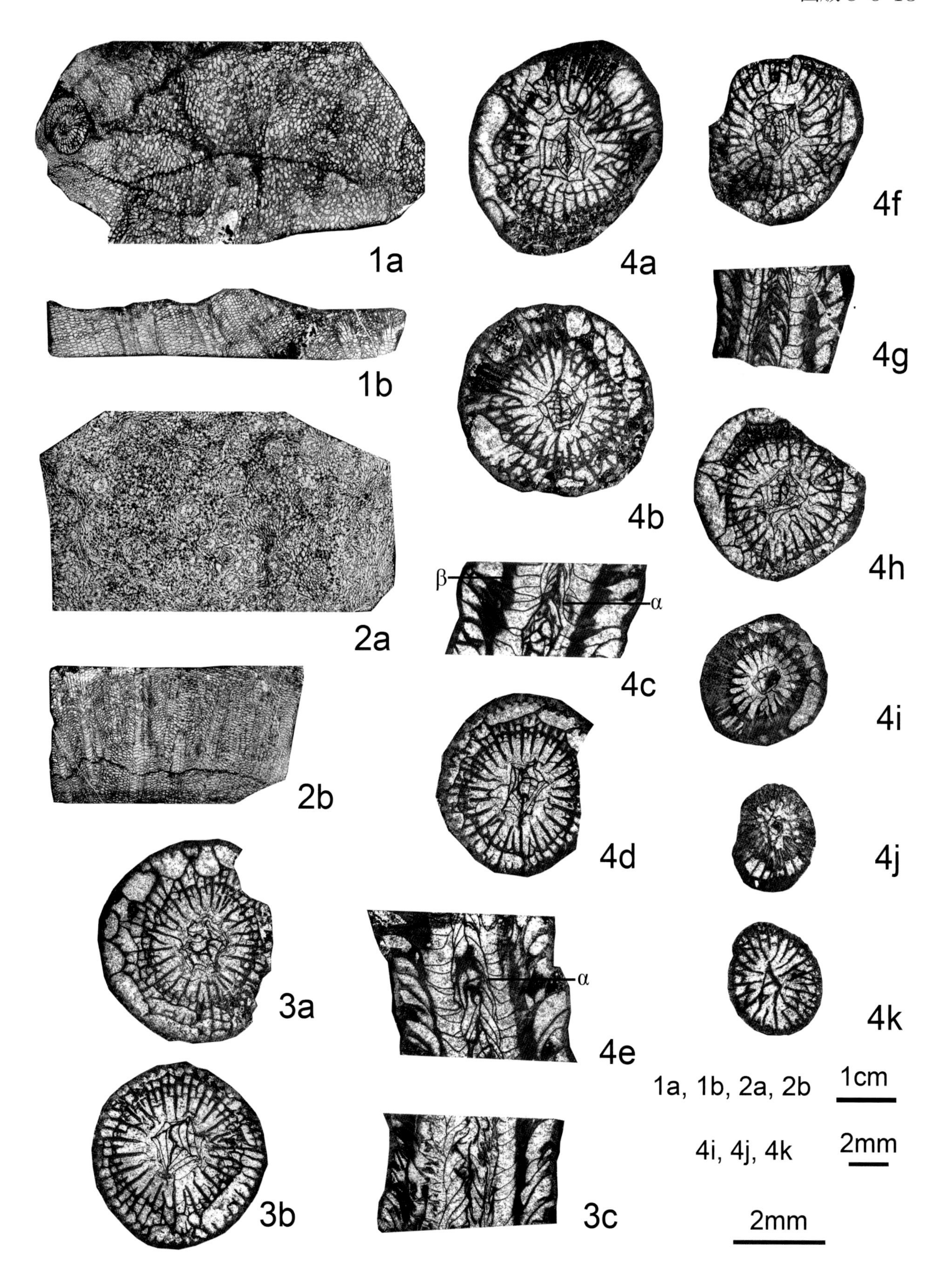
1a
1b
2a
2b
3a
3b
3c
4a
4b
β
α
4c
4d
α
4e
4f
4g
4h
4i
4j
4k
1a, 1b, 2a, 2b
1cm
4i, 4j, 4k
2mm
2mm

图版 5-6-14 说明

（所有标本保存在中国科学院南京地质古生物研究所）

1、3、6　迪利平轴珊瑚 *Axophyllum delepini*（Salée，1913）

1a、3a、6. 横切面；1b、3b. 纵切面。登记号：1a. 92555；1b. 92556；3. 92557；6. 92548。主要特征：柱锥状单体珊瑚，隔壁两级，一级隔壁数为 33，二级隔壁长度约为一级隔壁的 1/2，复中柱大，中板不清楚、斜板多、略呈放射状、不规则，边缘泡沫板不甚稳定、零星发育，鳞板带的宽度与二级隔壁的长度相当，横板带窄，横板较平缓。产地：云南沾益炎方。层位：石炭纪谢尔普霍夫阶。

2　沃恩轴珊瑚 *Axophyllum vaughani* Salée，1913

a. 横切面；b—d. 纵切面。登记号：a. 92544；b. 92545；c. 92546；d. 92547。主要特征：柱锥状单体珊瑚，边缘一级隔壁末端与复中柱未接触，二级隔壁发育不全，复中柱中板短而直，辐板放射状斜板呈同心状，泡沫板零星发育，横板平缓、微微上拱。产地：贵州威宁湾湾头。层位：石炭系谢尔普霍夫阶。

4—5　从江朗士德珊瑚 *Lonsdaleia congjiangense* Wang，1978

4a、5a—5c. 横切面，4b、5d. 纵切面。登记号：4. 92575；5. 92573。主要特征：丛状复体，隔壁两级，一级隔壁长、数为 22~25，二级隔壁长度约为一级隔壁的 1/2，复中柱大、呈典型的棚珊瑚型，边缘泡沫板排列规则、大小不定，横板规则、平缓或略下凹，少数相互交错。产地：云南沾益炎方。层位：石炭纪谢尔普霍夫阶。

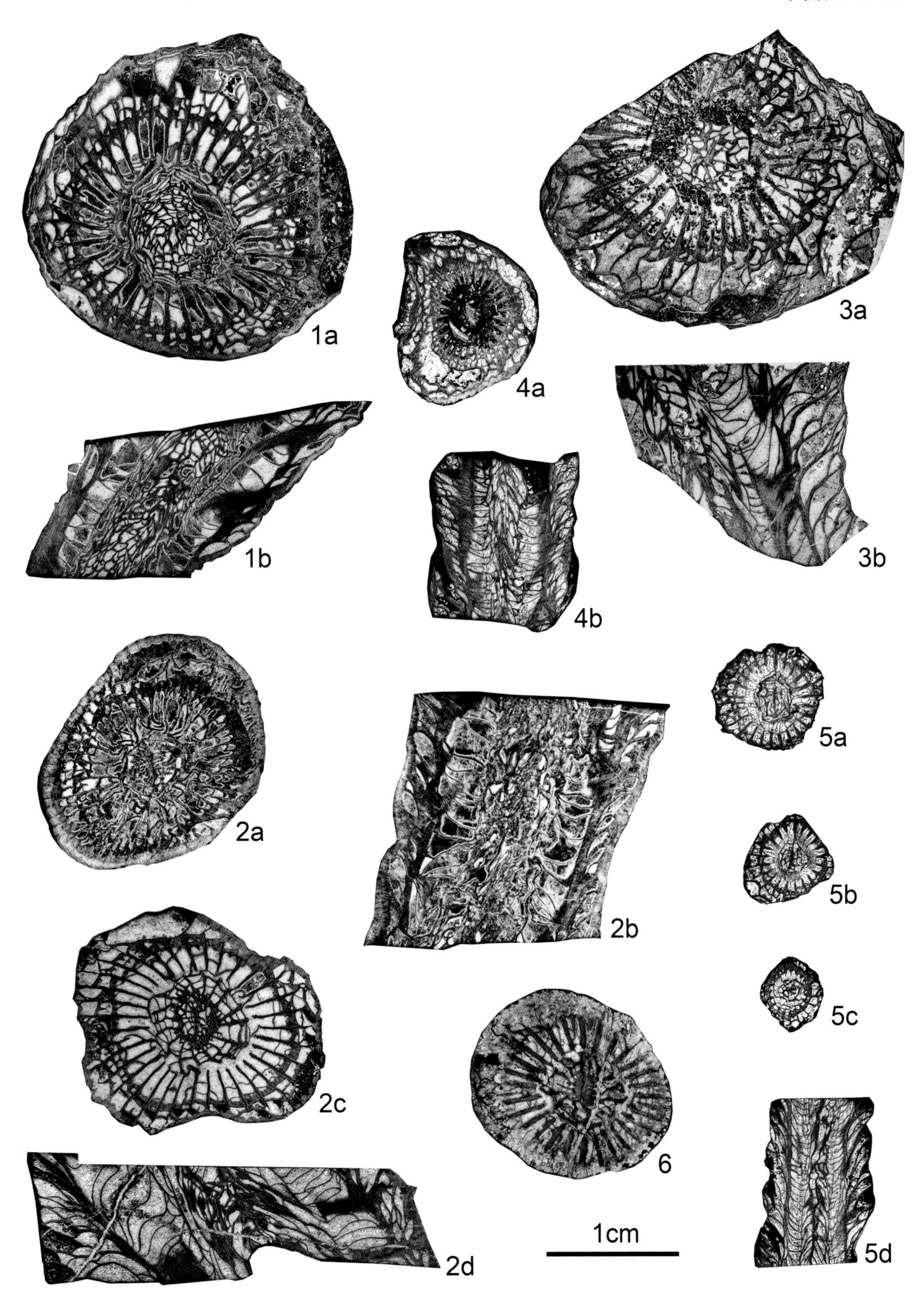
1a
1b
4a
4b
3a
3b
2a
2b
5a
5b
5c
2c
6
2d
1cm
5d

图版 5-6-15 说明

（所有标本保存在中国科学院南京地质古生物研究所）

1　沃博扁珊瑚 *Petalaxis orboensis* de Groot，1963

a. 横切面；b. 纵切面。登记号：92495。主要特征：块状复体，隔壁两级，一级隔壁数为 17~19，较长、有时末端与中轴相连接，二级隔壁长约为一级隔壁的 1/2~2/3，中轴呈长板状或长椭圆状，泡沫带不稳定、少量且不规则，横板不甚完全、交错或平缓。产地：云南沾益炎方。层位：石炭系巴什基尔阶。

2、4　假锥沟珊瑚 *Bothrophyllum pseudoconicum* Dobrolyubova，1937

2a、4a. 横切面；2b、4b. 纵切面。登记号：2. 92201；4a. 92198；4b. 92199。主要特征：单体珊瑚，一级隔壁数约 39，末端和横板横断面的残片相互交错成一个形似轴部的构造，二级隔壁很短，主隔壁缩短，主内沟清晰，鳞板带的宽度大于二级隔壁的长度、横板平缓、少数相互交错。产地：2. 贵州威宁么站飞来石；4. 贵州威宁头坡。层位：石炭系巴什基尔阶。

3、5　锥状沟珊瑚 *Bothrophyllum conicum* Dobrolyubova，1937

3a、5a. 横切面；3b、5b. 纵切面。登记号：3a. 92194；3b. 92195；5. 92200。主要特征：单体珊瑚，隔壁薄，少数一级隔壁的末端延伸至中心，于轴部相互交接，二级隔壁很短，主隔壁缩短，主内沟清晰，鳞板带窄，横板平缓、不完全、相互交错，在轴部处则为断续状的隔壁所穿过。产地：3b. 贵州威宁头坡；5. 贵州威宁么站飞来石。层位：石炭系巴什基尔阶。

6　炎方顿珊瑚 *Donophyllum yanfangense* Wu and Zhao，1989

a、c. 横切面、纵切面；b. 横切面；d. 纵切面。登记号：a. 92476；b. 92477；c. 92478；d. 92479。主要特征：丛状复体，隔壁两级，数目较多，一级隔壁有时长达中心或不伸抵轴部，有时发育一个不甚完全的内墙，二级隔壁短，鳞板带窄，横板平缓、分异或相互交错。产地：云南沾益炎方。层位：石炭纪巴什基尔阶。

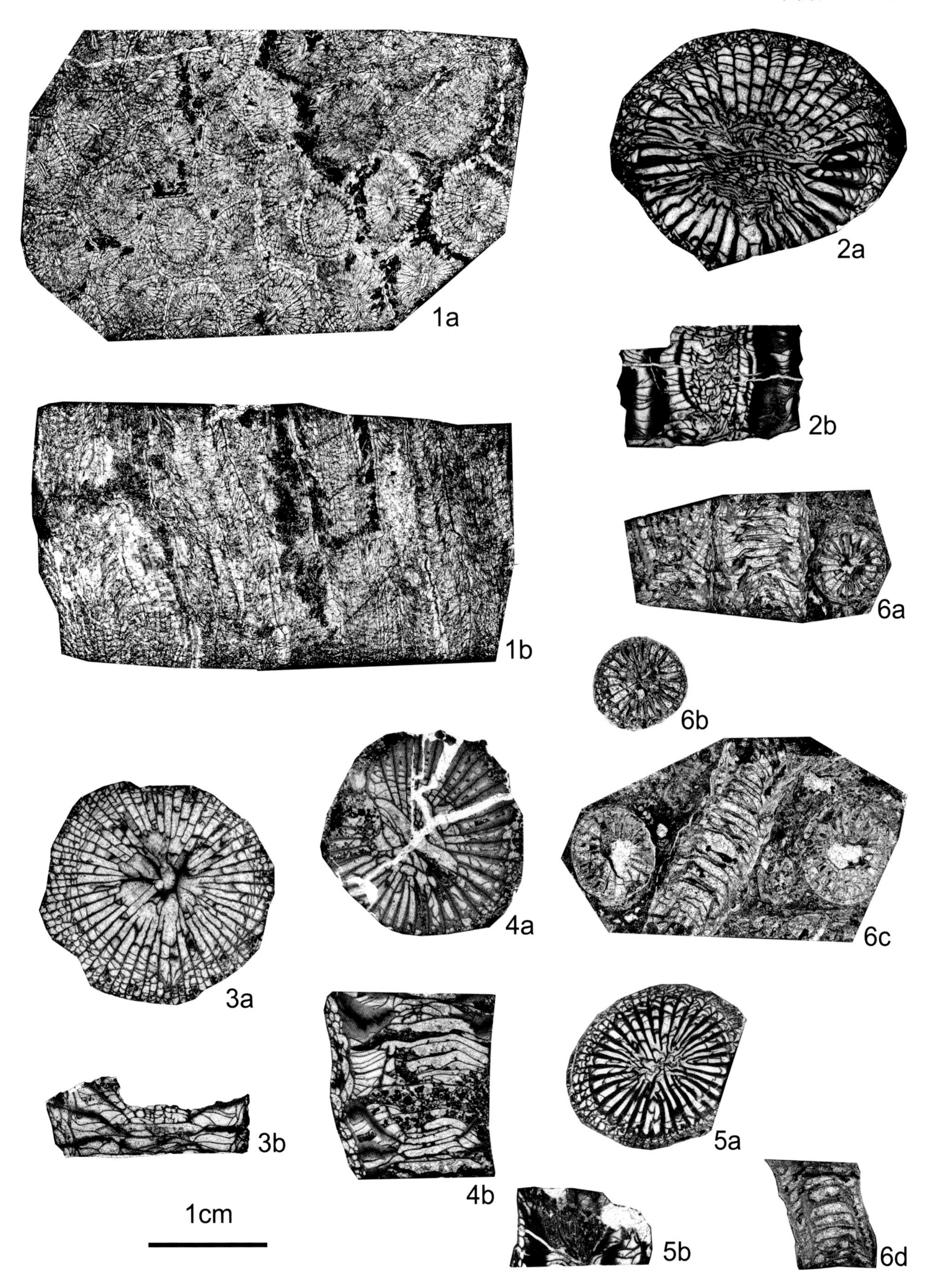
1a
1b
2a
2b
6a
6b
6c
3a
4a
3b
4b
5a
5b
6d
1cm

图版 5-6-16 说明

（所有标本保存在中国科学院南京地质古生物研究所）

1　大型泡沫朗士德珊瑚 *Cystolonsdaleia major* Wu and Zhao，1989

a. 横切面；b. 纵切面。登记号：a. 92504；b. 92505。主要特征：块状复体，个体大，隔壁两级，二级隔壁长度约为一级隔壁的 1/3~1/2，复中柱呈椭圆形，中板长、略加厚，两侧有数条斜板或辐板，泡沫带发育，横板平缓、排列较密。产地：云南沾益炎方。层位：石炭系巴什基尔阶。

2　三形扁轴珊瑚 *Petalaxis trimorphum*（de Groot，1963）

a. 横切面；b. 纵切面。登记号：a. 92507；b. 92508。主要特征：块状复体，隔壁两级，一级隔壁较薄，二级隔壁不发育或仅呈短脊状，主隔壁和对隔壁与板状中轴联结而形成一条直线，泡沫板发育，鳞板带宽度约为体径的 1/3，横板不完全、相互交错或微呈泡沫状。产地：贵州水城德坞。层位：石炭系巴什基尔阶。

3　船伏舌珊瑚 *Kionophyllum hunabuseum*（Minato，1955）

a. 横切面；b. 纵切面。登记号：92593。主要特征：长柱状小型单体珊瑚，隔壁基部较厚形成一个不完整的边缘厚结带，隔壁两级，一级隔壁数为 22、较长，二级隔壁长度约为一级隔壁的 1/2，中轴粗大略呈椭圆形，鳞板带或泡沫板带与横板带无明显的界线，横板内斜，邻近中轴的平缓、或交错、或微微下凹。产地：贵州威宁赵家山。层位：石炭系巴什基尔阶。

4　布鲁依尔舌珊瑚 *Kionophyllum broilli*（Heritsch，1936）

a—b. 横切面；c. 纵切面。登记号：a. 92594；b. 92595；c. 92596。主要特征：单体珊瑚，二级隔壁脊状，长度约为一级隔壁的 1/2，中轴卵形，一端直接与主隔壁相连，泡沫板大而规则、表面具短刺，在纵切面上与横板的界线不甚清晰。产地：贵州威宁赵家山。层位：石炭系巴什基尔阶。

5—6　云南舌珊瑚 *Kionophyllum yunnanense* Wu and Zhao，1989

5a—5c、6a、6c. 横切面；6b、6d. 纵切面。登记号：5a、5c. 92589；5b. 92590；6a—6b. 92591；6c—6d. 92592。主要特征：柱状单体珊瑚，一级隔壁长，主隔壁到达轴部，二级隔壁长；中轴卵形，两侧有时发育 1~2 条板状物，泡沫板不规则，鳞板带宽，横板不规则、泡沫状内斜、邻近复中柱渐平缓。产地：5. 云南沾益炎方；6. 贵州威宁赵家山。层位：石炭系巴什基尔阶。

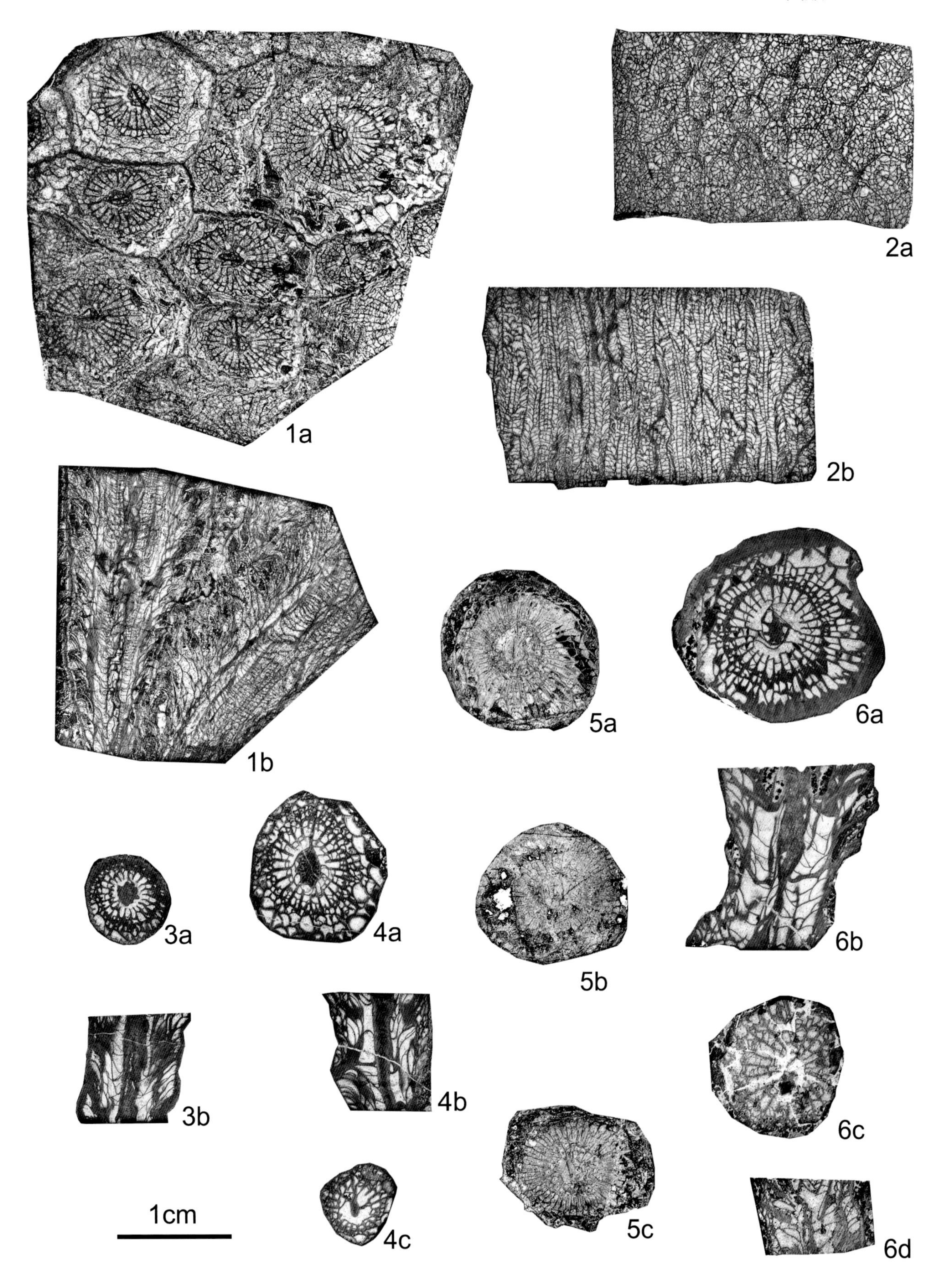
1a
2a
2b
1b
5a
6a
3a
4a
5b
6b
3b
4b
6c
4c
5c
6d
1cm

图版 5-6-17 说明

（所有标本保存在中国科学院南京地质古生物研究所）

1　小型舌珊瑚 *Kionophyllum miuns* Wu and Zhao，1989

a. 横切面；b. 纵切面。登记号：92597。主要特征：小型单体珊瑚，隔壁两级，一级隔壁数为 23~24，二级隔壁长度约为一级隔壁的 1/3~2/3，主内沟不清楚，中轴呈长板状，边缘泡沫板不甚发育，鳞板带宽，横板呈泡沫状。产地：贵州水城德坞。层位：石炭系巴什基尔阶。

2—3、6　厚轴骨珊瑚 *Carinthiaphyllum crassicolumellatum*（Dobrolyubova and Kabakovich，1948）

2a、3a、6a. 横切面；2b、3b、6b. 纵切面。登记号：2. 92598；3. 92604；6. 92600。主要特征：单体或丛状复体，个体呈长柱状，隔壁两级且加厚，二级隔壁的长度约为一级隔壁的 1/2~2/3，主内沟不清楚，中轴粗大且加厚强烈、一端与一条一级隔壁相连、略呈椭圆形，鳞板因隔壁的强烈加厚而隐没于隔壁带，横板短小平缓、或呈平缓的泡沫状略向中轴倾斜。产地：2. 云南沾益炎方；3. 贵州盘县滑石板；4. 贵州威宁赵家山。层位：石炭系巴什基尔阶。

4—5、7　雅致骨珊瑚 *Carinthiaphyllum elegans* Wu and Zhao，1989

4a—4b、5a、7a—7b. 横切面；4c、5b、7c. 纵切面。登记号：4. 92601；5. 92602；7. 92599。主要特征：单体或分散的丛状复体，隔壁较薄，二级隔壁短脊状，对隔壁与弯曲的条板状或长椭圆形的中轴相连，中轴小，鳞板带窄，邻近外壁处有时发育一列不连续、不规则的大泡沫板，横板平缓、略向内倾斜或略下凹。产地：4. 贵州威宁赵家山；5. 贵州威宁赵家山；7. 云南沾益炎方。层位：石炭系巴什基尔阶。

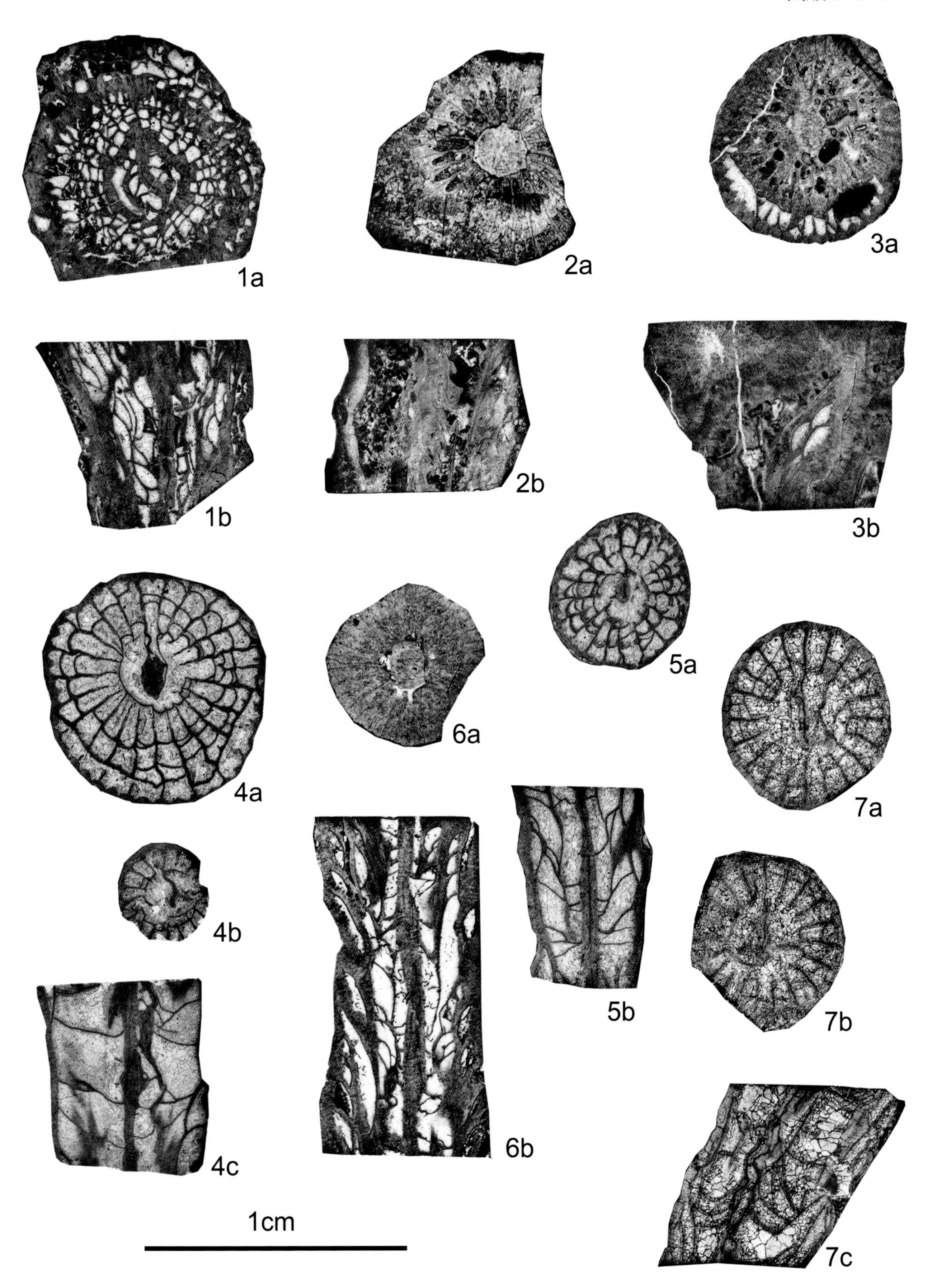
1a
2a
3a
1b
2b
3b
5a
4a
6a
7a
4b
5b
7b
4c
6b
1cm
7c

图版 5-6-18 说明

（所有标本保存在中国科学院南京地质古生物研究所）

1　可变巅杯珊瑚 *Acrocyathus variabilis* Wu and Zhao，1989

横切面，登记号：92443。主要特征：块状复体，隔壁两级，二级隔壁呈短脊状，轴部构造形态不稳定，泡沫带不稳定，泡沫板呈拉长形、大小不一、其上常覆隔壁刺，横板向外壁倾斜。产地：云南沾益炎方。层位：石炭系巴什基尔阶到莫斯科阶。

2，4—5　长隔壁巅杯珊瑚 *Acrocyathus longiseptatus* Wu and Zhao，1989

2a. 横切面；5. 横切面。2b. 纵切面；4. 纵切面。登记号：2.92442；4. 92461；5. 92462。主要特征：块状复体，一级隔壁长、末端止于复中柱的周围，二级隔壁长约为一级隔壁的 2/3，复中柱的一端与一条一级隔壁相连，中板长而略加厚，斜板不甚规则，辐板呈环状，隔壁之间的鳞板不甚紧密，横板向外壁倾斜、相互交错。产地：2. 贵州威宁么站飞来石；4. 云南沾益炎方；5. 贵州威宁头坡。层位：石炭系巴什基尔阶到莫斯科阶。

3　大型巅杯珊瑚 *Acrocyathus major* Wu and Zhao，1989

a. 横切面；b—c. 纵切面。登记号：a—b. 92444；c. 92445。主要特征：块状复体，个体大，隔壁两级，一级隔壁数为 18~20，复中柱呈中轴型或简单的复中柱型，泡沫板大，泡沫带宽，横板分异、向中轴上升、邻近泡沫板则较平缓。产地：云南沾益炎方。层位：石炭系巴什基尔阶到莫斯科阶。

6　长顺巅杯珊瑚 *Acrocyathus changshunensis* Wang，1978

a. 横切面；b. 纵切面。登记号：a. 92454；b. 92455。主要特征：块状复体，隔壁两级，一级隔壁数为 13~23，二级隔壁长约为一级隔壁的 1/2，中轴与主隔壁相连、呈圆柱形或加厚，中板呈长板状，边缘泡沫带窄，泡沫板拉长，横板较平。产地：云南沾益炎方。层位：石炭系巴什基尔阶到莫斯科阶。

7　沾益巅杯珊瑚 *Acrocyathus zhanyiensis* Wu and Zhao，1989

a. 横切面；b. 纵切面。登记号：a. 92456；b. 92457。主要特征：块状复体，隔壁两级，一级隔壁数约 17~21，二级隔壁长约为一级隔壁的 1/2~2/3，轴部构造有中轴和简单的复中柱，泡沫带发育不稳定，泡沫板大而凸，横板形态多变。产地：云南沾益炎方。层位：石炭系巴什基尔阶到莫斯科阶。

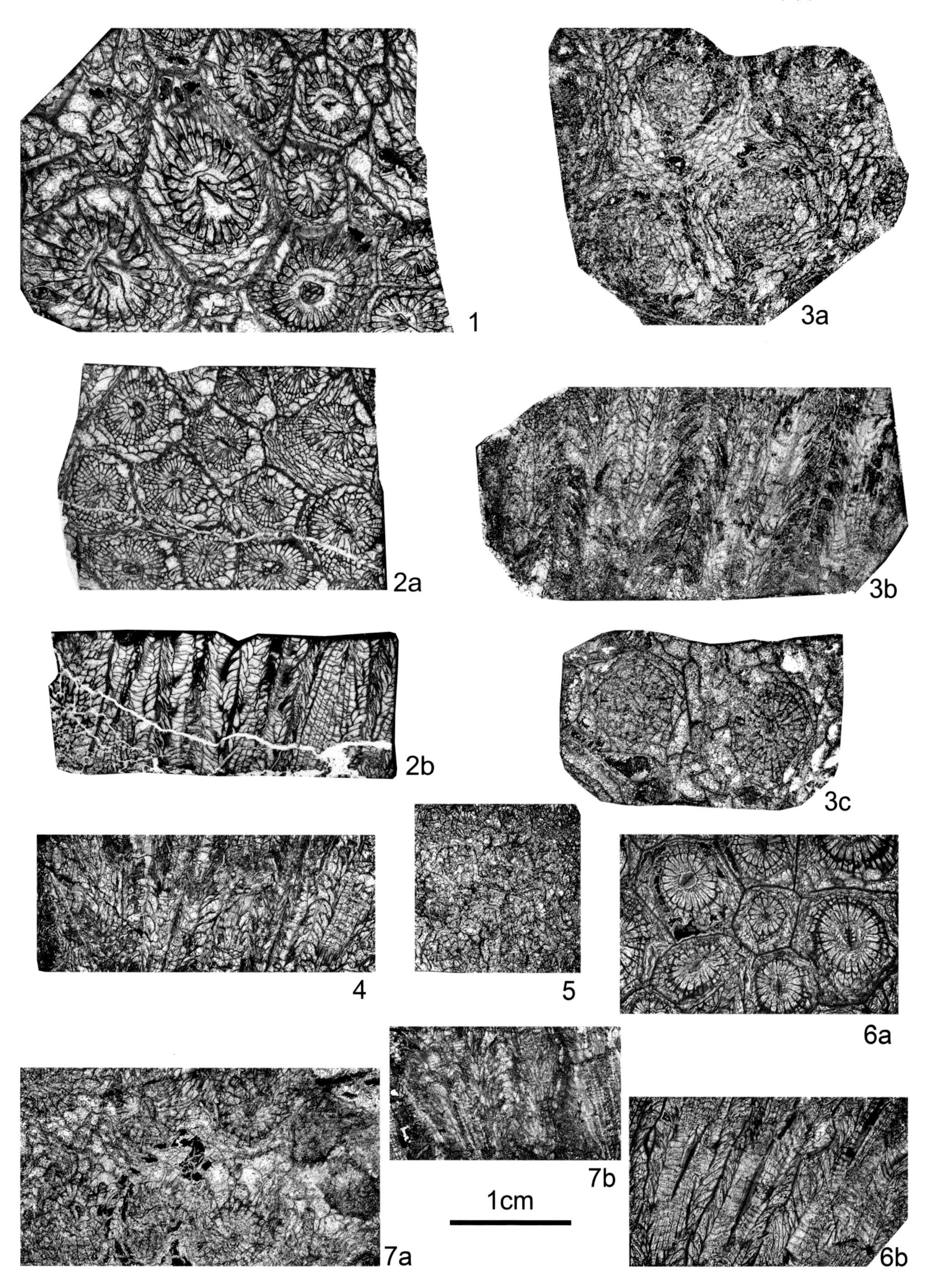
1
3a
2a
3b
2b
3c
4
5
6a
7b
1cm
7a
6b

图版 5-6-19 说明

（所有标本保存在中国科学院南京地质古生物研究所）

1　矛状花珊瑚 *Antheria lanceolate* Wu and Zhao，1989

a、c. 横切面；b. 纵切面。登记号：a—b. 92643；c. 92644。主要特征：块状复体珊瑚，个体多角柱状或互嵌状，隔壁两级，一级隔壁数为 12，二级隔壁长一般为一级隔壁的 1/2~2/3，鳞板带宽约为二级隔壁长的 1/2~2/3，横板内斜。产地：云南沾益炎方。层位：石炭系卡西莫夫阶。

2—3　贵州假提曼珊瑚 *Pseudotimania guizhouensis* Wu and Zhao，1989

横切面。登记号：2. 92225；3. 92224。主要特征：圆柱锥状单体珊瑚，隔壁两级，二级隔壁短，鳞板带窄，横板在轴部较平缓且相互交错、两侧向外倾斜。产地：2. 云南沾益炎方；3. 贵州威宁赵家山。层位：石炭系莫斯科阶到格舍尔阶。

4　精致假提曼珊瑚 *Pseudotimania delicate* Wu and Zhao，1974

a. 横切面；b. 纵切面。登记号：92227。主要特征：小型圆柱锥状单体珊瑚，隔壁两级、强烈加厚，二级隔壁短，鳞板带窄，横板在轴部较平、两侧呈不规则泡沫状或相互交错。产地：贵州威宁赵家山。层位：石炭系莫斯科阶到格舍尔阶。

5　凸状云珊瑚 *Nephelophyllum convexum* Wu and Zhao，1989

a. 横切面；b. 纵切面。登记号：a. 92653；b. 92654。主要特征：块状复体，个体多角柱状或互嵌状，隔壁两级，一级隔壁数为 15~17，二级隔壁长度约为一级隔壁的 1/2~2/3，复中柱简单或为中轴，泡沫板大而不甚规则，斜横板偶有发育，其余的横板略内斜或平列状。产地：云南沾益炎方。层位：石炭系卡西莫夫阶。

6　简单云珊瑚 *Nephelophyllum simplex* Wu and Zhao，1974

a. 横切面；b. 纵切面。登记号：92649。主要特征：块状复体，隔壁两级，一级隔壁数约 13~16，二级隔壁长度约为一级隔壁的 1/2，轴部为简单的复中柱或加厚的长板状中轴，泡沫板发育程度不一，凸度大，偶有斜横板，横板内斜。产地：云南沾益炎方。层位：石炭系卡西莫夫阶。

7　致密云珊瑚 *Nephelophyllum compactum* Wu and Zhao，1989

a. 横切面；b. 纵切面。登记号：92658。主要特征：块状复体，间壁不完全，隔壁两级，一级隔壁数为 16~17，二级隔壁长度约为一级隔壁的 1/2~2/3，复中柱大而致密、呈泡沫状，中板不甚显著，斜板和辐板较多，泡沫带分成外带和内带，外带由凹凸状、排列紧密的小板组成，内带由不规则的内凸的泡沫板组成，发育少量的斜横板，其余横板略向复中柱倾斜或呈平列状。产地：贵州威宁头坡。层位：石炭系卡西莫夫阶。

8　可变云珊瑚 *Nephelophyllum varium* Wu and Zhao，1989

a. 横切面；b. 纵切面。登记号：92648。主要特征：块状复体，个体为互嵌状外壁不甚发育，二级隔壁的长度约为一级隔壁的 1/2~2/3，复中柱简单，鳞板带的宽度约与二级隔壁的长度相当，边缘泡沫板发育，斜横板不发育，横板排列密集、相互交错、缓缓内斜。产地：云南沾益炎方。层位：石炭系卡西莫夫阶。

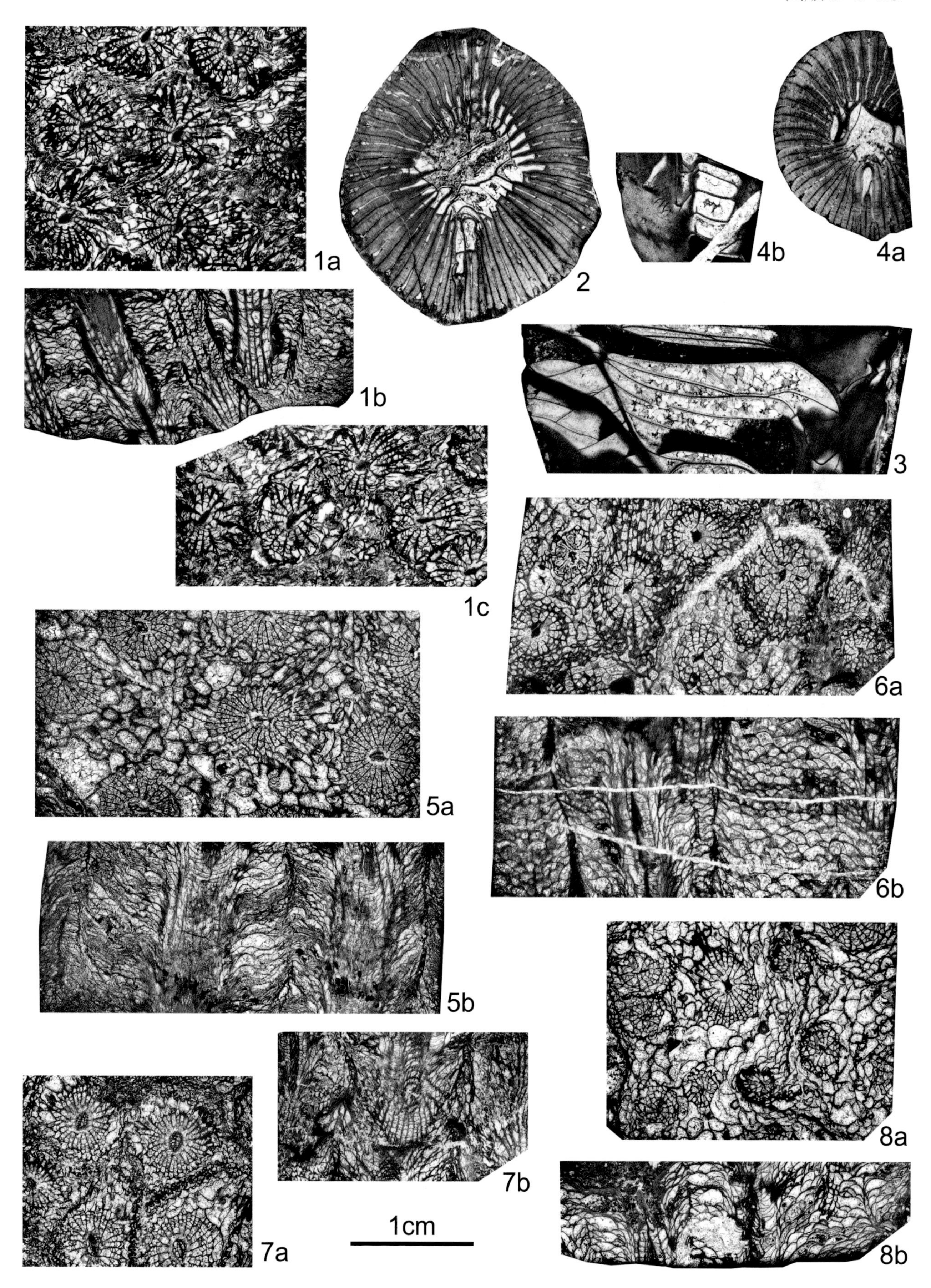
1a
1b
1c
2
3
4a
4b
5a
5b
6a
6b
7a
7b
8a
8b
1cm

图版 5-6-20 说明

（所有标本保存在中国科学院南京地质古生物研究所）

1　复杂柯坪珊瑚 *Kepingophyllum complicatum* Wu and Zhao，1989

a. 横切面；b. 纵切面。登记号：92622。主要特征：块状复体，隔壁两级，少数发育雏形三级隔壁，二级隔壁长约为一级隔壁的 2/3~3/4，复中柱结构多致密，辐板多，斜板密；泡沫板不规则，发育少量斜横板，其余横板较密并向复中柱倾斜。产地：云南沾益炎方。层位：石炭系格舍尔阶。

2　六方柯坪珊瑚 *Kepingophyllum hexagonum* Wu and Zhao，1989

a. 横切面；b. 纵切面。登记号：a. 92617；b. 92618。主要特征：块状复体，隔壁多，二级隔壁长约为一级隔壁的 2/3~3/4，复中柱小而简单，中板较清晰，辐板短小，斜板少，泡沫板少，发育少量斜横板，其余横板内斜或交错。产地：贵州威宁赵家山。层位：石炭系格舍尔阶。

3　精细柯坪珊瑚 *Kepingophyllum delicatum* Wu and Zhao，1989

a. 纵切面；b. 横切面。登记号：a. 92620；b. 92621。主要特征：块状复体，二级隔壁长约为一级隔壁的 1/3~1/2。复中柱椭圆形，中板不甚清晰，斜板与辐板组成网状中柱，泡沫板大小不一，斜板呈泡沫状或相互叠覆，横板密集。产地：贵州威宁赵家山。层位：石炭系格舍尔阶。

4、8　亚简单柯坪珊瑚 *Kepingophyllum subsimplex* Wu and Zhao，1989

a. 横切面；b. 纵切面。登记号：92625。主要特征：小型块状复体，隔壁两级，一级隔壁数约 14~15，二级隔壁长约为一级隔壁的 1/2~2/3，复中柱小而简单，辐板约有 4~5 条，斜板呈不规则轮状，泡沫板大，横板较平缓、相互交错，发育少量的斜横板。产地：云南沾益炎方。层位：石炭系格舍尔阶。

5　复杂柯坪珊瑚可变亚种 *Kepingophyllum complicatum varium* Wu and Zhao，1989

a. 横切面；b. 纵切面。登记号：a. 92626；b. 92627。主要特征：块状复体，隔壁两级，偶发育雏形三级隔壁，一级隔壁数为 13~15，二级隔壁长约为一级隔壁的 2/3~3/4，复中柱中板隐约可见，斜板较多，与辐板相交呈方格状或泡沫状，泡沫板呈凹形或内凸形，横板平列或略向复中柱倾斜。产地：云南沾益炎方。层位：石炭系格舍尔阶。

6—7　不规则柯坪珊瑚 *Kepingophyllum irregular* Wu and Zhao，1989

6、7a. 横切面；7b. 纵切面。登记号：6. 92630；7. 92628。主要特征：块状复体，隔壁两级，二级隔壁长约为一级隔壁的 3/4，复中柱呈椭圆形，中板不甚清晰，辐板和斜板较多，泡沫板发育不全，斜横板极少，横板平列或交错。产地：贵州威宁赵家山。层位：石炭系格舍尔阶。

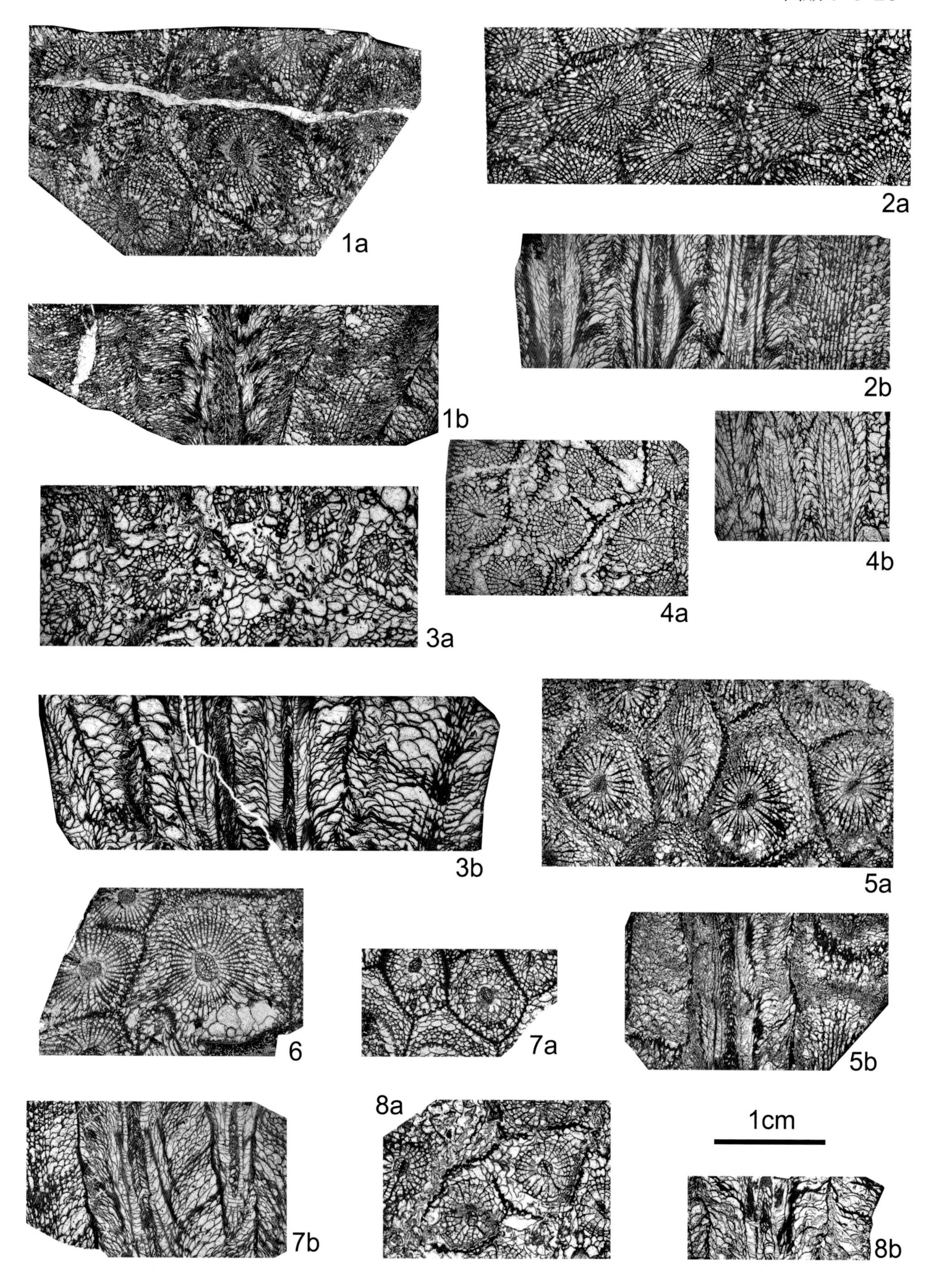
1a
2a
2b
1b
4b
4a
3a
3b
5a
6
7a
5b
8a
1cm
7b
8b

参考文献

安徽省区域地质调查队 . 1977. 1:20 万南京幅区域地质调查报告 .

蔡土赐 , 孙巧缡 , 缪长泉 , 张建东 , 杜天星 , 杜青 , 张玉谦 , 梅绍武 , 贺卫东 , 韩小明 , 彭昌文 , 李洁 , 朱庆亮 , 张玉亭 , 王福堂 , 乔新东 , 杨荣志 , 曾亚参 , 郑国平 , 刘云焕 , 祁伯超 . 1999. 全国地层多重划分对比研究（65）: 新疆维吾尔自治区岩石地层 . 武汉 : 中国地质大学出版社 .

蔡重阳 , 卢礼昌 , 吴秀元 , 张国芳 . 1988. 下扬子准地台江苏地区泥盆纪生物地层 // 江苏勘探局 , 中科院南京地质古生物研究所 . 江苏地区下扬子准地台震旦纪—三叠纪生物地层 . 南京 : 南京大学出版社 , 169–217.

陈军 . 2011. 贵州南部下二叠统（乌拉尔统）牙形刺生物地层与全球对比 . 北京 : 中国科学院研究生院 .

陈旭 . 1934a. 中国南部之蜓科化石 . 中国古生物志乙种 , 4: 1–185.

陈旭 . 1934b. 广西黄龙及马平灰岩中的蜓科 .（前）中央研究院地质研究所西文集刊 , 14: 33–54.

陈旭 , 王建华 . 1983. 广西宜山地区晚石炭世马平组的蜓类（中国古生物志 : 新乙种第 19 号）. 北京 : 科学出版社 .

陈根保 . 1984. 滇西保山地区的石炭系 . 地层学杂志 , 8(2): 129–136.

陈根保 , 张遴信 , 杨城芳 , 王向东 . 1991. 云南石炭系顶界的研究及其蜓类化石 . 昆明 : 云南科技出版社 .

陈继荣 . 1978. 石炭纪 : 蜓类 // 西南地质科学研究所 . 西南地区古生物图册 : 四川分册（二）. 北京 : 地质出版社 , 1–57.

陈建强 , 何心一 , 李全国 . 2019. 古生物学教程 . 6 版 . 北京 : 地质出版社 .

陈挺恩 . 1988. 新疆柯坪地区早二叠世箭石 . 古生物学报 , 27(3): 278–287, 402.

陈永祥 , 欧阳舒 . 1985. 江苏句容五通群擂鼓台组上部大孢子的发现及其地层意义 . 古生物学报 , 24(3): 267–274, 图版 1–2.

陈永祥 , 欧阳舒 . 1987. 江苏句容泥盆—石炭纪大孢子的补充研究 . 古生物学报 , 26(4): 435–448, 图版 1–4.

程龙 , 王传尚 , 李志宏 , 彭中勤 , 张保民 . 2015. 广西象州崖脚晚泥盆世 - 晚石炭世巴平组的地质时代 . 中国地质 , 42(4): 973–989.

初建朋 . 2016. 东天山博格达地层小区晚古生代地层及古生物研究 . 西安 : 长安大学 .

单惠珍 , 赵汝旋 . 1981. 湖南湘乡县棋梓桥下石炭统梓门桥组腕足动物 . 中山大学学报 , 4: 43–53.

丁惠 , 万世禄 . 1989. 粤北韶关早石炭世大塘期牙形石 . 微体古生物学报 , 6(2): 161–178.

丁惠 , 马倩 , 万世禄 . 1991. 辽东 - 吉南地区晚石炭世牙形石生物地层 . 山西矿业学院学报 , 9(2): 132–145.

丁培榛 , 范嘉松等 . 1961. 山东淄博上古生代地层 . 中国科学院地质研究所地质集刊 , 7: 57–74.

丁培榛 , 齐文同 . 1983. 腕足动物门（石炭纪—二叠纪）// 西安地质矿产研究所 . 西北地区古生物图册（晚古生代分册）: 陕甘宁分册（二）. 北京 : 地质出版社 , 244–425.

丁文江 . 1947. 地质调查报告 . 南京 : (前) 中央地质调查所 .

丁蕴杰 , 夏国英 , 许寿永 , 赵松银 , 李莉 , 张毓秀 . 1992. 中国石炭—二叠系界线 . 北京 : 地质出版社 .

董卫平 , 林树基 , 陈玉林 , 尹恭正 , 焦惠亮 , 王克勇 , 王洪第 , 甘修明 , 张惠吉 , 许昊 . 1997. 全国地层多重划分对比研究 (52) : 贵州省岩石地层 . 武汉 : 中国地质大学出版社 .

董振常 . 1987. 牙形刺 // 湖南省地质矿产局区域地质调查队 . 湖南晚泥盆世和早石炭世地层及古生物群 . 北京 : 地质出版社 , 68–84.

董致中 , 王伟 . 2006. 云南牙形类动物群——相关生物地层及生物地理区研究 . 昆明 : 云南科技出版社 , 347, 图版 46.

杜宽平 . 1958. 对太原西山月门沟煤系的新见 . 地质论评 , 18(2): 119–128.

杜宽平 , 沈玉蔚 . 1959. 太原西山上古生代地层划分 . 地质科学 , 2(7): 209–213.

段丽兰 . 1973. 滇西保山、施甸地区早石炭世异珊瑚类化石及其地层意义 . 西南地层古生物通讯 , 3: 43–48.

段丽兰 . 1985. 云南保山、施甸地区早石炭世珊瑚化石 . 青藏高原地质文集 , 17: 255–276, 图版 1–4.

范影年 . 1978. 皱纹珊瑚亚纲 // 西南地质科学研究所 . 西南地区古生物图册 : 四川分册 (二). 北京 : 地质出版社 , 149–210.

范影年 .1980. 四川西北部早石炭世地层及珊瑚化石 // 中国地质科学院地层古生物论文集编委会 . 地层古生物论文专集 9. 北京 : 地质出版社 . 1–47.

冯儒林 , 江宗龙 . 1978. 腕足动物门 // 贵州地层古生物工作队 . 西南地区古生物图册 : 贵州分册（二）. 北京 : 地质出版社 , 231–304.

冯少南 , 许寿永 , 林甲兴 , 杨德骊 . 1984. 长江三峡地区生物地层学（3）: 晚古生代分册 . 北京 : 地质出版社 .

冯增昭 , 杨玉卿 , 鲍志东 , 金振奎 , 张海清 , 吴祥和 , 齐敦伦 . 1998. 中国南方石炭纪岩相古地理 . 北京 : 地质出版社 .

高金汉 , 王训练 , 冯国良 , 张海军 , 刘旭东 . 2005. 太原西山七里沟晚古生代腕足动物群落及其古环境意义 . 地质通报 , 24(6): 528–535.

高月英 , 阮亦萍 , 陈均远 . 1983. 头足纲 // 西安地质矿产研究所 . 西北地区古生物图册 : 陕甘宁分册 (二). 北京 : 地质出版社 , 452–475.

葛利普 , A. W. 1936. 广西及贵州下二叠纪马平石灰岩中之动物群（中国古生物志 : 乙种第 8 号 , 第 4 册）, 1–441. 北京 : 实业部地质调查所 .

巩福生 . 1965. 贵州西部中石炭世地层及蜓类化石分带 : 贵州古生代地层及古生物 . 北京 : 北京地质学院 .

古振中 . 1988. 我国桂林南边村泥盆—石炭系界线剖面被选为辅助层型 . 微体古生物学报 , 5: 296.

关士聪 , 孙云铸 , 沈耀庭 . 1965. 黔南晚泥盆世后期乌克曼菊石 (Wocklumeria) 层的菊石群及其地层意义 . 地质部地质科学研究院论文集 , 乙种第 1 号 , 33–110.

贵州省地质矿产局 . 1987. 贵州省区域地质志 . 北京 : 地质出版社 .

贵州省地质调查院 . 2016. 中国区域地质志 : 贵州志 . 北京 : 地质出版社 .

韩乃仁 . 1984. 甘肃宕昌早石炭世腕足动物一新属 . 桂林理工大学学报 , 4: 1–7.

韩同相 , 王赛义 , 鲁杏林 , 刘渝 , 李润兰 . 1987. 地层划分与对比 // 煤炭科学研究院地质勘探分院 , 陕西省煤田地质勘探公司 . 太原西山含煤地层沉积环境 . 北京 : 煤炭工业出版社 , 211–332.

郝诒纯 , 茅绍智 . 1993. 微体古生物学教程 .2 版 . 武汉 : 中国地质大学出版社 .

郝诒纯 , 裘松余 , 林甲兴 , 曾学鲁 . 1980. 有孔虫 . 北京 : 科学出版社 .

郝奕玮 , 骆满生 , 徐增连 , 邹亚锐 , 唐婷婷 . 2014. 华北陆块新元古代—中生代沉积盆地划分及其构造演化 . 地球科学 : 中国地质大学学报 , 39: 1230–1242.

何锡麟 , 朱梅丽 , 范炳恒 , 庄寿强 , 丁惠 , 薛庆远 . 1995. 山西太原东山晚古生代地层划分对比及古生物研究 . 长春 : 吉林大学出版社 .

侯德封 , 杨敬之 . 1941. 北川绵竹平武江油地质 . 前四川省地质调查所丛刊 , 3: 1–30.

侯鸿飞 . 1978. 中国南部的泥盆系 // 中国地质科学院地质矿产研究所 . 华南泥盆系会议论文集 . 北京 : 地质出版社 , 214–230.

侯鸿飞 , 王增吉 , 吴祥和 , 杨式溥等 . 1982. 中国的石炭系 // 中国地质科学院 . 中国地层 1: 中国地层概论 . 北京 : 地质出版社 ,

187–218.

侯鸿飞，万正权，唐德章，鲜思远. 1985. 四川龙门山泥盆系北川桂溪 - 沙窝子剖面研究进展. 地层学杂志，9(3) : 186–194.

侯鸿飞，吴祥和，周怀玲，Hance, L., Devuyst, F.-X.，Sevastopulo, G. 2013. 石炭系密西西比亚系中统维宪阶全球标准层型剖面和点位 // 中国科学院南京地质古生物研究所. 中国"金钉子"全球标准层型剖面和点位研究. 杭州：浙江大学出版社，215–229.

胡科毅. 2012. 贵州罗甸纳庆剖面石炭系莫斯科阶—卡西莫夫阶界线层的牙形刺. 北京：中国科学院研究生院.

胡科毅. 2016. 华南宾夕法尼亚亚纪早—中期的牙形刺. 北京：中国科学院大学.

黄兴. 2018. 新疆东天山觉罗塔格造山带石炭纪生物地层、年代地层及生物建隆研究. 武汉：中国地质大学.

黄勇，韩颖平，白龙，郝家栩，彭成龙，邓小杰，张国祥. 2013. 滇西施甸地区泥盆系 - 石炭系接触关系新认识. 地质通报，32(11): 1769–1776.

季强. 1985. *Siphonodella* (牙形刺) 的演化、分类、化石带和生物相的研究. 中国地质科学院地质研究所集刊，11: 51–78.

季强. 1987. 湖南江华晚泥盆世和早石炭世牙形刺 // 中国科学院地质古生物研究所研究生论文集第 1 号. 南京：江苏科学技术出版社，225–284.

季强，秦国荣，赵汝璇. 1990. 广东乐昌大赛坝剖面牙形刺生物地层. 中国地质科学院地质研究所所刊，22: 111–127.

江苏省地质矿产局. 1989. 宁镇山脉地质志. 南京：江苏科学技术出版社.

江苏省重工业局区测队. 1970. 中华人民共和国区域地质测量报告书上册（地质部分）扬州幅（I-50XXXVI）比例尺 1: 200000, 汤山幅（I-50-143-B）上党幅（I-50-143-Γ）比例尺 1: 50000. 南京：江苏省重工业局区测队革命委员会.

金苏华. 1987. 云南保山、施甸早石炭世腕足动物. 成都地质学院学报，14(4): 65–74.

金玉玕. 1961. 下扬子区金陵组腕足类化石的新资料. 古生物学报，9(3): 272–290.

金玉玕. 1983. 论罗城贝科 Lochengiidae. 中国科学院南京地质古生物研究所丛刊，6: 225–248.

金玉玕，方润森. 1983. 云南施甸早石炭世腕足动物. 古生物学报，22: 139-152.

金玉玕，廖卓庭. 1974. 腕足动物门 (石炭纪)// 南京地质古生物研究所. 西南地区地层古生物手册. 北京：地质出版社，275–283.

金玉玕，孙东立. 1981. 西藏古生代腕足动物群 // 南京地质古生物研究所. 西藏古生物（第三分册）. 北京：地质出版社，127–176.

金玉玕，范影年，王向东，王仁农. 2000. 中国地层典 8: 中国的石炭系. 北京：地质出版社.

金晓华. 翟自强，李先机，刘朝安. 1962. 贵州石炭系下统和中统的划分问题 // 中国地质学会第三次会员代表在会及第卅二届年会筹备委员会. 中国地质学会 1962 年年会论文摘要汇编 (第二册). 3–5.

邝国敦，李家骧，钟铿，苏一保，陶业斌. 1999. 广西地层之二：广西的石炭系. 武汉：中国地质大学出版社.

李捷. 1931. 安徽和县地址摘要. 国立中央研究院十八年度总报告，160–161.

李昌文，孙加定，蔡自祥，林楚生. 1966. 安徽贵池黄龙群下部白云岩中 Pseudostaffella 的发现及其意义. 地质论评，24(1): 75–76.

李汉民，张瑛，应中锷，张晓东，刘卫红. 1987. 南京地区岩关早期地层 - 茨山组. 地层学杂志，11(2): 116–119.

李罗照，林甲兴，1994. 蜓类 // 新疆石油管理局南疆石油勘探公司，江汉石油学院. 塔里木盆地震旦纪至二叠纪地层古生物 (Ⅲ): 铁克里克地区分册. 北京：石油工业出版社，71–106.

李罗照，李艺式，肖传桃，刘秉理，姜衍文等. 1996. 塔里木盆地石炭—二叠纪生物地层. 北京：地质出版社.

李莉，谷峰.1976. 腕足动物门. // 内蒙古古自治区地质局，东北地质科学研究所，编. 华北地区古生物图册：内蒙古分册（一）古生代. 北京：地质出版社 .228–306.

李仁杰，段丽兰. 1993. 云南保山 - 施甸地区早石炭世牙形刺序列及其地层意义. 微体古生物学报, 10(1): 37–52.

李四光. 1923. 蠖蝌鉴定法. 中国地质学会志, 2: 51–94.

李四光. 1927. 中国北部之蜓科 (中国古生物志：乙种第 4 号, 第 1 册). 北京：科学出版社.

李四光，朱森. 1932. 龙潭地质指南. 南京：前中央研究院地质研究所.

李星学. 1963. 中国晚古生代陆相地层 // 全国地层委员会. 全国地层会议学术报告汇编：中国晚古生代陆相地层. 北京：科学出版社.

李星学，盛金章. 1956. 太原西山的月门沟系并论太原统与山西统的上下界线问题. 地质学报, 36(2): 197–222, 图版 1–2.

李星学，姚兆奇，蔡重阳，吴秀元. 1974. 甘肃靖远石炭纪生物地层. 中国科学院南京地质古生物研究所集刊，6，99–121.

李毓尧，李捷，朱森. 1935. 宁镇山脉地质. (前) 中央研究院地质研究所集刊, 11: 1–387.

李志宏，程龙，赵来时，王传尚，彭中勤，王保忠. 2015. 广西南垌早石炭世牙形石生物地层研究新进展. 中国地质, 42(4): 990–1008.

梁希洛. 1957. 甘肃北部几种石炭纪头足类化石. 古生物学报, 5: 561–571.

梁希洛. 1976. 珠穆朗玛峰地区石炭纪及二叠纪菊石 // 中国科学院西藏科学考察队. 珠穆朗玛峰地区科学考察报告 (1966–1968): 古生物 (第三分册). 北京：科学出版社, 215–222.

梁希洛. 1993. 头足类动物群 // 李星学，吴秀元，沈光隆，梁希洛，朱怀诚，佟再三，李兰. 北祁连山东段纳缪尔期地层和生物群. 济南：山东科学技术出版社, 311–384.

梁希洛，刘世坤. 1987. 西藏、新疆石炭纪菊石的新材料. 古生物学报, 26: 735–745.

梁希洛，王明倩. 1991. 新疆石炭纪头足类. 中国古生物志新乙种, 27: 1–171, 图版 1–40.

梁希洛，朱夔玉. 1988. 云南保山早石炭世头足类. 古生物学报, 27(3): 288–302.

廖能懋. 1978. 菊石超目 // 贵州地层古生物工作队. 西南地区古生物图册：贵州分册（二）. 北京：地质出版社, 413–439.

廖卫华，蔡土赐. 1987. 新疆北部泥盆纪四射珊瑚组合序列. 古生物学报, 26(6): 689–707.

廖卓庭. 1979. 贵州西部晚石炭世腕足动物. 古生物学报, 18: 527-546.

廖卓庭. 2013. 上古生界 // 陈旭，袁训来. 地层学与古生物学研究生华南野外实习指南. 合肥：中国科学技术出版社, 31–36.

廖卓庭，李镇梁. 1996. *Levitusia* (腕足类) 在广西桂林的发现及其地层意义. 古生物学报, 35: 511-527.

廖卓庭，张仁杰. 2006. 海南岛白沙县金波早石炭世早期腕足动物群. 古生物学报, 45(2): 153–174.

廖卓庭，王玉净，王克良，夏凤生，周宇星，廖卫华，欧阳舒. 1993. 新疆北部石炭纪生物地层研究新进展 // 涂光炽. 新疆北部固体地球科学新进展. 北京：科学出版社, 79–94.

廖卓庭，王向东，王 伟，祁玉平，陈波，张燚强，张峰，林巍，冯卓. 2010. 龙门山的石炭系. 地层学杂志, 34(4): 349–362.

林春明，张顺，王淑君，刘家润，凌洪飞. 2002. 苏皖地区石炭系露头层序地层研究. 沉积学报, 20(4): 537–544.

林春明，杨湘宁，卓弘春，漆滨汶. 2005. 贵州台地相区宗地剖面晚石炭世—早二叠世早期层序地层特征. 地质评论, 51(6): 698–707.

林甲兴. 1981. 广东 - 湖南早石炭世的有孔虫及其地层意义. 中国地质科学院宜昌地质矿产研究所所刊（地层古生物专号）: 1–41.

林甲兴 . 1984. 原生动物门 // 地质矿产部宜昌地质矿产研究所 . 长江三峡地区生物地层学（3）: 晚古生代分册 . 北京 : 地质出版社 . 110–177, 365–382.

林甲兴 , 李家骧 , 孙全英 . 1990. 华南地区晚古生代有孔虫 . 北京 : 科学出版社 .

刘磊 , 李钰欣 , 杨宝忠 , 葛延鹏 , 于博宾 . 2017. 新疆柯坪地区晚石炭世—早二叠世腕足动物群 . 地质科技情报 , 36(3): 18–26.

刘朝安 , 肖兴铭 , 董文兰 . 1978. 原生动物门 // 贵州地层古生物工作队 . 西南地区古生物图册 : 贵州分册（二）. 北京 : 地质出版社 , 12–98.

刘鸿允 . 1955. 中国古地理图 . 北京 : 科学出版社 .

刘鸿允 , 董育垲 , 应思淮 . 1957. 太原西山上古生代含煤地层研究 . 科学通报 , 8(11): 339–340.

刘松柏 , 李长寿 , 窦虎 , 吴攀登 , 彭志军 , 崔玉宝 . 2017. 新疆博格达麻沟梁地区晚石炭世祁家沟组地质特征及沉积相分析 . 新疆地质 , 35(2): 139–144.

刘欣春 . 2012. 石炭 — 二叠系锶同位素地层学研究 . 北京 : 中国科学院研究生院 .

马兆亮 . 2013. 贵州罗甸县罗悃剖面石炭纪维宪期晚期—莫斯科期的蜓类动物群 . 北京 : 中国科学院大学 .

马兆亮 , 王玥 , 王秋来 , Hoshiki, Y., Ueno, K., 祁玉平 , 王向东 . 2013. 贵州罗甸县罗悃剖面石炭系巴什基尔阶—莫斯科阶界线研究 . 古生物学报 , 52(4):492–502.

穆恩之 , 俞昌民 , 朱兆玲，施从广，葛梅钰，尹集祥，骆金锭等 . 1963. 怀头他拉煤矿至克鲁克间剖面 . 祁连山地质志 , 2(1): 197–203.

那林 . 1922. 山西太原附近地层详考 . 地址汇报 , 4: 7–9.

倪世钊 . 1984. 牙形石 // 地质矿物部 . 长江三峡地区生物地层学 (3): 晚古生代分册 . 北京 : 地质出版社 .

欧阳舒 , 陈永祥 . 1987. 江苏中部宝应地区晚泥盆世 - 早石炭世孢子组合 . 微体古生物学报 , 4(2): 195–215, 图版 1–4.

潘桂棠 , 任飞 . 2016. 中国大地构造与编图 . 中国地质调查成果快讯 , 26: 27–37.

潘桂棠 , 陈智梁 , 李兴振 . 1997. 东特提斯地质构造形成演化 . 北京 : 地质出版社 .

潘桂棠 , 肖庆辉 , 陆松年 , 邓晋福 , 冯益民 , 张克信 , 张智勇 , 王方国 , 邢光福 , 郝国杰 , 冯艳芳 . 2009. 中国大地构造单元划分 . 中国地质 , 36: 1–28.

祁玉平 . 2008. 石炭系谢尔普霍夫截个莫斯科阶全球候选层型—贵州罗甸纳庆剖面的牙形刺生物地层学研究 . 北京 : 中国科学院研究生院 .

祁玉平 , 王志浩 , 罗辉 . 2004. 全球维宪阶与谢尔普霍夫阶界线层的生物地层研究进展及展望 . 地层学杂志 , 28(3): 281–287.

郄文昆 , 张雄华 , 杜远生 , 张扬 . 2010. 华南地区下石炭亚系碳同位素记录及对晚古生代冰期的响应 . 中国科学 : 地球科学 , 40(11): 1533–1542.

任纪舜 , 肖藜薇 . 2001. 中国大地构造与地层区划 . 地层学杂志 , 25(增刊): 361–369.

阮亦萍 . 1981a. 广西、贵州泥盆纪和早石炭世早期菊石群 . 南京地质古生物研究所集刊 , 15: 1–152.

阮亦萍 . 1981b. 广西南丹七圩石炭纪菊石 . 南京地质古生物研究所集刊 , 15: 153–232.

阮亦萍 . 1991. 新疆尼勒克上石炭统下部的头足类 . 古生物学报 , 30: 186–211.

阮亦萍 , 何国雄 . 1974. 泥盆纪菊石 // 西南地区地层古生物图册 . 北京 : 科学出版社 , 238–239.

阮亦萍 , 周祖仁 . 1987. 宁夏石炭纪头足类 // 宁夏地质矿产局，中国科学院南京地质古生物研究所 . 宁夏纳缪尔期地层和古生物 . 南京 : 南京大学出版社 , 55–177.

阮亦萍，朱怀诚，赵治信，罗辉，李罗照，杨万蓉，朱自力，虞子冶，张国芳. 2001. 石炭系 // 周志毅. 塔里木盆地各纪地层. 北京：科学出版社，119–169.

芮琳. 1987. 贵州罗甸罗苏一带石炭系中间界线附近的䗴类. 古生物学报，26: 367–394.

芮琳，王志浩，张遴信. 1987. 罗苏阶—上石炭统底部一个新的年代地层单位. 地层学杂志，11: 103–115.

山西省地层表编写组. 1979. 华北地区区域地层表：山西省分册（一）. 北京：地质出版社.

山西省地质局区域地质调查队. 1975. 山西省汾阳幅 J-49-28、平遥幅 J-49-29 区域地质调查报告 1:20 万：地质部分. 太原：山西省地质局区域地质调查队.

山西省地质矿产局. 1989. 中华人民共和国地质矿产部地质专报 1（区域地质）：山西省区域地质志. 北京：地质出版社.

沈阳. 2016. 华南黔桂地区石炭纪维宪期有孔虫动物群. 北京：中国地质大学.

沈阳，谭建政. 2009. 广西柳州地区石炭系一个新的岩石地层单位—北岸组. 地质通报，28(10):1472–1480.

沈桂淑. 2014. 中国贵州晚古生代碳酸盐岩碳同位素地层记录之意义. 台北：台湾师范大学.

盛怀斌. 1981. 新疆北天山地区的晚石炭世菊石化石. 中国地质科学院地质研究所所刊，3: 83–96.

盛怀斌. 1983. 藏北申扎永珠早石炭晚期菊石动物群. 青藏高原地质文集，8: 41–68.

盛怀斌. 1984. 新疆纸房地区的一个早石炭世菊石动物群. 地质学报，58: 284–292.

盛金章. 1958a. 太子河流域本溪统的䗴科 (中国古生物志：新乙种第 7 号). 北京：科学出版社.

盛金章. 1958b. 内蒙白云鄂博附近上石炭统的䗴科. 古生物学报，6: 35–41.

盛金章，张遴信. 1964. 䗴类 // 中国科学院地质古生物研究所. 华南区标准化石手册. 北京：科学出版社，1–92.

盛金章，闵庆魁，王莉莉. 1976. 江苏南京金丝岗黄龙灰岩剖面及䗴类分带. 古生物学报，15(2): 196–212, 图版 1–3.

盛青怡. 2016. 华南密西西比亚纪有孔虫. 北京：中国科学院大学.

盛青怡，郑全锋，吴祥和，张燚强，王向东. 2013. 安徽巢湖石炭系和州组地层学和沉积学研究新进展. 地层学杂志，37(1): 41–47.

史晓颖. 1988. 湖南中部早石炭世腕足动物组合及几个问题的讨论. 现代地质，2: 342–354.

史宇坤，刘家润，杨湘宁，朱李鸣. 2009. 贵州省紫云县宗地剖面早石炭世大塘期—早二叠世栖霞期的䗴类动物. 微体古生物学报，26(1): 1–30.

史宇坤，杨湘宁，刘家润. 2012. 贵州南部宗地地区早石炭世—早二叠世的䗴类. 北京：科学出版社.

宋俊俊，龚一鸣. 2015. 西准噶尔俄姆哈剖面泥盆纪—石炭纪之交介形类的发现及其意义. 地球科学：中国地质大学学报，40(5): 797–805.

宋学良. 1982. 云南西部保山、施甸地区泥盆纪—石炭纪四射珊瑚. 青藏高原地质文集，4: 18–37, 186–191.

孙蓓蕾，曾凡桂，刘超，崔秀琦，王威. 2014. 太原西山上古生界含煤地层最大沉积年龄的碎屑锆石 U-Pb 定年约束及地层意义. 地质学报，88: 185–197.

谭正修. 1986. 湘中早石炭世刘家塘组的腕足类化石. 古生物学报，25: 426–444.

谭正修. 1987. 腕足类 // 湖南省地质矿产局区域地质调查队. 湖南晚泥盆世和早石炭世地层及古生物群. 北京：地质出版社，111–132.

汤良杰. 1994. 塔里木盆地构造演化与构造样式. 地球科学—中国地质大学学报，6: 742–754.

天津地质矿产研究所. 1984. 华北地区古生物图册 (三): 微体古生物分册. 北京：地质出版社.

田奇瑪 . 1936. 中国之丰宁纪 . 地质评论 , 1(3): 255–276.

田奇瑪 , 王晓青 . 1932. 湖南湘乡梓门煤填地质之研究 . 湖南地质调查所报告 , 13: 6–27.

田树刚 , M. 科恩 . 2004. 华南石炭纪岩关—大塘界线期牙形石地层分带 . 地质通报 , 23(8): 737–749.

佟正祥 . 1978. 腕足动物门 // 西南地质研究所 . 西南地区古生物图册 : 四川分册（ 2 ）. 北京 : 地质出版社 , 210–267.

佟正祥 . 1986. 四川西北部早石炭世早期的腕足动物群 . 古生物学报 , 25: 672–686.

万世禄 , 丁惠 . 1984. 太原西山石炭纪牙形刺初步研究 . 地质论评 , 30(5): 409–416.

孔宪祯 , 许惠龙 , 李润兰 , 常江林 , 刘陆军 , 赵修祜 , 张遴信 , 廖卓庭 , 朱怀诚 . 1996. 山西晚古生代含煤地层和古生物群 . 太原 : 山西科学技术出版社 .

汪啸风 , 陈孝红等 . 2005. 中国各地质时代地层划分与对比 . 北京 : 地质出版社 .

王平 , 王成源 . 2005. 陕西凤县熊家山界河街组早石炭世牙形刺动物群 . 古生物学报 (英文版), 44(3): 358–375.

王怿 , 王向东 , 张元动 . 2013. 经典剖面与标准地点 // 陈旭 , 袁训来 . 地层学与古生物学研究生华南野外实习指南 . 合肥 : 中国科学技术出版社 , 3–26.

王钰 , 金玉玕 , 方大卫 . 1966. 腕足动物化石 . 北京 : 科学出版社 .

王玥 , 王伟洁 , 张以春 , 祁玉平 , 王向东 , 廖卓庭 . 2011. 新疆柯坪乌尊布拉克地区晚石炭世—早二叠世蜓类生物地层 . 古生物学报 , 50(4): 409–419.

王宝瑜 . 1988. 新疆乌鲁木齐地区中—晚石炭世地层划分 . 地层学杂志 , 12(1): 20–27.

王成文 , 杨式溥 . 1998. 新疆中部晚石炭世—早二叠世腕足动物及其生物地层学研究 . 北京 : 地质出版社 .

王成源 . 1974. 牙形刺 // 中国科学院南京地质古生物研究所 . 西南地区地层古生物手册 . 北京 : 科学出版社 , 283–284.

王成源 . 1993. 下扬子地区牙形刺生物地层与有机变质成熟度的指标 . 北京 : 科学出版社 .

王恒生 . 1954. 新疆地质概况 . 中国地质学会西安分会会刊 , 2.

王洪第 . 1978. 四射珊瑚亚纲 // 贵州地层古生物工作队 . 西南地区古生物图册 : 贵州分册 (二). 北京 : 地质出版社 , 106–592.

王鸿祯 . 1945. 论中国西南部之威宁系 . 地质评论 , 10(Z2): 105–111.

王鸿祯 . 1978. 论中国地层分区 . 地层学杂志 , 2(2): 81–104.

王鸿祯 . 1985. 中国古地理图集 . 北京 : 地图出版社 .

王克良 . 1983. 湖南邵阳地区早石炭世的有孔虫 . 中国科学院南京地质古生物研究所丛刊 , 6: 209–224.

王克良 .1985. *Palaeospiroplectammina tchernyshinensis-Pal. gloriosa* 化石层在广西的发现及其地层意义 . 微体古生物学报 , 2(2): 119–124.

王莉莉 . 1981. 安徽省石炭—二叠纪蝬类的一些新种 . 古生物学报 , 20:127–136.

王明倩 . 1981. 新疆东部石炭纪菊石 . 古生物学报 , 20: 468–481.

王明倩 . 1983. 头足纲 // 新疆地质局区域地质调查大队 . 西北地区古生物图册 : 新疆维吾尔自治区分册（二）. 北京 : 地质出版社 , 510–533.

王秋来 . 2014. 华南卡西莫夫阶与格舍尔阶界线层的牙形刺 . 北京 : 中国科学院大学 .

王秋来 , 祁玉平 , 胡科毅 , 盛青怡 , 林巍 . 2014. 贵州罗甸罗悃维宪阶—谢尔普霍夫阶界线层的牙形刺生物地层 . 地层学杂志 , 38(3): 277–289.

王瑞刚，梁国材，莫廷满，何志生，李政群 . 1991. 柳州石炭系划分新议 . 广西地质，4(2): 49-58.

王向东，陈敏娟 . 1992. 新疆柯坪地区石炭系—二叠系海参骨片化石 . 微体古生物学报，9(1): 71–79.

王向东，金玉玕 . 2000. 石炭纪年代地层学研究概况 . 地层学杂志，24 (2): 90–98.

王向东，金玉玕 . 2005. 石炭系全球界线层型研究进展 . 地层学杂志，29 (2): 147–153.

王向东，朱夔玉，陈重泰 . 1993. 云南保山地区的下石炭统 . 地层学杂志，17(4): 241–255.

王向东，胡科毅，郄文昆，盛青怡，陈波，林巍，要乐，王秋来，祁玉平，陈吉涛，廖卓庭，宋俊俊 . 2019. 中国石炭纪综合地层和时间框架 . 中国科学 : 地球科学，49: 139–159.

王增吉等 . 1979. 中国地层——石炭系 // 中国地质科学院主编 . 第二届全国地层会议论文 .

王增吉，俞学光 . 1989. 新疆乌鲁木齐祁家沟晚石炭世四射珊瑚 . 中国地质科学院院报，19: 160–177.

王增吉，侯鸿飞，杨式溥 . 1990. 中国地层 8: 中国的石炭系 . 北京 : 地质出版社 .

王兆樑 . 1981. 浙江杭州地区中石炭世的牙形刺动物群 . 浙江大学学报，2: 75–81.

王志浩 . 1996. 黔南，桂北石炭系中间界线及其上、下层位的牙形刺 . 微体古生物学报，13(3): 261–276.

王志浩，李润兰 . 1984. 山西太原组牙形刺的发现 . 古生物学报，23(2): 196–203, 图版 1–2.

王志浩，祁玉平 . 2002. 贵州罗甸上石炭统罗苏阶和滑石板阶牙形刺序列的再研究 . 微体古生物学报，19(2): 134–143.

王志浩，祁玉平 . 2003. 我国北方石炭—二叠系牙形刺序列再认识 . 微体古生物学报，20(3): 225–243

王志浩，祁玉平 . 2007. 华南上石炭统莫斯科阶 - 卡西莫夫阶界线附近的牙形刺 . 微体古生物学报，24(4): 385–392.

王志浩，芮琳，张遴信 . 1987. 贵州罗甸纳水晚石炭世至早二叠世早期牙形刺及䗴序列 . 地层学杂志，11(2): 155–159.

王志浩，祁玉平，王向东，王玉净 . 2004. 贵州罗甸纳水上石炭统 (宾夕法尼亚亚系) 地层的再研究 . 微体古生物学报，21(2):111–129.

王志浩，祁玉平，王向东 . 2008. 华南贵州罗甸纳水剖面宾夕法尼亚亚系各阶之界线 . 微体古生物学报，25(3): 205–214.

王志浩，王成源，祁玉平，胡科毅，王秋来 . 2020. 中国石炭纪牙形刺 . 杭州 : 浙江大学出版社 .

吴望始 . 1964. 湖南中部早石炭世四射珊瑚 . 中国科学院地质古生物研究所集刊，3: 1–100.

吴望始，赵嘉明 . 1974. 石炭纪珊瑚 . 西南地区地层古生物手册 . 北京 : 科学出版社 .

吴望始，赵嘉明 . 1984. 论柯坪珊瑚科 (Kepingophyllidae) 的生物属性及其地层意义 . 古生物学报，23(4): 411–419, 526.

吴望始，赵嘉明 . 1989. 黔西、滇东石炭纪和早二叠纪早期的四射珊瑚 . 北京 : 科学出版社 .

吴望始，张遴信，金玉玕 . 1974. 贵州西部的石炭系 . 中国科学院南京地质古生物所集刊，6: 72–87.

吴望始，张遴信，王克良，廖卓庭，夏凤生，方炳兴 . 1979. 贵州普安、晴隆的上石炭统兼述石炭纪的上界 : 西南地区碳酸盐生物地层 . 北京 : 科学出版社 .

吴祥和 . 1983. 黔南石炭系地质旅行指南 . 贵阳 : 贵州省地质矿产局 .

吴祥和 . 1987. 贵州石炭纪生物地层 . 地质学报，4: 285–295.

吴祥和 . 1997. 贵州罗甸纳水石炭系中间界线附近的有孔虫 . 微体古生物学报，14(1): 59–70.

吴祥和 . 2008. 中国下石炭统德坞阶综合研究报告 // 第三届全国地层委员会 . 中国主要断代地层建阶研究报告 (2001–2005). 北京 : 地质出版社，255–286.

吴祥和，廖书正 . 2001. 扬子地台西南缘早石炭世早期有孔虫化石带 . 微体古生物学报，18(3): 293–308.

吴祥和 , 季强 , 陈笑媛 . 1998. 蜓类的起源和一条新的杜内 / 维宪统界线 . 微体古生物学报 , 15(4): 367–379.

吴秀元 , 赵修祜 . 1981. 江苏句容高骊山组植物化石 . 古生物学报 , 20(1): 50–59, 图版 1–3.

吴秀元 , 孙柏年 , 沈光隆 , 王永栋 . 1997. 塔里木盆地北缘二叠纪植物群 . 古生物学报 , 36 (增刊): 1–23.

武铁山 , 徐朝雷 , 吴洪飞 , 郭立卿 , 萧素珍 , 方立鹤 , 李瑞生 , 刘沛会 . 1997. 全国地层多重划分对比研究（ 14 ）: 山西省岩石地层 . 武汉 : 中国地质大学出版社 .

夏邦栋 . 1959. 关于宁镇山脉中石炭纪黄龙灰岩下部白云岩的几个问题 . 地质论评 , 19(5): 212-215.

夏凤生 . 1996. 新疆准噶尔盆地西北缘洪古勒楞组时代的新认识 . 微体古生物学报 , 13(3): 277–285.

肖世禄 . 1989. 新疆柯坪地区早二叠世早期菊石的地质意义 . 新疆地质 , 4(4): 80–89.

小林贞一 . 1956. 东亚地质 (上卷). 东京 : 朝仓书店 .

谢盛刚 . 1982. 蜓类 // 湖南省地质局 . 湖南古生物图册 . 北京 : 地质出版社 , 2–73.

新疆地质局区域地质测量大队 . 1965. 新疆乌鲁木齐幅 K-45-4 地质图说明书 1:20 万 . 乌鲁木齐 : 新疆地质局 .

新疆维吾尔自治区地质矿产局 . 1993. 新疆维吾尔自治区区域地质志 (中华人民共和国地质矿产部地质专报 : 区域地质第 32 号). 北京 : 地质出版社 .

熊剑飞 , 陈隆治 . 1983. 贵州石炭系的牙形刺 . 贵州地层古生物论文集 , 1: 3–52.

熊剑飞 , 翟志强 . 1985. 贵州黑区（望谟如牙 - 罗甸纳水）石炭系（牙形类、蜓类）生物地层研究 . 贵州地质 , 2 (3): 269–287.

徐家聪 , 夏军 , 王华明 , 张小昊 , 杨意庆 . 1990. 高骊山组中蜓的发现 . 地层学杂志 , 14(2): 157–158.

许汉奎 , 蔡重阳 , 廖卫华 , 卢礼昌 . 1990. 西准噶尔洪古勒楞组及泥盆 - 石炭系界线 . 地层学杂志 , 14(4): 292–301.

严幼因 . 1987. 下扬子区下石炭统 . 中国地质科学院南京地质矿产研究所所刊 , 8(2): 3–26.

颜铁增 , 覃兆松 , 王德恩 , 汪建国 , 许兴苗 , 蔡子华 . 2004. 浙江省老虎洞组和黄龙组地层划分与对比 . 中国地质 , 31(3): 278–283.

杨逢清 . 1978. 贵州西部下、中石炭统及菊石动物群 , 地层古生物论文集 , 5: 143–200.

杨逢清 . 1986. 宁夏中宁陈麻子井早石炭世晚期菊石群 . 古生物学报 , 25: 260–271.

杨逢清 . 1987. 宁夏中卫晚石炭世早期菊石群 . 现代地质 , 1: 157–172.

杨逢清 , 郑昭昌 , 刘志才 . 1983. 宁夏卫宁地区石炭纪菊石带 . 地球科学 ,（ 2 ）: 9–23.

杨敬之 , 王水 . 1956. 山西省东南部石炭纪及二叠纪地层 . 地质学报 , 36(4): 493–523, 588–590, 593–594.

杨敬之 , 盛金章 , 吴望始 , 陆麟黄 . 1962. 中国的石炭系 . 北京 : 科学出版社 .

杨敬之 , 吴望始 , 廖卓庭 , 张遴信 , 阮亦萍 . 1979. 我国石炭系分统的再认识 . 地层学杂志 , 3(3): 172, 188–193.

杨敬之 , 吴望始 , 张遴信 , 王克良 , 陆麟黄 , 廖卓庭 , 王玉净 , 赵嘉明 , 夏凤生 . 1982. 关于中国石炭系的划分和对比（中国石炭系对比表及说明书 ）// 中国科学院南京地质古生物研究所 . 中国各纪地层对比表及说明书 . 北京 : 科学出版社 , 124–136.

杨式溥 . 1959. 韦宪统石燕新属 *Grandispirifer*. 古生物学报 , 7: 111–120.

杨式溥 . 1962. 贵州下石炭纪之腕足类分层 . 中国古生物学会第二届代表大会暨第十届学术年会论文摘要 , 38–39.

杨式溥 . 1964. 黔东南下石炭统杜内阶之腕足类 . 古生物学报 ,1: 82–110.

杨式溥 . 1978. 贵州下石炭统腕足动物及地层意义 . 地层古生物论文集 , 2: 78–135, 图版 17–39.

杨式溥 . 1990. 中国及邻区早石炭世腕足动物生物地理分区 // 王鸿祯 , 杨森楠 , 刘本培等 . 中国及邻区构造古地理和生物古地理 . 武汉 : 中国地质大学出版社 , 317–335.

杨式溥 , 姜建军 . 1987. 四川龙门山地层及早石炭世腕足动物群 // 贵州省地质矿产局 , 贵州省地质学会地层古生物专业委员会 . 全国石炭纪会议论文专集 . 北京 : 地质出版社 , 69-92.

杨式溥 , 张康富 . 1982. 西藏希夏邦马峰下石炭统腕足类化石 // 中国希夏邦马峰登山队科学考察队 . 希夏邦马峰地区科学考察报告 . 北京 : 科学出版社 , 302–309.

杨式溥 , 侯鸿飞 , 高联达 , 王增吉 , 吴祥和 . 1980. 中国的石炭系 . 地质学报 , 54 (3): 167–175.

杨湘宁 , 贾东 , 卢华复 . 2001. 新疆柯坪 - 乌什的若干蜓类化石及其地质学意义 . 高校地质学报 , 7(4): 399–407.

姚士祥 . 1977. 江苏省南京幅 I-50-35 区域地质调查报告 1:20 万 地质部分 . 合肥 : 安徽省地质局区域地质调查队 .

姚守民 , 傅力浦 . 1987. 新疆哈密早石炭世晚期大长身贝科一新属——*Xinjiangiproductus*. 古生物学报 , 26: 96–102.

叶干 , 杨菊芬 . 1988. 四川龙门山石炭纪珊瑚组合序列 . 地球科学 : 中国地质大学学报 , 13(5): 503–510.

叶干 , 林甲兴 , 顾道源 . 1987. 四川龙门山地区早石炭世有孔虫 . 微体古生物学报 , 4(3): 281–292.

尹赞勋 . 1932. 中国北部本溪系及太原系之腹足类化石 (中国古生物志 : 乙种 11 号 , 第 2 册).

尹赞勋 . 1966. 中国地层典 : 石炭系 . 北京 : 科学出版社 .

尹赞勋 . 1973. 板块构造述评 . 地质科学 , 1: 56–87.

尹赞勋, 陈锦石 , 张守信 , 骆金锭 , 谢翠华 . 1966. 中国地层典 (七) : 石炭系 . 北京 : 科学出版社 .

尹仲科 . 1981. 鳍石燕——湖南中部早石炭世石燕族一新属 . 古生物学报 , 20: 235-240.

应中锷 . 1987. 苏皖地区石炭纪牙形刺 . 中国地质科学院南京地质矿产研究所所刊 , 8: 92–98, 图版 1–2.

应中锷 , 徐珊红 . 1993. 石炭纪牙形刺生物地层概述 // 王成源 . 下扬子地区牙形刺生物地层与有机变质成熟度的指标 . 北京 : 科学出版社 , 56–61.

应中锷 , 王云慧 , 陈华成 , 张英 , 毕仲其 . 1986. 南京地区“老虎洞白云岩”的时代 . 地层学杂志 , 10(3): 216–220.

余和中 , 吕福亮 , 郭庆新 , 卢文忠 , 武金云 , 韩守华 . 2005. 华北板块南缘原型沉积盆地类型与构造演化 . 石油实验地质 , 27(2): 111–117.

俞昌民 , 王成源 , 阮亦萍 , 殷保安 , 李镇梁 , 韦炜烈 . 1988. 桂林南边村泥盆—石炭系界线层型剖面简介 . 广西地质 , 1(1): 45–53.

俞建章 , 林英铴 , 时言 , 黄柱熙 , 俞学光 . 1983. 石炭纪二叠纪珊瑚 . 长春 : 吉林人民出版社 .

云南省地质局 . 1974. 云南化石图册 : 上册 . 昆明 : 云南人民出版社 . 156.

张川 , 张凤鸣 , 张梓歆 , 王智 . 1983. 腕足动物门 // 新疆地质科学研究所 , 新疆石油地质调查组新疆地质调查队 . 西北地区古生物图册 : 新疆分册 (二) . 北京 : 地质出版社 , 262–386.

张俭 , 蒋斯善 . 1966. 宁镇山脉高骊山段腕足类化石的发现 . 地质评论 , 24(1): 72–73.

张克信 , 潘桂棠 , 何卫红 , 肖庆辉 , 徐亚东 , 张智勇 , 陆松年 , 邓晋福 , 冯益民 , 李锦轶 , 赵小明 , 邢光福 , 王永和 , 尹福光 , 郝国杰 , 张长捷 , 张进 , 龚一鸣 . 2015. 中国构造 - 地层大区划分新方案 . 地球科学—中国地质大学学报 , 40(2): 206–233.

张遴信 . 1962. 安徽和县下石炭统和州段中的蜓类 . 古生物学报 , (4): 433–443.

张遴信 . 1963a. 新疆柯坪及其邻近地区晚石炭世的䗴类（Ⅰ）. 古生物学报 , 11(1): 36–70.

张遴信 . 1963b. 新疆柯坪及其邻近地区晚石炭世的䗴类（Ⅱ）. 古生物学报 , 11(2): 200–239.

张遴信 . 1964. 四川江油马角坝中、晚石炭世的䗴类 . 古生物学报 , 12: 217–235.

张遴信 , 1982. 青藏高原东部的䗴 // 四川省地质局区域地质调查队 , 中国科学院南京地质古生物研究所 . 川西藏东地区地层与古生物 . 成都 : 四川人民出版社 , 119–244.

张遴信 , 王玉净 . 1974. 䗴 // 中国科学院南京地质古生物研究所 . 西南地区地层古生物手册 . 北京 : 科学出版社 , 289–295.

张遴信 , 王玉净 . 1985. 晚石炭世的䗴类 // 中国科学院登山科学考察队 . 天山托木尔峰地区的地质与古生物 . 乌鲁木齐 : 新疆人民出版社 , 130–137.

张遴信 , 席与华 , 蔡如华 , 方观希 . 1984. 安徽淮南上石炭统太原组的䗴 . 中国科学院南京地质古生物研究所丛刊 , 9: 265–284.

张遴信 , 芮琳 , 王治华等 . 1988. 䗴类 // 贵州石油勘探开发指挥部地质科研所 , 中国科学院南京地质古生物研究所 . 黔南二叠纪古生物 . 贵阳 : 贵州人民出版社 , 20–123, 188–201.

张遴信 , 芮琳 , 周建平 , 廖卓庭 , 吴秀元 , 王成源 , 王克良 , 赵嘉明 , 王玉静 , 夏凤生 . 1988a. 江苏地区下扬子准地台石炭纪生物地层研究 // 江苏勘探局 , 中科院南京地质古生物研究所 . 江苏地区下扬子准地台震旦纪—三叠纪生物地层 . 南京 : 南京大学出版社 , 219–262, 图版 211– 217.

张遴信 , 芮琳 , 周建平 , 廖卓庭 , 王成源 , 王克良 , 赵嘉明 , 王玉净 , 夏凤生 . 1988b. 江苏地区下扬子准地台二叠纪生物地层研究 // 江苏勘探局 , 中科院南京地质古生物研究所 . 江苏地区下扬子准地台震旦纪—三叠纪生物地层 . 南京 : 南京大学出版社 , 263–313.

张遴信 , 周建平 , 盛金章 . 2010. 贵州西部晚石炭世和早二叠世的䗴类 (中国古生物志 : 新乙种第 34 号). 北京 : 科学出版社 .

张仁杰 , 王志浩 , 胡宁 . 2001. 海南岛昌江地区石炭纪牙形刺化石 . 古生物学报 , 18(1): 35–42.

张师本 , 顾威国 . 1992. 六、石炭系、下二叠统 // 新疆石油管理局南疆石油勘探公司 , 江汉石油管理局勘探开发研究院 . 塔里木盆地震旦纪至二叠纪地层古生物（Ⅱ）柯坪 - 巴楚地区分册 . 北京 : 石油工业出版社 , 79–112.

张守信 . 1980. 华北月门沟群的重新解释 . 科学通报 , 31(12): 555–557.

张守信 , 金玉玕 , 1976. 珠穆朗玛峰地区上古生界腕足动物化石 // 中国科学院西藏科学考察队 . 珠穆朗玛峰地区科学考察报告（第 2 分册）. 北京 : 科学出版社 , 159–242.

张文堂 . 1955. 我国北方 G 层铝土矿及其时代问题 . 地质知识 , 2(6): 7–8.

张远志 , 张定辉 , 刘世荣 , 薛国安 , 黄铭卿 , 杨宗仁 , 彭厚斋 , 李云 , 张绍华 , 贺天泉 . 1996. 全国地层多重划分对比研究（53）: 云南省岩石地层 . 武汉 : 中国地质大学出版社 .

张正华 , 王治华 , 李昌全 . 1988. 黔南二叠纪地层 . 贵阳 : 贵州人民出版社 .

张志存 . 1983. 太原西山上石炭统太原组的蜓类分带 . 地层学杂志 , 7(4): 272–279.

张祖圻 . 1987. 论中国石炭系的年代地层系统 . 石油与天然气地质 , 8(2): 126–137.

赵金科 . 1962. 石炭纪—早石炭世头足类 // 中国科学院南京地质古生物研究所 . 扬子区标准化石手册 . 北京 : 科学出版社 , 103.

赵亚曾 . 1926. 南满石炭纪地层之研究 . 地址汇报 , 8: 9–21.

赵亚曾 . 1927. 中国北部太原系之瓣鳃类化石（中国古生物志 : 乙种第 9 号）北京 : 科学出版社 .

赵亚曾 . 1928. 中国长身贝科化石（上、下卷）（英文）（中国古生物志 : 乙种第 5 号）北京 : 科学出版社 .

赵亚曾 . 1929. 中国石炭纪及二叠纪石燕化石 (中国古生物志 : 乙种第 11 号) 北京 : 科学出版社 .

赵一阳 . 1957. 对“太原西山上古生代含煤地层研究”一文的意见 . 科学通报 , 8(23): 134.

赵治信 , 王成源 . 1990. 新疆准噶尔盆地洪古勒楞组的时代 . 地层学杂志 , 14(2): 144–147.

赵治信 , 张桂芝 , 肖继南 . 2000. 新疆古生代地层及牙形石 . 北京 : 石油工业出版社 .

中国地质科学院成都地矿所 . 1988. 四川龙门山地区泥盆纪地层古生物及沉积相 . 北京 : 地质出版社 .

中国科学院黔南地层队 . 1959. 贵州都匀、独山和三都一带古生代地层 . 全国地层会议黔南现场会议资料汇编 , 7–72.

中国科学院山西地层队 . 1959. 山西的石炭纪、二叠纪、三叠纪地层 // 中国科学院古脊椎动物研究所 , 地质研究所 . 全国地层会议山西地层现场会议资料汇编 . 北京 : 全国地层会议筹备委员会 .

中国地质学会编委会 , 中国科学院地质所 . 1956. 中国区域地层表 (草案) 补编 . 北京 : 科学出版社 .

周铁明 , 盛金章 , 王玉净 . 1987. 云南广南小独山石炭—二叠系界线地层及䗴类分带 . 微体古生物学报 , 4(2): 123–159, 图版 1–6.

朱荣 , 林甲兴 . 1987. 新疆准噶尔盆地南缘祁家沟组有孔虫化石及其地层意义 . 石油实验地质 , 9: 321–335.

朱森 . 1931. 安徽和县含山县地质摘要 . 国立中央研究院十八年度总报告 , 158–160.

朱森 , 吴景桢 , 叶连俊 . 1942. 四川龙门山地质 . 前四川省地质调查所丛刊 , 4: 83–164.

朱李鸣 . 2003. 贵州紫云县宗地乡罗甸阶地层及䗴类化石的研究 . 南京 : 南京大学 .

朱绍隆 , 朱德寿 . 1984. 论浙皖边界地区黄龙灰岩下部花石山白云岩的时代 . 中国地质科学院南京地质矿产研究所所刊 , 5(1): 103–113.

庄寿强 . 1984. 贵州盘县达拉马平群的䗴类 . 中国矿业学院学报 , 1: 59–74.

宗普 , 马学平 . 2012. 新疆西准噶尔地区泥盆—石炭系界线附近的石燕贝类腕足动物 . 古生物学报 , 51(2): 157–175.

宗普 , 马学平 , 孙元林 . 2012. 新疆西准噶尔地区泥盆—石炭系界线附近的腕足动物 (长身贝类、无窗贝类及穿孔贝类) . 古生物学报 , 51(4): 416–435.

Alekseev, A.S. 2016. Report of the Task Group to establish a GSSP close to the existing Bashkirian–Moscovian boundary. Newsletter on Carboniferous Stratigraphy, 32: 32–33.

Alekseev, A.S., Goreva, N.V. 2001. Conodonta//Makhlina, M.K., Alekseev, A.S., Goreva, N.V., Goryunova, R.V., Isakova, T.N., Kossovaya, O. L., Lazarev, S. S., Lebedev, O. A., Shkolin, A. A. Middle Carboniferous of Moscow Syneclise (southern part). Volume 2. Biostratigraphy. Moscow: Scientific World, 113–140.

Alekseev, A.S., Kononova, L.I., Nikishin, A.M. 1996. The Devonian and Carboniferous of the Moscow Syneclise (Russian Platform): stratigraphy and sea-level changes. Tectonophysics, 268: 149–168.

Alekseev, A.S., Goreva, N.V., Isakova, T.N., Makhlina, M.K. 2004. Biostratigraphy of the Carboniferous in the Moscow Syneclise, Russia. Newsletter on Carboniferous Stratigraphy, 22: 28–35.

Alekseev, A.S., Nikolaeva, S.V., Goreva, N.V., Gatovsky, Y.A., Kulagina, E.I. 2018. Selection of marker conodont species for the lower boundary of the global Serpukhovian Stage (Mississippian). Newsletter on Carboniferous Stratigraphy, 34: 34–39.

Aretz, M., Corradini, C. 2019. The redefinition of the Devonian/Carboniferous boundary: State of the art//Hartenfels, S. Herbig, H.-G., Amler, M.R.W., Aretz, M. Abstracts. 19th International Congress on the Carboniferous and Permian, 2019. Köln: Kölner Forum für Geologie und Paläontologie, 23: 31–32.

Arkell, W.J., Furnish, W.M., Kummel, B., Miller, A.K., Moore, R.C., Schindewolf, O.H., Sylvester-Bradley, P.C., Wright, C.W. 1957. Treatise on invertebrate paleontology, part L: Mollusca 4, Cephalopoda, Ammonoidea. Geological Society of America,

1–490.

Austin, R.L., Husri, S. 1974. Dinantian conodont faunas of County Clare, County Limerick and County Leitrim//Bouckaert, J., Streel, M. International Symposium on Belgian Micropaleontological Limits from Emsian to Visean, Namur, 3. Brussels: Geological Survey of Belgium, 18–69.

Baesemann, J.F., Lane, H.R. 1985. Taxonomy and evolution of the genus *Rhachistognathus* Dunn (Conodonta: Late Mississippian to early Middle Pennsylvanian). Courier Forschungsinstitut Senckenberg, 74: 93–136.

Balinski, A., Sun, Y.L. 2008. Micromorphic brachiopods from the Lower Carboniferous of South China, and their life habits. Fossils and Strata, 54: 105–115.

Bamber, E.W., Fedorowski, J. 1998. Biostratigraphy and systematics of upper Carboniferous cerioid rugose corals, Ellesmere Island, arctic Canada. Geological Survey of Canada Bulletin, 511: 1–127 .

Barnett, A.J., Wright, V.P. 2008. A sedimentological and cyclostratigraphical evaluation of the completeness of the Mississippian-Pennsylvanian (Mid-Carboniferous) global stratotype section and point, Arrow Canyon. Journal of the Geological Society, 165: 859–873.

Barrick, J.E., Boardman, D.R. 1989. Stratigraphic distribution of morphotypes of Idiognathodus and Streptognathodus in Missourian-lower Virgilian strata, north- central Texas//Boardman, D.R., Barrick, J.E., Cocke, J.M., Nestell, M.K. Late Pennsylvanian Chronostratigraphic Boundaries in North-Central Texas: Glacial- Eustatic Events, Biostratigraphy, and Paleoecology. Lubbock: Texas Tech University, Studies in Geology 2, 167–188.

Barrick, J.E., Lambert, L.L., Heckel, P.H., Boardman, D.R. 2004. Pennsylvanian conodont zonation for midcontinent North America. Revista española de micropaleontología, 36: 231–250.

Barrick, J.E., Heckel, P.H., Boardman, D.R. 2008. Revision of the conodont *Idiognathodus simulator* (Ellison 1941), the marker species for the base of the Late Pennsylvanian global Gzhelian Stage. Micropaleontology, 54: 125–138.

Barrick, J.E., Lambert, L.L., Heckel, P.H., Rosscoe, S.J., Boardman, D.R. 2013. Midcontinent Pennsylvanian conodont zonation. Stratigraphy, 10:s55–s72.

Becker, R.T., Paproth, E. 1993. Auxiliary stratotype sections for the global stratotype section and point (GSSP) for the Devonian-Carboniferous boundary: Hasselbachtal. Annales de la Société Géologique de Belgique, 115: 703–706.

Becker, R.T., Gradstein, F.M., Hammer, O. 2012. The Devonian Period//Gradstein, F.M., Ogg, J.G., Schmitz, M.B., Ogg, G.M. The Geologic Time Scale 2012. Boston: Elsevier, 559–601.

Becker, R.T., Kaiser, S.I., Aretz, M. 2016. Review of chrono-, litho-and biostratigraphy across the global Hangenberg Crisis and Devonian–Carboniferous boundary. Geological Society, London, Special Publications, 423.

Beede, J. W. 1916. New species of fossils from the Pennsylvanian and Permian rocks of Kansas and Oklahoma. Indiana University Studies, 3: 5–15.

Beede, J.W., Kniker, H.T. 1924. Species of the genus *Schwagerina* and their stratigraphic significance. Austin: Texas University Bulletin, 2433: 1–100.

Belka, Z. 1985. Lower Carboniferous conodont biostratigraphy in the northern part of the Moravia-Silesia Basin. Acta Geologica Polonica, 35: 1–60.

Bender, K.P. 1980. Lower and Middle Pennsylvanian conodonts from the Canadian Arctic Archipelago. Geological Survey of Canada Paper, 79(15): 1–29.

Bisat, W.S. 1924. The Carboniferous goniatites of the North of England and their zones. Proceedings of the Yorkshire Geological Society, 2: 40–124.

Bischoff, G. 1957. Die Conodonten-Stratigraphie des rheno-herzynischen Unterkarbons mit Berücksichtigung der Wocklumeria-Stufe und der Karbon/Devon-Grenze. Abhandlungen des Hessischen Landesamtes für Bodenforschung, 19: 1–64.

Blackwelder, E. 1907. Stratigraphy of Shan-Tung//Willis, B., Blackwelder, E., Sargent, R.H. Research in China, Volume 1, Part One, Descriptive Topography and Geology. Washinton D.C.: Carnegie Institution of Washington, 19–58.

Blakey, R.C. 2007. Carboniferous–Permian paleogeography of the assembly of Pangaea//Wong, T.E. Proceedings of the 15th International Congress on Carboniferous and Permian Stratigraphy. Utrecht, the Netherlands, 10–16 August 2003. 443–456.

Bouroz, A., Wagner, R.H., Winkler, P.C., 1978. Report and proceedings of the IUGS Subcomission on Carboniferous Stratigraphy Meeting in Moscow, 8-12 September, 1975. Huitième Congrès International de Stratigraphie et de Géologie Carbonifère, Moscow 1975, Compte Rendu, Volume 1, 27–35.

Bradley, J. 1953. Use of Mississippian, Pennsylvanian, and Carboniferous in official reports. AAPG Bulletin, 37: 1533.

Bradley, J. 1956. Use of Series subdivisions of the Mississippian and Pennsylvanian systems in reports by members of the U.S. Geological Survey. AAPG Bulletin, 40: 2284–2285.

Brady, H.B. 1873. On Archaediscus karreri, a new type of Carboniferous foraminifera. The Annals and Magazine of Natural History, Series 4, 12: 286–290.

Brady, H.B. 1876. A monograph of Carboniferous and Permian foraminifera (the genus *Fusulina* excepted). Palaeontographical Society of London, 30: 1–166.

Branson, E.B., Mehl, M.G. 1934. Conodonts from the Grassy. Creek Shale of Missouri Studies, 6: 171–259.

Branson, E.B., Mehl, M.G. 1938. Conodonts from the Lower Mississippian of Missouri. University Missouri Studies, 13: 128–148.

Branson, E.B., Mehl, M.G. 1941. New and little known Carboniferous conodont genera. Journal of Paleontology, 15: 97–106.

Branson, E.R. 1934. Conodonts from the Hannibal Formation of Missouri. Missouri Conodont Studies, Missouri University Studies, 8(4): 301–334.

Brazhnikova, N.E. 1962. Quasiendothyra i blizkie k nim formy iz nizhnego karbona Donetskogo basseina i drugikh rayonov Ukrainy (Quasiendothyra and apparented forms in the Early Carboniferous of the Donetz basin and adjacent Ukrainian areas). Akademiya Nauk Ukrainskoy SSR, Trudy Instituta Geologicheskikh Nauk, seriya stratigrafiya i paleontologiya, 44: 1-48.

Brazhnikova, N.E., Potievska, P.D. 1948. Results of studying foraminifera in material from boreholes at the western boundary of the Donetz Basin. Akademiya Nauk Ukrainskoi SSR, Trudy, Seriya Stratigrafii i Paleontologii, 10: 16–103.

Brazhnikova, N.E., Vdovenko, M.V. 1973. Rannovizeiski foraminiferi Ukraïni (Early Visean foraminifers from Ukraine). Vidavintsvo "Naukova Dumka", Kiev: 1–296.

Brazhnikova, N.E., Yartseva, M.V. 1956. On the question of the evolution of the genus *Monotaxis*. Voprosy Mikropaleontologii, 1: 62–68.

Brenckle, P.L. 1973. Smaller Mississipian and Lower Pennsylvanian calcareous foraminifers from Nevada. Cushman Foundation for Foraminiferal Research, 11: 1–82.

Bruckschen, P., Oesmann, S., Veizer, J. 1999. Isotope stratigraphy of the European Carboniferous: Proxy signals for ocean chemistry, climate and tectonics. Chemical Geology, 161: 127–163.

Brüning, K. 1923. Beiträge zur Kenntnis des Rheinisch-westfälischen Unterkarbons, insbesondere der Goniatiten und Korallen in der stratigraphischen Stellung und Gliederung, 1–59.

Buggisch, W., Joachimski, M.M., Sevastopulo, G., Morrow, J.R. 2008. Mississippian $d^{13}C_{carb}$ and conodont apatite $d^{18}O$ records:

Their relation to the late Palaeozoic glaciation. Palaeogeography, Palaeoclimatology, Palaeoecology, 268: 273–292.

Buggisch, W., Wang, X.D., Alekseev, A.S., Joachimski, M.M. 2011. Carboniferous–Permian carbon isotope stratigraphy of successions from China (Yangtze platform), USA (Kansas) and Russia (Moscow Basin and Urals). Palaeogeography, Palaeoclimatology, Palaeoecology, 301: 18–38.

Burma, B.H. 1942. Missourian Triticites of the northern Mid-Continent. Journal of Paleontology, 16: 739–755.

Carls, P., Gong, D. M. 1992. Devonian and Early Carboniferous conodonts from Shidian (western Yunnan, China). Courier Forschungsinstitut Senckenberg, 154: 179–221.

Chao Y.T. 1925. On the age of the Taiyuan Series of North China. Geological Society of China Bulletin, 4: 221–249.

Chao, Y.T. 1927. Productidae of China, Part 1: Producti. Palaeontologia Sinica: Series B, 5: 1–206.

Chao, Y.T. 1929. Carbonifrous and Prmian spiriferids of China. Palaeontologica Sinica :Series B ,11: 1–133.

Chen, B., Joachimski, M.M., Wang, X.D, Shen, S.Z., Qi, Y.P., Qie, W.K. 2016. Ice volume and paleoclimate history of the Late Paleozoic Ice Age from conodont apatite oxygen isotopes from Naqing (Guizhou, China). Palaeogeography, Palaeoclimatology, Palaeoecology, 448: 151–161.

Chen, J.T., Montañez, I.P., Qi, Y.P., Wang, X.D., Wang, Q.L., Lin, W. 2016. Coupled sedimentary and $\delta^{13}C$ records of late Mississippian platform-to-slope successions from South China: Insight into $\delta^{13}C$ chemostratigraphy. Palaeogeography, Palaeoclimatology, Palaeoecology, 448: 162–178.

Chen, J.T., Montañez, I.P., Qi, Y.P., Shen, S.Z., Wang, X.D. 2018. Strontium and carbon isotopic evidence for decoupling of pCO_2 from continental weathering at the apex of the late Paleozoic glaciation. Geology, 46(5): 395–398.

Chen, S. 1934. Fusulinidae of South China. Palaeontologia Sinica: Series B, 4: 1–185.

Chen, Z.Q., Shi, G.R. 2003. Early Carboniferous brachiopods from the Heshilafu Formation of the western Kunlun Mountains, NW China. Palaeontographica Abteilung A, 268: 103–187.

Chen, Z.Q., Shi, G.R., Zhan, L.P. 2003. Early Carboniferous athyridid brachiopods from the Qaidam Basin, northwest China. Journal of Paleontology, 77: 844–862.

Chernykh, V.V. 2002. Zonal scale of the Gzhelian and Kasimovian stages based on conodonts of the genus *Streptognathodus*// Chuvashov, B.L., Amon, E.A. Stratigraphy and Paleogeography of Carboniferous of Eurasia. Ekaterinburg: Nauka, 302–306.

Chernykh, V.V. 2005. Zonal method of biostratigraphy, conodont zonal scale of the Lower Permian of the Urals. Ekaterinburg: The Institute of Geology and Geochemistry, UB RAS, 217.

Chernykh, V.V., Reshetkova, N.P. 1987. Biostratigraphy and conodonts of the Carboniferous-Permian boundary sediments from the western slope of the southern and central Urals. Ekaterinburg: Uralian Science Center, Academy of Science, USSR, 50.

Chernykh, V.V., Ritter, S.M. 1997. Streptognathodus (Conodonta) succession at the proposed Carboniferous–Permian boundary stratotype section, Aidaralash Creek, Northern Kazakhstan. Journal of Paleontology, 71: 459–474.

Chernysheva, N.E. 1948. Some new species of foraminifers from the Visean Stage in the Makarovo region (South Urals). Akademiya Nauk SSSR, Trudy Instituta Geologicheskikh Nauk, vypusk 62, Geologicheskaya Seriya, 19: 246–250.

China, W.E. 1965. Opinion 724. Endothyra bowmani Phillips (1846) (Foraminifera): valided under the plenary powers. Bulletin of Zoological Nomenclature, 22 (1): 37–39.

Chu, S. 1933. Corals and Brachiopoda of the Kinling Limestone. National Research Institute of Geology, Academia Sinica, Monographs, Ser. A, 2: 1–73.

Clarke, W.J. 1960. Scottish carboniferous conodonts. Transactions of the Edinburgh Geological Society ,18: 1–31.

Colani, M. 1924. Nouvelle contribution à l'étude des fusulinidés de l'Extrême-Orient. Mémoires du Service géologique de l'Indochine, 11: 9–199.

Conil, R., Lys, M. 1964. Matériaux pour l'étude micropaléontologique du Dinantien de la Belgique et de la France (Avesnois). Pt. 1, Algues et foraminifères ; Pt. 2, Foraminifères (suite). Mémoires de l'Institut de Géologie de l'Université de Louvain, 23: 1–372.

Conybeare, W.D., Phillips, W. 1822. Outlines of the Geology of England and Wales, with an Introduction Compendium of the General Principles of That Science, and Comparative Views of the Structure of Foreign Countries. London: William Phillips, 470.

Cooper, C.L. 1939. Conodonts from a Bushberg–Hannibal horizon in Oklahoma. Journal of Paleontology, 13: 379–422.

Cózar, P., Vachard, D., Aretz, M., Somerville, I.D. 2019. Foraminifers of the Viséan-Serpukhovian boundary interval in Western Palaeotethys: A review. Lethaia. Doi: 10.1111/let.12311.

Currie, E.D. 1954. Scottish Carboniferous Goniatites. Transactions of the Royal Society of Edinburgh, 622: 527–602.

Dain, L.G. 1953. Turneiellidy//Dain, L.G., Grozdilova, L.P. Iskopaemye foraminifery SSSR: Turneiellidy i Arkhedistsidy (Tournayellidae. // Dain L.G., Grozdilova L.P. Fossil foraminifers of the USSR, Tournayellidae and Archaediscidae). Trudy VNIGRI, 74: 7–63.

Dalmatskaya, I.I. 1961. Stratigraphy and foraminifers from the Middle Carboniferous of the Volga region near Gorki and Uljanovsk. Regionalnaya Stratigrafiya SSSR, Izdatelstvo Akademii Nauk SSSR, 5: 7–54.

Danshin, B.M. 1947. Geological Structure and Minerals of Moscow and its Environs. Moscow: Moscow Society of Naturalist Press, 308.

Davidson, T. 1862. On some Carboniferous Brachiopoda collected in India by A. Fleming, M.D., and W. Purdon, Esq., F.G.S. Quarterly Journal of the Geological Society, 18:25–35.

Davydov, V.I., Korn, D., Schmitz, M.D., Gradstein, F.M., Hammer, O. 2012. The Carboniferous Period//Gradstein, F.M., Ogg, J.G., Schmitz, M.D., Ogg, G.M. The Geologic Time Scale 2012, Oxford: Elsevier, 603–651.

de Groot, G.E. 1963. Rugose corals from the Carboniferous of northern Palencia (Spain). Leidse Geol. Meded., 29: 1-123.

de Witry (abbé d'Everlange), L.H. 1780. Mémoire sur les fossiles du Tournaisis et les pétrifications en général, relativement à leur utilité pour la vie civile (lu à la séance du 9 décembre 1776). Mémoire de l'Académie impériale et royale des Sciences et Belles-Lettres de Bruxelles, 3: 15–44.

Defrance, M.J.L. 1826. Art: Productus. Dictionnaire des Sciences Naturelles, 43: 349–355.

Deprat, J. 1912. Géologie générale//Deprat. J., Mansuy, H. Mémoires du service géologique de l'Indochine, Volume 1, Fascicule 1, Etude Géologique du Yun–Nan oriental. Hanoi–Haiphong: Imprimerie d'Extrême–Orient, 370.

Devuyst, F.X., Hance, L., Hou, H.F., Wu, X.H., Tian, S.G., Coen, M., Sevastopulo, G. 2003. A proposed global Stratotype section and point for the base of the Visean Stage (Carboniferous): The Pengchong section, Guangxi, South China. Episodes, 26(2): 105–115.

Dewey, J.F., Bird, J.M. 1971. Origin and emplacement of the ophiolite suite: Appalachian ophiolites in Newfoundland. Journal of Geophysical Research, 76(14): 3179–3206.

Ding, H., Wan, S.L. 1990. The Carboniferous–Permian conodont event-stratigraphy in the south of the North China Platform. Courier Forschungsinstitut Senckenberg, 118: 131–155.

Dobrolyubova, T.A. 1937. Solitary corals of the Myatschkov and Podolsk horizons of the Middle Carboniferous of the Moscow Basin: Akad. Nauk SSSR, Paleontol. Inst., Tr., 6(3): 1–92, pls. 1–23.

Dobrolyubova, T.A. 1948. Stratigraphical distribution and evolution of rugose corals in the Middle and Upper Carboniferous of the Moscow Basin: Akad. Nauk SSSR. Paleontol. Inst., Tr., 4(11): 5–62.

Dobrolyubova, T.A., Kabakovich, N.V. 1948. Some Rugosa taxa of the Middle and Upper Carboniferous of the Moscow Basin: Akad. Nauk SSSR, Paleontol. Inst, Tr., 2(14): 1–37.

Dunbar, C.O., Condra, G.E. 1927. The Fusulinidae of the Pennsylvanian system in Nebraska. Bulletin of the Nebraska Geological Survey, 2: 1–135.

Dunbar C.O., Condra G.E. 1932. Brachiopoda of the Pennsylvanian System in Nebraska. Nebraska Geological Survey Bulletin: Ser. 2(5): 1–377.

Dunbar, C.O., Henbest, L.G. 1942. Pennsylvanian Fusulinidae of Illinois. Illinois State Geological Survey Bulletin, 67: 1–218.

Dunbar, C.O., Skinner, J.W. 1937. The geology of Texas: Permian Fusulinidae of Texas. Texas University Bulletin, 3: 517–825.

Dunn, D.L. 1966. New Pennsylvanian platform conodonts from southwestern United States. Journal of Paleontology, 40: 1294–1303.

Dupont, E. 1882. Explication de la feuille de Ciney. Carte géologique de la Belgique.

Durkina, A.V. 1959. Foraminifery nizhnekamennougolnykh otlozhenii Timano-Pechorskoi provintsii (Foraminifers from Early Carboniferous of Timan-Pechora province). Trudy Proceedings of the Oil Research Geological Institute (VNIGRI), 136, Mikrofauna SSSR, 10: 132–389.

Durkina, A.V. 1984. Foraminifery pogranichnykh otlozhenii devona i karbona Timano-Pechorskoy provintsii (Foraminifera from Devonian and Carboniferous boundary deposits of Timan-Pechora province). Leningrad, Nedra, Leningradskoe Otdelenie, 1–138.

Dutkevich, G.A. 1934. Stratigraphy of the Middle Carboniferous in the Urals. Труды Нефтяного геолого-разведовательного института: Series A, 55: 3–41.

Dzhenchuraeva, A.V. Okuyucu, C. 2007. Fusulinid Foraminifera of the Bashkirian–Moscovian boundary in the eastern Taurides, southern Turkey. Journal of Micropalaeontology, 26:73–85.

Ehrenberg, C.G. 1854. Zur Mikrogeologie. Verlag von Leopold Voss, Leipzig, 1–374.

Eichwald, E. d'. 1860. Lethaea Rossica ou Paléontologie de la Russie, première section de l'ancienne période. E. Schweizerbart, Stuttgart, 1: 1–681.

Ellison, S.P. 1941. Revision of the Pennsylvanian conodonts. Journal of Paleontology, 15: 107–143.

Ellison, S.P., Graves, R.W. 1941. Lower Pennsylvanian (Dimple limestone) Conodonts of the Marathon Region, Texas. Rolla: School of Mines and Metallurgy, 21.

Fang, Q., Gao, J.H., Wang, X.L., Jing, X.C. 2014. The Carboniferous–Permian conodont succession in the North Qilian Mountain region. Acta Palaeontologica Sinica, 53: 360–380.

Farey, J., 1811. A General View of the Agriculture and Minerals of Derbyshire: Volume 1.London: Board of Agriculture, 532.

Fielding, C.R., Frank, T.D., Isbell, J.L. 2008. The late Paleozoic ice age—A review of current understanding and synthesis of global climate patterns//Fielding, C.R., Frank, T.D., Isbell, J.L. Resolving the late Paleozoic Ice Age in time and space. Geological Society of America, Special Paper, 441: 343–354.

Fischer de Waldheim, G. 1825. Notice sur la Choristite, genre de Coquilles bivalves fossiles du gouvernement de Moscou. Programme d'Invitation à la Société Imperiale des Naturalistes de Moscou, 1–11.

Fischer de Waldheim, G. 1830. Oryctographie du gouvernement de Moscou. Moscow: Imprimerie d' Auguste Semen, 1–202.

Fischer de Waldheim, G. 1837. Oryctographie du gouvernement de Moscou. 2nd ed. Moscow: A. Semen, 202, pls. 20–26.

Frech, F. 1899. Lethaea geognostica, Teil 1: Lethaea palaeozoica, Band 2, Lieferung 2: Die Steinkohlenformation, 257–452.

Furduj, R.S. 1979. Conodonta//Einor, O.L. Atlas of Middle–Late Carboniferous faunas and floras of Bashkiria. Moscow: Nedra, 110–123.

Ganelina, R.A. 1951. Eostaffellins and millerellins of the Visean and Namurian stages of the lower Carboniferous on the western flank of the Moscow Basin. Trudy, Vsesoyuznogo Neftyanogo Nauchno-Issledovatel'skogo Geologo-Razvedochnogo Instituta (VNIGRI), Novaya Seriya, 56: 179-210.

Ganelina, R.A. 1956. Foraminifera of the Visean deposits of the northwest region of the lower Moscow basin. Mikrofauna SSSR, Trudy Vsesoyuznogo Nauchno-Issledovatel'skogo Geologorazvedochnogo Instituta VNIGRI, 98: 61–159.

Girty, G.H. 1913. A report on Upper Paleozoic fossils collected in China in 1903-04//Willis, B., Blackwelder, E., Sargent, R.H., Walcott, C.D. Research in China: Volume 3. Washinton D.C.: Carnegie Institution of Washington, 297–335.

Goreva, N.V. 1984. Conodonts of the Moscovian Stage of the Moscow Syneclise//Menner, V.V. Paleontological Characteristics of the Stratotype and supporting Sections of the Carboniferous of the Moscow Syneclise (Conodonts, Cephalopods). Moscow: Moscow State University, 44–122.

Goreva, N., Alekseev, A., Isakova, T., Kossovaya, O. 2009. Biostratigraphical analysis of the Moscovian-Kasimovian transition at the neostratotype of Kasimovian Stage (Afanasievo section, Moscow Basin, Russia). Palaeoworld, 18: 102–113.

Gorskiy, I. I. 1938. Carboniferous corals of Novaya Zemlya: In Paleontology of the Soviet Arctic, Part 2. Vses. Arktiki Inst., Tr., 93: 1–221, pls. 1–16.

Gorsky, I.I., 1951. Carboniferous and Permian corals of Novaya Zemlya. Trudy Nauchno-Issledovatel'skovo Instituta Geologii Arktiki, 32: 5–168.

Goudemand, N., Orchard, M.J., Urdy, S., Bucher, H., Tafforeau, P. 2011. Synchrotron-aided reconstruction of the conodont feeding apparatus and implications for the mouth of the first vertebrates. Proceedings of the National Academy of Sciences, USA, 108: 8720–8724.

Grabau, A.W. 1922. Age of the coal beds of the Kaiping coal basin in northeastern China. Bulletin of the Geological Society of America, 33 (1): 201–202.

Grabau, A.W. 1924. Stratigraphy of China, Part 1, Paleozoic and Older. Geological Survey of China, 1–528.

Grabau A.W. 1936. Early Permian fossils of China, Part Ⅱ : Fauna of the Maping Limestone of Kwangsi and Kweichow. Palaeontologia Sinica, Ser. B, 8: 1–441.

Grayson Jr, R.C. 1984. Morrowan and Atokan (Pennsylvanian) conodonts from the northeastern margin of the Arbuckle Mountains southern Oklahoma//Sutherland, P. K., Manger, W. L. The Atokan Series (Pennsylvanian) and Its Boundaries : A Symposium. Norman: The University of Oklahoma, Oklahoma Geological Survey Bulletin 136, 41–63.

Grossman, E.L., Yancey, T.E., Jones, T.E., Bruckschen, P., Chuvashov, B., Mazzullo, S.J., Mii, H.-S. 2008. Glaciation, aridification, and carbon sequestration in the Permo-Carboniferous: The isotopic record from low latitudes. Palaeogeography, Palaeoclimatology, Palaeoecology, 268: 222–233.

Groves, J.R., Task Group. 2007. Report of the Task Group to establish a GSSP close to the existing Bashkirian–Moscovian boundary. Newsletter on Carboniferous Stratigraphy, 25: 6–7.

Groves, J.R., Task Group. 2009. Report of the Task Group to establish a GSSP close to the existing Bashkirian–Moscovian boundary. Newsletters on Carboniferous Stratigraphy, 27: 12–14.

Groves, J.R., Wang, Y., Qi, Y.P., Richards, B.C., Ueno, K., Wang, X.D. 2012. Foraminiferal biostratigraphy of the Visean–Serpukhovian (Mississippian) boundary interval at slope and platform sections in southern Guizhou (South China). Journal of Paleontology, 86(5): 753–774.

Grozdilova, L.P. 1953. Iskopaemye foraminiferi SSSR: Arkhedistsidy (Fossil foraminifers in SSSR: Archaediscidae). Trudy VNIGRI, 74: 67–123.

Grozdilova L.P., Lebedeva, N.S. 1954. Foraminifery nizhnego karbona i bashkirskogo yarusa srednego karbona Kolvo-Vishersk-ogo kraya (Foraminifers of the Early Carboniferous and Bashkirian stage of the Middle Carboniferous of the Kolvo-Vishera Basin). Trudy VNIGRI, 81, Mikrofauna SSSR, 7: 4–203.

Grozdilova, L.P., Glebovskaya, E.M. 1948. Materialy k izucheniyu roda Glomospira i otlozheniyakh Makarovskog, Kras-nokamskogo, Kiselovskogo i Podmoskovnogo raionov (Material of the genus Glomospira in the Visean deposits from the areas of Makarov, Krasnokam, Kizel and Submoscow). Akademiya Nauk SSSR, Trudy Instituta Geologicheskikh Nauk, 62, geologicheskaya seriya 19: 145–149.

Gunnell, F.H. 1931. Conodonts from the Fort Scott Limestone of Missouri. Journal of Paleontology, 5: 244–252.

Gunnell, F.H. 1933. Conodont and fish remains from the Cherokee, Kansas City, and Wabaunsee groups of Missouri and Kansas. Journal of Paleontology, 7: 261–297.

Hall, J.1858. Descriptions of new species of fossils from the Carboniferous rocks of Indiana and Illinois. Transactions of the Albany Institute 4: 1–36.

Halle, T.G. 1927. Palaeozoic plants from central Shansi. Palaeontologia Sinica Series A, 2(1).

Hance, L., Brenckle, P.L., Coen, M., Hou, H., Liao, Z., Muchez, P., Paproth, E., Nicholas, T.P., Riley, J., Roberts, J., Wu, X., 1997. The search for a new Tournaisian–Visean boundary stratotype. Episodes, 20: 176–180.

Hance, L., Hou, H.F., Vachard, D. 2011. Upper Famennian to Yisean Foraminifers and some carbonate Microproblematica from South China: Hunan, Guangxi and Guizhou. Beijing: Geological Publishing House.

Harlton, B.H. 1933. Micropaleontology of the Pennsylvanian Johns Valley shale of the Ouachita Mountains. Journal of Paleontol-ogy, 7: 3–29.

Harris, R.W., Hollingsworth, R.V. 1933. New Pennsylvanian conodonts from Oklahoma. American Journal of Science, 147: 193–204.

Hass, W.H. 1953. Conodonts of the Barnett Formation of Texas. U.S. Geological Survey Professional Paper 243-F, 69–94.

Hass, W.H. 1959. Conodonts from the Chappel limestone of Texas. US Geological Survey Professional Paper 294-J, 365–399.

Haug, E. 1898. Études sur les goniatites. Mémoires de la Société Géologique de France 18, 1–112.

Hayakawa, N. 2007. Analyses of Late Carboniferous (Pennsylvanian) and Early Permian (Cisuralian) Depositional Sequences and Fusuline Faunal Succession on the Yangtze Block, South China. Fukuoka: Fukuoka University.

Hayakawa, N., Ueno, K., Nakazawa, T., Wang, Y., Wang, X. D. 2005. Pennsylvanian (Late Carboniferous) icehouse-type deposi-tional sequences in the Zhongdi section of Guizhou Province, China//Ueno, K., Hara, H., Kamata, Y., Hisada, K. Proceedings of the First International Symposium on Geological Anatomy of East and South Asia: Paleogeography and Paleoenvironment in Eastern Tethys (IGCP516). Tsukuba: University of Tsukuba, 32–35.

Heckel, P. H. 2001. New proposal for series and stage subdivision of Carboniferous System. Newsl Carb Stratigr, 19: 12–14.

Heckel, P. H. 2013. Pennsylvanian stratigraphy of Northern Midcontinent Shelf and biostratigraphic correlation of cyclothems. Stratigraphy, 10(1–2): 3–40.

Heckel, P.H., Clayton, G. 2006. The Carboniferous System. Use of the new official names for the subsystems, series, and stages.

Geologica Acta, 4: 403–407.

Heckel, P.H., Alekseev, A.S., Barrick, J.E., Boardman, D.R., Goreva, N.V., Isakova, T.N., Nemyrovska, T.I., Ueno, K., Villa, E., Work, D.M. 2008. Choice of conodont *Idiognathodus simulator* (sensu stricto) as the event marker for the base of the global Gzhelian Stage (Upper Pennsylvanian Series, Carboniferous System). Episodes, 31: 319–325.

Herbig, H.-G., Bätz, S., Resag, K. 2017. A potential conodont based Viséan-Serpukhovian boundary: Data from the Rhenish Mountains, Germany//Zholtaev, G.Z., Zhaimina,V.Y., Fazylov, E.M., Nikolaeva, S.V., Musina,E.S. International Conference "Uppermost Devonian and Carboniferous Carbonate Buildups and Boundary Stratotypes". Abstracts and Papers of International Field Meeting of the I.U.G.S. Subcommissionon Carboniferous Stratigraphy, Almaty–Turkestan, August15–22, 2017. Almaty, K.I. Satpaev Institute of Geological Sciences, 25–32.

Heritsch, F. 1936. Korallen der Moskauer-Gshel-und Schwagerinen. Stufe der Karnischen Alpen. Palaeontographica, 83(4): 99–162.

Higgins, A.C. 1961. Some Namurian conodonts from North Staffordshire. Geological Magazine, 98: 210–224.

Higgins, A.C. 1975. Conodont zonation of the late Viséan–early Westphalian strata of the South and Central Pennines of northern England. Bulletin of the Geological Survey of Great Britain, 53: 1–90.

Higgins, A.C. Bouckaert, J. 1968. Conodont stratigraphy and palaeontology of the Namurian of Belgium. Mémoires pour servir à l'explication des cartes géologiques et minières de la Belgique, 10: 1–64.

Hill, D. 1956. Rugosa// Moore, R. C. Treatise on Invertebrate Paleontology, Part F: Coelenterata. Lawrence: Geological Society of America and University of Kansas.

Hill, D. 1981. Coelenterata, Part F, Supplement 1, Rugosa and Tabulata// Teichert, C. Treatise on Invertebrate Paleontology. Lawrence: Geological Society of America and University of Kansas Press.

Hinde, G.J. 1900. Notes and descriptions of new species of Scotch Carboniferous conodonts. Transactions of the Natural History Society of Glasgow, 5: 338–346.

Hogancamp, N.J., Barrick, J.E. 2018. Morphometric analysis and taxonomic revision of North American species of the *Idiognathodus eudoraensis* Barrick, Heckel, & Boardman, 2008 group (Missourian, Upper Pennsylvanian Conodonts). Bulletins of American Paleontology, 395–396: 35–69.

Howchin, W. 1888. Additions to the knowledge of the Carboniferous foraminifera. Journal of the Royal Microscopical Society of London, 8: 533–542.

Hu, K.Y., Qi, Y.P. 2017. The Moscovian (Pennsylvanian) conodont genus *Swadelina* from Luodian, southern Guizhou, South China. Stratigraphy, 14: 197–215.

Hu, K.Y., Nemyrovska, T.I., Qi, Y.P. 2016. Late Bashkirian and Moscovian (Pennsylvanian) conodont "*Streptognathodus*" *einori* Nemyrovska & Alekseev, 1994 and related species from the Luokun section, South china. Newsletter on Carboniferous Stratigraphy, 32: 47–54.

Hu, K.Y., Qi, Y.P., Wang, Q.L., Nemyrovska, T.I., Chen, J.T. 2017. Early Pennsylvanian conodonts from the Luokun section of Luodian, Guizhou, South China. Palaeoworld, 26(1): 64–82.

Hu, K.Y., Qi, Y.P., Nemyrovska, T.I. 2019. Mid-Carboniferous conodonts and their evolution: New evidence from Guizhou, South China. Journal of Systematic Palaeontology, 17(6): 451–489.

Hu, K.Y., Qi, Y.P., Qie, W.K., Wang, Q.L. 2020a. Carboniferous conodont zonation of China. Newsletters on Stratigraphy, 53(2): 141–190.

Hu, K.Y., Hogancamp, N.J., Lambert, L.L., Chen, J.T., Qi, Y.P. 2020b. Evolution of the conodont *Diplognathodus ellesmerensis* from *D. benderi* sp. nov. at the Bashkirian-Moscovian (Lower-Middle pennsylvanian) boundary in South China. Papers in Palaeontology (in press).

Huddle, J.W. 1934. Conodonts from the New Albany shale of Indiana. Bulletin of American Paleontology, 21(72): 1–136.

Igo, H. 1957. Fusulinids of Fukuji, southeastern part of the Hida Massif, central Japan. Science Reports of the Tokyo Kyoiku Daigaku: Section C, 5: 153–246.

Igo, H. 1974. Some Late Carboniferous conodonts from the Akiyoshi Lime-stone southwest Japan. Bulletin of Tokyo Gakugei University, 26: 230–238.

Igo, H., Koike, T. 1964. Carboniferous conodonts from the Omi Limestone, Niigata Prefecture, central Japan (Studies of Asian conodonts, part I). Transactions and Proceedings of the Palaeontological Society of Japan (New Series), 53: 179–193.

Ivanov, A.P. 1926. Byulleten Moskovskogo Obstshestva Ispytateley Prirody (Middle and Upper Carboniferous deposits of Moscow province). Otdel geologicheskiy, 5(1–2): 133–180.

Janvier, P. 2015. Facts and fancies about early fossil chordates and vertebrates. Nature, 520: 483–489.

Ji, Q., Ziegler, W. 1992. Phylogeny, speciation and zonation of Siphonodella of shallow water facies (Conodonta, Early Carboniferous). Courier Forschungsinstitut Senckenberg, 154: 223–251.

Ji, Q., Wei, J.Y., Wang, H.D., Wang, N.L., Luo, X.S. 1988. New advances in the study of the Devonian–Carboniferous boundary stratotype in Muhua, Changshun, Guizhou: An introduction to the Daposhang Devonian–Carboniferous boundary section. Acta Geologica Sinica (English Edition), 1(4): 349–363.

Jin, Y.G., Brunton, C.H.C., Lazarev, S.S. 1998. Gondolininae, a new Carboniferous productide brachiopod subfamily. Journal of Paleontology, 72: 7–10.

Jones, D.J. 1941. The conodont fauna of the Seminole Formation of Oklahoma. Chicago: University of Chicago Libraries, Private Edition.

Kaiser, S.I., 2009. The Devonian/Carboniferous boundary stratotype section (La Serre, France) revisited. Newsletters on Stratigraphy, 43: 195–205.

Kaiser, S.I., Corradini, C. 2011. The early siphonodellids (Conodonta, Late Devonian-Early Carboniferous): Overview and taxonomic state. Neues Jahrbuch für Geologie und Paläontologie, Abhandlungen, 261: 19–35.

Kanmera, K. 1958. Fusulinids from the Yayamadake limestone in the Hikawa valley, Kumamoto Prefecture, Kuyshu Japan; Part III, Fusulinids of the Lower Permian. Memoirs of the Faculty of Science, Kuyshu University, Series D: Geology, 6: 153–215.

Karpinsky, A.P. 1889. Über die Ammoneen der Artinsk-Stufe und einige mit denselben verwandte carbonische Formen. Mémoires de l'Académie Impériale des Sciences de St. Pétersbourg, 37: 1–104.

Keyserling, A. 1853. Sur les fossils des environs de Sterlitamak. Soc. Geol. France, Bull., Ser. 2, 10: 242-254.

King, R. E. 1930. The geology of the Glass Mountains, Texas, part II: Faunal summary and correlation of the Permian formations with description of Brachiopoda. University of Texas Bulletin, 3042:1–245, pls. 1–44.

King, R. E. 1931. The geology of the Glass Mountains, Texas, Part 2, Faunal summary and correlation of the Permian formations with descriptions of Brachiopoda. University of Texas, Bulletin, 3042: 1–245.

Klapper, G. 1966. Upper Devonian and Lower Mississippian conodont zones in Montana, Wyoming, and Southern Dakota. The University of Kansas Paleontological Contributions Papers, 3: 1–43.

Koike, T. 1967. Carboniferous succession of conodont faunas from the Atetsu Limestone in southwestern Japan (Studies of Asiatic conodonts, Part IV). Tokyo Kyoiku Daigaku, Science Reports, Section C: Geology Mineralogy and Geography, 9:

279–318.

Koninck, L.G. 1841–1844. Description des animaux fossiles qui se trouvent dans le terrain Carbonifère de Belgique. H. Dessain. Liège. iv + 650 p., 55 pl.

Korn, D. 2010. A key for the description of Palaeozoic ammonoids. Fossil Record, 13: 5–12.

Korn, D., Ebbighausen, V., Bockwinkel, J., Klug, C. 2003. The A-mode sutural ontogeny in prolecanitid ammonoids. Palaeontology, 46: 1123–1132.

Kossenko, Z.A. 1975. New species of conodonts from deposits of the Moscovian Stage in the southwestern part of the Donets Basin. Geological Journal, 35: 126–133.

Kozitskaya, R.I., Kossenko, Z.A., Lipnyagov, O.M., Nemyrovskaya, T.I. 1978. Carboniferous Conodonts of the Donets Basin. Kiev: Izdatel Naukova Dumka.

Krenkel, E. 1913. Wissenschaftliche ergebnisse der Reise von Prof. Dr. G.Merzbacher im zentralen und oestlichen Tian Schan 1907-8. Faunen aus dem unterkarbon des suedlichen und oestlichen Tian-Schan. Abhandlungen.Koenigliche Bayerische Akademie der Wissenschaften, Mathematische-Physische Klasse, 26: 1–44.

Kropacheva, G.S. 1966, New Visean Rugosa from South Fergana. New Visean Rugosa from South Fergana, 9(8): 1102–1107, pls. 1, 2.

Kulagina, E.I., Rumyantseva, Z.S., Pazukhin, V.N., Kotchetkova, N.M. 1992. Granitsa nizhnego–srednego karbona na Yuzhnom Urale I Srednem Tyan-shane [Lower/Middle Carboniferous Boundary at South Urals and MiddleTianshan]. Moscow: Nauka.

Kulagina, E.I., Pazukhin, V.N., Nikolaeva, S.V., Kochetova, N.N. 2000. Biozonation of the Syuran Horizon of the Bashkirian Stage in the South Urals as indicated by ammonoids, conodonts, foraminifers, and ostracodes. Stratigraphy and Geological Correlation, 8: 137–156.

Kulagina, E.I., Pazukhin, V.N., Davydov, V.I. 2009. Pennsylvanian biostratigraphy of the Basu River section with emphasis on the Bashkirian–Moscovian transition. Proceedings of the International Field Meeting, Ufa-Sibai, 13-18 August 2009, 34–41.

Kulagina, E.I., Nikolaeva, S.V., Pazukhin, V.N., Kochetova, N.N. 2014. Biostratigraphy and lithostratigraphy of the mid-Carboniferous boundary beds in the Muradymovo section (South Urals, Russia). Geological Magazine, 151: 269–298.

Kumpan, T., Bábek, O., Kalvoda, J., Frýda, J., Grygar, T.M. 2014. A high-resolution, multiproxy stratigraphic analysis of the Devonian–Carboniferous boundary sections in the Moravian Karst (Czech Republic) and a correlation with the Carnic Alps (Austria). Geological Magazine, 151(2): 201–215.

Kusina, L.F. 1980. Saurskie ammonoidei. Trudy Paleontologicheskogo Instituta Akademiya Nauk SSSR, 181: 1–108.

Kutorga, S.S. 1842. Beitrag zur Paleontologic Russlands. Russisch-Kaiserliche Mineralogische Gesellschaft zu St. Petersbourg, Verhandlungen: 34.

Kutorga, S.S. 1844. Zweiter Beitrag zur Paleontologie Russlands. Russisch-Kaiserliche Mineralogische Gesellschaft zu St. Petersbourg, Verhandlungen: 62–104.

Lambert, L.L. 1992. Atokan and basal Desmoinesian conodonts from cen-tral Iowa, reference area for the Desmoinesian Stage// Sutherland, P.K., Manger, W.L. Recent Advances in Middle Carboniferous Biostratig-raphy. Norman: The University of Oklahoma, Oklahoma Geological Survey Circular, 94: 111–123.

Lane, H.R. 1967. Uppermost Mississippian and lower Pennsylvanian conodonts from the type Morrowan region, Arkansas. Journal of Paleontology, 41: 920–942.

Lane, H.R., Sandberg, C.A., Ziegler, W. 1980. Taxonomy and phylogeny of some Lower Carboniferous conodonts and preliminary standard post-Siphonodella zonation. Geologic et Palaeontologica, 14:117–164.

Lane, H.R., Brenckle, P.L., Baesemann, J.F., Richards, B.C. 1999. The IUGS boundary in the middle of the Carboniferous: Arrow Canyon, Nevada, USA. Episodes, 22: 272–283.

Lang, E. 1925. Eine Mittelpermische Fauna von Guguk Bulat (Padanger oberland, Sumatra). Verhandelingen Geologisch-Mijnbouwkundig Genootschap voor Nederland en Kolonien. Geological Series 7, 213–295.

Lee, J.S. 1922. Outline of the geology of China. The Transactions of the Science Society of China, 1: 1–45.

Lee, J.S. 1924. Geology of the Gorge District of the Yangtze (from Ichang to Tzekuei) with special references to the development of the Gorges . Bulletin of the Geological Society of China, 3(z1): 351–359.

Lee, J.S. 1927. Fusulinidae of North China. Palaeontologia Sinica Series B, 4(1): 1–173.

Lee, J.S. 1937. Foraminifera from the Donetz Basin and their Stratigraphical Significance. Bulletin of the Geological Society of China, 16: 57–107.

Lee, J.S., Chu, S. 1930. Note on the Chihsia Limestone and its associated formation. Bulletin of the Geological Society of China, 9(1): 37–43.

Lee, J.S., Chen, S., Chu, S. 1930. The Huanglung Limestone and its fauna. Memoirs of the National Research Institute of Geology, 9: 85–143.

Li, H.M. 1991. Early Carboniferous Foraminifera from nothern margin of Tarim Basin, Xinjiang. Xinjiang Geology, 9: 124–137.

Li, S.J. 1987. Late Early Carboniferous to early Late Carboniferous brachiopods from Qixu, Nandan, Guangxi and their palaeoecological significance//Wang, C.Y. Carboniferous Boundaries in China. Beijing: Science Press. 132–150.

Li, X.X., Shen, S.G., Wu, X.Y., Tong, Z.S. 1987. A proposed boundary stratotype in Jingyuan, eastern Gansu for the Upper and Lower Carboniferous of China// Wang, C.Y. Carboniferous Boundaries in China. Beijing: Science Press, 69–88, pls. 61–64.

Liao, Z.T. 1995. Faunal provinces of Carboniferous brachiopods in China and their variations across the Carboniferous boundaries. Palaeontologia Cathayana, 6: 365–374.

Librovitch, L.S. 1940. Ammonoidea iz kamennougolnykh otlozheniy Severnogo Kazakhstana. Paleontologiya SSSR, 4: 1–395.

Lipina, O.A. 1948a. Foraminifery chernyshinskoi suity turneiskogo yarusa Podmskovnogo nizhnego karbona (Foraminifers from the Chernyshin Suite of the Tournaisian stage of the submoscovite Early Carboniferous). Akademiya Nauk SSSR, Trudy Instituta Geologicheskikh Nauk, 62, Geologicheskaya Seriya, 19: 251–259.

Lipina, O.A. 1948b. Textulariids of the upper part of the lower Carboniferous of the southern slope of the Moscow Basin. Akademiya Nauk SSSR, Trudy Institut Geologicheskii Nauk, 62, Geologicheskaya Seria, 19: 196–215.

Lipina, O.A. 1955. Foraminifery turneiskogo yarusa i verkhnei chasti devona Volgo-Uralskoi oblasti i zapadnogo sklona Srednego Urala (Foraminifera of the Tournaisian stage and of the upper part of the Devonian from the Volga-Ural area and from the western slope of central Urals). Akademiya Nauk SSSR, Trudy Instituta Geologii, 163, Geologichevskaya Seriya, 70: 1–96.

Malakhova, N.P. 1956a. Foraminifery verkhnego turne zapadnogo sklona Severnogo and Srednego Urala (Late Tournaisian. 212. foraminifers from the western slope of northern and middle Urals). Akademiya Nauk SSSR, Uralskii Filial, Trudy Gorno-Geologicheskogo Instituta, 24: 72–155.

Malakhova, N.P. 1956b. Forarninifery izvestnyakovr. Shartymki na Yuzhnom Urale (Foraminifers from Shartym river limestones in southern Urals). Akademiya Nauk SSSR, Uralskii Filial, Trudy Gomo-Geologicheskogo Instituta, 24: 26–71.

Malakhova, N.P. 1963. Novyi rod foraminifer iz nizhnevizeiskikh otlozhenii Urala (New foraminiferal genus from the Early Carboniferous deposits of the Urals). Paleontologicheskii Zhurnal, (4): 111–112.

Manger, W.L. 2017. Journey to the Mississippian-Pennsylvanian Boundary GSSP: A long and winding road. Stratigraphy, 14(1–

4): 247–258.

Manukalova, M.F. 1950. Description of Some New Fusulinids from the Middle Carboniferous of the Donetsk Basin. Geological and Research Work of the Main Directorate for Coal Exploration. Materials on Stratigraphy and Paleontology of the Donetsk Basin. Moscow : Ugletekhizdat, 175–192.

Marshall, J.E.A., Lakin, J.A., Finney, S.M. 2013. Terrestrial climate and ecosystem change from the Devonian–Carboniferous boundary to the earliest Viséan interval in East Greenland. Documents de l'Institut Scientifique, Rabat, 26: 81–82.

Martin, W. 1809. Petrificata Derbiensia; or Figures and Descriptions of Petrefactions Collected in Derbyshire.

Mather, K.F. 1915. The fauna of the Morrow group of Arkansas and Oklahoma. Bulletin of the Scientific Laboratories of Denison University, 18: 59–284.

McCoy, F. 1844. A Synopsis of the Characters of the Carboniferous Limestone Fossils of Ireland. Dublin: Dublin University Press.

McCoy F., 1851. Description of the British Palaeozoic Fossils in the geological museum of the university of Cambridge.//Sedgewick, A.A Synopsis of the classification of the British Palaeozoic rocks, with a systematic description of the British Palaeozoic Fossils in the geological museum of the university of Cambridge. London: J. W. Parker and Son & Cambridge University Press.

McCoy, F. 1855. A systematic description of the British Palaeozoic fossils in the geological museum of the University of Cambridge//Sedgwick, A. A Synopsis of the Classification of the British Palaeozoic Rocks. London: J.W. Parker and Son.

Mehl, M.G., Thomas, L.A. 1947. Conodonts from the Fern Glen of Missouri. Denison University Bulletin, 40: 3–20.

Meischner, D., Nemyrovska, T.I. 1999. Origin of Gnathodus bilineatus (Roundy, 1926) related to goniatite zonation in Rhenisches Schiefergebirge, Germany. Bolletino della Società Paleontologica Italiana, 37: 427–442.

Merchant, F.E., Keroher, R.P. 1939. Some fusulinids from the Missouri Series of Kansas. Journal of Paleontology, 13: 594–614.

Merrill, G.K. 1972. Taxonomy, phylogeny, and biostratigraphy of Neognathodus in Appalachian Pennsylvanian rocks. Journal of Paleontology, 46: 817–829.

Merrill, G.K. 1973. Pennsylvanian nonplatform conodont genera, I: Spathognathodus. Journal of Paleontology, 47: 289–314.

Metcalfe, I. 2013. Gondwana dispersion and Asian accretion: Tectonic and palaeogeographic evolution of eastern Tethys. Journal of Asian Earth Sciences, 66: 1–33.

Mii, H.-S., Grossman, E.L., Yancey, T.E. 1999. Carboniferous isotope stratigraphies of North America: Implications for Carboniferous paleoceanography and Mississippian glaciation. Geological Society of America Bulletin, 111: 960–973.

Milne-Edwards, H., Haime, J. 1848. Recherches sur les Polypiers. Quatreme Memoire: Monographie des Astreides. Annales des Sciences Naturelles, series 3, 10: 209–320.

Mikhailov, A. 1939. K kharakteristike rodov nizhnekamennougol'nykh foraminifer territorii SSSR; nizhnekamennougol'nye otlozhenii severo-zapadnogo kryla Podmoskogo basseina (On the characteristics of the genera of the Early Carboniferous foraminifers in the territory of the USSR)//Maliavkin, S.F. The Early Carboniferous deposits of the northwestern limb of the Moscow basin. Sbornik Leningradskogo Geologicheskogo Upravleniya, 3: 47–62.

Miklukho-Maklay, A.D. 1949. Upper Paleozoic fusulinids from Central Asia. Leningrad. 3–127.

Miller, A.K. 1930. A new ammonoid fauna of Late Paleozoic age from Western Texas. Journal of Paleontology, 4: 383–412.

Miller, A.K., Youngquist, W. 1948. The cephalopod fauna of the Mississippian Barnett Formation of Central Texas. Journal of Paleontology, 22: 649–671.

Minato, M. 1955. Japanese Carboniferous and Permian corals. J. Fac. Sci., Hokkaido Univ., Ser. 4, 9(2): 1–202.

Mizuno, Y. 1997. Conodont faunas across the mid-Carboniferous boundary in the Hina Limestone, southwest Japan. Paleontological Research, 1: 237–259.

Montañez, I.P., Poulsen, C.J. 2013. The late Paleozoic ice age; an evolving paradigm. Annual Review of Earth and Planetary Sciences, 41: 629–656.

Moore, E.W.J. 1946. The Carboniferous goniatite genera *Girtyoceras* and *Eumorphoceras*. Proceedings of the Yorkshire Geological Society, 25: 387–445.

Muir-Wood, H.M., Cooper, G.A. 1960. Morphology, classification and life habits of the Productoidea (Brachiopoda). Geological Society of America Memoirs, 81: 1–447.

Munier, C., Lapparent, A. 1893. Note sur la nomenclature des terrains sédimentaires. Bulletin de la Société géologique de France, 3ès., 21: 438-488.

Münster, G.G. zu. 1839. Nachtrag zu den Goniatiten des Fichtelgebirges. Beiträge zur Petrefactenkunde, 1: 16–31.

Murdock, D.J.E., Sansom, I.J., Donoghue, P.C.J. 2013. Cutting the first 'teeth'—A new approach to functional analysis of conodont elements. Proceedings of the Royal Society B: Biological Sciences, 280: 1524.

Murray, F.N., Chronic, J. 1965. Pennsylvanian conodonts and other fossils from insoluble residues of the Minturn Formation (Desmoinesian), Colorado. Journal of Paleontology, 39: 594–610.

Nassichuk, W.W. 1967. A morphologic character new to ammonoids portrayed in *Clistoceras* gen. nov. from the Pennsylvanian of Arctic Canada. Journal of Paleontology, 41: 237–242.

Needham, C.E. 1937. Some New Mexico Fusulinidae. New Mexico School of Mines Bulletin, 14: 1–88.

Nemyrovska, T.I. 1999. Bashkirian conodonts of the Donets Basin, Ukraine. Scripta Geologica, 119: 1–93.

Nemyrovska, T.I. 2005. Late Viséan/early Serpukhovian conodont succession from the Triollo section, Palencia (Cantabrian Mountains, Spain). Scripta Geologica, 129: 13–89.

Nemyrovska, T.I., Alekseev, A.S. 1993. Bashkirian conodonts of Askyn section (Mountain Bashkiria). Bulletin of Moscow Society of Naturalists, Geological Series, 68: 65–86.

Nemyrovska, T.I., Perret-Mirouse, M.F., Meischner, D. 1994. *Lochriea ziegleri* and *Lochriea senckenbergica* – new conodont species from the latest Visean and Serpukhovian in Europe. Courier Forschungsinstitut Senckenberg, 168: 311–317.

Nemyrovska, T.I., Perret-Mirouse, M.F., Alekseev, A.S. 1999. On Moscovian (Late Carboniferous) conodonts of the Donets Basin, Ukraine. Neues Jahrbuch Fur Geologie und Palaontologie-Abhandlungen, 214(1–2): 169–194.

Nemyrovska, T.I., Perret-Mirouse, M.F., Weyant, M. 2006. The early Visean (Carboniferous) conodonts from the Saoura Valley, Algeria. Acta Geologica Polonica, 56: 361–370.

Nestell, M.K., Wardlaw, B.R., Pope, J.P. 2016. A well-preserved conodont fauna from the Pennsylvanian Excello Shale of Iowa, USA Micropaleontology, 62: 93–114.

Nestler, H., 1973. The types of *Tetrataxis conica* Ehrenberg, 1854, and *Tetrataxis palaeotrochus* (Ehrenberg, 1854). Micropaleontology, 19(3): 366–368.

Nigmadganov, I.M., Nemyrovska, T.I. 1992. Mid-Carboniferous boundary conodonts from the Gissar Ridge, south Tienshan, middle Asia. Courier Forschungsinstitut Senckenberg, 154: 253–275.

Nikitin, S.N. 1890. Carboniferous deposits of Moscow Basin and artesian water around Moscow. Transactions of Geological Committee, 5: 1–182.

Norin, E. 1924. The litological character of the Permian sediments of the Angara Series in central Shansi, N. China. Geologiska

Föreningen i Stockholm Förhandlingar, 46(1–2): 19–55.

Norin, E. 1937. Geology of Western Quruq Tagh, Eastern T'ien-Shan: Reports from the Scientific Expedition to the North-western Provinces of China under Leadership of Dr. Sven Hedin: The Sino-Swedish Expedition Ⅲ : Geology 1. Stockhom: Bokforlags Aktiebolaget Thule.

Norin, E. 1941. Geologic Reconnaissance in the Chinese T'ien-Shan: Reports from the Scientific Expedition to the North–western Provinces of China under Leadership of Dr. Sven Hedin: The Sino-Swedish Expedition Ⅲ : Geology 6. Stockhom: Bokforlags Aktiebolaget Thule.

Omara, S., Conil, R. 1965. Lower Carboniferous Foraminifera from southwestern Sinai, Egypt. Annales de la Société géologique de Belgique, 88: B221–B242.

Orlova, I.N., 1958. Foraminifers of the coal-bearing horizon in the region of the Saratov fault. Academy of Sciences USSR Questions of Micropaleontology, 2: 124–129.

Ozaki K. 1931. Upper Carboniferous brachiopods from North China. Bulletin of the Shanghai Science Institute, 1: 1–205.

Ozawa, Y. 1925. Paleontological and Stratigraphical Studies on the Permo-Carboniferous Limestone of Nagato. Part 2. Paleontology. Journal of the College of Science, Imperial University of Tokyo, 45: 1–90.

Paproth, E., Feist, R., Flajs, G. 1991. Decision on the Devonian–Carboniferous boundary stratotype. Episodes, 14: 331–336.

Pareyn, C. 1961. Les Massifs Carbonifères du Sahara Sud-Oranais. Tome II. Paléontologie stratigraphique. Publications du Centre de Recherches Sahariennes, Série Géologie, 1: 1–244.

Phillips, J. 1835. Illustrations of the Geology of Yorkshire; or a Description of the Strata and Organic Remains: Accompanied by a Geological Map, Sections, and Plates of the Fossil Plants and Animals. London: John Murray.

Phillips, J. 1836. Illustrations of the Geology of Yorkshire; or a Description of the Strata and Organic Remains: Accompanied by a Geological Map, Sections and Diagrams and Figures of the Fossils, Part II, The Mountain Limestone District. London: John Murray.

Phillips, J. 1846. On the remains of microscopic animals in the rocks of Yorkshire. Proceedings of the Geological and Polytechnic Society of the West Riding of Yorkshire (1844–1845), 2: 274–285.

Popov, A.V. 1965. Novye vizeyskie ammonoidei Tyan-Shanya. Paleontologicheskiy Zhurnal, 1965(2): 35–49.

Portlock, J.E. 1843. Report on the Geology of the County of Londonderry, and Parts of Tyrone and Fermanagh. Charleston: Nabu Press.

Poty, E. 2016. The Dinantian (Mississippian) succession of southern Belgium and surrounding areas: Stratigraphy improvement and inferred climate reconstruction. Geologica Belgica, 19: 177–200.

Poty, E., Aretz, A., Hance, L. 2014. Belgian substages as a basis for an international chronostratigraphic division of the Tournaisian and Viséan. Geological Magazine, 151(2): 229–243.

Pronina, T.V. 1963. Foraminifery berezovskoy svity karbona vostochnogo sklona Yuzhnogo Urala (Foraminifers from the Carboniferous Berezovaya suite of the eastern slope of the southern Urals). Akademiya Nauk SSSR, Uralskii Filial, Trudy Instituta Geologii, 65, Sbornik po voprosam stratigrafii, 7: 119–176.

Putrja, F.S. 1938. Results of the paleontological processing of cores from boreholes in the village of Razdorskaya on the Donets. Материалы по геол. и полезн. иско Азчергеолтрест,2: 17-28.

Putrja, F.S. 1940. Material on Upper Carboniferous stratigraphy of the eastern border of the Donetsk Basin. Мат. по геол. и полезн. ископ. Аз.Черн. геол. упр., 10: 97–156.

Putrja, F.S. 1956. Stratigraphy and foraminifera from Middle Carboniferous deposits of the Eastern Donbass//Foraminifera, bryozoans and ostracods of the Russian platform, Donbass, Tengiz basin and Kuzbass. Mikrofauna SSSR, Trudy Vsesoyuznogo Nauchno-Issledovatel'skogo Geologorazvedochnogo Instituta VNIGRI, 8: 333–485.

Putrja, F.S., Leontovich, G.E. 1948. To the study of Middle Carboniferous fusulinids from the Saratov Volga region. Bulletin de la Société des naturalistes de Moscou, Geology, 23: 11–45.

Qi, Y.P., Wang, Z.H. 2005. Serpukhovian conodont sequence and the Visean–Serpukhovian boundary in South China. Rivista Italiana di Paleontologia e Stratigrafia, 111: 3–10.

Qi, Y.P., Wang, Z.H., Wang, Y., Ueno, K., Wang, X.D. 2007. Stop 1: Nashui section//Wang, Y., Ueno, K., Qi, Y.P. Pennsylvanian and Lower Permian Carbonate Successions from Shallow Marine to Slope in Southern Guizhou: XVI International Congress on the Carboniferous and Permian, June 21-24, 2007 Nanjing, China; Guide Book for Field Excursion C3. Nanjing: Nanjing Institute of Geology and Palaeontology, 8–16.

Qi, Y.P., Lambert, L.L., Barrick, J.E., Groves, J.R., Wang Z.H., Hu, K.Y., Wang, X.D. 2010a. New interpretation of the conodont succession of the Naqing (Nashui) Section: Candidate GSSP for the base of the Moscovian Stage, Luosu, Luodian, Guizhou, South China//Wang, X.D., Qi, Y.P., Groves, J., Barrick, J.E., Nemyrovska, T.I., Ueno, K., Wang, Y. Carboniferous Carbonate Succession from Shallow Marine to Slope in Southern Guizhou: The SCCS Workshop on GSSPs of the Carboniferous System, Guide Book for Field Excursion. Nanjing: Nanjing Institute of Geology and Palaeontology, 65–77.

Qi, Y.P., Nemyrovska, T.I., Barrick, J.E., Wang, W.J., Zheng, Q.F. 2010b. Thestratigraphical distribution of conodonts from the Luokun Section//Wang, X.D., Qi, Y.P., Groves, J., Barrick, J., Nemyrovska, T.I., Ueno, K., Wang, Y. Carboniferous Carbonate Succession from Shallow Marine to Slope in Southern Guizhou: Field Excursion Guidebook for the SCCS Workshopon GSSPs of the Carboniferous System, 21–31 November 2010, Nanjing and southern Guizhou, China. Nanjing: Nanjing Institute of Geology and Palaeontology, 145–149.

Qi, Y.P., Wang, X.D., Richards, B.C., Groves, J.R., Ueno, K., Wang Z.H., Wu, X.H., Hu, K.Y. 2010c. Recent progress on conodonts and foraminifers from the candidate GSSP of the Carboniferous Visean–Serpukhovian boundary in the Naqing (Nashui) section of South China //Wang, X.D., Qi, Y.P., Grooves, J., Barrick, J.E., Nemyrovska, T.I., Ueno, K., Wang, Y. Carboniferous Carbonate Succession from Shallow Marine to Slope in Southern Guizhou: The SCCS Workshop on GSSPs of the Carboniferous System, Guide Book for Field Excursion. Nanjing: Nanjing Institute of Geology and Palaeontology, 35–64.

Qi, Y.P., Wang, X.D., Lambert, L.L., Barrick J.E., Wang, Z.H., Hu, K.Y., Wang, Q.L. 2011. Three potential levels for the Bashkirian–Moscovian boundary in the Naqing section based on conodonts. Newsletter on Carboniferous Stratigraphy, 29: 61–64.

Qi, Y.P., Lambert, L.L., Nemyrovska, T.I., Wang, X.D., Hu, K.Y., Wang, Q.L. 2013. Multiple transitional conodont morphologies demonstrate depositional continuity in the Bashkirian–Moscovian boundary interval, Naqing Section, Guizhou, South China. New Mexico Museum of Natural History and Science Bulletin, 60: 329–336.

Qi, Y.P., Nemyrovska, T.I., Wang, X.D., Chen, J.T., Wang, Z.H., Lane, H.R., Richards, B.C., Hu, K.Y., Wang, Q.L. 2014a. Late Visean–Early Serpukhovian conodont succession at the Naqing (Nashui) section in Guizhou, South China. Geological Magazine, 151: 254–268.

Qi, Y.P., Hu, K.Y., Wang, Q.L, Lin, W. 2014b. Carboniferous conodont biostratigraphy of the Dianzishang section, Zhenning, Guizhou, South China. Geological Magazine, 151: 311–327.

Qi, Y.P., Lambert, L.L., Nemyrovska, T.I., Wang, X.D., Hu, K.Y., Wang, Q.L. 2016. Late Bashkirian and early Moscovian conodonts from the Naqing section, Luodian, Guizhou, South China. Palaeoworld, 25: 170–187.

Qi, Y.P., Nemyrovska, T.I., Wang, Q.L., Hu, K.Y., Wang, X.D., Lane, H.R. 2018. The conodonts of Lochriea genus around the Visean–Serpukhovian boundary (Mississippian) at the Naqing section, Guizhou Province, South China. Palaeoworld, 27: 423–437.

Qi, Y.P., Barrick, J.E., Hogancamp, N.J., Chen, J.T., Hu, K.Y., Wang, Q.L., Wang, X.D. 2020. Conodont assemblages across the Kasimovian-Gzhelian boundary (Late Pennsylvanian) in South China and implications for the selection of the stratotype for the base of the global Gzhelian Stage. Papers in Palaeontology, in press.

Qiao, L., Shen, S.Z. 2012. Late Mississippian (Early Carboniferous) brachiopods from the western Daba Mountains, central China. Alcheringa, 36: 1–23.

Qiao, L., Shen, S.Z. 2015. A global review of the Late Mississippian (Carboniferous) Gigantoproductus (Brachiopoda) faunas and their paleogeographical, paleoecological, and paleoclimatic implications. Palaeogeography, Palaeoclimatology, Palaeoecology, 420:128–137.

Qie, W.K., Zhang, X.H., Du, Y.S., Yang, B., Ji, W.T., Luo, G.M. 2014. Conodont biostratigraphy of Tournaisian shallow water carbonates in central Guangxi, South China. Geobios, 47: 389–401.

Qie, W.K., Wang, X.D., Zhang, X.H., Ji, W.T., Grossman, E.L., Huang, X., Liu, J.S., Luo, G.M. 2016. Latest Devonian to earliest Carboniferous conodont and carbon isotope stratigraphy of a shallow-water sequence in South China. Geological Journal, 51(6): 915–935.

Ramsbottom, W.H.C. 1984. The founding of the Carboniferous System. Neuvième Congres International de Stratigraphie et de Géologie du Carbonifère. Compte Rendu, 1 : 109–112.

Rauser-Chernousova, D.M. 1938. The Upper Paleozoic foraminifera of Samara Bend and the Trans-Volga region. Proceedings of the Geological Institute of the USSR Academy of Sciences (Leningrad), 7: 69–168.

Rauser-Chernousova, D.M. 1948a. Contributions to the foraminiferal fauna of the Carboniferous deposits of central Kazakhstan. Academy of Sciences USSR Proceedings Insitute of Geological Sciences, 66: 1–28.

Rauser-Chernousova, D.M. 1948b. Rod Haplophragmella i vlizkie k nemy formy (Genus *Haplophragmella* and related forms). Akademiya Nauk SSSR, Trudy Instituta Geologicheskikh Nauk, 62, geologicheskaya seriya, 19: 159–165.

Rauser-Chernousova, D.M. 1948c. Nekotorye novye nizhnekamennougolnye foraminifery Syzranskogo raiona (Some new foraminifers from the Early Carboniferous of Syzran area). Akademya Nauk SSSR, Trudy Instituta Geologicheskikh Nauk, 62, geologicheskaya seriya, 19: 239–243.

Rauser-Chernousova, D.M. 1948d. Nizhnekamennougolnye endotiry gruppy Endothyra crassa Brady i blizkie k nim formy (Lower Carboniferous Endothyres of the group Endothyra crassa Brady and closely related forms). Akademiya Nauk SSSR, Trudy Instituta Geologicheskikh Nauk, 62, geologicheskaya seriya, 19: 166–175.

Rauser-Chernousova, D.M. 1948e. Materialy k faune foraminifer kamennougolnykh otlozhenii Tsentralnogo Kazakhstana (Materials for foraminiferal fauna from the Carboniferous deposits from central Kazakhstan). Akademiya Nauk SSSR, Trudy Instituta Geologicheskikh Nauk, 66, geologicheskaya seriya, 21: 1–66.

Rauser-Chernousova, D.M. 1948f. O nekotorye endotirakh gruppy Endothyra bradyi Mikhailov (On some endothyras of the group of Endothyra bradyi Mikhailov). Akademiya Nauk SSSR, Trudy Instituta Geologicheskikh Nauk, 62, geologicheskaya seriya, 19: 176–181.

Rauser-Chernousova, D.M., Fursenko, A.V. 1937. Guide to the Foraminifera of the oil-bearing region of the USSR, part 1. Lerningrad and Moscow, United Sci. Tech. Press (ONTI) .

Rauser-Chernousova, D.M., Belyaev, G., Reitlinger, E. 1936. Upper Paleozoic foraminifera of the Pechora region. Proceedings of the Polar Commission AS USSR, 28: 159–232.

Rauser-Chernousova, D.M. et al. 1948. Stratigraphy and Foraminifera of the Lower Carboniferous of the Russian Platform and Cis-Ural. Akademya Nauk SSSR Trudy Instituta Geologicheskikh Nauk, 62 geologicheskaya seriya, 19: 227–238.

Rauser-Chernousova, D.M., Gryzlova, N.D., Kireeva, G.D., Leontovich, G.E., Safonova, T.P., Chernova, E.I. 1951. Middle Carboniferous fusulinids of the Russian Platform and Neighboring Regions. Academy of Sciences USSR, 1–380.

Reitlinger, E.A. 1949. Smaller foraminifers in the lower part of the Middle Carboniferous of the Middle Urals and Kama River area. Izvestiya Akademii Nauk SSSR, Seriya Geologicheskaya, 6: 149–164.

Reitlinger, E.A. 1963. About a paleontological criteria for establishing the boundaries of the Lower Carboniferous Division (based on the fauna of foraminifera). Academy of Sciences USSR Questions of Micropaleontology, 7: 22–56.

Reitlinger, E.A. 1971. Some problems of systematics in the light of evolutionary stage of Upper Paleozoic foraminifers. Akademiya Nauk SSSR, Voprosy Mikropaleontologii, 14: 3–16.

Reitlinger, E.A., Melnikova, A.S. 1977. On characteristics of Fusulinidea of the Serpukhovian time. Academy of Sciences USSR Questions of Micropaleontology, 20: 68–80.

Reshetkova, N.P., Chernykh, V.V. 1986. New conodonts from Asselian deposits on the west slope of the Urals. Paleontologicheski Zhournal, 4:108–112.

Rexroad, C.B. 1957. Conodonts from the Chester Series in the type area of south western Illinois. Illinois Sate Geological Survey Report, 199: 1–43.

Rexroad, C.B., Burton, R.C. 1961. Conodonts from the Kinkaid Formation (Chester) in Illinois. Journal of Paleontology, 35(6): 1143–1158.

Rhodes, F.H.T., Austin, R.L., Druce, E.C. 1969. British Avonian conodont faunas, and their value in local and intercontinental correlation. Bulletin of the British Museum (Natural History) Geology Supplement, 5: 1–313.

Ritter, S.M. 1995. Upper Missourian–Lower Wolfcampian (Upper Kasimovian–Lower Asselian) conodont biostratigraphy of the Midcontinent, USA. Journal of Paleontology, 69: 1139–1154.

Ross, C.A., Dunbar, C.O. 1962. Faunas and correlation of the Late Paleozoic rocks of northeast Greenland Part 2, Fusulinidae. Meddelelser om Grønland, 167: 1–55.

Rosscoe, S.J. 2008. Idiognathodus and Streptognathodus species from the lost Branch to Dewey sequences (middle-Upper Pennsylvanian) of the Midcontinent Basin, North America. Lubbock: Texas Tech University.

Rosscoe, S.J., Barrick, J.E. 2009. Revision of Idiognathodus species from the Desmoinesian–Missourian (~Moscovian–Kasimovian) boundary interval in the Midcontinent Basin, North America. Palaeontographica Americana, 62: 115–147.

Rosscoe, S.J., Barrick, J.E. 2013. North American species of the conodont genus *Idiognathodus* from the Moscovian–Kasimovian boundary composite sequence and correlation of the Moscovian–Kasimovian stage boundary//Lucas, S.G., DiMichele, W.A., Barrick, J.E., Schneider, J.W., Spielmann, J.A. The Carboniferous–Permian Transition. New Mexico Museum of Natural History and Science Bulletin, 60: 354–371.

Rotai, A. P. 1938. Lower Carboniferous of the Donets Basin and the position of the Namurian Stage in the Carboniferous system. International Geological Congress, Report of the XVII Session, vol. 1. Moscow. 465–478.

Roundy, P.V. 1926. Mississippian formations of San Saba County, Texas. US Geological Survey Professional Paper, 146: 1–66.

Rozovskaya, S.E. 1948. Classification and systematic features of the genus Triticites. Reports of the Academy of Sciences USSR, 59: 1635–1638.

Rozovskaya, S.E. 1950. The genus *Triticites*, its development and stratigraphic significance. Trudy Paleontol Inst. Ak. Nauk SSSR, Moscow, 26: 3–78.

Rozovskaya, S.E. 1958. Fusulinids and biostratigraphic zonation of the Upper Carboniferous deposits of the Samara Bend. Transactions of the Geological Institute, Academy of Sciences USSR, 13: 57–120.

Ruan, Y.P. 1995. Tournaisian ammonoids of Northern Xinjiang, China. Palaeontologia Cathayana, 6: 407–430.

Rui, L., Wang, Z.H., Zhang, L.X. 1987. Luosuan–A new chronostratigraphic unit at the base of the Upper Carboniferous, with reference to the mid-Carboniferous boundary in South China//Wang, C.Y. Carboniferous Boundaries in China. Beijing: Science Press, 107–121, pls. 1–2.

Ruzhencev, V.E. 1947. Novyy rod iz semeystva Cheiloceratidae v Namyurskikh otlozheniyakh Urala. Doklady Akademiya Nauk SSSR, 57: 281–284.

Ruzhencev, V.E. 1949. Sistematika i evolyutsia semeystv Pronoritidae Frech i Medlicottiidae Karpinsky. Trudy Paleontologicheskogo Instituta Akademiya Nauk SSSR, 19: 1–206.

Ruzhencev, V.E. 1951. O nakhodzhenii roda Pseudoparalegoceras v Aktyubinskoy obl. Kazakhskoy SSR. Doklady Akademiya Nauk SSSR, 78: 769–772.

Ruzhencev, V.E. 1958. Dva novykh roda goniatitov v nizhnem Namyure yuzhnogo Urala. Doklady Akademiya Nauk SSSR, 122: 293–296.

Ruzhencev, V.E., Bogoslovskaya, M.F. 1970. Reviziya nadsemeystva Goniatitaceae. Paleontologicheskiy Zhurnal, (4): 52–65.

Ruzhencev, V.E., Bogoslovskaya, M.F. 1971. Namyurskiy etap v evolyutsii ammonoidey. Rannenamyurskie ammonoidei. Trudy Paleontologicheskogo Instituta Akademiya Nauk SSSR, 133: 1–382.

Ruzhencev, V.E., Bogoslovskaya, M.F. 1978. Namyurskiy etap v evolyutsii ammonodey. Pozdnenamyurskiye ammonoidei. Trudy Paleontologicheskogo Instituta Akademiya Nauk SSSR, 167: 1–336.

Salée, A. 1913. Sur quelques polypiers carbonifériens du Muséum d'Histoire Naturelle de Paris. Bull. Hist. Nat. Paris, (6): 365–376.

Saltzman, M.R., Groessens, E., Zhuravlev, A.V. 2004. Carbon cycle models based on extreme changes in $\delta^{13}C$: An example from the lower Mississippian. Paleogeography, Paleoclimatology, Paleoecology, 213: 359–377.

Sandberg, C.A., Streel, M., Scott, R.A. 1972. Comparison between conodont zonation and spore assemblages at the Devonian–Carboniferous boundary in the western and central United States and in Europe//Josten, K-H. Compte Rendu 7ème Congres International de Stratigraphie et de Géologie du Carbonifère. Krefeld 23-28, August, 1971. Krefeld: Geologische Landesamt Nordrhein-Westfalen, 179–203.

Sandberg, C.A., Ziegler, W., Leuteritz, K., Brill, S.M. 1978. Phylogeny, speciation, and zonation of Siphonodella (Conodonta, Upper Devonian and Lower Carboniferous). Newsletters on Stratigraphy, 7: 102–120.

Sanz-López, J., Blanco-Ferrera, S., García-López, S. 2004. Taxonomy and evolutionary significance of some Gnathodus species (conodonts) from the Mississippian of the northern Iberian Peninsula. Revista Española de Micropaleontología, 36: 215–230.

Sanz-López, J., Blanco-Ferrera, S., García-López, S., Sánchez de Posada, L.C. 2006. The mid-Carboniferous boundary in northern Spain: Difficulties for correlation of the global stratotype section and point. Rivista Italiana di Paleontologia e Stratigrafia, 112: 3–22.

Sanz-López, J., Blanco-Ferrera, S., Sanchez de Posada, L. C., García-López, S. 2007. Serpukhovian conodonts from northern Spain and their biostratigraphic application. Palaeontology, 50: 883–904.

Savage, N.M., Barkeley, S.J. 1985. Early to Middle Pennsylvanian conodontsfrom the Klawak Formation and the Ladrones Limestone, southeastern Alaska. Journal of Paleontology, 59: 1451–1465.

Schellwien, E. 1898. Die Fauna des karnischen Fusulinenkalks. Teil II. (Mit Taf. XVII–XXIV). Palaeontographica, 44: 237–282.

Schellwien, E. 1908. Monographie der Fusulinen. Teil I. (Mit Taf XIII–XX). Nach dem Tode des Verfassers herausgegeben und fortgesetzt von Günter Dyhrenfurth und Hans v. Staff. Teil I: Die Fusulinen des russisch-arktischen Meeresgebietes. Mit einem Vorwort von Fritz Frech und einer stratigraphischen Einleitung von Hans. v. Staff. Palaeontographica, 55: 145–194.

Schellwien, E., von Staff, H. 1912. Monographie der Fusulinen. (Geplant und begonnen von E. Schellwien) Teil III. – Die Fusulinen (Schellwienien) Nordamerikas (Mit Taf. XV–XX und 17 Textfiguren.). Palaeontographica, 59: 157–192.

Schmidt, H. 1925. Die carbonischen Goniatiten Deutschlands. Jahrbuch der Preubischen Geologischen Landesanstalt, 45: 489–609.

Schmitz, M.D., Davydov, V.I. 2012. Quantitative radiometric and biostratigraphic calibration of the Pennsylvanian–Early Permian (Cisuralian) time scale and pan-Euramerican chronostratigraphic correlation. Geological Society of America Bulletin, 124: 549–577.

Schönlaub, H.P. 1969. Conodonten aus dem Oberdevon und Unterkarbon des Kronhofsgrabens (Kamische Alpen, Osterreich). Jahrbuch der Geologischen Bundesanstalt, 112: 321–354.

Schwetzow, M.C. 1922. K voprosy o stratigrafii nizhnekammenougolnykh otlozhenii ozhnogo kryla podmoskovnogo basseina [On the problem of the stratigraphy of the Lower Carboniferous deposits of the southern side of the Moscow Basin]. Vestnik Moskovskogo Gornogo Akademiia, 1: 1–20.

Scott, A.J. 1961. Three new conodonts from the Louisiana Limestone (Upper Devonian) of western Illinois. Journal of Paleontology, 35: 1223–1227.

Sevastopulo, G.D., Barham, M. 2014. Correlation of the base of the Serpukhovian Stage (Mississippian) in NW Europe. Geological Magazine, 151(2): 244–253.

Shamov, D.F., Shcherbovich, S.F. 1949. Some Pseudofusulina from the Schwagerina horizon of Bashkiria. Proceedings of the Geological Institute Academy of Sciences SSSR, Geological Series 35, 105: 163–170.

Shen, G.S. 1934. Fusulinidae of the Huanglung and Maping limestones, Kwangsi. Memoirs of the National Research Institute of Geology, 14: 33–54.

Shen, S.Z., Zhang, H., Li, W.Z., Mu, L., Xie, J.F. 2006. Brachiopod diversity patterns from Carboniferous to Triassic in South China. Geological Journal, 41: 345–361.

Shen, Y., Wang, X.L. 2015. Stratigraphic subdivision and correlation of the Carboniferous System in South China. International Geology Review, 57(3): 354–372.

Shen, Y., Wang, X.L. 2017. Howchinia Cushman, 1927 (Foraminifera) from the Mississippian Bei'an Formation and its distribution in South China. Alcheringa: An Australasian Journal of Palaeontology, 41(2): 169–180.

Sheng, J.C. 1951. *Taitzehoella*, a new genus of fusulinid. Bulletin of the Geological Society of China, 31: 79–84.

Sheng, Q.Y., Wang, X.D., Brenckle, P., Huber, B.T., 2018. Serpukhovian (Mississippian) foraminiferal zones from the Fenghuangshan section, Anhui Province, South China: Implications for biostratigraphic correlations. Geological Journal, 53(1): 45–57.

Shepard, C.U. 1838. Geology of upper Illinois. American Journal of Science (series 1), 34:134–161.

Shi, G.R., Chen, Z.Q., Zhan, L.P. 2005. Early Carboniferous brachiopod faunas from the Baoshan block, west Yunnan, southwest China. Alcheringa: An Australasian Journal of Palaeontology, 29: 31–85.

Shi G.R., Chen Z.Q., Tong J.N. 2008. New latest Carboniferous brachiopods from the Hexi Corridor Terrane, North China: Faunal migrations and palaeogeographical implications. Proceedings of the Royal Society of Victoria, 120: 277–304.

Shlykova, T.I. 1948. Upper Carboniferous fusulinids of Samarskaya Luka. Trudy VNIGRI, New Series, 31: 109–146.

Shumard, B.F. 1863. Descriptions of new Paleozoic fossils. Transactions of the St. Louis Academy of Science, 2: 108–113.

Sigal, J. 1952. Ordre des Foraminifera//Piveteau, J. Traité de Peléontologie, Masson et Cie, Paris, T. I: 133–178, 192–301.

Skinner, J.W., Wilde, G.L. 1954. New early Pennsylvanian fusulinids from Texas. Journal of Paleontology, 28: 796–803.

Smith, J.P. 1903. The Carboniferous ammonoids of America. Monographs of the United States Geological Survey, 42: 1–211.

Smith, S. 1917. *Aulina rotiformis* gen. et sp. nov., *Phillipstraea hennahi* (Lonsdale), and *Orionastaea* gen. nov. Q. J. G. S., 72 (4): 280–307.

Smith, S., Yü, C.C. 1943. A revision of the coral genus Aulina Smith and descriptions of new species from Britain and China. Q. J. G. S., 99 (1): 37–61.

Sowerby, G.B. 1821–1822. The Mineral Conchology of Great Britain, volume 4. London: 1–114.

Sowerby, J. 1812. Mineral Conchology of Great Britain, volume I. London: 1–250.

Stauffer, C.R., Plummer, H.J. 1932. Texas Pennsylvanian conodonts and their stratigraphic significance. University of Texas Bulletin, 3201:13–50.

Stuckenberg, A.A. 1905. Fauna verkhne-kamennougol'noi Tolshchi Samarskoi Luki [Die Fauna der obercarbonischen Suite des Wolgadurchbruches]. Trudy Geologicheskogo Komiteta [Mémoires de la Comité Géologique], 23:144.

Suleymanov, I.S. 1949. New fusulinid species of the subfamily Schubertellinae Skinner from the Carboniferous and Lower Permian sediments of the Bashkir Priural. Trudy Instituta Geologicheskikh Nauk, geologicheskaya seriya 35, 105: 22–43.

Sun, C.C. 1936. On the Stratigraphy of Upper Huangho and Nanshan Regions. Bulletin of the Geological Society of China, 15(1): 75–86.

Sun, Y.L., Baliński, A. 2008. Silicified Mississippian brachiopods from Muhua, southern China: Lingulids, craniids, strophomenids, productids, orthotetids, and orthids. Acta Palaeontologica Polonica, 53: 485–524.

Sun, Y.L., Baliński, A., Ma, X.P., Zhang, Y. 2004. New bizarre micro–spiriferid brachiopod from the Early Carboniferous of China. Acta Palaeontologica Polonica, 49: 267–274.

Swallow, G.C. 1860. Descriptions of new fossils from the Carboniferous and Devonian of Missouri. Transactions of the St. Louis Academy of Science, 1: 635–660.

Sze, H.C., Lee, H.H. 1945. Palaeozoic plants from Ninghsla. Bulletin of the Geological Society of China, 15: 227–260.

Teodorovich, G.I. 1949. On the subdivision of Upper Carboniferous into stages. Doklady Akademii Nauk SSSR, 67(3): 537–540.

Thompson, M.L. 1936. Fusulinids from the Black Hills and adjacent areas in Wyoming. Journal of Paleontology, 10: 95–113.

Thompson, M.L. 1948. Studies of American fusilinids. The University of Kansas Paleontological Contributions: Protozoa, 1: 1–184.

Thompson, M.L. 1954. American Wolfcampian fusulinids. The University of Kansas Paleontological Contributions: Protozoa, 5: 1–126.

Thompson, M.L. 1957. Northern midcontinent Missourian fusulinids. Journal of Paleontology, 31: 289–328.

Thompson, M.L., Verville, G.J., Bissell, H.J. 1950. Pennsylvanian Fusulinids of the South-Central Wasatch Mountains, Utah. Journal of Paleontology, 24: 430–465.

Thompson, M.L., Thomas, H.D., Harrison, J.W. 1953. Fusulinids of the Casper formation of Wyoming. Wyoming Geological Survey Bulletin, 46: 1–56.

Tian, S.G., Coen, M. 2005. Conodont evolution and stratotype sign of carboniferous Tournaisian–Visean boundary in South China. Science in China Series D Earth Sciences, 48(12): 2131–2141.

Ting, V.K. 1919. Geology of the Yangtze Valley below Wuhan. Whangpoo Conservancy Board, Shanghai Harbour Inverstigation,

1: 1–84.

Ting, V.K. 1931. On the Stratigraphy of the Fengninian System. Bulletin of the Geological Society of China, 10(1): 31–48, 354–358.

Ting, V.K. Grabau, A.W. 1936. The Carboniferous of China and its bearing on the classification of the Mississippian and Pennsylvanian. 16th International Geological Congress Report, Washington, DC (1933). 1: 555–571.

Tolmatchoff, I.P. 1924. Nizhnekamennougol'naia fauna kuznetskogo uglenosnogo basseina. Chast' Pervaia [Faune du Calcaire Carbonifère du Bassin Houiller de Kousnetzk]. Materialy po Obshchei I Prikladnoi Geologii, 25:1–320, pls. 1–5, 8–11, 18–20.

Torsvik, T.H., Cocks, L.R.M. 2017. Earth History and Palaeogeography. Cambridge:Cambridge University Press.

Trautschold, H. 1876. Die Kalkbrueche von Mjatschkowa. Forsetzuzng. Nouveaux Mémoires de la Société Impériale des Naturalistes de Moscou, 13(5):325–374.

Tschernyschew, T.N. 1902. Die obercarboniferischen Brachiopoden des Ural und des Timan. Comité Géologie Mémoire, 16:1–749, 63 pl., atlas.

Ueno, K., Task Group. 2009. Report of the Task Group to establish the Moscovian–Kasimovian and Kasimovian–Gzhelian boundaries. Newsletter on Carboniferous Stratigraphy, 27: 14–18.

Ueno, K., Task Group. 2014. Report of the Task Group to establish the Moscovian–Kasimovian and Kasimovian–Gzhelian boundaries. Newsletter on Carboniferous Stratigraphy, 31: 36-40.

Ueno, K., Task Group. 2016. Report of the Task Group to establish the Moscovian–Kasimovian and Kasimovian–Gzhelian boundaries. Newsletter on Carboniferous Stratigraphy, 32: 33–36.

Ueno, K., Task Group. 2017. Report of the Task Group to establish the Moscovian–Kasimovian and Kasimovian–Gzhelian boundaries. Newsletter on Carboniferous Stratigraphy, 33: 18-20.

Ueno, K., Hayakawa, N., Nakazawa, T., Wang, Y., Wang, X.D. 2007. Stop 2. Zhongdi section//Wang, Y., Ueno, K., Qi, Y.P. Pennsylvanian and Lower Permian carbonate successions from shallow marine to slope in southern Guizhou: XVI International Congress on the Carboniferous and Permian, June 21-24, 2007, Nanjing, China; Guide Book for Field Excursion C3.Nanjing: Nanjing Institute of Geology and Palaeontology, 17–46.

Ueno, K., Hayakawa, N., Nakazawa, T., Wang, Y., Wang, X.D. 2010. Zhongdi section// Wang, X.D., Qi, Y.P., Grooves, J., Barrick, J.E., Nemyrovska, T.I., Ueno, K., Wang, Y. Carboniferous Carbonate Succession from Shallow Marine to Slope in southern Guizhou: The SCCS Workshop on GSSPs of the Carboniferous System, Guide Book for Field Excursion. Nanjing: Nanjing Institute of Geology and Palaeontology, 1–34.

Ueno, K., Hayakawa, N., Nakazawa, T., Wang, Y., Wang, X.D. 2013. Pennsylvanian–Early Permian cyclothemic succession on the Yangtze Carbonate Platform, South China. Geological Society, London, Special Publications, 376: 235–267.

Ustrisky, B.N. 1960. Stratigraphy and faunas of Carboniferous–Permian from the western Kunlun Mountains. Professional Papers, Institute of Geology, Geology and Mineral Resources Ministry, China, Series B, 5(1): 14-132.

Vaughan, A. 1905. The palaeontological sequence in the Carboniferous Limestone of the Bristol area. Q. J. G. S., 61: 181-307.

Vdovenko, M.V. 1954. Deyaki novi vidi foraminifer iz nizhn'ovizeys'kikh vidkladiv Donets'kogo baseynu (Some new species of foraminifera from the early Visean deposits of Donets Basin). Geologicheskii Zbirnik, 5: 63-76.

Vdovenko, M.V. 1970. Novi dani z sistematiki rodnii Forschiidae (New data on the systematics of genera of Forschiidae). Geologichniy Zhurnal, 30 (3): 66–78.

Vdovenko, M.V. 1971. Novyye vidy i formy roda *Eoparastaffella* (New species and forms of genus *Eoparastaffella*). Paleontologicheskiy Sbornik, Izdatelstvo L'vovskogo Universitetata, 7 (2): 6–12.

Veizer, J., Ala, D., Azmy, K., Bruckschen, P., Buhl, D., Bruhn, F., Carden, G.A.F., Diener, A., Ebneth, S., Godderis, Y., Jasper, T., Korte, C., Pawellek, F., Podlaha, O., Strauss, H., 1999. $^{87}Sr/^{86}Sr$, $\delta^{13}C$ and $\delta^{18}O$ evolution of Phanerozoic seawater. Chemical Geology, 161: 59–88.

Villa, E. 1995. Fusulináceos carboníferos del Este de Asturias (N de España). Biostratigraphie du Paléozoique, Université Claude Bernard, Lyon, 13: 1–261.

Villa, E., Merino-Tomé, Ó. 2016. Fusulines from the Bashkirian/Moscovian transition in the Carboniferous of the Cantabrian Zone (NW Spain). Journal of Foraminiferal Research, 46(3): 237–270.

Villa, E., Task Group. 2004. Progress report of the Task Group to establish the Moscovian-Kasimovian and Kasimovian-Gzhelian boundaryies. Newsletter on Carboniferous Stratigraphy, 26: 12–13.

Villa, E., Task Group. 2008. Progress report of the Task Group to establish the Moscovian-Kasimovian and Kasimovian-Gzhelian boundaries. Newsletter on Carboniferous Stratigraphy, 26: 12–13.

Vissarionova, A.Y. 1948a. Nekotorye vidy podsemeitsva Tetrataxinae Galloway iz Vizeskogo yarusa evropeiskoi chasti Soyuza (Some species of the subfamily Tetrataxinae Galloway from the Visean of the European part of the Union). Akademiya Nauk SSSR, Trudy Instituta Geologicheskikh Nauk, 62, geologicheskaya seriya, 19: 190–195.

Vissarionova, A.Y. 1948b. Gruppa Endothyra globulus Eichwald iz Viseiskogo yarusa nizhnego Karbona Evropeiskoi chasti Soyuza (Group Endothyra globulus Eichwald in the Visean stage of the Early Carboniferous from the European part of the Union). Akademiya Nauk SSSR, Trudy Instituta Geologicheskikh Nauk, 62, geologicheskaya seriya, 19: 182–185.

Voges, A. 1959. Conodonten aus dem Unterkarbon I und II (Gttendorfia-und Pericyclus-Stufe) des Sauerlands. Paläontologische Zeitschrift, 33: 26–314.

Vöhringer, E. 1960. Die Goniatiten der unterkarbonischen Gattendorfia-Stufe im Hönnetal (Sauerland). Fortschritte in der Geologie von Rheinland und Westfalen, 3: 107–196.

von Bitter, P.H., Sandberg, C.A., Orchard, M.J. 1986. Phylogeny, Speciation, and Palaeoecology of the Early Carboniferous (Mississippian) Conodont Genus Mestognathus. Royal Ontario Museum Life Sciences Publications, 143: 1–115.

von Moeller, V. 1878. Die Spiral-gewundenen Foraminiferen des russischen Kohlenkalks. Mémoires de l'Académie Impériale des Sciences de St. Pétersbourg, Series 7: 25.

von Moeller, V. 1879. Die Foraminiferen des Russischen kohklenkals. Mémoires de l'Académie Impériale des Sciences de St. Pétersbourg, Serie 7, 27: 1–131.

von Richthofen, F.F. 1869. Schichtgebirge am Yang–tse–kiang. Verhandlungen der Kaiserlich–Königlichen Geologischen Reichsanstalt, 7: 131–137.

von Richthofen, F.F. 1882. China, Ergebnisse Eigener Reisen und Darauf Gegrundeter studien, Volume 2. Berlin: Verlag von Dietrich Reimer.

Waagen, W. 1883. Salt Range fossils, Vol. I: Productus Limestone fossils, Brachiopoda. Memoirs of the Geological Survey of India, Palaeontologia Indica, Series 13, 4: 391–546.

Wagner, R.H., Winkler Prins, C.F. 2016. History and current status of the Pennsylvanian chronostratigraphic units: Problems of definition and interregional correlation. Newsl Stratigr, 49(2): 281-320.

Wagner-Gentis, C.H.T. 1963. Lower Namurian goniatites from the Griotte limestone of the Cantabric Mountain Chain. Notas y comunicaciones del Instituto Geológico y Minero de España, 69: 5–42.

Wang, C.Y., Yin, B.A. 1988. Conodonts//Yu, C. M. Devonian-Carboniferous Boundary in Nanbiancun, Guilin, China – Aspects and Records. Beijing: Sciences Press, 105–148.

Wang, H.Z., Zheng, L.R., Wang, X.L. 1991. The tectonopalaeogeography and biogeography of China and adjacent regions in the Carboniferous Period//Jin, Y.G., Li, C. Onzieme Congres International de Stratigraphie et de Geologie du Carbonifere, Beijing, 1987. Compte Rendu 1. Nanjing: Nanjing University Press, 97–116.

Wang, X.D., Jin, Y.G. 2003. Carboniferous Stratigraphy of China//Zhang, W.T., Chen, P.J., Palmer, A.R. Biostratigraphy of China. Beijing: Science Press, 281–329.

Wang, X.D., Wang, X.J., Zhang, F., Zhang, H. 2006. Diversity patterns of the Carboniferous and Permian rugose corals in South China. Geological Journal, 41(3): 329-343.

Wang, X.D., Qie, W.K., Sheng, Q.Y., Qi, Y.P., Wang, Y., Liao, Z.T., Shen, S.Z., Ueno, K. 2013. Carboniferous and Lower Permian sedimentological cycles and biotic events of South China. Geological Society of London Special Publications, 376(1): 33–46.

Wang, X.D., Hu, K.Y., Qie, W.K., Sheng, Q.Y., Chen, B., Lin, W., Yao, L, Wang, Q.L., Chen, J.T., Liao, Z.T., Song, J.J. 2019. Carboniferous integrative stratigraphy and time scale of China. Science China Earth Sciences, 62(1): 135–153.

Wang, Y. 2003. A new fossil plant from the earliest Carboniferous of China. Alcheringa, 27: 57–67.

Wang, Y., Xu, H.H. 2002. A new fossil plant from the earliest Carboniferous of China. International Journal of Plant Sciences, 163: 475–483.

Wang, Z.H. 1990. Conodont zonation of the Lower Carboniferous in South China and phylogeny of some important species. Courier Forschungsinstitut Senckenberg, 130: 41–46.

Wang, Z.H., Higgins, A.C. 1989. Conodont zonation of the Namurian–Lower Permian strata in South Guizhou, China. Palaeontologia Cathayana, 4: 261–325.

Wang, Z.H., Qi, Y.P. 2002. Report on the Pennsylvanian conodont zonation from the Nashui section of Luodian, Guizhou, China. Newsletter on Carboniferous Stratigraphy, 26: 29–33.

Wang, Z.H., Qi, Y.P. 2003. Upper Carboniferous (Pennsylvanian) conodonts from South Guizhou of China. Rivista Italiana di Paleontologia e Stratigrafia, 109: 379–397.

Wang, Z.H., Lane, H.R., Manger, W.L. 1987. Carboniferous and Early Permian conodont zonation of North and Northwest China. Courier Forschungsinstitut Senckenberg, 98: 119–157.

Whitehurst, J. 1778. An enquiry into the original state and formation of earth printed for the author and W. Bent by J. Cooper, London. 199.

Williams, A., Brunton, C.H.C., Carlson, S.J.2000. Brachiopoda (revised) Volume 2: Linguliformea, Craniiformea, and Rhynchonelliformea (part)//Kaesler, R.L. Treatise on Invertebrate Paleontology, Part H. Lawrence: Geological Society of America and University of Kansas Press, 1–423.

Williams, A., Brunton, C.H.C., Carlson, S.J. 2006. Brachiopoda (revised) Volume 5: Rhynchonelliformea (part)//Kaesler, R.L. Treatise on Invertebrate Paleontology, Part H. Lawrence: Geological Society of America and University of Kansas Press, 1689–2320.

Williams, H.S. 1891. Correlation papers: Devonian and Carboniferous. United States Geological Survey, Bulletin, 80: 1–279.

Wills, B. 1907. Structural geology of Shan-Tung//Willis, B., Blackwelder, E., Sargent, R.H. Research in China, Volume 1, Part One, Descriptive Topography and Geology. Washinton D.C.: Carnegie Institution of Washington, 59–74.

Wills, B., Blackwelder, E. 1907. Stratigraphy of Western Chi-Li and Central Shan-Si// Willis, B., Blackwelder, E., Sargent, R.H. Research in China, Volume 1, Part One, Descriptive Topography and Geology. Washinton D.C.: Carnegie Institution of Washington, 99–152.

Winchell, A. 1869. On the geological age and equivalents of the Marshall group. Proceedings of the American Philosophical

Society, 1: 57–82, 385–418.

Wirth, M. 1967. Zur Gliederung des höheren Paläozoikums (Givet-Namur) imGebiet des Quinto Real (Westpyrenäen) mit Hilfe von Conodonten. NeuesJahrbuch für Geologie und Paläontologie, Abhandlungen 127, 179–224.

Wong, W.H., Grabau, A.W. 1923. Carboniferous formation of China. The Transactions of the Science Society of China, 2: 1–10.

Wu, W.S. 1991. The Carboniferous System of China//Jin, Y.G., Li, C. Onzieme Congres International de Stratigraphie et de Geologie du Carbonifere, Beijing, 1987. Compte Rendu 1. Nanjing: Nanjing University Press, 84–96.

Wu, W.S., Zhang, L.X., Zhao, X.H., Jin, Y.G., Liao, Z.T. 1987. Carboniferous Stratigraphy in China. Beijing: Science Press.

Xian, S.Y. 1982. *Quizhouspirifer*—A new genus of Carboniferous spiriferids (Brachiopoda). Papers of Stratigraphy and Paleontology of Guizhou, 1: 69–74.

Xu, S., Poty, E. 1997. Rugose corals near the Tournaisian/Visean boundary in South China. Boletin de la Real Sociedad Espanola de Historia Natural (Sec. Geologia), 92: 349–363.

Yabe, H., Hayasaka, I. 1916. Paleozoic corals from Japan, Korea and China , Jour. Geol. Soc. Tokyo, 23: 57–75.

Yabe, H., Hayasaka, I. 1920. Geographical research in China, 1911–1916: Palaeontology of southern China, Tokyo Geographical Society (Tokyo).

Yang D.L. 1984. Brachiopoda. //Feng S.N., Xu S.Y., Lin J.X. and Yang D.L.Biostratigraphy of the Yangtze Area, 3—Late Paleozoic Era, Volume 2. Beijing: Geological Publishing House, 203–239.

Yang, J.H., Cawood P.A., Montañez, I.P., Condon, D.J., Du, Y.S., Yan, J.X., Yan, S.Q., Yuan, D.X. 2020. Enhanced continental weathering and large igneous province induced climate warming at the Permo-Carboniferous transition. Earth and Planetary Science Letters, 534: 116074.

Yao, L., Wang, X.D. 2016. Distribution and evolution of Carboniferous reefs in South China. Palaeoworld, 25: 362–372.

Yin, T.H. 1935. Upper Palaeozoic ammonoids of China. Palaeontologia Sinica, Series B, 11: 1–45.

Yoh, S.S. 1929. Geology and mineral resources of northern Kwangsi. Geological Survey of Kwangtung & Kwangsi, Annual Report, 2: 59–107.

Youngquist, W.L., Miller, A.K. 1949. Conodonts from the Late Mississippian Pella beds of southcentral Iowa. Journal of Paleontology, 23: 617–622

Yü, C.C. 1931. The correlation of the Fengningian System, the Chinese Lower Carboniferous, as based on coral zones. Bulletin of the Geological Society of China, 10: 1–30.

Yü, C.C. 1933. Fascicle 3. Lower Carboniferous corals of China. Bulletin of the Geological Survey of China, Palaeontologia Sinica, 7: 35–130, pls. 135–211.

Yu, C.M., Wang, C.Y., Ruan, Y.P., Yin, B.A., Li, Z.L., Wei, W.L. 1987. A desirable section for the Devonian–Carboniferous boundary Stratotype in Guilin, Guangxi, South China. Scientia Sinica Series B, 30(7): 751–765.

Zeller, D.E.N. 1953. Endothyroid Foraminifera and ancestral Fusulinids from the type Chesteran (Upper Mississippian). Journal of Paleontology, 27: 183–199.

Zhang, L.X., 1987. Carboniferous Stratigraphy in China. Beijing: Science Press.

Zhang, Z.Q. 1988. The Carboniferous System in China. Newsl. Stratigr., 18 (2): 51–73.

Ziegler, W. 1969. Eine neue conodonten fauna aus dem hochsten Oberdevon. Geologisches Landesamt Nordrhein-Westfalen, 17: 343–360.

Ziegler, W. 1973. Catalogue of conodonts, 1. Stuttgart: E. Schweizerbartsche Verlagsbuchhandle.

Ziegler, W. 1975. Catalogue of conodonts, 2. Stuttgart: E. Schweizerbartsche Verlagsbuchhandle.

Ziegler, W., Leuteritz, K. 1970. Conodonten// Kock, M., Leuteritz, K., Ziegler, W. Alter, Fazies und Paläogeographic der Ober-devon/Unterkabon-Schichtenfilge an der Sciler bei Iserlohn. Geologie und Paläontologie in Westfalen, 17: 679–760.

属种索引

A

Acrocyathus changshunensis Wang，1978　长顺巅杯珊瑚　402，图版 5-6-18
Acrocyathus longiseptatus Wu and Zhao，1989　长隔壁巅杯珊瑚　402，图版 5-6-18
Acrocyathus major Wu and Zhao，1989　大型巅杯珊瑚　402，图版 5-6-18
Acrocyathus variabilis Wu and Zhao，1989　可变巅杯珊瑚　402，图版 5-6-18
Acrocyathus zhanyiensis Wu and Zhao，1989　沾益巅杯珊瑚　402，图版 5-6-18
Acutimitoceras（*Acutimitoceras*）*wangyouense*（Sun and Shen，1965）　王佑尖仿效菊石　280，图版 5-4-1
Acutimitoceras（*Stockumites*）*inequalis*（Sun and Shen，1965）　不等形尖仿效菊石　280，图版 5-4-1
Acutimitoceras（*Streeliceras*）*crassum*（Ruan，1981）　厚形尖仿效菊石　280，图版 5-4-1
Adetognathus lautus（Gunnell，1933）　光洁自由颚刺　156，图版 5-1-18
Adetognathus unicornis（Rexroad and Burton，1961）　独角自由颚刺　156，图版 5-1-18
Agathiceras jiepaiense Yang，1978　界牌阿加斯菊石　314，图版 5-4-18
Aitegounetes aitegouensis Chen and Shi，2003　艾特沟艾特沟戟贝　336，图版 5-5-6
Alurites discoides Yang，1987　盘形阿鲁尔菊石　304，图版 5-4-13
Ammonellipsites kayseri（Schmidt，1925）　凯瑟椭圆羊角菊石　286，图版 5-4-4
Antheria lanceolate Wu and Zhao，1989　矛状花珊瑚　404，图版 5-6-19
Anthracoceras discus Frech，1899　圆盘煤炭菊石　298，图版 5-4-10
Aqishanoceras bellum Wang，1981　美丽阿奇山菊石　312，图版 5-4-17
Arachnolasma cylindrium Yü，1933　柱状似棚珊瑚　380，图版 5-6-7
Arachnolasma irregular Yü，1933　不规则似棚珊瑚　380，图版 5-6-7
Arachnolasma simplex Yü，1933　简单似棚珊瑚　380，图版 5-6-7
Arcanoceras altayense（Liang and Wang，1991）　阿勒泰隐蔽菊石　296，图版 5-4-9
Archaediscus ex gr. *moelleri* Rauser-Chernousova，1948　莫勒古盘虫　204，图版 5-2-2
Archaediscus karreri Brady，1873　卡勒古盘虫　222，图版 5-2-11
Archaediscus gigas Rauser-Chernousova，1948　巨大古盘虫　204，图版 5-2-2
Arkanites tenuicinctus Ruan and Zhou，1987　细肋阿肯色菊石　304，图版 5-4-13
Asteroarchaediscus cf. *postrugosus*（Reitlinger，1949）　后皱纹星古盘虫相似种　222，图版 5-2-11
Aulina career Smith and Yü，1943　格子轴管珊瑚　392，图版 5-6-13
Aulina carinata Yü，1933　脊板轴管珊瑚　390，图版 5-6-12
Aulina columnaris Wu and Zhao，1989　柱轴管珊瑚　392，图版 5-6-13
Aulina rotiformis Smith，1917　轮状轴管珊瑚　390，图版 5-6-12
Auloclisia densum Yü，1933　致密管蛛网珊瑚　384，图版 5-6-9
Auloclisia multplexum Yü，1933　多管蛛网珊瑚　384，图版 5-6-9
Axophyllum delepini（Salée，1913）　迪利平轴珊瑚　394，图版 5-6-14
Axophyllum varium Fan，1978　变异轴珊瑚　392，图版 5-6-13
Axophyllum vaughani Salée，1913　沃恩轴珊瑚　394，图版 5-6-14

B

Becanites wangyouensis Ruan and He，1974　王佑幼钵菊石　316，图版 5-4-19
Beyrichoceras guizhouense Chao，1962　贵州伯利克菊石　286，图版 5-4-4
Bilinguites superbilinguis（Bisat，1924）　胜比林比林菊石　306，图版 5-4-14

Bisatoceras elegantulum Ruan，1981　优美比萨特菊石　314，图版 5-4-18
Biseriella parva（Chernysheva，1948）　小双串虫　222，图版 5-2-11
Bispathodus aculeatus aculeatus（Branson and Mehl，1934）　尖锐双铲颚刺尖锐亚种　122，图版 5-1-1
Bispathodus aculeatus anteposicornis（Scott，1961）　尖锐双铲颚刺先后角亚种　136，图版 5-1-8
Bispathodus costatus（Branson，1934）　肋脊双铲齿刺　136，图版 5-1-8
Bispathodus stabilis（Ziegler，1969）　稳定双铲颚刺　122，图版 5-1-1
Bollandites baoshanensis Liang and Zhu，1988　保山博兰菊石　286，图版 5-4-4
Bollandoceras bashatchense（Popov，1965）　巴沙奇博兰多菊石　286，图版 5-4-4
Bothrophyllum conicum Dobrolyubova，1937　锥状沟珊瑚　396，图版 5-6-15
Bothrophyllum pseudoconicum Dobrolyubova，1937　假锥沟珊瑚　396，图版 5-6-15
Boultonia willsi Lee，1927 威尔斯氏布尔顿蜓　238，图版 5-3-3
Bradyina cribrostomata Rauser-Chernousova and Reitlinger，1937　筛口布拉德虫　222，图版 5-2-11
Bradyina rotula（Eichwald，1860）　轮形布拉德虫　222，图版 5-2-11
Branneroceras perornatum（Yin，1935）　粗纹布朗菊石　312，图版 5-4-17
Brevikites densus Ruzhencev and Bogoslovskaya，1978　稠密短菊石　302，图版 5-4-12
Brunsia pulchra Mikhailov，1939　美丽布林斯虫　202，图版 5-2-1
Brunsia spirillinoides（Grozdilova and Glebovskaya，1948）　绕旋布林斯虫　202，图版 5-2-1
Brunsiina uralica Lipina in Dain，1953　乌拉尔似布林斯虫　208，图版 5-2-4
Bruntonathyris amunikeensis Chen et al.，2003　阿木尼克布伦顿贝　328，图版 5-5-2
Buxtonia scabricula（Martin，1809）　粗糙波斯通贝　342，图版 5-5-9

C

Caenolyroceras latumbilicatum（Yang，1986）　宽脐新琴菊石　298，图版 5-4-10
Calygirtyoceras platyforme（Moore，1946）　宽型萼状格蒂菊石　292，图版 5-4-7
Cancelloceras（*Cancelloceras*）*pachygyrum* Yang，Zheng and Liu，1983　厚盘网格菊石　308，图版 5-4-15
Cancelloceras（*Crencelloceras*）*asianum* Ruzhencev and Bogoslovskaya，1978　亚洲网格菊石　308，图版 5-4-15
Capillispirifer xingjiangensis Zhang，1983　新疆发纹石燕　358，图版 5-5-17
Carbonoschwagerina cf. *morikawai*（Igo，1957）　森川氏石炭希瓦格蜓相似种　272，图版 5-3-20
Carbonoschwagerina cf. *satoi*（Ozawa，1925）　佐藤氏石炭希瓦格蜓相似种　272，图版 5-3-20
Carinthiaphyllum crassicolumellatum（Dobrolyubova and Kabakovich，1948）　厚轴骨珊瑚　400，图版 5-6-17
Carinthiaphyllum elegans Wu and Zhao，1989　雅致骨珊瑚　400，图版 5-6-17
Cavilentia epichare（Yang，1986）　华丽凹镜菊石　286，图版 5-4-4
Cavusgnathus convexus Rexroad，1957　中凸凹颚刺　156，图版 5-1-18
Cavusgnathus cristatus Branson and Mehl，1941　鸡冠凹颚刺　156，图版 5-1-18
Cavusgnathus jianghuaensis Ji，1987　江华凹颚刺　156，图版 5-1-18
Cavusgnathus naviculus（Hinde，1900）　船凹颚刺　156，图版 5-1-18
Cavusgnathus regularis Youngquist and Miller，1949　规则凹颚刺　156，图版 5-1-18
Cavusgnathus unicornis Youngquist and Miller，1949　单角凹颚刺　156，图版 5-1-18
Changshunella yangi Sun et al.，2004　杨氏长顺石燕　334，图版 5-5-5
Changyangrhynchus nantanelloides Yang，1984　南丹贝形长阳小嘴贝　356，图版 5-5-16
Chaoiella savabuqiensis Wang and Yang，1998　萨瓦布奇赵氏贝　354，图版 5-5-15
Chaoiella tenuireticulatus（Ustrisky，1960）　细网赵氏贝　354，图版 5-5-15
Choctawites choctawensis（Shumard，1863）　乔克托乔克托菊石　288，图版 5-4-5
Chomatomediocris brevisculiformis Vdovenko in Brazhnikova and Vdovenko，1973　短型旋脊中间虫　220，图版 5-2-10
Choristites jigulensis（Stuckenberg，1905）　叶古分喙石燕　360，图版 5-5-18

Choristites mansuyi Chao，1929　满苏分喙石燕　360，图版 5-5-18
Climacammina simplex Rauser-Chernousova，1948　简单梯状虫　216，图版 5-2-8
Clisiophyllum curkeenense Vaughan，1905　库基恩蛛网珊瑚　386，图版 5-6-10
Clistoceras globosum Nassichuk，1967　球状封闭菊石　302，图版 5-4-12
Cluthoceras acutilobatum Gao，1983　尖叶克拉撒菊石　288，图版 5-4-5
Cluthoceras neilsoni Currie，1954　尼尔森克拉撒菊石　288，图版 5-4-5
Consobrinellopsis consobrina（Lipina，1948）　窄串窄串珠虫　222，图版 5-2-11
Consobrinellopsis lipinae（Conil and Lys，1964）　利皮纳单壁串珠虫　216，图版 5-2-8
Costimitoceras epichare Ruan，1981a　华丽线仿效菊石　280，图版 5-4-1
Cratospirifer biconvexus Tong，1986　双凸强石燕　332，图版 5-5-4
Cravenoceras ningxiaense Gao，1983　宁夏克拉文菊石　300，图版 5-4-11
Cribrospira lianxianensis Lin，1981　连县筛旋虫　216，图版 5-2-8
Cyathoclisia arachnolasmoidea Duan，1985　拟似棚珊瑚型杯蛛网珊瑚　374，图版 5-6-4
Cystolonsdaleia major Wu and Zhao，1989　大型泡沫朗士德珊瑚　398，图版 5-6-16

D

Dacryrina dziki Baliński and Sun，2008　德克泪滴贝　328，图版 5-5-2
Dainella delicataeformis Hance，Hou and Vachard，2011　精美戴恩虫　218，图版 5-2-9
Dainella ex gr. *elegantula* Brazhnikova，1962　优美戴恩虫　218，图版 5-2-9
Dangchangspirifer jiaogongensis Han，1984　角弓宕昌石燕　332，图版 5-5-4
Darjella monilis Malakhova，1963　珠状达杰拉虫　208，图版 5-2-4
Datangia weiningensis Yang，1978　威宁大塘贝　338，图版 5-5-7
Declinognathodus bernesgae Sanz-López et al.，2006　伯纳格斜颚齿刺　164，图版 5-1-22
Declinognathodus cf. *pseudolateralis* Nemyrovska，1999　假侧生斜颚齿刺比较种　164，图版 5-1-22
Declinognathodus inaequalis（Higgins，1975）　不等斜颚齿刺　162，图版 5-1-21
Declinognathodus intermedius Hu，Nemyrovska and Qi，2019　中间斜颚齿刺　162，图版 5-1-21
Declinognathodus japonicus（Igo and Koike，1964）　日本斜颚齿刺　162，图版 5-1-21
Declinognathodus lateralis（Higgins and Bouckaert，1968）　侧生斜颚齿刺　164，图版 5-1-22
Declinognathodus marginodosus（Grayson，1984）　边缘瘤齿斜颚齿刺　164，图版 5-1-22
Declinognathodus noduliferus（Ellison and Graves，1941）　具节斜颚齿刺　162，图版 5-1-21
Declinognathodus praenoduliferus Nigmadganov and Nemyrovska，1992　先具节斜颚齿刺　164，图版 5-1-22
Declinognathodus tuberculosus Hu，Nemyrovska and Qi，2019　多瘤齿斜颚刺　162，图版 5-1-21
Decorites avus Ruzhencev and Bogoslovskaya，1978　祖先华美菊石　304，图版 5-4-13
Delepinea comoides（Sowerby，1822）　毛发戴利比贝　336，图版 5-5-6
Delepinoceras eothalassoides Wagner-Gentis，1963　始海德莱皮纳菊石　292，图版 5-4-7
Diaboloceras shiqiantanense Liang and Wang，1991　石钱滩魔菊石　312，图版 5-4-17
Dibunophyllum bristolense kankouense Yü，1933　布里斯托干沟棚珊瑚　386，图版 5-6-10
Dibunophyllum percrassum Gorsky，1951　全厚棚珊瑚　382，图版 5-6-8
Dibunophyllum tingi Yü，1933　丁氏棚珊瑚　386，图版 5-6-10
Dibunophyllum vaughani densum Salée，1913　冯氏棚珊瑚稠密亚种　386，图版 5-6-10
Dictyoclostus pinguis sinkianensis Yang，1964　肥厚网格长身贝新疆亚种　342，图版 5-5-9
Diphyphyllum multicystatum Yü，1933　多泡沫双形珊瑚　378，图版 5-6-6
Diphyphyllum platiforme Yü，1933　扁平双形珊瑚　378，图版 5-6-6
Diplognathodus benderi Hu，Hogancamp，Lambert and Qi in Hu et al.，2020　本德双颚齿刺　172，图版 5-1-26
Diplognathodus coloradoensis Murray and Chronic，1965　科罗拉多双颚齿刺　172，图版 5-1-26

Diplognathodus ellesmerensis Bender，1980 艾利思姆双颚齿刺 172，图版 5-1-26
Diplognathodus orphanus（Merrill，1973） 孤儿双颚齿刺 172，图版 5-1-26
Doliognathus latus Branson and Mehl，1941 宽假颚刺 150，图版 5-1-15
Dombarites falcatoides Ruzhencev and Bogoslovskaya，1970 似镰形多姆巴菊石 292，图版 5-4-7
Dombarites paratectus Ruzhencev and Bogoslovskaya，1971 拟脊多姆巴菊石 292，图版 5-4-7
Donophyllum yanfangense Wu and Zhao,1989 炎方顿珊瑚 396，图版 5-6-15
Dorlodotia asiaticum Yü，1933 亚洲杜洛杜脱珊瑚 378，图版 5-6-6
Dorlodotia circulocysticum Yü，1933 环形泡沫杜洛杜脱珊瑚 378，图版 5-6-6
Dorlodotia minus longiseptatum Wu and Zhao，1989 小型杜洛杜脱珊瑚长隔壁亚种 378，图版 5-6-6
Dzhaprakoceras deflexum Kusina，1980 外弯扎普腊克菊石 286，图版 5-4-4

E

Earlandia vulgaris（Rauser-Chernousova and Reitlinger in Rauser-Chernousova and Fursenko，1937） 寻常厄尔兰德虫 204，图版 5-2-2
Eblanaia michoti（Conil and Lys，1964） 米绍布拉纳虫 206，图版 5-2-3
Echinaria semipunctata（Shepard，1838） 半瘤棘刺贝 354，图版 5-5-15
Echinoconchella elegans（McCoy，1844） 美雅轮刺贝 344，图版 5-5-10
Echinoconchus fasciatus（Kutorga，1844） 簇形轮刺贝 350，图版 5-5-13
Edmooroceras plummeri（Miller and Youngquist，1948） 普卢默埃德蒙菊石 294，图版 5-4-8
Endospiroplectammina venusta（Vdovenko，1954） 迷人内旋褶虫 212，图版 5-2-6
Endothyra ex gr. *bowmani* Phillips，1946 sensu Brady，1876 emend. China，1965 鲍曼内卷虫 216，图版 5-2-8
Endothyranopsis primaeva Hance，Hou and Vachard，2011 年幼类内卷虫 214，图版 5-2-7
Endothyranopsis solida Hance，Hou and Vachard，2011 坚实类内卷虫 214，图版 5-2-7
Endothyranopsis sphaerica（Rauser-Chernousova and Reitlinger in Rauser-Chernousova et al.，1936） 球形类内卷虫 214，图版 5-2-7
Enteletes lamarckii Fischer，1825 拉马克全形贝 348，图版 5-5-12
Eocanites asiatica（Sun and Shen，1965） 亚洲始钵菊石 316，图版 5-4-19
Eochoristitella gansuensis Qi in Ding and Qi，1983 甘肃始小分喙石燕 330，图版 5-5-3
Eochoristites chui Yang，1964 朱氏始分喙石燕 330，图版 5-5-3
Eochoristites neipentaiensis Chu，1933 擂彭台始分喙石燕 330，图版 5-5-3
Eoforschia moelleri（Malakhova in Dain，1953） 莫勒始福希虫 206，图版 5-2-3
Eofusulina inusitata Sheng，1958 罕见始纺锤䗴 252，图版 5-3-10
Eofusulina triangula Rauser-chernousova and Beljaev，1936 三角形始纺锤䗴 252，图版 5-3-10
Eofusulina triangula rasdorica Putrja，1938 三角形始纺锤䗴拉斯多尔亚种 252，图版 5-3-10
Eofusulina trianguliformis Putrja，1956 似三角形始纺锤䗴 252，图版 5-3-10
Eogonioloboceras guangxiense Ruan，1981 广西角叶菊石 298，图版 5-4-10
Eoparastaffella ovalis Vdovenko，1954 卵形古拟史塔夫䗴 220，图版 5-2-10
Eoparastaffella simplex Vdovenko，1971 简单古拟史塔夫䗴 220，图版 5-2-10
Eostaffella endothyroidea Chang，1962 内卷虫式始史塔夫䗴 234，图版 5-3-1
Eostaffella ex gr. *proikensis* Rauser-Chernousova，1948 原伊克始史塔夫䗴 220，图版 5-2-10
Eostaffella galinae Ganelina，1956 加琳氏始史塔夫䗴 234，图版 5-3-1
Eostaffella hohsienica Chang，1962 和县始史塔夫䗴 222，图版 5-2-11
Eostaffella ikensis Vissarionova，1948 伊克始史塔夫䗴 236，图版 5-3-2
Eostaffella mosquensis Vissarionova，1948 莫斯科始史塔夫䗴 234，图版 5-3-1
Eostaffella parastruvei chusovensis Kireeva，1951 拟史特洛弗氏始史塔夫䗴秋索夫亚种 234，图版 5-3-1

Eostaffella postmosquensis Kireeva，1951　后莫斯科始史塔夫蜓　234，图版 5-3-1
Eostaffella postmosquensis acutiformis Kireeva，1951　后莫斯科始史塔夫蜓尖刺状亚种　234，图版 5-3-1
Eostaffella subsolana Sheng，1958　东方始史塔夫蜓　234，图版 5-3-1
Eostaffella versabilis Orlova，1958　可变始史塔夫蜓　234，图版 5-3-1
Eostaffellina characteris Reitlinger，1977　特性小始史塔夫蜓　240，图版 5-3-4
Eostaffellina decurta（Rauser-Chernousova，1948）　德库塔小始史塔夫蜓　228，图版 5-2-14
Eostaffellina irenae（Ganelina，1956）　艾琳氏小始史塔夫蜓　234，图版 5-3-1
Eostaffellina paraprotvae（Rauser-Chernousova，1948）　拟普罗特夫氏小始史塔夫蜓　226，图版 5-2-13
Eostaffellina protvae（Rauser-Chernousova，1948）　普罗特夫氏小始史塔夫蜓　234，图版 5-3-1
Eostaffellina zelenica（Durkina，1959）　泽冷小始史塔夫蜓　236，图版 5-3-2
Eotournayella kisella（Malakhova，1956）　基赛拉始杜内虫　206，图版 5-2-3
Epicanites magmus Sheng，1983　大型外钵菊石　318，图版 5-4-20
Eumorphoceras kansuense Liang in Li et al.，1974　甘肃真形菊石　294，图版 5-4-8
Euroceras praecursor（Ruan，1981b）　先驱东方菊石　302，图版 5-4-12

F

Faqingoceras discoideum Yang，1978　盘状发箐菊石　312，图版 5-4-17
Fayettevillea serpentina Yang，1986　蛇形费耶特维尔菊石　300，图版 5-4-11
Finospirifer taotangensis Yin，1981　陶塘鳍石燕　332，图版 5-5-4
Fluctuaria undata（Defrance，1826）　波浪波纹贝　348，图版 5-5-12
Forschia parvula Rauser-Chernousova，1948　小福希虫　206，图版 5-2-3
Fusella altunensis Zhang，1983　阿尔金纺锤贝　330，图版 5-5-3
Fusiella subtilis Sheng，1958　柔微纺锤蜓　250，图版 5-3-9
Fusiella typica Sheng，1958　标准微纺锤蜓　250，图版 5-3-9
Fusiella typica extensa Rauser-Chernousova，1951　标准微纺锤蜓延伸亚种　250，图版 5-3-9
Fusiella typica sparsa Sheng，1958　标准微纺锤蜓少圈亚种　250，图版 5-3-9
Fusulina consobrina Safonova，1951　有关纺锤蜓　258，图版 5-3-13
Fusulina cylindrica Fischer de Waldheim，1830　筒形纺锤蜓　260，图版 5-3-14
Fusulina konnoi（Ozawa，1925）　今野氏纺锤蜓　258，图版 5-3-13
Fusulina lanceolata Lee and Chen，1930　矛头纺锤蜓　260，图版 5-3-14
Fusulina mayiensis Sheng，1958　蚂蚁纺锤蜓　258，图版 5-3-13
Fusulina nytvica Safonova，1951　聂特夫纺锤蜓　258，图版 5-3-13
Fusulina nytvica callosa Safonova，1951　硬皮聂特夫纺锤蜓　258，图版 5-3-13
Fusulina ozawai Rauser-Chernousova and Beljaev，1937　小泽氏纺锤蜓　258，图版 5-3-13
Fusulina paradistenta Safonova，1951　拟充足纺锤蜓　260，图版 5-3-14
Fusulina pseudokonnoi Sheng，1958　假今野氏纺锤蜓　260，图版 5-3-14
Fusulina pseudokonnoi var. *longa* Sheng，1958　假今野氏纺锤蜓长型变种　260，图版 5-3-14
Fusulina quasicylindrica compacta Sheng，1958　似筒形纺锤蜓紧圈亚种　260，图版 5-3-14
Fusulina quasifusulinoides Rauser-Chernousova，1951　似纺锤蜓型纺锤蜓　260，图版 5-3-14
Fusulina samarica Rauser-Chernousova and Beljaev，1937　萨马尔纺锤蜓　258，图版 5-3-13
Fusulina schellwieni（Staff，1912）　谢尔文氏纺锤蜓　258，图版 5-3-13
Fusulina teilhardi（Lee，1927）　德日进氏纺锤蜓　258，图版 5-3-13
Fusulina truncatulina Thompson，1936　截切纺锤蜓　258，图版 5-3-13
Fusulina yangi Sheng，1958　杨氏纺锤蜓　260，图版 5-3-14
Fusulinella bocki Moeller，1878　薄克氏小纺锤蜓　256，图版 5-3-12

Fusulinella bocki timanica Rauser-Chernousova，1951 薄克氏小纺锤蜓蒂曼亚种 254，图版 5-3-11
Fusulinella colaniae Lee and Chen，1930 柯兰妮氏小纺锤蜓 254，图版 5-3-11
Fusulinella dalaensis Liu，Xiao and Dong，1978 达拉小纺锤蜓 254，图版 5-3-11
Fusulinella eopulchra Rauser-Chernousova，1951 始华美小纺锤蜓 256，图版 5-3-12
Fusulinella ginkeli Villa，1995 金基尔氏小纺锤蜓 254，图版 5-3-11
Fusulinella helenae Rauser-Chernousova，1951 海伦氏小纺锤蜓 254，图版 5-3-11
Fusulinella laxa Sheng，1958 松卷小纺锤蜓 254，图版 5-3-11
Fusulinella mosquensis Rauser-Chernousova and Safonova，1951 莫斯科小纺锤蜓 256，图版 5-3-12
Fusulinella obesa Sheng，1958 肥小纺锤蜓 256，图版 5-3-12
Fusulinella paracolaniae Safonova，1951 拟柯兰妮氏小纺锤蜓 254，图版 5-3-11
Fusulinella praebocki Rauser-Chernousova，1951 前薄克氏小纺锤蜓 256，图版 5-3-12
Fusulinella praecolaniae Safonova，1951 前柯兰妮氏小纺锤蜓 254，图版 5-3-11
Fusulinella provecta Sheng，1958 高级小纺锤蜓 256，图版 5-3-12
Fusulinella pseudobocki Lee and Chen，1930 假薄克氏小纺锤蜓 254，图版 5-3-11
Fusulinella pseudocolaniae Putrja，1956 假柯兰妮氏小纺锤蜓 256，图版 5-3-12
Fusulinella pseudoschwagerinoides Putrja，1940 假希瓦格蜓状小纺锤蜓 256，图版 5-3-12
Fusulinella pulchra Rauser-Chernousova and Beljaev，1936 华美小纺锤蜓 256，图版 5-3-12
Fusulinella rhomboides（Lee and Chen，1930） 近斜方小纺锤蜓 256，图版 5-3-12
Fusulinella soligalichi Dalmatskaya，1961 索利加利氏小纺锤蜓 254，图版 5-3-11
Fusulinella vozhgalensis Safonova，1951 伏芝加尔小纺锤蜓 254，图版 5-3-11

G

Galeatathyris galeata Jin，1983 典型盔形贝 346，图版 5-5-11
Gastrioceras listeri（Sowerby，1812） 里斯特腹菊石 308，图版 5-4-15
Gastrioceras wongi Grabau，1924 翁氏腹菊石 308，图版 5-4-15
Gattendorfia subinvoluta Münster，1839 近内卷加登多夫菊石 280，图版 5-4-1
Gigantoproductus edelburgensis（Phillips，1836） 爱德堡大长身贝 342，图版 5-5-9
Gigantoproductus giganteus（Sowerby，1822） 巨型大长身贝 342，图版 5-5-9
Girtyoceras glabrum Ruzhencev and Bogoslovskaya，1971 光滑格蒂菊石 294，图版 5-4-8
Girtyoceras heishantouense（Wang，1983） 黑山头格蒂菊石 294，图版 5-4-8
Glaphyrites dewuensis（Yang，1978） 德坞光洁菊石 302，图版 5-4-12
Globimitoceras globoidale（Ruan，1981a） 拟球形球仿效菊石 282，图版 5-4-2
Globivalvulina moderata Reitlinger，1949 中等球瓣虫 222，图版 5-2-11
Glyphiolobus reliquus Ruzhencev and Bogoslovskaya，1978 其余雕叶菊石 296，图版 5-4-9
Glyphiolobus sinensis Yang，1986 中华雕叶菊石 296，图版 5-4-9
Gnathodus bilineatus bilineatus（Roundy，1926） 双线颚齿刺双线亚种 154，图版 5-1-17
Gnathodus bilineatus remus Meischner and Nemyrovska，1999 双线颚齿刺雷穆斯亚种 148，图版 5-1-14
Gnathodus bilineatus romulus Meischner and Nemyrovska，1999 双线颚齿刺罗穆卢斯亚种 148，图版 5-1-14
Gnathodus bollandensis Higgins and Bouckaert，1968 博兰德颚齿刺 148，图版 5-1-14
Gnathodus cuneiformis Mehl and Thomas，1947 楔形颚齿刺 150，图版 5-1-15
Gnathodus delicatus Branson and Mehl，1938 娇柔颚齿刺 150，图版 5-1-15
Gnathodus girtyi collinsoni Rhodes，Austin and Druce，1969 吉尔梯颚齿刺科利森亚种 146，图版 5-1-13
Gnathodus girtyi girtyi Hass，1953 吉尔梯颚齿刺吉尔梯亚种 146，图版 5-1-13
Gnathodus girtyi meischneri Austin and Husri，1974 吉尔梯颚齿刺梅氏亚种 146，图版 5-1-13
Gnathodus girtyi pyrenaeus Nemyrovska and Perret-Mirouse in Nemyrovska，2005 吉尔梯颚齿刺果形亚种 146，图版 5-1-13

Gnathodus girtyi rhodesi Higgins，1975　吉尔梯颚齿刺罗德亚种　146，图版 5-1-13
Gnathodus girtyi simplex Dunn，1966　吉尔梯颚齿刺简单亚种　146，图版 5-1-13
Gnathodus joseramoni Sanz-López，Blanco-Ferrera and García-López，2004　何塞拉蒙颚齿刺　148，图版 5-1-14
Gnathodus kiensis Pazukhin in Kulagina et al.，1992　基恩颚齿刺　148，图版 5-1-14
Gnathodus postbilineatus Nigmadganov and Nemyrovska，1992　后双线颚齿刺　148，图版 5-1-14
Gnathodus praebilineatus Belka，1985　前双线颚齿刺　154，图版 5-1-17
Gnathodus punctatus（Cooper，1939）　线形颚齿刺　150，图版 5-1-15
Gnathodus semiglaber Bischoff，1957　半光滑颚齿刺　148，图版 5-1-14
Gnathodus truyolsi Sanz-López et al.，2007　特鲁约尔斯颚齿刺　148，图版 5-1-14
Gnathodus typicus Cooper，1939　典型颚齿刺　150，图版 5-1-15
Gondolella elegantula Stauffer and Plummer，1932　优美舟刺　180，图版 5-1-30
Gondolella wardlawi Nestell and Pope in Nestell et al.，2016　沃德洛舟刺　180，图版 5-1-30
Gondolina testudinaria Jin and Liao，1974　龟形舟形贝　344，图版 5-5-10
Gondolina weiningensis Jin and Liao in Wang et al.，1966　威宁舟形贝　344，图版 5-5-10
Goniatites constractus Liang and Wang，1991　收缩棱菊石　288，图版 5-4-5
Gonioloboceras welleri Smith，1903　韦勒角叶菊石　310，图版 5-4-16
Goniophoria triangularis Tong，1978　三角角房贝　356，图版 5-5-16
Grandispirifer mylkensis（Yang，1959）　美路卡巨石燕　334，图版 5-5-5
Granuliferella ex gr. *latispiralis*（Lipina，1955）　宽旋颗粒虫　222，图版 5-2-11
Granuliferelloides nalivkini（Malakhova，1956）　纳拉夫金似颗粒虫　212，图版 5-2-6

H

Hasselbachia multisulcata（Vöhringer，1960）　多槽哈塞尔巴赫菊石　280，图版 5-4-1
Hemidiscopsis sp.　半圆虫未定种　228，图版 5-2-14
Hemifusulina elliptica（Lee，1937）　椭圆半纺锤䗴　252，图版 5-3-10
Heterocaninia paochingensis Yü，1933　宝庆异犬齿珊瑚　382，图版 5-6-8
Heterocaninia tholusitabulata Yabe and Hayasaka，1920　穹隆横板异犬齿珊瑚　382，图版 5-6-8
Hexiproductus echidniformis（Grabau in Chao，1925）　刺形河西长身贝　354，图版 5-5-15
Hibernicoceras striatosphaericum Brüning，1923　线球希贝尼克菊石　290，图版 5-4-6
Hindeodus cristulus（Youngquist and Miller，1949）　冠状欣德齿刺　152，图版 5-1-16
Hindeodus minutus（Ellison，1941）　微小欣德刺　152，图版 5-1-16
Hindeodus scitulus（Hinde，1900）　漂亮欣德刺　152，图版 5-1-16
Homoceras nudum（Haug，1898）　裸似腹菊石　304，图版 5-4-13
Homoceratoides sinensis Yang，1978　中华似同菊石　310，图版 5-4-16
Howchinia beianensis Shen and Wang，2017　北岸豪奇虫　222，图版 5-2-11
Howchinia bradyana（Howchin，1888）emend. Davis，1951　布雷迪豪奇虫　222，图版 5-2-11
Howchinia gibba（Moeller，1879）　穹隆豪奇虫　222，图版 5-2-11
Hubeiproductus guanyinyanensis Yang，1984　观音岩湖北长身贝　338，图版 5-5-7
Hypergoniatites tenuiliratus Ruzhencev and Bogoslovskaya，1971　薄超棱菊石　290，图版 5-4-6

I

Idiognathodus abdivitus Hogancamp and Barrick，2018　分离异颚刺　190，图版 5-1-35
Idiognathodus auritus（Chernykh，2005）　耳状异颚刺　190，图版 5-1-35
Idiognathodus corrugatus Gunnell，1933　褶皱异颚刺　184，图版 5-1-32

Idiognathodus eudoraensis Barrick，Heckel and Boardman，2008　尤多拉异颚刺　190，图版 5-1-35
Idiognathodus fengtingensis Qi，Barrick and Hogancamp in Qi et al.，2020　逢亭异颚刺　192，图版 5-1-36
Idiognathodus guizhouensis（Wang and Qi，2003）　贵州异颚刺　190，图版 5-1-35
Idiognathodus hebeiensis Zhao and Wan in 天津地质矿产研究所，1984　河北异颚刺　156，图版 5-1-18
Idiognathodus heckeli Rosscoe and Barrick，2013　黑格尔异颚刺　184，图版 5-1-32
Idiognathodus luodianensis Qi，Barrick and Hogancamp in Qi et al.，2020　罗甸异颚刺　188，图版 5-1-34
Idiognathodus luosuensis（Wang and Qi，2003）　罗苏异颚刺　192，图版 5-1-36
Idiognathodus macer（Wirth，1967）　瘦弱拟异颚刺　166，图版 5-1-23
Idiognathodus magnificus Stauffer and Plummer，1932　宏大异颚刺　186，图版 5-1-33
Idiognathodus multinodosus Gunnell，1933　多瘤异颚刺　196，图版 5-1-38
Idiognathodus naqingensis Qi，Barrick and Hogancamp in Qi et al.，2020　纳庆异颚刺　192，图版 5-1-36
Idiognathodus naraoensis Qi，Barrick and Hogancamp in Qi et al.，2020　纳饶异颚刺　188，图版 5-1-34
Idiognathodus nashuiensis（Wang and Qi，2003）　纳水异颚刺　190，图版 5-1-35
Idiognathodus nemyrovskae Wang and Qi，2003　涅米罗夫斯卡异颚刺　178，图版 5-1-29
Idiognathodus obliquus Kossenko in Kozitskaya et al.，1978　斜异颚刺　178，图版 5-1-29
Idiognathodus podolskensis Goreva，1984　波多尔斯克异颚刺　178，图版 5-1-29
Idiognathodus praeguizhouensis Hu in Wang et al.，2020　前贵州异颚刺　182，图版 5-1-31
Idiognathodus praeobliquus Nemyrovska，Perret-Mirouse and Alekseev，1999　前斜异颚刺　178，图版 5-1-29
Idiognathodus sagittalis Kozitskaya in Kozitskaya et al.，1978　萨其特异颚刺　186，图版 5-1-33
Idiognathodus shanxiensis Wan and Ding，1984 in 天津地质矿产研究所，1984　山西异颚刺　178，图版 5-1-29
Idiognathodus simulator（Ellison，1941）　偏向异颚刺　186，图版 5-1-33
Idiognathodus sulciferus Gunnell，1933　槽形异颚刺　182，图版 5-1-31
Idiognathodus swadei Rosscoe and Barrick，2009　斯瓦德异颚刺　182，图版 5-1-31
Idiognathodus turbatus Rosscoe and Barrick，2009　混乱异颚刺　184，图版 5-1-32
Idiognathoides asiaticus Nigmadganov and Nemyrovska，1992　亚洲拟异颚刺　168，图版 5-1-24
Idiognathoides corrugatus Harris and Hollingsworth，1933　褶皱拟异颚刺　166，图版 5-1-23
Idiognathoides lanei Nemyrovska in Kozitskaya et al.，1978　莱恩拟异颚刺　166，图版 5-1-23
Idiognathoides luokunensis Hu and Qi in Hu et al.，2017　罗悃拟异颚刺　168，图版 5-1-24
Idiognathoides ouachitensis（Harlton，1933）　奥启拟异颚刺　166，图版 5-1-23
Idiognathoides pacificus Savage and Barkeley，1985　太平洋拟异颚刺　168，图版 5-1-24
Idiognathoides planus Furduj，1979　平坦拟异颚刺　168，图版 5-1-24
Idiognathoides postsulcatus Nemyrovska，1999　后槽拟异颚刺　168，图版 5-1-24
Idiognathoides sinuatus（Harris and Hollingsworth，1933）　曲拟异颚刺　166，图版 5-1-23
Idiognathoides sulcatus parvus Higgins and Bouckaert，1968　槽拟异颚刺小亚种　166，图版 5-1-23
Idiognathoides sulcatus sulcatus（Higgins and Bouckaert，1968）　槽拟异颚刺槽亚种　166，图版 5-1-23
Idiognathoides tubeculatus Nemyrovska in Kozitskaya et al.，1978　边缘瘤拟异颚刺　168，图版 5-1-24
Imitoceras orientale Liang，1976　东方仿效菊石　282，图版 5-4-2
Inflatia inflata qitaiensis Wang and Yang，1998　肿胀肿胀贝奇台亚种　352，图版 5-5-14
Irinoceras altayense Wang，1983　阿勒泰伊林菊石　282，图版 5-4-2
Irinoceras arcuatum Ruzhencev，1947　弓伊林菊石　284，图版 5-4-3

J

Janischewskina delicata（Malakhova，1956）　纤细扎尼舍夫虫　222，图版 5-2-11
Jingyuanoceras carinatum Liang，1993　棱腹靖远菊石　314，图版 5-4-18
Junggarites pinguis Liang and Wang，1991　肥壮准噶尔菊石　290，图版 5-4-6

K

Kalajilagites stenolobus Liang and Wang，1991　窄叶喀拉吉拉菊石　290，图版 5-4-6
Kansuella kansuensis（Chao，1927）　甘肃甘肃贝　340，图版 5-5-8
Kazakhoceras lenticulum Ruan，1981　透镜状哈萨克菊石　296，图版 5-4-9
Kazakhstania depressa Librovitch，1940　扁平哈萨克斯坦菊石　282，图版 5-4-2
Kelamailia typica Zhang，1983　标准克拉麦里贝　352，图版 5-5-14
Kepingophyllum complicatum Wu and Zhao，1989　复杂柯坪珊瑚　406，图版 5-6-20
Kepingophyllum complicatum varium Wu and Zhao，1989　复杂柯坪珊瑚可变亚种　406，图版 5-6-20
Kepingophyllum delicatum Wu and Zhao，1989　精细柯坪珊瑚　406，图版 5-6-20
Kepingophyllum hexagonum Wu and Zhao，1989　六方柯坪珊瑚　406，图版 5-6-20
Kepingophyllum irregular Wu and Zhao，1989　不规则柯坪珊瑚　406，图版 5-6-20
Kepingophyllum subsimplex Wu and Zhao，1989　亚简单柯坪珊瑚　406，图版 5-6-20
Keyserlingophyllum shidianenes Sung，1974　施甸凯苏林珊瑚　370，图版 5-6-2
Kionophyllum broilli（Heritsch，1936）　布鲁依尔舌珊瑚　398，图版 5-6-16
Kionophyllum hunabuseum（Minato，1955）　船伏舌珊瑚　398，图版 5-6-16
Kionophyllum miuns Wu and Zhao，1989　小型舌珊瑚　400，图版 5-6-17
Kionophyllum yunnanense Wu and Zhao，1989　云南舌珊瑚　398，图版 5-6-16
Kizilia crassiseptata Kropacheva，1966　厚隔壁基集尔珊瑚　390，图版 5-6-12
Kizilia planotabulata Wu and Zhao，1989　平板基集尔珊瑚　390，图版 5-6-12
Kizilia simplex Wu and Zhao，1989　简单基集尔珊瑚　390，图版 5-6-12
Kozlowskia sinica Wang and Yang，1998　中华柯兹洛夫斯基贝　350，图版 5-5-13
Krotovia pustulata（Keyserling，1853）　瘤状克罗托夫贝　350，图版 5-5-13
Kueichouphyllum heishihkuanense Yü，1933　黑石关贵州珊瑚　382，图版 5-6-8
Kueichowella guizhouensis Yang，1978　贵州贵州贝　344，图版 5-5-10
Kushanites rotalis Ruan and Zhou，1987　轮形库山菊石　304，图版 5-4-13
Kutorginella tentoria Jin and Liao，1974　帐幕顾脱贝　354，图版 5-5-15
Kutorginella zhungerensis Wang and Yang，1998　准噶尔顾脱贝　350，图版 5-5-13

L

Lamellispina spinosa Sun and Baliński，2008　刺状层刺贝　328，图版 5-5-2
Lapparentidiscus hubeiensis（Lin，1984）　湖北拉伯盘虫　202，图版 5-2-1
Latiendothyranopsis grandis（Lipina，1955）　大宽类内卷虫　216，图版 5-2-8
Lechroceras latilobatum Ruan and Zhou，1987　宽叶交叉菊石　300，图版 5-4-11
Levitusia guiliensis Liao and Li，1996　桂林光瘤贝　336，图版 5-5-6
Linoproductus cora inganensis Wang and Yang，1998　阎婆线纹长身贝印干亚种　354，图版 5-5-15
Linoproductus praelongatus（Zhang，1983）　前长形线纹长身贝　350，图版 5-5-13
Lithostrotion decipiens（McCoy，1851）　疑惑石柱珊瑚　388，图版 5-6-11
Lituotubella eoglomospiroides Vdovenko，1970　始似球旋小管杖虫　212，图版 5-2-6
Lochengia lochengensis Grabau in Yoh，1929　罗城罗城贝　346，图版 5-5-11
Lochriea commutata（Branson and Mehl，1941）　变异洛奇里刺　142，图版 5-1-11
Lochriea costata Pazukhin and Nemyrovska in Kulagina et al.，1992　脊齿洛奇里刺　144，图版 5-1-12
Lochriea cruciformis（Clarke，1960）　十字型洛奇里刺　144，图版 5-1-12
Lochriea monocostata Pazukhin and Nemyrovska in Kulagina et al.，1992　单脊齿洛奇里刺　144，图版 5-1-12
Lochriea mononodosa（Rhodes，Austin and Druce，1969）　单瘤齿洛奇里刺　142，图版 5-1-11

Lochriea multinodosa（Wirth，1967） 多瘤齿洛奇里刺 144，图版 5-1-12
Lochriea nodosa（Bischoff，1957） 瘤齿洛奇里刺 142，图版 5-1-11
Lochriea saharae Nemyrovska，Perret-Mirouse and Weyant，2006 撒哈拉洛奇里刺 142，图版 5-1-11
Lochriea senckenbergica Nemyrovska，Perret-Mirouse and Meischner，1994 森根堡洛奇里刺 144，图版 5-1-12
Lochriea ziegleri Nemyrovska，Perret-Mirouse and Meischner，1994 齐格勒洛奇里刺 142，图版 5-1-11
Lonsdaleia congjiangense Wang，1978 从江朗士德珊瑚 394，图版 5-6-14
Lusitanoceras granosum（Portlock，1843） 颗粒卢西塔诺菊石 290，图版 5-4-6
Lyrogoniatites stenoventrosus Gao，1983 窄腹琴棱菊石 298，图版 5-4-10

M

Machangoceras subglobosum Yang，1978 亚球形马场菊石 304，图版 5-4-13
Marginatia weiningensis（Yang，1978） 威宁边脊贝 328，图版 5-5-2
Marginoproductus hunanensis Tan，1986 湖南缘脊长身贝 336，图版 5-5-6
Martinia corcula（Kutorga，1842） 心形马丁贝 358，图版 5-5-17
Maximites sinensis Ruan and Zhou，1987 中华优菊石 284，图版 5-4-3
Mediendothyra posneri（Ganelina，1956） 波斯纳中间内卷虫 212，图版 5-2-6
Mediocris ex gr. *breviscula*（Ganelina，1951） 短中间虫 220，图版 5-2-10
Mediocris ex gr. *mediocris*（Vissarionova，1948） 中间中间虫 220，图版 5-2-10
Meekella eximia（Eichwald，1845） 奇异米克贝 354，图版 5-5-15
Megachonetes dalmanianus（Koninck，1843） 达尔曼大戟贝 336，图版 5-5-6
Megatrochoceras striatum Yang，1978 细线大车轮菊石 310，图版 5-4-16
Merocanites tenuis Sheng，1984 瘦裂钵菊石 316，图版 5-4-19
Mesogondolella clarki（Koike，1967） 克拉克中舟刺 180，图版 5-1-30
Mesogondolella donbassica（Kossenko，1975） 顿巴斯中舟刺 180，图版 5-1-30
Mesogondolella subclarki Wang and Qi，2003 次克拉克中舟刺 180，图版 5-1-30
Mestognathus beckmanni Bischoff，1957 贝克曼满颚刺 152，图版 5-1-16
Mestognathus bipluti Higgins，1961 比布鲁提满颚刺 152，图版 5-1-16
Mestognathus praebeckmanni Sandberg，Jonestone，Orchard and von Bitter in von Bitter et al.，1986 先贝克曼满颚刺 140，图版 5-1-10
Metadimorphoceras tongxinense（Gao，1983） 同心后双形菊石 296，图版 5-4-9
Michiganites bicarinatus Pareyn，1961 双棱密执安菊石 316，图版 5-4-19
Millerella minuta Sheng，1958 微小密勒蜓 234，图版 5-3-1
Mirilentia cucurbitoides Ruan and Zhou，1987 瓜形异镜菊石 300，图版 5-4-11
Monotaxinoides subplanus（Brazhnikova and Yartseva，1956） 亚扁似单排虫 228，图版 5-2-14
Monotaxinoides transitorius Brazhnikova and Yartseva，1956 中间似单排虫 228，图版 5-2-14
Montiparus longissima Liu，Xiao and Dong，1978 长形大旋脊蜓 262，图版 5-3-15
Montiparus montiparus（Rozovskaya，1948） 大旋脊蜓型大旋脊蜓 262，图版 5-3-15
Montiparus weiningica Chang，1974 威宁大旋脊蜓 262，图版 5-3-15
Muensteroceras pachydiscus Kusina，1980 厚盘明斯特菊石 288，图版 5-4-5
Muhuathyris circularis Sun et al.，2004 圆形穆化贝 328，图版 5-5-2
Muirwoodia quadrata（Zhang，1983） 方形穆武贝 348，图版 5-5-12

N

Nantanella mapingensis Grabau，1936 马平南丹贝 356，图版 5-5-16

Neobrunsiina bisigmoidalis Hance，Hou and Vachard，2011　双乙新似布林斯虫　208，图版 5-2-4
Neoclisiophyllum anastomosum（Yü，1933）　分口新蛛网珊瑚　384，图版 5-6-9
Neoclisiophyllum grossinum（Yü，1933）　厚新蛛网珊瑚　384，图版 5-6-9
Neoclisiophyllum triangulatum（Yü，1933）　三角新蛛网珊瑚　384，图版 5-6-9
Neoclisiophyllum vesiculosum Yü，1933　小气泡新蛛网珊瑚　384，图版 5-6-9
Neoclisiophyllum yengtzeense（Yoh，1929）　长江新蛛网珊瑚　384，图版 5-6-9
Neodimorphoceras giganteum Yang，1978　大型双形菊石　310，图版 5-4-16
Neoglyphioceras minutus Gao，1983　小型新雕菊石　300，图版 5-4-11
Neognathodus atokaensis Grayson，1984　阿托克新颚齿刺　158，图版 5-1-19
Neognathodus bothrops Merrill，1972　双索新颚齿刺　158，图版 5-1-19
Neognathodus caudatus Lambert，1992　具尾新颚齿刺　158，图版 5-1-19
Neognathodus kanumai Igo，1974　鹿沼新颚齿刺　158，图版 5-1-19
Neognathodus medadultimus Merrill，1972　中后新颚齿刺　158，图版 5-1-19
Neognathodus medexultimus Merrill，1972　中前新颚齿刺　158，图版 5-1-19
Neognathodus nataliae Alekseev and Gerelzezeg in Alekseev and Goreva，2001　纳塔莉亚新颚齿刺　158，图版 5-1-19
Neognathodus roundyi（Gunnell，1931）　朗迪新颚齿刺　158，图版 5-1-19
Neognathodus symmetricus（Lane，1967）　对称新颚齿刺　158，图版 5-1-19
Neognathodus uralicus Nemyrovska and Alekseev，1993　乌拉尔新颚齿刺　158，图版 5-1-19
Neogoniatites platyformis（Sheng，1983）　扁平新棱菊石　290，图版 5-4-6
Neolochriea cf. *hisayoshii* Mizuno，1997　久义新洛奇里刺比较种　160，图版 5-1-20
Neolochriea glaber（Wirth，1967）　光滑新洛奇里刺　160，图版 5-1-20
Neolochriea hisaharui Mizuno，1997　久治新洛奇里刺　160，图版 5-1-20
Neolochriea koikei Mizuno，1997　小池新洛奇里刺　160，图版 5-1-20
Neolochriea nagatoensis Mizuno，1997　长门新洛奇里刺　160，图版 5-1-20
Neomunella chaoi（Ozaki，1931）　赵氏新穆内拉贝　356，图版 5-5-16
Neopronorites carboniferus Ruzhencev，1949　石炭新前诺利菊石　318，图版 5-4-20
Neospirifer tegulatus（Trautschold，1876）　叠瓦新石燕　358，图版 5-5-17
Neoyanguania quadrata Shi，1988　方形新岩关贝　326，图版 5-5-1
Nephelophyllum compactum Wu and Zhao，1989　致密云珊瑚　404，图版 5-6-19
Nephelophyllum convexum Wu and Zhao，1989　凸状云珊瑚　404，图版 5-6-19
Nephelophyllum simplex Wu and Zhao，1974　简单云珊瑚　404，图版 5-6-19
Nephelophyllum varium Wu，1989　可变云珊瑚　404，图版 5-6-19
Nicimitoceras subacre（Vöhringer，1960）　近尖锐精仿效菊石　282，图版 5-4-2
Ningxiaceras brevilobatum Yang，1987　短叶宁夏菊石　298，图版 5-4-10
Nomismoceras frechi Schmidt，1925　弗涅奇硬币菊石　284，图版 5-4-3
Nuculoceras pilatum Ruan and Zhou，1987　肥厚壳果菊石　300，图版 5-4-11

O

Ovatia ovata（Hall，1858）　卵形卵形贝　336，图版 5-5-6
Owenoceras arcutum Liang and Wang，1991　尖叶欧文菊石　308，图版 5-4-15
Ozawainella angulata Colani，1924　角状小泽蜓　236，图版 5-3-2
Ozawainella crassiformis Putrja，1956　厚型小泽蜓　236，图版 5-3-2
Ozawainella guizhouensis Chang，1974　贵州小泽蜓　236，图版 5-3-2
Ozawainella pseudoinepta Xie，1982　假不相称小泽蜓　236，图版 5-3-2
Ozawainella pulchella Chen and Wang，1983　美丽小泽蜓　236，图版 5-3-2

Ozawainella stellae Manukalova，1950　施特拉氏小泽䗴　236，图版 5-3-2
Ozawainella turgida Sheng，1958　肿小泽䗴　236，图版 5-3-2
Ozawainella vozhgalica Safonova，1951　伏芝加尔小泽䗴　236，图版 5-3-2

P

Palaeosmilia murchisoni murchisoni Milne-Edwards and Haime，1848　莫企逊古剑珊瑚莫企逊亚种　388，图版 5-6-11
Palaeosmilia weiningensis Wu and Zhao，1989　威宁古剑珊瑚　386，图版 5-6-10
Palaeospiroplectammina tchernyshinensis（Lipina，1948）　切尔尼欣古旋褶虫　210，图版 5-2-5
Palaeospiroplectammina yuongfuensis（Wang，1985）　永福古旋褶虫　210，图版 5-2-5
Palaeotextularia longiseptata crassa Lipina，1948　长隔壁古串珠虫粗壮亚种　216，图版 5-2-8
Palastraea planiuscula Wu and Zhao，1989　扁平古星珊瑚　388，图版 5-6-11
Palastraea regia（Phillips，1836）　高贵古星珊瑚　388，图版 5-6-11
Paprothites ellipticus（Ruan，1981）　椭圆形帕普洛斯菊石　284，图版 5-4-3
Paraarchaediscus ex gr. *stilus*（Grozdilova and Lebedeva in Grozdilova，1953）　柱拟古盘虫　204，图版 5-2-2
Parabuxtonia kongjingensis Yang and Zhang，1982　港井似波斯通贝　338，图版 5-5-7
Paradimorphoceras xinjiangensis Wang，1983　新疆副双形菊石　296，图版 5-4-9
Paragattendorfia subpatens（Ruan，1981）　近展开拟加登多夫菊石　282，图版 5-4-2
Parakansuella xinshaoensis Tan，1987　新邵似甘肃贝　340，图版 5-5-8
Paralysella parascitula Hance，Hou and Vachard，2011　近美拟莱伊尔虫　218，图版 5-2-9
Paralysella primitive Hance，Hou and Vachard，2011　原始拟莱伊尔虫　218，图版 5-2-9
Paralytoceras lenticulus（Ruan，1981）　透镜形拟弛菊石　284，图版 5-4-3
Parazaphriphyllum cylindricum columnarum Wu and Zhao，1989　柱状似鳞板内沟珊瑚小柱亚种　376，图版 5-6-5
Parazaphriphyllum cylindricum Wu and Zhao，1989　柱状拟鳞板内沟珊瑚　376，图版 5-6-5
Parazaphriphyllum stereoseptatum Wu and Zhao，1989　坚实隔壁拟鳞板内沟珊瑚　376，图版 5-6-5
Petalaxis orboensis de Groot，1963　沃博扁珊瑚　396，图版 5-6-15
Petalaxis trimorphum（de Groot，1963）　三形扁轴珊瑚　398，图版 5-6-16
Phillipsoceras linguatum Ruzhencev and Bogoslovskaya，1978　舌形菲力浦斯菊石　306，图版 5-4-14
Phricodothyris asiatica（Chao，1929）　亚洲纹窗贝　360，图版 5-5-18
Planoarchaediscus spirillinoides（Rauser-Chernousova，1948）　绕旋平古盘虫　204，图版 5-2-2
Planogloboendothyra splendens Hance，Hou and Vachard，2011　华丽平球内卷虫　208，图版 5-2-4
Platygoniatites altilis Ruan，1981　肥厚宽棱菊石　292，图版 5-4-7
Plectogyranopsis regularis（Rauser-Chernousova，1948）　规则类扭曲虫　214，图版 5-2-7
Plectomillerella ex gr. *designata*（Zeller，1953）　择定扭密勒䗴（类群种）　226，图版 5-2-13
Plectomillerella pressula（Ganelina，1951）　挤压绞密勒䗴　226，图版 5-2-13
Plectomillerella tortula（Zeller，1953）　扭曲绞密勒䗴　224，图版 5-2-12
Plectostaffella jakhensis（Reitlinger，1971）　贾克汉斯绞史塔夫䗴　222，图版 5-2-11
Plectostaffella varvariensis（Brazhnikova and Potievska，1948）　变化绞史塔夫䗴　222，图版 5-2-11
Pojarkovella ex gr. *nibelis*（Durkina，1959）　尼伯小波加尔克虫　222，图版 5-2-11
Pojarkovella wushiensis（Li，1991）　乌什小波加尔克虫　222，图版 5-2-11
Polygnathus bischoffi Rhodes，Austin and Druce，1969　毕肖夫多颚刺　140，图版 5-1-10
Polygnathus communis carinus Hass，1959　普通多颚刺细脊亚种　136，图版 5-1-8
Polygnathus communis communis Branson and Mehl，1934　普通多颚刺普通亚种　134，图版 5-1-7
Polygnathus distortus Branson and Mehl，1934　畸形多颚刺　138，图版 5-1-9
Polygnathus inornatus inornatus Branson，1934　无饰多颚刺无饰亚种　136，图版 5-1-8
Polygnathus lacinatus asymmetricus Rhodes，Austin and Druce，1969　裂缝多颚刺不对称亚种　140，图版 5-1-10

Polygnathus lobatus Branson and Mehl，1934　叶状多颚刺　136，图版 5-1-8
Polygnathus longiposticus Branson and Mehl，1934　后长多颚刺　140，图版 5-1-10
Polygnathus purus purus Voges，1959　洁净多颚刺洁净亚种　136，图版 5-1-8
Polygnathus purus subplanus Voges，1959　洁净多鄂刺亚宽平亚种　136，图版 5-1-8
Polygnathus symmetricus Branson and Mehl，1934　对称多颚刺　122，图版 5-1-1
Praedaraelites viriosus Ruan，1981　粗壮前达雷尔菊石　318，图版 5-4-20
Praehorridonia qitaiensis Wang and Yang，1998　奇台先耸立贝　352，图版 5-5-14
Profusulinella aljutovica Rauser-chernousova，1938　阿留陀夫原小纺锤蜓　246，图版 5-3-7
Profusulinella aljutovica var. *elongata* Rauser-chernousova，1938　阿留陀夫原小纺锤蜓华美变种　248，图版 5-3-8
Profusulinella arta var. *kamensis* Safonova，1951　阿尔塔原小纺锤蜓卡姆变种　246，图版 5-3-7
Profusulinella biconiformis Kireeva，1951　双型原小纺锤蜓　248，图版 5-3-8
Profusulinella chaohuensis Wang，1981　巢湖原小纺锤蜓　248，图版 5-3-8
Profusulinella chernovi Rauser-chernousova，1951　切诺夫氏原小纺锤蜓　248，图版 5-3-8
Profusulinella deprati（Beede and Kniker，1924）　戴普拉氏原小纺锤蜓　248，图版 5-3-8
Profusulinella fenghuangshanensis Wang，1981　凤凰山原小纺锤蜓　248，图版 5-3-8
Profusulinella maopanshanensis Liu，Xiao and Dong，1978　毛盘山原小纺锤蜓　246，图版 5-3-7
Profusulinella mutabilis Safonova，1951　变形原小纺锤蜓　248，图版 5-3-8
Profusulinella ovata Rauser-chernousova，1938　卵圆形原小纺锤蜓　246，图版 5-3-7
Profusulinella parafittsi Rauser-chernousova and Safonova，1951　拟菲提斯原小纺锤蜓　248，图版 5-3-8
Profusulinella parva（Lee and Chen，1930）　小原小纺锤蜓　244，图版 5-3-6
Profusulinella parva var. *convoluta*（Lee and Chen，1930）　小原小纺锤蜓旋转变种　246，图版 5-3-7
Profusulinella parva var. *robusta* Rauser and Beljaev,1936　小原小纺锤蜓强壮变种　246，图版 5-3-7
Profusulinella postaljutovica dilucida（Leontovich，1951）　后阿留陀夫原小纺锤蜓双清亚种　250，图版 5-3-9
Profusulinella postaljutovica Safonova，1951　后阿留陀夫原小纺锤蜓　246，图版 5-3-7
Profusulinella prisca timanica Kireeva，1951　古代原小纺锤蜓蒂曼亚种　244，图版 5-3-6
Profusulinella priscoidea Rauser-chernousova，1938　近原始原小纺锤蜓　246，图版 5-3-7
Profusulinella pseudorhomboides Putrja and Leontovich，1948　假近斜方原小纺锤蜓　248，图版 5-3-8
Profusulinella rhomboides（Lee and Chen，1930）　近斜方原小纺锤蜓　246，图版 5-3-7
Profusulinella saratovica Putrja and Leontovich，1948　沙拉托夫原小纺锤蜓　250，图版 5-3-9
Profusulinella staffellaeformis（Kireeva，1951）　史塔夫蜓型原小纺锤蜓　244，图版 5-3-6
Profusulinella subovata Safonova，1951　亚卵形原小纺锤蜓　246，图版 5-3-7
Profusulinella wangyui Sheng，1958　王钰原小纺锤蜓　248，图版 5-3-8
Profusulinella wangyui var. *yentaiensis* Sheng，1958　王钰原小纺锤蜓烟台变种　248，图版 5-3-8
Profusulinella weiningica Chang，1974　威宁原小纺锤蜓　246，图版 5-3-7
Profusulinella yazitangica Zhang，Zhou and Sheng，2010　鸭子塘原小纺锤蜓　248，图版 5-3-8
Prolecanites stenolobus Liang and Wang，1991　窄叶前碟菊石　316，图版 5-4-19
Proshumardites pilatus（Ruan，1981b）　厚壳前舒马德菊石　292，图版 5-4-7
Protocanites firmus（Sheng，1984）　强壮前钵菊石　316，图版 5-4-19
Protognathodus collinsoni Ziegler，1969　柯林森原始颚刺　134，图版 5-1-7
Protognathodus cordiformis Lane，Sandberg and Ziegler，1980　心形原始颚刺　150，图版 5-1-15
Protognathodus kockeli（Bischoff，1957）　科克尔原始颚刺　134，图版 5-1-7
Protognathodus kuehni Ziegler and Leuteritz，1970　库恩原始颚刺　134，图版 5-1-7
Protognathodus meischneri Ziegler，1969　梅希纳尔原始颚刺　134，图版 5-1-7
Protognathodus praedelicatus Lane，Sandberg and Ziegler，1980　前纤细原始颚刺　150，图版 5-1-15
Protriticites minor Zhou，Sheng and Wang，1987　小型原麦蜓　262，图版 5-3-15
Protriticites neorhomboides Shi，2009　新似菱形原麦蜓　262，图版 5-3-15

Protriticites （*Obsoletes*） *obsoletus* （Schellwien，1908） 衰颓原麦蜓 262，图版 5-3-15
Protriticites praemontiparus Zhou，Sheng and Wang，1987 前大旋脊原麦蜓 262，图版 5-3-15
Protriticites praesimplex （Lee，1927） 前简单原麦蜓 262，图版 5-3-15
Protriticites rarus Sheng，1958 稀少原麦蜓 262，图版 5-3-15
Protriticites subschwagerinoides Rozovskaya，1950 亚希瓦格蜓状原麦蜓 262，图版 5-3-15
Prouddenites primus Miller，1930 第一前乌德菊石 318，图版 5-4-20
Pseudarietites rotatilis Ruan，1981 轮形假白羊菊石 284，图版 5-4-3
Pseudoammodiscus priscus （Rauser-Chernousova，1948） 原始假砂盘虫 202，图版 5-2-1
Pseudoendothyra ex gr. *struvei* （Moeller，1879） 史特洛弗假内卷虫 220，图版 5-2-10
"Pseudoglomospira" multivoluta Hance，Hou and Vachard，2011 多旋"假球旋虫" 202，图版 5-2-1
Pseudolituotubella ex gr. *separata* （Pronina，1963） 分隔假小管杖虫 212，图版 5-2-6
Pseudoparalegoceras tzwetaevae Ruzhencev，1951 兹氏假拟聚菊石 312，图版 5-4-17
Pseudopolygnathus dentilineatus Branson，1934 线齿状假多颚刺 122，图版 5-1-1
Pseudopolygnathus marginatus （Mehl and Branson，1934） 边缘假多颚刺 138，图版 5-1-9
Pseudopolygnathus multistriatus Mehl and Branson，1947 多线假多颚刺 122，图版 5-1-1
Pseudopolygnathus oxypageus Lane，Sandberg and Ziegler，1980 尖角假多颚刺 122，图版 5-1-1
Pseudopolygnathus pinnatus Voges，1959 翼状假多颚刺 122，图版 5-1-1
Pseudopolygnathus postinodosus Rhodes，Austin and Druce,1969 后瘤齿假多颚刺 138，图版 5-1-9
Pseudopolygnathus primus Branson and Mehl，1934 初始假多颚刺 138，图版 5-1-9
Pseudopolygnathus triangulus inaequalis Voges，1959 三角形假多颚刺不等亚种 138，图版 5-1-9
Pseudopolygnathus triangulus triangulus Voges，1959 三角形假多颚刺三角形亚种 138，图版 5-1-9
Pseudoschartymites ningxiaensis Yang，1987 宁夏假萨尔特菊石 302，图版 5-4-12
Pseudostaffella antiqua （Dutkevich，1934） 古代假史塔夫蜓 240，图版 5-3-4
Pseudostaffella antiqua grandis Shlykova，1950 古代假史塔夫蜓丰富亚种 242，图版 5-3-5
Pseudostaffella antiqua posterior Safonova，1951 古代假史塔夫蜓随后亚种 240，图版 5-3-4
Pseudostaffella composita Grozdilova and Lebedeva，1950 结合假史塔夫蜓 240，图版 5-3-4
Pseudostaffella composita keltmica Rauser-Chernousova，1951 结合假史塔夫蜓凯尔特米亚种 240，图版 5-3-4
Pseudostaffella confusa （Lee and Chen，1930） 混淆假史塔夫蜓 240，图版 5-3-4
Pseudostaffella conspecta Rauser-Chernousova，1951 显著假史塔夫蜓 242，图版 5-3-5
Pseudostaffella formosa Rauser-Chernousova，1951 美丽假史塔夫蜓 242，图版 5-3-5
Pseudostaffella formosa kamensis Safonova，1951 美丽假史塔夫蜓卡姆亚种 242，图版 5-3-5
Pseudostaffella gorskyi Dutkevich，1934 高尔斯基氏假史塔夫蜓 242，图版 5-3-5
Pseudostaffella greenlandica Ross and Dunbar，1962 格陵兰假史塔夫蜓 244，图版 5-3-6
Pseudostaffella khotunensis Rauser-Chernousova，1951 克何屯假史塔夫蜓 244，图版 5-3-6
Pseudostaffella kremsi Rauser-Chernousova，1951 克雷姆斯氏假史塔夫蜓 242，图版 5-3-5
Pseudostaffella larionovae Rauser-Chernousova and Safonova，1951 拉里奥诺娃氏假史塔夫蜓 242，图版 5-3-5
Pseudostaffella nibelensis Rauser-Chernousova，1951 尼贝尔假史塔夫蜓 242，图版 5-3-5
Pseudostaffella ozawai （Lee and Chen，1930） 小泽氏假史塔夫蜓 242，图版 5-3-5
Pseudostaffella panxianensis Chang，1974 盘县假史塔夫蜓 244，图版 5-3-6
Pseudostaffella paracompressa Safonova，1951 拟直假史塔夫蜓 240，图版 5-3-4
Pseudostaffella paracompressa extensa Safonova，1951 拟直假史塔夫蜓延伸亚种 240，图版 5-3-4
Pseudostaffella paradoxa （Dutkevich，1934） 奇异假史塔夫蜓 244，图版 5-3-6
Pseudostaffella parasphaeroidea （Lee and Chen，1930） 拟似球形假史塔夫蜓 242，图版 5-3-5
Pseudostaffella sphaeroidea （Ehrenberg，1842，sensu Moeller，1878） 似球形假史塔夫蜓 244，图版 5-3-6
Pseudostaffella sphaeroidea var. *cuboides* Rauser-Chernousova，1951 似球形假史塔夫蜓近正方形变种 244，图版 5-3-6
Pseudostaffella subquadrata vozhgalica Safonova，1951 亚方形假史塔夫蜓伏芝加尔亚种 242，图版 5-3-5

Pseudostaffella timanica Rauser-Chernousova，1951　蒂曼假史塔夫蜓　240，图版 5-3-4
Pseudotaxis eominima（Rauser-Chernousova，1948）　始小假排虫　222，图版 5-2-11
Pseudotimania delicate Wu and Zhao，1974　精致假提曼珊瑚　404，图版 5-6-19
Pseudotimania guizhouensis Wu and Zhao，1989　贵州假提曼珊瑚　404，图版 5-6-19
Pugilis subeiensis Ding in Ding and Qi，1983　肃北狮鼻长身贝　338，图版 5-5-7
Purdonella nikitini（Tschernyschew，1902）　尼基丁小帕登贝　360，图版 5-5-18
Putrella lui Sheng，1958　卢氏普德尔蜓　264，图版 5-3-16
Putrella weiningica Chang，1974　威宁普德尔蜓　250，图版 5-3-9

Q

Qiannanites acutus Ruan，1981　尖锐黔南菊石　284，图版 5-4-3
Qitaiproductus sarcinicostatus Wang and Yang，1998　束线奇台长身贝　348，图版 5-5-12
Quasifusulina arca（Lee，1923）　弓形似纺锤蜓　264，图版 5-3-16
Quasifusulina cf. *spatiosa* Sheng，1958　巨似纺锤蜓相似种　264，图版 5-3-16
Quasifusulina deshengensis Sheng，1983　德胜似纺锤蜓　264，图版 5-3-16
Quasifusulina eleganta Shlykova，1948　优美似纺锤蜓　262，图版 5-3-15
Quasifusulina gracilis Sheng，1983　细长似纺锤蜓　264，图版 5-3-16
Quasifusulina paracompacta Chang，1963　拟紧卷似纺锤蜓　264，图版 5-3-16
Quasifusulina pseudoelongata Miklukho-Maklay，1949　假华美似纺锤蜓　264，图版 5-3-16
Quasifusulina tenuissima（Schellwien，1898）　柔似纺锤蜓　264，图版 5-3-16
Quasifusulina ultima Kanmera，1958　最远似纺锤蜓　264，图版 5-3-16

R

Ramosites stenosellatus Ruan，1981　窄鞍多枝菊石　310，图版 5-4-16
Reticulatia huecoensis（King，1931）　胡埃口网格贝　352，图版 5-5-14
Reticuloceras reticulatum（Phillips，1836）　网纹网纹菊石　306，图版 5-4-14
Retites nandanensis Ruan，1981　南丹网菊石　306，图版 5-4-14
Rhachistognathus minutus minutus（Higgins and Bouckaert，1968）　微小裂颚刺微小亚种　140，图版 5-1-10
Rhachistognathus prolixus Baesemann and Lane，1985　伸展裂颚刺　140，图版 5-1-10
Rhymmoceras vermiculatum Ruzhencev，1958　似蠕虫绳菊石　300，图版 5-4-11

S

Scaliognathus anchoralis Branson and Mehl，1941　锚锄颚刺　150，图版 5-1-15
Scaliognathus praeanchoralis Lane，Sandberg and Ziegler，1980　前锚锄颚刺　140，图版 5-1-10
Schubertella cylindrica（Chen，1934）　筒形苏伯特蜓　238，图版 5-3-3
Schubertella gracilis Rauser-Chernousova，1951　柔苏伯特蜓　238，图版 5-3-3
Schubertella kingi exilis Suleymanov，1949　金氏松苏伯特蜓细弱亚种　238，图版 5-3-3
Schubertella lata Lee and Chen，1930　宽苏伯特蜓　238，图版 5-3-3
Schubertella laxa Chang，1974　宽松苏伯特蜓　238，图版 5-3-3
Schubertella mjachkovensis Rauser-Chernousova，1951　米亚奇科夫苏伯特蜓　238，图版 5-3-3
Schubertella obscura（Lee and Chen，1930）　昧苏伯特蜓　238，图版 5-3-3
Schubertella pseudoglobulosa Safonova，1951　假球形苏伯特蜓　244，图版 5-3-6
Schubertella sphaerica staffelloides Sulymanov，1949　球苏伯特蜓似史塔夫蜓型亚种　238，图版 5-3-3
Schuchertella gelaoheensis Yang，1964　革老河苏克贝　326，图版 5-5-1

Schuchertella magna Tolmatchoff，1924 大型苏克贝 326，图版 5-5-1
Schwagerina emaciata（Beede，1916） 薄希瓦格蜓 272，图版 5-3-20
Schwagerina padangensis Lang，1925 巴当希瓦格蜓 272，图版 5-3-20
Schwagerina rhomboides（Shamov and Scherbovich，1949） 近菱形希瓦格蜓 272，图版 5-3-20
Schwagerina variabilis Chen et al.，1991 易变希瓦格蜓 272，图版 5-3-20
Semiplanus semiplanus（Schwetzow，1922） 半面半面贝 344，图版 5-5-10
Septabrunsiina ex gr. *krainica*（Lipina，1948） 克拉尼斯卡隔板布林斯虫 210，图版 5-2-5
Septaglomospiranella chernyshinelloides Durkina，1984 似切尔尼欣隔板小球旋虫 210，图版 5-2-5
Septatournayella segmentata（Dain，1953） 分段隔板杜内虫 212，图版 5-2-6
Shuichengoceras yohi Yin，1935 乐氏水城菊石 310，图版 5-4-16
Sichuanrhynchus sulcatus Tong，1978 凹槽四川小嘴贝 356，图版 5-5-16
Siphonodella bransoni Ji，1985 布兰森管刺 126，图版 5-1-3
Siphonodella carinthiaca Schönlaub，1969 厚脊管刺 130，图版 5-1-5
Siphonodella cooperi Hass，1959 Morphotype 1（sandberg et al.，1978） 库珀管刺 1 型 132，图版 5-1-6
Siphonodella crenulata（Cooper，1939）Morphotype 1 sandberg et al.，1978 刻痕状管刺 1 型 132，图版 5-1-6
Siphonodella crenulata（Cooper，1939）Morphotype 2 sandberg et al.，1978 刻痕状管刺 2 型 132，图版 5-1-6
Siphonodella dasaibaensis Ji，Qin and Zhao，1990 大沙坝管刺 124，图版 5-1-2
Siphonodella duplicata Branson and Mehl，1934 双脊管刺 130，图版 5-1-5
Siphonodella eurylobata Ji，1985 Morphotype 1 宽叶管刺 1 型 128，图版 5-1-4
Siphonodella eurylobata Ji，1985 Morphotype 2 宽叶管刺 2 型 128，图版 5-1-4
Siphonodella homosimplex Ji and Ziegler，1992 同形简单管刺 124，图版 5-1-2
Siphonodella isosticha（Cooper，1939） 等列管刺 132，图版 5-1-6
Siphonodella jii Becker et al.，2016 季氏管刺 130，图版 5-1-5
Siphonodella levis（Ni，1984） 平滑管刺 124，图版 5-1-2
Siphonodella obsoleta Hass，1959 衰退管刺 130，图版 5-1-5
Siphonodella praesulcata Sandberg in Sandberg et al.，1972 先槽管刺 126，图版 5-1-3
Siphonodella quadruplicata（Branson and Mehl，1934） 四褶管刺 132，图版 5-1-6
Siphonodella sandbergi Klapper，1966（Wang and Yin，1988） 桑德伯格管刺 132，图版 5-1-6
Siphonodella sinensis Ji，1985 中华管刺 128，图版 5-1-4
Siphonodella sulcata（Huddle，1934） 槽管刺 126，图版 5-1-3
Siphonodendron irregulare（Phillips，1836） 不规则丛管珊瑚 388，图版 5-6-11
Siphonodendron irregular asiatica Yabe and Hayasaka，1916 不规则丛管珊瑚亚洲亚种 388，图版 5-6-11
Siphonodendron pauciradiale McCoy，1855 少辐射丛管珊瑚 388，图版 5-6-11
Siphonophyllia cylindrica Scouler in McCoy，1844 筒状管漏壁珊瑚 372，图版 5-6-3
Somoholites sinensis Yang，1978 中华索摩全菊石 314，图版 5-4-18
Spinochernella paraukrainica（Lipina in Grozdilova and Lebedeva，1954，sensu Lipina，1955） 拟乌克兰刺切尔内拉虫 208，图版 5-2-4
Spinoendothyra costifera（Lipina，1955） 棱脊刺内卷虫 218，图版 5-2-9
Spinothyra pauciseptata（Rauser-Chernousova，1948） 少隔壁刺门虫 218，图版 5-2-9
Spirifer subgrandis Rotai，1938 稍大石燕 330，图版 5-5-3
Spiriferellina sinkiangensis（Yang，1964） 新疆准小微石燕 360，图版 5-5-18
Spirophyllum histiophylloidea（de Groot，1963） 帆珊瑚型螺旋珊瑚 386，图版 5-6-10
Stenoloboceras stenolobatum Ruan，1981b 窄叶窄叶菊石 298，图版 5-4-10
Stenopronorites uralensis（Karpinsky，1889） 乌拉尔薄饼菊石 318，图版 5-4-20
Stenoscisma purdoni（Davidson，1862） 帕登狭体贝 358，图版 5-5-17
Streptognathodus bellus Chernykh and Ritter，1997 精美曲颚齿刺 196，图版 5-1-38

Streptognathodus elegantulus Stauffer and Plummer，1932　优美曲颚齿刺　196，图版 5-1-38
Streptognathodus elongatus Gunnell，1933　细长曲颚齿刺　196，图版 5-1-38
Streptognathodus excelsus Stauffer and Plummer，1932　高大曲颚齿刺　188，图版 5-1-34
"Streptognathodus" expansus Igo and Koike，1964，Morphotype 1　膨大"曲颚齿刺"1 型　170，图版 5-1-25
"Streptognathodus" expansus Igo and Koike，1964，Morphotype 2　膨大"曲颚齿刺"2 型　170，图版 5-1-25
Streptognathodus firmus Kozitskaya in Kozitskaya et al.，1978　强壮曲颚齿刺　188，图版 5-1-34
Streptognathodus gracilis Stauffer and Plummer，1932　纤细曲颚齿刺　196，图版 5-1-38
Streptognathodus nemyrovskae Qi and Barrick in Qi et al.，2020　涅米罗夫斯卡曲颚齿刺　194，图版 5-1-37
Streptognathodus nodulinearis Reshetkova and Chernykh，1986　单线瘤曲颚齿刺　196，图版 5-1-38
Streptognathodus pawhuskaensis Harris and Hollingsworth，1933　波哈斯卡曲颚齿刺　188，图版 5-1-34
"Streptognathodus" suberectus Dunn，1966，Morphotype 1　近直立"曲颚齿刺"1 型　170，图版 5-1-25
"Streptognathodus" suberectus Dunn，1966，Morphotype 2　近直立"曲颚齿刺"2 型　170，图版 5-1-25
Streptognathodus tenuialveus Chernykh and Ritter，1997　浅槽曲颚齿刺　196，图版 5-1-38
Streptognathodus virgilicus Ritter，1995　弗吉尔曲颚齿刺　184，图版 5-1-32
Streptognathodus vitali Chernykh，2002　维塔利曲颚齿刺　188，图版 5-1-34
Streptognathodus wabaunsensis Gunnell，1933　瓦包恩曲颚齿刺　184，图版 5-1-32
Streptognathodus zethus Chernykh and Reshetkova，1987　泽托斯曲颚齿刺　188，图版 5-1-34
Streptognathodus zhihaoi Qi and Barrick in Qi et al.，2020　志浩曲颚齿刺　194，图版 5-1-37
Striatifera striata（Fischer，1837）　细线细线贝　340，图版 5-5-8
Subspirifer chizechiaoensis Shan and Zhao，1981　棋梓桥次石燕　346，图版 5-5-11
Sudeticeras applanatum Ruan，1981　扁平苏台德菊石　298，图版 5-4-10
Surenites laxilectus Ruzhencev and Bogoslovskaya，1978　松卷苏伦菊石　306，图版 5-4-14
Swadelina cf. *concinna*（Kossenko，1975）　精巧斯瓦德刺比较种　174，图版 5-1-27
Swadelina cf. *nodocarinata*（Jones，1941）　瘤脊斯瓦德刺比较种　176，图版 5-1-28
Swadelina concinna（Kossenko，1975）　精巧斯瓦德刺　156，图版 5-1-18
Swadelina einori（Nemyrovska and Alekseev，1993）　艾诺斯瓦德刺　174，图版 5-1-27
Swadelina lancea Hu and Qi，2017　矛状斯瓦德刺　170，图版 5-1-25
Swadelina lanei Hu and Qi，2017　莱恩斯瓦德刺　176，图版 5-1-28
Swadelina makhlinae（Alekseev and Goreva 2001）　马克里娜斯瓦德刺　174，图版 5-1-27
Swadelina nodocarinata（Jones，1941）　瘤脊斯瓦德刺　176，图版 5-1-28
Swadelina subdelicata（Wang and Qi，2003）　近娇柔斯瓦德刺　170，图版 5-1-25
Swadelina subexcelsa（Alekseev and Goreva 2001）　近直立斯瓦德刺　174，图版 5-1-27
Syngastrioceras discoidale Ruan，1981　盘状合腹菊石　302，图版 5-4-12
Syringothyris hannibalensis（Swallow，1860）　汉尼伯管孔贝　330，图版 5-5-3
Syringothyris textiformis Zhang，1983　结构形管孔石燕　334，图版 5-5-5

T

Taitzehoella taitzehoensis Sheng，1951　太子河太子河蜓　250，图版 5-3-9
Taitzehoella taitzehoensis extensa Sheng，1958　太子河太子河蜓延伸亚种　250，图版 5-3-9
Tangshanella kaipingensis Chao，1929　开平唐山贝　360，图版 5-5-18
Tectiretites carinatus（Ruan，1981）　脊状盖网菊石　306，图版 5-4-14
Terebratuloidea depressa Waagen，1883　扁平拟穿孔贝　358，图版 5-5-17
Tetrataxis conica Ehrenberg，1854 emend. Nestler，1973　圆锥形四排虫　222，图版 5-2-11
Tetrataxis media Vissarionova，1948　中间四排虫　222，图版 5-2-11
Tomiproductus cylindricus Wang，1983　圆筒托姆长身贝　328，图版 5-5-2

Tournayella costata Lipina，1955　有肋杜内虫　206，图版 5-2-3
Tournayellina ex gr. *beata*（Malakhova，1956）　贝娅塔杜内虫　210，图版 5-2-5
Trettinoceras afflatum Liang，1993　膨大钻孔菊石　314，图版 5-4-18
Triticites bonus Chen and Wang，1983　美观麦蜓　266，图版 5-3-17
Triticites chui Chen，1934　朱氏麦蜓　270，图版 5-3-19
Triticites chui robustatus Chen，1934　朱氏麦蜓粗壮亚种　270，图版 5-3-19
Triticites dictyophorus Rozovskaya，1950　网带麦蜓　266，图版 5-3-17
Triticites guizhouensis（Zhuang，1984）　贵州麦蜓　268，图版 5-3-18
Triticites iatensis Thompson，1957　雅特麦蜓　268，图版 5-3-18
Triticites karlensis（Rozovskaya，1950）　卡尔麦蜓　266，图版 5-3-17
Triticites lalaotuensis Sheng，1958　拉老兔麦蜓　270，图版 5-3-19
Triticites longissima Liu，Xiao and Dong，1978　长形麦蜓　270，图版 5-3-19
Triticites noinskyi Rauser，1938　诺因斯基氏麦蜓　268，图版 5-3-18
Triticites noinskyi plicatus Rozovskaya，1950　诺因斯基氏麦蜓褶皱亚种　272，图版 5-3-20
Triticites ovalis Rozovskaya，1950　卵形麦蜓　270，图版 5-3-19
Triticites paraschwageriniformis Rozovskaya，1950　拟希瓦格蜓状麦蜓　266，图版 5-3-17
Triticites paraturgidus Chen and Wang，1983　拟肿麦蜓　272，图版 5-3-20
Triticites parvulus（Schellwien，1908）　小麦蜓　268，图版 5-3-18
Triticites parvus Chen，1934　较小麦蜓　266，图版 5-3-17
Triticites planus Thompson and Thomas，1953　扁形麦蜓　268，图版 5-3-18
Triticites plummeri Dunbar and Condra，1927　普氏麦蜓　266，图版 5-3-17
Triticites powwowensis Dunbar and Skinner，1937　波乌麦蜓　272，图版 5-3-20
Triticites primarius Merchant and Keroher，1939　原始麦蜓　266，图版 5-3-17
Triticites primitivus Rozovskaya，1950　最早麦蜓　270，图版 5-3-19
Triticites pygmaeus Dunbar and Condra，1927　矮小麦蜓　270，图版 5-3-19
Triticites reticulatus Rozovskaya，1950　网状麦蜓　266，图版 5-3-17
Triticites rhombiformis Rozovskaya，1950　菱形麦蜓　270，图版 5-3-19
Triticites shengiana Chen and Wang，1983　盛氏麦蜓　268，图版 5-3-18
Triticites simplex（Schellwien，1908）　简单麦蜓　270，图版 5-3-19
Triticites sinuosus Rozovskaya，1950　错综麦蜓　270，图版 5-3-19
Triticites springvillensis Thompson，Verville and Bissell，1950　施伯令维尔麦蜓　268，图版 5-3-18
Triticites stuckenbergi Rauser，1938　斯徒金伯格氏麦蜓　268，图版 5-3-18
Triticites subcrassulus Rozovskaya，1950　亚厚麦蜓　266，图版 5-3-17
Triticites subglobarus Chen and Wang，1983　亚球形麦蜓　268，图版 5-3-18
Triticites subnathorsti（Lee，1927）　亚那托斯特氏蜓　272，图版 5-3-20
Triticites subrhomboides Chen，1934　亚近斜方麦蜓　272，图版 5-3-20
Triticites subventricosus Dunbar and Skinner，1937　亚凸麦蜓　268，图版 5-3-18
Triticites umbus Rozovskaya，1958　微隆麦蜓　270，图版 5-3-19
Triticites variabilis Rozovskaya，1950　易变麦蜓　268，图版 5-3-18
Triticites xinmachangensis Zhang，Zhou and Sheng，2010　新马场麦蜓　266，图版 5-3-17
Triticites zhangi Chen and Wang，1983　张氏麦蜓　266，图版 5-3-17
Trizonoceras zhongningense Yang，1986　中宁三带菊石　294，图版 5-4-8
Tumulites chungweiense（Liang，1957）　中卫凸墓菊石　294，图版 5-4-8

U

Uncinunellina multiplicata Liao，1979　多褶准小钩形贝　358，图版 5-5-17
Uncinunellina wangenheimi（Pander，1862）　王恩汗准小钩形贝　358，图版 5-5-17
Unispirifer xiangshanensis Shi et al.，2005　香山单石燕　330，图版 5-5-3
Uralinia breviseptata（Yü，1933）Xu and Poty，1997　短隔壁乌拉尔珊瑚　368，图版 5-6-1
Uralinia gigantea（Yü，1933）Xu and Poty，1997　大型乌拉尔珊瑚　368，图版 5-6-1
Uralinia heituheensis（Wu and Zhao，1989）Xu and Poty，1997　黑土河乌拉尔珊瑚　368，图版 5-6-1
Uralinia irregularis（Yü，1933）　不规则乌拉尔珊瑚　368，图版 5-6-1
Uralinia tangpakouensis（Yü，1931）　汤耙沟乌拉尔珊瑚　368，图版 5-6-1
Urbanella solida Brazhnikova and Vdovenko，1973　坚实小穹虫　218，图版 5-2-9

V

Valvulinella lata Grozdilova and Lebedeva，1954　偏小瓣虫　222，图版 5-2-11
Verella prolixa（Sheng，1958）　伸长韦雷尔蝬　252，图版 5-3-10
Verneuilites pygmaeus（Mather，1915）　矮小维纽尔菊石　308，图版 5-4-15
Viseidiscus primaevus（Pronina，1963）　年幼威赛盘虫　202，图版 5-2-1
Viseidiscus umbogmaensis（Omara and Conil，1965）　乌姆博格马威赛盘虫　204，图版 5-2-2
Vitiliproductus groeberi（Krenkel，1913）　葛罗勃交织长身贝　338，图版 5-5-7
Vogelgnathus campbelli（Rexroad，1957）　坎佩尔福格尔颚刺　154，图版 5-1-17
Vogelgnathus palentinus Nemyrovska，2005　古铃福格尔颚刺　154，图版 5-1-17
Vogelgnathus postcampbelli（Austin and Husri，1975）　后坎佩尔福格尔颚刺　154，图版 5-1-17

W

Wedekindellina dutkevichi Rauser-Chernousava and Beljaev，1936　杜德柯维奇氏魏特肯蝬　252，图版 5-3-10
Weiningia transversa Jin and Liao，1974　横宽威宁贝　348，图版 5-5-12
Wellerella delicatula Dunbar and Condra，1932　娇弱韦勒贝　358，图版 5-5-17
Weyerella popanoides（Ruan，1981a）　圆饼状魏尔菊石　282，图版 5-4-2
Wiedeyoceras xiaheyianense Yang，1987　下河沿威特菊石　310，图版 5-4-16
Winslowoceras decorosum Yang，1978　华美文士楼菊石　312，图版 5-4-17

X

Xinjiangiproductus yamansuensis Yao and Fu，1987　雅满苏新疆长身贝　344，图版 5-5-10
Xinjiangites applanatus Ruan，1995　扁平新疆菊石　288，图版 5-4-5
Xinshaoproductus xinshaoensis Tan，1986　新邵新邵长身贝　326，图版 5-5-1

Y

Yanbianella dorsiconvexa Tong，1978　背凸盐边贝　356，图版 5-5-16
Yanguania dushanensis（Yang，1964）　独山岩关贝　326，图版 5-5-1
Yarirhynchia concava Jin and Sun，1981　凹曲雅尔错贝　334，图版 5-5-5
Yuanophyllum Kansuense Yü，1933　甘肃袁氏珊瑚　380，图版 5-6-7

Z

Zadelsdorfia yaliense（Liang，1976） 亚里扎德尔斯多夫菊石 280，图版 5-4-1
Zhifangoceras subglobosum Sheng，1984 亚球形纸房菊石 286，图版 5-4-4
Zhongningoceras bellum Yang，1986 美丽中宁菊石 294，图版 5-4-8
Ziyunospirifer ziyunensis（Xian，1982） 紫云紫云石燕 346，图版 5-5-11